西门子
S7系列PLC原理及应用

主　编　张红涛
副主编　陈冬丽　张恒源　姬鹏飞
参　编　胡玉霞　王子剑

中国电力出版社
CHINA ELECTRIC POWER PRESS

内 容 提 要

本书是以应用非常广泛的西门子公司的 S7-200/300/400 系列 PLC 为对象编写的，全书共 13 章。第一章至第七章主要介绍小型 PLC S7-200 的系统结构、指令系统、编程软件、网络通信、系统设计与实例。第八章至第十三章为 S7-300/400 部分，其中第八章至第十章为编程设计基础，主要讲述可编程控制器基础、S7-300/400 PLC 系统配置、指令系统和 STEP 7 软件的编程环境。第十一章至第十三章主要介绍用户程序结构、网络通信和具体的应用实例。

本书先介绍小型西门子 PLC，后介绍大中型西门子 PLC，由浅入深，层次分明，有利于对西门子 PLC 技术从入门到提高的进阶学习。书中具有非常详尽的指令系统说明，并针对指令列举了相应的编程实例，使读者能尽快掌握指令的应用方法。全书以技能训练为主，强调实际工程应用，列举了丰富的工程应用实例。

本书注重基础，强调应用，既适用于初学者，又可作为高校相关专业教材及工程技术人员的技术参考书。

图书在版编目（CIP）数据

西门子 S7 系列 PLC 原理及应用/张红涛主编. —北京：中国电力出版社，2014.3

ISBN 978-7-5123-5143-1

Ⅰ.①西… Ⅱ.①张… Ⅲ.①plc 技术 Ⅳ.①TM571.6

中国版本图书馆 CIP 数据核字（2013）第 261770 号

中国电力出版社出版、发行

（北京市东城区北京站西街 19 号 100005 http://www.cepp.sgcc.com.cn）

北京市同江印刷厂印刷

各地新华书店经售

*

2014 年 3 月第一版 2014 年 3 月北京第一次印刷

787 毫米×1092 毫米 16 开本 22.75 印张 556 千字

印数 0001—3000 册 定价 **49.00** 元

前 言

可编程控制器（简称 PLC 或 PC）以微处理器为核心，将微型计算机技术、自动控制技术及网络通信技术有机地融为一体，是应用十分广泛、可靠性极高的通用工业自动化控制装置。它具有控制能力强、可靠性高、配置灵活、编程简单、使用方便、易于扩展等优点，是当今及今后工业控制的主要手段和重要的自动化控制设备。PLC 技术为当代工业生产自动化的三大支柱（PLC 技术、计算机辅助设计与制造、机器人技术）之一，其应用的广度和深度已成为衡量一个国家工业自动化程度高低的一个重要标志。

德国西门子（SIEMENS）公司生产的 S7 系列 PLC（S7-200/300/400）具有体积小、速度快、标准化、可靠性高、网络通信能力强等特点。从近年来中国的市场占有率来看，S7 系列 PLC 在中、小型 PLC 中应用最为广泛，在大型 PLC 中也位居前三。可以说，在自动控制领域占有极为重要的地位。

本书具有以下三个方面的鲜明特色：

(1) 先介绍小型西门子 PLC，后介绍大中型西门子 PLC，由浅入深，层次分明，有利于对西门子 PLC 技术从入门到提高的进阶学习，使学习者可以循序渐进地理解和掌握 PLC 技术。

(2) 具有非常详尽的指令系统说明。书中对所有的指令都进行了详细的介绍，并针对指令列举了相应的编程实例，使读者能尽快掌握指令的应用方法。

(3) 以技能训练为主，强调实际工程应用，列举了丰富的工程应用实例，对工程上常用的 PLC 控制系统的设计思想、步骤、方法及调试维护等进行了详尽的讲述，有利于读者 PLC 工程设计的实战。

本书共十三章，第一章介绍了可编程控制器的产生及发展、硬件组成、工作原理以及技术指标。第二章主要介绍 S7-200 PLC 的系统构成、接口模块及系统配置。第三章介绍了 S7-200 PLC 的编程基础、基本逻辑指令、基本功能指令及程序控制指令。第四章介绍了 STEP7-Micro/WIN32 编程软件，重点讲述了项目的创建及程序的调试。第五章介绍了 S7-200 PLC 的编程规则与技巧，重点阐述了功能图设计法和梯形图设计法。第六章介绍了通信与网络的基本知识，重点介绍了 S7-200 的通信部件及其通信。第七章首先介绍了 PLC 应用系统设计及若干问题的处理，然后介绍了十字路口交通灯、水塔水位 PLC 控制等具体应用实例。第八章介绍了 S7-300/400 系统的基本组成、功能模块、接口模块和 CPU 模块等。第九章介绍了 S7-300/400 系列 PLC 的指令系统，如位逻辑、定时器、计数器、数学运算等指令。第十章介绍了 S7-300/400 系列 PLC 的编程软件，重点介绍了硬件组态、逻辑块创建、调试、故障诊断等。第十一章介绍了 S7-300/400 系列 PLC 的用户程序基本结构、数据结构和功能块调用等。第十二章介绍了 S7-300/400 可编程序控制器通信及网络，重点介绍了 MPI 通信、PROFIBUS 通信以及点对点通信等。第十三章介绍了 S7-300/400 系列 PLC 应用编程实例，如运料小车控制系统、水塔水位控制、四节传送带控制系统和电梯控制系统。

本书由张红涛主编，并负责全书的组织、统稿和修改工作，姬鹏飞、张恒源、陈冬丽为副主编，参加编写的还有王子剑、胡玉霞。其中，张红涛编写了第九章，姬鹏飞编写了第一章、第二章、第四章和第五章，陈冬丽编写了第三章和第七章，张恒源编写了第八章、第十章、第十一章和第十三章，王子剑编写了第六章，胡玉霞编写了第十二章。

限于编者水平，书中难免存在缺点和不足之处，恳请读者提出宝贵的意见和建议。

编　者

2014 年 1 月

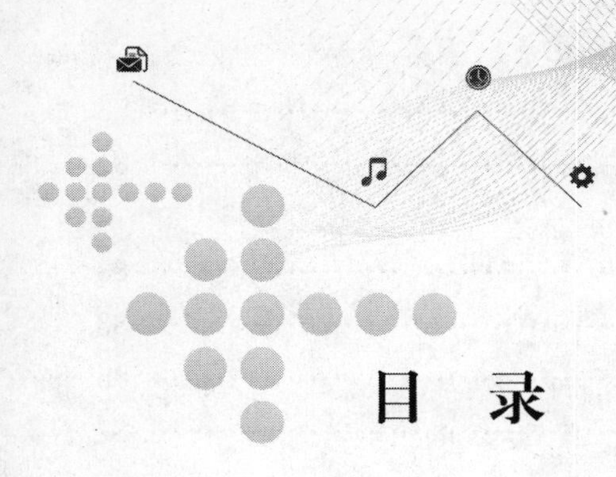

目 录

第一章 可编程控制器基础

第一节 可编程控制器概述

可编程控制器是微机技术与继电器常规控制技术相结合的产物，是为工业控制应用而专门设计制造的。早期可编程控制器主要应用于逻辑控制，因此称作可编程逻辑控制器（Programmable Logic Controller，PLC）。随着技术的发展，可编程逻辑控制器的功能已经大大超越了逻辑控制的范围，故称作可编程控制器（Programmable Controller）。为了避免与个人计算机的简称 PC 相互混淆，仍将可编程控制器简称为 PLC。

一、可编程控制器的产生与发展

可编程控制器是 20 世纪 60 年代末在美国首先出现的，目的是用来取代继电器，以执行逻辑判断、计时、计数等顺序控制功能。其基本设计思想是把计算机功能完善、灵活、通用等优点和继电器控制系统的简单易懂、操作方便、价格便宜等优点结合起来，控制器的硬件是标准的、通用的。根据实际应用对象，将控制内容写入控制器的用户程序内，控制器和被控对象连接也很方便。它的开创性意义在于引入了程序控制功能，为计算机技术在工业控制领域的应用开辟了新的空间。

20 世纪 70 年代，微处理器的出现使 PLC 发生了巨大的变化。各 PLC 生产厂家开始采用微处理器作为 PLC 的中央处理单元，这样就使 PLC 的功能大大增强。在软件方面，除了保持其原有的逻辑运算、定时、计数等功能外，还增加了算术运算、数据处理和传送、通信、自诊断等功能；在硬件方面，除了保持原有的开关量模块以外，还增加了模拟量模块、远程 I/O 模块等各种特殊模块，并扩大了存储器的容量。

进入 20 世纪 80 年代中期，由于超大规模集成电路技术的迅速发展，微处理器的市场价格大幅下降，使得各种类型的 PLC 所采用的微处理器的档次普遍提高。为了进一步提高 PLC 的处理速度，各制造厂商还纷纷研制开发了专用逻辑处理芯片，使得 PLC 的软、硬件功能发生了巨大变化。

现代 PLC 的发展有两个趋势，其一是向体积更小、速度更快、可靠性更高、功能更强、价格更低的小型 PLC 方向发展，其二是向大型、网络化、良好兼容性和多功能方向发展。

二、可编程控制器的特点

PLC 之所以高速发展，除了工业自动化的客观需要外，PLC 还有许多独特的优点。它较好地解决了工业控制领域中普遍关心的可靠性、通用性、灵活性和方便性等问题。PLC 的主要特点如下：

（一）可靠性高

PLC 由于采用现代大规模集成电路技术，采用严格的生产工艺制造，内部电路采取了先进的抗干扰技术，具有很高的可靠性。例如，西门子公司生产的 PLC 平均无故障时间高达 30 万 h，一些使用冗余 CPU 的 PLC 的平均无故障工作时间则更长。从 PLC 的机外电路来说，使用 PLC 构成控制系统，和同等规模的继电接触器系统相比，电气接线及开关触点已减少到数百甚至数千分之一，故障也就大大降低。此外，PLC 带有硬件故障自我检测功能，出现故障时可及时发出警报信息。在应用软件中，应用者还可以编入外围器件的故障自诊断程序，使系统中除 PLC 以外的电路及设备也获得故障自诊断保护。这样，整个系统具有极高的可靠性。

（二）硬件配套齐全，功能完善，适用性强

PLC 发展到今天，已经形成了大、中、小各种规模的系列化产品，并且已经标准化、系列化和模块化，配备有品种齐全的各种硬件装置供用户选用，用户能灵活方便地进行系统配置，组成不同功能、不同规模的系统。PLC 的安装接线也很方便，一般用接线端子连接外部接线。PLC 有较强的带负载能力，可直接驱动一般的电磁阀和交流接触器，可以用于各种规模的工业控制场合。除了逻辑处理功能以外，现代 PLC 大多具有完善的数据运算能力，可用于各种数字控制领域。近年来 PLC 的功能单元大量涌现，使 PLC 渗透到了位置控制、温度控制、压力控制等各种工业控制中。加上 PLC 通信能力的增强及人机界面技术的发展，使用 PLC 组成各种控制系统变得非常容易。

（三）易学易用，深受工程技术人员欢迎

PLC 作为通用工业控制计算机，是面向工矿企业的工业控制设备。它接口简单，编程语言易于被工程技术人员所接受。梯形图语言的图形符号与表达方式和继电器电路图相当接近，只用 PLC 的少量开关量逻辑控制指令就可以方便地实现继电器电路的功能。为不熟悉电子电路、不懂计算机原理和汇编语言的人使用计算机从事工业控制打开了方便之门。

（四）系统的设计、安装、调试工作量小，维护方便，容易改造

PLC 的梯形图程序采用经验法和顺序控制设计法。这种编程方法很有规律，很容易掌握。对于复杂的控制系统，梯形图的设计时间比设计继电器系统电路图的时间要少得多。

PLC 用存储逻辑代替接线逻辑，大大减少了控制设备外部的接线，使控制系统设计及建造的周期大为缩短，同时维护也变得容易起来。更为重要的一点在于，它使同一设备经过改变程序而改变生产过程成为可能，这很适合多品种、小批量的生产场合。

（五）体积小，质量轻，能耗低

以超小型 PLC 为例，新近生产的品种底部尺寸小于 100mm，仅相当于几个继电器的大小，因此可将开关柜的体积缩小到原来的 1/2～1/10。它的重量小于 150g，功耗仅数瓦。由于体积小很容易装入机械内部，是实现机电一体化的理想控制设备。

第二节　可编程控制器的硬件组成

PLC 实质是一种专门用于工业控制的没有外设的计算机，其软硬件结构原理基本上与微型计算机相同，基本组成一般可分为以下几个部分，如图 1-1 所示。

一、电源（PS）

PLC 的电源在整个系统中起着十分重要的作用。如果没有一个良好的、可靠的电源系统是无法正常工作的，因此 PLC 的制造商对电源的设计和制造十分重视。一般 AC 220V 电

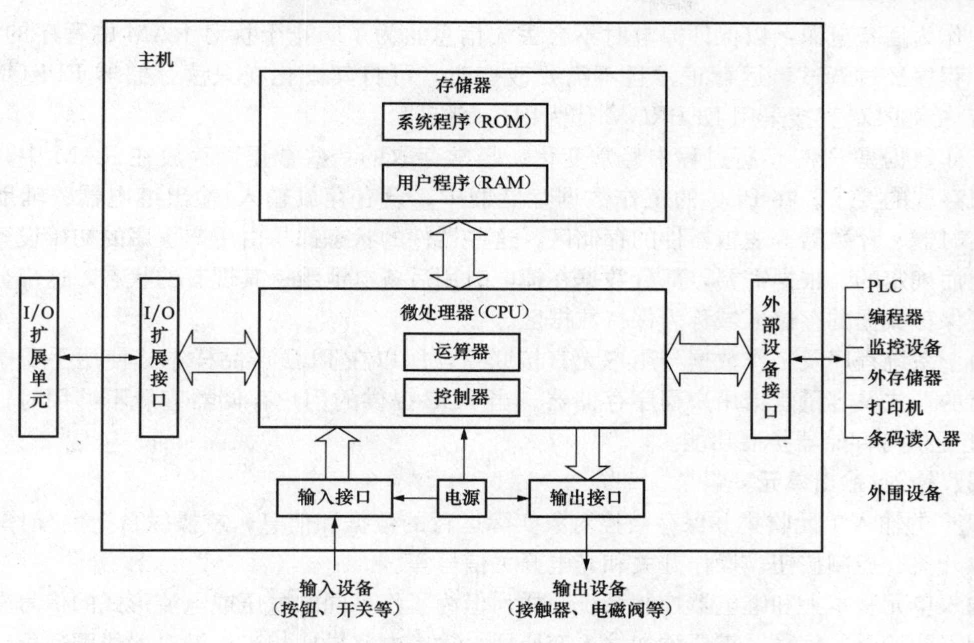

图 1-1　PLC 的基本组成

压波动在±10%或±15%范围之内，可以不用采取其他措施就可以将 PLC 直接连接到交流电网上去。

二、中央处理单元（CPU）

中央处理单元是 PLC 的控制中枢，它按照 PLC 系统程序赋予的功能接收并存储从编程器输入的用户程序和数据，检查电源、存储器、输入/输出（I/O）以及警戒定时器的状态，并能诊断用户程序中的语法错误等。当 PLC 投入运行时，首先它以扫描的方式接收现场各输入装置的状态和数据，并分别存入 I/O 映象区，然后从用户程序存储器中逐条读取用户程序，经过命令解释后按指令的规定执行逻辑或算术运算后，得出结果，并将结果送入 I/O 映像区或数据寄存器内。在所有的用户程序执行完毕之后，CPU 将 I/O 映像区的各输出状态或输出寄存器内的数据传送到相应的输出装置。为了进一步提高 PLC 的可靠性，近年来对大型 PLC 还采用双 CPU 冗余系统，或采用三 CPU 的表决式系统。这样，即使某个 CPU 出现故障，整个系统仍能正常运行。

三、存储器（ROM/RAM）

存储器主要有两种：一种是可读/写操作的随机存储器 RAM，另一种是只读存储器 ROM、PROM、EPROM 和 EEPROM。在 PLC 中，存储器主要用于存放系统程序、用户程序及工作数据。

系统程序是由 PLC 的制造厂家编写的，和 PLC 的硬件组成有关，完成系统诊断、命令解释、功能子程序调用管理、逻辑运算、通信及各种参数设定等功能，提供 PLC 运行的平台。系统程序关系到 PLC 的性能，而且在 PLC 使用过程中不会变动，所以是由制造厂家直接固化在只读存储器 ROM、PROM 或 EPROM 中，用户不能访问和修改。

用户程序是随 PLC 的控制对象而定的，由用户根据控制对象生产工艺的控制要求而编制的应用程序。为了便于读出、检查和修改，用户程序一般存于 CMOS 静态 RAM 中，用锂电池作为后备电源，以保证掉电时不会丢失信息。为了防止干扰对 RAM 中程序的破坏，当用户程序经过调试，运行正常且不需要改变时，可将其固化在只读存储器 EPROM 中。现在有许多 PLC 直接采用 EEPROM 作为用户存储器。

工作数据是 PLC 运行过程中经常变化、经常存取的一些数据，存放在 RAM 中，以适应随机存取的要求。在 PLC 的工作数据存储器中，设有存放输入/输出继电器、辅助继电器、定时器、计数器等逻辑器件的存储区，这些器件的状态都是由用户程序的初始设置和运行情况而确定的。根据需要，部分数据在掉电时用后备电池维持其现有的状态，这部分在掉电时可保存数据的存储区域称为保持数据区。

由于系统程序及工作数据与用户无直接联系，所以在 PLC 产品样本或使用手册中所列存储器的形式及容量是指用户程序存储器。当 PLC 提供的用户存储器容量不够用时，许多 PLC 还提供有存储器扩展功能。

四、输入/输出单元

PLC 的输入单元收集并保存被控对象实际运行的数据和信息，或操纵台上的操作命令，如限位开关、控制按钮、操作开关和光电开关信号等。

输入单元基本上和继电器控制系统一样，但为了将不同的电压或电流形式的信号转换成微处理器能接受的信号，需要添加输入变换器。输入电路导通相当于继电器线圈通电，它驱动内部电路的通断相当于继电器触点的通断。因此，每一个输入单元电路可以等效成一个输入继电器。

输出单元是将微处理器处理的逻辑信号变换为被控制设备所需的电压或电流信号，以驱动接触器、电磁阀等被控设备。

输出单元也需要添加变换器。这里，一个输出单元可以等效成一个输出继电器。输出继电器的类型通常有三种：有触点继电器、无触点交流开关（双向晶闸管）和无触点直流开关（晶体管），可根据不同类型的负载和用户的需要选用。

五、外部设备

PLC 的外部设备种类很多，总体来说可以概括为四大类：编程设备、监控设备、存储设备和输入/输出设备。

（一）编程设备

编程设备的作用是编辑、调试、输入用户程序，也可在线监控 PLC 内部状态和参数，与 PLC 进行人机对话。它是开发、应用、维护 PLC 不可缺少的工具。编程设备可以是专用编程器，也可以是配有专用编程软件包的通用计算机系统。专用编程器是由 PLC 厂家生产，专供该厂家生产的某些 PLC 产品使用，它主要由键盘、显示器和外部存储器接口等部件组成。专用编程器有简易编程器和智能编程器两类。

简易型编程器只能联机编程，而且不能直接输入和编辑梯形图程序，需将梯形图程序转化为指令表程序才能输入。简易编程器体积小、价格便宜，它可以直接插在 PLC 的编程插座上，或者用专用电缆与 PLC 相连，方便编程和调试。有些简易编程器带有存储盒，可用来储存用户程序，如三菱的 FX-20P-E 简易编程器。

智能编程器又称为图形编程器，本质上是一台专用便携式计算机，如三菱的 GP-80FX-E 智能型编程器。它既可联机编程，又可脱机编程。可直接输入和编辑梯形图程序，使用更加直观、方便，但价格较高，操作也比较复杂。大多数智能编程器带有磁盘驱动器，提供录音机接口和打印机接口。

（二）监控设备

PLC将现场数据实时上传给监控设备，监控设备则将这些数据动态实时显示出来，以便操作人员和技术人员随时掌握系统运行的情况，操作人员能够通过监控设备向PLC发送操控指令，故把具有这种功能的设备称为人机界面设备。PLC厂家通常都提供专用的人机界面设备，目前使用较多的有操作屏和触摸屏人机界面设备等。这两种设备均采用液晶显示屏，通过专用的开发软件设计用户工艺流程图，与PLC联机后能够实现现场数据的实时显示。操作屏同时还提供多个可定义功能的按键，而触摸屏则可以将控制键直接定义在流程图的画面中，使得控制操作更加直观。

（三）存储设备

存储设备用于保存用户数据，避免用户程序丢失。存储设备有存储卡、只读存储器等多种形式，配合这些存储载体，有相应的读写设备和接口部件。

（四）输入/输出设备

输入/输出设备是用于接收信号和输出信号的专用设备，如条码读入器、打印机等。

第三节　可编程控制器的工作原理

可编程控制器是一种数字运算操作的电子系统，专为在工业环境下应用而设计。从PLC产生的背景来看，PLC系统与继电器控制系统是一脉相承的，因此可以参照继电器系统的学习方法来学习PLC的工作原理。

一、PLC的基本控制原理

一个PLC控制系统一般由输入部分、逻辑部分和输出部分组成。输入部分的组成元件通常是各类按钮、转换开关、行程开关、接近开关等，其作用是收集并保存被控对象实际运行的数据和信息；逻辑电路部分用软件来实现，这一点与继电控制系统是有区别的，即继电控制系统一般由相关硬件，如继电器、计数器、定时器等元件的触点、线圈按照要求的逻辑关系连接而成，而PLC的逻辑电路部分的作用是处理输入部分取得的信息，并按照被控对象实际的动作要求做出反应；输出部分则是各种电磁阀线圈、接触器、信号指示灯等执行元件，其作用是提供正在被控制的许多装置中，哪几个设备需要进行实时操作处理。

下面通过一个例子来说明PLC的基本控制原理。图1-2是一个典型的启动/停止控制电路，由继电器元件组成。电路中有两个输入，分别为启动按钮（SB1）、停止按钮（SB2）；一个输出为接触器KM。图1-2中的输入输出逻辑关系由硬件连线实现。

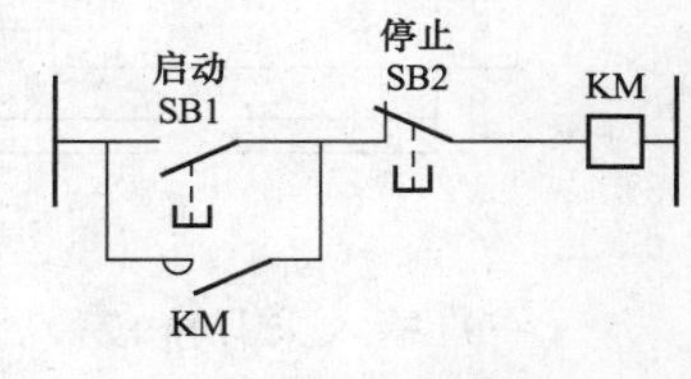

图1-2　继电器启动/停止电路

当用PLC来完成这个控制任务时，可将输入条件接入PLC，而用PLC的输出单元驱动接触器KM，它们之间要满足的逻辑关系由程序实现。与图1-2等效的PLC控制原理图如图1-3所示。

两个输入按钮信号经过PLC的接线端子进入输入接口电路，PLC的输出经过输出接口、输出端子驱动接触器KM；用户程序所采用的编程语言为梯形图语言。两个输入分别接入I0.3和I0.7端口，输出所用端口为Q0.2，图中只画出8个输入端口和8个输出端口，实

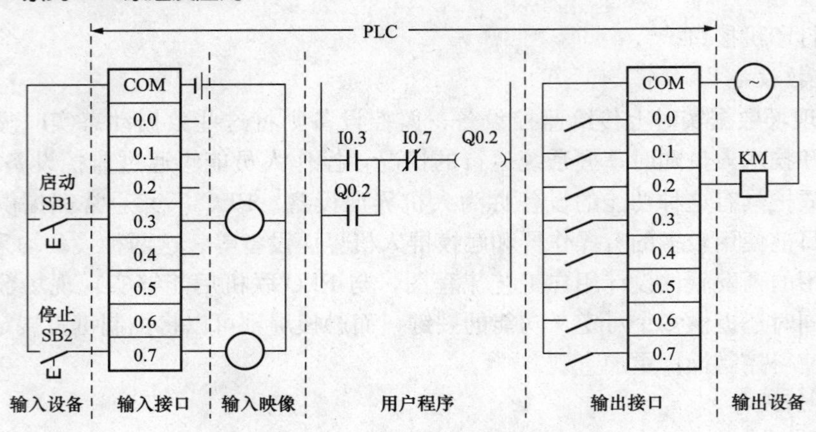

图 1-3　PLC 控制原理图

际使用时可任意选用。输入映像对应的是 PLC 内部的数据存储器，而非实际的继电器线圈。

图 1-3 中的 I0.0～I0.7、Q0.0～QO.7 分别表示输入、输出端口的地址，也对应着存储器空间中特定的存储位，这些位的状态（ON 或者 OFF）表示相应输入、输出端口的状态。每一个输入、输出端口的地址是唯一固定的，PLC 的接线端子编号与这些地址一一对应。由于所有的输入、输出状态都是由存储器的位来表示的，它们并不是物理上实际存在的继电器线圈，所以常称它们为“软元件”，它们的动合、动断触点可以在程序中无限次使用。

二、可编程控制器的工作过程

PLC 采用“顺序扫描、不断循环”的工作方式，这个过程可分为输入采样、程序执行、输出刷新三个阶段，整个过程扫描并执行一次所需的时间称为扫描周期。PLC 用户程序扫描工作过程如图 1-4 所示。

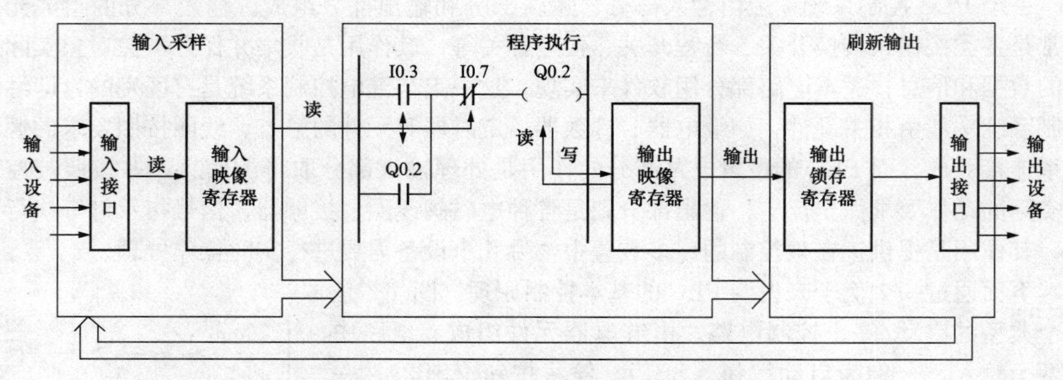

图 1-4　PLC 用户程序扫描工作过程

（一）输入采样阶段

PLC 在输入采样阶段，以扫描方式顺序读入所有输入端的通/断状态或输入数据，并将此状态存入输入状态寄存器，即输入刷新。接着转入程序执行阶段。在程序执行期间，即使输入状态发生变化，输入状态寄存器的内容也不会改变，只有在下一个扫描周期的输入处理阶段才能被读入。

（二）程序执行阶段

PLC 在程序执行阶段，按先左后右，先上后下的顺序，执行程序指令。其过程如下：

从输入状态寄存器和其他元件状态寄存器中读出有关元件的通/断状态，并根据用户程序进行逻辑运算，运算结果再存入有关的状态寄存器中。

以图 1-4 中的用户程序为例，CPU 首先读到的是动合触点 I0.3，然后在输入映像寄存器中找到 I0.3 的当前状态，接着从输出映像寄存器中得到 Q0.2 的当前状态，两者的当前状态进行“或”逻辑运算，结果暂存；CPU 读到的下一条梯形图指令是 I0.7 的动断触点，同样从输入映像寄存器中得到 I0.7 的状态，将 I0.7 动断触点的当前状态与上一步的暂存结果进行逻辑“与”运算，最后根据运算结果得到输出线圈 Q0.2 的状态（ON 或者 OFF），并将其保存到输出映像寄存器中，也就是对输出映像寄存器进行了刷新。这里需要注意的是，在程序执行过程中用到了 Q0.2 的状态，该状态是上一个周期执行的结果。

当用户程序被完全扫描一遍后，所有的输出映像都被依次刷新，系统进入下一个阶段：输出刷新阶段。

（三）输出刷新阶段

在所有指令执行完毕后，将各物理继电器对应的输出状态寄存器的通/断状态，在输出刷新阶段转存到输出寄存器，去控制各物理继电器的通/断，即 PLC 的实际输出。

第四节　可编程控制器的技术指标及分类

一、可编程控制器的技术指标

各厂家的 PLC 产品虽然各有特色，但是总体来讲都可用以下几项指标来衡量对比其性能。

（一）I/O 点数

I/O 点数是评价一个系列的 PLC 可适用于何等规模系统的重要参数，通常厂家的技术手册都会给出相应 PLC 的最大数字量 I/O 点数以及最大模拟量 I/O 通道数，反映了该类型 PLC 的最大输入/输出规模。

（二）内存容量

厂家提供的存储容量指标一般均指用户程序存储器容量，体现了用户程序可以达到的规模。一般以 kB（千字节）、MB（百万字节）表示，有些 PLC 的用户程序存储器需要另外购买外部插入的存储器卡，或者可用存储卡扩充。

（三）扫描速度

扫描速度指标体现了 PLC 指令执行速度的快慢，是对控制系统实时性能的评价指标。

（四）指令系统

PLC 指令系统拥有的指令种类和数量是衡量其软件功能强弱的重要指标。PLC 具有的指令种类越多，说明其软件功能越强。PLC 指令一般分为基本指令和高级指令两部分。

（五）内部继电器和寄存器

PLC 内部有许多继电器和寄存器，用以存放变量状态、中间结果和数据等，还有许多具有特殊功能的辅助继电器和寄存器，如定时器、计数器、系统寄存器、索引寄存器等。通过使用它们，使用户编程方便灵活，可简化整个系统的设计。因此内部继电器、寄存器的配置情况常是衡量 PLC 硬件功能的一个指标。

(六) 特殊功能及模块

除基本功能外，评价 PLC 技术水平的指标还可以看一些特殊功能，例如自诊断功能、通信联网功能、远程 I/O 能力等，以及 PLC 所能提供的特殊功能模块，例如高速计数模块、位置控制模块、闭环控制模块等。目前各生产厂家都在开发功能模块上下很大功夫，使其发展很快，种类日益增多，功能也越来越强。主要有 A/D 和 D/A 转换模块、高速计数模块、位置控制模块、PID 控制模块、速度控制模块、温度控制模块、远程通信模块、高级语言编辑模块以及各种物理量转换模块等。这些高级模块不但能使 PLC 进行开关量顺序控制，而且能进行模拟量控制、定位控制和速度控制等。特别是网络通信模块的迅速发展，实现了 PLC 之间、PLC 与计算机间的通信，使得 PLC 可以充分利用计算机和互联网的资源，实现远程监控。

(七) 工作环境

PLC 对工作环境有一定的要求，应尽量避免安装在有大量粉尘和金属屑的场所，避免阳光直射，避免有腐蚀性气体和易燃气体的场所，尽量避免连续的震动和冲击，PLC 适宜的温度范围通常在 0～55℃之间，对湿度的要求是小于 85%（无结露）。

二、可编程控制器的分类

PLC 产品种类繁多，其规格和性能各不相同。对 PLC 的分类，通常根据其结构形式的不同、功能的差异和 I/O 点数的多少等进行大致分类。

按结构分可将 PLC 分为整体式 PLC、模块式 PLC、叠装式 PLC 三类。

(一) 整体式 PLC

整体式 PLC 是将电源、CPU、I/O 接口等部件都集中装在一个机箱内，具有结构紧凑、体积小、价格低的特点。小型 PLC 一般采用这种整体式结构。整体式 PLC 由不同 I/O 点数的基本单元和扩展单元组成。基本单元内有 CPU、I/O 接口、与 I/O 扩展单元相连的扩展口，以及与编程器或 EPROM 写入器相连的接口等。扩展单元内只有 I/O 和电源等，没有 CPU。基本单元和扩展单元之间一般用扁平电缆连接。整体式 PLC 一般还可配备特殊功能单元，如模拟量单元、位置控制单元等，使其功能得以扩展。

(二) 模块式 PLC

模块式 PLC 是将 PLC 各组成部分，分别做成若干个单独的模块，如 CPU 模块、I/O 模块、电源模块（有的含在 CPU 模块中）以及各种功能模块。模块式 PLC 由框架或基板和各种模块组成，模块装在框架或基板的插座上。这种模块式 PLC 的特点是配置灵活，可根据需要选配不同规模的系统，而且装配方便，便于扩展和维修。大、中型 PLC 一般采用模块式结构。

还有一些 PLC 将整体式和模块式的特点结合起来，构成叠装式 PLC。叠装式 PLC 的 CPU、电源、I/O 接口等也是各自独立的模块，但它们之间是靠电缆进行连接，并且各模块可以一层层地叠装。这样，不但系统可以灵活配置，还可做得体积小巧。

(三) 叠装式 PLC

上述两种结构各有特色，整体式 PLC 结构紧凑、安装方便、体积小，易于与被控设备组成一体，但有时系统所配置的输入/输出点不能被充分利用，且不同 PLC 的尺寸大小不一致，不易安装整齐；模块式 PLC 点数配置灵活，但是尺寸较大，很难与小型设备连成一体。为此开发了叠装式 PLC，它吸收了整体式和模块式 PLC 的优点，其基本单元、扩展单元等高等宽，它们不用基板，仅用扁平电缆连接，紧密拼装后组成一个整齐的体积小巧的长方体，而且输入/输出点数的配置也相当灵活。带扩展功能的 PLC，扩展后的结构即为叠装式 PLC。

根据 PLC 的容量，可将 PLC 分为小型、中型和大型三类。

（一）小型 PLC

I/O 点总数一般小于或等于 256 点。其特点是体积小、结构紧凑，整个硬件融为一体，除了开关量 I/O 以外，还可以连接模拟量 I/O 以及其他各种特殊功能模块。它能执行包括逻辑运算、计时、计数、算术运算、数据处理和传送、通信联网以及各种应用指令。如 OMRON 的 CPM1A 系列、CPM2A 系列、CQM 系列，SIEMENS 的 S7-200 系列。

（二）中型 PLC

I/O 点总数通常从 256 点至 2048 点，内存在 8KB 以下，I/O 的处理方式除了采用一般 PLC 通用的扫描处理方式外，还能采用直接处理方式，即在扫描用户程序的过程中，直接读输入、刷新输出。它能连接各种特殊功能模块，通信联网功能更强，指令系统更丰富，内存容量更大，扫描速度更快。如 OMRON 的 C200P/H，SIEMENS 的 S7-300 系列。

（三）大型 PLC

一般 I/O 点数在 2048 点以上的称为大型 PLC。大型 PLC 的软、硬件功能极强，具有极强的自诊断功能。通信联网功能强，有各种通信联网的模块，可以构成三级通信网，实现工厂生产管理自动化。如 OMRON 的 C500P/H、C1000P/H，SIEMENS 的 S7-400 系列。

在实际应用中，一般 PLC 功能的强弱与其 I/O 点数的多少是相互关联的，即 PLC 的功能越强，其可配置的 I/O 点数越多。因此，通常我们所说的小型、中型、大型 PLC，除指其 I/O 点数不同外，同时也表示其对应功能为低档、中档、高档。

第二章　S7-200 PLC的系统概述

第一节　S7-200 PLC 的功能概述

德国的西门子公司是欧洲最大的电子和电气设备制造商，生产的西门子可编程控制器在欧洲处于领先地位。其第一代可编程控制器是 1975 年投放市场的西门子 S3 系列的控制系统。在 1979 年，微处理器技术被应用到可编程控制器中，产生了西门子 S5 系列。在 1996 年又推出了西门子 S7 系列产品，它包括小型 PLC S7-200、中型 PLC S7-300 和大型 PLC S7-400。S7-200 PLC 的主要特点如下：

（1）系统集成方便，安装简单，能按搭积木方式进行系统配置，功能扩展灵活方便；

（2）运算速度快，基本逻辑控制指令的执行时间为 0.22μs；

（3）有很强的网络功能，可用多个 PLC 连接成工业网络，构成完整的过程控制系统，可实现总线联网，也可实现点到点通信；

（4）允许使用相关的程序软件包及工业通信网络软件，编程工具更为开放，人机界面十分友好；

（5）输入/输出通道响应速度快。系统内部集成的高速计数输入与高速脉冲输出，最高输出频率可达到 100kHz。

由于 S7-200 系列 PLC 具有紧凑的设计、良好的扩展性、低廉的价格和强大的指令系统，使得它能近乎完美地满足小规模的控制要求，适用于各行各业、各种场合中的检测、监测及控制的自动化。S7-200 系列 PLC 的强大功能使其无论在独立运行中，或者相连成网络，皆能实现复杂的控制功能。另外，其丰富的 CPU 类型及电压等级，使其在解决用户的自动化问题时，具有很强的适应性。

第二节　S7-200 PLC 的系统构成

S7-200 PLC 系统由基本单元（S7-200 CPU 模块）、个人计算机（PC）或编程器、STEP7-Micro/WIN32 编程软件、通信电缆构成，如图 2-1 所示。

一、基本单元

基本单元（S7-200 CPU 模块）也称为主机，它包括一个中央处理单元（CPU）、电源、数字量输入/输出单元，这些被集成在一个紧凑、独立的装置中。基本单元可以构成一个独立的控制系统。

二、个人计算机或编程器

个人计算机或编程器装上 STEP7-Micro/WIN32 编程软件后，才可供用户进行程序的编写、编辑、调试和监视等。

三、STEP7-Micro/WIN32 编程软件

STEP7-Micro/WIN32 编程软件的基本功能是创建、编辑、调试用户程序、组态系统等。该编程软件支持 Windows 的应用软件。

四、通信电缆

通信电缆用来实现 PLC 与个人计算机的通信。

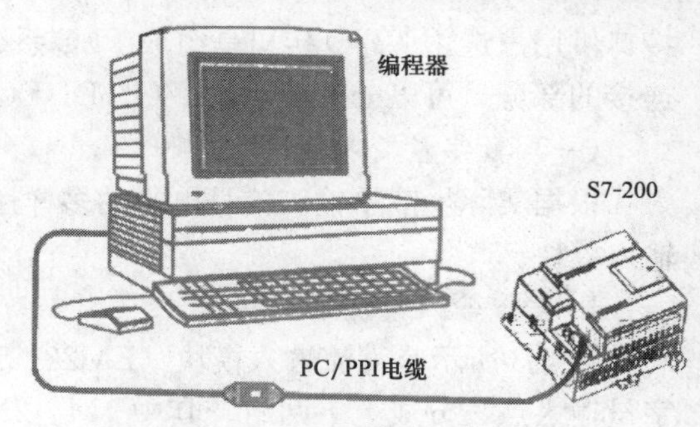

图 2-1　PLC 系统组成图

为适应不同控制要求的场合，西门子公司推出多种 S7-200 PLC 主机的型号、规格。S7-200 CPU22X 系列产品有 CPU221 模块、CPU222 模块、CPU224 模块、CPU226 模块、CPU226XM 模块，所有型号都带有数量不等的数字量输入/输出（I/O）点。S7-200 CPU 模块结构如图 2-2 所示，在顶部端子盖内有电源及输出端子；在底部端子盖内有输入端子及传感器电源；在中部右前侧盖内有 CPU 工作方式开关（RUN/STOP/TERM）、模拟调节电位器和扩展 I/O 连接接口；在模块左侧有状态 LED 指示灯、存储器卡及通信接口。

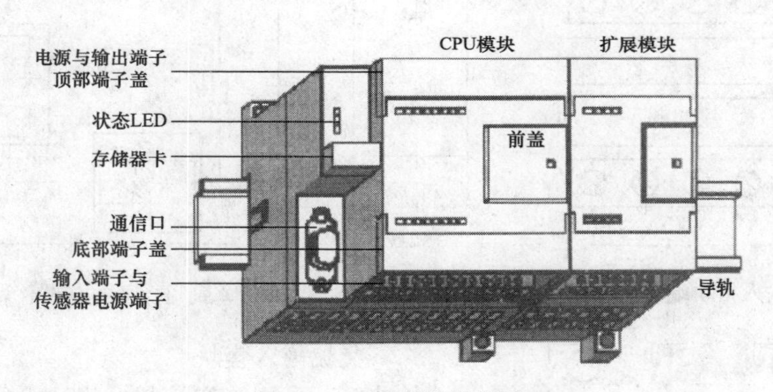

图 2-2　CPU 模块结构图

第三节　S7-200 PLC 的接口模块

S7-200 PLC 接口单元包括输入/输出接口、通信接口、编程器接口和存储器接口等。

一、输入/输出接口

输入/输出接口通常也称为 I/O 单元或 I/O 模块，是 PLC 与工业生产现场之间的连接部件。PLC 通过输入接口可以检测被控对象的各种数据，并用这些数据作为它对被控制对象进行控制的依据；同时 PLC 又通过输出接口将处理结果送给被控制对象，以实现控制的目的。

由于外部输入设备和输出设备所需的信号电平是多种多样的，而 PLC 内部 CPU 的处理的信息只能是标准电平，所以 I/O 接口要实现这种转换。I/O 接口一般都具有光电隔离和滤波功能，可以提高 PLC 的抗干扰能力。另外，I/O 接口上通常还有状态指示，工作状况直观，便于维护。PLC 提供了多种操作电平和驱动能力的 I/O 接口，有各种各样功能的 I/O

接口供用户选用。I/O 接口是组成 PLC 系统的重要环节，是 PLC 和工业控制现场各类信号连接的部分，可以分为数字量 I/O（DI/DO）和模拟量 I/O（AI/AO）两大类。

（一）数字量输入模块

根据实际生产中输入信号电平的多样性，可将数字量输入模块分为直流输入模块和交流输入模块。

1. 直流输入模块

图 2-3 所示是直流输入模块（EM221 8×DC 24V）端子的接线图，图 2-3 中共有 8 个数字量输入点，分成上下两组。其中 1M、2M 分别是两组输入点内部电路的公共端，每组需用户提供一个 DC 24V 电源。

直流输入模块的输入电路如图 2-4 所示。该输入电路的特点是：双向光耦合器隔离了输入电路与 PLC 内部电路的电气连接，使外部信号（通/断）通过光耦合变成内部电路能接收的标准信号（1/0）。电阻 R_2 和电容 C 并联构成滤波电路，其作用是滤掉输入信号的高频抖动。双向发光二极管 VL 用于工作状态（开关 SB1 的闭合/断开）指示。

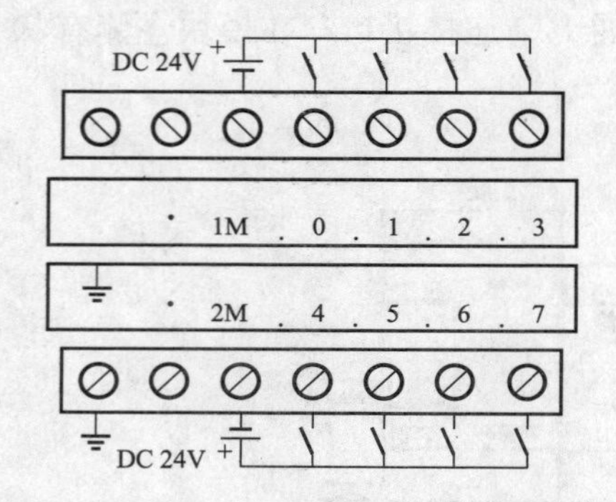

图 2-3　直流输入模块端子接线图

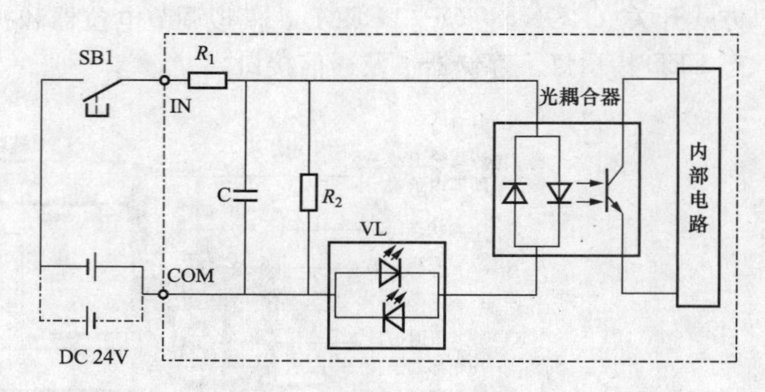

图 2-4　直流输入电路

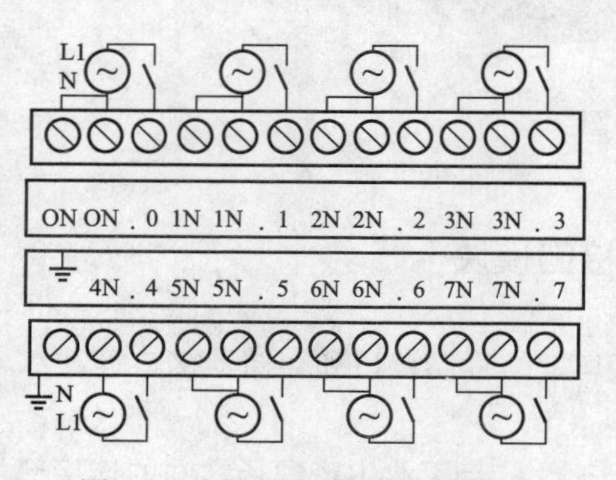

图 2-5　交流输入模块端子接线图

2. 交流输入模块

图 2-5 所示是交流输入模块（EM221 8×AC 120V/230V）端子的接线图，图 2-5 中共有 8 个分隔式数字量输入端子，分为上下两组。每个输入点都占用两个接线端子，它们各自使用 1 个独立的交流电源（由用户提供）。

交流输入模块的输入电路如图 2-6 所示。当开关 SB1 闭合后，交流电源经 C、R_2、双向光耦合器中的一个发光二极管，使发光二极管发光，经光耦合，光敏晶体管接收光信号，并将该信号送至 PLC 内部电路，供 CPU 处理。双向发光二极管 VL 指示输入状态。

为防止输入信号过高，每路输入信号并接取样电阻 R_1 用来限幅；为减少高频信号窜入，串接 R_2、C 作为高频去耦电路。

（二）数字量输出模块

根据现场执行机构所需电流的类型，数字量输出模块分为直流输出模块、交流输出模块、交直流输出模块三种。

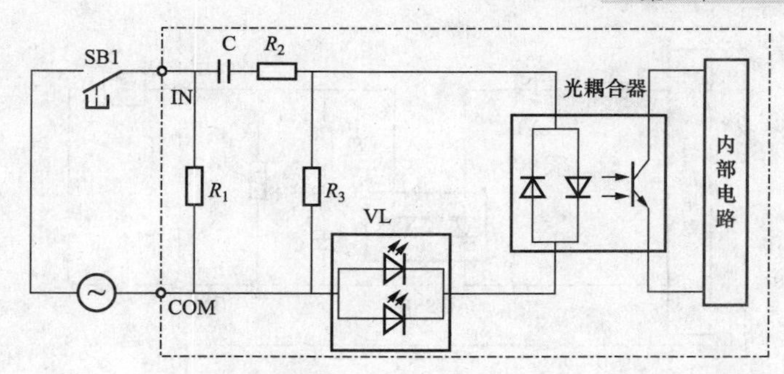

图 2-6　交流输入电路

1. 直流输出模块

图 2-7 所示是直流输出模块 EM222 8×DC 24V 端子的接线图，图 2-7 中 8 个数字量输出点分成两组。其中 1L＋、2L＋分别是两组输出点内部电路的公共端，每组需用户提供一个 DC 24V 的电源。

图 2-8 所示是直流输出模块的输出电路，其输出采用晶体管输出方式，或用场效应晶体管（MOSFET）驱动。图 2-8 中光耦合器实现光电隔离，场效应晶体管作为功率驱动的开关器件，稳压管用于防止输出端过电压以保护场效应晶体管，发光二极管用于指示输出状态。

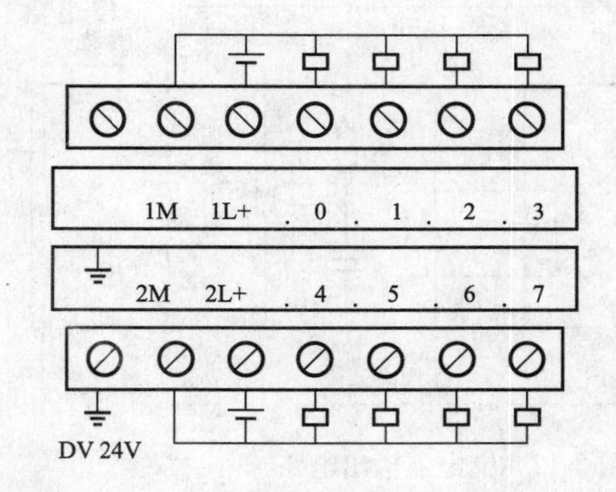

图 2-7　直流输出模块端子接线图

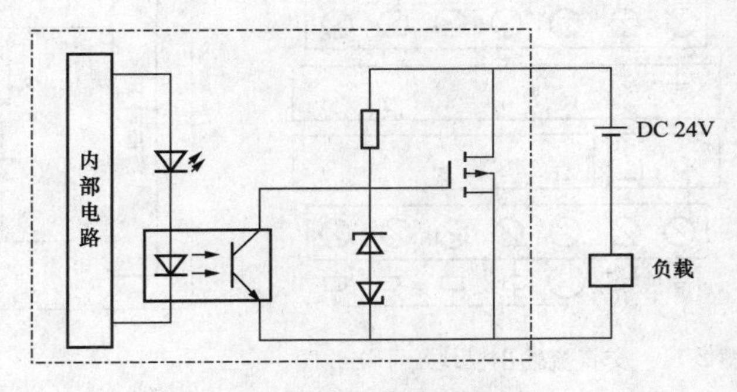

图 2-8　场效应晶体管输出电路

2. 交流输出模块

图 2-9 所示是交流输出模块 EM222 8×AC 120V/230V 端子的接线图。图 2-9 中 8 个数字量输出点分成两组。每个输出点占用两个接线端子，且它们各自都由用户提供一个独立的交流电源。

图 2-10 所示是交流输出模块的输出电路。该模块采用晶闸管输出方式，其特点是输出启动电流大。图 2-10 中固态继电器（AC SSR）作为功率放大的开关器件，同时也是光电隔离器件，电阻 R_2 和电容 C 组成高频滤波电路，压敏电阻起过电压保护作用，消除尖峰电压。

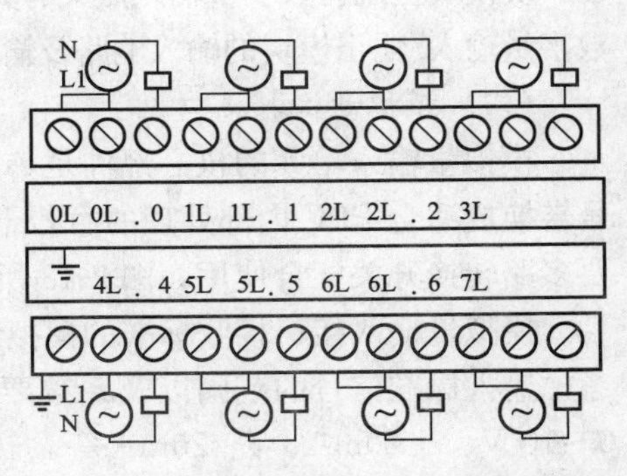

图 2-9　交流输出模块端子接线图

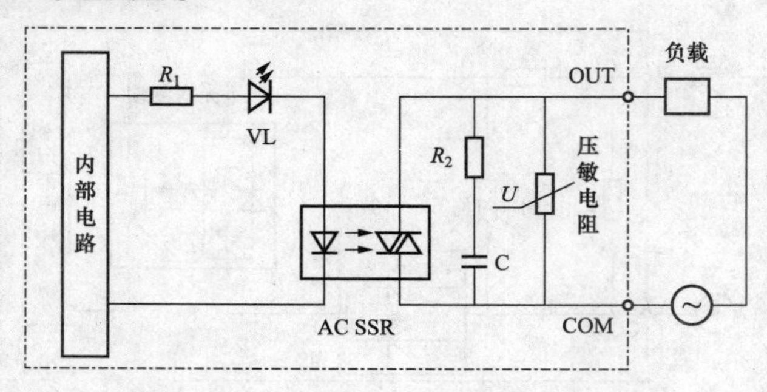

图 2-10　交流输出电路

3. 交直流输出模块

图 2-11 所示是交直流输出模块（EM222 8×继电器）端子的接线图。图 2-11 中共有 8 个输出点，分成两组，其中 1L、2L 是每组输出点内部电路的公共端。每组需用户提供一个外部电源（可以是直流或交流电源）。

交直流输出模块的输出电路如图 2-12 所示。该模块采用继电器输出方式，其特点是可根据负载的性质（直流负载或交流负载）来选用负载回路的电源（直流电源或交流电源），输出电流大（可达 2～4A），可带交流、直流负载，适应性强，但响应速度慢。

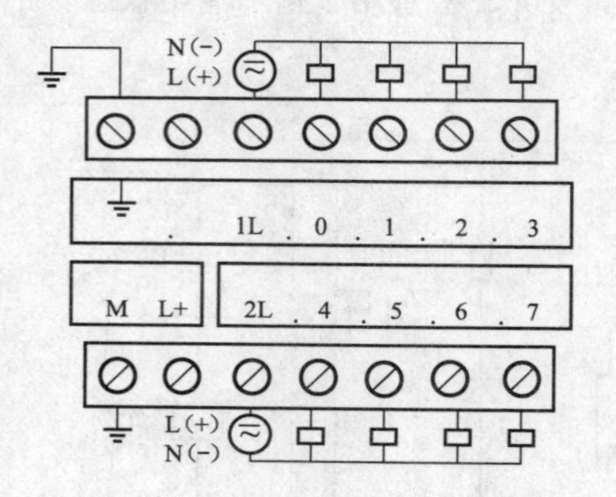

图 2-11　交直流输出模块端子接线图

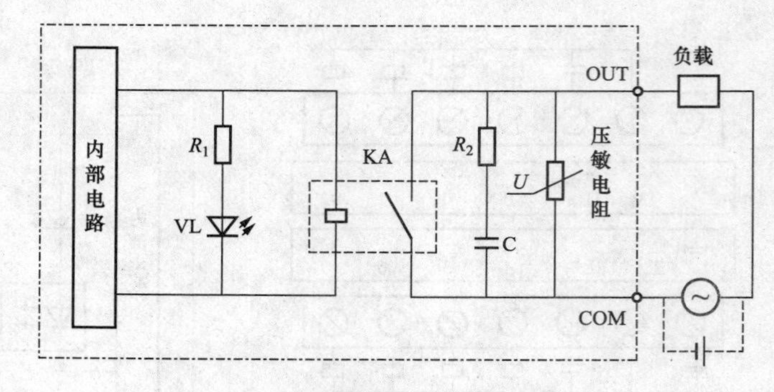

图 2-12　继电器输出电路

（三）数字量输入/输出模块

为了实现配置的灵活性，S7-200 PLC 还配有数字量输入/输出模块（EM223）。其特点是在一块模块上既有数字量输入点又有数字量输出点，这种模块称为组合模块或输入/输出模块。数字量输入/输出模块的输入电路及输出电路的类型与上述介绍的相同，这里不再赘述。

（四）模拟量输入接口

模拟量输入单元的核心部件是 A/D 转换器，其作用是把现场连续变化的模拟量标准信号转换成适合 PLC 内部处理的由若干位二进制数字表示的信号。对于多路输入的模块，需要多路转换开关配合使用，图 2-13 所示为具有 8 个输入通道的模拟量输入单元原理框图。

模拟量输入接口接收标准的模拟量信号，这些信号可以是电压或电流信号，在选型时要考虑输入标准信号的范围以及系统要求的 A/D 转换精度。常见的输入范围有 DC ±10 V、0～10 V、±20mA、4～20mA 等，转换精度有 8 位、10 位、11 位、12 位、16 位等，需要时可查阅 PLC 生产厂家的相关技术手册。

（五）模拟量输出接口

模拟量输出接口的核心部件是D/A转换器，其作用是将PLC运算处理后的若干位数字量信号转换为相应的模拟量信号。模拟量输出接口一般由光电隔离、D/A转换和信号驱动等环节组成，图2-14所示为模拟量输出单元的原理框图。

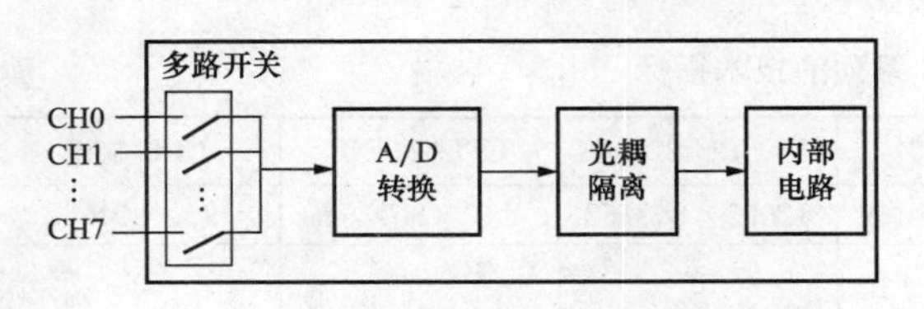

图2-13　8通道模拟输入接口原理框图

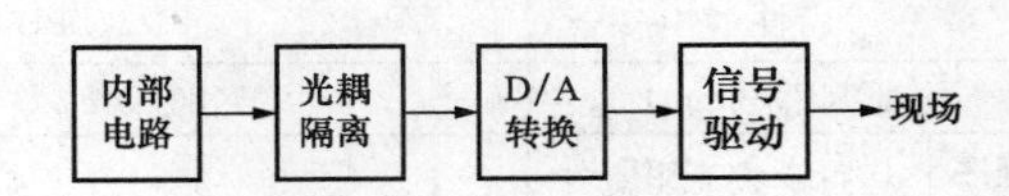

图2-14　模拟量输出单元原理框图

模拟量输出单元的主要技术指标同样包括输出信号形式（电压或电流）、输出信号范围（例如4～20mA、0～10V等），以及接线形式等，在选型时要充分考虑到这些因素与工业现场执行元件相互结合的问题。

二、通信接口

PLC配有各种通信接口，这些通信接口一般都带有通信处理器。PLC通过这些通信接口可与监视器、打印机、其他PLC、计算机等设备实现通信。PLC与打印机连接，可将过程信息、系统参数等输出打印；与监视器连接，可将控制过程图像显示出来；与其他PLC连接，可组成多机系统或连成网络，实现更大规模控制；与计算机连接，可组成多级分布式控制系统，实现控制与管理相结合。另外，远程I/O系统也必须配备相应的通信接口模块。

三、编程器接口

编程器接口是连接编程器的，PLC本体通常是不带编程器的。为了能对PLC编程和监控，PLC上专门设置有编程器接口。通过这个接口可以连接各种形式的编程装置，还可以利用此接口做通信、监控工作。

四、存储器接口

存储器接口是为了扩展存储区而设置的。用于扩展用户程序存储区和用户数据参数存储区，可以根据使用的需要扩展存储器，其内部也是接到总线上的。

五、智能接口模块

智能接口模块是一个独立的计算机系统，有自己的CPU、系统程序、存储器以及与PLC系统总线相连的接口。它作为PLC系统的一个模块，通过总线与PLC相连，进行数据交换，并在PLC的协调管理下独立地进行工作。

PLC的智能接口模块种类很多，如高速计数模块、闭环控制模块、运动控制模块、中断控制模块等。

第四节　S7-200 PLC的系统配置

一、S7-200 PLC的基本配置

S7-200 PLC任一型号的主机，都可单独构成基本配置，作为一个独立的控制系统。S7-200 CPU22X系列的技术指标如表2-1所示。S7-200 PLC各型号主机的I/O配置是固定的，它们具有固定的I/O地址。S7-200 CPU22X系列产品的I/O配置及地址分配如表2-2所示。

二、S7-200 PLC的扩展配置

可以采用主机带扩展模块的方法扩展S7-200 PLC的系统配置。采用数字量模块或模拟量模块可扩展系统的控制规模；采用智能模块可扩展系统的控制功能。S7-200主机带扩展模块进行扩展配置时会受到相关因素的限制。

表 2-1　　S7-200 CPU 22X系列的技术指标

特性		CPU 221	CPU 222	CPU 224	CPU 224XP	CPU 226
外形尺寸（mm）		90×80×62		120.5×80×62	140×80×62	190×80×62
程序存储器（KB）	运行模式下能编辑	4	4	8	12	16
	运行模式下不能编辑	4	4	12	16	24
数据存储器（KB）		2	2	8	10	10
掉电保持时间（电容）		50h		100h		
本机I/O	数字量	6入/4出	8入/6出	14入/10出	14入/10出	24入/16出
	模拟量	无	无	无	2入/1出	无
扩展模块数量（个）		0	2	7	7	7
高速计数器	数量	共4路	共4路	共6路	共6路	共6路
	单相	4路30kHz	4路30kHz	6路30kHz	4路30 kHz 2路200 kHz	6路30kHz
	双相	2路20kHz	2路20kHz	4路20kHz	3路20 kHz 1路100 kHz	4路20kHz
脉冲输出（DC）		2路20kHz			2路100kHz	2路20kHz
模拟电位器		1	1	2	2	2
实时时钟		配时钟卡	配时钟卡	内置	内置	内置
通信口		1 RS-485	1 RS-485	1 RS-485	2 RS-485	2 RS-485
浮点数运算		有				
数字量I/O映像区		128入/128出				
模拟量I/O映像区		无	16入/16出	32入/32出		
布尔指令执行速度		0.22μs/指令				
供电能力（mA）	5V（DC）	0	340	660		1000
	24V（DC）	180	180	280		400

表 2-2　　S7-200 CPU22X系列产品的I/O配置及地址分配

项　目	CPU221	CPU222	CPU224	CPU226
本机数字量输入地址分配	6输入 I0.0～I0.5	8输入 I0.0～I0.7	14输入 I0.0～I0.7 I1.0～I1.5	24输入 I0.0～I0.7 I1.0～I1.7 I2.0～I2.7
本机数字量输出地址分配	4输出 Q0.0～Q0.3	6输出 Q0.0～Q0.5	10输出 Q0.0～Q0.7 Q1.0～Q1.1	16输出 Q0.0～Q0.7 Q1.0～Q1.7
本机模拟量输入/输出	无	无	无	无
扩展模块数量	无	2个模块	7个模块	7个模块

（一）允许主机所带扩展模块的数量

各类主机可带扩展模块的数量是不同的。CPU221 模块不允许带扩展模块；CPU222 模块最多可带 2 个扩展模块；CPU224 模块、CPU226 模块、CPU226XM 模块最多可带 7 个扩展模块，且 7 个扩展模块中最多只能带 2 个智能扩展模块。

（二）数字量 I/O 映像区的大小

S7-200 PLC 各类主机提供的数字量 I/O 映像区区域为：128 个输入映像寄存器（I0.0～I15.7）和 128 个输出映像寄存器（Q0.0～Q15.7），最大 I/O 配置不能超过此区域。

PLC 系统配置时，要对各类输入/输出模块的输入/输出点进行编址。主机提供的 I/O 具有固定的 I/O 地址。扩展模块的地址由 I/O 模块类型及模块在 I/O 链中的位置决定。编址时，按同类型的模块对各输入点（或输出点）顺序编址。数字量输入/输出映像区的逻辑空间是以 8 位（1 字节）为递增的。编址时，对数字量模块物理点的分配也是按 8 个输入/输出点来分配地址的。即使有些模块的端子数不是 8 的整数倍，但仍以 8 个输入/输出点来分配地址。例如，4 入/4 出模块也占用 8 个输入点和 8 个输出点的地址，那些未用的物理点地址不能分配给 I/O 链中的后续模块，那些与未用物理点相对应的 I/O 映像区的空间就会丢失。对于输出模块，这些丢失的空间可用来作内部标志位存储器；对于输入模块却不可，因为每次输入更新时，CPU 都对这些空间清零。

（三）模拟量 I/O 映像区的大小

主机提供的模拟量 I/O 映像区区域为：CPU222 模块，16 入/16 出；CPU224 模块、CPU226 模块、CPU226XM 模块，32 入/32 出，模拟量的最大 I/O 配置不能超出此区域。模拟量扩展模块总是以 2 字节递增的方式来分配空间。

现选用 CPU226 模块作为主机进行系统的 I/O 配置，如表 2-3 所示。

表 2-3　　CPU226 模块的 I/O 配置及地址分配

主 机	模块 0	模块 1	模块 2	模块 3
CPU226	8 入	4 入/4 出	4AI/1AQ	4AI/1AQ
I0.0～I2.7/Q0.0～Q1.7	I3.0～I3.7	I4.0/Q2.0	AIW0/AQW0	AIW8/AQW2
		I4.1/Q2.1	AIW2	AIW10
		I4.2/Q2.2	AIW4	AIW12
		I4.3/Q2.3	AIW6	AIW14

CPU226 模块可带 7 块扩展模块，表 2-3 中 CPU226 模块带了 4 块扩展模块、CPU226 模块提供的主机 I/O 点有 24 个数字量输入点和 16 个数字量输出点。

模块 0 是一块具有 8 个输入点的数字量扩展模块。

模块 1 是一块 4 入/4 出的数字量扩展模块，实际上它却占用了 8 个输入点地址和 8 个输出点地址，即 I4.0～I4.7/Q2.0～Q2.7。其中输入点地址（I4.4～I4.7）、输出点地址（Q2.4～Q2.7）由于没有提供相应的物理点与之相对应，与之对应的输入映像寄存器（I4.4～I4.7）、输出映像寄存器（Q2.4～Q2.7）的空间就被丢失了，且不能分配给 I/O 链中的后续模块。由于输入映像寄存器（I4.4～I4.7）在每次输入更新时都被清零，因此不能用作内部标志位存储器，而输出映像寄存器（Q2.4～Q2.7）可以作为内部标志位存储器使用。

模块 2、模块 3 是具有 4 个输入通道和 1 个输出通道的模拟量扩展模块。模拟量扩展模块是以 2 个字节递增的方式来分配空间。

三、内部电源的负载能力

（一）PLC 内部 DC ＋5V 电源的负载能力

CPU 模块和扩展模块正常工作时，需要 DC ＋5V 工作电源。S7-200 PLC 内部电源单元提供的 DC ＋5V 电源为 CPU 模块和扩展模块提供了工作电源。其中扩展模块所需的 DC ＋5V 工作电源是由 CPU 模块通过总线连接器提供的。CPU 模块向其总线扩展接口提供的电流值是有限制的。在配置扩展模块时，应注意 CPU 模块所提供 DC ＋5V 电源的负载能力。电源超载会发生难以预料的故障或事故。为确保电源不超载，应使各扩展模块消耗 DC ＋5V 电源的电流总和不超过 CPU 模块所提供的电流值。否则的话，要对系统重新配置。系统配置后，必须对 S7-200 主机内部的 DC ＋5V 电源的负载能力进行校验。

（二）PLC 内部 DC ＋24V 电源的负载能力

S7-200 主机的内部电源单元除了提供 DC ＋5V 电源外，还提供 DC ＋24V 电源。DC ＋24V 电源也称为传感器电源，它可以作为 CPU 模块和扩展模块用于检测直流信号输入点状态的 DC 24V 电源。如果用户使用传感器的话，也可作为传感器的电源。一般情况下，CPU 模块和扩展模块的输入/输出点所用的 DC 24V 电源是由用户外部提供。如果使用 CPU 模块内部的 DC 24V 电源的话，应注意该 DC 24V 电源的负载能力，使 CPU 模块及各扩展模块所消耗电流的总和不超过该内部 DC 24V 电源所提供的最大电流（400mA）。

使用时，若需用户提供外部电源（DC 24V）的话，应注意电源的接法：主机的传感器电源与用户提供的外部 DC 24V 电源不能采用并联连接，否则将会导致两个电源的竞争而影响它们各自的输出。这种竞争的结果会缩短设备的寿命，或者使得一个电源或两者同时失效，并且使 PLC 系统产生不正确的操作。

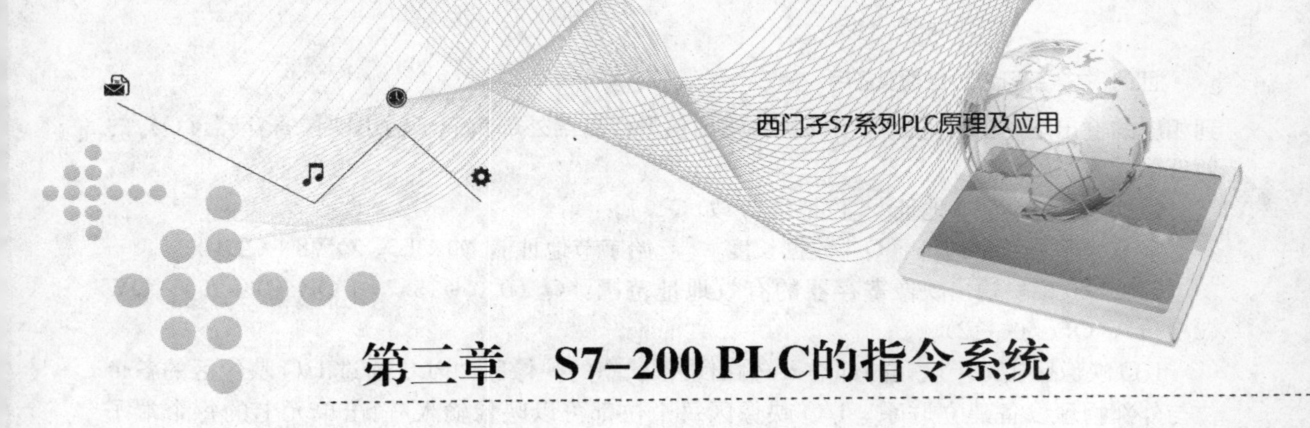

第三章　S7-200 PLC的指令系统

第一节　S7-200 PLC 编程基础

一、程序的结构

S7-200 PLC 的程序有三种：主程序、子程序、中断程序。

主程序是程序的主体，一个项目只能有一个主程序，默认名称为 OB1（主程序、子程序和中断程序的名称用户可以修改）。在主程序中可以调用子程序和中断程序，CPU 在每个扫描周期都要执行一次主程序。

子程序是可以被其他程序调用的程序，可以达到 64 个，默认名称分别为 SBR0～SBR63。使用子程序可以提高编程效率且便于移植。

中断程序用来处理中断事件，可以达到 128 个，默认名称分别为 INT0～INT127。中断程序不是由用户调用的，而是由中断事件引发的。在 S7-200 PLC 中能够引发中断的事件有输入中断、定时中断、高速计数器中断和通信中断等。

二、数据的存储区

数据区是 S7-200 CPU 提供的存储器（EEPROM 或 RAM）的特定区域，是用户程序执行过程中的内部工作区域，用于对输入/输出数据进行存储。它包括输入映像寄存器（I）、输出映像寄存器（Q）、变量存储器（V）、内部标志位存储器（M）、顺序控制继电器存储器（S）、特殊标志位存储器（SM）、局部存储器（L）、定时器存储器（T）、计数器存储器（C）、模拟量输入映像寄存器（AI）、模拟量输出映像寄存器（AQ）、累加器（AC）以及高速计数器（HC）等。

（一）输入映像寄存器（I）

PLC 的输入端子是从外部接收输入信号的窗口。每一个输入端子与输入映像寄存器（I）的相应位相对应。输入点的状态，在每次扫描周期开始（或结束）时进行采样，并将采样值存于输入映像寄存器，作为程序处理时输入点状态的依据。输入映像寄存器的状态只能由外部输入信号驱动，而不能在内部由程序指令来改变。输入映像寄存器（I）的地址格式为：

位地址：I［字节地址］.［位地址］，如 I0.1。

字节、字、双字地址：I［数据长度］［起始字节地址］，如 IB4、IW6、ID10。

CPU226 模块输入映像寄存器的有效地址范围：I（0.0～15.7）；IB（0～15）；IW（0～14）；ID（0～12）。

（二）输出映像寄存器（Q）

每一个输出模块的输出端子与输出映像寄存器的相应位相对应。CPU 将输出判断结果存放在输出映像寄存器中，在扫描周期结束时，以批处理方式将输出映像寄存器的数值复制到相应的输出端子上，通过输出模块将输出信号传送给外部负载。输出映像寄存器（Q）的地址格式为：

位地址：Q［字节地址］.［位地址］，如 Q1.1。

字节、字、双字地址：Q［数据长度］［起始字节地址］，如 QB5、QW8、QD11。

CPU226 模块输出映像寄存器的有效地址范围：Q（0.0～15.7）；QB（0～15）；QW（0～14）；QD（0～12）。

I/O 映像区实际上就是外部输入/输出设备状态的映像区，PLC 通过 I/O 映像区的各个位与外部物理设备建立联系。I/O 映像区每个位都可以映像输入/输出单元上的每个端子状态。

在程序的执行过程中，对于输入/输出的存取通常是通过映像寄存器，而不是实际的输入/输出端子。S7-200 CPU 执行有关输入/输出程序时的操作过程如图 3-1 所示。

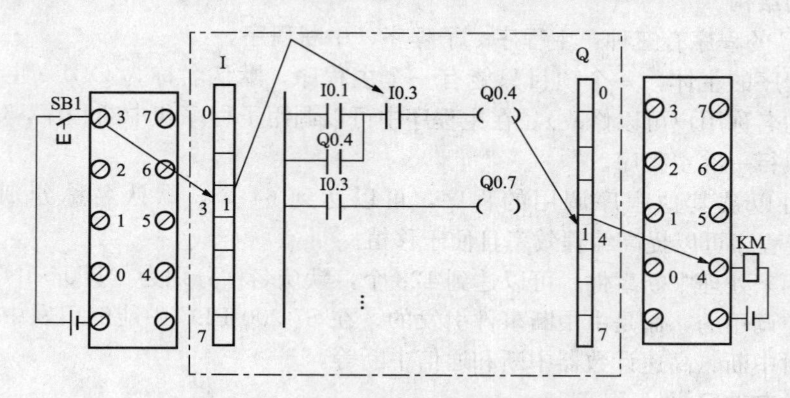

图 3-1　S7-200 CPU 输入/输出程序时的操作

在图 3-1 中，按钮 SB1 的状态存于输入映像寄存器 I 的第四位，即 I0.3。输出继电器的状态是对应于输出映像寄存器 Q 的第五位，即 Q0.4。这样映像方法使得系统在程序执行期间完全与外界隔开，从而提高了系统的抗干扰能力。此外，外部输入点的存取只能按位进行，而 I/O 映像寄存器的存取可按位、字节、字、双字进行，而且用户程序存取映像寄存器中的数据要比存取输入/输出物理点快得多，因而使操作更加快速、灵活。

（三）内部标志位存储器（M）

内部标志位存储器（M）也称为内部线圈，是模拟继电器控制系统中的中间继电器，它存放中间操作状态或存储其他相关的数据。内部标志位存储器（M）以位为单位使用，也可以字节、字、双字为单位使用。内部标志位存储器（M）的地址格式为：

位地址：M［字节地址］.［位地址］，如 M26.7。

字节、字、双字地址：M［数据长度］［起始字节地址］，如 MB11、MW23、MD26。

CPU226 模块内部标志位存储器的有效地址范围：M（0.0～31.7）；MB（0～31）；MW（0～30）；MD（0～28）。

（四）变量存储器（V）

变量存储器（V）存放全局变量、存放程序执行过程中控制逻辑操作的中间结果或其他相关的数据。变量存储器是全局有效。全局有效是指同一个存储器可以在任一程序分区（主程序、子程序、中断程序）被访问。变量存储器（V）的地址格式为：

位地址：V［字节地址］.［位地址］，如V10.2。

字节、字、双字地址：V［数据长度］［起始字节地址］，如VB20、VW100、VD320。

CPU226模块变量存储器的有效地址范围：V（0.0～5119.7）；VB（0～5119）；VW（0～5118）；VD（0～5116）。

（五）局部存储器（L）

局部存储器（L）用来存放局部变量。局部存储器是局部有效的。局部有效是指某一局部存储器只能在某一程序分区（主程序或子程序或中断程序）中使用。

S7-200 PLC提供64字节局部存储器，即LB0～LB63，但LB60～LB63为STEP7-Micro/WINV3.0及其以后版本软件所保留，局部存储器可用作暂时存储器或为子程序传递参数。

可以按位、字节、字、双字访问局部存储器。可以把局部存储器作为间接寻址的指针，但是不能作为间接寻址的存储器区。局部存储器（L）的地址格式为：

位地址：L［字节地址］.［位地址］，如L0.0。

字节、字、双字地址：L［数据长度］［起始字节地址］，如LB33、LW44、LD55。

CPU226模块局部存储器的有效地址范围：L（0.0～63.7）；LB（0～63）；LW（0～62）；LD（0～60）。

（六）顺序控制继电器存储器（S）

顺序控制继电器存储器（S）用于顺序控制或步进控制。顺序控制继电器指令（SCR）基于顺序功能图（SFC）的编程方式。SCR指令提供控制程序的逻辑分段，从而实现顺序控制。顺序控制继电器存储器（S）的地址格式为：

位地址：S［字节地址］.［位地址］，如S3.1。

字节、字、双字地址：S［数据长度］［起始字节地址］，如SB4、SW10、SD21。

CPU226模块顺序控制继电器存储器的有效地址范围：S（0.0～31.7）；SB（0～31）；SW（0～30）；SD（0～28）。

（七）特殊标志位存储器（SM）

特殊标志位存储器（SM）即特殊内部线圈。它是用户程序与系统程序之间的界面，为用户提供一些特殊的控制功能及系统信息，用户对操作的一些特殊要求也通过特殊标志位（SM）通知系统。特殊标志位区域分为只读区域（SM0.0～SM29.7）和可读写区域，在只读区特殊标志位，用户只能利用其触点。例如：

SM0.0　RUN监控，PLC在RUN方式时，SM0.0总为1；

SM0.1　初始脉冲，PLC由STOP转为RUN时，SM0.1接通一个扫描周期；

SM0.3　PLC上电进入RUN方式时，SM0.3接通一个扫描周期；

SM0.5　秒脉冲，占空比为50%，周期为1s的脉冲等。

可读写特殊标志位用于特殊控制功能，例如，用于自由通信口设置的SMB30，用于定时中断间隔时间设置的SMB34/SMB35，用于高速计数器设置的SMB36～SMB65，用于脉冲串输出控制的SMB66～SMB85等。

尽管SM区是基于位存取的，但也可以按字节、字、双字来存取数据。特殊标志位存储器（SM）的地址格式为：

位地址：SM［字节地址］.［位地址］，如SM0.1。

字节、字、双字地址：SM［数据长度］［起始字节地址］，如SMB86、SMW100、

SMD12。

CPU226 模块特殊标志位存储器的有效地址范围：SM（0.0～549.7）；SMB（0～549）；SMW（0～548）；SMD（0～546）。

（八）定时器存储器（T）

定时器是模拟继电器控制系统中的时间继电器。S7-200 PLC 定时器的时基有三种：1ms、10ms、100ms。通常定时器的设定值由程序赋予，需要时也可在外部设定。

定时器存储器（T）地址格式为：T［定时器号］，如 T24。

S7-200 PLC 定时器存储器的有效地址范围为：T（0～255）。

（九）计数器存储器（C）

计数器是累计其计数输入端脉冲电平由低到高的次数，有三种类型：增计数、减计数、增减计数。通常计数器的设定值由程序赋予，需要时也可在外部设定。

计数器存储器（C）地址格式为：C［计数器号］，如 C3。

S7-200 PLC 计数器存储器的有效地址范围为：C（0～255）。

（十）模拟量输入映像寄存器（AI）

模拟量输入模块将外部输入的模拟信号的模拟量转换成 1 个字长的数字量，存放在模拟量输入映像寄存器（AI）中，供 CPU 运算处理。模拟量输入（AI）的值为只读值。模拟量输入映像寄存器（AI）的地址格式为：

AIW［起始字节地址］，如 AIW4。

模拟量输入映像寄存器（AI）的地址必须用偶数字节地址（如 AIW0，AIW2，AIW4…）来表示。

CPU226 模块模拟量输入映像寄存器（AI）的有效地址的范围为：AIW（0～62）。

（十一）模拟量输出映像寄存器（AQ）

CPU 运算的相关结果存放在模拟量输出映像寄存器（AQ）中，通过 D/A 转换器将 1 个字长的数字量转换为模拟量，以驱动外部模拟量控制的设备。模拟量输出映像寄存器（AQ）中的数字量为只写值。模拟量输出映像寄存器（AQ）的地址格式为：

AQW［起始字节地址］，如 AQW10。

模拟量输出映像寄存器（AQ）的地址必须用偶数字节地址（如 AQW0，AQW2，AQW4…）来表示。

CPU226 模块模拟量输出映像寄存器（AQ）的有效地址的范围为：AQW（0～62）。

（十二）累加器（AC）

累加器（AC）是用来暂时存储计算中间值的存储器，也可向子程序传递参数或返回参数。S7-200 CPU 提供了 4 个 32 位累加器（AC0、AC1、AC2、AC3）。累加器（AC）的地址格式为：

AC［累加器号］，如 AC0。

CPU226 模块累加器的有效地址范围：AC（0～3）。

累加器是可读写单元，可以按字节、字、双字存取累加器中的数值。由指令标识符决定存取数据的长度，例如，MOVB 指令存取累加器的字节，DECW 指令存取累加器的字，INCD 指令存取累加器的双字。按字节、字存取时，累加器只存取存储器中数据的低 8 位、低 16 位；以双字存取时，则存取存储器的 32 位。

（十三）高速计数器（HC）

高速计数器（HC）是用来累计高速脉冲信号。当高速脉冲信号的频率比 CPU 扫描速率更快时，必须要用高速计数器计数。高速计数器的当前值寄存器为 32 位，读取高速计数器当前值应以双字（32 位）来寻址。高速计数器的当前值为只读值。

高速计数器地址格式为：HC［高速计数器号］，如 HC1。

CPU226 模块高速计数器的有效地址范围为：HC（0～5）。

三、数据区存储器的地址表示格式

存储器是由许多存储单元组成，每个存储单元都有唯一的地址，可以依据存储器地址来存取数据。数据区存储器地址的表示格式有位、字节、字、双字地址格式。

（一）位地址格式

数据区存储器区域的某一位的地址格式为：Ax.y。

必须指定存储器区域标识符 A、字节地址 x 及位号 y。位寻址格式如图 3-2 所示。在图 3-2 中黑色标记的位地址为 I4.6。其中 I 是变量存储器的区域标识符，4 是字节地址，6 是位号，在字节地址 4 与位号 5 之间用点号“.”隔开。图 3-2 中 MSB 表示最高位，LSB 最低位。

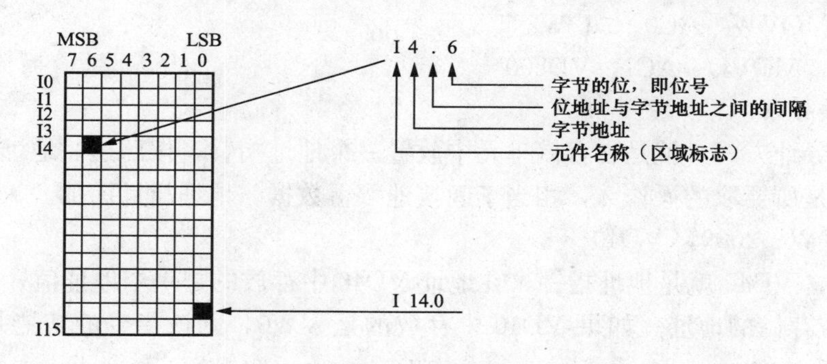

图 3-2　位寻址格式

（二）字节、字、双字地址格式

数据区存储器区域的字节、字、双字地址格式为：ATx。

必须指定区域标识符 A、数据长度 T 以及该字节、字或双字的起始字节地址 x。字节、字、双字寻址格式如图 3-3 所示。在图 3-3 中，用 VB100、VW100、VD100 分别表示字节、字、双字的地址。其中 VW100 由 VB100、VB101 两个字节组成，VD100 由 VB100～VB103 四个字节组成。

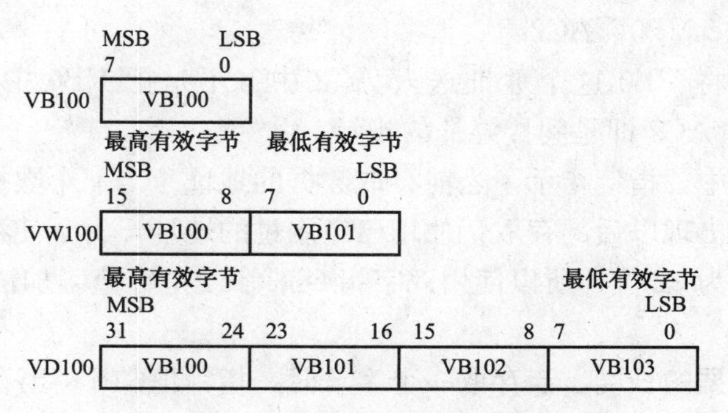

图 3-3　字节、字、双字寻址格式

（三）其他地址格式

数据区存储器区域中，还包括定时器存储器（T）、计数器存储器（C）、累加器（AC）、高速计数器（HC）等，它们是模拟相关的电器元件的，其地址格式为：Ay。

由区域标识符 A 和元件号 y 组成，例如 T24 表示某定时器的地址，T 是定时器的区域标识符，24 是定时器号，同时 T24 又可表示此定时器的当前值。

四、数据的寻址方式

在 S7-200 PLC 中，CPU 存储器的寻址方式分为直接寻址和间接寻址两种不同的形式。

（一）直接寻址

直接寻址方式是，指令直接使用存储器或寄存器的元件名称和地址编号，根据这个地址就可以立即找到该数据。操作数的地址应按规定的格式表示。指令中，数据类型应与指令标识符相匹配。

不同数据长度的寻址指令举例如下：

位寻址：AND　Q5.5

字节寻址：ORB　VB33，LB21

字寻址：MOVW　AC0，AQW2

双字寻址：MOVD　AC1，VD200

（二）间接寻址

所谓间接寻址方式，就是在存储单元中放置一个地址指针，按照这一地址找到的存储单元中的数据才是所要取的操作数，相当于间接地取得数据。地址指针前加“*”。

如：MOVW　2009，*VD40

该指令中，*VD40 就是地址指针，在地址 VD40 中存放的是一个地址值，而该地址才是操作数 2009 应存储的地址。如果 VD40 中存放的是 VW0，则该指令的功能是将数值 2009 传送到 VW0 地址中。

S7-200 PLC 的间接寻址方式适用的存储器是 I、Q、V、M、S、T（限于当前值）、C（限于当前值）。除此之外，间接寻址还需建立间接寻址的指针和对指针的修改。

为了对某一存储器的某一地址进行间接访问，首先要为该地址建立指针。指针长度为双字，存放另一个存储器的地址。间接寻址的指针只能使用 V、L、AC1、AC2、AC3 作为指针。为了生成指针，必须使用双字传送指令（MOVD），将存储器某个位置的地址移入存储器的另一个位置或累加器中作为指针。指令的输入操作数必须使用的“&”符号表示是某一位置的地址，而不是它的数值。

例如：MOVD　&VB0，AC2

该指令的功能是将 VB0 这个地址送入 AC2 中（不是把 VB0 中存储的数据送入 AC2 中），该指令执行后，AC2 即是间接寻址的指针。

在间接寻址方式中，指针指示了当前存取数据的地址。当一个数据已经存入或取出，如果不及时修改指针会出现以后的存取仍使用已经用过的地址，为了使存取地址不重复，必须修改指针。因为指针为 32 位，所以使用双字指令来修改指针值。加法指令或自增指令可用于修改指针值。

要注意存取的数据的长度。当存取一个字节时，指针值加 1；当存取一个字、定时器或计数器的当前值时，指针值加 2；当存取双字时，指针值加 4。

五、数据类型与数据长度

S7-200 PLC 的指令参数所用的基本数据类型有 1 位布尔型（BOOL）、8 位字节型（BYTE）、16 位无符号整数（WORD）、16 位有符号整数（INT）、32 位无符号双字整数（DWORD）、32 位有符号双字整数（DINT）和 32 位实数型（REAL）。实数型（REAL）是按照 ANSI/IEEE754—1985 标准（单精度）的表示格式规定。

CPU 存储器中存放的数据类型可分为 BOOL、BYTE、WORD、INT、DWORD、DINT、REAL。不同的数据类型具有不同的数据长度和数值范围。在上述数据类型中，用字节（B）型、字（W）型、双字（D）型分别表示 8 位、16 位、32 位数据的数据长度。不同的数据长度对应的数值范围如表 3-1 所示。例如，数据长为字（W）型的无符号整数（WORD）的数值范围为 0～65 535。不同数据长度的数值所能表示的数值范围是不同的。

表 3-1　　数据长度与数值

数据长度	无符号数		有符号数	
	十进制	十六进制	十进制	十六进制
B（字节型）8 位值	0～255	0～FF		
W（字型）16 位值	0～65 535	0～FF	−32 768～32 767	8000～7FFF
D（双字型）32 位值	0～4 294 967 295	0～FFFF FFFF	−2 147 483 648～2 147 483 647	80 000 000～7FFF FFFF
R（实数型）32 位值	-10^{38}～$+10^{38}$			

西门子公司的指令集中，指令的操作数是具有一定的数据和长度。如整数乘法指令的操作数是字型数据，数据传送指令的操作数可以是字节或字或双字型数据。因此编程时应注意操作数的数据类型和指令标识符相匹配。

六、编程语言

PLC 的编程语言主要有梯形图、语句表、功能块图、顺序功能图和结构化文本五种。这些编程语言的使用和 PLC 的型号以及编程器的类型有关。例如简易型编程器只能使用语句表方式编程。目前，计算机编程器和 PLC 编程软件广泛应用于 S7 的编程工作，PLC 编程软件中使用的基本编程语言是梯形图、语句表和功能块图。

（一）梯形图（LAD）

梯形图语言是最常用的可编程控制器图形编程语言，是从继电器控制系统原理图的基础上演变而来的。梯形图保留了继电器电路图的风格和习惯，具有直观、形象、易懂的优点，对于熟悉继电器-接触器控制系统的人来说，易于接受、掌握。梯形图特别适用于开关量逻辑控制。

图 3-4（a）为一简单的启停控制电路，SB1 为停止按钮（动断触点），SB2 为启动按钮（动合触点），KM1 为被控接触器（利用自身的动合触点和启动按钮并联实现自锁），图 3-4（a）中控制电路的电源为 DC 24V。

图 3-4（b）为实现相同功能的 PLC 梯形图程序。硬件上：启动按钮 SB2 的动合触点连接到输入端子 0.0，对应的地址为 I0.0。停止按钮 SB1 的动断触点连接到输入端子 0.1，对应的地址为 I0.1。接触器 KM1 的线圈连接到输出端子 0.0，对应的地址为 Q0.0。一般情况下，具有“停止”、“急停”功能的按钮，硬件连接时要使用动断触点，以防止因不能发现断线等故障而失去作用。如果停止按钮 SB1 的动断触点连接到输入端子 0.1 上的话，则梯形

图中 I0.1 要使用动断触点。

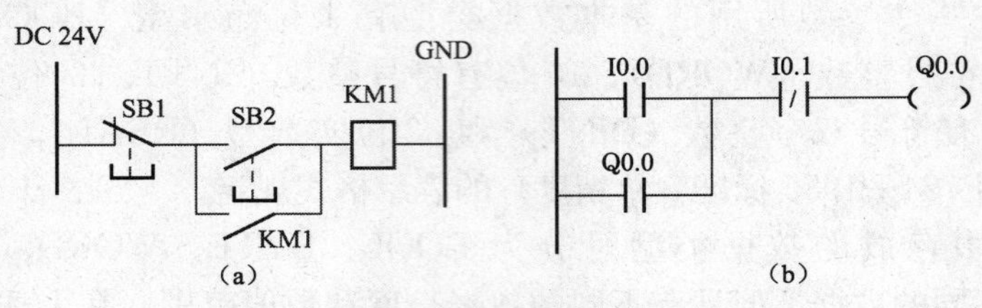

图 3-4　继电器电路图和梯形图

(a) 电路图；(b) 梯形图

在分析梯形图中的逻辑关系时，为了借用继电器电路图的分析方法，可以想象左右两侧母线之间有一个左正右负的直流电源电压，当图 3-4 (b) 中的 I0.0、I0.1 的触点接通，或 Q0.0、I0.1 的触点接通时有一个假想的“能流”流过 Q0.0 的线圈（或称 Q0.0 线圈得电）。利用能流这一概念，可以帮助我们更好地理解和分析梯形图，能流只能从左向右流动。

（二）语句表语言（STL）

语句表语言类似于微机中汇编语言的助记符语言，常用一些助记符来表示 PLC 的某种操作，适合于经验丰富的程序员使用，可以实现某些用梯形图难以实现的功能。在使用简易编程器编程时，常常需要将梯形图转换为语句表才能输入 PLC。图 3-5 (a) 中的梯形图转换为语句表程序如图 3-5 (b) 所示。

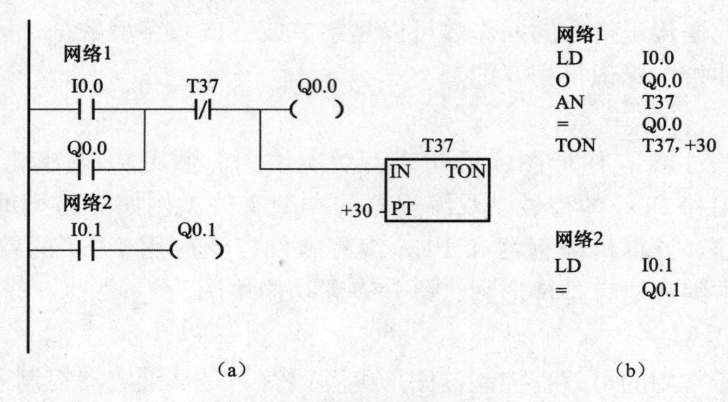

图 3-5　梯形图和语句表

(a) 梯形图；(b) 语句表

（三）功能块图（FBD）

功能块图（Function Block Diagram，FBD）是一种图形化的高级编程语言，类似于普通逻辑功能图，沿用了半导体逻辑电路的逻辑框图的表达方式。如图 3-6 所示的功能块图，方框的左侧为逻辑运算的输入变量，右侧为输出变量，信号自左向右流动。

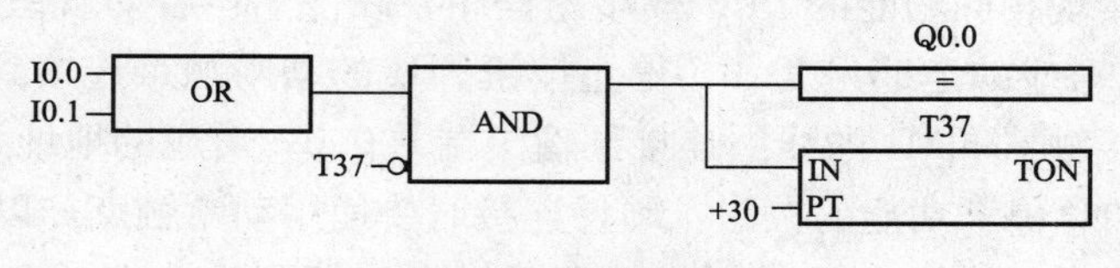

图 3-6　功能块图

第二节 S7-200 PLC的基本逻辑指令

一、位逻辑指令

S7-200 PLC位逻辑指令针对触点和线圈进行运算操作，触点及线圈指令是应用最多的指令。使用时要弄清指令的逻辑含义以及指令的梯形图与语句表两种表达形式，其中语句表了解即可。

（一）触点指令

以S7-200系列PLC指令为主，首先介绍触点指令，S7-200系列可编程控制器的触点指令LAD和STL格式如表3-2所示，从表3-2中可见有的一个梯形图指令对应多个语句表指令，说明梯形图编程比语句表编程简单、直观。

表3-2　　S7-200系列PLC触点指令

名称	LAD	STL	功能
动合触点	Bit ─┤ ├─	LD Bit	动合触点与左侧母线相连接
		A Bit	动合触点与其他程序段串联
		O Bit	动合触点与其他程序段并联
动断触点	Bit ─┤/├─	LDN Bit	动断触点与左侧母线相连接
		AN Bit	动断触点与其他程序段串联
		ON Bit	动断触点与其他程序段并联
立即动合触点	Bit ─┤I├─	LDI Bit	立即动合触点与左侧母线相连接
		AI Bit	立即动合触点与其他程序段串联
		OI Bit	立即动合触点与其他程序段并联
立即动断触点	Bit ─┤/I├─	LDNI Bit	立即动断触点与左侧母线相连接
		ANI Bit	立即动断触点与其他程序段串联
		ONI Bit	立即动断触点与其他程序段并联
取反	─┤NOT├─	NOT	改变能流输入的状态
正跳变	─┤P├─	EU	检测到一次上升沿，能流接通一个扫描周期
负跳变	─┤N├─	ED	检测到一次下降沿，能流接通一个扫描周期

动合触点和动断触点称为标准触点，其操作数为I、Q、V、M、SM、S、T、C、L等。立即触点（立即动合触点和立即动断触点）的操作数为I。触点指令的数据类型均为布尔型。

动合触点对应的存储器地址位为1状态时，该触点闭合。在语句表中，用LD（Load，装载）、A（And，与）和O（Or，或）指令来表示。

动断触点对应的存储器地址位为0状态时，该触点闭合，在语句表中，用LDN（Load Not）、AN（And Not）和ON（Or Not）来表示，触点符号中间的“/”表示动断。

立即触点并不依赖于S7-200的扫描周期刷新，它会立即刷新。立即触点指令只能用于输入量I，执行立即触点指令时，立即读入物理输入点的值，根据该值决定触点的接通/断开状态，但是并不更新该物理输入点对应的输入映像存储器的值。

取反触点将它左边电路的逻辑运算结果取反，逻辑运算结果若为 1 则变为 0，为 0 则变为 1，即取反指令改变能流输入的状态，该指令没有操作数。

正跳变触点指令对其之前的逻辑运算结果的上升沿产生一个宽度为一个扫描周期的脉冲。正跳变指令的助记符为 EU（Edge UP，上升沿），指令没有操作数，触点符号中间的“P”表示正跳变（Positive Transition）。

负跳变触点指令对其之前的逻辑运算结果的下降沿产生一个宽度为一个扫描周期的脉冲。负跳变指令的助记符为 ED（Edge Down，下降沿），指令没有操作数，触点符号中间的“N”表示负跳变（Negative Transition）。

正、负跳变指令常用于启动及关断条件的判定，以及配合功能指令完成一些逻辑控制任务。由于正跳变指令和负跳变指令要求上升沿或下降沿的变化，所以不能在第一个扫描周期中检测到上升沿或者下降沿的变化。

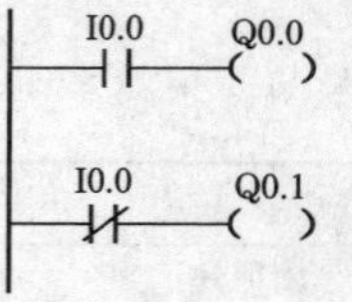

```
LD      I0.0
=       Q0.0
LDN     I0.0
=       Q0.1
```

图 3-7　LD、LDN、=指令应用举例
（a）梯形图；（b）语句表

【例 3-1】 一个按键开关的一组动合触点接 PLC 的 I0.0 输入端子，两指示灯分别接 Q0.0、Q0.1 两个输出端子。要求当按下按键开关 I0.0 时 Q0.0 灯亮，没有按按键开关 I0.0 时 Q0.1 灯亮。控制梯形图与指令表如图 3-7 所示。

【例 3-2】 设计电动机启停控制线路，其中启动按钮和停止按钮分别接 I0.0、I0.1 输入端子，电动机线圈接 Q0.0 输出端子。控制梯形图与指令表如图 3-8 所示。

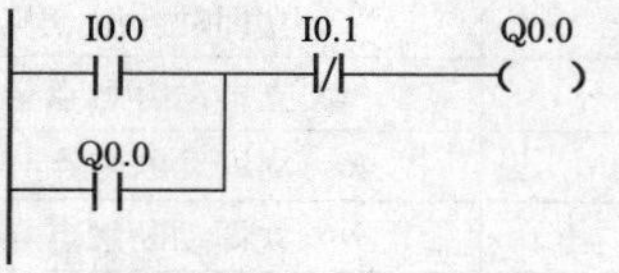

```
LD      I0.0    //装入动合触点
O       Q0.0    //或动合触点
AN      I0.1    //与动断触点
=       Q0.0    //输出触点
```

图 3-8　A、AN、O、ON 指令应用举例
（a）梯形图；（b）语句表

【例 3-3】 根据图 3-9（a）所示梯形图，写出对应的语句表。

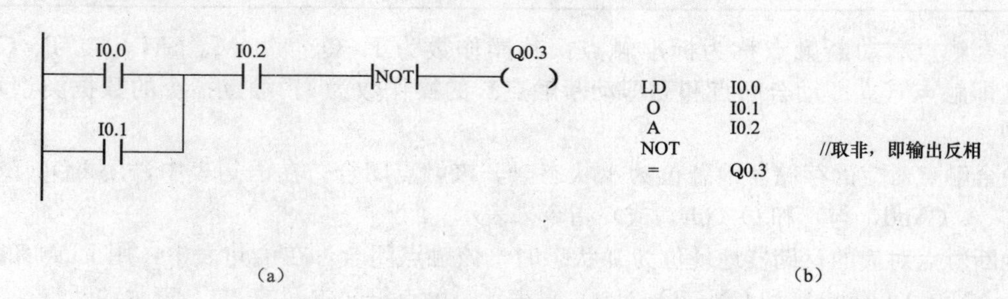
I0.0
I0.2
NOT
Q0.3
I0.1
LD　I0.0
O　I0.1
A　I0.2
NOT　//取非，即输出反相
=　Q0.3
(a)
(b)

图 3-9　NOT 指令应用举例
（a）梯形图；（b）语句表

【例 3-4】 根据图 3-10（a）所示梯形图，写出对应的语句表，并画出其时序图。

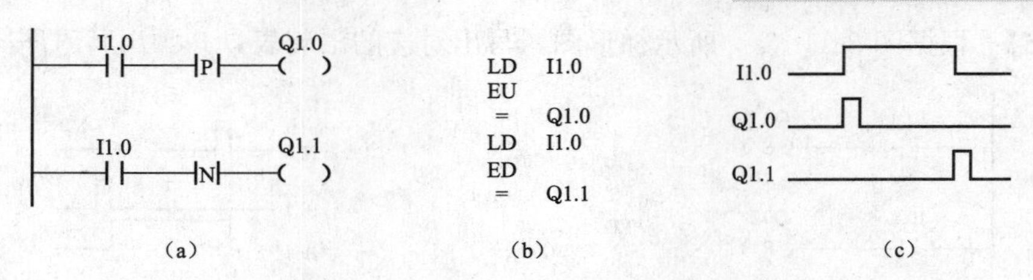

图 3-10　沿检出指令应用举例

(a) 梯形图；(b) 语句表；(c) 时序图

(二) 线圈指令

线圈指令用来表达一段程序的运算结果。线圈指令包括普通线圈指令、置位及复位线圈指令和立即线圈指令等类型。

普通线圈指令（=）又称为输出指令，在工作条件满足时，指定位对应的映像存储器为1，反之则为0。

置位线圈指令S在相关工作条件满足时，从指定的位地址开始N个位地址都被置位(变为1)，N=1～255。工作条件失去后，这些位仍保持置1，复位需用线圈复位指令。执行复位线圈指令R时，从指定的位地址开始的N个位地址都被复位（变为0)，N=1～255。

立即线圈指令（=I)，又称为立即输出指令，“I”表示立即。当指令执行时，新值会同时被写到输出映像存储器和相应的物理输出，这一点不同于非立即指令（非立即指令执行时只把新值写入输出映像存储器，而物理输出的更新要在PLC的输出刷新阶段进行)，该指令只能用于输出量Q。

西门子可编程控制器的线圈指令如表3-3所示。

表 3-3　S7-200 系列 PLC 线圈指令

名　称	LAD	STL	功　能
输出	Bit —(　)	=　Bit	将运算结果输出
立即输出	Bit —(I)	=I　Bit	将运算结果立即输出
置位	Bit —(S) N	S　Bit，N	将从指定地址开始的N个点置位
复位	Bit —(R) N	R　Bit，N	将从指定地址开始的N个点复位
立即置位	Bit —(SI) N	SI　Bit，N	立即将从指定地址开始的N个点置位
立即复位	Bit —(RI) N	RI　Bit，N	立即将从指定地址开始的N个点复位
无操作	N NOP	NOP　N	指令对用户程序执行无效。在FBD模式中不可使用该指令。操作数N为数字0至255

【例 3-5】 根据图 3-11（a）所示梯形图，写出对应的语句表，并画出其时序图。

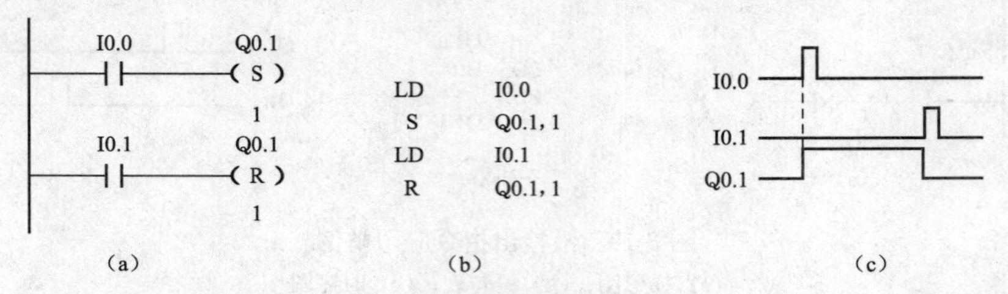

图 3-11 置位复位指令应用举例

（a）梯形图；（b）语句表；（c）时序图

【例 3-6】 图 3-12 为立即指令应用中的一段程序，图 3-13 是程序对应的时序图。

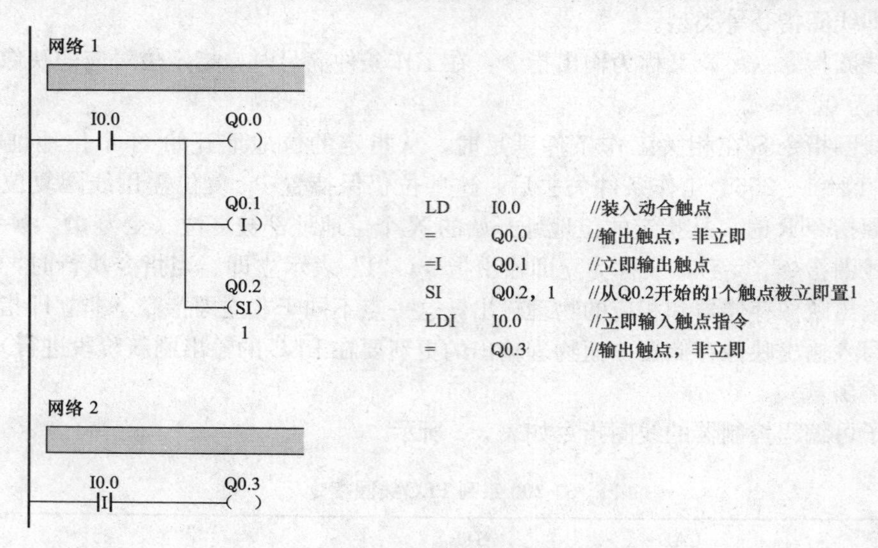

图 3-12 立即指令程序

图 3-13 中的 Q0.1 和 Q0.2 的跳变与扫描周期的输入扫描时刻不同步，这是由于两者的跳变发生在程序执行阶段，立即输出和立即置位指令执行完成的一刻，而 Q0.0 的跳变是在输出刷新阶段。

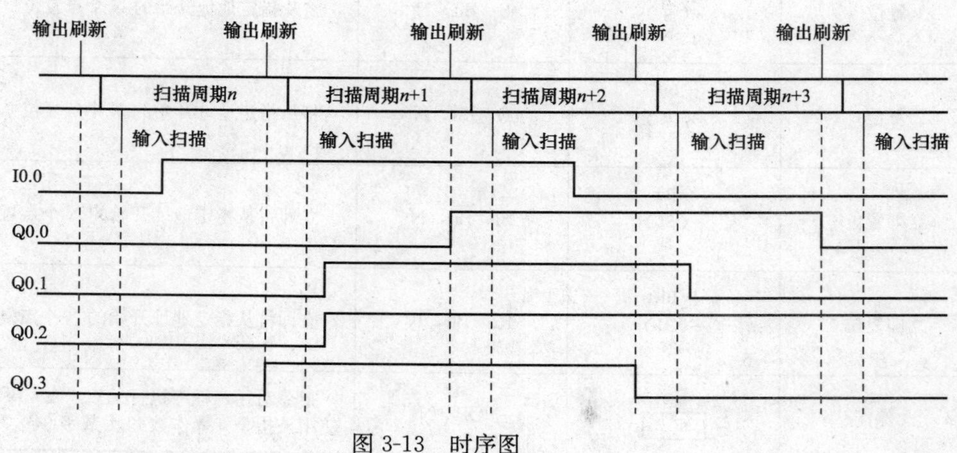

图 3-13 时序图

【例 3-7】 根据图 3-14 所示梯形图，写出对应的语句表。

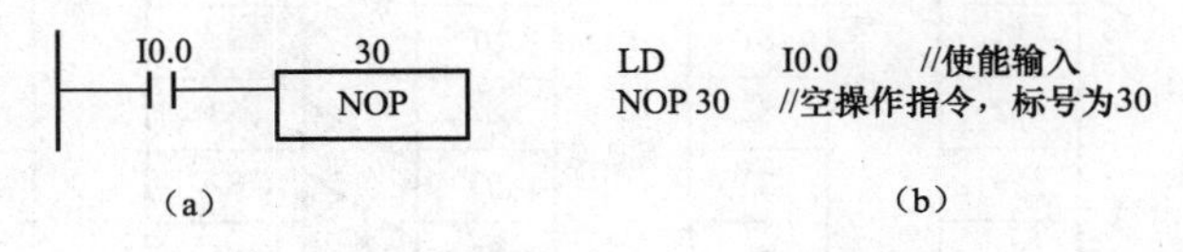

图 3-14 NOP 指令应用举例

(a) 梯形图；(b) 语句表

二、堆栈指令

堆栈指令主要用在当多重输出且逻辑条件不同的情况下，将连接点的结果存储起来，以便连接点后面的电路编程。同时，它们对逻辑堆栈也可以实现非常复杂的操作，可以完成基本逻辑指令所不能完成的操作。

堆栈指令包括：ALD、OLD、LPS、LRD、LPP 和 LDS，这些指令中除 LDS 外，其余指令都无操作数。

（一）逻辑推入栈指令（LPS）

逻辑推入栈指令（分支或主控指令）。用于复制栈顶的值并将这个值推入栈顶，原堆栈中各级栈值依次下压一级。在梯形图中的分支结构中，用于生成一条新的母线，左侧为主控逻辑块时，第一个完整的从逻辑行从此处开始。

（二）逻辑读栈指令（LRD）

逻辑读栈指令。把堆栈中第二级的值复制到栈顶。堆栈没有推入栈或弹出栈操作，但原栈顶值被新的复制值取代。在梯形图中的分支结构中，当左侧为主控逻辑块时，开始第二个和后边更多的从逻辑块。应注意，LPS 后第一个和最后一个从逻辑块不用本指令。

（三）逻辑栈弹出指令（LPP）

逻辑栈弹出指令（分支结束或主控复位指令）。堆栈作弹出栈操作，将栈顶值弹出，原堆栈中各级栈值依次上弹一级，堆栈第二级的值成为新的栈顶值。在梯形图中的分支结构中，用于将 LPS 指令生成的一条新母线进行恢复。应注意，LPS 与 LPP 必须配对使用。

（四）装入堆栈指令（LDS）

装入堆栈指令。其功能是复制堆栈中的第 n 级的值到栈顶，原栈中各级栈值依次下压一级，栈底值丢失。

LPS、LRD、LPP、LDS 指令操作过程如图 3-15 所示。

（五）栈装载与指令（ALD）

栈装载与指令（与块）。用于将并联电路块进行串联连接。执行 ALD 指令，将堆栈中的第一级和第二级的值进行逻辑“与”操作，结果置于栈顶（堆栈第一级），并将堆栈中的第三级至第九级的值依次上弹一级。

（六）栈装载或指令（OLD）

栈装载或指令（或块）。用于将串联电路块进行并联连接。执行 OLD 指令，将堆栈中的第一级和第二级的值进行逻辑“或”操作，结果置于栈顶（堆栈第一级），并将堆栈中其余各级的内容依次上弹一级。

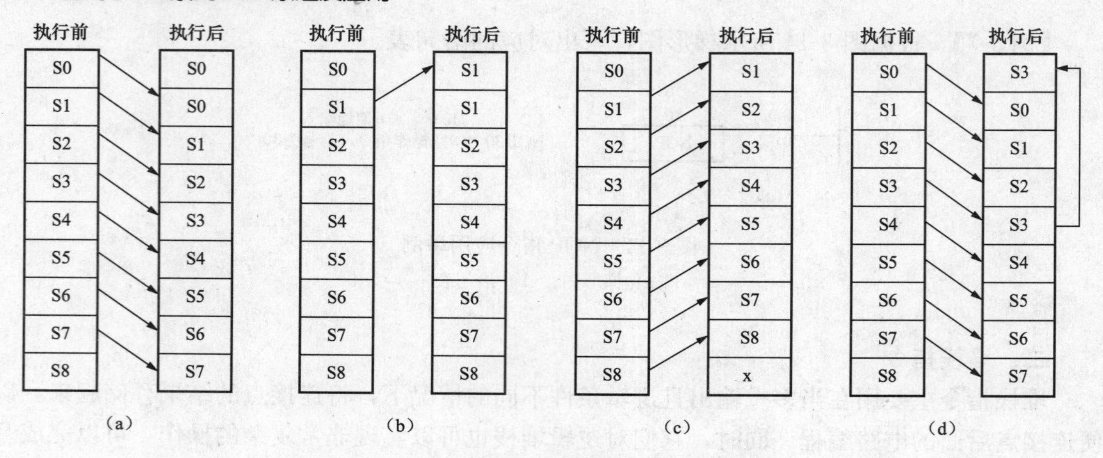

图 3-15　LPS、LRD、LPP、LDS 指令的操作过程

(a) LPS 逻辑堆入栈；(b) LRD 逻辑读栈；(c) LPP 逻辑弹出栈；(d) LDS 装入堆栈

栈装载与指令和栈装载或指令的操作过程如图 3-16 所示，图 3-16 中“x”表示不确定值。

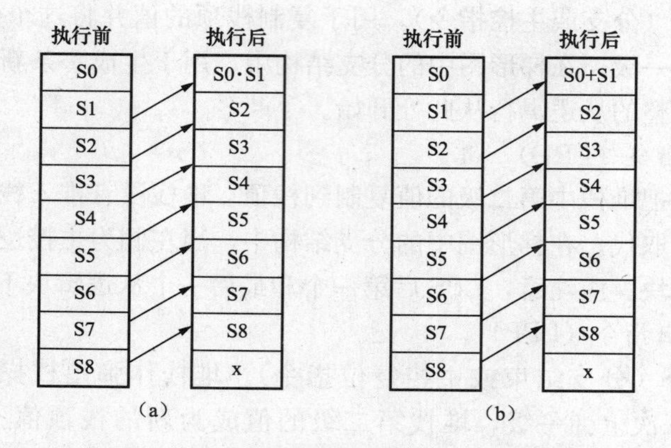

图 3-16　栈装载与指令和栈装载或指令的操作过程

(a) ALD；(b) OLD

图 3-17 所示是复杂逻辑指令在实际应用中的一段程序。

三、定时器和计数器指令

(一) 定时器指令

定时器是由集成电路构成，是 PLC 中的重要硬件编程元件。定时器编程时提前输入时间预设值，在运行时当定时器的输入条件满足时开始计时，当前值从 0 开始按一定的时间单位增加，当定时器的当前值达到预设值时，定时器发生动作，发出中断请求，以便 PLC 响应而作出相应的动作。此时它对应的动合触点闭合，动断触点断开。利用定时器的输入与输出触点就可以得到控制所需的延时时间。

系统提供 3 种定时指令：TON（通电延时）、TONR（有记忆通电延时）和 TOF（断电延时）。

S7-200 定时器的分辨率（时间增量/时间单位/分辨率）有 3 个等级：1ms、10ms 和 100ms，分辨率等级和定时器号关系如表 3-4 所示。

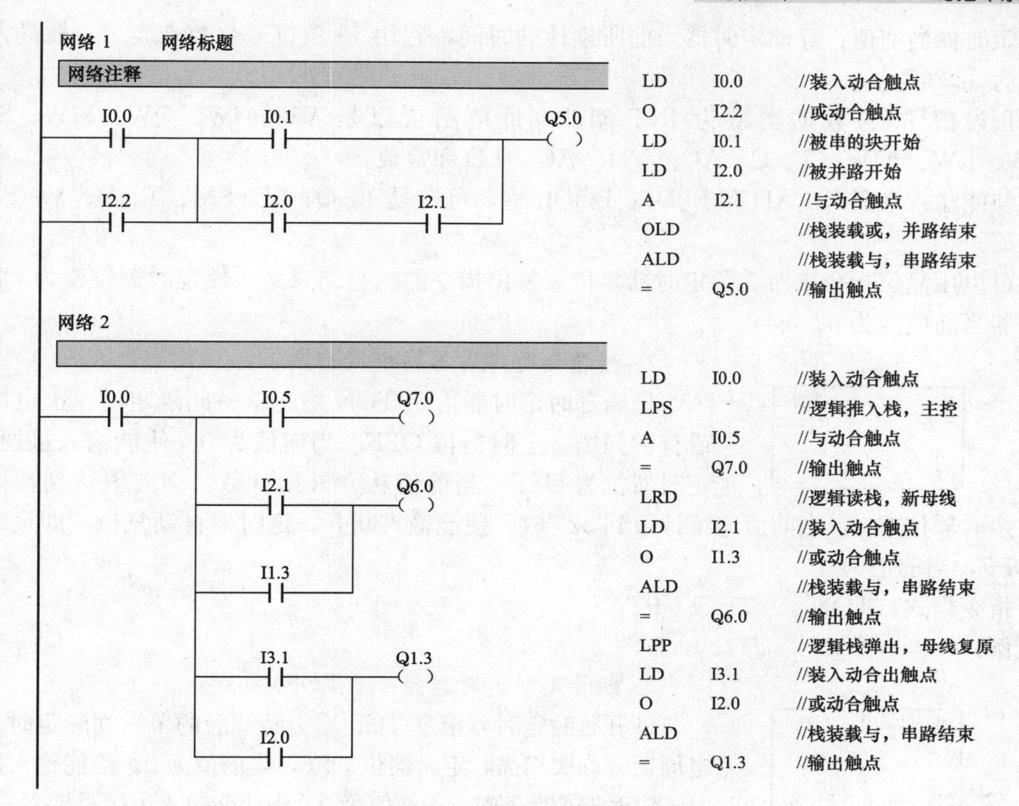

图 3-17 复杂逻辑指令的应用

表 3-4 定时器号和分辨率

定时器类型	分辨率（ms）	计时范围（s）	定时器号
TON TOF	1	32.767	T32，T96
	10	327.67	T33～T36，T97～T100
	100	3276.7	T37～T63，T101～T255
TONR	1	32.767	T0，T64
	10	327.67	T1～T4，T65～T68
	100	3276.7	T5～T31，T69～T95

定时时间的计算：

$$T = \mathrm{PT} \times S$$

（T 为实际定时时间，PT 为预设值，S 为分辨率等级）

例如：TON 指令用定时器 T33，预设值为 125，则实际定时时间

$$T = 125 \times 10 = 1250(\mathrm{ms})$$

指令操作数有 3 个：编号、预设值和使能输入。

编号：用定时器的名称和它的常数编号（最大 255）来表示，即 T×××，如：T4。T4 不仅是定时器的编号，还包含两方面的变量信息：定时器位和定时器当前值。

定时器位：定时器位与时间继电器的输出相似，当定时器的当前值达到预设值 PT 时，该位被置为“1”。

定时器当前值：存储定时器当前所累计的时间，它用 16 位符号整数来表示，故最大计数值为 32 767。

预设值 PT：数据类型为 INT 型。寻址范围可以是 VW、IW、QW、MW、SW、SMW、LW、AIW、T、C、AC、* VD、* AC、* LD 和常数。

使能输入（只对 LAD 和 FBD）：BOOL 型，可以是 I、Q、M、SM、T、C、V、S、L 和能流。

可以用复位指令来对 3 种定时器复位，复位指令的执行结果是：使定时器位变为 OFF，定时器当前值变为 0。

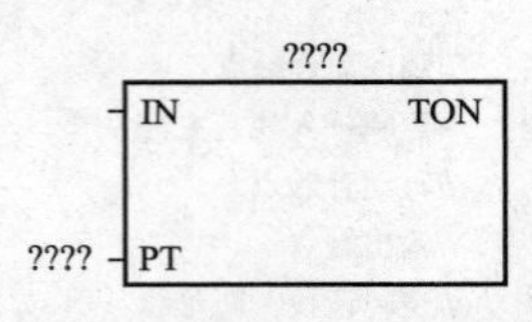

1. 接通延时定时器指令（TON）

接通延时定时器指令 TON 用于单一间隔定时。上电周期或首次扫描，定时器位 OFF，当前值为 0。使能输入接通时，定时器位为 OFF，当前值从 0 开始计数，当前值达到预设值时，定时器位 ON，当前值连续计数到 32 767。使能输入断开，定时器自动复位，即定时器位 OFF，当前值为 0。

指令格式：TON　　Txxx，PT

例：　　　TON　　T120，8

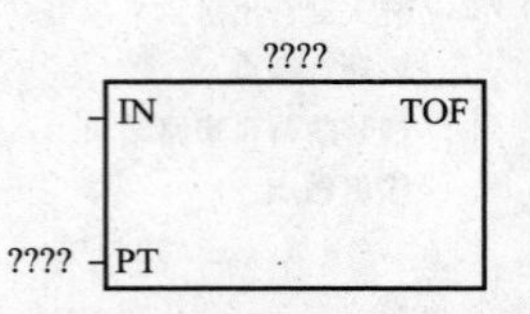

2. 断开延时定时器指令（TOF）

断开延时定时器指令 TOF 用于断开后的单一间隔定时。上电周期或首次扫描，定时器位 OFF，当前值为 0。使能输入接通时，定时器位为 ON，当前值为 0。当使能输入由接通到断开时，定时器开始计数，当前值达到预设值时，定时器位 OFF，当前值等于预设值，停止计数。

TOF 复位后，如果使能输入有从 ON 到 OFF 的负跳变，则可实现再次启动。

指令格式：TOF　　Txxx，PT

例：　　　TOF　　T35，6

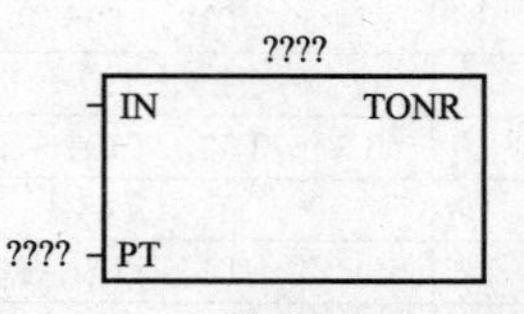

3. 有记忆接通延时定时器指令（TONR）

有记忆接通延时定时器指令 TONR 用于对许多间隔的累计定时。上电周期或首次扫描，定时器位 OFF，当前值保持。使能输入接通时，定时器位为 OFF，当前值从 0 开始累计计数时间。使能输入断开，定时器位和当前值保持最后状态。使能输入再次接通时，当前值从上次的保持值继续计数，当累计当前值达到预设值时，定时器位 ON，当前值连续计数到 32 767。

TONR 定时器只能用复位指令进行复位操作，使当前值清零。

指令格式：TONR　　Txxx，PT

例：　　　TONR　　T20，63

4. 分辨率对定时器的影响

（1）1ms 分辨率定时器。1ms 分辨率定时器启动后，定时器对 1ms 的时间间隔（时基信号）进行计时。定时器当前值每隔 1ms 刷新一次，在一个扫描周期中要刷新多次，而不和扫描周期同步。

（2）10ms 分辨率定时器。10ms 分辨率定时器启动后，定时器对 10ms 的时间间隔进行计时。程序执行时，在每次扫描周期开始对 10ms 定时器刷新，在一个扫描周期内定时器当前值保持不变。

(3) 100ms 分辨率定时器。100ms 分辨率定时器启动后，定时器对 100ms 的时间间隔进行计时。只有在定时器指令执行时，100ms 定时器的当前值才被刷新。

在子程序和中断程序中不宜使用 100ms 定时器。子程序和中断程序不是每个扫描周期都执行的，那么在子程序和中断程序中的 100ms 定时器的当前值就不能及时刷新，造成时基脉冲丢失，致使计时失准；在主程序中，不能重复使用同一个 100ms 的定时器号，否则该定时器指令在一个扫描周期中多次被执行，定时器的当前值在一个扫描周期中多次被刷新。这样，定时器就会多计了时基脉冲，同样造成计时失准。因而，100ms 定时器只能用于每个扫描周期内同一定时器指令执行一次，且仅执行一次的场合。

5. 应用举例

图 3-18 是介绍 3 种定时器的工作特性的程序片段，其中 T35 为通电延时定时器，T2 为有记忆通电延时定时器，T36 为断电延时定时器。梯形图程序中输入输出执行时序关系如图 3-19 所示。

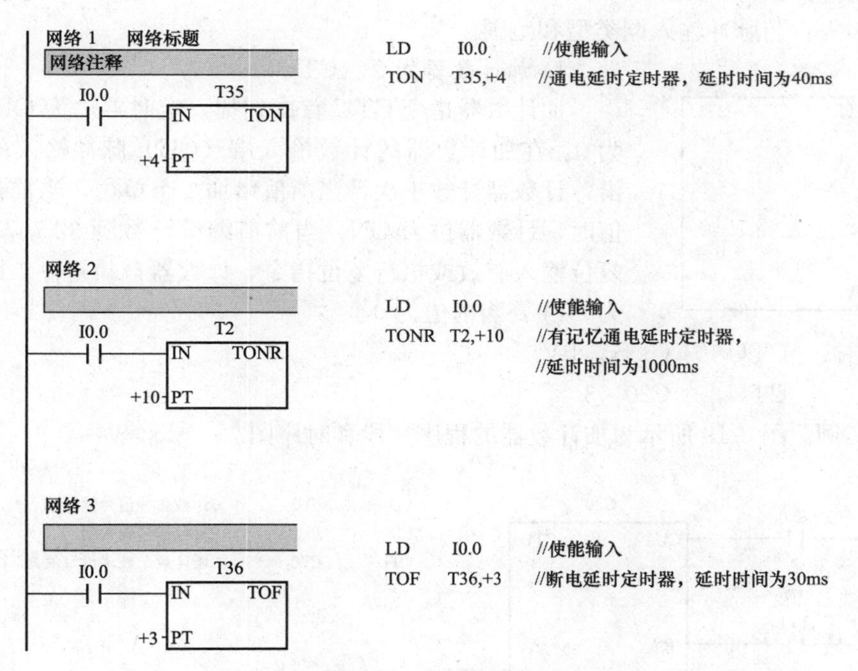

图 3-18　定时器特性

6. 应用定时器指令应注意的几个问题

(1) 不能把一个定时器号同时用作断开延时定时器（TOF）和接通延时定时器（TON）。

(2) 使用复位（R）指令对定时器复位后，定时器位为“0”，定时器当前值为“0”。

(3) 有记忆接通延时定时器（TONR）只能通过复位指令进行复位。

(4) 对于断开延时定时器（TOF），需要输入端有一个负跳变（由 ON 到 OFF）的输入信号启动计时。

（二）计数器指令

计数器用来累计输入脉冲的次数。计数器也是由集成电路构成，是应用非常广泛的编程元件，经常用来对产品进行计数。

计数器与定时器的结构和使用基本相似，编程时输入它的预设值 PV（计数的次数），计数器累计它的脉冲输入端电位上升沿（正跳变）的个数，当计数器达到预设值 PV 时，发出中断请求信号，以便 PLC 作出相应的处理。

计数器指令有 3 种：加计数 CTU、加减计数 CTUD 和减计数 CTD。

指令操作数有 4 个：编号、预设值、脉冲输入和复位输入。

编号：用计数器名称和它的常数编号（最大 255）来表示，即 Cxxx，如：C6。C6 不仅仅是计数器的编号，它还包含两方面的变量信息：计数器位和计数器当前值。计数器位表示计数器是否发生动作的状态，当计数器的当前值达到预设值 PV 时，该位被置为“1”。计数器当前值存储计数器当前所累计的脉冲个数，它用 16 位符号整数（INT）来表示，故最大计数值为 32 767。

预设值 PV：数据类型为 INT 型。寻址范围可以是 VW、IW、QW、MW、SW、SMW、LW、AIW、T、C、AC、∗VD、∗AC、∗LD 和常数。

脉冲输入：BOOL 型，可以是 I、Q、M、SM、T、C、V、S、L 和能流。

复位输入：与脉冲输入同类型和范围。

1. 加计数器指令（CTU）

加计数器指令 CTU 首次扫描，定时器位为 OFF，当前值为 0。在加计数器的计数输入端（CU）脉冲输入的每个上升沿，计数器计数 1 次，当前值增加 1 个单位，当前值达到预设值时，计数器位为 ON，当前值继续计数到 32 767 停止计数。复位输入有效或执行复位指令，计数器自动复位，即计数器位为 OFF，当前值为 0。

指令格式：CTU　　Cxxx，PV

例：　　　CTU　　C20，3

程序实例：图 3-19 所示为加计数器的程序片段和时序图。

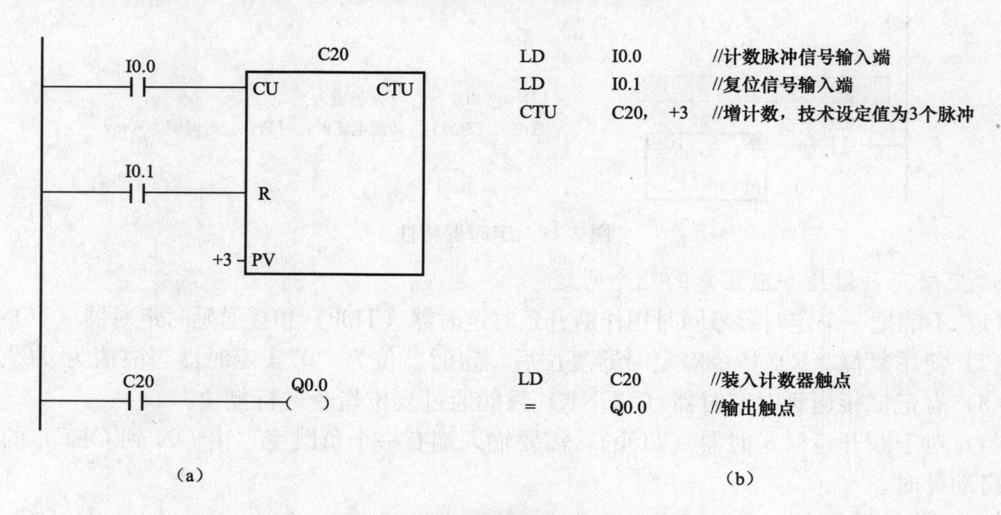

图 3-19　加计数程序及时序（一）

（a）梯形图；（b）语句表

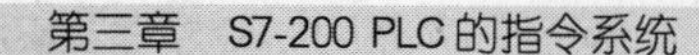

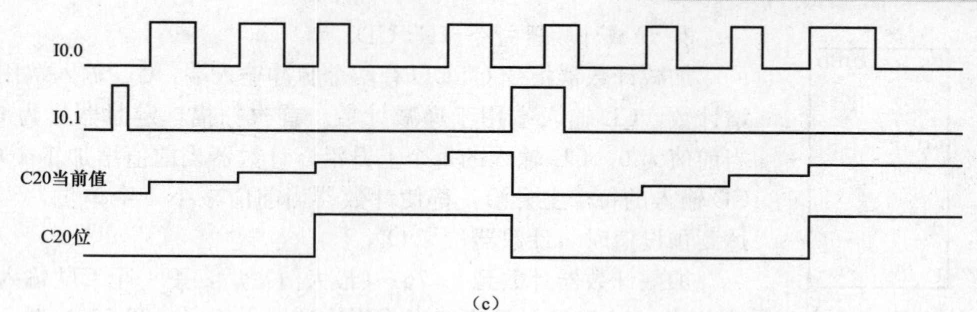

图 3-19　加计数程序及时序（二）
（c）时序图

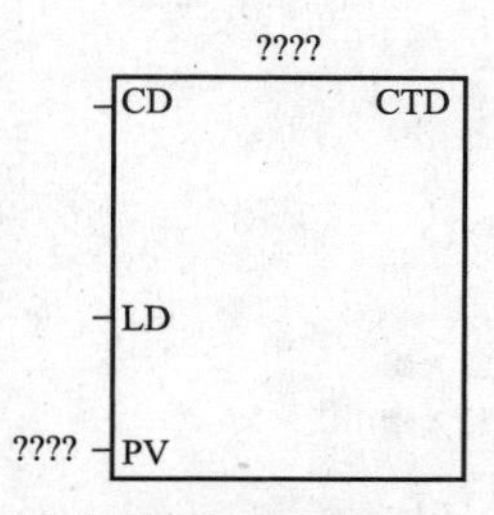

2. 减计数器指令（CTD）

减计数器指令 CTD 首次扫描，定时器位的 OFF，当前值为预设值 PV。计数器检测到 CD 输入的每个上升沿时，计数器当前值减小 1 个单位，当前值减到 0 时，计数器位为 ON。

复位输入有效或执行复位指令，计数器自动复位，即计数器位为 OFF，当前值复位为预设值，而不是 0。

指令格式：CTD　　Cxxx，PV

例：　　　CTD　　C40，4

程序实例：图 3-20 为减计数器的程序片段和时序图。

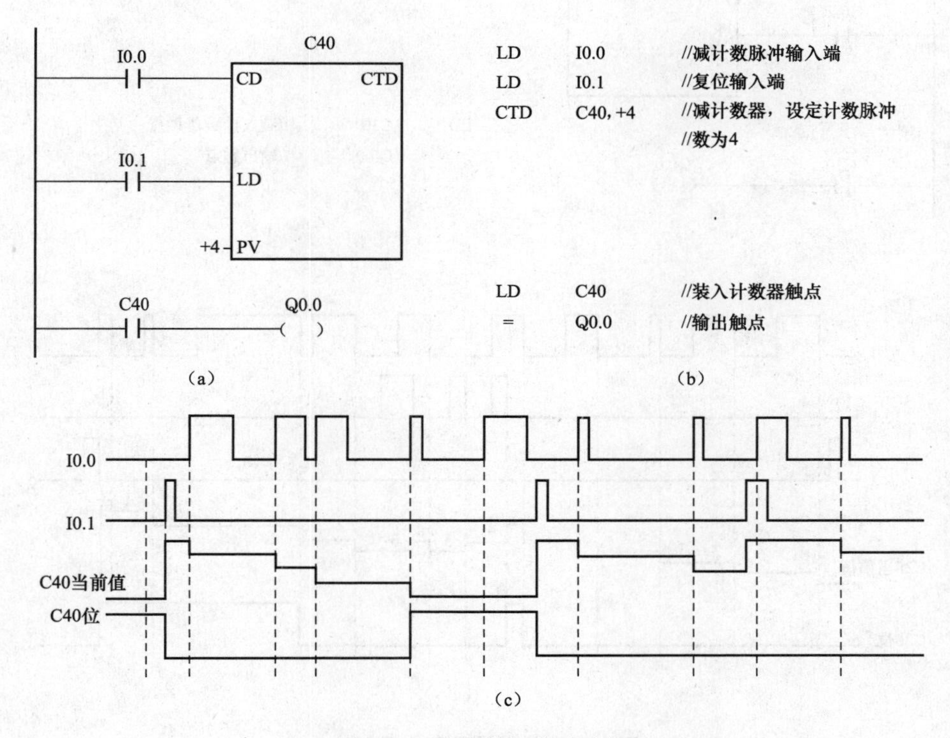

图 3-20　减计数程序及时序
（a）梯形图；（b）语句表；（c）时序图

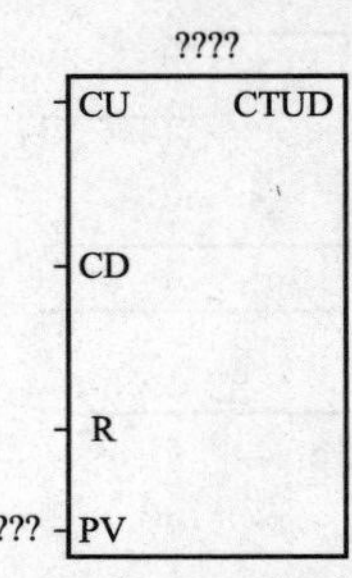

3. 加减计数器指令（CTUD）

加减计数器指令 CTUD 有两个脉冲输入端：CU 输入端用于递增计数，CD 输入端用于递减计数。首次扫描，定时器位为 OFF，当前值为 0。CU 输入的每个上升沿，计数器当前值增加 1 个单位，CD 输入的每个上升沿，都使计数器当前值减小 1 个单位，当前值达到预设值时，计数器位为 ON。

加减计数器计数到 32 767（最大值）后，下一个 CU 输入的上升沿将使当前值跳变为最小值（−32 768）；反之，当前值达到最小值（−32 768）时，下一个 CD 输入的上升沿将使当前值跳变为最大值（32 767）。复位输入有效或执行复位指令，计数器自动复位，即计数器位为 OFF，当前值为 0。

指令格式：CTUD　　Cxxx，PV

例：　　　CTUD　　C30，5

程序实例：图 3-21 为加减计数器的程序片段和时序图。

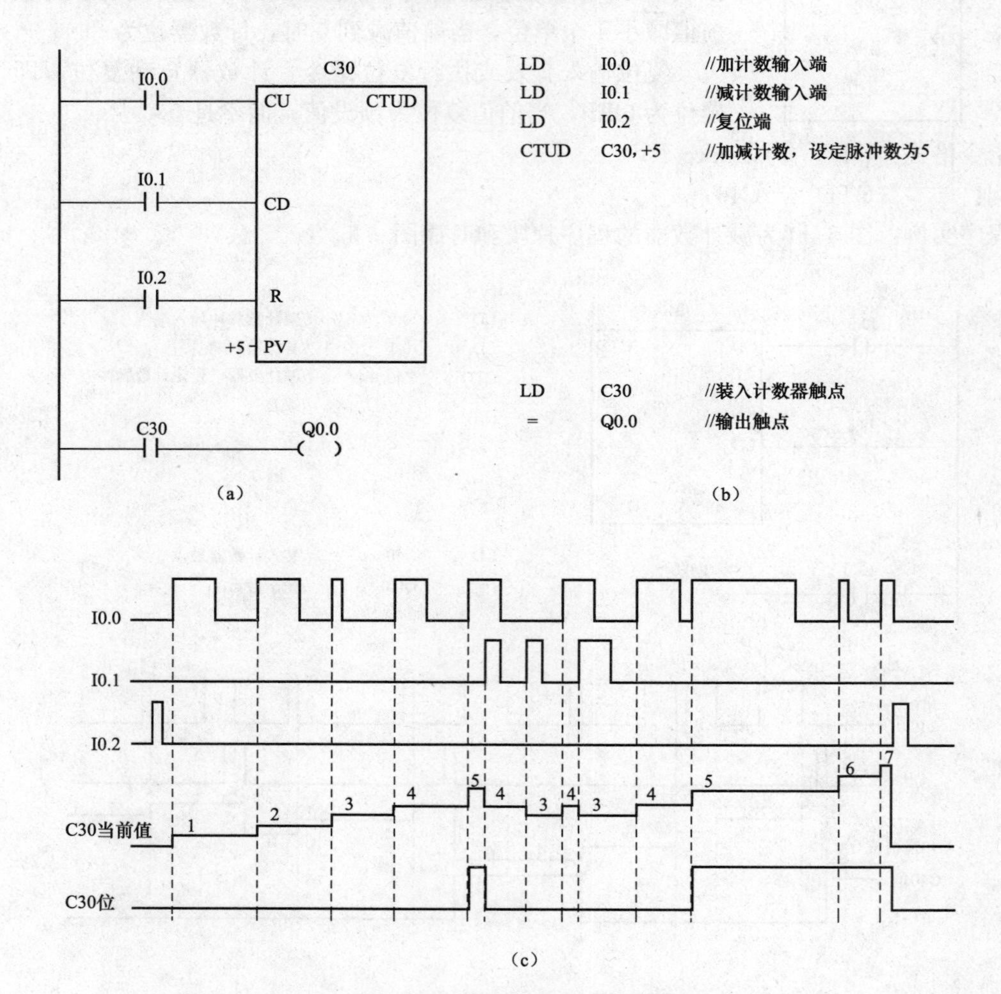

图 3-21　加减计数程序及时序

(a) 梯形图；(b) 语句表；(c) 时序图

4. 应用举例

计数器在实际生产中应用非常广泛，最常用于对各种脉冲的计数，有时根据它的工作特点也用在其他方面。下面仅举两个实例。

（1）循环计数。以上3种类型的计数器如果在使用时，将计数器位的动合触点作为复位输入信号，则可以实现循环计数。

（2）用计数器和定时器配合增加延时时间，如图3-22所示。通过分析可知，以下程序中实际延时时间为100ms×30 000×10=30 000s。

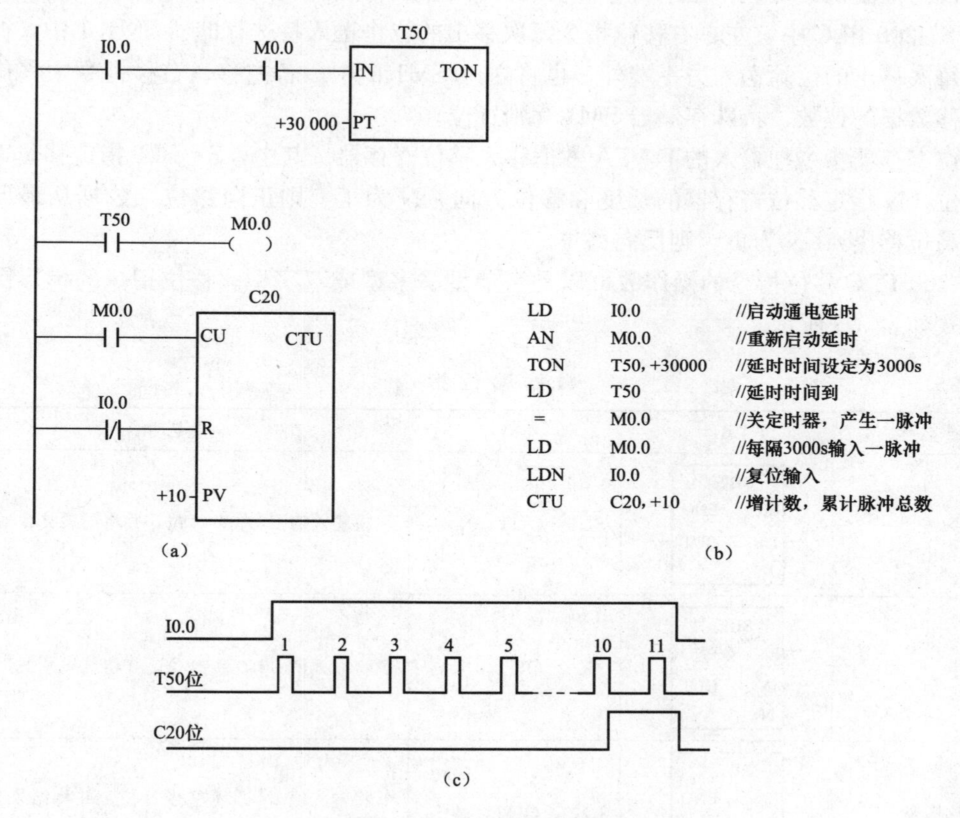

图3-22　计数器应用举例

(a) 梯形图；(b) 语句表；(c) 时序图

5. 应用计数器指令应注意的问题

（1）可以用复位指令对3种计数器复位，复位指令的执行结果是：使计数器位变为OFF；计数器当前值变为0（CTD变为预设值PV）。

（2）在一个程序中，同一个计数器编号只能使用一次。

（3）脉冲输入和复位输入同时有效时，优先执行复位操作。

第三节　S7-200 PLC的基本功能指令

功能指令（Function Instruction）又称为应用指令，功能指令实际上是厂商为满足各种客户的特殊需要而开发的通用子程序，功能指令的丰富程度及其使用的方便程度是衡量

PLC 性能的一个重要指标。功能指令种类繁多，可分为数据处理指令、数字运算类指令、逻辑操作指令、表指令、转换指令、中断指令、高速处理指令等。

一、数据处理指令

（一）移位指令

移位指令的功能是将二进制数按位向左或向右移动，可分为左移、右移、循环左移和循环右移四种。左移一位后，其最低位补 0；右移一位后，其最高位补 0；循环左移一位后，移出的最高位填入最低位；循环右移一位后，移出的最低位填入最高位。

在 S7-200 PLC 中，左、右移位指令每次移出的位将送入特殊存储器 SM1.1 中，循环移位指令每次移出的位除送入另一端外，也将送入 SM1.1 中。若左移、右移指令中移位次数大于被移数据的位数，特殊存储器 SM1.0 则置位。

移位寄存器指令把输入的 DATA 数值移入移位寄存器。其中，S _ BIT 指定移位寄存器的最低位，N 指定移位寄存器的长度和移位方向，N 为正，则正向移位（数据从最低位移入，最高位移出）；N 为负，则反向移位。

S7-200 PLC 移位指令的操作数可以是字节型、字型或双字型。移位指令的梯形图和语句表格式如表 3-5 所示。

表 3-5　　数据移位指令

指令名称	LAD	STL	指令功能
左移指令	SHL_* EN ENO IN OUT N	SL* OUT，N	将输入值 IN 左移 N 位，并将结果装载到 OUT
右移指令	SHR_* EN ENO IN OUT N	SR* OUT，N	将输入值 IN 右移 N 位，并将结果装载到 OUT
循环左移指令	ROL_* EN ENO IN OUT N	RL* OUT，N	将输入值 IN 循环左移 N 位，并将结果装载到 OUT
循环右移指令	ROR_* EN ENO IN OUT N	RR* OUT，N	将输入值 IN 循环右移 N 位，并将结果装载到 OUT
移位寄存器指令	SHRB EN ENO DATA S_BIT N	SHRB DATA，S _ BIT，N	把输入的 DATA 数值移入移位寄存器。其中，S _ BIT 指定移位寄存器的最低位，N 指定移位寄存器的长度和移位方向，N 为正，则正向移位数据从最低位移入，最高位移出，N 为负，则反向移位

* 可以是 B、W、DW，分别表示操作数为字节、字、双字。

【例 3-8】 写出字右移指令 SRW LW0，3 的执行情况。

指令执行情况如表 3-6 所示。

表 3-6　　　　指令 SRW 执行结果

移位次数	地址	单元内容	位 SM1.1	说　明
0	LW0	1011010100110011	×	移位前（SM1.1 不确定）
1	LW0	0101101010011001	1	右移，1 进入 SM1.1，左端补 0
2	LW0	0010110101001100	1	右移，1 进入 SM1.1，左端补 0
3	LW0	0001011010100110	0	右移，0 进入 SM1.1，左端补 0

【例 3-9】 写出字循环右移指令 RRW　LW0，3 的执行情况。

指令执行情况如表 3-7 所示。

表 3-7　　　　指令 RRW 执行结果

移位次数	地址	单元内容	位 SM1.1	说　明
0	LW0	1011010100110011	×	移位前（SM1.1 不确定）
1	LW0	1101101010011001	1	右端 1 移入 SM1.1 和 LW0 左端
2	LW0	1110110101001100	1	右端 1 移入 SM1.1 和 LW0 左端
3	LW0	0111011010100110	0	右端 0 移入 SM1.1 和 LW0 左端

【例 3-10】 图 3-23 为移位寄存器指令应用举例。

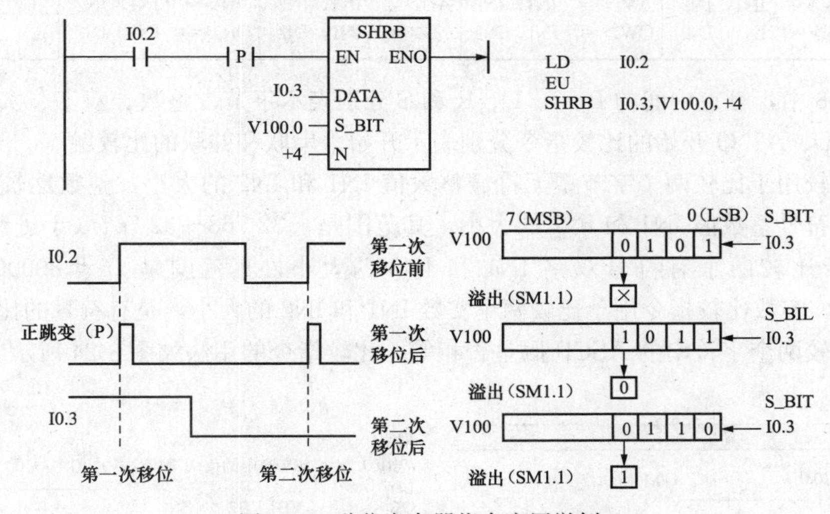

图 3-23　移位寄存器指令应用举例

（二）比较指令

比较指令用于比较两个数值或字符串，满足比较关系式给出的条件时，触点闭合。比较指令为实现上、下限控制以及数值条件判断提供了方便。

比较指令有 5 种类型：字节比较、整数（字）比较、双字比较、实数比较和字符串比较。其中字节比较是无符号的，整数、双字、实数的比较是有符号的。

数值比较指令的运算有：=、>=、<=、>、<和<>等 6 种。而字符串比较指令只有=和<>两种。

对比较指令可进行“LD”、“A”和“O”编程。

比较指令的 LAD 和 STL 形式如表 3-8 所示。

表 3-8　　数据比较指令

形式	方式				
	字节比较	整数比较	双字比较	实数比较	字符串比较
LAD (以>为例)	IN1 ─┤>B├─ IN2	IN1 ─┤>I├─ IN2	IN1 ─┤>D├─ IN2	IN1 ─┤>R├─ IN2	IN1 ─┤<>S├─ IN2
STL	LDB=　IN1，IN2 AB=　IN1，IN2 OB=　IN1，IN2 LDB<>　IN1，IN2 AB<>　IN1，IN2 OB<>　IN1，IN2 LDB<　IN1，IN2 AB<　IN1，IN2 OB<　IN1，IN2 LDB<=　IN1，IN2 AB<=　IN1，IN2 OB<=　IN1，IN2 LDB>　IN1，IN2 AB>　IN1，IN2 OB>　IN1，IN2 LDB>=　IN1，IN2 AB>=　IN1，IN2 OB>=　IN1，IN2	LDW=　IN1，IN2 AW=　IN1，IN2 OW=　IN1，IN2 LDW<> IN1，IN2 AW<>　IN1，IN2 OW<>　IN1，IN2 LDW<　IN1，IN2 AW<　IN1，IN2 OW<　IN1，IN2 LDW<= IN1，IN2 AW<=　IN1，IN2 OW<=　IN1，IN2 LDW>　IN1，IN2 AW>　IN1，IN2 OW>　IN1，IN2 LDW>= IN1，IN2 AW>=　IN1，IN2 OW>=　IN1，IN2	LDD=　IN1，IN2 AD=　IN1，IN2 OD=　IN1，IN2 LDD<> IN1，IN2 AD<> IN1，IN2 OD<> IN1，IN2 LDD<　IN1，IN2 AD<　IN1，IN2 OD<　IN1，IN2 LDD<= IN1，IN2 AD<=　IN1，IN2 OD<=　IN1，IN2 LDD>　IN1，IN2 AD>　IN1，IN2 OD>　IN1，IN2 LDD>= IN1，IN2 AD>=　IN1，IN2 OD>=　IN1，IN2	LDR=　IN1，IN2 AR=　IN1，IN2 OR=　IN1，IN2 LDR<> IN1，IN2 AR<> IN1，IN2 OR<> IN1，IN2 LDR<　IN1，IN2 AR<　IN1，IN2 OR<　IN1，IN2 LDR<= IN1，IN2 AR<=　IN1，IN2 OR<=　IN1，IN2 LDR>　IN1，IN2 AR>　IN1，IN2 OR>　IN1，IN2 LDR>= IN1，IN2 AR>=　IN1，IN2 OR>=　IN1，IN2	LDS=　IN1，IN2 AS=　IN1，IN2 OS=　IN1，IN2 LDS<>　IN1，IN2 AS<>　IN1，IN2 OS<>　IN1，IN2

在表 3-8 中，触点中间的 B、I、D、R 和 S 分别表示字节、整数、双字、实数和字符串比较。以 LD、A、O 开始的比较指令分别表示开始、串联和并联的比较触点。

字节比较用于比较两个字节型无符号整数值 IN1 和 IN2 的大小，整数比较用于比较两个字节的有符号整数值 IN1 和 IN2 的大小，其范围是－32 768～32 767（十进制）。双字整数比较用于比较两个有符号双字 IN1 和 IN2 的大小，其范围是 16＃80000000～16＃7FFFFFFF。实数比较指令用于比较两个实数 IN1 和 IN2 的大小，是有符号的比较。字符串比较指令比较两个字符串的 ASCII 码是否相等。比较指令的用法如图 3-24 所示。

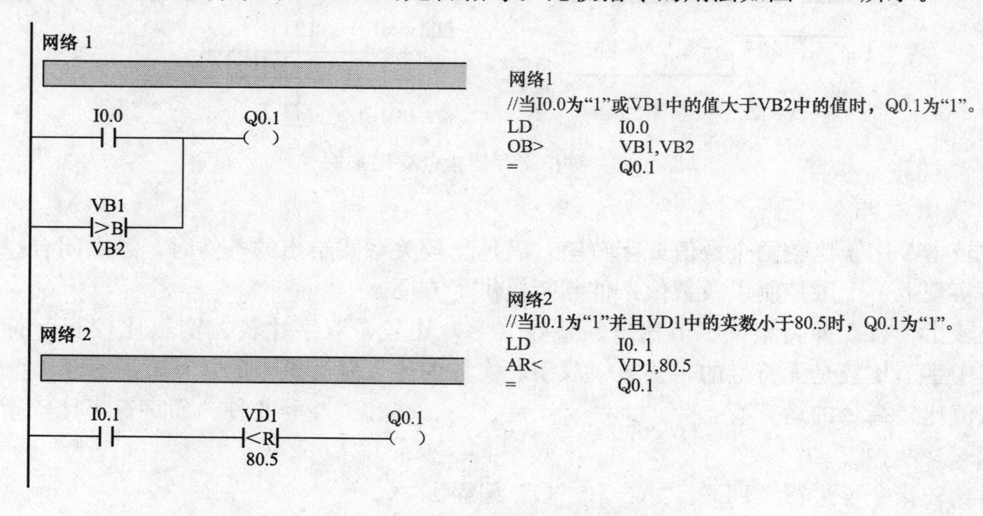

图 3-24　比较指令编程举例

（三）传送指令

传送指令在不改变原存储单元值（内容）的情况下，将IN（输入端存储单元）的值复制到OUT（输出端存储单元）中。传送指令可用于存储单元的清零、程序初始化等场合。

传送指令包括单个数据传送及一次性传送多个连续字块的传送，按照传送数据的类型分为字节、字、双字或者实数等几种情况。数据传送指令的LAD和STL格式如表3-9所示。

表3-9　　数据传送指令

指令名称	LAD	STL	指令功能
单个数据传送指令	MOV_* EN ENO IN OUT	MOV* IN，OUT	使能输入EN有效时，把一个字节（字、双字、实数）由IN传送到OUT所指的存储单元
块传送指令	BLKMOV_ EN ENO IN OUT N	BM* IN，OUT，N	使能输入EN有效时，把从IN开始的N个字节（字、双字）传送到从OUT开始的N个字节（字、双字）存储单元
字节交换指令	SWAP EN ENO IN	SWAP IN	使能输入EN有效时，交换输入字IN的高字节和低字节
字节立即读指令	MOV_BI EN ENO IN OUT	BIR IN，OUT	使能输入EN有效时，立即读取1个字节的物理输入IN，并传送到OUT所指的存储单元，但映像存储器并不刷新
字节立即写指令	MOV_BI EN ENO IN OUT	BIW IN，OUT	使能输入EN有效时，立即将IN单元的字节数据写入到OUT所指的存储单元的映像存储器和物理区。该指令用于把计算结果立即输出到负载

* 可以是B、W、DW（或D）、和R，分别表示操作数为字节、字、双字、和实数。传送指令的输入/输出数据应当等长度。

（四）表功能指令

表功能指令是存储器指定区域中数据的管理指令。一个表由表的首地址指明，第一个字地址（表的首地址）和第二个字地址所对应的单元分别存放两个参数（最大填表数TL和实际填表数EC）。表功能指令的LAD和STL格式如表3-10所示。

表3-10　　表功能指令

指令名称	LAD	STL	指令功能
填表指令	AD_T_TBL EN ENO DATA TBL	ATT DATA，TBL	向表格中增加一个字的数值

续表

指令名称	LAD	STL	指令功能
查表指令	TBL_FIND EN ENO TBL PTN INDX CMD	FND= TBL，PTN，INDX	从字型数表中找出符合条件的数据所在的表中数据编号
先进先出	FIFO EN ENO TBL DATA	FIFO TABLE， DATA	从表中移出最先放进去的第一个数据，并将它送入 DATA 指定的地址
后进先出	LIFO EN ENO TBL DATA	LIFO TABLE， DATA	从表中移出的数据是最后进入表中的数据，并将它送入 DATA 指定的地址

1. 填表指令

填表指令（ATT）可以向表（TBL）中填入一个数值（DATA），填表时，新填入的数据添加在表中最后一个数据的后面。每向表中存一个数据，实际填表数 EC 会自动加 1。直至达到最大填表数（TL），其最大值为 100 个存表数据。DATA 的寻址范围：VW、IW、QW、MW、SW、SMW、LW、T、C、AIW、AC、＊VD、＊AC、＊LD 和常量。TBL 的寻址范围：VW、IW、QW、SW、MW、SMW、LW、T、C、＊VD、＊AC、＊LD。

填表指令影响的特殊存储器位：SM1.4（溢出）。

使能流输出 ENO 断开的出错条件：0006（间接寻址）；SM4.3（运行时间）；0091（操作数超界）。

数据在 S7-200 的表格中的存储形式如表 3-11 所示。

表 3-11　　表格中数据的存储格式

单元地址	单元内容	说　明
VW200	0005	VW200 为表格的首地址，TL=5 为表格的最大填表数
VW202	0004	数据 EC=4（EC≤100）为该表中的实际填表数
VW204	2345	数据 0
VW206	5678	数据 1
VW208	9876	数据 2
VW210	6543	数据 3
VW212	****	无效数据

图 3-25 为填表指令举例，在程序执行后的结果如表 3-12 所示。

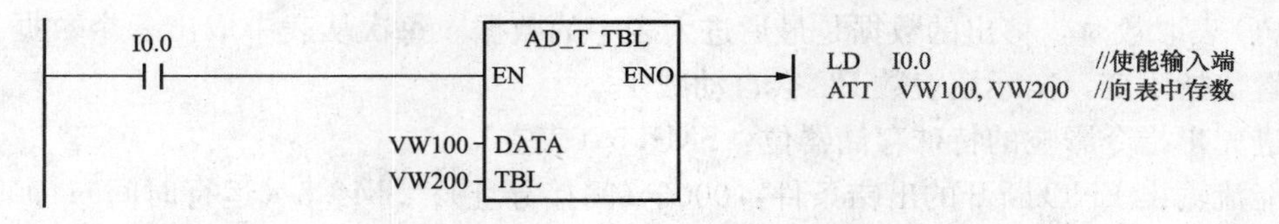

图 3-25　填表指令举例

表 3-12　　ATT 指令执行结果

操作数	单元地址	填表前内容	填表后内容	注释
DATA	VW100	1234	1234	待填表数据
TBL	VW200	0005	0005	最大填表数 TL
	VW202	0004	0004	实际填表数 EC
	VW204	2345	2345	数据 0
	VW206	5678	5678	数据 1
	VW208	9876	9876	数据 2
	VW210	6543	6543	数据 3
	VW212	****	1234	将 VW100 内容填入表中

2. 查表指令

通过查表指令 FND 可以从字型数表中找出符合条件的数据所在的表中数据编号，编号范围是 0～99。

查表指令执行之前，应先对 INDX 的内容清零，当使能输入有效时，从 INDX 开始搜索表 TBL，寻找符合由 PTN 和 CMD 所决定的条件的数据，如果没有发现符合条件的数据，则 INDX 的值等于 EC。如果找到一个符合条件的数据，则将该数据的表中地址装入 INDX 中。

查表指令执行完成，找到一个符合条件的数据，如果想继续向下查找，必须先对 INDX 加 1，以重新激活表查找指令。

查表指令不影响特殊存储器位。

使能流输出 ENO 断开的出错条件：0006（间接寻址）；SM4.3（运行时间）；0091（操作数超界）。

3. 先进先出指令

先进先出指令 FIFO 是当使能输入有效时，从 TBL 指明的表中移出第一个字型数据并将其输出到 DATA 所指定的字单元。

FIFO 表取数时，移出的数据总是最先进入表中的数据。每次从表中移出一个数据，剩余数据依次上移一个字单元位置，同时实际填表数 EC 会自动减 1。

先进先出指令影响的特殊存储器位：SM1.5（表空）。

使能流输出 ENO 断开的出错条件：0006（间接寻址）；SM4.3（运行时间）；0091（操作数超界）。

4. 后进先出指令

后进先出指令 LIFO 是当使能输入有效时，从 TBL 指明的表中移出最后一个字型数据并将其输出到 DATA 所指定的字单元。

LIFO 表取数时，移出的数据是最后进入表中的数据。每次从表中取出一个数据，剩余数据位置保持不变，实际填表数 EC 会自动减 1。

后进先出指令影响的特殊存储器位：SM1.5（表空）。

使能流输出 ENO 断开的出错条件：0006（间接寻址）；SM4.3（运行时间）；0091（操作数超界）。

二、数学运算类指令

（一）加减乘除指令

1. 加法运算指令

加法运算指令是对有符号数进行相加操作，包括整数加法、双整数加法和实数加法。

加法运算指令影响的特殊存储器位：SM1.0（零）；SM1.1（溢出）；SM1.2（负）。

使能流输出 ENO 断开的出错条件：0006（间接寻址）；SM1.1（溢出）；SM4.3（运行时间）。

（1）整数加法指令。

整数加法指令+I 是使能输入有效时，将两个单字长（16 位）的符号整数 IN1 和 IN2 相加，产生一个 16 位整数结果 OUT，指令格式为+I IN1, OUT。

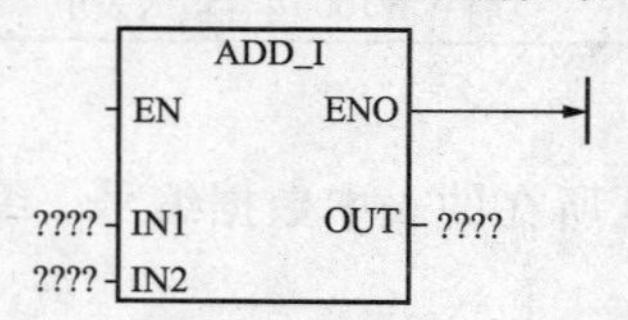

在 LAD 和 FBD 中，以指令盒形式编程，执行结果：IN1+IN2→OUT。

在 STL 中，通常将 IN2 与 OUT 共用一个地址单元，执行结果：IN1+OUT→OUT。

IN1 和 IN2 的寻址范围：VW、IW、QW、MW、SW、SMW、LW、AIW、T、C、AC、*AC、*VD、*LD 和常量。

OUT 的寻址范围：VW、IW、QW、MW、SW、SMW、LW、T、C、AC、*AC、*VD、*LD。

整数加法举例 1 如图 3-26 所示。

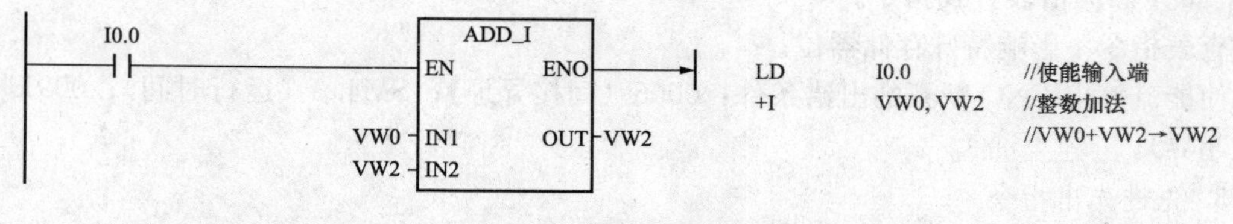

图 3-26 整数加法举例 1

整数加法举例 2 如图 3-27 所示。

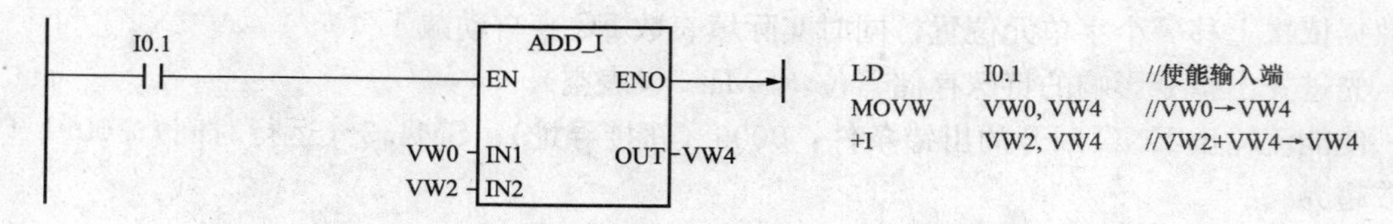

图 3-27 整数加法举例 2

在图 3-27 中，整数加法指令中 IN2（VW2）与 OUT（VW4）不是用同一地址单元。

操作时，先用MOVW指令将IN1（注意：不是IN2）传送到OUT，然后再执行整数加法操作。事实上，减法、除法、乘法指令等遇到上述情况，也可作类似的处理。

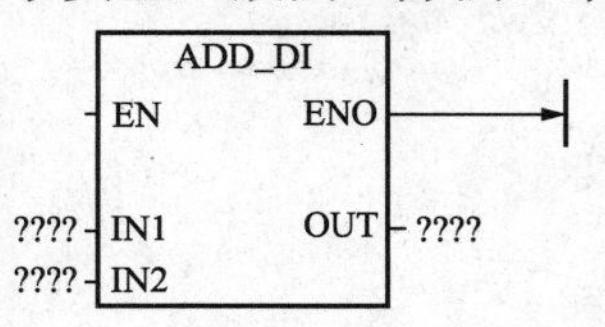

（2）双整数加法指令。

双整数加法指令＋D是使能输入有效时，将两个双字长（32位）的符号整数IN1和IN2相加，产生一个32位整数结果OUT，指令格式：＋D　IN1，OUT。

在LAD和FBD中，以指令盒形式编程，执行结果：IN1＋IN2→OUT。

在STL中，通常将IN2与OUT共用一个地址单元，执行结果：IN1＋OUT→OUT。

IN1和IN2的寻址范围：VD、ID、QD、MD、SD、SMD、LD、HC、AC、＊AC、＊VD、＊LD和常量。

OUT的寻址范围：VD、ID、QD、MD、SD、SMD、LD、AC、＊VD、＊AC、＊LD。

（3）实数加法指令。

实数加法指令＋R是使能输入有效时，将两个双字长（32位）的实数IN1和IN2相加，产生一个32位实数结果OUT，指令格式：＋R　IN1，OUT。

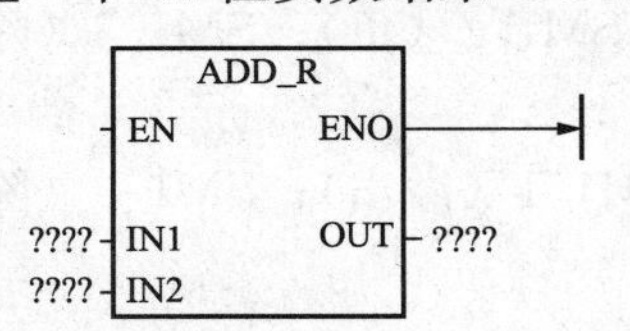

在LAD和FBD中，以指令盒形式编程，执行结果：IN1＋IN2→OUT。

在STL中，通常将IN2与OUT共用一个地址单元，执行结果：IN1＋OUT→OUT。

IN1和IN2的寻址范围：VD、ID、QD、MD、SD、SMD、LD、AC、＊VD、＊AC、＊LD和常量。

OUT的寻址范围：VD、ID、QD、MD、SD、SMD、LD、AC、＊VD、＊AC、＊LD。

2. 减法运算指令

减法运算指令是对有符号数进行相减操作。包括：整数减法、双整数减法和实数减法。这三种减法指令与所对应的加法指令除运算法则不同之外，其他方面基本相同。减法指令影响的特殊存储器位：SM1.0（零）；SM1.1（溢出）；SM1.2（负）。

使能流输出ENO断开的出错条件：0006（间接寻址）；SM1.1（溢出）；SM4.3（运行时间）。

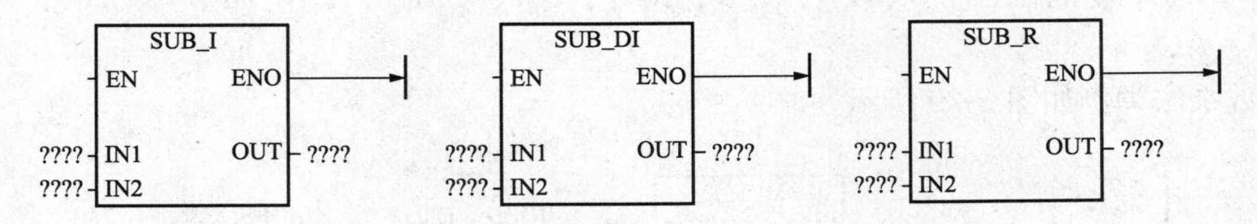

在LAD和FBD中，以指令盒形式编程，执行结果：IN1-IN2→OUT。

在STL中，通常将IN1与OUT公用一个地址单元，执行结果：OUT-IN2→OUT。

指令格式：-I　IN2，　OUT　//整数减法，OUT-IN2→OUT

-D　IN2，　OUT　//双整数减法

-R　IN2，　OUT　//实数减法

整数减法举例如图3-28所示。

图3-28整数减法指令执行后结果如表3-13所示。

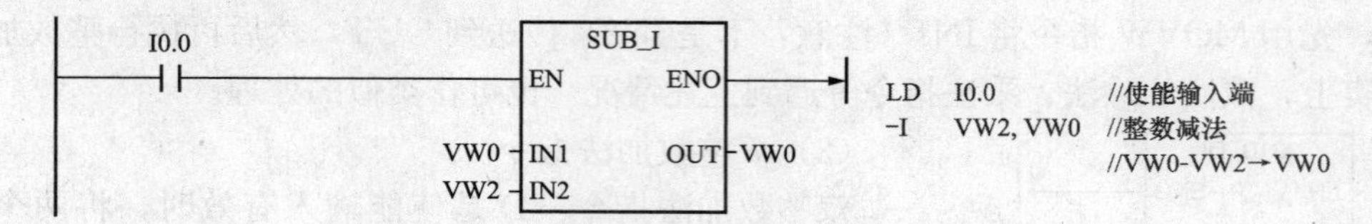

图 3-28 整数减法举例

表 3-13 **操作数执行前后的结果**

操作数	地址单元	单元长度（字节）	运算前的值	运算后的值
IN1	VW0	2	6000	5000
IN2	VW2	2	1000	1000
OUT	VW0	2	6000	5000

3. 乘法运算指令

乘法运算指令是对有符号数进行相乘运算。包括整数乘法、双整数乘法和实数乘法。乘法指令影响的特殊存储器位：SM1.0（零）；SM1.1（溢出）；SM1.2（负）；SM1.3（除数为 0）。

使能流输出 ENO 断开的出错条件：0006（间接寻址）；SM1.1（溢出）；SM1.3（除数为 0）；SM4.3（运行时间）。

（1）整数乘法指令。

整数乘法指令 * I 是使能输入有效时，将两个单字长（16 位）的符号整数 IN1 和 IN2 相乘，产生一个 16 位整数结果 OUT，指令格式为 * I IN1，OUT。

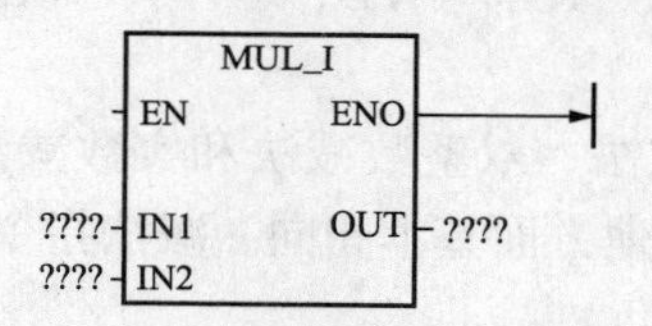

在 LAD 和 FBD 中，以指令盒形式编程，执行结果：IN1 * IN2→OUT。

在 STL 中，执行结果：IN1 * OUT→OUT。

指令格式：* I IN1，OUT

IN1 和 IN2 的寻址范围：VW、IW、QW、MW、SW、SMW、LW、AIW、T、C、AC、* AC、* VD、* LD 和常量。

OUT 的寻址范围：VW、IW、QW、MW、SW、SMW、LW、T、C、AC、* VD、* LD、* AC。

整数乘法举例如图 3-29 所示。

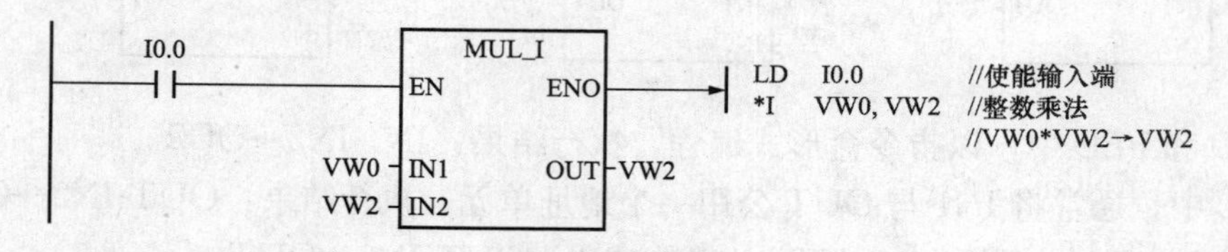

图 3-29 整数乘法举例

（2）双整数乘法指令。

双整数乘法指令 * D 是使能输入有效时，将两个双字长（32 位）的符号整数 IN1 和 IN2 相乘，产生一个 32 位整数结果 OUT，指令格式为 * D IN1，OUT。

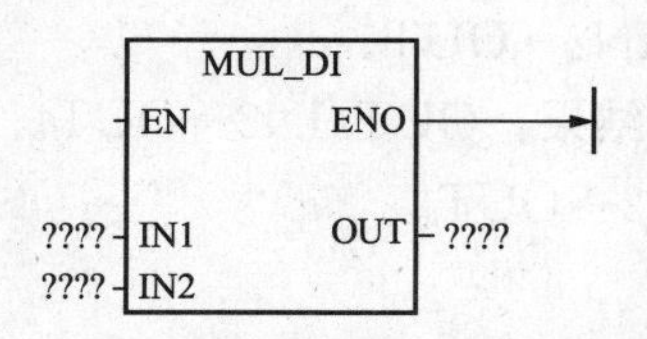

在LAD和FBD中，以指令盒形式编程，执行结果：IN1 * IN2→OUT。

在STL中，通常将IN2与OUT公用一个地址单元，执行结果：IN1 * OUT→OUT。

IN1和IN2的寻址范围：VD、ID、QD、MD、SMD、SD、LD、HC、AC、*VD、*LD、*AC和常量。

OUT的寻址范围：VD、ID、QD、MD、SMD、SD、LD、AC、*VD、*LD、*AC。

IN2与OUT不是公用一个地址单元时，双整数乘法举例如图3-30所示。

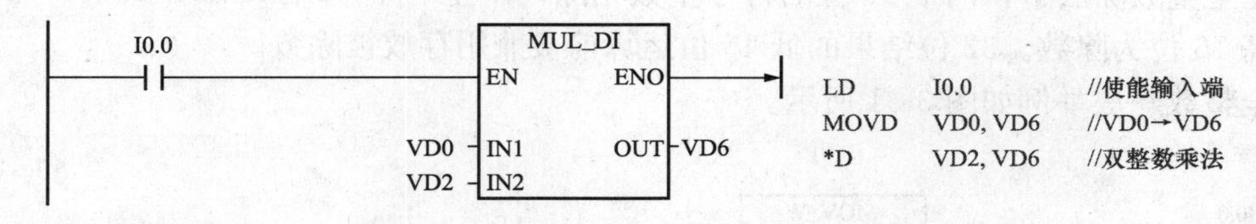

图3-30　双整数乘法举例

(3) 实数乘法指令。

实数乘法指令*R是使能输入有效时，将两个双字长（32位）的符号整数IN1和IN2相乘，产生一个32位整数结果OUT，指令格式为*R　IN1，OUT。

运算结果如果大于32位二进制表示的范围，则产生溢出。溢出以及输入非法参数，或运算中产生非法值，都会使特殊标志位SM1.1置位。

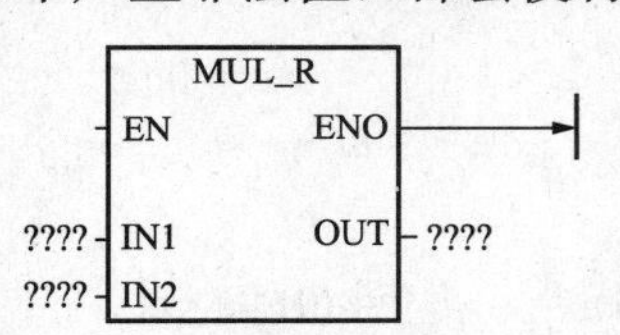

在LAD和FBD中，以指令盒形式编程，执行结果：IN1 * IN2→OUT。

在STL中，通常将IN2与OUT公用一个地址单元，执行结果：IN1 * OUT→OUT。

IN1和IN2的寻址范围：VD、ID、QD、MD、SMD、SD、LD、HC、AC、*VD、*LD、*AC和常量。

OUT的寻址范围：VD、ID、QD、MD、SMD、SD、LD、AC、*VD、*LD、*AC。

4. 除法运算指令

除法运算指令是对有符号数进行相除操作。包括：整数除法、完全整数除法、双整数除法和实数除法。这四种除法指令与所对应的乘法指令除运算法则不同之外，其他方面基本相同。

除法指令影响的特殊存储器位：SM1.0（零）；SM1.1（溢出）；SM1.2（负）；SM1.3（除数为0）。

使能流输出ENO断开的出错条件：0006（间接寻址）；SM1.1（溢出）；SM1.3（除数为0）；SM4.3（运行时间）。

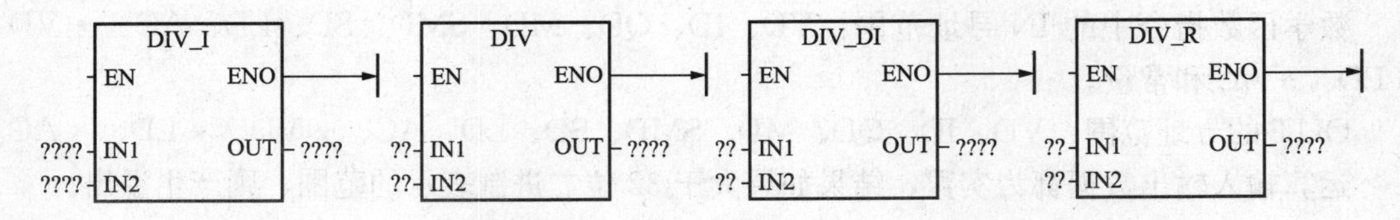

在 LAD 和 FBD 中，以指令盒形式编程，执行结果：IN1/IN2→OUT。

在 STL 中，通常将 IN1 与 OUT 公用一个地址单元，执行结果：OUT/IN2→OUT。

指令格式：/I　　IN2，　OUT　//整数除法，OUT/IN2→OUT。

　　　　　DIV　IN2，　OUT　//整数完全除法

　　　　　/D　　IN2，　OUT　//双整数除法

　　　　　/R　　IN2，　OUT　//实数除法

在整数除法中，两个 16 位的整数相除，产生一个 16 位的整数商，不保留余数。双整数除法也具有同样过程，只是位数变为 32 位。

在完全整数除法中，两个 16 位的符号整数相除，产生一个 32 位结果，其中，低 16 位为商，高 16 位为除数。32 位结果的低 16 位运算前被兼用存放被除数。

完全整数除法举例如图 3-31 所示。

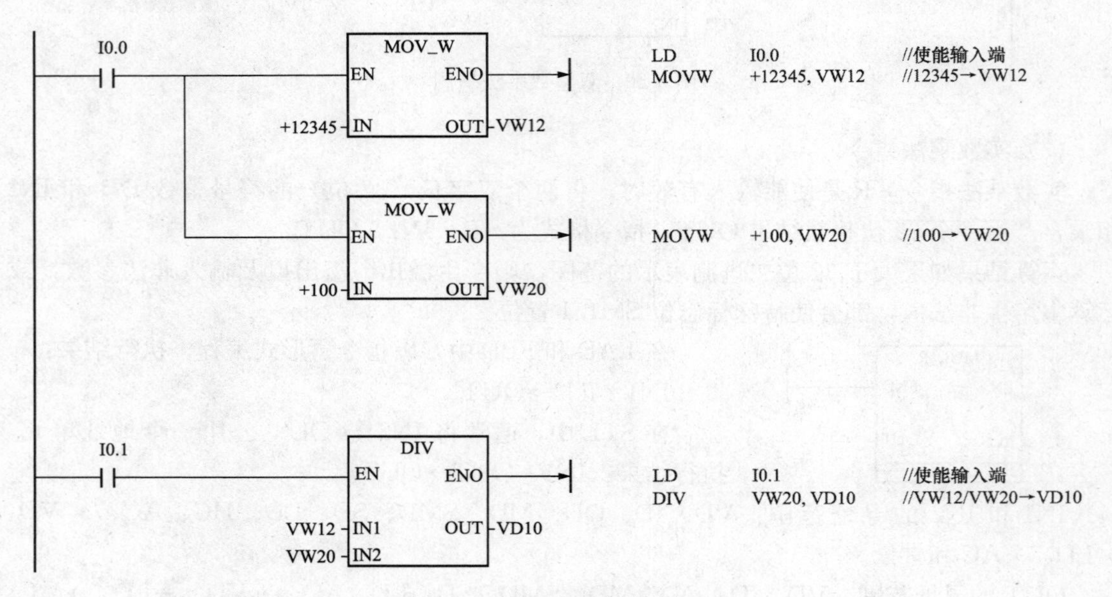

图 3-31　完全整数除法举例

在图 3-31 中，双字 VD10 包含 VW10 和 VW12 两字，进行完全整数除法时，指令将两个 16 位整数相除（其中被除数是 VD10 的低 16 位，即 VW12 中的值 12345），得出一个 32 位结果，其中包括一个 16 位余数（高位 VW10）和一个 16 位商（低位 VW12）。运算结束后，VW10＝45，VW12＝123。在 S7-200 PLC 中，当数据长度为字或双字时，最高有效字节为起始地址字节。

（二）数学函数指令

数学函数指令包括平方根、自然对数、指数、三角函数等几个常用的函数指令。

数学函数指令中的 IN 寻址范围：VD、ID、QD、MD、SMD、SD、LD、AC、＊VD、＊LD、＊AC 和常量。

OUT 的寻址范围：VD、ID、QD、MD、SMD、SD、LD、AC、＊VD、＊LD、＊AC。

运算输入输出数据都为实数，结果如果大于 32 位二进制表示的范围，则产生溢出。

数学函数指令影响的特殊存储器位：SM1.0（零）；SM1.1（溢出）；SM1.2（负）。

使能流输出ENO断开的出错条件：0006（间接寻址）；SM1.1（溢出）；SM4.3（运行时间）。

1. 平方根指令

平方根指令SQRT是把一个双字长（32位）的实数IN开方，得到32位的实数结果OUT，指令格式为SQRT　IN，OUT。

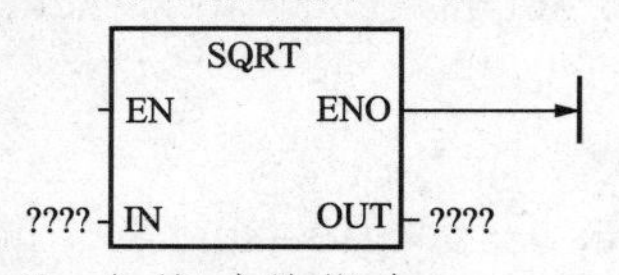

在LAD和FBD中，以指令盒形式编程，执行结果：SQRT（IN）→OUT。

在STL中，执行结果：SQRT（IN）→OUT。

2. 自然对数指令

自然对数指令LN是把一个双字长（32位）的实数IN取自然对数，得到32位的实数结果OUT，指令格式为LN　IN，OUT。

当求解以10为底的常用对数时，可以用（/R）DIV _ R指令将自然对数除以2.302 585即可（LN10的值约为2.302 585）。

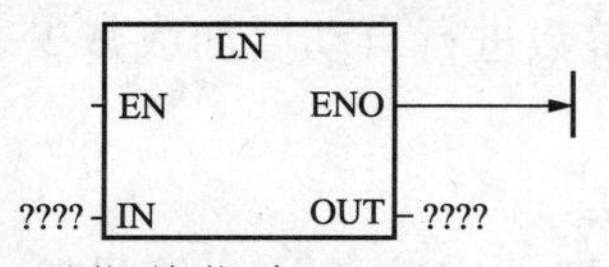

在LAD和FBD中，以指令盒形式编程，执行结果：LN（IN）→OUT。

在STL中，执行结果：LN（IN）→OUT。

3. 指数指令

指数指令EXP是把一个双字长（32位）的实数IN取以e为底的指数，得到32位的实数结果OUT，指令格式为EXP　IN，OUT。

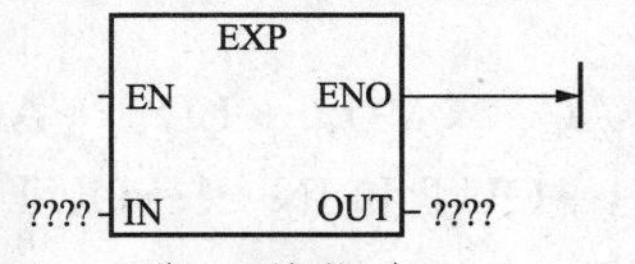

在LAD和FBD中，以指令盒形式编程，执行结果：EXP（IN）→OUT。

在STL中，执行结果：EXP（IN）→OUT。

4. 三角函数指令

三角函数指令SIN、COS、TAN分别是正弦、余弦、正切指令。把一个双字长（32位）的实数弧度值IN分别取正弦、余弦、正切，各得到32位的实数结果OUT。

如果已知输入值为角度，需要先将角度值转化为弧度值，方法为：使用（*R）MUL _ R指令将角度值乘以π/180°即可。

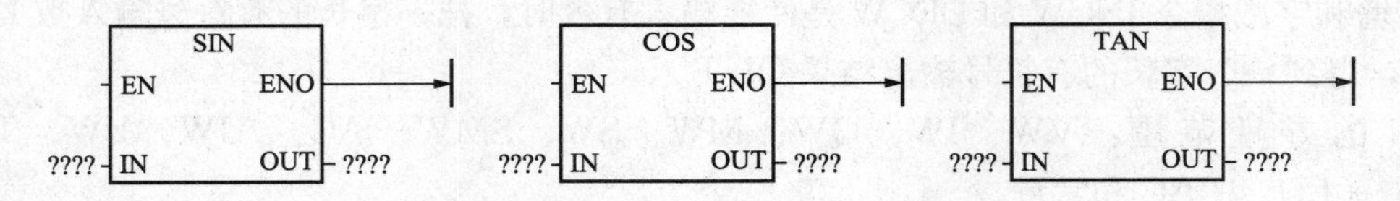

在LAD和FBD中，以指令盒形式编程，执行结果：

SIN（IN）→OUT、COS（IN）→OUT、TAN（IN）→OUT。

在STL中，执行结果：SIN（IN）→OUT、COS（IN）→OUT、TAN（IN）→OUT。

指令格式：SIN　　IN，　OUT

　　　　　COS　　IN，　OUT

　　　　　TAN　　IN，　OUT

求65°的正切值的三角函数指令举例如图3-32所示。

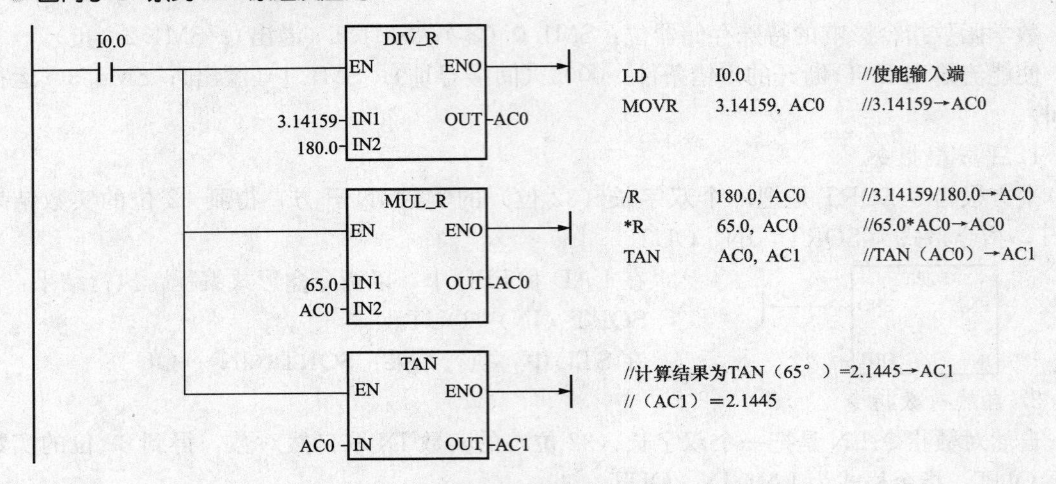

图 3-32 求 65°的正切值的三角函指令举例

（三）增减指令

增减指令，又称为自增和自减指令，是对无符号或有符号整数进行自动增加或减少一个单位的操作，数据长度可以是字节、字或双字。

1. 字节增和字节减指令

字节增和字节减指令 INCB 和 DECB 是使能输入有效时，把一字节长的无符号输入数 IN 加 1 或减 1，得到一个字节的无符号输出结果 OUT。

IN 的寻址范围：VB、IB、QB、MB、SB、SMB、LB、AC、*VD、*LD、*AC 和常量。

OUT 的寻址范围：VB、IB、QB、MB、SB、SMB、LB、AC、*VD、*LD、*AC。

在 LAD 和 FBD 中，以指令盒形式编程，执行结果：IN＋1→OUT 和 IN－1→OUT。

在 STL 中，执行结果：OUT＋1→OUT 和 OUT－1→OUT。

指令格式：INCB OUT
DECB OUT

字节增和字节减指令影响的特殊存储器位：SM1.0（零）；SM1.1（溢出）。

2. 字增和字减指令

字增和字减指令 INCW 和 DECW 是使能输入有效时，把一字长的有符号输入数 IN 加 1 或减 1，得到一个字长的有符号输出结果 OUT。

IN 的寻址范围：VW、IW、QW、MW、SW、SMW、AC、AIW、LW、T、C、*VD、*LD、*AC 和常量。

OUT 的寻址范围：VW、IW、QW、MW、SW、SMW、LW、AC、T、C、*VD、*LD、*AC。

在 LAD 和 FBD 中，以指令盒形式编程，执行结果：IN＋1→OUT 和 IN－1→OUT。

在 STL 中，执行结果：OUT＋1→OUT 和 OUT－1→OUT。

指令格式：INCW OUT
DECW OUT

字增和字减指令影响的特殊存储器位：SM1.0（零）；SM1.1（溢出）；SM1.2（负）。

3. 双字增和双字减指令

双字增和双字减指令 INCD 和 DECD 是使能输入有效时，把一双字长的有符号输入数 IN 加 1 或减 1，得到一个双字长的有符号输出结果 OUT。

IN 的寻址范围：VD、ID、QD、MD、SD、SMD、LD、AC、HC、* VD、* LD、* AC 和常量。

OUT 的寻址范围：VD、ID、QD、MD、SD、SMD、LD、AC、* VD、* LD、* AC。

在 LAD 和 FBD 中，以指令盒形式编程，执行结果：IN+1→OUT 和 IN−1→OUT。

在 STL 中，执行结果：OUT+1→OUT 和 OUT−1→OUT。

指令格式：INCD　OUT

　　　　　DECD　OUT

双字增和双字减指令影响的特殊存储器位：SM1.0（零）；SM1.1（溢出）；SM1.2（负）。

第四节 程序控制指令

一、循环指令

循环指令的引入为解决重复执行相同功能的程序段提供了极大方便，并且优化了程序结构。循环指令有两条：FOR 和 NEXT。

FOR，循环开始指令，用来标记循环体的开始。

NEXT，循环结束指令，用来标记循环体的结束。无操作数。

FOR 和 NEXT 之间的程序段称为循环体，每执行一次循环体，当前计数值增 1，并且将其结果同终值进行比较，如果大于终值，则终止循环。

循环指令使用说明：

(1) FOR、NEXT 指令必须成对使用；

(2) FOR 和 NEXT 可以循环嵌套，嵌套最多为 8 层，但各个嵌套之间不可有交叉现象；

(3) 每次使能输入（EN）重新有效时，指令将自动复位各参数；

(4) 初值大于终值时，循环体不被执行。

在 LAD 中，使用时必须给 FOR 指令指定当前循环计数（INDX）、初值（INIT）和终值（FINAL）。

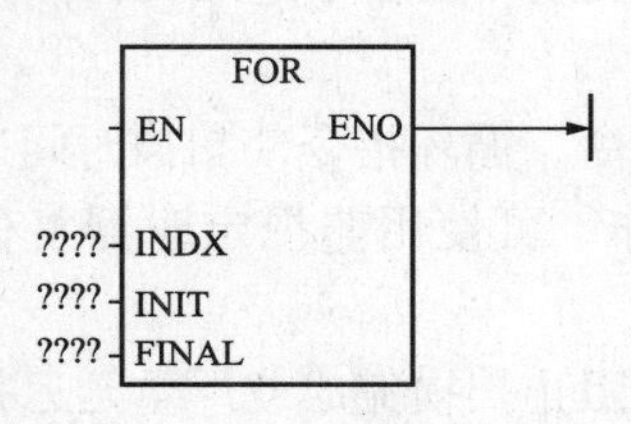

INDX 的寻址范围：VW、IW、QW、SW、MW、SMW、LW、AC、T、C、* VD、* AC、* LD。

INIT、FINAL 的寻址范围：VW、IW、QW、SW、MW、SMW、LW、AIW、AC、T、C、* VD、* AC、* LD 和常量。

在 STL 中，指令格式：FOR　INDX，INIT，FINAL

　　　　　　　　　　…

　　　　　　　　　　NEXT

使能流输出 ENO 断开的出错条件：0006（间接寻址）；SM4.3（运行时间）。

二、跳转与标号指令

跳转指令可以使 PLC 编程的灵活性大大提高，使主机可根据不同条件的判断，选择不同的程序段执行程序。

JMP，跳转指令，使能输入有效时，使程序跳转到标号（n）处执行。

LBL，标号指令，标记指令跳转的目的地的位置（n）。操作数 n 为 0～255。

跳转指令的使用说明：

（1）跳转指令和标号指令必须配合使用，而且只能使用在同一程序块中，如主程序、同一个子程序或同一个中断程序。不能在不同的程序块间互相跳转。

（2）执行跳转后，被跳过程序段中的各元器件的状态各有不同：Q、M、S、C 等元器件的位保持跳转前的状态；计数器 C 停止计数，当前值存储器保持跳转前的计数值；对定时器来说，因刷新方式不同而工作状态不同。在跳转期间，分辨率为 1ms 和 10ms 的定时器会一直保持跳转前的工作状态，原来工作的继续工作，到设定值后其位的状态也会改变，输出触点动作，其当前值存储器一直累计到最大值 32 767 才停止。对分辨率为 100ms 的定时器来说，跳转期间停止工作，但不会复位，存储器里的值为跳转时的值，跳转结束后，若输入条件允许，可继续计时，但已失去了准确计时的意义，所以在跳转段里的定时器要慎用。

三、暂停指令

STOP，暂停指令。通过暂停指令可将 S7-200 CPU 从 RUN（运行）模式转换为 STOP（暂停）模式，中止程序执行。如果在中断例行程序中执行 STOP 指令，中断例行程序立即终止，并忽略全部待执行的中断，继续扫描主程序的剩余部分。当主程序的剩余部分扫描结束时，从 RUN（运行）模式转换至 STOP（暂停）模式。

四、监视定时器复位指令

WDR，监视定时器复位指令。指令重新触发 S7-200 CPU 的系统监视程序定时器（WDT），扩展扫描允许使用的时间，而不会出现监视程序错误。WDR 指令重新触发 WDT 定时器，可以增加一次扫描时间。

为了保证系统可靠运行，PLC 内部设置了系统监视定时器，用于监视扫描周期是否超时。每当扫描到 WDT 定时器时，WDT 定时器将复位。WDT 定时器有一设定值（100～300ms），系统正常工作时，所需扫描时间小于 WDT 的设定值，WDT 定时器及时复位。系统故障情况下，扫描时间大于 WDT 设定值，该定时器不能及时复位，则报警并停止 CPU 运行，同时复位输出。这种故障称为 WDT 故障，以防止因系统故障或程序进入死循环而引起的扫描周期过长。

系统正常工作时，有时会因为用户程序过长或使用中断指令、循环指令使扫描时间过长而超过 WDT 定时器的设定值，为防止这种情况下 WDT 动作，可使用监视定时器复位指令，使 WDT 定时器复位。

使用监视定时器复位指令时应当小心。如果使用循环指令阻止扫描完成或严重延迟扫描完成，下列程序只有在扫描循环完成后才能执行：通信（自由端口模式除外）；I/O 更新（立即 I/O 除外）；强制更新；SM 位更新（SM0、SM5～SM29 除外）；运行时间诊断程序；中断程序中的 STOP 指令；扫描时间超过 25s、100ms 和 10ms 时，定时器将不能正确计时。

程序控制指令举例如图 3-33 所示。

网络1　　STOP、END、WDR使用举例

SM5.0 —(STOP)

SM4.3

I0.0

网络2

I0.1 —(END)

网络3

M0.3 —(WDR)

```
LD     SM5.0    //使能输入端
O      SM4.3    //进行或操作
O      I0.0     // SM5.0、SM4.3、I0.0进行或操作
STOP            //使能有效就暂停
LD     I0.1     //使能输入端
END             //使能有效就结束
LD     M0.3     //使能输入端
WDR             //使能有效就将看门狗定时器复位
```

图 3-33　程序控制指令举例

五、有条件结束指令

END，有条件结束指令。有条件结束指令根据前一个逻辑条件终止主用户程序。有条件结束指令用在无条件结束指令（MEND）之前，用户程序必须以无条件结束指令结束主程序。可以在主程序中使用有条件结束指令，但不能在子例行程序或中断例行程序中使用。STEP7-Micro/WIN32 自动在主用户程序中增加无条件结束指令。

六、与 ENO 指令

AENO，与 ENO 指令。ENO 是 LAD 中指令盒的布尔能流输出端。如果指令盒的能流输入有效，则执行没有错误，ENO 就置位，并将能流向下传递。ENO 可以作为允许位表示指令成功执行。

STL 指令没有 EN 输入，但对要执行的指令，其栈顶值必须为 1。可用“与”ENO（AENO）指令来产生指令盒中的 ENO 位相同的功能。

指令格式：AENO

AENO 指令无操作数，且只在 STL 中使用，它将栈顶值和 ENO 位进行逻辑与运算，运算结果保存到栈顶。

与 ENO 指令举例如图 3-34 所示。

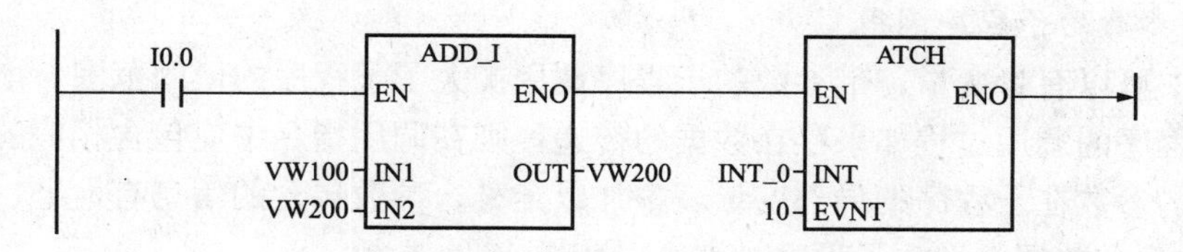

图 3-34　与 ENO 指令举例

```
LD     I0.0          //使能输入端
```

```
+I      VW100，VW200  //整数加法，VW100+VW200→VW200
AENO                  //与 ENO 指令
ATCH INT_0，10        //如果+I 指令执行正确，则调用中断程序 INT_0，中断号
                        为 10
```

七、子程序调用与返回指令

子程序在结构化程序设计中是一种方便有效的工具，与子程序有关的操作有建立子程序、子程序的调用和返回。

（一）建立子程序

建立子程序是通过编程软件来完成的。可用编程软件“编辑”菜单中的“插入”选项，选择“子程序”，以建立或插入一个新的子程序，同时，在指令树窗口可以看到新建的子程序图标，默认的程序名是 SBR_N，编号 N 从 0 开始按递增顺序生成，也可以在图标上直接更改子程序的程序名，把它变为更能描述该子程序功能的名字。在指令树窗口双击子程序的图标就可以进入子程序，并对它进行编辑。

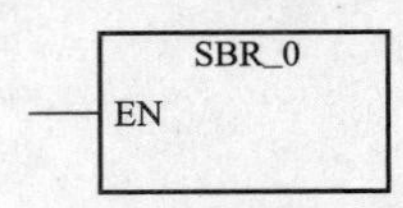

（二）子程序调用

CALL，子程序调用指令。在使能输入有效时，主程序把程序控制权交给子程序。子程序的调用可以带参数，也可以不带参数。它在梯形图中以指令盒的形式编程。

指令格式：CALL　SBR_0

CRET，子程序条件返回指令。在使能输入有效时，结束子程序的执行，返回主程序中（指向子程序调用的下一条指令）。梯形图中以线圈的形式编程，指令不带参数。在 STL 中为 CRET。

子程序调用使用说明：

（1）CRET 多用于子程序的内部，由判断条件决定是否结束子程序调用，RET 用于子程序的结束。用 Micro/Win32 编程时，编程人员不需要手工输入 RET 指令，而是由软件自动加在每个子程序结尾。

（2）如果在子程序的内部又对另一个程序执行调用指令，则这种调用称为子程序的嵌套。子程序嵌套的深度最多为 8 级。

（3）当一个子程序被调用时，系统自动保存当前的逻辑堆栈数据，并把栈顶置 1，堆栈中的其他位置设为 0，子程序占有控制权。子程序执行结束，通过返回指令自动恢复原来的逻辑堆栈值，调用程序又重新取得控制权。

（4）累加器可在调用程序和被调用子程序之间自由传递，所以累加器的值在子程序调用时既不保存也不恢复。

（三）带参数的子程序调用

子程序中可以有参变量，带参数的子程序调用扩大了子程序的使用范围，增加了调用的灵活性。子程序的调用过程如果存在数据的传递，则在调用指令中应包含相应的参数。

子程序的参数在子程序的局部变量表中加以定义，参数包含的信息有地址、变量名（符号）、变量类型和数据类型。子程序最多可以传递 16 个参数。

局部变量表中的变量类型区定义的变量有：

（1）传入子程序参数 IN。IN 可以是直接寻址数据（如：VB10）、间接寻址数据（如：

*AC1)、常数（如：16#1234）或地址（如：&VB100)。

(2) 传入/传出子程序参数 IN/OUT。调用子程序时，将指定参数位置的值传到子程序，子程序返回时，从子程序得到的结果被返回到指定参数的地址。参数可采用直接寻址和间接寻址，但常数和地址不允许作为输入/输出参数。

(3) 传出子程序参数 OUT。将从子程序来的结果返回到指定参数的位置。输出参数可以采用直接寻址和间接寻址，但不能为常数和地址。

(4) 暂时变量 TEMP。只能在子程序内部暂时存储数据，不能用来传递参数。

在带参数调用子程序指令中，参数必须按照一定顺序排列，输入参数（IN）在最前面，其次是输入/输出参数（IN/OUT），最后是输出参数（OUT）。

局部变量表使用局部变量存储器，在局部变量表中加入一个参数时，系统自动给该参数分配局部变量存储空间。当给子程序传递值时，参数放在子程序的局部变量存储器中。局部变量表的最左列是每个被传递的参数的局部变量存储器地址。当子程序调用时，输入参数值被拷贝到子程序的局部变量存储器。当子程序完成时，从局部变量存储器区拷贝输出参数值到指定的输出参数地址。

参数子程序调用格式：CALL　子程序名，参数 1，参数 2，…参数 n

八、特殊指令

（一）中断指令

中断是计算机在实时处理和实时控制中不可缺少的一项技术，应用十分广泛。所谓中断，是当控制系统执行正常程序时，系统中出现了某些紧急需要处理的异常情况或特殊请求，这时系统暂时中断当前程序，转去对随机发生的紧急事件进行处理（执行中断服务程序），当该紧急事件处理完毕后，系统自动回到原来被中断的程序继续执行。

中断事件的发生具有随机性，中断在 PLC 应用系统中的人机联系、实时处理、通信处理和网络中非常重要。与中断相关的操作有中断服务和中断控制。

1. 全局中断允许/禁止指令

IENI，全局中断允许指令。全局性的允许所有被连接的中断事件。

——(ENI)

——(DISI)

DISI，全局中断禁止指令。全局性的禁止处理所有的中断事件。执行 DISI 指令后，出现的中断事件就进入中断队列排队等候，直到 ENI 指令重新允许中断。

CPU 进入 RUN 运行模式时自动禁止所有中断。在 RUN 运行模式中执行 ENI 指令后，允许所有中断。

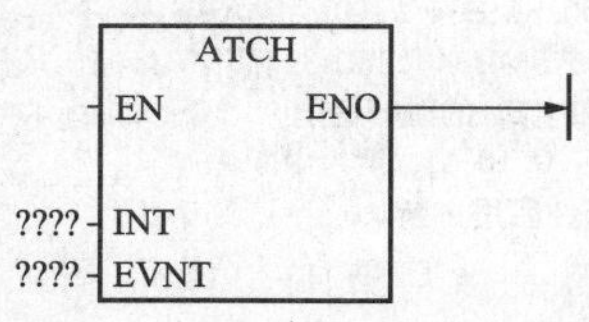

2. 中断连接/分离指令

ATCH，中断连接指令。ATCH 指令用来建立某个中断事件（EVNT）和某个中断程序（INT）之间的联系，并允许该中断事件。

INT 为字节常量，取值范围是 0～127。

EVNT 为字节常量，取值范围根据 CPU 的型号有所不同：CPU 221/222 为 0～12、19～23、27～33；CPU 224 为 0～23、27～33；CPU 226/226XM 为 0～33。

指令格式：DTCH　　EVENT

在调用一个中断程序前，必须用中断连接指令，建立某中断事件与中断程序的连接。当把某个中断事件和中断程序建立连接后，该中断事件发生时会自动开中断。多个中断事件可调用同一个中断程序，但一个中断事件不能同时与多个中断程序建立连接。否则，在中断允许且某个中断事件发生时，系统默认执行与该事件连接的最后一个中断程序。

DTCH，中断分离指令。DTCH 指令用来解除某个中断事件（EVNT）和某个中断程序（INT）之间的联系，并禁止该中断事件。

可用 DTCH 指令截断某个中断事件和中断程序之间的联系，以单独禁止某个中断事件。

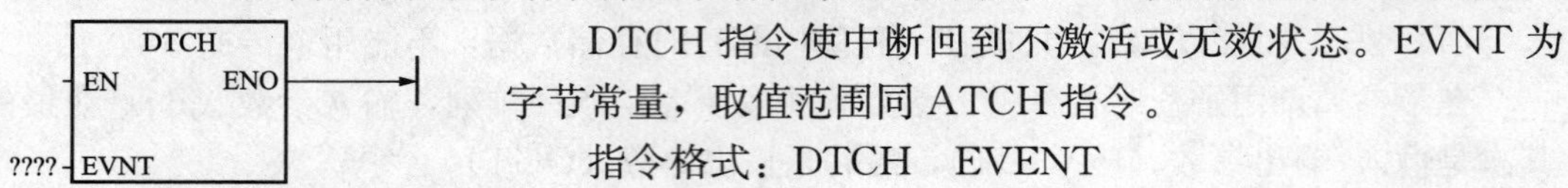

DTCH 指令使中断回到不激活或无效状态。EVNT 为字节常量，取值范围同 ATCH 指令。

指令格式：DTCH　EVENT

3. 中断服务程序标号/返回指令

中断服务程序是用户为处理中断事件而事先编制的程序，中断服务程序由标号开始，以无条件返回指令结束。内部或外部的中断事件调用相应的中断服务程序。在中断服务程序中，用户也可根据前面逻辑条件使用条件返回指令，返回主程序。但中断服务程序必须以无条件返回指令作结束。中断服务程序中禁止使用以下指令：DISI、ENI、CALL、HDEF、FOR/NEXT、LSCR、SCRE、SCRT 和 END。

中断前后，系统保存和恢复逻辑堆栈、累加寄存器、特殊存储器标志位（SM）。从而避免了中断服务返回后对主程序执行现场所造成的破坏。

INT n，中断服务程序标号指令。中断服务程序标号 INT 标示 n 号中断服务程序的开始（入口）。n 的范围是 0～127（取决于 CPU 的型号）。

CRETI，中断服务程序条件返回指令。CRETI 根据前面逻辑条件决定是否返回。

RETI，中断服务程序无条件返回指令。RETI 是中断服务程序必备的结束指令。

定时中断采集模拟量程序举例如图 3-35 所示。

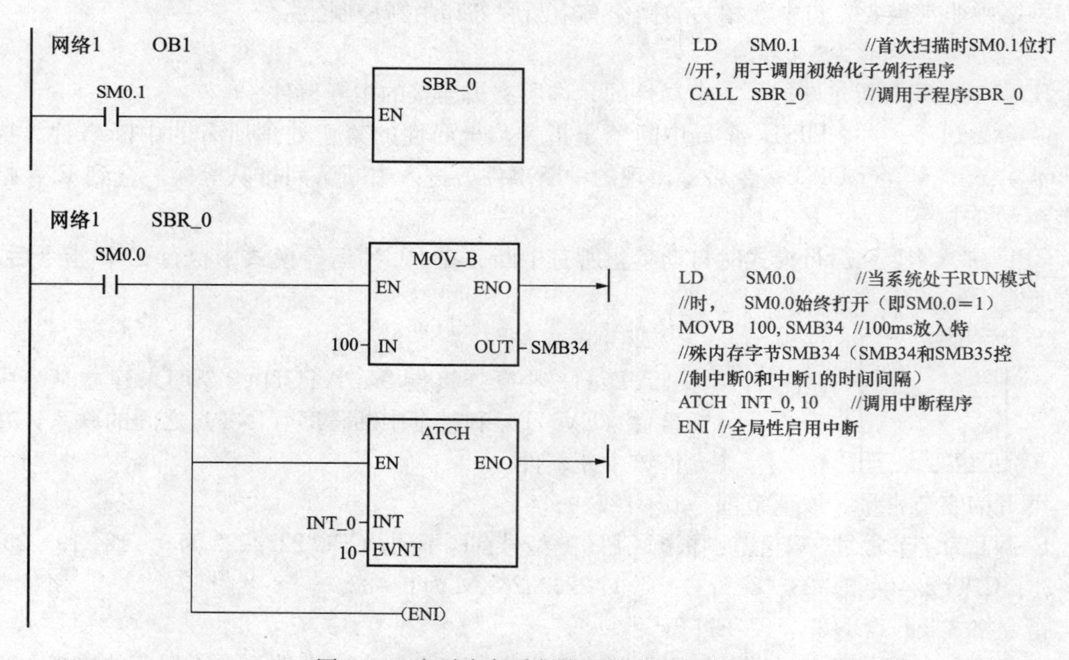

图 3-35　定时中断采集模拟量程序举例（一）

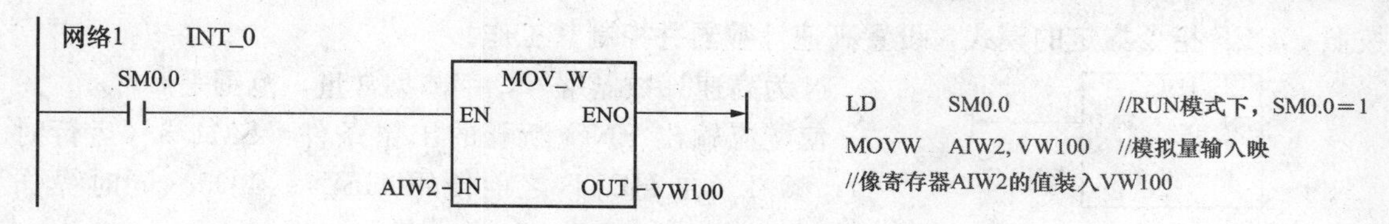

图 3-35　定时中断采集模拟量程序举例（二）

（二）PID回路指令

在闭环控制系统中广泛应用着PID控制（即比例-积分-微分控制），PID控制调节器在工业现场随处可见。

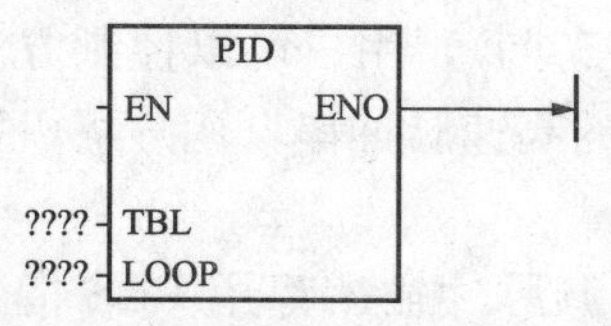

PID，回路指令。PID回路指令根据表格（TBL）中的输入和配置信息对引用LOOP执行PID循环计算。运用表中的输入信息和组态信息，进行PID运算，编程极其简单。

TBL是回路表起始地址，只能使用字节VB区域。LOOP是回路号，为字节常量0～7。

程序中可使用八条PID指令。如果两条或多条PID指令使用相同的循环号码（即使它们的表格地址不同），PID计算会互相干扰，结果难以预料。

循环表存储九个参数，用于控制和监控循环运算，包括程序变量、设置点、输出、增益、样本时间、整数时间（重设）、导出时间（速率）及整数之和（偏差）的当前值及先前值。

指令格式：PID　　TABLE，　LOOP

使能流输出ENO断开的出错条件：0006（间接寻址）；SM1.1（溢出）；SM4.3（运行时间）。

（三）高速计数器指令

普通计数器由于受CPU扫描速度的影响，对高速脉冲信号的计数时会发生脉冲丢失的现象。而高速计数器是脱离主机的扫描周期独立计数的，它可以对脉宽小于主机扫描周期的高速脉冲准确计数，即高速计数器计数的脉冲输入频率比PLC扫描频率高得多。高速计数器常用于电动机转速检测等场合，使用时可由编码器将电动机的转速转化成脉冲信号，再用高速计数器对转速脉冲信号进行计数。

不同型号的PLC主机，高速计数器的数量不同。使用时每个高速计数器都有地址编号。每种高速计数器都有多种功能不同的工作模式。高速计数器的工作模式与中断事件密切相关。使用高速计数器时，首先要定义高速计数器的工作模式，可用HDEF指令来进行设置。

HDEF，高速计数器定义指令。使能输入有效时，为指定的高速计数器分配一种工作模式。

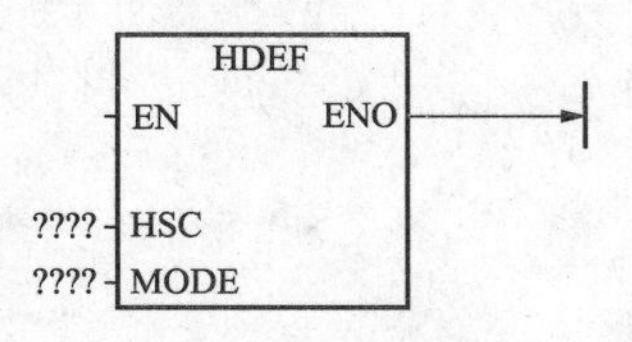

HSC为高速计数器编号，字节型常量，范围是0～5。

MODE为工作模式，字节型常量，范围是0～11。

指令格式：HDEF　HSC，　MODE

使能流输出ENO断开的出错条件：SM4.3（运行时间）；0003（输入冲突）；0004（中断中的非法指令）；000A（HSC重复定义）。

HSC，高速计数器指令。使能输入有效时，根据高速计数器特殊存储器位的状态，并按照 HDEF 指令指定的模式，设置高速计数器并控制其工作。

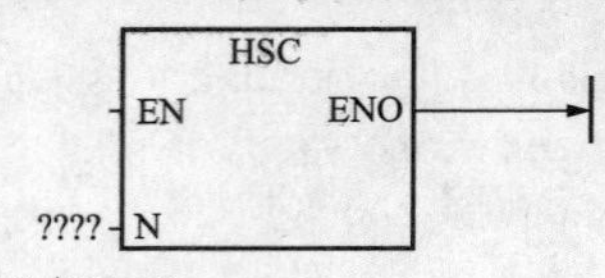

N 为高速计数器编号，字节型常量，范围是 0～5。

使能流输出 ENO 断开的出错条件：SM4.3（运行时间）；0001（在 HDEF 之前使用 HSC）；0005（同时操作 HSC/PLS）。

（四）高速脉冲输出指令

高速脉冲输出功能是指在 PLC 的某些输出端产生高速脉冲，用来驱动负载以实现高速输出和精确控制。

高速脉冲输出指令有高速脉冲串输出（PTO）和宽度可调脉冲输出（PWM）两种形式。高速脉冲串输出主要是用来输出指定数量的方波（占空比 50%），用户可以控制方波的周期和脉冲数；宽度可调脉冲输出主要是用来输出占空比可调的高速脉冲串，用户可以控制脉冲的周期和脉冲宽度。

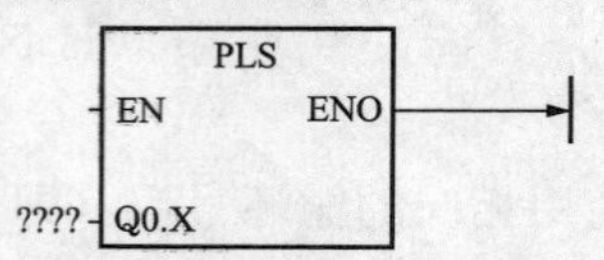

高速脉冲串输出和宽度可调脉冲输出都用 PLS 指令来激活输出。操作数 Q 为字型常量 0 或 1。

指令格式：PLS　　Q

编写实现脉冲宽度调制 PWM 的程序举例如图 3-36 所示。要求控制字节（SMB77）＝$(DB)_{16}$，设定周期为 10 000ms，脉冲宽度为 1000ms，通过 Q0.1 输出。

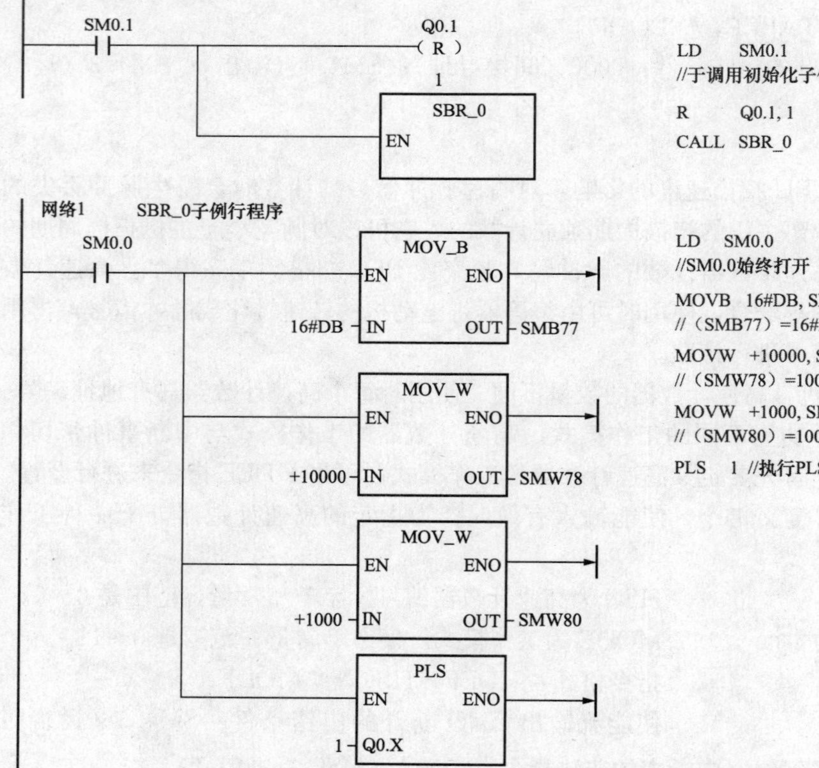


```
LD     SM0.1          //首次扫描时SM0.1位打开，用
//于调用初始化子例行程序
R      Q0.1, 1        //将Q0.1清零
CALL   SBR_0          //调用子程序SBR_0

LD   SM0.0      //当系统处于RUN模式时，
//SM0.0始终打开（即SM0.0＝1）
MOVB  16#DB, SMB77  //设置控制字节，
//（SMB77）=16#DB
MOVW  +10000, SMW78 //设置周期，
//（SMW78）=10000ms
MOVW  +1000, SMW80  //设置脉冲宽度，
//（SMW80）=1000ms
PLS   1 //执行PLS脉冲输出指令
```

图 3-36　脉冲宽度调制 PWM 程序举例

（五）时钟指令

1. 读实时时钟指令

读实时时钟指令 TODR 是当使能端输入有效时，TODR 指令从实时时钟读取当前时间和日期，并装入以 T 为起始字节地址的 8 个字节缓冲区，依次存放年、月、日、时、分、秒、0 和星期。

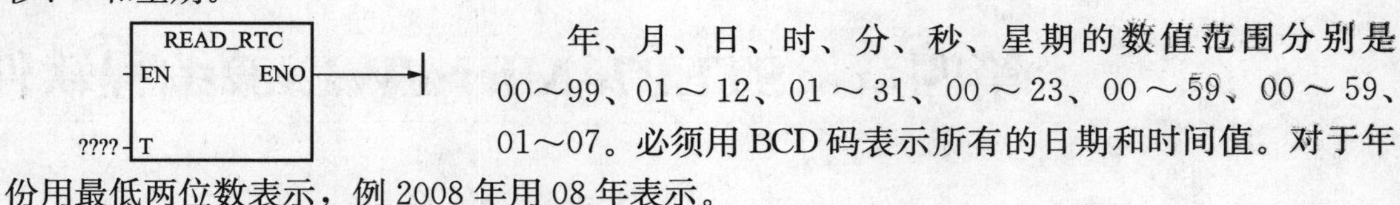

年、月、日、时、分、秒、星期的数值范围分别是 00～99、01～12、01～31、00～23、00～59、00～59、01～07。必须用 BCD 码表示所有的日期和时间值。对于年份用最低两位数表示，例 2008 年用 08 年表示。

T 的寻址范围：VB、IB、QB、MB、SMB、SB、LB、＊VD、＊AC、＊LD。

指令格式：TODR　T

使能流输出 ENO 断开的出错条件：0006（间接寻址）；000C（不存在时钟磁带）；SM4.3（运行时间）。

2. 设定实时时钟指令 TODW

设定实时时钟指令 TODW 是当使能端输入有效时，TODW 指令把含有时间和日期的 8 个字节缓冲区（起始地址是 T）的内容装入时钟。设定的数值范围同 TODR 指令。

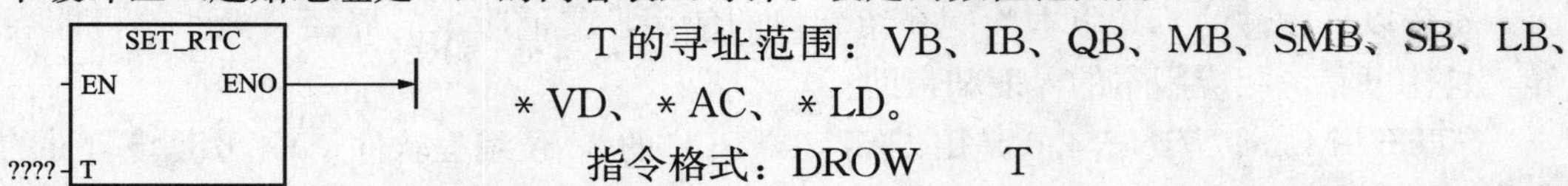

T 的寻址范围：VB、IB、QB、MB、SMB、SB、LB、＊VD、＊AC、＊LD。

指令格式：DROW　T

使能流输出 ENO 断开的出错条件：0006（间接寻址）；0007（TOD 数据错误）；000C（不存在时钟）；SM4.3（运行时间）。

S7-200 PLC 不执行检查和核实日期是否准确，无效日期（如 2 月 30 日）可以被接受，因此，必须确保输入数据的准确性。

不要同时在主程序和中断程序中使用 TODR/TODW 指令，否则会产生致命错误。

第四章　STEP7-Micro/WIN32编程软件

第一节　STEP7-Micro /WIN32 编程软件使用简介

一、STEP7-Micro/WIN32 概述

STEP7-Micro/WIN 是西门子公司为 S7-200 系列 PLC 的开发而设计的，是基于 Windows 操作系统的应用软件，功能非常强大，操作方便，使用简单，容易学习。软件支持中文界面，其基本功能是创建、编辑和修改用户程序以及编译、调试、运行和实时监控用户程序。

本章以该软件的 4.0 版本为例介绍软件的使用，其他版本的界面、操作等可能会有差异，具体可参考相应版本的界面和帮助。

STEP7-Micro/WIN V4.0 是用于 S7-200 PLC 的 32 位编程软件，V4.0 是该软件的大版本号，西门子公司还推出一系列 Service Pack（SP）进行小的升级，使用 SP 对软件升级可以获得新的功能。该软件一般向下兼容，即低版本软件编写的程序可以在高版本软件中打开，但反之不能。

二、STEP7-Micro/WIN32 的安装和硬件连接

STEP7-Micro/WIN32 安装程序可自动完成安装，也可通过菜单控制整个安装过程，可通过标准 Windows 2000/XP/Server 2003 软件安装程序执行安装。

（一）安装要求

（1）操作系统：Microsoft Windows 2000 或 Windows XP、Windows Server 2003。

（2）基本硬件：包含下列各项的编程设备或 PC：奔腾处理器（600MHz）、至少 256MB 的 RAM、彩色监视器、键盘和鼠标，Microsoft Windows 支持所有这些组件。

（二）安装的主要步骤

（1）安装向导首先提示选择安装过程中使用的语言，默认是英语。

（2）选择安装目的文件夹，默认路径为 C:\Program Files\Siemens\STEP7-MicroWIN V4.0，用户也可以根据需要，单击“Browse”按钮重新选择安装目录。

（3）安装过程中，会提示用户设置 PG/PC 接口（PG/PC Interface）。PG/PC 接口是 PG/PC 和 PLC 之间进行通信连接的接口。安装完成后，通过西门子公司程序组或控制面板中的 Set PG/PC Interface（设置 PG/PC 接口）随时可以更改 PG/PC 接口的设置。在安装过程中可以点击 Cancel 忽略这一步骤。

（4）用户设置好 PG/PC 接口后，单击 OK 按钮，弹出安装状态显示条界面。

（5）安装结束时，会出现提示是否现在要重新启动计算机的选项，如果出现该选项，建

议用户选择默认项，单击“完成”按钮，完成安装。

(6) 重新启动计算机后，运行 STEP7-Micro/WIN 软件，看到的是英文界面。如果想切换为中文环境，执行菜单命令“Tools”→“Options”，单击出现的对话框左边的“General”图标，在“General”选项卡中，选择语言为“Chinese”，单击 OK 按钮后，软件将退出（退出前会给出提示）。退出后，再次启动该软件，界面和帮助文件均变为中文。

（三）硬件连接

计算机和 PLC 之间最简单、经济的连接方式是使用 PC/PPI（RS-232/PPI 或 USB/PPI）多主站电缆将 S7-200 PLC 的编程口与计算机的 RS-232 或 USB 相连。具体连接如下。

(1) 将 PPI 电缆上标有“PPI”的 RS-485 端连接到 S7-200 PLC 的通信口。

(2) 如果是 RS-232/PPI，则将 PPI 电缆上标有“PC”的 RS-232 端连接到计算机的 RS-232 通信口。电缆小盒的侧面有拨码开关，用来设置通信波特率、数据位数、工作方式、远端模式等。如果是 USB/PPI，则将 PPI 电缆上标有“PC”的 USB 端连接到计算机的 USB 口，拨码开关不需做任何设置。RS-232/PPI 也可以通过使用 USB/RS-232 转换器连接到计算机 USB 口。

三、STEP7-Micro/WIN32 的通信设置

软件安装和硬件连接完毕，可以按照以下步骤设置通信接口的参数。

(1) 打开“设置 PG/PC 接口”对话框。

打开“设置 PG/PC 接口”对话框的方法有以下几种：

①在 STEP7-Micro/WIN 中选择菜单命令“查看”→“组件”→“设置 PG/PC 接口”；②选择“查看”→“组件”→“通信”，在出现的“通信”对话框中双击 PC/PPI 电缆的图标（或单击“设置 PG/PC 接口”图标）；③直接单击浏览条中的“设置 PG/PC 接口”；④双击指令树中“通信”指令下的“设置 PG/PC 接口”指令。

执行以上步骤均可以进入“设置 PG/PC 接口”对话框，如图 4-1 所示。

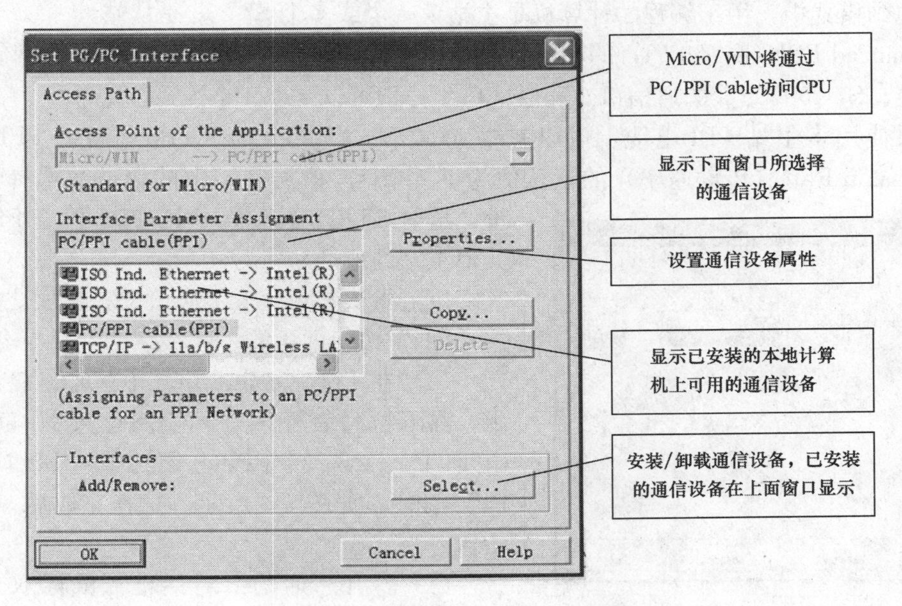

图 4-1 “设置 PG/PC 接口”对话框

（2）在图 4-1 中，Interface Parameter Assignment 选择项默认是 PC/PPI Cable（PPI）。单击“Properties”按钮，出现 PC/PPI Cable（PPI）属性窗口，如图 4-2 所示。

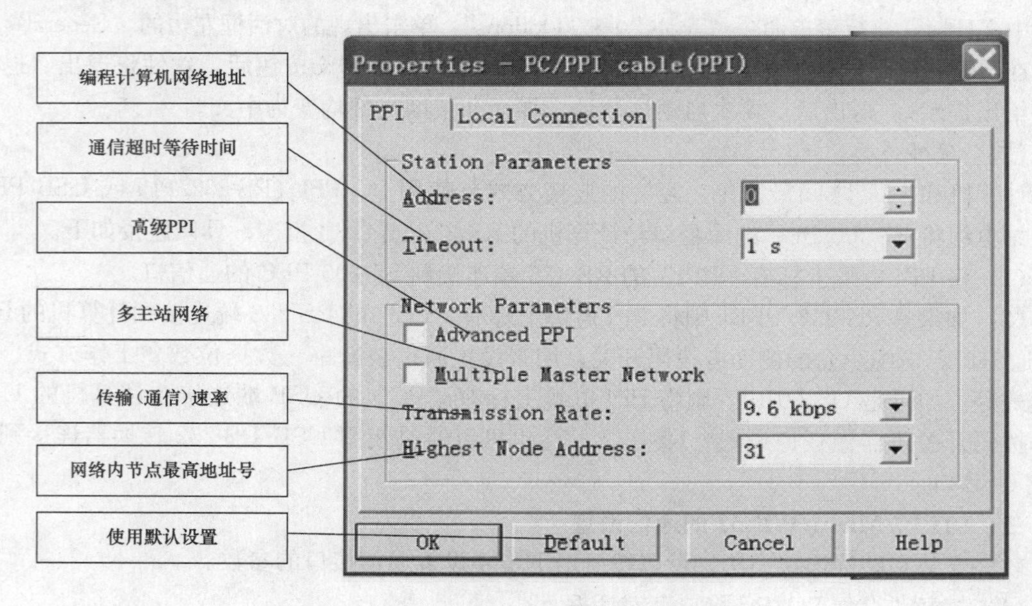

图 4-2　PC/PPI Cable（PPI）参数设置

Station Parameters（站参数）的 Address（地址）框中，运行 STEP7-Micro/WIN 的计算机（主站）的默认站地址为 0。

在 Timeout（超时）框中设置建立通信的最长时间，默认值为 1s。选择 Multiple Master Network（多主站网络），即可以启动多主站模式，未选时为单主站模式。在多主站模式中，编程计算机和 HMI（如 TD200 和触摸屏）是通信网络中的主站，S7-200 CPU 作为从站。单主站模式中，用于编程的计算机是主站，一个或多个 S7-200 是从站。

Advanced PPI（高级 PPI）的功能是允许在 PPI 网络中与一个或多个 S7-200 CPU 建立多个连接。S7-200 CPU 的通信口 0 和通信口 1 分别可以建立 4 个连接。

如果使用多主站 PPI 电缆，可以忽略 Multiple Master Network 和高级 PPI 复选框。Transmission Rate（传输速率）的默认值为 9.6kb/s。根据网络中的设备数选择最高站地址，这时 STEP7-Micro/WIN 停止检查 PPI 网络中其他主站的地址。

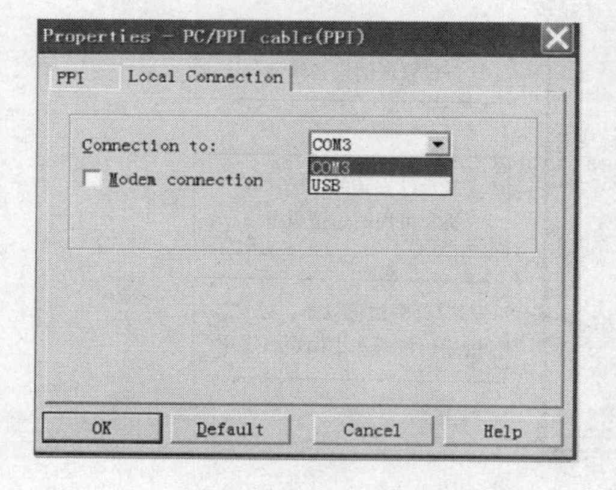

图 4-3　选择编程计算机通信口

以上默认参数一般不必改动，核实之后直接单击“OK”按钮即可。

（3）在 Local connection（本地连接）选项卡中，在下拉列表框中选择实际连接的编程计算机 COM 口（RS-232/PPI 电缆）或 USB 口（USB/PPI 电缆），如图 4-3 所示。选择完成后，单击 OK 按钮。

（4）打开“通信”对话框，鼠标双击刷新图标，如图 4-4 所示。

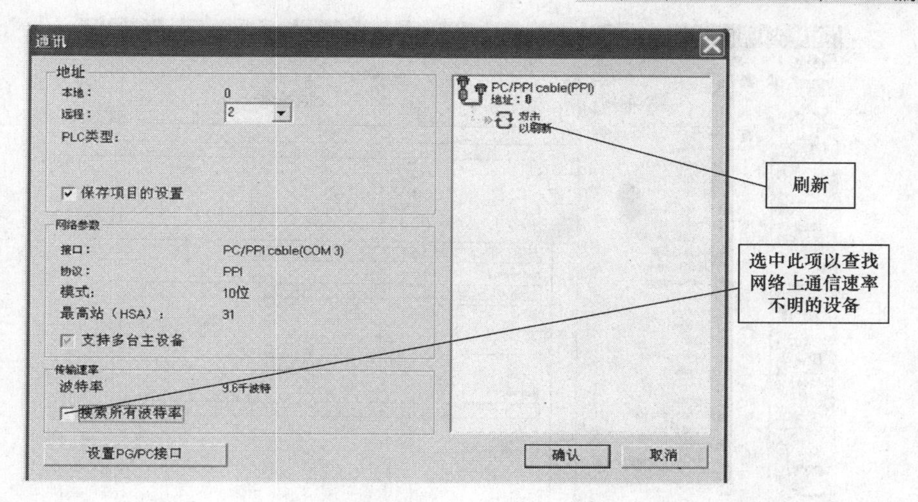

图 4-4　通信对话框

（5）执行刷新指令后，将检查所连接的所有 S7-200 CPU 站，并为每个站建立一个 CPU 图标，并显示该 CPU 的型号、版本号和网络地址。

完成上述步骤后，就建立了计算机和 S7-200 PLC 之间的在线联系。

四、STEP7-Micro/WIN32 的硬件组态与诊断功能

（一）硬件组态（配置）

（1）系统组态：选择硬件机架，模块分配给机架中希望的插槽。

（2）CPU 的参数设置。

（3）模块的参数设置，可以防止输入错误的数据。

（二）通信组态（配置）

（1）网络连接的组态和显示。

（2）设置用 MPI 或 PROFIBUS-DP 连接的设备之间的周期性数据传送的参数。

（3）设置用 MPI、PROFIBUS 或工业以太网实现的事件驱动的数据传输，用通信块编程。

（三）系统诊断

（1）快速浏览 CPU 的数据和用户程序在运行中的故障原因。

（2）用图形方式显示硬件配置、模块故障；显示诊断缓冲区的信息等。

第二节　项目的创建与调试

一、项目的创建

软件安装完毕后，在桌面双击 STEP7-Micro/WIN3 图标，或在＜开始＞/＜Simatic＞中单击 STEP7-Micro/WIN32 项进入编程界面如图 4-5 所示，然后单击“文件（File）”菜单中的“新建（New）”命令或单击工具条中的“新建”按钮建立新的程序文件，新建程序文件的主程序区将显示在主窗口中。新建的项目文件以“Project1”命名，CPU221 为系统默认的 PLC 的 CPU 型号。

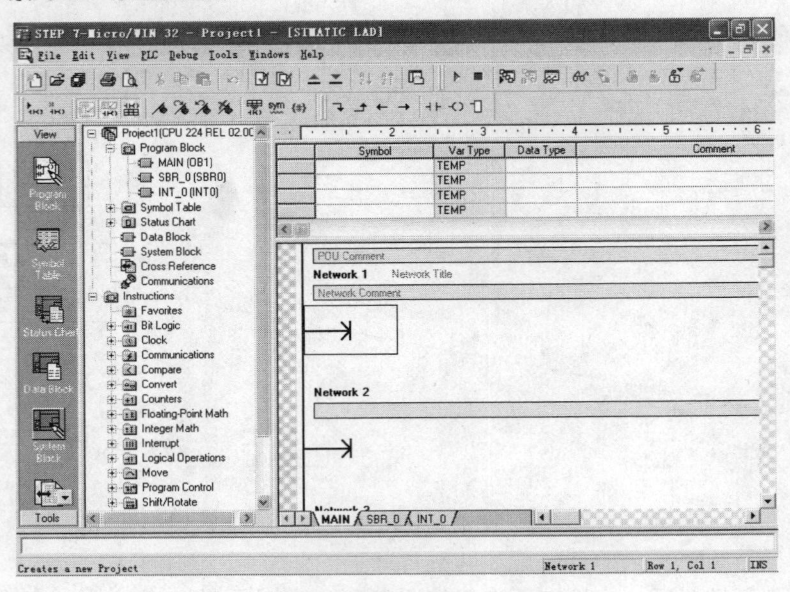

图 4-5　软件编程界面

新建项目后，用户可以根据实际编程需要进行以下设置：

(一) 选择 PLC 的主机型号

右键单击“CPU 221”图标，弹出一个菜单，单击“类型（Type）”或用“PLC”菜单中的“类型（Type）”命令，在弹出的对话框中选择所用的 PLC 型号及 CPU 版本，如图 4-5 所示选择“CPU 224”。

(二) 程序文件更名

项目文件更名：如果新建了一个程序文件，可用“文件（File）”菜单中“另存为(Save As)”命令，然后在弹出的对话框中键入新的项目文件名。

子程序和中断程序更名：在指令树窗口中，右键单击要更名的子程序或中断程序名称，在弹出的菜单中单击“重命名（Rename）”命令，然后键入新的程序名。

主程序的名称一般用默认的 MAIN，任何项目文件的主程序只有一个。

(三) 添加一个子程序

添加一个子程序可用以下三种方法中的任一种实现：①在指令树窗口中，右键单击“程序块”图标，在弹出的菜单中单击“插入”选择“子例行程序”项；②用“编辑（Edit)”菜单中的“插入”选择“子例行程序”命令；③在编辑窗口中单击编辑区，在弹出的菜单选项中选择“插入”命令选择“子例行程序”项即可。新生成的子程序根据已有子程序的数目，默认名称分别为 SBR _ n，用户可以自行更名。

(四) 添加一个中断程序

添加一个中断程序可用以下三种方法中的任一种实现：①在指令树窗口中，右击“程序块”图标，在弹出的菜单中单击“插入”选择“中断”项；②用“编辑（Edit)”菜单中的“插入”选择“中断”命令；③在编辑窗口中单击编辑区，在弹出的菜单选项中选择“插入”命令选择“中断”项即可。新生成的中断程序根据已有中断程序的数目，默认名称分别为 INT _ n，用户可以自行更名。

（五）编辑程序

编辑程序块中的任何一个程序，只要在指令树窗口中双击该程序的图标即可。下面以图 4-6 所示的梯形图程序为例，介绍程序的编辑过程和各种操作。

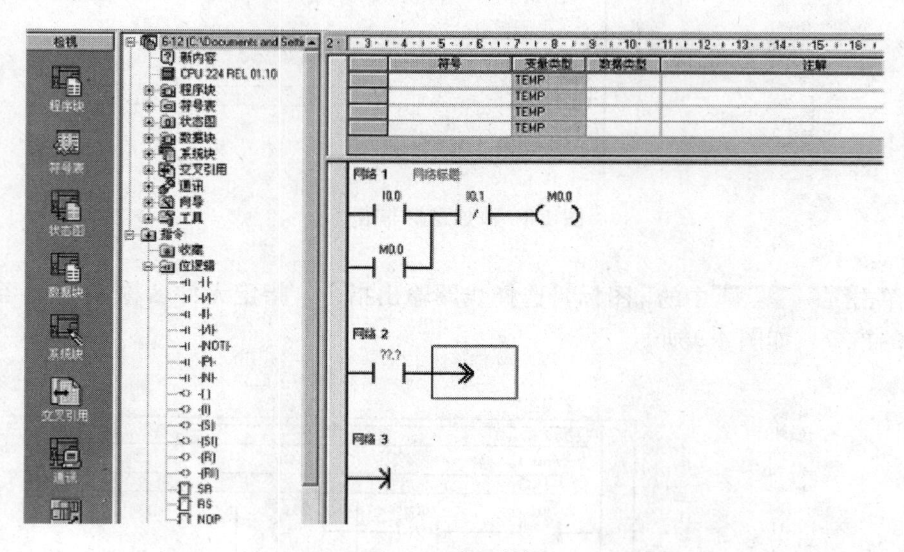

图 4-6　编程举例

1. 编写梯形图

（1）将光标移到<网络 1>中，单击中的图标，选择逻辑与指令，指定元件名称，例如 I0.0，如图 4-7 所示；

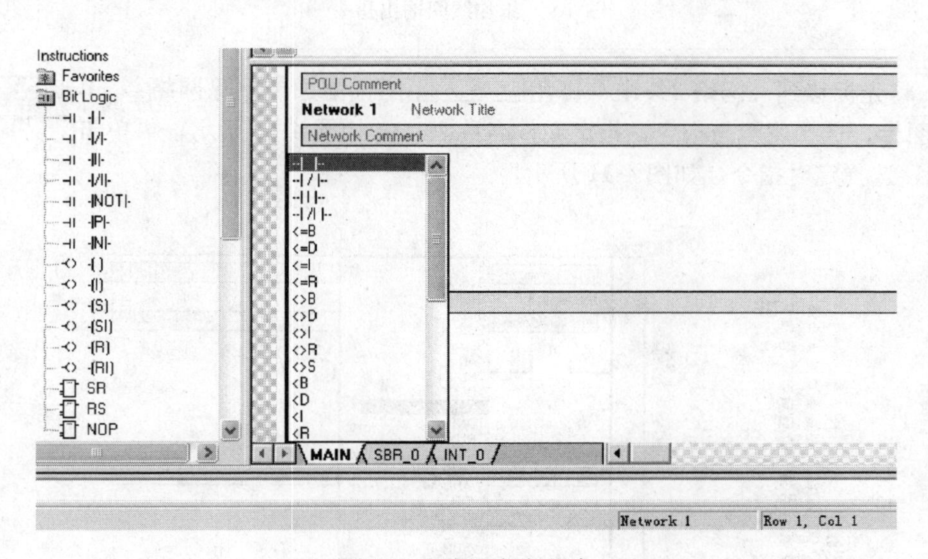

图 4-7　添加逻辑与指令

同样再选择逻辑非指令，指定元件名称 I0.1，如图 4-8 所示。

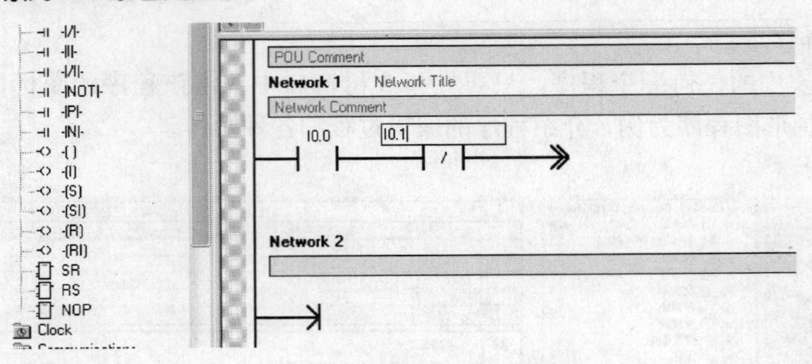

图 4-8　添加逻辑非指令

接着单击工具栏中的线圈图标，选择线圈输出指令，指定元件名称 Q0.0，至此完成一条完整的指令，如图 4-9 所示

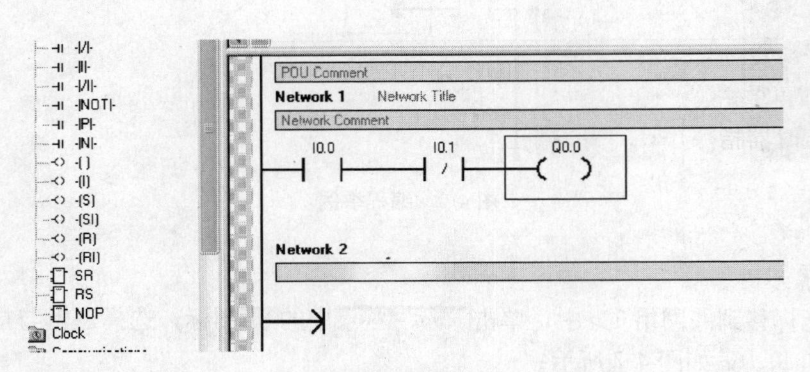

图 4-9　添加线圈输出指令

（2）将光标移到<网络 2>中（可用工具栏图标增加或删除网络），单击工具栏中的触点图标，选择逻辑与指令，指定元件名称 I0.2，如图 4-10 所示；再单击工具栏中的指令盒图标，选择定时指令，如图 4-11 所示。

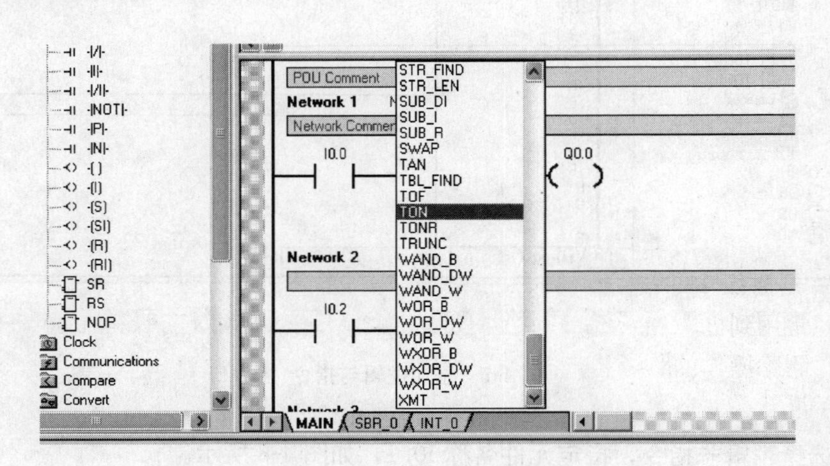

图 4-10　添加逻辑与指令

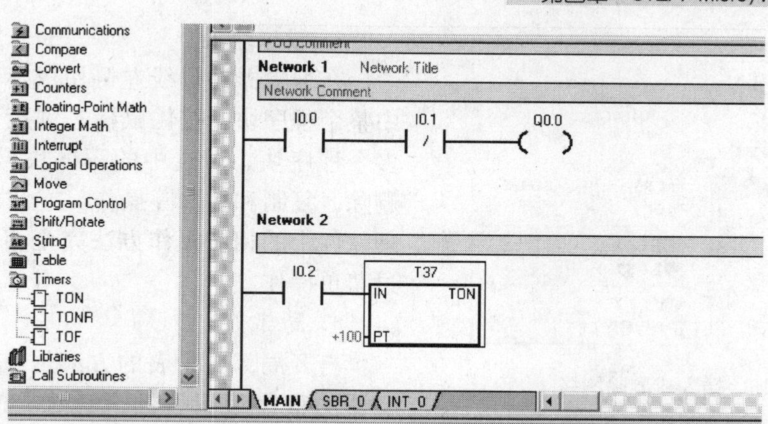

图 4-11 添加定时指令

指定元件名称 T37 及定时值 100，则完成了定时器指令。

(3) 将光标移到＜网络 3＞中，单击中的图标，选择逻辑与指令，指定元件名称 I0.3；再单击中的图标，选择线圈输出指令，指定元件名称 Q0.1，则完成了调用定时器指令，如图 4-12 所示。

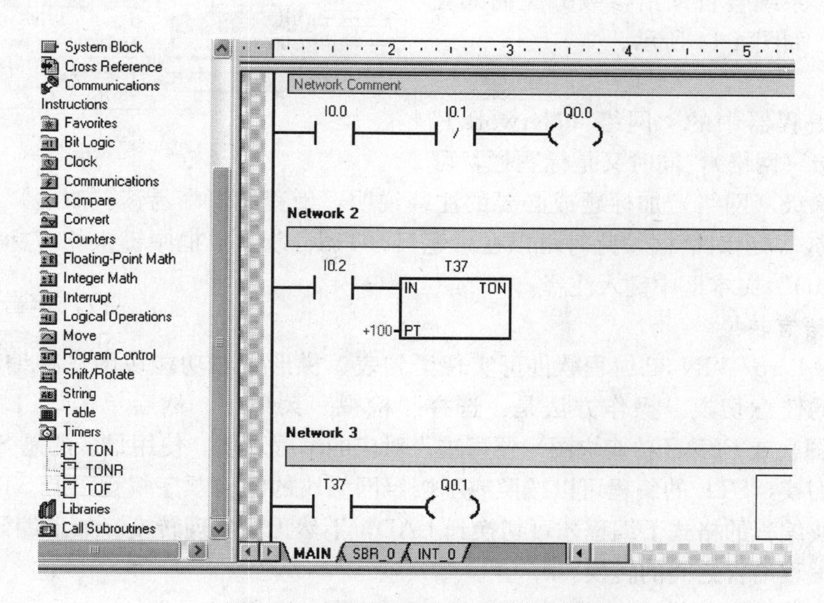

图 4-12 梯形图调用定时器指令举例

2. 插入、删除操作

编程中经常用到插入和删除一行、一列、一个梯级（网络）、一个子程序或中断程序等操作。插入、删除操作的方法有两种：①在编程区右键单击要进行操作的位置，弹出下拉菜单，选择“插入”或“删除”选项，再弹出子菜单，单击要插入或删除的项，然后进行编辑；②用“编辑”菜单中的命令进行上述相同的操作。对于元件剪切、复制和粘贴等操作方法也与上述类似，如图 4-13 所示。

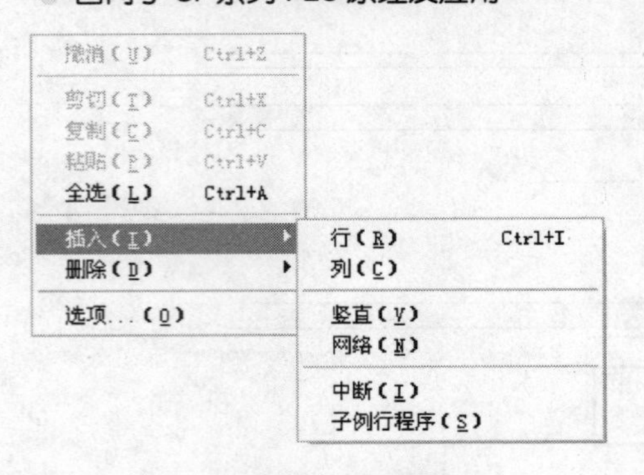

图 4-13 插入或删除网络

3. 程序块操作

在编辑器左母线左侧用鼠标单击，可以选中整个程序块。按住鼠标左键拖动，可以选中多个程序块。对选中的程序块可以进行剪切、删除、复制和粘贴等操作，方法与一般文字处理软件中的相应操作方法完全相同，也可以通过菜单操作。

4. 局部变量表

打开局部变量表的方法是：将光标移到编辑器的程序编辑区的上边缘，向下拖动上边缘，则自动出现局部变量表，此时可为子程序和中断程序设置局部变量。

使用带参数的子程序调用指令时会用到局部变量表，局部变量作为参数向子程序传送时，在子程序的局部变量表中，指定的数据类型必须与调用程序组织单元（POU）中的数据类型值相匹配。要加入一个参数到局部变量表中，右键单击变量类型区，出现一个选择菜单，选择“插入”，再选择“行”或“下一行”即可。系统会自动给参数分配局部变量存储空间，如图 4-14 所示。

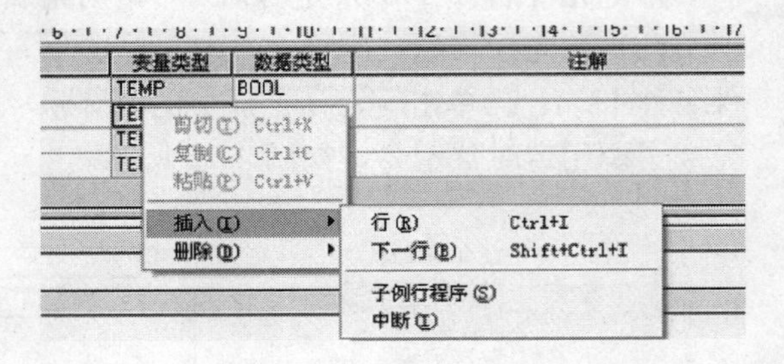

图 4-14 局部变量表

5. 注释

梯形图编程器中的“网络（Network）”标志每个梯级（网络），同时又是标题栏，可在此为每个梯级（网络）加标题或必要的注释说明，使程序清晰易读。双击“网络（Network）”区域，弹出对话框，此时可以在“题目（Title）”文本框中键入相应标题，在“注释（Comment）”文本框中键入注释。

6. 编程语言转换

STEP7-Micro/WIN 32 编程软件可实现语句表、梯形图和功能块图三种编程语言（编辑器）之间的任意切换。操作方法是：选择“检视”菜单项，然后单击 STL（语句表）、LAD（梯形图）或 FBD（功能块图）便可进入对应的编程环境。使用最多的是 STL 和 LAD 之间的互相切换，STL 的编程可以按照或不按照网络块的结构顺序编程，但 STL 只有在严格按照网络块编程的格式下编程才可切换到 LAD，不然无法实现转换。如果编译出现错误，则无法进行编程语言之间的转换。

二、程序编译和下载

（一）程序编译

在 STEP7-Micro/WIN 中编辑的程序必须编译成 S7-200 CPU 能识别的机器指令，才能下载到 S7-200 CPU 中运行。

程序编辑完成，可选择“PLC”菜单中“编译（Compile）”命令进行离线编译，编译结束，在输出窗口显示编译的结果信息。其中包括程序中语法错误的数量、各条错误的原因和错误在程序中的位置等信息。双击输出窗口中的任一条错误，程序编辑器中的矩形光标将会移到程序中该错误出现的位置，必须改正程序中的所有错误，编译成功后才能下载程序。

（二）程序下载

程序下载之前，PLC 必须处于 STOP 模式。单击工具条中的“停止”按钮或选择“PLC”菜单命令中的“停止”项，即可进入 STOP 方式，如果不在 STOP 方式，可将 CPU 模块上的方式开关扳到 STOP 位置。具体步骤如下：

（1）程序编写完成以后，单击编译图标，确认无误后保存。用 PPI 电缆连接 PLC 主机的编程口至电脑主机串口（注意必须断电连接），打开 PLC 电源。

单击下载图标，出现下载对话框，选中全部复选框，单击 OK 按钮，如图 4-15 所示。

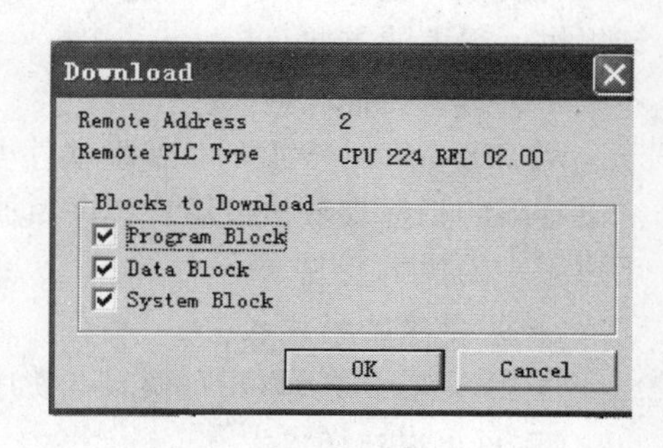

图 4-15 下载对话框

（2）若 PLC 在运行模式，则弹出确定框，单击 OK 按钮，将 PLC 置于停止状态。下载完成后，则弹出消息框，单击 OK 按钮。然后，点击运行图标，程序开始运行。

（3）在 PLC 运行状态，单击监控图标，可对编写的程序进行在线监控。图中蓝色显示部分表示有能流流过，如图 4-16 所示。

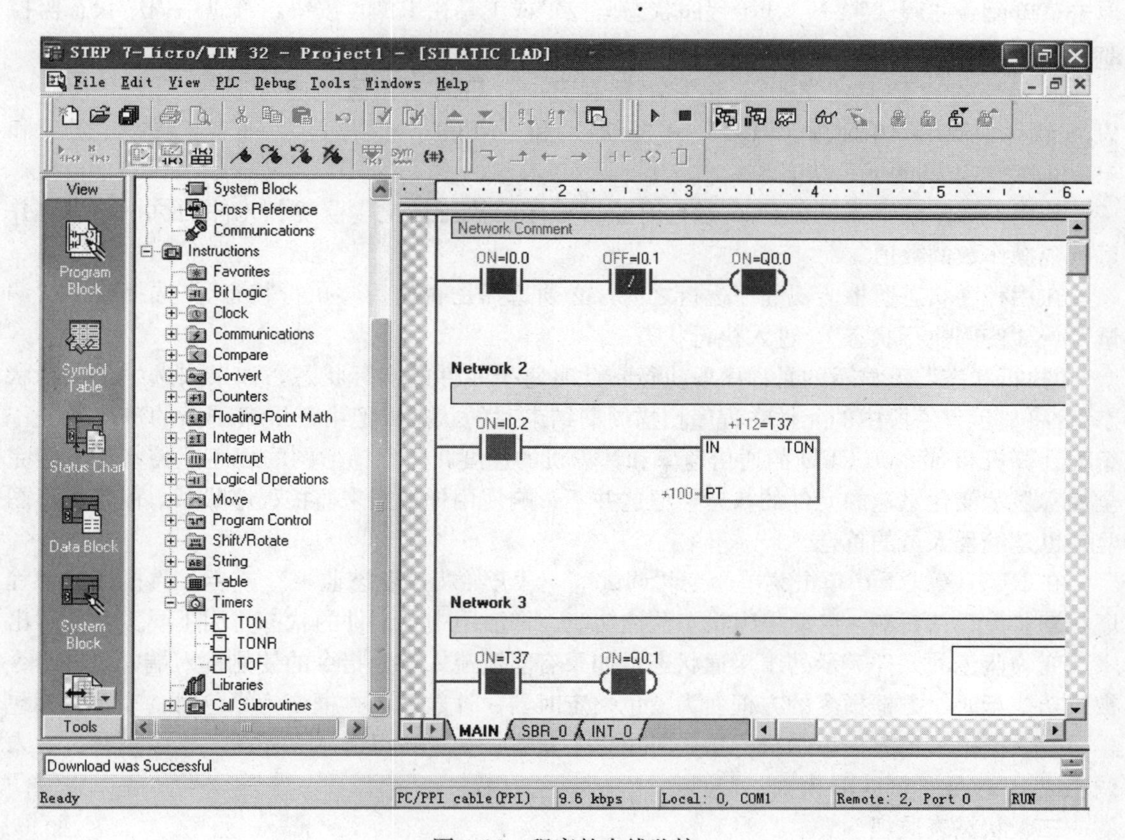

图 4-16 程序的在线监控

第三节　程序的调试及运行监控

在运行 STEP7-Micro/WIN 的计算机和 PLC 之间建立通信并向 PLC 下载程序后，用户可以利用软件提供的调试和监控工具，直接调试并监视程序的运行，给用户程序的开发和设计提供了很大的方便。

一、选择扫描次数

STEP7-Micro/WIN 32 编程软件可选择单次或多次扫描来监视用户程序，可以指定主机以有限的扫描次数执行用户程序。通过选择主机扫描次数，当过程变量改变时，可以监视用户程序的执行情况。

（一）单次扫描方式

将 PLC 置于“STOP”模式，使用“调试（Debug)”菜单中的“第一次扫描”命令。

（二）多次扫描方式

将 PLC 置于“STOP”模式，使用“调试（Debug)”菜单中的“多次扫描”命令，确定执行的扫描次数，然后单击“确认”按钮进行监视。

二、程序状态监视

程序经编辑、编译并下载到 PLC 后，将 S7-200 CPU 上的状态开关拨到“RUN”位置，单击菜单命令“调试”→“开始程序状态监控”或工具栏上的按钮，可以用程序状态监控监视程序运行的状况。

如果 S7-200 PLC 上的状态开关处于 RUN 或 TERM 位置，还可以在 STEP7-Micro/WIN 软件中使用菜单命令“PLC”→“运行”和“PLC”→“停止”，或者工具栏上的和按钮改变 CPU 的运行状态。

利用梯形图编辑器可在 PLC 运行时监视程序的执行情况，监视各元件的执行结果，并可监视操作数的数值。

在用程序状态监控监视程序运行之前，必须选择是否使用“执行状态”。选择菜单“调试”→“使用执行状态”，进入执行状态。

“执行状态”下显示的是程序段执行到此时每个元件的实际状态，如果未选中“执行状态”，将显示程序段中的元件在程序扫描周期结束时的状态。但由于屏幕刷新的速度取决于编程计算机和 S7-200 CPU 的通信速率和计算机的速度，所以梯形图的程序监控状态不能完全如实显示变化迅速的元件的状态，但这并不影响使用梯形图来监控程序状态，而且梯形图监控也是编程人员的首选。

在 RUN 模式下，单击菜单命令“调试”→“开始程序状态监控”或者工具栏上的“程序状态监控”按钮，启动程序状态监控功能。梯形图中各元件的状态将用不同颜色显示出来，变为蓝色的元件表示处于接通状态，如果有能流流入方框指令的使能输入端，且该指令被成功执行时，方框指令的方框变为蓝色；定时器、计数器的方框变为绿色时，表示它们包含有效数据；红色方框表示执行指令时出现了错误；灰色方框表示无能流、指令被跳过、未调用或 PLC 处于 STOP 模式。

三、状态表监视

使用状态表可以监控数据。在浏览条窗口中单击“状态表”图标，或选择“查看”→

“组件”→“状态表”菜单命令，可以打开状态表窗口。在状态表窗口的“地址”和“格式”列中分别输入要监视的变量的地址和数据类型。

在程序编辑器中选择一个或几个网络，单击鼠标右键，在弹出的快捷菜单中单击“创建状态表”选项，能快速生成一个包含所选程序段内各元件的新状态表。

状态表不能监视常数、累加器和局部变量的状态。可以按位或者按字两种形式来监视定时器和计数器的值。按位监视的是定时器和计数器的状态位，按字则显示定时器和计数器的当前值。

使用菜单命令“调试”→“开始状态表监控”或者单击工具栏“程序状态监控”按钮，启动状态表监视功能，在状态表的“当前值”列将会出现从 PLC 中读取的动态数据。当用状态表时，可将光标移到某一个单元格，在弹出的下拉菜单中单击一项，可实现相应的编辑操作。

如果状态表已经打开，使用菜单命令“调试”→“停止程序状态监控”，或单击工具栏状态表按钮，可以关闭状态表。

四、强制功能

S7-200 提供了强制功能以方便程序调试工作，例如在现场不具备某些外部条件的情况下模拟工艺状态。用户可以对所有的数字量 I/O 以及 16 个内部存储器数据 V、M 或模拟量 I/O 进行强制设置。

显示状态表并且使其处于监控状态，在新值列中写入希望强制成的数据，然后单击工具栏按钮，或者使用菜单命令“调试”→“强制”来强制设置数据。一旦使用了强制功能，则在每次扫描时该数值均被重新应用于地址（强制值具有最高的优先级），直至取消强制设置。

如果希望取消单个强制设置，打开状态表窗口，在当前值栏中单击并选中该值，然后单击工具栏中的“取消强制”按钮，或者使用菜单命令“调试”→“取消强制”来取消强制设置。

如果希望取消所有的强制设置，打开状态表窗口，单击工具栏中的“全部取消强制”按钮，或者使用菜单命令“调试”→“全部取消强制”来取消所有强制设置。

打开状态表窗口，单击工具栏中的“读取全部强制”按钮，或者使用菜单命令“调试”→“读取全部强制”，状态表的“当前值”列会为所有被强制的地址显示强制符号，共有三种强制符号：明确强制、隐含强制和部分隐含强制。

五、状态趋势图

STEP7-Micro/WIN 提供两种 PLC 变量在线查看方式，状态表形式和状态趋势图形式。状态趋势图的图形化的监控方式使用户更容易地观察变量的变化关系，能更加直观地观察数字量信号变化的逻辑时序，或者模拟量信号的变化趋势。

在状态表窗口中，使用菜单命令“查看”→“查看趋势图”，或单击工具栏中的“趋势图”按钮，可以在状态表形式和状态趋势图形式之间切换。或者在当前显示的状态表窗口中单击鼠标右键，在弹出的下拉菜单中选择“查看趋势图”。

状态趋势图对变量的反应速度取决于计算机和 PLC 的通信速度以及图示的时间基准，在趋势图中单击鼠标右键可以选择图形更新的速率。

六、运行模式下的程序编辑

在运行（RUN）模式下编辑程序，可在对控制过程影响较小的情况下，对用户程序做少量的修改。修改后的程序下载时，将立即影响系统的控制运行，所以使用时应特别注意，确保安全。可进行这种操作的 PLC 有 CPU224、CPU226 和 CPU226XM 等。

操作步骤如下：

(1) 使用菜单命令“调试”→“运行中的程序编辑”，因为 RUN 模式下只能编辑主机中的程序，如果主机中的程序与编程软件窗口中的不同，系统会提示用户存盘。

(2) 屏幕弹出警告信息。单击“继续”按钮，所连接主机中的程序将上传到编程主窗口，便可以在运行模式下进行编辑。

(3) 在运行模式下进行下载。在程序编译成功后，使用“文件”→“下载”命令，或单击工具栏中的下载按钮，将程序块下载到 PLC 主机。

七、S7-200 的出错处理

S7-200 的错误类型可以分为非致命错误和致命错误两大类。通过选择“PLC”菜单命令中的“信息”项来查看产生错误的错误代码，PLC 信息对话框的内容包括错误代码和错误描述。

（一）非致命错误

非致命错误是指用户程序结构问题，用户程序指令执行问题和扩展 I/O 模块问题。可以用 STEP7-Micro/WIN 来得到所产生错误的错误代码。非致命错误有三种基本分类。

1. 程序编译错误

当下载程序时，S7-200 会编译程序，如果 S7-200 发现程序违反了编译规则，会停止下载并产生一个错误代码，已经下载到 S7-200 中的程序将仍然在永久存储区中存在，并不会丢失。可以在修正错误后再次下载程序。

2. I/O 错误

启动时，S7-200 从每一个模块读取 I/O 配置，正常运行过程中，S7-200 周期性地检测每一个模块的状态与启动时得到的配置相比较。如果 S7-200 检测到差别，它会将模块错误寄存器中配置错误标志位。除非此模块的组态再次和启动时得到的组态相匹配，否则 S7-200 不会从此模块中读输入数据或写输出数据到此模块。

3. 程序执行错误

在程序执行过程中有可能产生错误，程序执行错误有可能来自使用了不正确的指令或在过程中产生了非法数据。例如：一个编译正确的间接寻址指针，在程序执行过程中，可能会改为指向一个非法地址。程序执行错误信息存储在特殊寄存器（SM）标注位置中，应用程序可以监视这些标志位。

当 S7-200 发生非致命错误时，S7-200 并不切换到 STOP 模式，它仅仅是把事件记录到 SM 存储器中并继续执行应用程序，但是如果用户希望在发生非致命错误时，将 CPU 切换到 STOP 模式，则可以通过编程实现。

（二）致命错误

致命错误会导致 S7-200 停止程序执行。按照致命错误的严重程度，S7-200 使其部分或全部功能无法执行。处理致命错误的目的是把 CPU 引向安全模式，CPU 可以对存在的错误条件做出响应。当检测到一个致命错误时，S7-200 将切换到 STOP 模式，打开 SF/SIAG

（Red）和 STOP LED，忽略输出表，并关闭输出，除非致命错误条件被修正，否则 S7-200 将保持这种状态不变。一旦消除了致命错误条件，必须重新启动 CPU，可以通过以下方法重新启动 CPU。

（1）重新启动电源；

（2）将模式开关由 RUN 或者 TERM 变为 STOP；

（3）在“PLC”菜单命令中选择“通电时重设”项，可以强制 CPU 启动并消除所有致命错误。

重启 CPU 会清除致命错误，并执行上电诊断测试来确认已改正错误。如果发现其他致命错误，CPU 会重新点亮错误 LED 指示灯，表示仍存在错误。有些错误可能会使 CPU 无法进行通信，这种情况下无法看到来自 CPU 的错误代码，这种错误表示硬件故障，CPU 模块需要修理，而修改程序或清除 CPU 内存是无法清除这些错误的。

第五章　S7-200 PLC的编程规则与技巧

第一节　S7-200 PLC 的编程规则

一、网络

在梯形图（LAD）中，程序被分成为网络的一些程序段，每个梯形图网络是由一个或多个梯级组成。

功能块图（FBD）中，使用网络概念给程序分段。

语句表（STL）程序中，使用“NETWORK”这个关键词对程序分段。

对梯形图、功能块图、语句表程序分段后，可通过编程软件实现它们之间的相互转换。

二、梯形图（LAD）/功能块图（FBD）

梯形图中左、右垂直线称为左、右母线。STEP7-Micro/WIN32 梯形图编辑器在绘图时，通常将右母线省略。在左，右母线之间是由触点、线圈或功能框组合的有序排列。梯形图的输入总是在图形的左边，输出总是在图形的右边，因而触点与左母线相连，线圈或功能框终止右母线，从而构成一个梯级。在一个梯级中，左、右母线之间是一个完整的“电路”，不允许“短路”、“开路”，也不允许“能流”反向流动。

功能块图中输入总是在框图的左边，输出总是在框图的右边。

三、允许输入端、允许输出端

在梯形图（LAD）、功能块图（FBD）中，功能框的 EN 端是允许输入端，功能框的允许输入端必须存在“能流”，才能执行该功能框的功能。

在语句表（STL）程序中没有 EN 允许输入端，但是允许执行 STL 指令的条件是栈顶的值必须是“1”。

在梯形图（LAD）、功能块图（FBD）中，功能框的 ENO 端是允许输出端，允许功能框的布尔量输出，用于指令的级联。

如果功能框允许输入端（EN）存在“能流”，且功能框准确无误的执行了其功能，那么允许输出端（ENO）将“能流”传到下一个功能框，此时，ENO=1。如果执行过程中存在错误，那么“能流”就在出现错误的功能框终止，即 ENO=0。

四、条件输入、无条件输入

条件输入：在梯形图（LAD）、功能块图（FBD）中，与“能流”有关的功能框或线圈不直接与左母线连接。

无条件输入：在梯形图（LAD）、功能块图（FBD）中，与“能流”无关的功能框或线圈直接与左母线连接，例如，LBL、NEXT、SCR 等。

五、无允许输出端的指令

在梯形图（LAD）、功能块图（FBD）中，无允许输出端（ENO）的指令方框，不能用于级联，如子调用程序指令、LBL、SCR 等。

第二节　S7-200 PLC 的基本电路编程

常用 PLC 控制基本电路是借鉴继电—接触器控制电路的基本环节，与继电—接触器控制电路的画法十分相似，根据被控对象对控制系统的具体要求，将一些基本控制电路适当地组合、修改、完善，使其成为符合控制要求的程序。

一、有记忆功能的电路

有记忆功能的电路即启动—保持—停止电路（简称启保停电路），如图 5-1 所示，该电路在梯形图中应用很广。在图 5-1 中的启动信号 I0.0 和停止信号 I0.1 持续为 ON 的时间一般都很短。按下启动按钮，I0.0 的动合触点闭合，Q0.0 的线圈“通电”，它的动合触点同时接通。放开启动按钮后，I0.0 的动合触点断开，“能流”经 Q0.0 的动合触点和 I0.1 的动断触点流过 Q0.0 的线圈，Q0.0 仍然为 ON，这就是自锁或记忆功能。按下停止按钮，I0.1 的动断触点断开，使 Q0.0 线圈“断电”，使其动合触点断开。

二、互锁控制电路

互锁就是多个自锁控制回路之间互相封锁的控制关系。启动其中一个控制回路，其他的控制回路就不能被启动，即受到已启动回路的封锁。只有它被停止后，其他的才能被启动。由此可见，互锁控制就是先动作的优先的控制。下面的程序中，每个控制回路是一个单输出自锁控制，它们之间又存在着互锁的关系，互锁控制程序如图 5-2 所示，多组抢答器就是这种情况。

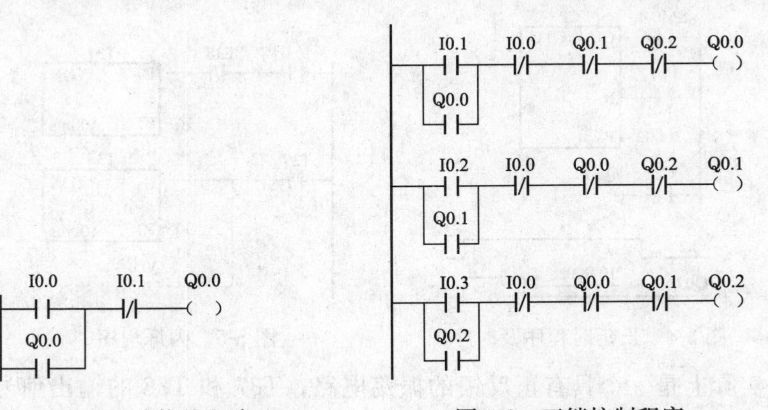

图 5-1　有记忆功能的电路　　　　图 5-2　互锁控制程序

三、定时器应用电路

（一）用定时器设计延时接通/延时断开的电路

用定时器设计延时接通/延时断开程序及时序图如图 5-3 所示，在图 5-3 中用 I0.0 控制 Q0.1，I0.0 的动合触点接通后，T37 开始定时，9s 后 T37 的动合触点接通，使断开延时定时器 T38 的线圈通电，T38 的动合触点接通，使 Q0.1 的线圈通电。I0.0 变为 0 状态后 T38 开始定时，7s 后 T38 的定时时间到，其动合触点断开，使 Q0.1 变为 0 状态。

（二）用计数器设计长延时电路

S7-200 的定时器最长的定时时间为 3276.7s，如果需要更长的定时时间，可以使用图 5-4

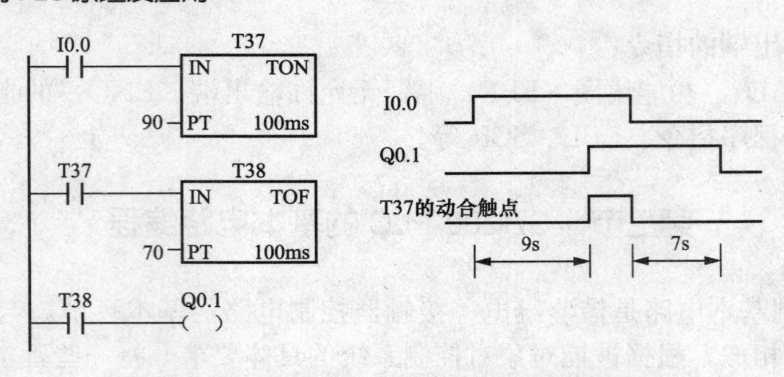

图 5-3　延时接通/延时断开程序及时序图

中 C2 组成的计数器电路。周期为 1min 的时钟脉冲 SM0.4 的动合触点为加计数器 C2 提供计数脉冲。I0.1 由 ON 变为 OFF 时，解除了对 C2 的复位操作，C2 开始定时，图 5-4 中的定时时间为 30 000min。

（三）用定时器设计输出脉冲周期和占空比可调的振荡电路

用定时器设计输出脉冲周期和占空比可调的程序如图 5-5 所示，在图 5-5 中 I0.0 的动合触点接通后，T37 的 IN 输入端为 1 状态，T37 开始定时。2s 后定时时间到，T37 的动合触点接通，使 Q0.0 变为 ON，同时 T38 开始定时。3s 后 T38 的定时时间到，它的动断触点断开，T37 因为 IN 输入电路断开而被复位。T37 的动合触点断开，使 Q0.0 变为 OFF，同时 T38 因为 IN 输入电路端来而被复位。复位后其动断触点接通，T37 又开始定时。以后 Q0.0 的线圈将这样周期性地“通电”和“断电”，直到 I0.0 变为 OFF。Q0.0 的线圈“通电”和“断电”的时间间隔分别等于 T38 和 T37 的设定值。

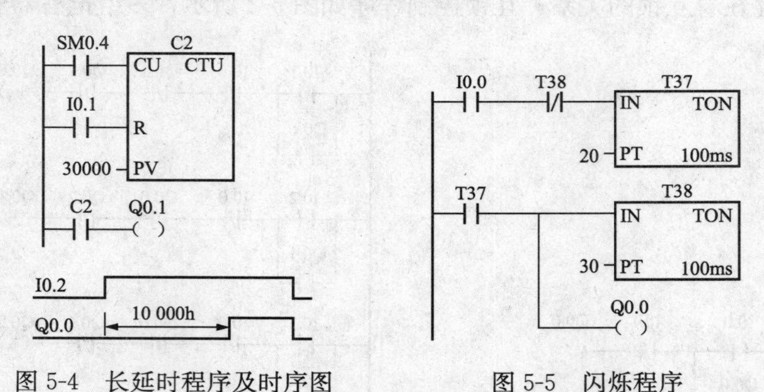

图 5-4　长延时程序及时序图　　　　图 5-5　闪烁程序

闪烁电路实际上是一个具有正反馈的振荡电路，T37 和 T38 的输出信号通过它们的触点分别控制对方的线圈，形成了正反馈。

第三节　顺序功能图与设计法

一、顺序控制设计法

用经验设计法设计梯形图时，没有一套固定的方法和步骤可以遵循，具有很大的试探性和随意性，对于不同的控制系统，没有一种通用的容易掌握的设计方法。在设计复杂系统的梯形图时，用大量的中间单元来完成记忆、联锁和互锁等功能，由于需要考虑的因素很多，它们往往又交织在一起，分析起来非常困难，修改某一局部电路时，很可能会“牵一发而动全身”，对系统的其他部分产生意想不到的影响，因此用经验设计法设计出的梯形图往往很难阅读，给系统的维修和改进带来了很大的困难。

所谓顺序控制，就是按照生产工艺预先规定的顺序，在各个输入信号的作用下，根据内部状态和时间的顺序，在生产过程中各个执行机构自动地有秩序地进行操作。使用顺序控制设计法时首先根据系统的工艺过程，画出顺序功能图，然后根据顺序功能图设计出梯形图。

顺序功能图（Sequential Function Chart）是描述控制系统的控制过程、功能和特性的一种图形，也是设计PLC的顺序控制程序的有力工具。它并不涉及所描述的控制功能的具体技术，是一种通用的技术语言，可以进一步设计和不同专业的人员之间进行技术交流。

二、顺序功能图组成

（一）步

在控制系统的一个工作周期中，各依次顺序相连的工作阶段，称为步，用矩形框或者文字（数字）表示。

步有两种状态：一个是可以活动的，称为“活动步”；也可以是非活动的，称为“非活动步”（停止步）。一系列活动步决定控制过程的状态。对应控制过程开始的步，称为“初始步”（Initial Step），每一个功能表图至少有一个初始步，初始步用双线矩形框表示，如图5-6所示。

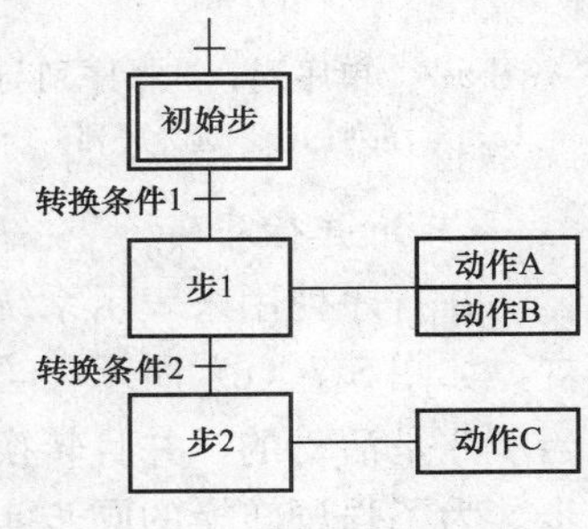

图5-6　功能图组成

（二）动作

在功能图表中，命令（Command）或动作（Action）用矩形框文字和字母符号表示，与对应步的符号相连。一个步被激活，能导致一个或几个动作或命令。若某步为非活动步，对应的动作返回到该步活动之前的状态。对应活动步的所有动作被执行，活动步的动作可以是动作的开始、继续或结束。若有几个动作与同一步相连，这些动作符号可以水平布置，也可以垂直布置，如图5-6中的动作A、B。

（三）有向连线

有向连线将各步按进展的先后顺序连接起来，它将步连接到转换，并将转换连接到步。有向连线指定了从初始步开始向活动步进展的方向与路线。有向连线可垂直或水平布置。在功能图中，进展的走向总是从上至下、从左至右，因此有向连线的箭头可以省略。如果不遵守上述进展规则，必须加注箭头说明。若垂直有向连线与水平有向连线之间没有内在联系。允许它们交叉，但当有向连线与同一进展相关时，则不允许交叉。

（四）转换条件

使系统由当前步进入下一步的信号称为转换条件，转换条件可以是外部的输入信号，例如按钮、指令开关、限位开关的接通或断开等，也可以是PLC内部产生的信号，例如定时器、计数器动合触点的接通等，转换条件还可能是若干个信号的与、或、非逻辑组合。

转换条件是与转换相关的逻辑命题，转换条件可以用文字语言、布尔代数表达式或图形符号标注在表示转换的短线旁边。如果转换条件的逻辑变量为“1”，转换条件满足；如果转换条件的逻辑变量为“0”，转换条件不满足。只有当使能步转换条件满足时，转换才被执行。

三、顺序功能图的基本结构

功能图的基本结构形式可以分为单序列、选择序列和并行序列，有时候一张功能图由多种结构形式组成。

（一）单序列

单序列由一系列相继激活的步组成，每一步的后面仅有一个转换，每一个转换的后面只有一个步，如图 5-7（a）所示。单序列没有下述的分支与合并。

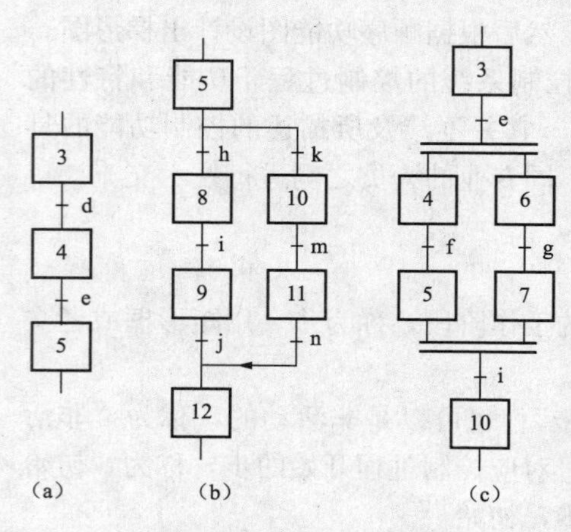

图 5-7　单序列、选择序列与并行序列
（a）单序列；（b）选择序列；（c）并列序列

（二）选择序列

选择序列的开始称为分支，如图 5-7（b）所示，转换符号只能标在水平连线之下。如果步 5 是活动步，并且转换条件 h=1，则发生步 5→步 8 的进展。如果步 5 是活动步，并且k=1，则发生步5→步 10 的进展。

选择序列的结束称为合并，几个选择序列合并到一个公共序列时，用需要重新组合的序列相同数量的转换符号和水平连线来表示，转换符号只允许标在水平连线之上。如果步 9 是活动步，并且转换条件 j=1，则发生由步 9→步 12 的进展。如果步 11 是活动步，并且转换条件 n=1，则发生由步 11→步 12 的进展。

（三）并行序列

并行序列用来表示系统的几个同时工作的独立部分的工作情况。并行序列的开始称为分支，如图 5-7（c）所示，当转换的实现导致几个序列同时激活时，这些序列称为并行序列。当步 3 是活动的，并且转换条件 e=1，步 4 和步 6 同时变为活动步，同时步 3 变为不活动步。为了强调转换的同步实现，水平连线用双线表示。步 4 和步 6 被同时激活后，每个序列中活动步的进展将是独立的。在表示同步的水平线之上，只允许有一个转换符号。

并行序列的结束称为合并，在表示同步的水平双线之下，只允许有一个转换符号。当直接连在双线上的所有前级步（步 5 和步 7）都处于活动状态，并且转换条件 i=1 时，才会发生步 5 和步 7 到步 10 的进展。

四、顺序功能图转换实现的基本规则

（一）转换实现的条件

在顺序功能图中，步的活动状态的进展是由转换的实现来完成的。转换实现必须同时满足两个条件：

（1）该转换所有的前级步都是活动步；

（2）相应的转换条件得到满足。

这两个条件是缺一不可的。如果转换的前级步或后续步不止一个，转换的实现称为同步实现。为了强调同步实现，有向连线的水平部分用双线表示。

（二）转换实现应完成的操作

转换实现时应完成以下两个操作：

（1）使所有的后续步变为活动步；

（2）使所有的前级步变为不活动步。

转换实现的基本规则是根据顺序功能图设计梯形图的基础，它适用于顺序功能图中的各种基本结构和各种顺序控制梯形图的编程方法。

（三）绘制顺序功能图时的注意事项

（1）两个步绝对不能直接相连，必须用一个转换将它们分隔开；

（2）两个转换也不能直接相连，必须用一个步将它们分隔开；

（3）顺序功能图中的初始步一般对应于系统等待启动的初始状态，不要漏掉初始步；

（4）自动控制系统应能多次重复执行同一个工艺过程，因此在顺序功能图中一般应有由步和有向连线组成的闭环，不能有“到此为止”的死胡同。

第四节　使用 SCR 指令的顺序控制梯形图设计法

S7-200 CPU 含有 256 个顺序控制继电器（SCR）用于顺序控制。S7-200 包含顺序控制指令，可以模仿控制进程的步骤，对程序逻辑分段；可以将程序分成单个流程的顺序步骤，也可同时激活多个流程；可以使单个流程有条件地分成多支单个流程，也可以使多个流程有条件地重新汇集成单个流程。从而对一个复杂的工程可以十分方便地编制控制程序。

系统提供 3 个顺序控制指令：顺序控制开始指令（LSCR）、顺序控制转移指令（SCRT）和顺序控制结束指令（SCRE）。

（一）顺序继电器指令

1. 段开始指令

段开始指令 LSCR 是定义一个顺序控制继电器段的开始。操作数为顺序控制继电器位 Sx. y，Sx. y 作为本段的段标志位。当 Sx. y 位为 1 时，允许该 SCR 段工作。

2. 段结束指令

一个 SCR 段必须用段结束指令 SCRE 来结束。

3. 段转移指令：SCRT

段转移指令 SCRT 用来实现本段与另一段之间的切换。操作数为顺序控制继电器位 Sx. y，Sx. y 是下一个 SCR 段的标志位。当使能输入有效时，一方面对 Sx. y 置位，以便让下一个 SCR 段开始工作，另一方面同时对本 SCR 段的标志位复位，以便本段停止工作。

（二）使用顺序继电器指令的限制

只能使用顺序控制继电器位作为段标志位。一个顺序控制继电器位 Sx. y 在各程序块中只能使用一次。例如，如果在主程序中使用了 S10. 0，就不能再在子程序、中断程序或是主程序的其他地方重复使用它。

在一个 SCR 段中不能出现跳入、跳出或段内跳转等程序结构。即在段中不能使用 JMP 和 LBL 指令。同样，在一个 SCR 段中不允许出现循环程序结构和条件结束，即禁止使用 FOR、NEXT 和 END 指令。

指令格式：LSCR　　bit　　（段开始指令）
　　　　　SCRT　　bit　　（段转移指令）
　　　　　SCRE　　　　　（段结束指令）

（三）顺序结构

用以上 3 条顺序控制指令通过灵活编程，可以实现多种顺序控制程序结构，如并发顺序（包括并发开始和并发结束）、选择顺序和循环顺序等。

（四）程序实例

根据舞台灯光效果的要求，控制红、绿、黄三色灯。要求：红灯先亮，2s 后绿灯亮，再过 3s 后黄灯亮。待红、绿、黄灯全亮 3min 后，全部熄灭。程序如图 5-8 所示。

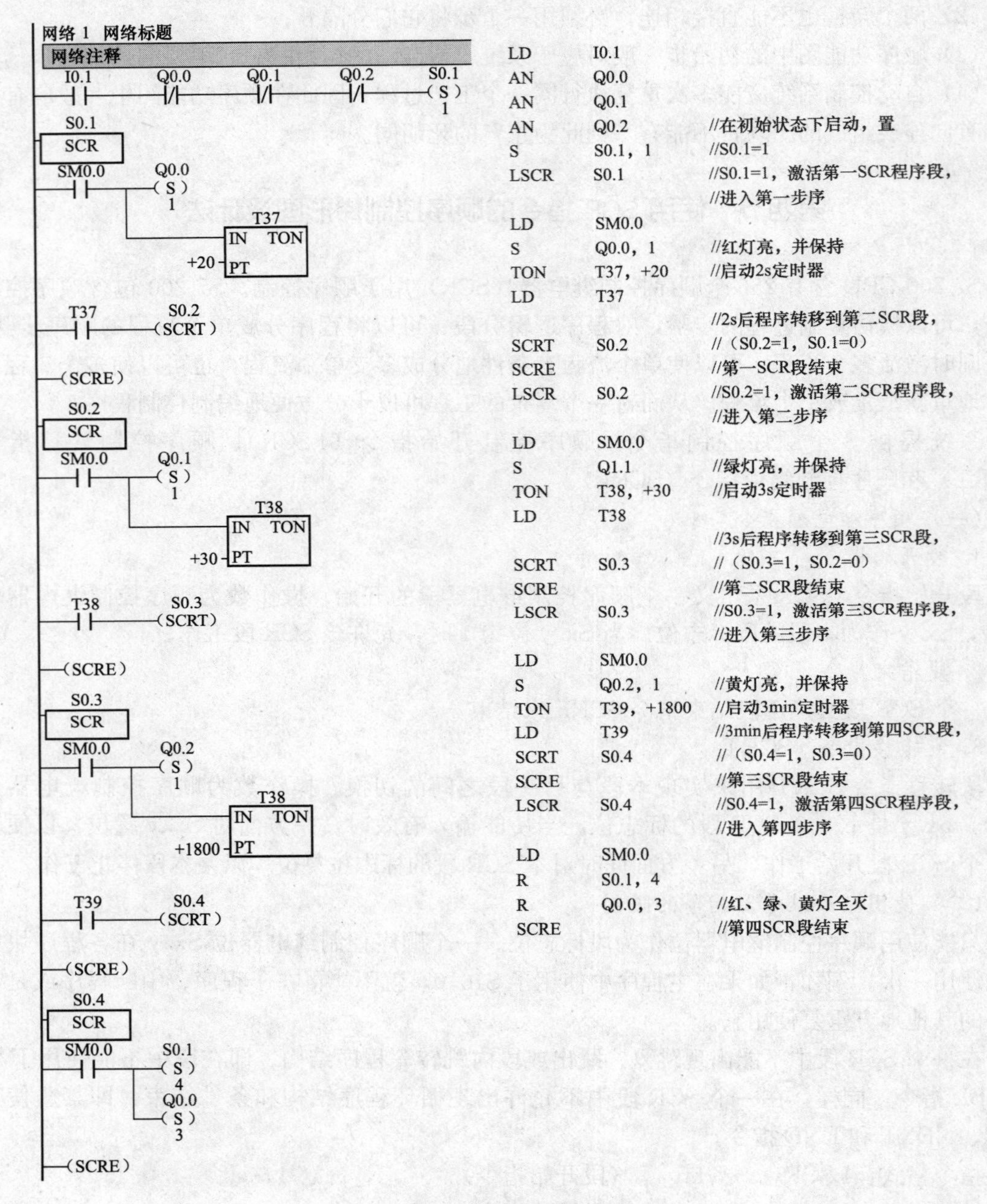

图 5-8　SCR 指令编程

每一个 SCR 程序段中均包含三个要素：①输出对象，在这一步序中应完成的动作；②转移条件，满足转移条件后，实现 SCR 段的转移；③转移目标，转移到下一个步序。

第六章　S7-200 PLC的通信与网络

第一节　通信及网络基础

PLC 通信是指 PLC 与 PLC、PLC 与计算机、PLC 与现场设备或远程 I/O 之间的信息交换。

一、通信的基本概念

（一）并行通信与串行通信

并行通信是以字或字节为单位的传输数据方式，除了 8 根或 16 根数据线、一根公共线外，还需要通信双方联络用的控制线。并行通信的速度快，但是传输线的根数多，抗干扰能力较差，一般用于近距离数据传送，例如，PLC 的模块之间的数据传送。

串行通信是以二进制的位（bit）为单位的传输数据方式，每次只传送一位，最少只需要两根线（双绞线）就可以连接多台设备。串行通信需要的信号线少，串行通信的速度比并行通信慢，适用于距离较远的场合。计算机和 PLC 都有通用的串行通信接口，例如 RS-232 、 RS-422 或 RS-485 接口。工业控制中计算机和 PLC 一般采用串行通信。

（二）单工通信与双工通信

单工通信方式：数据只能按一个固定的方向传送，只能是一个站发送而另一个站接收。

半双工通信方式：某一时刻 A 站发送 B 站接收，而另一时刻则是 B 站发送 A 站接收，不可能两个站同时发送，同时接收。半双工通信方式如图 6-1 所示。

全双工通信方式：两个站同时都能发送和接收。全双工通信方式如图 6-2 所示。

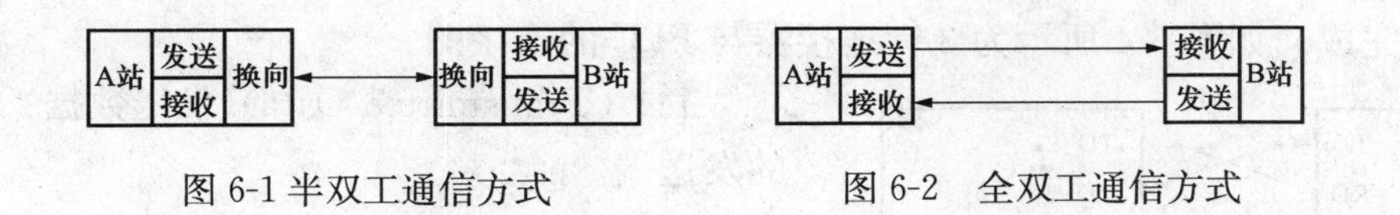

图 6-1 半双工通信方式　　　　图 6-2　全双工通信方式

（三）异步通信与同步通信

同步通信方式是以字节为单位，一个字节由八位二进制数组成。每次传送 1～2 个同步字符、若干个数据字节和校验字符。同步字符起联络作用，用它来通知接收方开始接收数据。在同步通信中，发送方和接收方应保持完全同步，这意味着发送方和接收方应该使用同一个时钟脉冲。由于同步通信方式不需要在每个数据字符增加起始位、校验位和停止位，传输效率高，但对硬件设备要求高。

在异步通信中，收发的每一个字符数据是由 4 个部分按顺序组成的。异步通信方式的数据格式如图 6-3 所示。

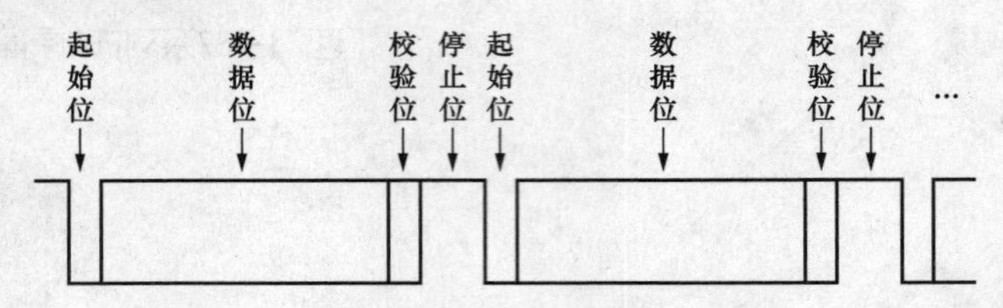

图 6-3　异步通信方式的数据格式

起始位：标志着一个新字节的开始。当发送设备要发送数据时，首先发送一个低电平信号，起始位通过通信电缆传向接收设备。接收设备检测到这个低电平信号后就开始准备接收数据位的数据信号。

数据位：起始位后面的 5 、6 、7 或 8 位是数据位，PLC 中经常采用的是 7 位或 8 位数据传送。当信号为低电平表示数据是 0，当信号为高电平表示数据是 1。

校验位：用于校验数据在传送过程中是否发生错误。如果选择偶校验，则各位数据位加上校验位，使这些字符数据中为“1”的个数为偶数，则视为无误。如果选择奇校验，则各位数据位加上校验位，使这些字符数据中为“1”的个数为奇数，则视为无误。

停止位：停止位是高电平，表示一个字符数据传送的结束。停止位可以是一位或两位。

（四）传输速率

在串行通信中，传输速率（又称波特率）的单位是波特，即每秒传送的二进制位数，其单位是 b/s。常用的传输速率为 300～38 400b/s，从 300 开始成倍增加。同一个通信网络中，传输速率应该相同。

二、串行通信接口标准

RS-232C 是美国电子工业协会 EIA（Electronic industry Association）于 1962 年公布，并于 1969 年修订的串行接口标准，它已经成为国际上通用的标准。1987 年 1 月，RS-232C 再次修订，但修改的内容不多。

（一）RS-232C

计算机上配有 RS-232C 接口，它使用一个 25 针的连接器。在这 25 个引脚中，20 个引脚作为 RS-232C 信号，其中有 4 个数据线，11 个控制线，3 个定时信号线，2 个地信号线。另外，还保留了 2 个引脚，有 3 个引脚未定义。PLC 一般使用 9 脚连接器，距离较近时，3 脚也可以完成。如图 6-4 所示为 3 针连接器与 PLC 的连接图。

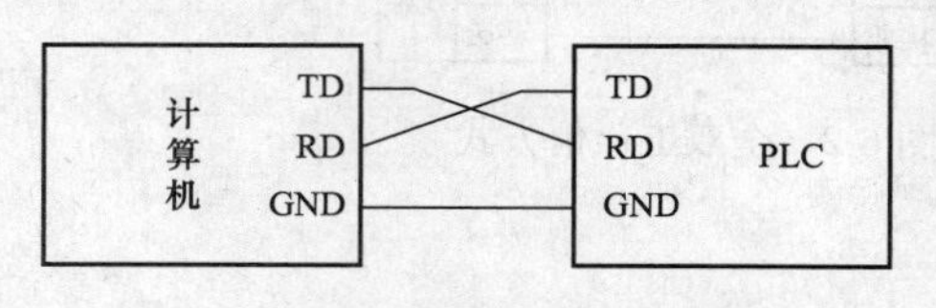

图 6-4　3 针连接器与 PLC 的连接

TD（Transmitted Data）发送数据：串行数据的发送端。

RD（Received Date）接收数据：串行数据的接收端。

GND（GROUND）信号地：它为所有的信号提供一个公共的参考电平，相对于其他型号，它为 0V 电压。

常见的引脚还有：

RTS（Request To Send）请求发送：当数据终端准备好送出数据时，就发出有效的 RTS 信号，通知 MODEM 准备接收数据。

CTS（Data Terminal Ready）清除发送（也称允许发送）：当 Modem 已准备好接收数据终端的传送数据时，发出 CTS 有效信号来响应 RTS 信号。所以 RTS 和 CTS 是一对用于发送数据的联系信号。

DTR数据终端准备好：通常当数据终端加电，该信号就有效，表明数据终端准备就绪。它可以用作数据终端设备发给数据通信设备的联络信号。

DSR（Data Set Ready）数据装置准备好：通常表示已接通电源连接到通信线路上，并处在数据传输方式，而不是处于测试方式或断开状态。它可以用作数据通信设备响应数据终端设备DTR的联络信号。

保护地（机壳地）：一个起屏蔽保护作用的接地端。一般应参考设备的使用规定，连接到设备的外壳或机架上，必要时要连接到大地。

（二）RS-485

目前，工业环境中广泛应用RS-485接口。RS-485为半双工，不能同时发送和接收信号。S7-200系列PLC内部集成的PPI接口的物理特性为RS-485串行接口，可以用双绞线组成串行通信网络，不仅可以与计算机的RS-232C接口互联通信，而且可以构成分布式系统，系统中最多可有32个站，新的接口部件允许连接128个站。

第二节 S7-200 PLC通信功能

一、S7-200的通信部件

构成S7-200 PLC通信网络的部件主要有通信端口、网络连接器、网络电缆和网络中继器。

（一）通信端口

S7-200系列PLC内部集成的PPI接口为RS-485串行接口，为9针D型，该端口也符合欧洲标准EN50170中PROFIBUS标准。S7-200 CPU上的通信口外形如图6-5所示。

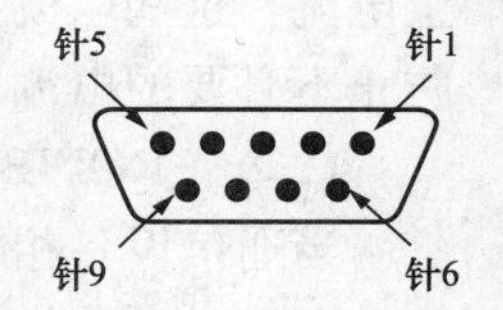

图6-5 RS-485串行接口外形

在进行调试时，将S7-200接入网络时，该端口一般是作为端口1出现的，作为端口1时端口各个引脚的名称及其表示的意义如表6-1所示。端口0为所连接的调试设备的端口。

表6-1 S7-200通信口各引脚名称

引 脚	名 称	端口0/端口1
1	屏蔽	机壳地
2	24V返回	逻辑地
3	RS-485信号B	RS-485信号B
4	发送申请	RTS（TTL）
5	5V返回	逻辑地
6	+5V	+5V，100Ω串联电阻
7	+24V	+24V
8	RS-485信号A	RS-485信号A
9	不用	10位协议选择（输入）
连接器外壳	屏蔽	机壳接地

（二）网络连接器

利用西门子公司提供的两种网络连接器可以把多个设备很容易地连到网络中。两种连接器都有两组螺丝端子，可以连接网络的输入和输出。通过网络连接器上的选择开关可以对网络进行偏置和终端匹配。两个连接器中的一个连接器仅提供连接到 CPU 的接口，而另一个连接器增加了一个编程接口，如图 6-6 所示。带有编程接口的连接器可以把西门子公司编程器或操作面板增加到网络中，而不用改动现有的网络连接。编程口连接器把 CPU 的信号传到编程口（包括电源引线）。这个连接器对于连接从 CPU 取电源的设备（例如 TD200 或 OP3）很有用。

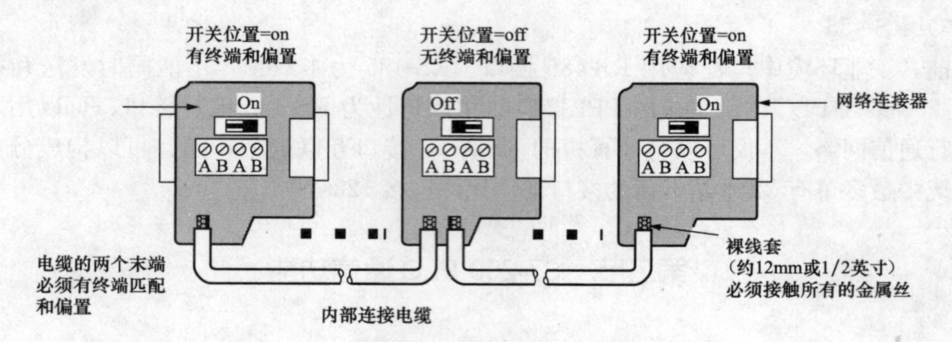

图 6-6 网络连接器

进行网络连接时，连接的设备应共享同一个参考点。参考点不同时，在连接电缆中会产生电流，这些电流会造成通信故障或损坏设备。或者将通信电缆所连接的设备进行隔离，以防止不必要的电流。

（三）PROFIBUS 网络电缆

当通信设备相距较远时，可使用 PROFIBUS 电缆进行连接，表 6-2 列出了 PROFIBUS 网络电缆的性能指标。

PROFIBUS 网络的最大长度依赖于波特率和所用电缆的类型。表 6-3 中列出了采用规范电缆时网络段的最大长度。

表 6-2　　PROFIBUS 电缆性能指标

通用特性	规　范
类型	屏蔽双绞线
导体截面积	24AWG（0.22mm²）或更粗
电缆容量	＜60pF/m
阻抗	100～200Ω

表 6-3　　PROFIBUS 网络的最大长度

传输速率（b/s）	网络段的最大电缆长度（m）
9.6～93.75K	1200
187.5K	1000
500K	400
1～1.5M	200
3～12M	100

PROFIBUS网络的最大长度与传输的波特率和电缆类型有关。当电缆导体截面积为 0.22mm² 或更粗、电缆电容小于60pF/m、电缆阻抗在100～120Ω，传输速率为9.6～19.2kb/s时，网络的最大长度为1200m；当传输速率为187.5kb/s时，网络的最大长度为1000m。

（四）网络中继器

西门子公司提供连接到PROFIBUS网络环的网络中继器，如图6-7所示。利用中继器可以延长网络通信距离，允许在网络中加入设备，并且提供了一个隔离不同网络环的方法。在波特率是9600时，PROFIBUS允许在一个网络环上最多有32个设备，这时通信的最长距离是1200m。每个中继器允许加入另外32个设备，而且可以把网络再延长1200m。在网络中最多可以使用9个中继器。每个中继器为网络环提供偏置和终端匹配。

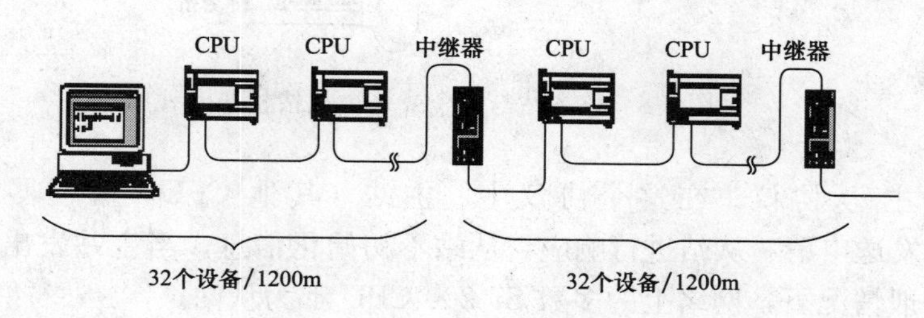

图6-7　网络中继器

二、S7-200的通信模块

S7-200系列PLC除了CPU226本机集成了两个通信口以外，其他均在其内部集成了一个通信口，通信口采用了RS-485总线。除此以外各PLC还可以接入通信模块，以扩大其接口的数量和联网能力。S7-200系列PLC可以接入两种通信模块。

（一）EM277模块

EM277模块是PROFIBUS-DP从站模块。该模块可以作为PROFIBUS-DP从站和MPI从站。EM277可以用作与其他MPI主站通信的通信口，S7-200可以通过该模块与S7-300/400连接，成为MPI和PROFIBUS-DP中的从站。

（二）CP 243-2通信处理器

CP243-2是S7-200（CPU22X）的AS-I主站。AS-I接口是执行器/传感器接口，是控制系统的最底层。带有CP243-2通信处理器的S7-200就可以通过CP243-2控制远程的数字量或模拟量。

第三节　S7-200 PLC的通信

一、S7-200的通信方式

西门子公司S7系列PLC可以支持以下四种通信方式。第一种是点到点（Point-to-point）接口即PPI方式，第二种是多点（Multi-Point）接口即MPI方式，第三种是过程现场总线PROFIBUS即PROFIBUS-DP方式，第四种是用户自定义协议，即自由口方式。

（一）单主站方式（PPI）

单主站与一个或多个从站相连，如图6-8所示，SETP-Micro/WIN 32每次和一个S7-200 CPU通信，但是它可以访问网络上的所有CPU。

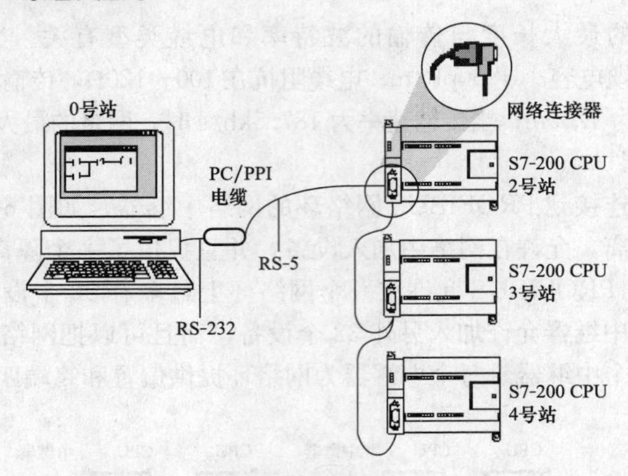

图 6-8　单主站与一个或多个从站相连

PPI 是一个主/从协议。在这个协议中，主站（其他 CPU、编程器或文本显示器 TD200）给从站发送申请，从站进行响应。从站不初始化信息，当主站发出申请或查询时，从站才响应。一般情况下，网络上的多数 S7-200 CPU 都为从站。

如果在用户程序中允许选用 PPI 主站模式，一些 S7-200 CPU 在运行模式下可以作为主站。一旦选用主站模式，就可以利用网络读（NETR）和网络写（NETW）指令读/写其他 CPU。当 S7-200 CPU 作 PPI 主站时，它还可以作为从站响应来自其他主站的申请。

对于一个从站有多少个主站和它通信，PPI 没有限制，但是在网络中最多只有 32 个主站。

PPI 通信协议是西门子公司专为 S7-200 系列 PLC 开发的一个通信协议。

PPI 通信网络是个令牌传递网，可以由 CPU 200 系列 PLC、TD200 文本显示器、OP 操作面板或上位 PC 机（插 MPI 卡）为站点，就可以构成 PPI 网。

最简单的 PPI 网络的例子是一台上位 PC 机和一台 PLC 通信。S7-200 系列 PLC 的编程就可以用这种方式实现。这时上位机有两个作用，编程时起编程器作用，运行时又可以监控程序的运行，起监视器作用。

多个 S7-200 系列 PLC 和上位机也可以组成 PPI 网络。在这个网络中，上位机和各个 PLC 各自都有自己的站地址，通信时，各个 PLC 和上位机的区别是它们的站地址不同。此外，各个站还有主站和从站之别。

图 6-9 给出一个 PPI 网络的例子，在这个网络中，个人计算机、文本显示器 TD200、操作面板 OP15 和 CPU-224 以上的 S7-200 均可以成为 PPI 网络的主站出现。从站可以由 S7-200 系列 PLC 组成。

建立 S7-200 的分布式 I/O 方式也是一种 PPI 通信网络。S7-200 可以安装 2 个 CP 243-2 通信处理器。CP 243-2 通信处理器是 S7-200（CPU22X）的 AS-I 主站。每个 CP 243-2 最多可以连接 62 个 AS-I 从站。AS-I 接口用于较低层现场区域内简单的传感器和执行器。通常用简单的双线电缆连接，造价很低，使用很方便。AS-I 接口按主/从原则工作。中央控制器（比如可编程序控制器）包含一个主模块。通过 AS-I 接口电缆连接的传感器/执行器作为从设备受主设备的驱动。每个 AS-I 接口从设备可以编址 4 个二位输入元件或输出元件，故

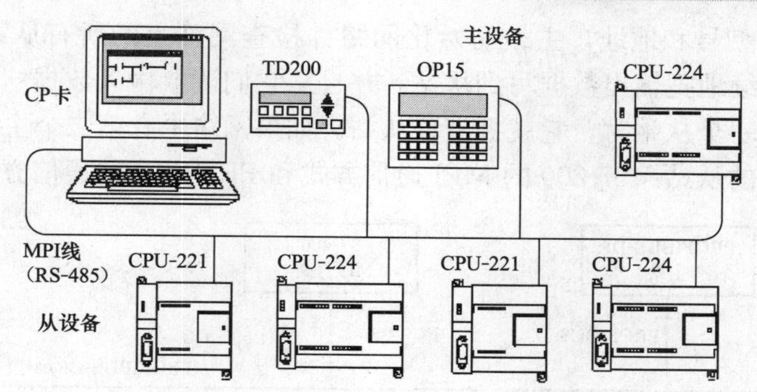

图 6-9 PPI 通信方式

S7-200（CPU22X）最大可以达到 248 点输入和 186 点输出。通过连接 AS-I 可以显著地增加 S7-200 的数字量输入和输出的点数。

（二）多主站方式（MPI）

通信网络中有多个主站，一个或多个从站，如图 6-10 所示。图 6-10 中带 CP 通信卡的计算机和文本显示器 TD200、操作面板 OP15 是主站，S7-200 CPU 可以是从站或主站。MPI 协议总是在两个相互通信的设备之间建立逻辑连接，允许主/主和主/从两种通信方式，选择何种方式依赖于设备类型。如果是 S7-300 CPU，由于所有的 S7-300 CPU 都必须是网络主站，所以进行主/主通信方式。如果设备是 S7-200 CPU，那么就进行主/从通信方式，因为 S7-200 CPU 是从站。在图 6-10 中，S7-200 可以通过内置接口，连接到 MPI 网络上，波特率为 19.2～187.5kb/s，它可与 S7-300 或者是 S7-400 CPU 进行通信。S7-200 CPU 在 MPI 网络中作为从站，它们彼此间不能通信。

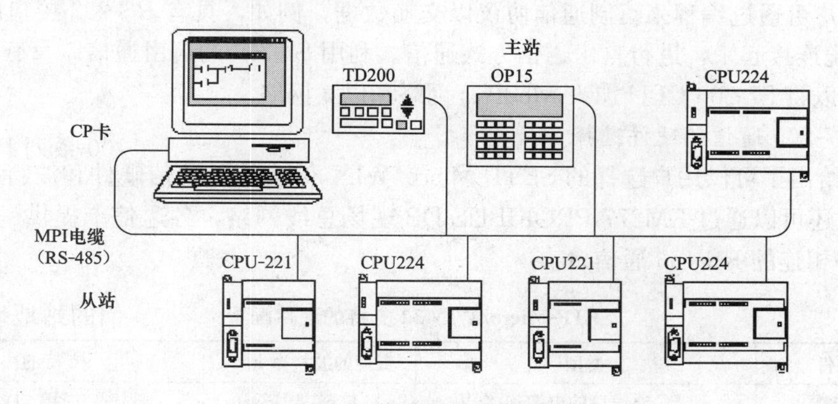

图 6-10 通信网络中有多个主站

（三）PROFIBUS 方式

在 S7-200 系列的 CPU 中，CPU 222、CPU 224 和 CPU 226 都可以通过增加 EM277 PROFIBUS-DP 扩展模块的方法支持 DP 网络协议。

PROFIBUS 协议用于分布式 I/O 设备（远程 I/O）的高速通信。许多厂家都生产类型众多的 PROFIBUS 设备，这些设备包括从简单的输入或输出模块到复杂的电机控制器和可编程序控制器。

PROFIBUS 网络通常有一个主站和几个 I/O 从站，主站设备经过配置后，可以知道所连接的 I/O 从站的型号和地址，主站初始化网络并检查网络上的所有从站设备和配置中的匹配情况。主站连续地把输出数据写到从站，并且从它们读取输入数据。当 PROFIBUS-DP 主站成功地配置完一个从站时，它就拥有该从站。如果网络中有第二个主站，它只能很有限地访问第一个主站的从站。S7-200 的 MPI 通信方式和 PROFIBUS 通信方式如图 6-11 所示。

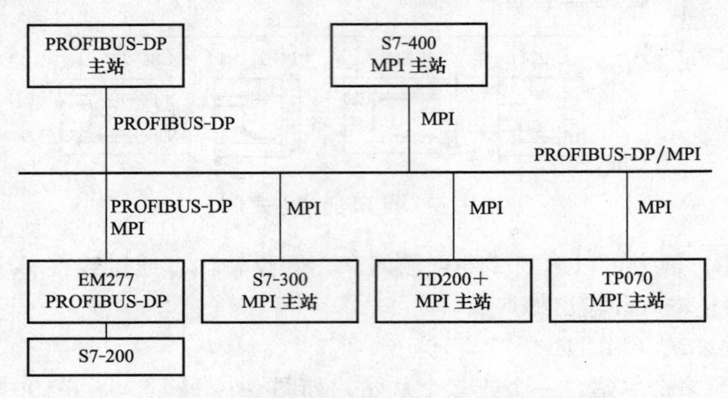

图 6-11　S7-200 的 MPI 通信方式和 PROFIBUS 通信方式

（四）自由通信口方式

自由通信口方式是 S7-200 PLC 的一个很有特色的功能。它使 S7-200 PLC 可以与任何通信协议公开的其他设备控制器进行通信，即 S7-200 PLC 可以由用户自己定义通信协议，例 ASCII 协议，波特率最高为 38.4Kb/s（可调整），因此使可通信的范围大大增加，使控制系统配置更加灵活方便。任何具有串行接口的外设，例如打印机或条形码阅读器、变频器、调制解调器 Modem、上位 PC 机等。S7-200 系列微型 PLC 用于两个 CPU 间简单的数据交换，用户可通过编程来编制通信协议以交换数据，例如，具有 RS-232 接口的设备可用 PC/PPI 电缆连接起来，进行自由通信方式通信。利用 S7-200 的自由通信口及有关的网络通信指令，可以将 S7-200 CPU 加入 ModBus 网络和以太网络。

（五）S7-200 通信的硬件选择

表 6-5 给出了可供用户选择的 SETP-Micro/WIN 32 支持的通信硬件和波特率。除此之外，S7-200 还可以通过 EM277 PROFIBUS-DP 现场总线网络，各通信卡提供一个与 PROFIBUS 网络相连的 RS-485 通信口。

表 6-4　SETP-Micro/WIN 32 支持的硬件配置

支持的硬件	类型	支持的波特率 kb/s	支持的协议
PC/PPI 电缆	到 PC 通信口的电缆连接器	9.6，19.2	PPI 协议
CP5511	Ⅱ型、PCMCIA 卡	9.6，19.2，187.5	支持用于笔记本电脑的 PPI、MPI 和 PROFIBUS 协议
CP5611	PCI 卡（版本 3 或更高）		支持用于 PC 的 PPI、MPI 和 PROFIBUS 协议
MPI	集成在编程器中的 PC ISA 卡		

S7-200 CPU 可支持多种通信协议，如点到点（Point-to-Point）的协议（PPI）、多点协议（MPI）及 PROFIBUS 协议。这些协议的结构模型都是基于开放系统互连参考模型（OSI）的 7 层通信结构。PPI 协议和 MPI 协议通过令牌环网实现。令牌环网遵守欧洲标准 EN50170 中的过程现场总线（PROFIBUS）标准。它们都是异步、基于字符的协议，传输

的数据带有起始位、8 位数据、奇校验和一个停止位。每组数据都包含特殊的起始和结束标志、源站地址和目的站地址、数据长度、数据完整性检查几部分。只要相互的波特率相同，三个协议可在同一网络上运行而不互相影响。

二、利用 PPI 协议进行网络通信

PPI 通信协议是西门子公司专为 S7-200 系列 PLC 开发的一个通信协议，可通过普通的两芯屏蔽双绞电缆进行联网，波特率为 9.6kb/s 19.2kb/s 和 187.5kb/s。S7-200 系列 CPU 上集成的编程口，同时也是 PPI 通信联网接口，利用 PPI 通信协议进行通信非常简单方便，只用 NETR 和 NETW 两条语句，即可进行数据信号的传递，不需额外再配置模块或软件。PPI 通信网络是一个令牌传递网，在不加中继器的情况下，最多可以由 31 个 S7-200 系列 PLC、TD200、OP/TP 面板或上位机插 MPI 卡为站点构成 PPI 网。

（一）网络读/网络写指令

网络读/网络写指令 NETR（Network Read)/NETW（Network Write)，网络读/网络写指令格式如图 6-12 所示。

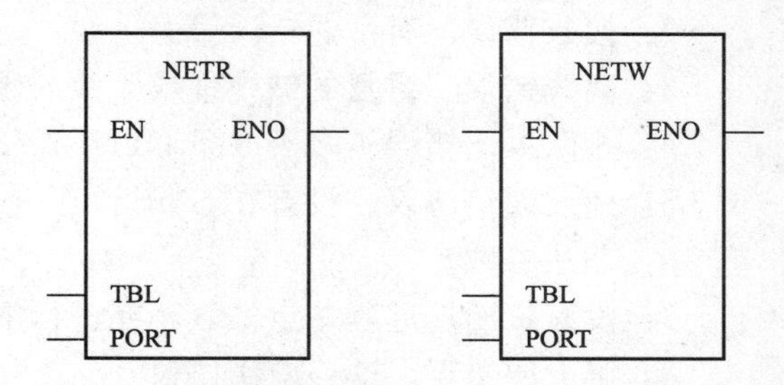

图 6-12　网络读/网络写指令 NETR/NETW

TBL：缓冲区首址，操作数为字节。

PORT：操作端口，CPU 226 为 0 或 1，其他 CPU 型号只能为 0。

网络读（NETR）指令是通过端口（PORT）接收远程设备的数据并保存在表（TBL）中，可从远方站点最多读取 16 字节的信息。

网络写（NETW）指令是通过端口（PORT）向远程设备写入在表（TBL）中的数据，可向远方站点最多写入 16 字节的信息。

在程序中可以有任意多 NETR/NETW 指令，但在任意时刻最多只能有 8 个 NETR 及 NETW 指令有效。TBL 表的参数定义如表 6-5 所示。表 6-5 中各参数的意义如下：

表 6-5　TBL 表的参数定义

VB100	D	A	E	0	错误代码
VB101	远程站点的地址				
VB102	指向远程站点的数据指针				
VB103					
VB104					
VB105					
VB106	数据长度（1～16 字节）				
VB107	数据字节 0				
VB108	数据字节 1				
⋮	⋮				
VB122	数据字节 15				

远程站点的地址：被访问的 PLC 地址。

数据区指针（双字）：指向远程 PLC 存储区中的数据的间接指针。

接收或发送数据区：保存数据的 1～16 字节，其长度在“数据长度”字节中定义。对于

NETR 指令，此数据区指执行 NETR 后存放从远程站点读取的数据区。对于 NETW 指令，此数据区指执行 NETW 前发送给远程站点的数据存储区。

表中字节的意义：

D：操作已完成。D=0 表示未完成，D=1 表示功能完成。

A：激活（操作已排队）。A=0 表示未激活，A=1 表示激活。

E：错误。E=0 表示无错误，E=1 表示有错误。

4 位错误代码的说明：

0：无错误。

1：超时错误。远程站点无响应。

2：接收错误。有奇偶错误等。

3：离线错误。重复的站地址或无效的硬件引起冲突。

4：排队溢出错误。多于 8 条 NETR/NETW 指令被激活。

5：违反通信协议。没有在 SMB30 中允许 PPI，就试图使用 NETR/NETW 指令。

6：非法参数。

7：没有资源。远程站点忙（正在进行上载或下载）。

8：第七层错误。违反应用协议。

9：信息错误。错误的数据地址或错误的数据长度。

（二）利用 NETR/NEIW 指令进行 PPI 通信应用举例

如图 6-13 所示，某生产线正在灌装黄油桶并将其送到四台打包机中的其中一台上，打

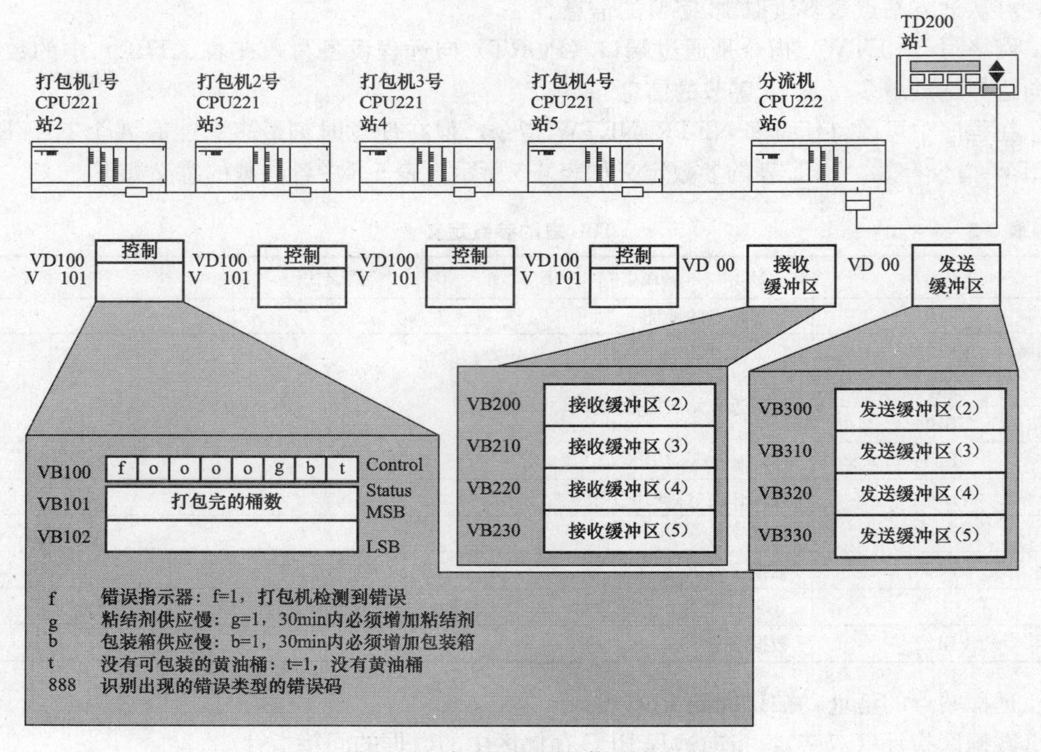

图 6-13 分流机 PPI 通信系统配置

包机用于把 8 个黄油桶包装到一个纸箱中，一个分流机给各个打包机分配黄油桶，分流机配有 TD200 数据单元的 CPU 222，4 个 CPU 221 模块用于控制打包机。

表 6-6 给出了 2 号站中接收缓冲区（VB 200）和发送缓冲区（VB 300）中的数据。S7-200 使用网络读指令不断读取每个打包机的控制和状态信息。当某个打包机每包装完 100 箱时，分流机就用网络写指令发送一条信息清除状态字，将完成的箱数清零。图 6-14 给出了 1 号打包机打包完成数据统计管理的一段程序，即分流机 PPI 通信部分的梯形图。

表 6-6　　网络读写指令中 TBL 数据

VB200	D	A	E	O	错误代码	VB300	D	A	E	O	错误代码
VB201	远程站地址＝2					VB301	远程站地址＝2				
VB202	指向远程站					VB302	指向远程站				
VB203	（&VB100）					VB303	（&VB100）				
VB204	数据区					VB304	数据区				
VB205	指针					VB305	指针				
VB206	数据长度＝3 字节					VB306	数据长度＝2 字节				
VB207	控制					VB307	0				
VB208	状态（MSB）					VB308	0				
VB209	状态（LSB）					VB309	0				

三、利用自由口进行网络通信

在自由口模式下，RS-485 接口完全由用户程序控制，S7-200 PLC 可与任何通信协议已知的设备通信。为了便于自由口通信，S7-200 PLC 配有发送及接收指令、通信及接收中断、以及用于通信设备的特殊标志位。

S7-200 处于 STOP 方式时，自由口模式被禁止，通信口自动切换到正常的 PPI 协议操作，只有当 S7-200 处于 RUN 方式时，才能使用自由口模式。

（一）发送（XMT）及接收（RCV）指令

（1）功能描述：发送指令（XMT），可以将发送数据缓冲区（TBL）中的数据通过指令指定的通信端（PORT）发送出去，发送完成时将产生一个中断事件，数据缓冲区的第一个数据指明了要发送的字节数。接收指令（RCV），可以通过指令指定的通信端口（PORT）接收信息并存储于接收数据缓冲区（TBL）中，接收完成也将产生一个中断事件，数据缓冲区的第一个数据指明了接收的字节数。

（2）指令中合法的操作数：TBL 可以是 VB、IB、QB、MB，SB、SMB、＊VD、＊AC 和＊LD，数据类型为字节；PORT 为常数（CPU 221、CPU 222、CPU 224 模块为 0，CPU 224XP、CPU 226 模块为 0 或 1），数据类型为字节。

（二）相关寄存器及标志位

1. 控制寄存器

用特殊标志寄存器中的 SMB30 和 SMBl30 的各个位分别配置通信口 0 和通信口 1，为自由通信口选择通信参数，包括波特率、奇偶校验位、数据位和通信协议的选择。

SMB30 控制和设置通信端口 0，SMB130 用来控制和设置通信端口 1，SMB30 和 SMB130 的各位及其含义如表 6-7 所示。

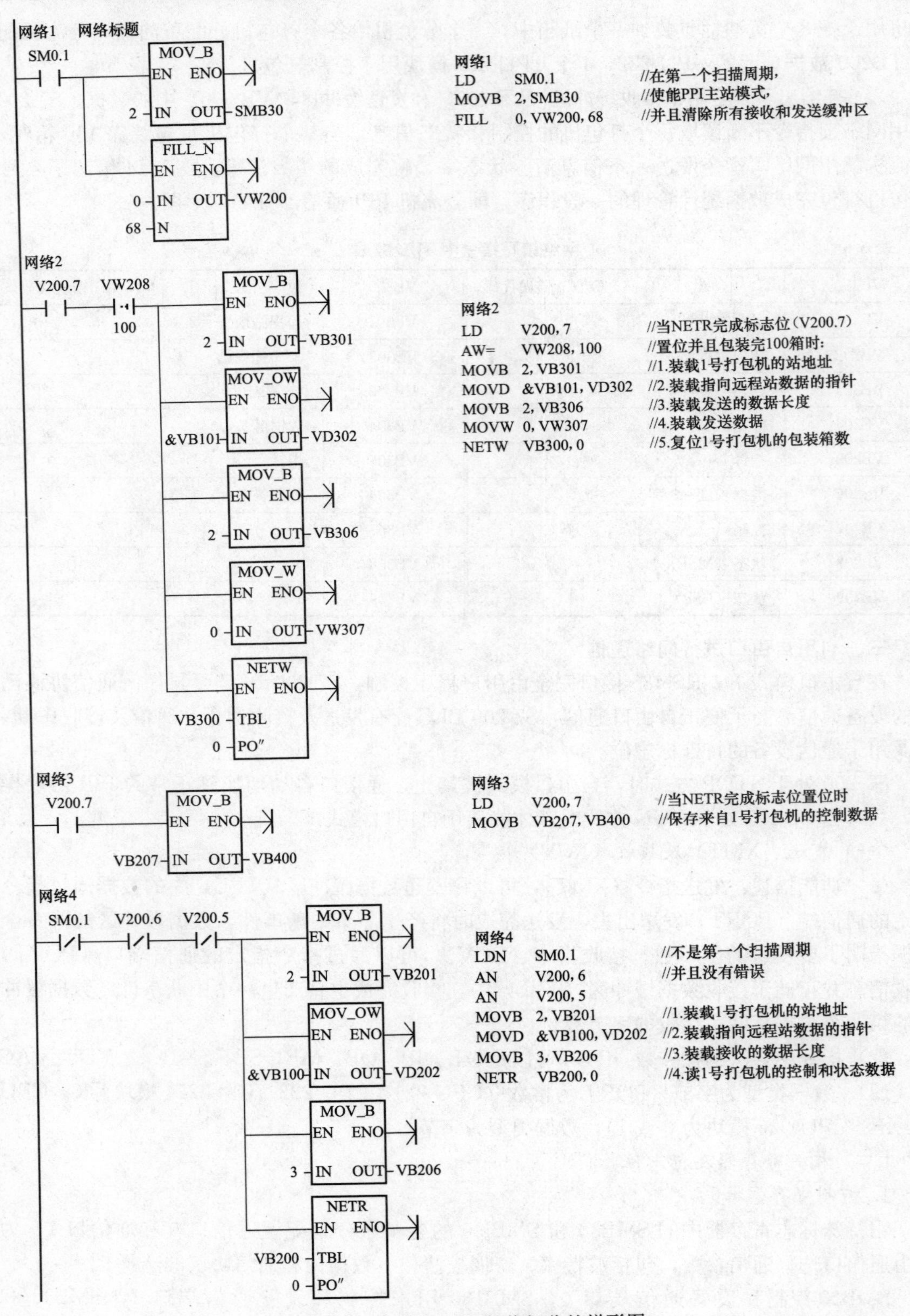
网络1 网络标题
SM0.1
MOV_B
EN ENO
2 IN OUT SMB30
FILL_N
EN ENO
0 IN OUT VW200
68 N
网络1
LD SM0.1 //在第一个扫描周期，
MOVB 2, SMB30 //使能PPI主站模式，
FILL 0, VW200, 68 //并且清除所有接收和发送缓冲区
网络2
V200.7 VW208
==I
100
MOV_B
EN ENO
2 IN OUT VB301
MOV_OW
EN ENO
&VB101 IN OUT VD302
MOV_B
EN ENO
2 IN OUT VB306
MOV_W
EN ENO
0 IN OUT VW307
NETW
EN ENO
VB300 TBL
0 PO″
网络2
LD V200, 7 //当NETR完成标志位（V200.7）
AW= VW208, 100 //置位并且包装完100箱时：
MOVB 2, VB301 //1.装载1号打包机的站地址
MOVD &VB101, VD302 //2.装载指向远程站数据的指针
MOVB 2, VB306 //3.装载发送的数据长度
MOVW 0, VW307 //4.装载发送数据
NETW VB300, 0 //5.复位1号打包机的包装箱数
网络3
V200.7
MOV_B
EN ENO
VB207 IN OUT VB400
网络3
LD V200, 7 //当NETR完成标志位置位时
MOVB VB207, VB400 //保存来自1号打包机的控制数据
网络4
SM0.1 V200.6 V200.5
MOV_B
EN ENO
2 IN OUT VB201
MOV_OW
EN ENO
&VB100 IN OUT VD202
MOV_B
EN ENO
3 IN OUT VB206
NETR
EN ENO
VB200 TBL
0 PO″
网络4
LDN SM0.1 //不是第一个扫描周期
AN V200, 6 //并且没有错误
AN V200, 5
MOVB 2, VB201 //1.装载1号打包机的站地址
MOVD &VB100, VD202 //2.装载指向远程站数据的指针
MOVB 3, VB206 //3.装载接收的数据长度
NETR VB200, 0 //4.读1号打包机的控制和状态数据

图 6-14 分流机 PPI 通信部分的梯形图

表 6-7　　　　自由口控制寄存器（SMB30、SMB130）

端口 0	端口 1	描述自由口模式控制字节
SMB30 格式	SMBl30 格式	MSB P P D B B B M M LSB
SM30.7、SM30.6	SMl30.7、SMl30.6	PP：奇偶选择 00：无奇偶校验；　01：偶校验； 10：无奇偶校验；　11：奇校验
SM30.5	SMl30.5	D：每个字符的数据位 0＝每个字符 8 位；　l＝每个字符 7 位
SM30.4～SM30.2	SMl30.4～SMl30.2	BBB：自由口波特率 000＝38400b/s；　001＝19200b/s 010＝9600b/s；　011＝4800b/s 100＝2400b/s；　101＝1200b/s 110＝115.2kb/s；111＝57.6kb/s
SM30.1～SM30.0	SMl30.1～SMl30.0	MM：协议选择 00＝PPI/从站模式（默认设置）；01＝自由口协议 10＝PPI/主站模式；　11＝保留

2. 特殊标志位及中断

接收字符中断：中断事件号为 8（端口 0）和 25（端口 1）。

发送信息完成中断：中断事件号为 9（端口 0）和 26（端口 1）。

接收信息完成中断：中断事件号为 23（端口 0）和 24（端口 1）。

发送结束标志位 SM4.5 和 SM4.6：分别用来标志端口 0 和端口 1 发送空闲状态，发送空闲时置 1。

3. 特殊功能寄存器

执行接收（RCV）指令时用到一系列特殊功能寄存器。对端口 0 用 SMB86 到 SMB94 特殊功能寄存器；对端口 1 用 SMBl86 到 SMBl94 特殊功能寄存器。各字节及其内容描述如表 6-8 所示。

表 6-8　　特殊功能寄存器（SMB86～SMB94，SMB186～SMB194）

端口 0	端口 1	描　述
SMB86	SMB186	接收状态信息字 MSB n r e 0 0 t c p LSB n=1：　用户通过禁止命令终止接收信息 r=1：　接收终止：输入参数错误或无起始或结束条件 e=1：　收到结束字符 t=1：　接收信息终止：超时 c=1：　接收信息终止：超出最大字符数 p=1：　接收信息终止：奇偶校验错误

续表

<table>
<tr><th>端口 0</th><th>端口 1</th><th>描　述</th></tr>
<tr><td>SMB87</td><td>SMB187</td><td>接收信息控制字：
MSB　　　　　　　　　　　　LSB
| en | sc | ec | il | c/m | tmr | bk | 0 |
en:　0：禁止接收信息功能；1：允许接收信息功能（每次执行 RCV 指令时检查允许/禁止接收信息位）
sc:　0：忽略 SMB88 或 SMB188；1：使用 SMB88 或 MB188 的值检测起始信息
ec:　0：忽略 SMB89 或 SMB189；1：使用 SMB89 或 SMB189 的值检测结束信息
il:　0：忽略 SMW90 或 SMW190；1：使用 SMW90 或 SMW190 的值检测空闲状态
c/m:　0：定时器是内部字符定时器；1：定时器是信息定时器
tmr:　0：忽略 SMW92 或 SMW192；1：当 SMW92 或 SMW192 中的定时时间超出时终止接收
bk:　0：忽略 break 条件；1：用 break 条件作为信息检测的开始
接收信息控制字节位可用来作为定义识别信息的标准。信息的起始和结束均需要定义
起始定义：il* sc+bk* sc
结束定义：ec+tmr+最大字符数
起始信息编程：
1. 空闲线检测：　il=1，sc=0，bk=0，SMW90（或 SMW190）>0
2. 起始字符检测：　il=0，sc=1，bk=0，忽略 SMW90（或 SMW190）
3. break 检测：　il=0，sc=0，bk=1，忽略 SMW90（或 SMW190）
4. 对一个信息的响应：　il=1，sc=0，bk=0，SMW90（或 SMW190）=0（可用信息定时器来终止接收）
5. break 和一个起始字符：　il=0，sc=1，bk=1，忽略 SMW90（或 SMW190）
6. 空闲和一个起始字符：　il=1，sc=1，bk=0，SMW90（或 SMW190）>0
7. 空闲和一个起始字符（非法）：　il=1，sc=0，bk=0，SMW90（或 SMW190）=0</td></tr>
<tr><td>SMB88</td><td>SMB188</td><td>信息字符的开始</td></tr>
<tr><td>SMB89</td><td>SMB189</td><td>信息字符的结束</td></tr>
<tr><td>SMW90
SMW91</td><td>SMW190
SMW191</td><td>空闲线时间间隔用毫秒表示。在空闲线时间结束后接收的第一个字符是新信息的开始。SMW90（或 SMW190）为高字节，SMW91（或 SMW191）为低字节。</td></tr>
<tr><td>SMW92
SMW93</td><td>SMW192
SMW193</td><td>字符间超时/信息间定时器超值（用毫秒表示）。如果超出时间，就停止接收信息。SMW92（或 SMW192）为高字节，SMW93（或 SMW193）为低字节。</td></tr>
<tr><td>SMW94</td><td>SMW194</td><td>要接收字符的最大数（1～255 字节）
注意：这个区一定要设为希望的最大缓冲区，即使不使用字符计数信息终止</td></tr>
</table>

（三）用 XMT 指令发送数据

用 XMT 指令可以方便地发送 1～255 个字节，如果有一个中断服务程序连接到发送结束事件上，在发送完缓冲区内最后一个字符时，会产生一个发送中断（对端口 0 为中断事件 9，对端口 1 为中断事件 26）。也可以不通过中断执行发送指令，可查询发送完成状态位 SM4.5 或 SM4.6 的变化，判断发送是否完成。

如果将字符数设置为 0 并执行 XMT 指令，可以产生一个 break 状态，这个 break 状态可以在线上持续一段特定的时间，这段特定时间是以当前波特率传输 16 位数据所需要的时间。发送 break 的操作与发送其他信息一样，发送 break 的操作完成时也会产生一个发送中断，SM4.5 或 SM4.6 反映发送操作的当前状态。

（四）用 RCV 指令接收数据

用 RCV 指令可以方便地接收一个或多个字节，最多可达 255 个字符。如果有一个中断服务程序连接到接收信息完成事件上，在接收完最后一个字符时，会产生一个接收中断（对端口 0 为中断事件 23，对端口 1 为中断事件 24）。与发送指令一样也可以不使用中断，而是通过查询接收信息状态寄存器 SMB86（端口 0）或 SMB186（端口 1）来接收信息。当 RCV 指令未被激活或已被终止时，它们不为 0；当接收正在进行时，它们为 0。RCV 指令允许用户选择信息的起始和结束条件，使用 SMB86～SMB94 对端口 0 进行设置，使用 SMB186～SMB194 对端口 1 进行设置。当超限或有校验错误时，接收信息会自动终止。因此必须为接收信息功能操作定义一个起始条件和结束条件（最大字符数）。

（五）使用接收字符中断接收数据

为了完全适应对各种通信协议的支持，可以使用字符中断控制的方式来接收数据。每接收一个字符时都会产生中断。在执行连接到接收字符中断事件上的中断程序前，接收到的字符存储在 SMB2 中，校验状态（如果允许的话）存储在 SM3.0 中。

SMB2 是自由端口接收字符缓冲区。在自由端口模式下，每一个接收到的字符都会被存储在这个单元中，以方便用户程序访问。SMB3 用于自由端口模式，并包含一个校验错误标志位。当接收字符的同时检测到校验错误时，读位被置位，该字节的所有其他位保留。

注意：SMB2 和 SMB3 是端口 0 和端口 1 共用的。当接收的字符来自端口 0 时，执行与事件（中断事件 8）相连接的中断程序，此时 SMB2 中存储从端口 0 接收的字符，SMB3 中存储字符的校验状态；当接收的字符来自端口 1，执行与事件（中断事件 25）相连接的中断程序，SMB2 中存储从端口 1 接收的字符，SMB3 中存储该字符的校验状态。

（六）接收指令起始和结束条件

接收指令使用接收信息控制字节（SMB87 或 SMB187）中的位来定义信息起始和结束条件。

1. RCV 指令支持的几种起始条件

（1）空闲线检测。空闲线条件是指在传输线上一段安静或者空闲的时间。在 SMW90 或者 SMW190 中指定其毫秒数。设置 il＝1，sc＝0，bk＝0，SMW90（或 SMW190）＞0。执行 RCV 指令时，信息接收功能会自动忽略空闲线时间到之前的任何字符，并按 SMW90（或 SMW190）中的设定值重新起动空闲线定时器，把空闲线时间之后的接收到的第一个字符作为接收信息的第一个字符存入信息缓冲区，如图 6-15 所示。空闲线时间应该设定为大于指定波特率下传输一个字符（包括起始位、数据位、校验位和停止位）的时间，空闲线时间的典型值为指定波特率下传输三个字符的时间。

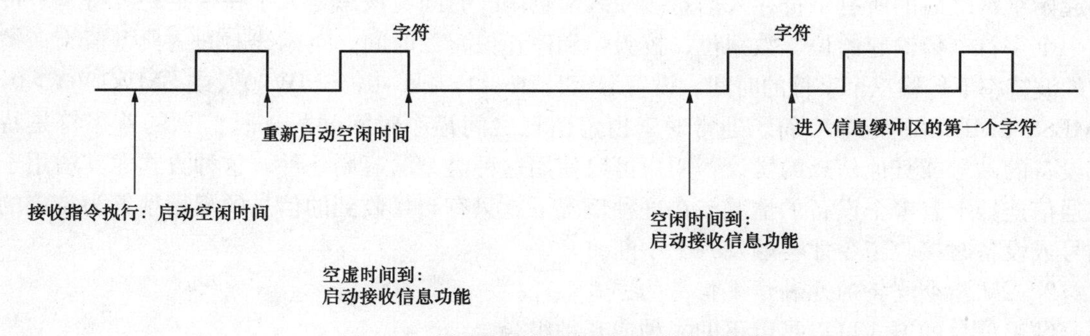

图 6-15　用空闲时间检测来启动接收指令

（2）起始字符检测。起始字符可以用于作为一条信息首字符的任一字符。设置 il＝0，

sc=1，bk=0，忽略 SMW90（或 SMW190）。信息接收功能会将 SMB88（或 SMB188）中指定的起始字符作为接收信息的第一个字符，并将起始字符和起始字符之后的所有字符存入信息缓冲区，而自动忽略起始字符之前接收到的字符。

（3）断点检测。断点（break）检测是指在大于一个完整字符传输时间的一段时间内，接收数据一直为 0。一个完整字符传输时间定义为传输起始位、数据位、校验位和停止位的时间总和。设置 il=0，sc=0，bk=1，忽略 SMW90（或 SMW190）。信息接收功能以接收到的 break 作为接收信息的开始，将接收 break 之后接收到的存入信息缓冲区，而自动忽略 break 之前收到的字符。通常只有当通信协议需要时，采用断点检测作为起始条件。

（4）对一个信息的响应。接收指令可以被配置为立即接受任意字符并把全部接收到的字符存入信息缓冲区，这是空闲线检测的一种特殊情况，在这种情况下，空闲线时间（SMW90 或 SMW190）被设置为 0，使接收指令一经执行，就立即开始接收字符。设置 il=1，sc=0，bk=0，SMW90（或 SMW190）=0，忽略 SMB88/SMB188。

用任意字符开始一条信息允许使用信息定时器，用来监控信息接收是否超时。这对于自由口协议的主站是非常有用的，并且在指定的时间内，没有来自从站的任何响应的情况，也需要采用超时处理。由于空闲线时间设置为 0，当接收指令执行时，信息定时器起动。如果没有其他终止条件满足，信息定时器超时会结束接受信息功能。设置 il=1，sc=0，bk=0，SMW90（或 SMW190）=0，忽略 SMB88/SMB188。c/m=1，tmr=1，SMW92（或 SMW192）=信息超时时间，单位为毫秒。

（5）断点和一个起始字符。接收指令可以被配置为接收到 break 条件和一个指定的起始字符之后，启动接收。设置 il=0，sc=1，bk=1，忽略 SMW90（或 SMW190），SMB88/SMB188=起始字符，信息接收功能接收到 break 后继续搜寻特定的起始字符，如果接收到起始字符以外的其他字符，则重新等待新的 break，并自动忽略接收到的字符；如果信息接收功能接收到 break 之后第一个字符为特定的字符，则起始字符和起始字符之后的所有字符存入信息缓冲区。

（6）空闲线和一个起始字符。接收指令可以用空闲线和起始字符的组合来起动一条信息。当接收指令执行时，接收信息功能检测空闲线条件。在空闲线条件满足后，接收信息功能搜索指定的起始字符。如果接收到的字符不是起始字符，接收信息功能重新检测空闲线条件。所有在空闲线条件满足和接收到起始字符之前接收到的字符被忽略掉。否则将起始字符和起始字符之后的所有字符存入信息缓冲区。空闲线时间应该总是大于在指定的波特率下传输一个字符（传输起始位、数据位、校验位和停止位）的时间。空闲线时间的典型值为在指定的波特率下传输三个字符的时间。设置 il=1，sc=1，bk=0，SMW90（或 SMW190）>0，SMB88/SMB188=起始字符。通常对于指定信息之间最小时间间隔并且信息的首字符是特定设备的站号或其他信息的协议，用户可以使用这种类型的起始条件。这种方式尤其适用于在通信连接上有多个设备的情况。在这种情况下，只有当接收到的信息的起始字符为特定的站号或设备时接收指令才会触发一个中断。

2. CV 指令支持的几种结束信息的方式

结束信息的方式可以是以下的一种或几种组合。

（1）结束字符检测。结束字符是用于表示信息结束的任意字符。设置 ec=1，SMB89（或 SMB189）=结束字符；信息接收功能在找到起始条件开始接收字符后，检查每一个接收到的字符，并判断它是否与结束字符相匹配，如果接收到结束字符，将其存入信息缓冲区，信息接收功能结束。通常对于所有信息都使用同一字符作为结束的ASCII码协议，用户可以使用结束字符检测。

（2）字符间隔定时器超时。字符间隔时间是指从一个字符的结尾（停止位）到下一个字符的结尾（停止位）之间的时间。设置c/m＝0，tmr＝1，SMW92（SMW192）＝字符间超时时间。如果信息接收功能接收到的两个字符之间的时间间隔超过字符间超时定时器设定时间，则信息接收功能结束。字符间超时定时器设定值应大于指定波特率下传输一个字符（包括起始位、数据位、校验位和停止位）的时间。用户可以通过使用字符间隔定时器与结束字符检测或者最大字符计数相结合，来结束一条信息。

（3）信息定时器超值。从信息的开始算起，在经过指定的一段时间之后，信息定时器结束一条信息。设置c/n＝1，tmr＝1，SMW92（SMW192）＝信息超时时间。信息接收功能在找到起始条件开始接收字符时，启动信息定时器，信息定时器时间到，则信息接收功能结束。同样，用户可以通过使用字符间隔定时器与结束字符检测或者最大字符计数相结合，来结束一条信息。

（4）最大字符计数。当信息接收功能接收到的字符数大于SMB94（或SMB194）时，信息接收功能结束。接收指令要求用户设定一个希望最大的字符数，从而能确保信息缓冲区之后的用户数据不会被覆盖。

最大字符计数总是与结束字符、字符间超时定时器、信息定时器结合在一起作为结束条件使用。

（5）校验错误。当接收字符出现奇偶校验错误时，信息接收功能自动结束。只有在SMB30（或SMB130）中设定了校验位时，才有可能出现校验错误。

（6）用户结束。用户可以通过将SMB87（或SMB187）设置为0来终止信息接收功能。

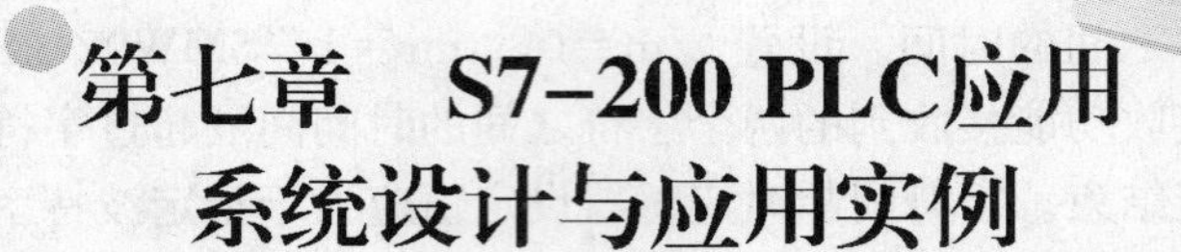

第七章 S7-200 PLC应用系统设计与应用实例

第一节 PLC 应用系统设计及若干问题的处理

一、PLC 应用系统设计

(一) 应用系统设计的概述

设计一个控制系统，首先要考虑是否能满足被控对象的工艺要求，最大限度地提高生产效率和产品质量。因此，可编程控制系统设计时应遵循以下原则：

(1) 充分发挥 PLC 功能，最大限度地满足被控对象的控制要求；

(2) 在满足控制要求的前提下，力求使控制系统简单、经济、使用和维护方便；

(3) 保证控制系统的长期安全、稳定运行；

(4) 适应发展的需要，在选择 PLC 的型号、I/O 点数和存储器容量等内容时，应留有适当的余量，以利于系统的调整和增容。

(二) 应用系统设计的一般步骤

1. 工艺分析

深入了解控制对象的工艺过程、工作特点、控制要求，并划分控制的各个阶段，归纳各个阶段的特点及各阶段之间的转换条件，画出控制流程图或功能流程图。

2. 选择合适的 PLC 类型

在选择 PLC 机型时，主要考虑下面几点：

(1) 功能的选择。对于小型的 PLC 主要考虑 I/O 扩展模块、A/D 与 D/A 模块以及指令功能（如中断、PID 等）

(2) I/O 点数的确定。统计被控制系统的开关量、模拟量的 I/O 点数，并考虑以后的扩充（一般加上 10%～20%的备用量），从而选择 PLC 的 I/O 点数和输出规格。

(3) 内存的估算。用户程序所需的内存容量主要与系统的 I/O 点数、控制要求、程序结构长短等因素有关。一般可按下式估算：存储容量＝开关量输入点数×10＋开关量输出点数×8＋模拟通道数×100＋定时器/计数器数量×2＋通信接口个数×300＋备用量。

(4) 分配 I/O 点。分配 PLC 的输入/输出点，编写输入/输出分配表或画出输入/输出端子的接线图后，就可以进行 PLC 程序设计，同时进行控制柜或操作台的设计和现场施工。

(5) 程序设计。对于较复杂的控制系统，根据生产工艺要求，画出控制流程图或功能流程图，然后设计出梯形图，对程序进行模拟调试和修改，直到满足控制要求为止。

(6) 控制柜或操作台的设计和现场施工。设计控制柜及操作台的电器布置图及安装接线图；设计控制系统各部分的电气互锁图；根据图纸进行现场接线，并检查。

（7）应用系统整体调试。如果控制系统由几个部分组成，则应先作局部调试，然后再进行整体调试；如果控制程序的步数较多，则可先进行分段调试，然后连接起来总调试。

（8）编制技术文件。技术文件应包括：可编程控制器的外部接线图等电气图纸，电器布置图，电器元件明细表，顺序功能图，带注释的梯形图和说明。

二、PLC应用系统设计中若干问题的处理

（一）减少输入点和输出点数的方法

对于一个设计好的PLC控制系统，当工艺要求改变时，常常要改变原来的程序，这时可能会出现I/O点数不够但又不想增加PLC扩展模块的情况，此时可采用减少输入点和输出点的方法来解决。

1. 减少输入点的方法

（1）分时分组输入。

控制系统一般具有手动和自动两种工作方式。由于手动与自动是不同时发生的，可分成两组，并由转换开关SA选择自动（位置2）和手动（位置1）的工作位置，即分时分组输入，如图7-1所示。“自动”输入信号A1～A8、“手动”输入信号M1～M8共用PLC输入点I0.0～I0.7，用“工作方式”选择开关SA来切换“自动”和“手动”信号输入电路。图7-1中二极管的作用是避免产生寄生电路，保证信号的正确输入。例如图7-1中若没有二极管，SA处于自动位置2处，A1、M1、M2闭合，A2断开，此时输入电流经＋24V端流出，经A1、M1、M2形成寄生回路流入I0.1端子，从而使输入位I0.1错误地编程ON。

（2）输入触点合并。

在生产工艺允许的条件下，将具有相同性质和功能的输入触点串联或并联后再输入PLC输入端，这样使几个输入信号只占用一个输入点，如图7-2所示，某负载可在多处启动和停止，可以将三个启动信号并联，将三个停止信号串联，分别送给PLC的两个输入点。与每一个启动信号和停止信号各占用一个输入点的方法相比，不仅节约了输入点，而且简化了梯形图电路。

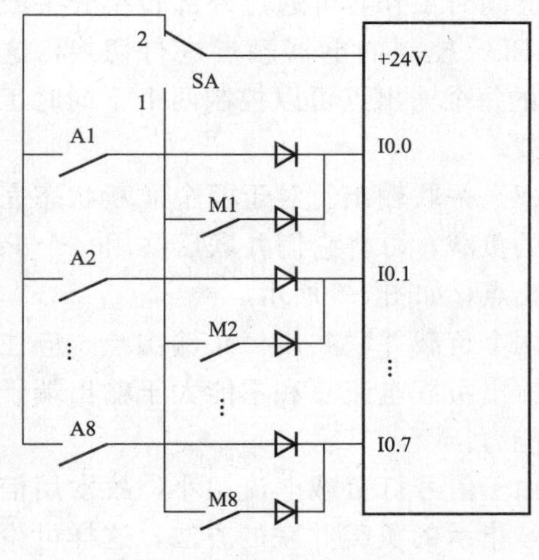

图7-1　分时分组输入法

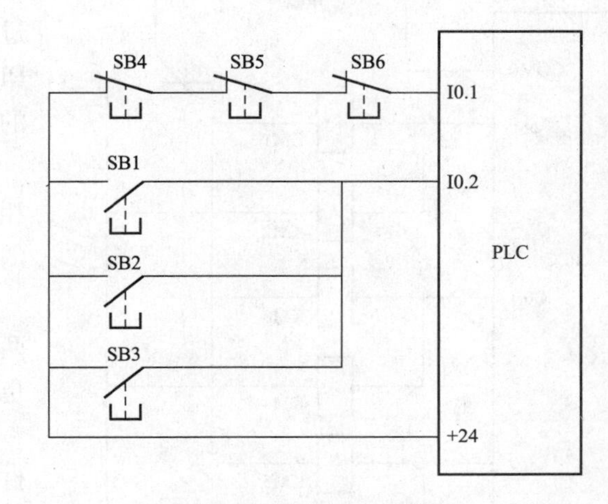

图7-2　输入触点合并法

（3）将信号设置在PLC之外。

系统中的某些输入信号功能简单、涉及面很窄，如手动操作按钮、电动机过载保护的热

继电器触点等，有时就没有必要作为 PLC 输入，如图 7-3 所示，手动按钮 SB1～SB3，过载保护的热继电器触点 FR1～FR3，它们都位于 PLC 之外。

2. 减少输出点的方法

(1) 矩阵输出。采用 8 个输出组成 4×4 矩阵，可连接 16 个输出设备。要使某个负载接通工作，只要控制它所在的行与列对应的输出继电器接通即可。这样用 8 个输出点就可控制 16 个不同控制要求的负载，如图 7-4 所示。

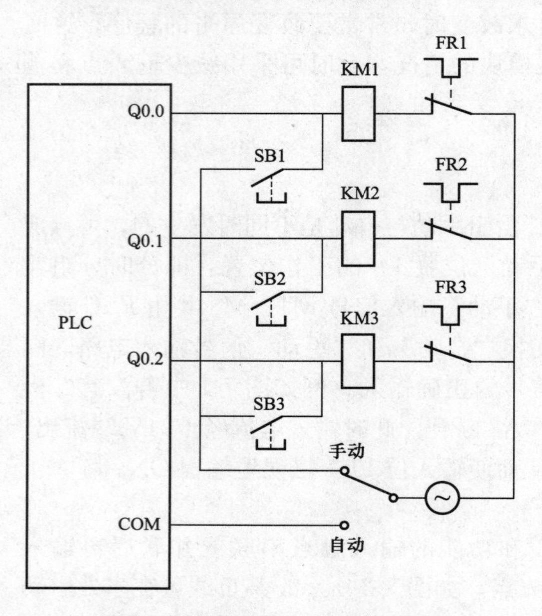

图 7-3 输入信号设在 PLC 外部

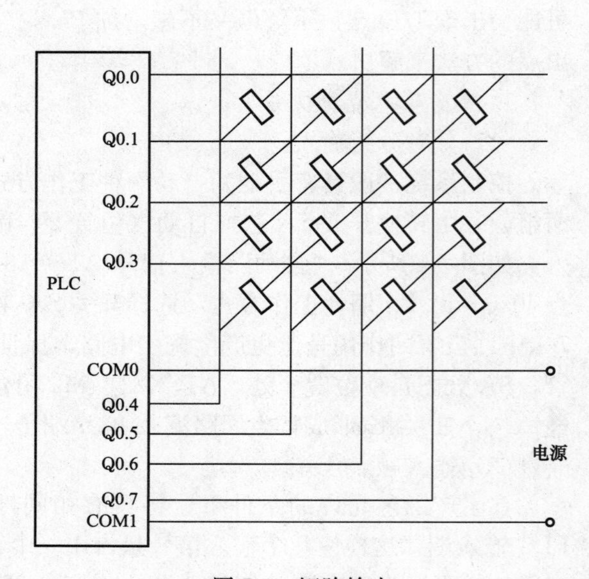

图 7-4 矩阵输出

(2) 分组输出。如图 7-5 所示，当两组负载不会同时工作，可通过外部转换开关或通过受 PLC 控制的电器触点进行切换，这样 PLC 的每个输出点可以控制两个不同时工作的负载。

(3) 并联输出。对于两个通断状态完全相同的负载，可将它们并联后共用一个 PLC 的输出点，如图 7-6 所示。

两个负载并联共用一个输出点，应注意两个输出负载电流总和不能大于输出端子的负载能力。

由于信号灯负载电流很小，故常用信号灯与被指示的负载并联的方法，这样可少占用 PLC 一个输出点。

(二) 抗干扰措施

PLC 是专门为工业生产环境而设计的控

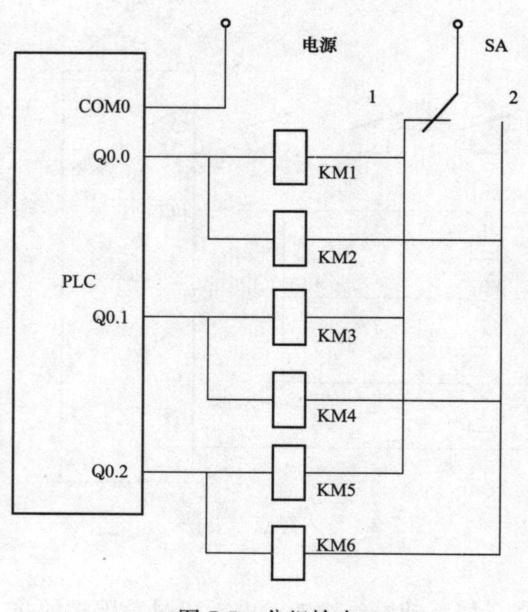

图 7-5 分组输出

制装置，具有较强的适应恶劣工业环境的能力，一般不需要采取什么特殊措施就可以直接在工业环境中使用。但由于它直接和现场的I/O设备相连，外来干扰很容易通过电源线或I/O传输线侵入，从而引起控制系统的误动作，严重时甚至使控制系统失控。因此，在设计PLC控制系统时，应采取可靠的抗干扰措施，使干扰对系统的影响减小到最低。具体来讲，可从以下几方面来考虑。

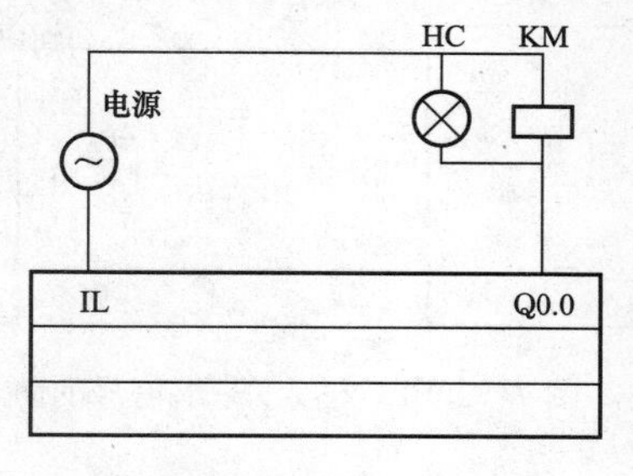

图 7-6　并联输出法

1. 电源的抗干扰措施

对于电源引入的电网干扰，可以在PLC的交流电源输入端安装一台带屏蔽层的隔离变压器（变比为1∶1），以减少设备与地之间的干扰，提高系统的可靠性。当然还可以在电源输入端和隔离变压器之间串联接入LC低通滤波电路，以吸收电源中大部分的毛刺电压或电流。

2. 布线的抗干扰措施

动力线和控制线以及PLC的电源线和I/O线应分别配线，这不仅能使其有尽可能大的空间距离，并能将干扰降到最低限度。

PLC应远离强干扰源，如大功率硅整流装置和大型动力设备，不能与高压电器安装在同一个开关柜内。在柜内PLC应远离动力线（二者之间距离应大于200mm）。与PLC装在同一个柜子内的电感性负载，如功率较大的继电器、接触器的线圈，应并联RC消弧电路。

PLC的输入与输出最好分开走线，开关量与模拟量也要分开敷设。模拟量信号的传送应采用屏蔽线，接地电阻应小于屏蔽层电阻的1/10。交流输出线和直流输出线不要用同一根电缆，输出线应尽量远离高压线和动力线，避免并行。

3. I/O端的接线的抗干扰措施

输入接线一般不要太长。但如果环境干扰较小，电压降不大时，输入接线可适当长些。输入/输出线要分开，不能用同一根电缆。尽可能采用动合触点形式连接到输入端，使编制的梯形图与继电器原理图一致，便于阅读。输出端接线分为独立输出和公共输出。在不同组中，可采用不同类型和电压等级的输出电压。但在同一组中的输出只能用同一类型、同一电压等级的电源。由于PLC的输出元件被封装在印制电路板上，并且连接至端子板，若将连接输出元件的负载短路，将会烧毁印制电路板。采用继电器输出时，所承受的电感性负载的大小，会影响到继电器的使用寿命，使用电感性负载时应合理选择，或加隔离继电器。PLC的输出负载可能产生干扰，因此要采取措施加以控制，如直流输出的续流管保护，交流输出的阻容吸收电路，晶体管及双向晶闸管输出的旁路电阻保护。

4. PLC输入/输出信号的防干扰措施

如果PLC输入设备采用晶体管或是光电开关输出类型，而外部的负载又很小时，它们在关断时的漏电流会很大，可能会出现错误的输入信号。为了避免这种现象，可在输入端并联旁路电阻R，如图7-7所示。

5. 正确选择接地点，完善接地系统

良好的接地是保证PLC可靠工作的重要条件，可以避免偶然发生的电压冲击危害。接

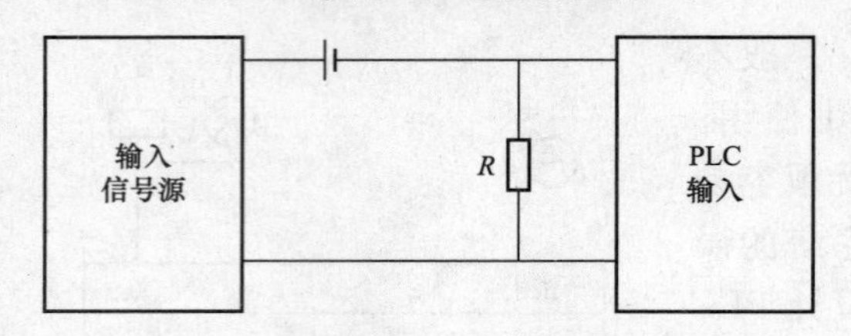

图 7-7　PLC 输入/输出信号的防干扰措施

地的目的通常有两个，安全和抑制干扰。完善的接地系统是 PLC 控制系统抗电磁干扰的重要措施之一。

（三）PLC 的安全保护

1. 短路保护

当 PLC 输出控制的负载短路时，为了避免损坏 PLC 内部的输出元件，应该在 PLC 输出的负载回路中加装熔断器，进行短路保护。

2. 感性输入/输出的保护

如图 7-8 所示，PLC 的输入端和输出端常常接有感性元件。如果是直流感性元件，应在其两端并联续流二极管；如果是交流元件，应在其两端并联阻容电路，从而抑制电路断开时产生的电弧对 PLC 内部输入、输出元件的影响。

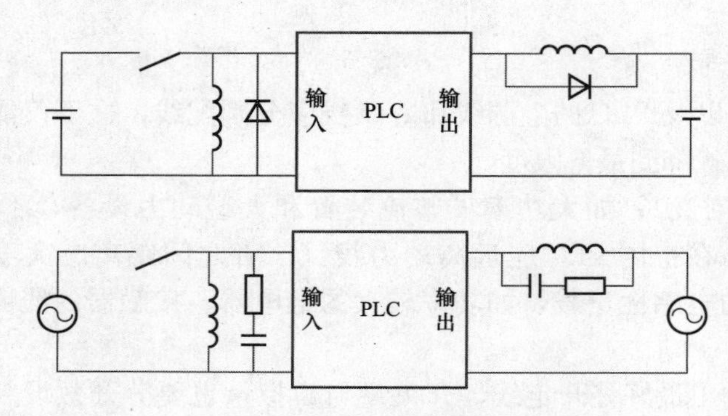

图 7-8　感性输入/输出的保护

3. 接地保护

良好的接地是 PLC 安全可靠运行的重要条件。如图 7-9 所示，为了抑制加在电源及输入、输出端的干扰，PLC 最好单独接地，与其他设备分别使用各自的接地装置。如果不能满足独立接地的要求，也可以采用公共接地方式，但禁止使用串联接地方式。另外，PLC 的接地线应尽量短，使接地点尽量靠近 PLC。同时，接地线的截面应大于 $2mm^2$，接地电阻小于 100Ω。

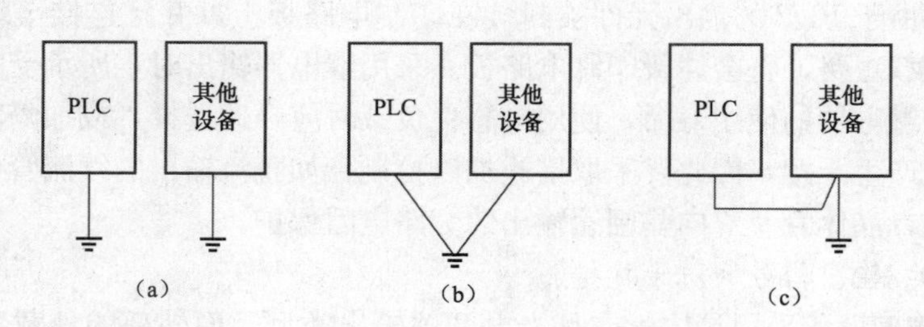

图 7-9　PLC 系统接地保护

（a）独立接地；（b）公共接地；（c）串联接地

4. 冗余保护

在冶金、石油、化工等行业的某些系统中，如果控制系统发生故障，轻则造成停产和原材料的浪费，重则会造成重大的生产事故和损坏生产设备，如在冶铁过程中的凝炉事故和化工企业的反应釜爆炸事故等，这些事故都会给企业造成极大的经济损失。因此，对PLC控制装置的可靠性提出了极高的要求。为了提高控制系统的可靠性，一方面要保证PLC本身的可靠性，另一方面使用冗余控制系统也是解决上述问题的有效方法。

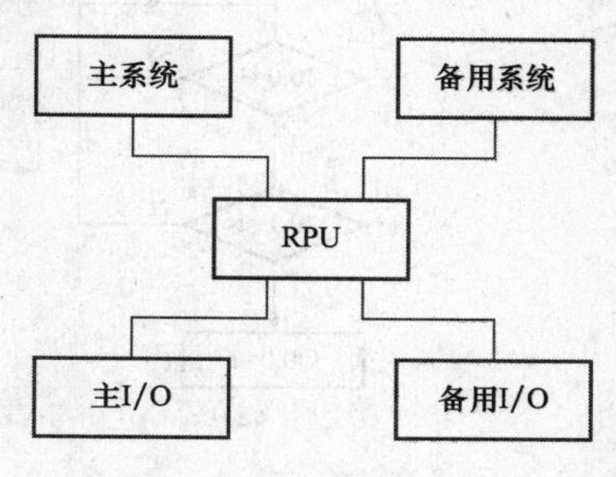

图 7-10　冗余控制系统

冗余控制系统如图7-10所示。在该系统中，整个PLC控制系统有两套完全相同的系统组成，其中一套是主系统，另一套是备用系统。主系统工作时，备用系统被禁止。当主系统出现故障时，备用系统自动投入运行，这一切换过程是由冗余处理单元RPU来完成的，切换时间为1～3个扫描周期，I/O系统的切换也是由RPU来完成的。

第二节　PLC认知实验

一、实验目的

（1）了解PLC软硬件结构及系统组成；

（2）掌握PLC外围直流控制和负载线路的接法，以及上位计算机与PLC通信参数的设置。

二、PLC外形图

PLC外形图如图7-11所示。

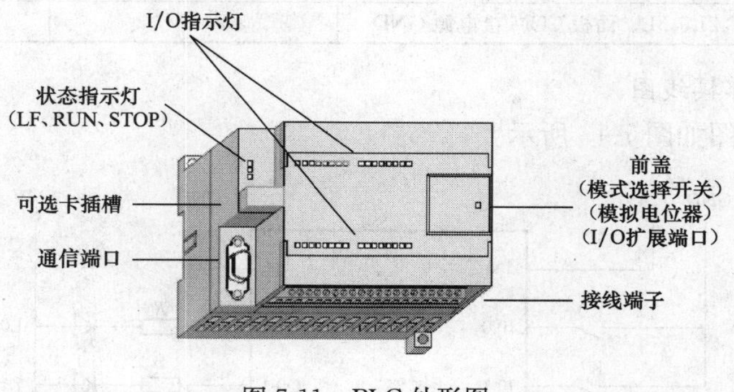

图 7-11　PLC外形图

三、控制要求

（1）认知西门子S7-200系列PLC的硬件结构，详细记录其各硬件部件的结构及作用；

（2）打开编程软件，编译基本的与、或、非程序段，并下载至PLC中；

（3）能正确完成PLC端子与开关、指示灯接线端子之间的连接操作；

（4）拨动开关K0、K1，指示灯能正确显示。

四、程序流程图

“与”逻辑、“或”逻辑和“非”逻辑的程序流程图如图7-12所示。

五、端口分配

（一）I/O端口分配功能表

I/O端口分配功能表如表7-1所示。

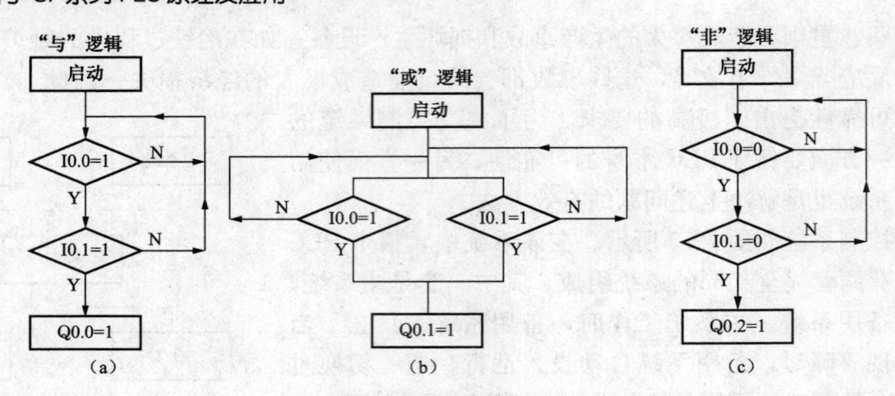

图 7-12 程序流程图

(a)“与”逻辑；(b)“或”逻辑；(c)“非”逻辑

表 7-1 I/O 端口分配功能表

序号	PLC 地址（PLC 端子）	电气符号（面板端子）	功能说明
1	I0.0	K0	动合触点 01
2	I0.1	K1	动合触点 02
3	Q0.0	L0	“与”逻辑输出指示
4	Q0.1	L1	“或”逻辑输出指示
5	Q0.2	L2	“非”逻辑输出指示
6	主机 1M、面板 V＋接电源＋24V		电源正端
7	主机 1L、2L、3L、面板 COM 接电源 GND		电源地端

（二）PLC 外部接线图

PLC 外部接线图如图 7-13 所示。

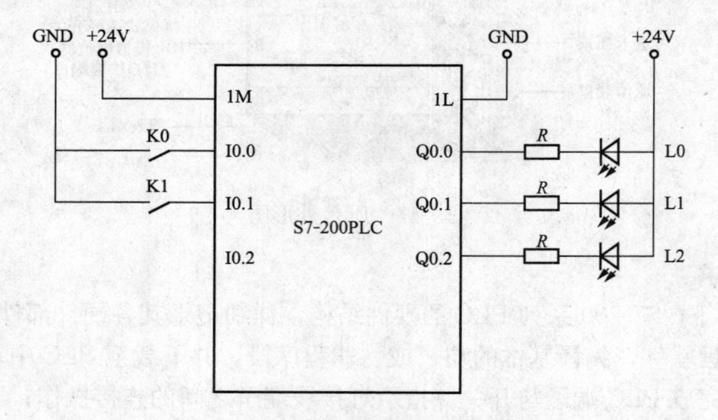

图 7-13 外部接线图

六、操作步骤

计算机与 PLC 连接图如图 7-14 所示。

(1) 按图 7-14 连接上位计算机与 PLC；

(2) 按“控制接线图”连接 PLC 外围电路；打开软件，单击 ，在弹出的对话框中选择“PC/PPI 通信方式”，单击 属性(R)... ，设置 PC/PPI 属性，如图 7-15 所示；

（3）单击，在弹出的对话框中，双击，搜寻 PLC，寻找到 PLC 后，选择该 PLC，至此，PLC 与上位计算机通信参数设置完成；

（4）编译实验程序，确认无误后，单击，将程序下载至 PLC 中，下载完毕后，将 PLC 模式选择开关拨至 RUN 状态；

（5）将开关 K0、K1 均拨至 OFF 状态，观察记录 L0 指示灯点亮状态；

（6）将开关 K0 拨至 ON 状态，将开关 K1 拨至 OFF 状态，观察记录 L1 指示灯点亮状态；

（7）将开关 K0、K1 均拨至 ON 状态，观察记录 L2 指示灯点亮状态。

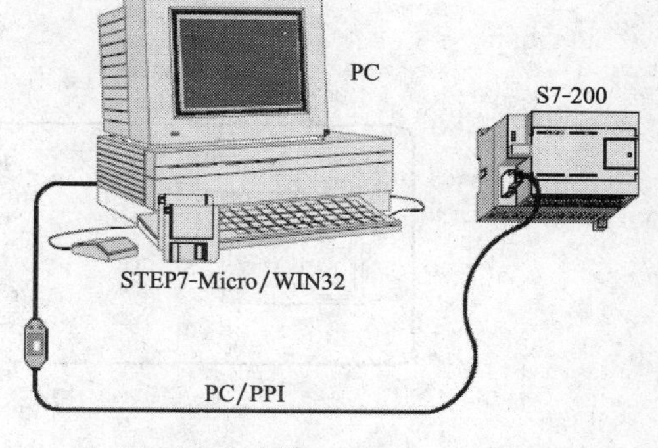

图 7-14　计算机与 PLC 连接图

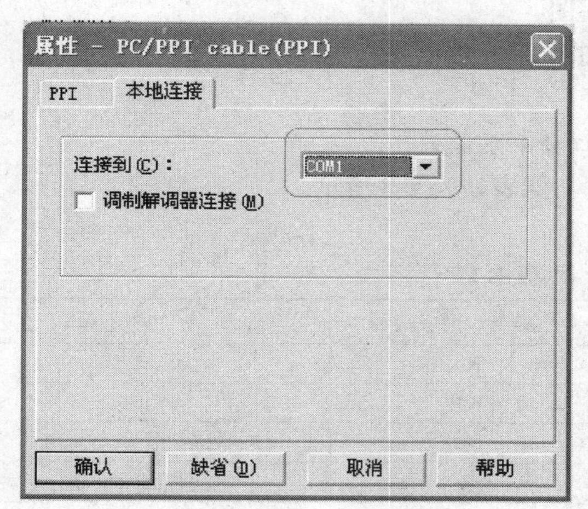

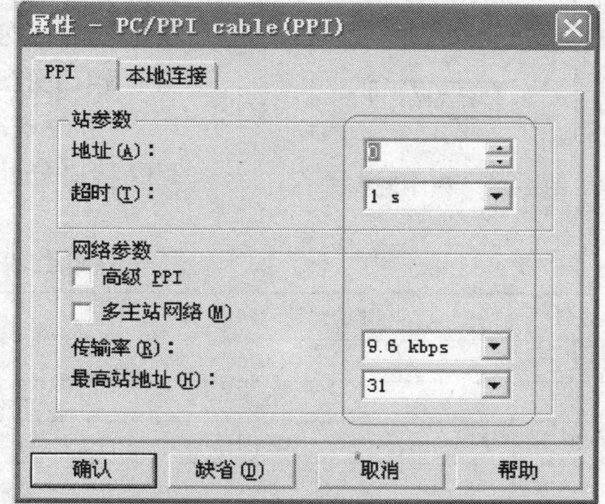

图 7-15　属性设置图

第三节　数码显示的 PLC 控制

一、实验目的

（1）掌握段码指令的使用及编程方法；

（2）掌握 LED 数码显示控制系统的接线、调试、操作方法。

二、控制面板图

数码显示的 PLC 控制面板如图 7-16 所示。

三、控制要求

（1）硬件模式一：启动开关 K0 为 ON 时，LED 数码显示管依次循环显示 0，1，2，3，…，9；

（2）硬件模式二：启动开关 K0 为 ON 时，LED 数码显示管依次循环显示 0，1，2，3，…，9，A，B，C，…，F；

（3）停止开关 K1 为 ON 时，LED 数码显示管停止显示，系统停止工作。

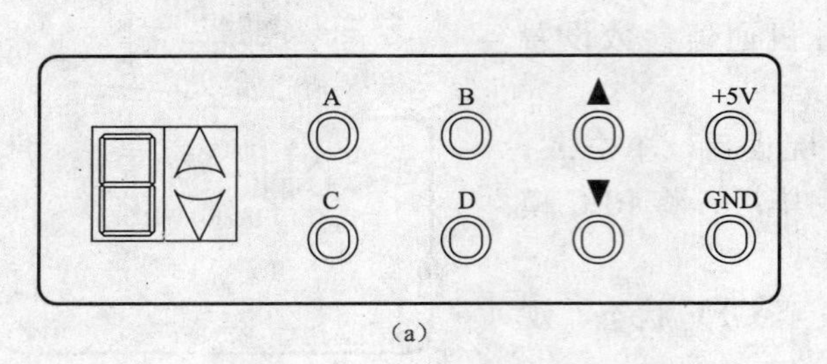

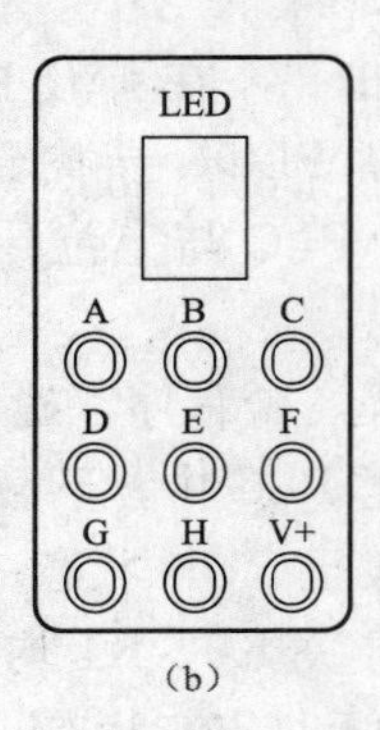

(a)　　　　　　　　　　　　(b)

图 7-16　控制面板图

(a) 硬件模式一；(b) 硬件模式二

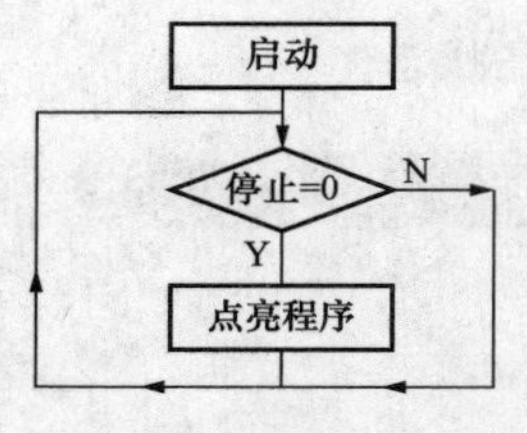

图 7-17　程序流程图

四、程序流程图

程序流程图如图 7-17 所示。

五、端口分配

(一) I/O 端口分配功能表

I/O 端口分配功能表如表 7-2 所示。

表 7-2　　　　**I/O 端口分配功能表**

序号	PLC 地址（PLC 端子）	电气符号（面板端子）	功能说明
1	I0.0	K0	启动
2	I0.1	K1	停止
3	Q0.0	A	数码控制端子 A
4	Q0.1	B	数码控制端子 B
5	Q0.2	C	数码控制端子 C
6	Q0.3	D	数码控制端子 D
7	Q0.4	E	数码控制端子 E（硬件模式二）
8	Q0.5	F	数码控制端子 F（硬件模式二）
9	Q0.6	G	数码控制端子 G（硬件模式二）
10	Q0.7	H	数码控制端子 H（硬件模式二）
11	主机输入 1M 接电源＋24V；模式一：面板面板＋5V 接电源＋5V，模式二：V＋接电源＋24V；		电源正端
12	主机 1L、2L、3L、面板 GND 接电源 GND		电源地端

(二) PLC 外部接线图

PLC 外部接线图如图 7-18 所示。

六、操作步骤

(1) 连接控制回路；

(2) 将编译无误的控制程序下载至 PLC 中，并将模式选择开关拨至 RUN 状态；

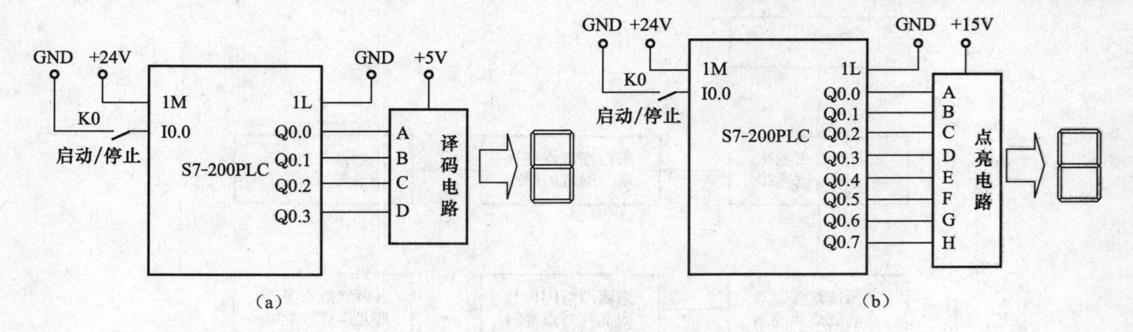

图 7-18　控制接线图

(a) 硬件模式一；(b) 硬件模式二

(3) 分别拨动启动/停止开关 K0，观察并记录 LED 数码管显示状态；

(4) 尝试编译新的控制程序，实现不同于示例程序的控制效果。

第四节　十字路口交通灯的 PLC 控制

一、实验目的

(1) 掌握置位字左移指令的使用及编程方法；

(2) 掌握十字路口交通灯控制系统的接线、调试、操作方法。

二、控制面板图

十字路口交通灯的 PLC 控制面板图，如图 7-19 所示。

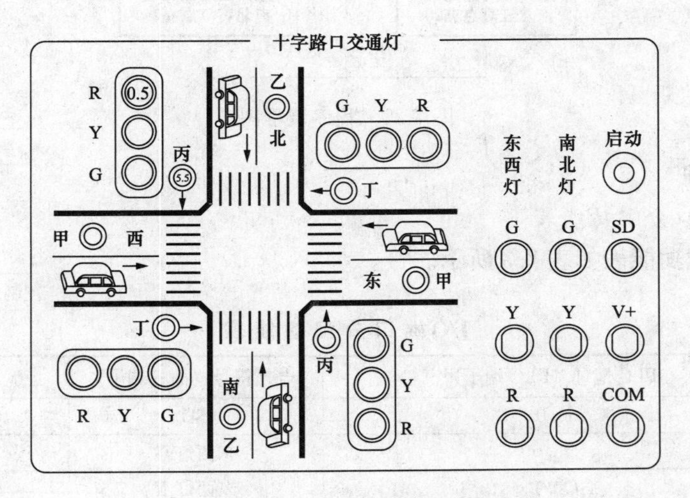

图 7-19　控制面板图

三、控制要求

在十字路口南北方向以及东西方向均设有红、黄、绿三只信号灯，六只信号灯依一定的时序循环往复工作。信号灯受电源总开关控制，接通电源，信号灯系统开始工作；关闭电源，所有的信号灯都熄灭。信号灯控制具体要求如图 7-20 所示：

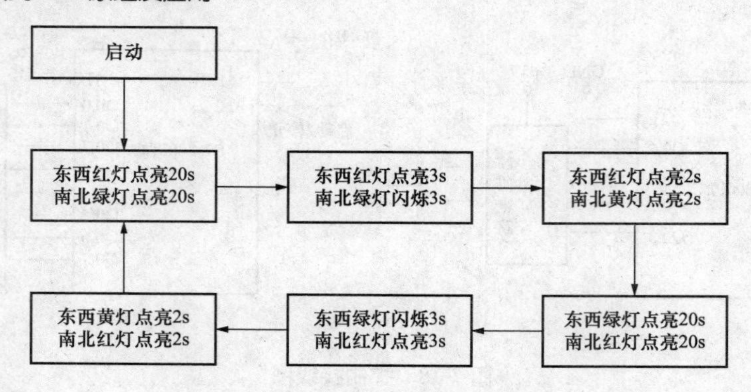

图 7-20　交通灯控制要求图

四、程序流程图

程序流程图如图 7-21 所示。

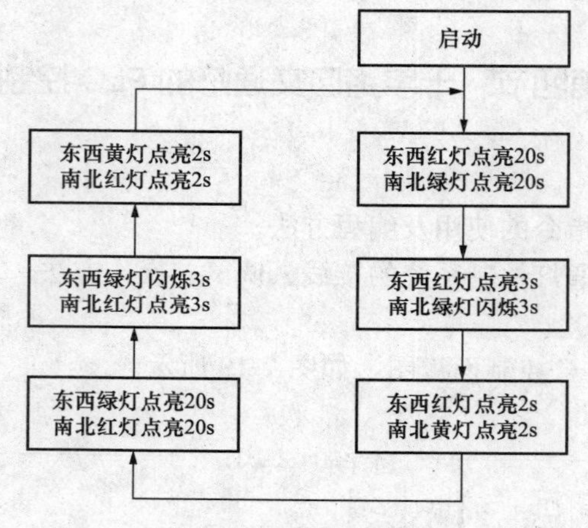

图 7-21　程序流程图

五、端口分配

(一) I/O 端口分配功能表

I/O 端口分配功能表如表 7-3 所示。

表 7-3　　I/O 端口分配功能表

序号	PLC 地址（PLC 端子）	电气符号（面板端子）	功能说明
1	I0.0	SD	启动
2	Q0.0	东西灯 G	
3	Q0.1	东西灯 Y	
4	Q0.2	东西灯 R	
5	Q0.3	南北灯 G	
6	Q0.4	南北灯 Y	
7	Q0.5	南北灯 R	
8	主机输入 1M 接电源＋24V；		电源正端
9	主机 1L、2L、3L、面板 GND 接电源 GND		电源地端

（二）PLC外部接线图

PLC外部接线图如图7-22所示。

六、操作步骤

（1）连接控制回路；

（2）将编译无误的控制程序下载至PLC中，并将模式选择开关拨至RUN状态；

（3）拨动启动开关SD为ON状态，观察并记录东西、南北方向主指示灯及各方向人行道指示灯点亮状态；

（4）尝试编译新的控制程序，实现不同于示例程序的控制效果。

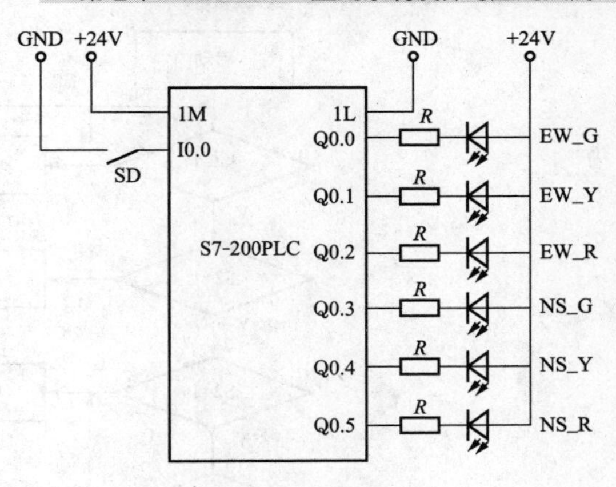

图7-22　外部接线图

第五节　水塔水位的PLC控制

一、实验目的

（1）掌握置位较复杂逻辑程序的编写方法；

（2）掌握水塔水位控制系统的接线、调试、操作方法。

二、控制面板图

水塔水位的PLC控制面板图如图7-23所示。

三、控制要求

（1）各限位开关定义如下：

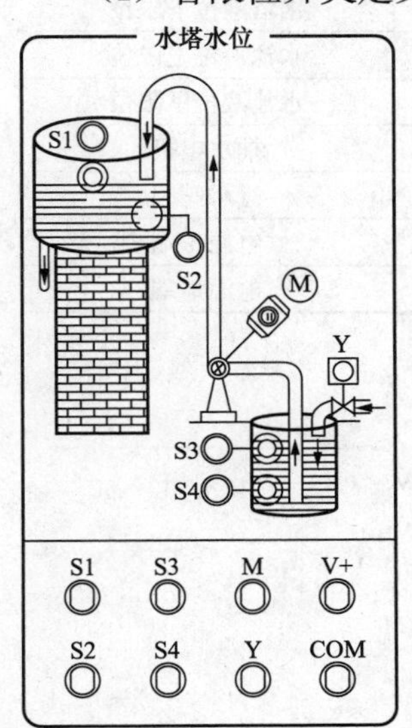

图7-23　控制面板图

S1定义为水塔水位上部传感器（ON：液面已到水塔上限位，OFF：液面未到水塔上限位）；

S2定义为水塔水位下部传感器（ON：液面已到水塔下限位，OFF：液面未到水塔下限位）；

S3定义为水池水位上部传感器（ON：液面已到水池上限位，OFF：液面未到水池上限位）；

S4定义为水池水位下部传感器（ON：液面已到水池下限位，OFF：液面未到水池下限位）。

（2）当水位低于S4时，阀Y开启，系统开始向水池中注水，5s后如果水池中的水位还未达到S4，则Y指示灯闪亮，系统报警。

（3）当水池中的水位高于S3、水塔中的水位低于S2，则电机M开始运转，水泵开始由水池向水塔中抽水。

（4）当水塔中的水位高于S1时，电机M停止运转，水泵停止向水塔抽水。

四、程序流程图

水塔水位的程序流程图如图7-24所示。

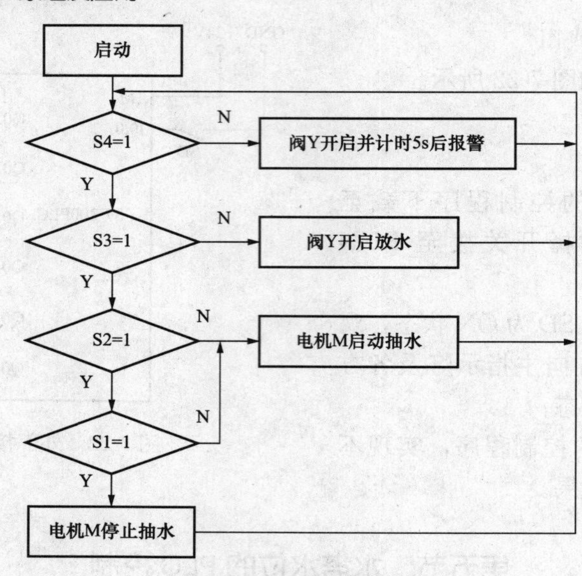

图 7-24　程序流程图

五、端口分配

（一）I/O 端口分配功能表

I/O 端口分配功能表如表 7-4 所示。

表 7-4　**I/O 端口分配功能表**

序号	PLC 地址（PLC 端子）	电气符号（面板端子）	功能说明
1	I0.0	S1	水塔液位上限位
2	I0.1	S2	水塔液位下限位
3	I0.2	S3	水池液位上限位
4	I0.3	S4	水池液位下限位
5	Q0.0	M	抽水电机
6	Q0.1	Y	进水阀门
7	主机输入 1M 接电源＋24V；		电源正端
8	主机 1L、2L、3L、面板 GND 接电源 GND		电源地端

（二）PLC 外部接线图

PLC 外部接线图如图 7-25 所示。

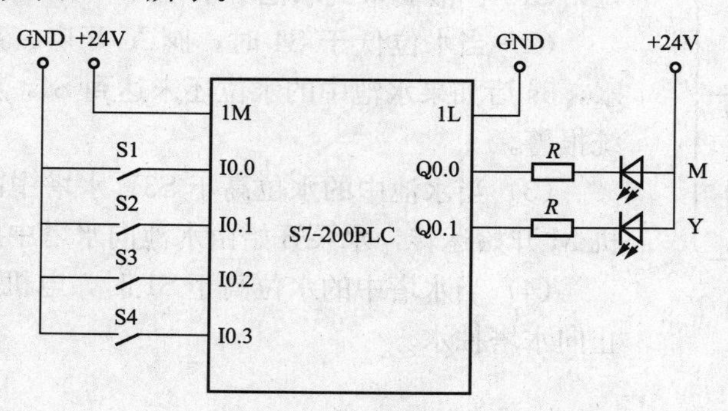

图 7-25　外部接线图

六、操作步骤

(1) 连接控制回路。

(2) 将编译无误的控制程序下载至 PLC 中，并将模式选择开关拨至 RUN 状态。

(3) 将各限位开关拨至以下状态：S1=0、S2=0、S3=0、S4=0，观察阀门 Y 状态，5s 后如果 S4 仍然未拨至 ON 状态，则 Y 状态如何？

(4) 将 S4 拨至 ON，观察抽水电机 M 状态；继而将 S1 拨至 ON，观察抽水电机 M 状态。

(5) 尝试编译新的控制程序，实现不同于示例程序的控制效果。

第六节 机械手的 PLC 控制

一、实验目的

(1) 掌握循环右移指令的使用及编程；

(2) 掌握机械手控制系统的接线、调试、操作。

二、控制面板图

机械手的 PLC 控制面板图如图 7-26 所示。

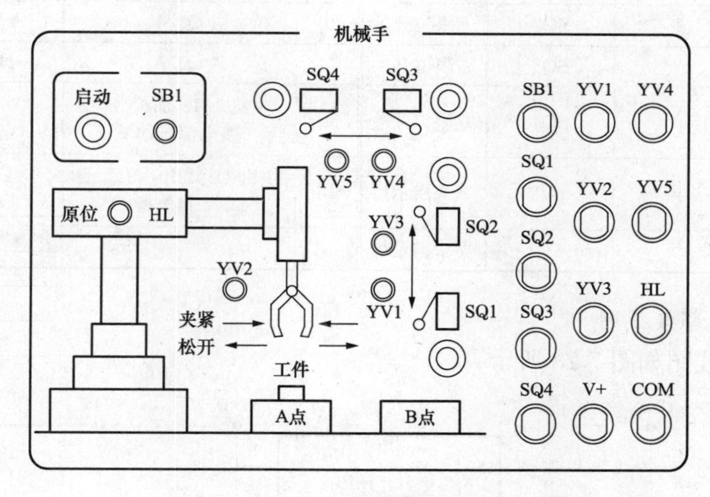

图 7-26 控制面板图

三、控制要求

(1) 总体控制要求：如图 7-26 所示，工件在 A 处被机械手抓取并放到 B 处；

(2) 机械手回到初始状态，SQ4=SQ2=1，SQ3=SQ1=0，原位指示灯 HL 点亮，按下“SB1”启动开关，下降指示灯 YV1 点亮，机械手下降（SQ2=0），下降到 A 处后（SQ1=1）夹紧工件，夹紧指示灯 YV2 点亮；

(3) 夹紧工件后，机械手上升（SQ1=0），上升指示灯 YV3 点亮，上升到位后（SQ2=1），机械手右移（SQ4=0），右移指示灯 YV4 点亮；

(4) 机械手右移到位后（SQ3=1）下降指示灯 YV1 点亮，机械手下降；

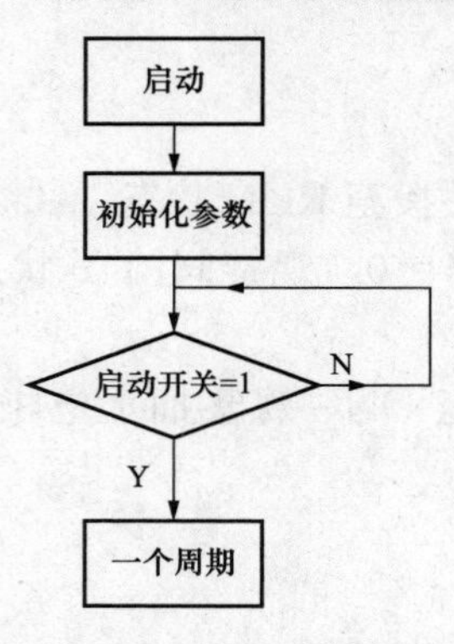

图 7-27 程序流程图

(5) 机械手下降到位后 (SQ1=1) 夹紧指示灯 YV2 熄灭，机械手放松；

(6) 机械手放松后上升，上升指示灯 YV3 点亮；

(7) 机械手上升到位 (SQ2=1) 后左移，左移指示灯 YV5 点亮；

(8) 机械手回到原位后再次运行。

四、程序流程图

机械手的程序流程图如图 7-27 所示。

五、端口分配

(一) I/O 端口分配功能表

I/O 端口分配功能表如表 7-5 所示。

表 7-5 **I/O 端口分配及功能表**

序号	PLC 地址（PLC 端子）	电气符号（面板端子）	功能说明	序号	PLC 地址（PLC 端子）	电气符号（面板端子）	功能说明
1	I0.0	SB1	启动开关	8	Q0.2	YV3	上升指示灯
2	I0.1	SQ1	下限位开关	9	Q0.3	YV4	右移指示灯
3	I0.2	SQ2	上限位开关	10	Q0.4	YV5	左移指示灯
4	I0.3	SQ3	右限位开关	11	Q0.5	HL	原位指示灯
5	I0.4	SQ4	左限位开关	12	主机 1M、面板 V+接电源+24V		电源正端
6	Q0.0	YV1	下降指示灯	13	主机 1L、2L、3L、面板 COM 接电源 GND		电源地端
7	Q0.1	YV2	夹紧指示灯				

(二) PLC 外部接线图

PLC 外部接线图如图 7-28 所示。

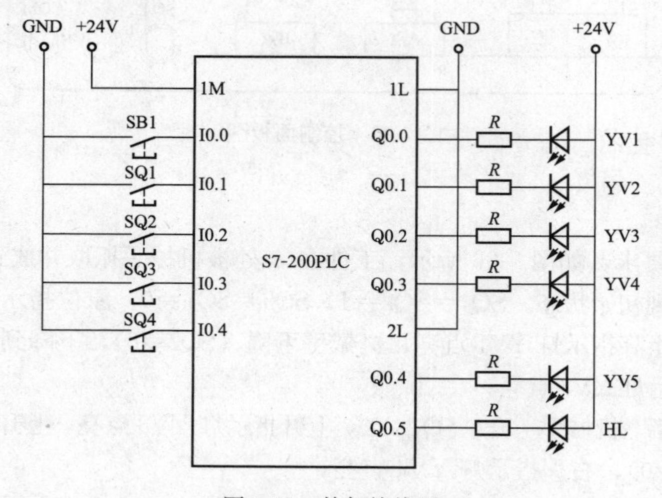

图 7-28 外部接线图

六、操作步骤

（1）检查实验设备中的器材及调试程序。

（2）按照I/O端口分配功能表或接线图完成PLC与实验模块之间的接线，认真检查，确保正确无误。

（3）打开示例程序或用户自己编写的控制程序，进行编译，有错误时根据提示信息修改，直至无误，用PC/PPI通信编程电缆连接计算机串口与PLC通信口，打开PLC主机电源开关，下载程序至PLC中，下载完毕后将PLC的“RUN/STOP”开关拨至“RUN”状态。

（4）将左限位开关SQ4、右限位开关SQ3打向左，上限位开关SQ2、下限位开关SQ1打向上，机械手回到初始状态，原位指示灯HL点亮。

（5）打上“SB1”启动开关，下降指示灯YV1点亮，模拟机械手下降，上限位开关SQ2打下，下降到A处后将下限位开关SQ1打下，开始夹紧工件，夹紧指示灯YV2点亮。

（6）夹紧工件后，机械手上升，上升指示灯YV3点亮，将下限位开关SQ1打上，机械手上升到位后，上限位开关SQ2打上。

（7）右移指示灯YV4点亮，机械手开始右移，左限位开关SQ4打向右。

（8）机械手右移到位后，右限位开关SQ3打向右，下降指示灯YV1点亮，机械手下降，上限位开关SQ2打下。

（9）机械手下降到位后，下限位开关SQ1打下，夹紧指示灯YV2熄灭，机械手放松。

（10）机械手放松后上升，上升指示灯YV3点亮，下限位开关SQ1打上，机械手上升到位后，上限位开关SQ2打上。

（11）机械手上升到位后左移指示灯YV5点亮，右限位开关SQ3打向左。

（12）机械手左移到位后，左限位开关SQ4打向左，机械手完成一个动作周期。

第七节　四层电梯的PLC控制

一、实验目的

（1）掌握复杂输入/输出控制系统的程序编程技巧；

（2）掌握四层电梯控制系统的接线、调试、操作。

二、控制面板图

四层电梯的PLC控制面板图如图7-29所示。

三、控制要求

（1）总体控制要求：电梯由安装在各楼层电梯口的上升下降呼叫按钮（U1、U2、D2、D3），电梯轿厢内楼层选择按钮（S1、S2、S3），上升下降指示（UP、DOWN），各楼层到位行程开关（SQ1、SQ2、SQ3）组成，电梯自动执行呼叫。

（2）电梯在上升的过程中只响应向上的呼叫，在下降的过程中只响应向下的呼叫，电梯向上或向下的呼叫执行完成后再执行反向呼叫。

（3）电梯停止运行等待呼叫时，同时有不同呼叫时，谁先呼叫执行谁。

（4）具有呼叫记忆、内选呼叫指示功能。

（5）具有楼层显示、方向指示、到站声音提示功能。

四、程序流程图

四层电梯的程序流程图如图 7-30 所示。

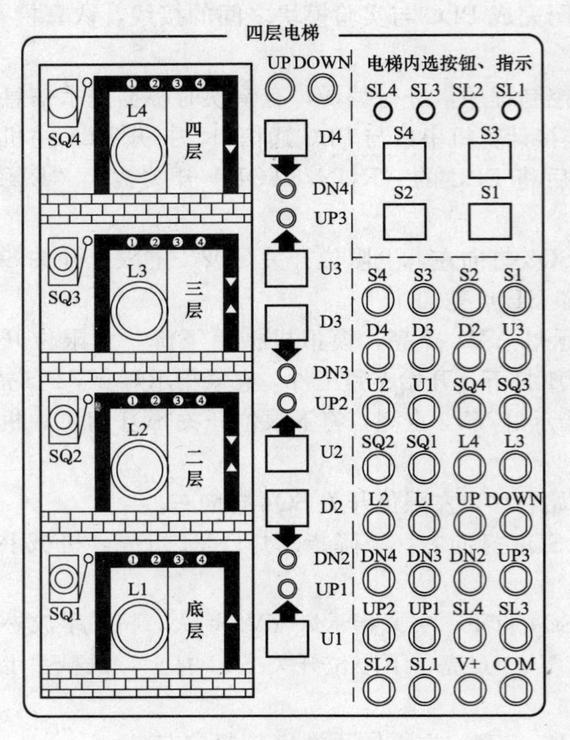

图 7-29　控制面板图

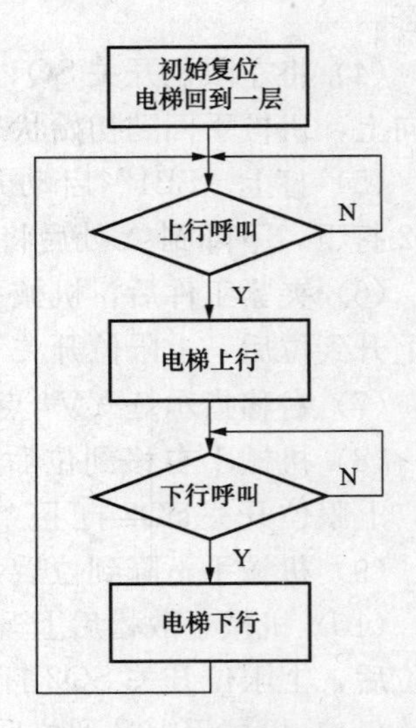

图 7-30　程序流程图

五、端口分配

（一）I/O 端口分配功能表

I/O 端口分配功能表如表 7-6 所示。

表 7-6　I/O 端口分配及功能表

序号	PLC 地址（PLC 端子）	电气符号（面板端子）	功能说明	序号	PLC 地址（PLC 端子）	电气符号（面板端子）	功能说明
1	I0.0	S4	四层内选按钮	14	I1.5	SQ1	一层行程开关
2	I0.1	S3	三层内选按钮	15	Q0.0	L4	四层指示
3	I0.2	S2	二层内选按钮	16	Q0.1	L3	三层指示
4	I0.3	S1	一层内选按钮	17	Q0.2	L2	二层指示
5	I0.4	D4	四层下呼按钮	18	Q0.3	L1	一层指示
6	I0.5	D3	三层下呼按钮	19	Q0.4	DOWN	轿厢下降指示
7	I0.6	D2	二层下呼按钮	20	Q0.5	UP	轿厢上升指示
8	I0.7	U3	三层上呼按钮	21	Q0.6	SL4	四层内选指示
9	I1.0	U2	二层上呼按钮	22	Q0.7	SL3	三层内选指示
10	I1.1	U1	一层上呼按钮	23	Q1.0	SL2	二层内选指示
11	I1.2	SQ4	四层行程开关	24	Q1.1	SL1	一层内选指示
12	I1.3	SQ3	三层行程开关	25	Q1.2	DN4	四层下呼指示
13	I1.4	SQ2	二层行程开关	26	Q1.3	DN3	三层下呼指示

续表

序号	PLC地址（PLC端子）	电气符号（面板端子）	功能说明	序号	PLC地址（PLC端子）	电气符号（面板端子）	功能说明
27	Q1.4	DN2	二层下呼指示	33	Q2.2	B	数码控制端子B
28	Q1.5	UP3	三层上呼指示	34	Q2.3	C	数码控制端子C
29	Q1.6	UP2	二层上呼指示	35	Q2.4	D	数码控制端子D
30	Q1.7	UP1	一层上呼指示	36	主机1M、2M面板V+接电源+24V		电源正端
31	Q2.0	八音盒	到站声	37	主机1L、2L、3L、面板COM接电源GND		电源地端
32	Q2.1	A	数码控制端子A				

（二）PLC外部接线图

PLC外部接线图如图7-31所示。

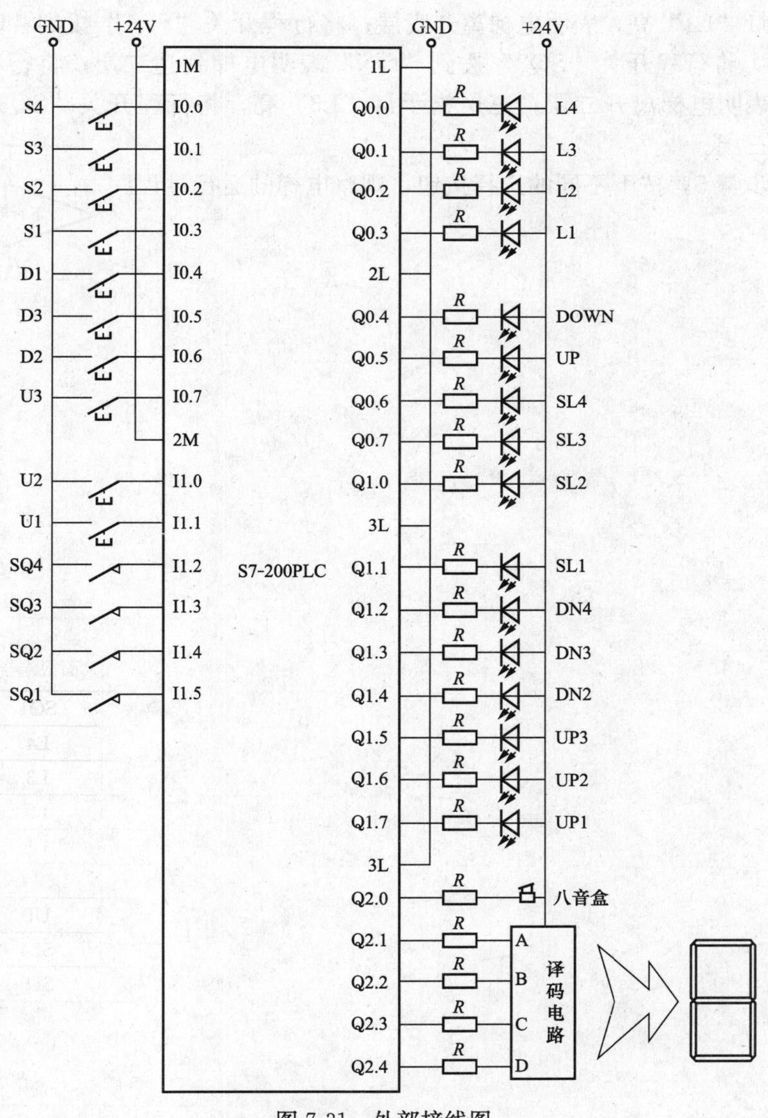

图7-31　外部接线图

六、操作步骤

（1）检查实验设备中器材及调试程序。

（2）按照 I/O 端口分配功能表或接线图完成 PLC 与实验模块之间的接线，认真检查，确保正确无误。

（3）打开示例程序或用户自己编写的控制程序，进行编译，有错误时根据提示信息修改，直至无误，用 PC/PPI 通信编程电缆连接计算机串口与 PLC 通信口，打开 PLC 主机电源开关，下载程序至 PLC 中，下载完毕后将 PLC 的“RUN/STOP”开关拨至“RUN”状态。

（4）将行程开关“SQ1”拨到 ON，“SQ2”、“SQ3”、“SQ4”拨到 OFF，表示电梯停在底层。

（5）选择电梯楼层选择按钮或上下按钮，例如，按下“D3”电梯方向指示灯“UP”亮，底层指示灯“L1”亮，表明电梯离开底层；将行程开关“SQ1”拨到“OFF”，二层指示灯“L2”亮，将行程开关“SQ2”拨到“ON”表明电梯到达二层；将行程开关“SQ2”拨到“OFF”表明电梯离开二层；三层指示灯“L3”亮，将行程开关“SQ3”拨到“ON”表明电梯到达三层。

（6）重复步骤 5，按下不同的选择按钮，观察电梯的运行过程。

第八章　S7–300/400系列PLC简介

第一节　S7-300 /400 PLC系统的基本组成

S7-300/400 PLC属于模块式PLC，主要由机架、CPU模块、信号模块、功能模块、接口模块、通信处理器、电源模块和编程设备组成，其具体系统构成如图8-1所示。

S7-300是模块化中小型PLC，适用于中等控制要求，而S7-400则是具有中高档性能的PLC，采用模块化无风扇设计，适用于对可靠性要求极高的大型复杂系统的控制。S7-300/400的模块化组成方式，极大地方便和满足了各个领域的控制任务，用户可以根据控制系统的具体要求，来选择不同的控制模块，当系统出现故障时，也可以非常方便地更换模块，方便了系统的维修。

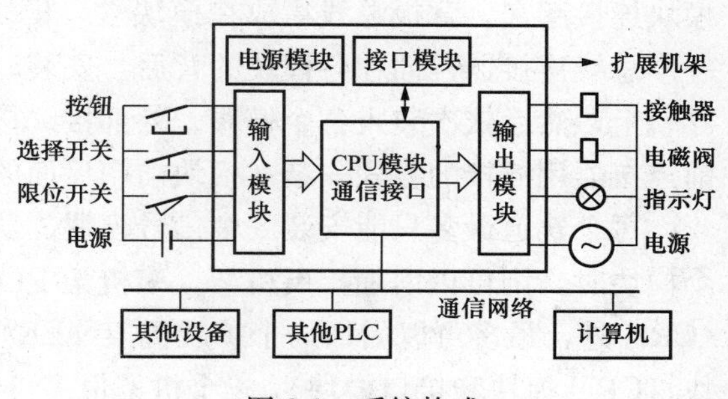

图8-1　系统构成

一、S7-300的概况

S7-300一般包括电源模块（PS）、CPU模块、信号模块（SM）、功能模块（FM）、接口模块（IM）和通信处理器（CP）模块等。S7-300的CPU模块都有一个编程用的RS-485接口，有的CPU有PROFIBUS-DP接口或PtP串行通信接口，可以建立一个MPI（多点接口）网络或DP网络，CPU采用智能化的诊断系统连续监控系统的功能是否正常并记录错误和特殊系统事件。功能最强的CPU的RAM为512KB，最大有8192个存储器位，512个定时器和512个计数器，数字量通道最大为65 536，模拟量通道最大为4096，计数器的计数范围为1～999，定时器的定时范围为10ms～9990s，有350多条指令。

S7-300中还有看门狗中断、过程报警、日期时间中断和定时中断等功能。S7-300已经将HMI（人机接口）服务集成到操作系统内部，大大减少了人机对话编程难度。

二、S7-300的系统结构

S7-300采用紧凑和无槽位限制的模块结构，将电源模块、CPU模块、信号模块、功能模块、接口模块和通信处理器等安装在导轨上。轨道为一种专门的金属机架，只需要将模块挂在DIN标准的安装轨道上，用螺丝锁紧就可以了。有很多种不同长度规格的导轨供用户选择，S7-300的安装图如图8-2所示。

电源模块总是安装在机架的最左边，CPU模块紧紧靠近电源模块，如果还要安装接口模块，则把接口模块安装在CPU模块的右边。S7-300用背板总线将除电源模块之外的各个

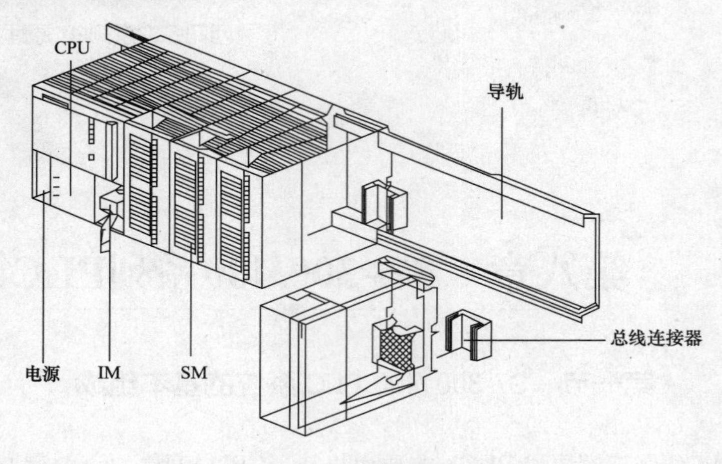

图 8-2　S7-300 的安装图

模块连接起来，背板总线集成在模块上，模块通过 U 形总线连接器相连接，每个模块都有一个总线连接器，插在各模块的背后。安装时先将总线连接器插在 CPU 模块上，并固定在导轨上，然后依次装入各个模块。外部接线接在信号模块和功能模块的前连接器的端子上，前连接器用插接的方式安装在模块前门后面的凹槽中。

每个轨道最多只能安装 8 个信号模块、功能模块和通信处理器模块。当系统需要大于 8 个模块时，则可以增加扩展机架，多机架 PLC-300 如图 8-3 所示，除了带 CPU 的中央机架（CR）外，最多可以增加 3 个扩展机架（ER），每个机架可以插入 8 个模块（不包括电源模块、CPU 模块和接口模块），4 个机架最多可以安装 32 个模块。

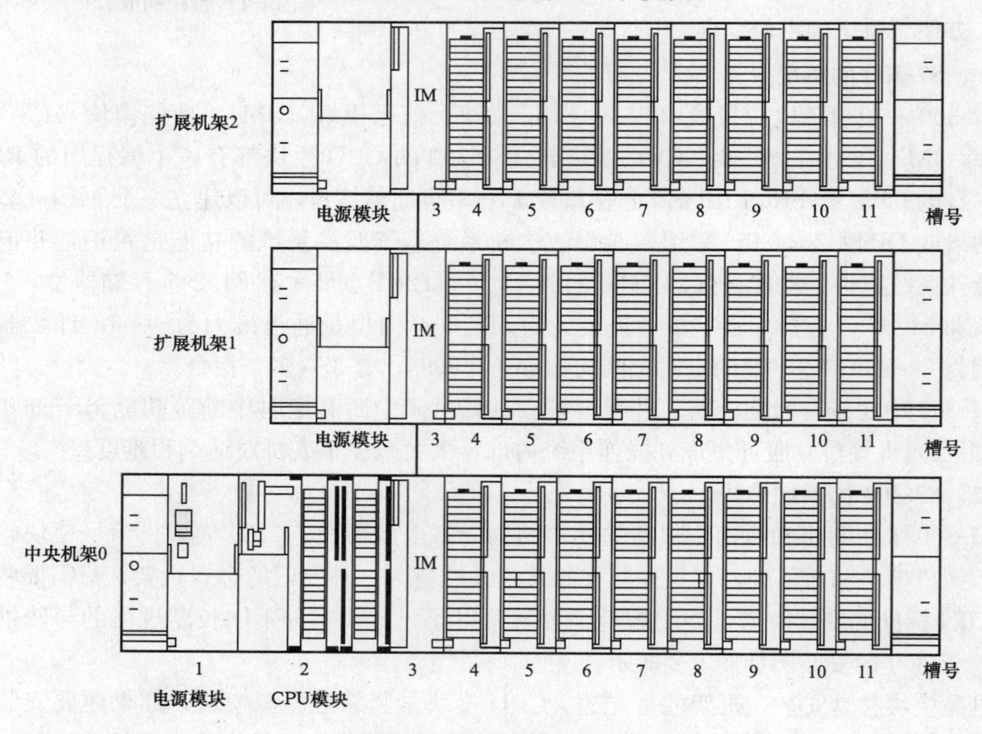

图 8-3　多机架 PLC-300

机架最左边是1号槽，最右边是11号槽，电源模块总是安装在1号槽中，中央机架的2号槽安装CPU模块，3号槽安装接口模块，这3个槽号被固定占用，不能安装其他模块，其他模块只能安装在4～11号槽中。

S7-300的模块是通过总线连接器连接的，各个槽号是相对的，在机架轨道上不存在物理槽位。当某个槽位不使用时，例如，5号槽位上没有插任何模块，而4号槽位插有功能模块，6号槽位上插有信号模块，虽然5号槽位没有使用，占用了一个槽号位，但在物理上，6号槽位和4号槽位的模块是连在一起的。

当需要扩展机架时，把接口模块插入3号槽，负责与其他扩展机架进行数据通信。如果只需扩展一个机架，可以选择价格比较便宜的IM365接口模块对，两个接口模块用1m长的固定电缆连接。但采用IM365接口模块有个非常不利的弊端就是IM365接口模块不能给扩展机架提供通信总线，所以扩展机架上只能安装通信模块，不能安装除通信模块外的其他智能模块。扩展机架电源由IM265提供，两个机架的DC 5V电源的总电流应该在PLC允许的范围内。

当需要扩展3个机架时，可以使用IM360/361接口模块，中央机架使用IM360，扩展机架使用IM361，各相邻机架之间的电缆最长为10m，每个IM361需要一个外部24V电源来对所有的扩展机架上的模块进行供电，可以通过电源连接器连接PS307负载电源，所有的扩展模块均可以安装在扩展机架上。每个机架上的模块除了安装的信号模块、功能和通信处理器模块不能超过8个模块外，还要受到背板总线DC 5V供电电流的限制。中央机架上的DC 5V电源由CPU模块产生，其额定电流值与CPU的型号有关，扩展机架的背板总线的DC 5V电源由接口模块IM361产生。

三、S7-300模块诊断与过程诊断

1. 模块诊断功能

S7-300中有的信号模块具有对信号进行监视（诊断）和过程中断的智能功能，通过诊断可以确定数字量模块获取的信号是否正确，或者模拟量模块的处理是否正确。

数字量输入/输出模块可以诊断出以下故障：无编码器电源、RAM故障、过程报警丢失等。模拟量输入模块可以诊断出无外部电压、共模故障、组态/参数错误、断线和测量范围上溢出或下溢出等故障；模拟量输出模块可以诊断出无外部电压、组态/参数错误、断线和对地短路等。

2. 过程中断

过程中断可以对过程信号进行监视和响应，根据设置的参数，可以选择数字量输入模块的每个通道组是否在信号的上升沿、下降沿产生过程中断，或在两个边沿都产生过程中断。信号模块可以对每个通道的一个中断进行暂存。

模拟量输入模块通过上限值和下限值定义一个工作范围，模块将测量值与上、下限值进行比较。如果超过限值，则执行过程中断。执行过程中断时，CPU暂停执行用户程序或暂停执行优先级较低的中断程序，来处理相应的诊断中断功能模块（OB40）。

3. 状态与故障显示LED

（1）SF（系统出错/故障显示，红色）：CPU硬件故障或软件错误时亮。

（2）BATF（电池故障，红色）：电池电压低或没有电池时亮。

（3）DC 5V（+5V电源指示，绿色）：5V电源正常时亮。

(4) FRCE（强制，黄色）：至少有一个 I/O 被强制时亮。

(5) RUN（运行方式，绿色）：CPU 处于 RUN 状态时亮；重新启动时以 2Hz 的频率闪亮；HOLD（单步、断点）状态时以 0.5Hz 的频率闪亮。

(6) STOP（停止方式，黄色）：CPU 处于 STOP、HOLD 状态或重新启动时常亮。

(7) BUSF（总线错误，红色）：CPU 的总线错误时亮。

4. 模式选择开关

(1) RUN-P（运行-编程）位置：运行时还可以读出和修改用户程序，改变运行方式。

(2) RUN（运行）位置：CPU 执行、读出用户程序，但是不能修改用户程序。

(3) STOP（停止）位置：不执行用户程序，可以读出和修改用户程序。

(4) MRES（清除存储器）：不能保持。将钥匙开关从 STOP 状态扳到 MRES 位置，可复位存储器，使 CPU 回到初始状态。

(5) 复位存储器操作：通电后从 STOP 位置扳到 MRES 位置，“STOP” LED 熄灭 1s，亮 1s，再熄灭 1s 后保持亮。放开开关，使它回到 STOP 位置，然后又回到 MRES，“STOP” LED 以 2Hz 的频率至少闪动 3s，表示正在执行复位，最后“STOP” LED 一直亮。

四、S7-400 系统简介

西门子公司 S7-400 是用于中、高档性能范围的可编程序控制器，模块化及无风扇的设计，坚固耐用，容易扩展和通信能力强，容易实现的分布式结构以及友好的用户操作。西门子公司 S7-400 成为中、高档性能控制领域中首选的理想解决方案，具有以下特征：

(1) 性能分级的 CPU 平台；

(2) 向上兼容 CPU；

(3) 具有更方便接线的端子系统；

(4) 最佳的通信和网络选择；

(5) 更方便的操作员接口系统；

(6) 为所有模块分配软件参数；

(7) 无需风扇便能进行工作。

S7-400 系统由以下组件组成：机架、电源模块（PS）、S7-400 CPU、信号模块（SM）、通信处理器（CP）、功能模块（FM）等。S7-400 对模块数量限制的上限远远大于 S7-300，因而有极强的扩展能力。信号模块的更换可以热插拔，而不必暂停生产，系统的基本结构如图 8-4 所示。

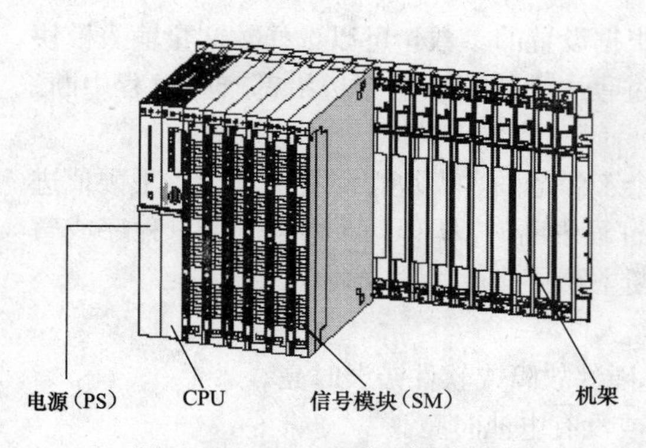

图 8-4 S7-400 系统的组成结构

机架用来固定模块、提供模块工作电压和实现局部接地，并通过信号总线将不同模块连接在一起。S7-400 的模块插座焊在机架中的总线连接板上，模块插在模块插座上，有不同槽数的机架供用户选用，如果一个机架容纳不下所有的模块，可以增设一个或数个扩展机架，各机架之间用接口模块和通信电缆交换信息。

五、S7-400的系统结构

S7-400 PLC的背板总线是集成在背板之上的，这一点与S7-300不同。模块插在背板的插座上，有不同插槽数目的背板供用户选择。中央机架必须配置CPU模块和电源模块，电源模块应安装在机架的最左边。中央机架最多可插入6块发送型的接口模块，最多只有2个IM可以提供5V电源。通过通信总线（C总线）的数据交换仅限于中央控制器（CC）和6个扩展单元（EU）之间，最多能连接21个扩展机架。

中央机架必须配置CPU模块和一个电源模块，可以安装除用于接收的接口模块（IM）外的所有S7-400模块。如果有扩展机架，中央机架和扩展机架都需要安装接口模块。

扩展机架可以安装除CPU、发送IM、IM463-2适配器外的所有S7-400模块，但是电源模块不能与IM461-1（接收IM）一起使用。

集中式扩展方式适用于小型配置或一个控制柜中的系统，CC和EU的最大距离为1.5m（带5V电源）或3m（不带5V电源）。分布式扩展方式适用于分布范围广的场合，CC与最后一个EU的最大距离为100m（S7 EU）或600m（S5 EU）。

用E/T 200分布式I/O可以进行远程扩展，用于分布范围很广的系统。通过CPU中的PROFIBUS-DP接口，最多连接125个总线节点。使用光缆时CC和最后一个节点的距离为23km。电源模块应安装在机架的最左边（第1槽），有冗余功能的电源模块是一个例外。中央机架只能插入最多6块发送型的接口模块，每个模块有两个接口，每个接口可以连接4个扩展机架，最多能连接21个扩展机架。中央机架中同时传送电源的发送接口模块（IM460-1）不能超过两块，IM460-1的每个接口只能带一个扩展机架。扩展机架中的接口模块只能安装在最右边的槽（第18槽或第9槽）。通信处理器（CP）只能安装在编号不大于6的扩展机架中。

电源模板：将西门子公司S7-400连接到120/230V（AC）或24V（DC）电源上。

中央处理单元（CPU）：有多种CPU可供用户选择，有些带有内置的PROFIBUS-DP接口，用于各种性能范围，一个中央控制器可包括多个CPU，以增强其性能。

各种信号模板（SM）：用于数字量输入和输出。

通信模板（CP）：用于总线连接和点到点的连接。

功能模板（FM）：专门用于计数、定位、凸轮控制等任务。

根据用户需要还提供以下部件：接口模板（IM），用于连接中央控制单元和扩展单元。

六、S7-400的优点

（1）运行速度高，CPU 417-4的浮点数乘法运算只需要0.09μs。

（2）存储器容量大，例如CPU 417-4的工作存储器为20MB，装载存储器可扩展至64MB。

（3）I/O扩展功能强，可扩展21个扩展机架，CPU 417-4最多可扩展262 144个数字量I/O点和16 384个模拟量I/O。

（4）有极强的通信能力，大多数CPU集成有PROFIBUS-DP接口，容易实现高速的分布式系统。

（5）通过钥匙开关和口令实现安全保护。

（6）诊断功能强。

（7）集成的人机界面（HMI）服务，用户只需要为HMI服务定义源和目的地址，系统会自动传送信息。

七、S7-400 的通信功能

S7-400 有很强的通信功能，CPU 集成有 MPI 和 DP 通信接口，有 PROFIBUS-DP 和工业以太网通信模块，以及点到点通信模块。通过 PROFIBUS-DP 或 AS-i 现场总线，可以周期性地自动交换 I/O 模块的数据。在自动化系统之间，PLC 与计算机和 HMI（人机接口）站之间，均可以交换数据。数据通信可以周期性的自动进行或基于事件驱动，由用户程序调用。

S7/C7 通信对象的通信服务通过集成在系统中的功能块来进行。可提供的通信服务有：使用 MPI 的标准 S7 通信；使用 MPI、C 总线（通信总线，Communication bus）、PROFIBUS-DP 和工业以太网的 S7 通信；与 S5 通信对象和第三方设备的通信。这些服务包括通过 PROFIBUS-DP 和工业以太网的 S5 兼容通信和标准通信。

第二节　S7-300 的功能模块

一、S7-300 的 CPU 模块

在介绍 CPU 模块性能之前，首先了解一下常用术语。

1. 存储器

(1) 装载存储器（Load Memory）。装载存储器的用途是装载用户程序。用户程序经由通信接口，从编程设备传送给 S7-300 CPU 的装载存储器中。

(2) 工作存储器（Work Memory）。物理上为 CPU 内置 RAM 的一部分，当 CPU 处于运行状态时，用户程序和数据从装载存储区调入工作存储区，在工作存储器中运行。

(3) 系统存储器（System Memory）。S7-300 将 CPU 的一部分内置 RAM 划分出来，用于位存储、I/O 映像寄存器、计数器和定时器等。系统存储器与工作存储器同属于 CPU 集成的物理内存，用户程序代码和数据均在这两部分存储区中执行。

(4) 微存储器卡（Micro Memory Card，MMC）。微存储器卡用于对装载存储器的扩充，CPU 模块上有专用的 MMC 插槽，MMC 可拆卸，MMC 的最大容量为 8MB。作为装载存储器，MMC 用于对用户程序和数据的断电保护，也可存储 S7-300 系统程序以利于以后的系统升级。

2. CPU 模块

S7-300 有多种不同型号的 CPU 模块，这些 CPU 按性能等级划分，几乎涵盖了各种应用范围。从目前的情况来看，大体有 4 个系列。

(1) 标准型 CPU 系列。标准型 CPU 系列包括 CPU 313、314、315、315-2 DP、316-2 DP、318-2。型号尾部有后缀“DP”字样的，表明该型号 CPU 集成有现场总线 PROFIBUS-DP 通信接口。此外还有几种重新定义型的 CPU，包括 CPU 312、314、315-2 DP、317-2 DP 等。

(2) 集成型 CPU 系列。集成型 CPU 系列主要有 CPU 312 IFM 和 314 IFM 两种，在这两种 CPU 内部集成了部分 I/O 点、高速计数器及某些控制功能。

CPU 312 IFM 集成的特殊功能有：1 个 4 输入端高速计数器，计数器长度为 32 位（含符号位），计数频率可达 10kHz；1 个频率测量通道，最高可测 10kHz，采样周期可调为 0.1s、1s、10s；过程中断功能等。这些功能的实现，需要在编程时对内部集成的数字输入通道（124.6～125.1）进行专门定义。

CPU 314 IFM 集成的功能有：1 个 4 输入端高速计数器（也可定义为 2 个 2 输入端计数器），计数频率可达 10kHz；1 个频率测量通道，最高可测 10kHz，采样周期可调为 0.1s、1s、10s；开环定位功能，通过一个 24V 增量编码器进行位置测量，需要占用 3 个数字输入端；过程中断功能；PID 控制功能，可实现闭环控制。上述涉及数字量输入的功能，同样需要对内部集成的数字输入端（126.0～126.3）进行专门定义。

（3）紧凑型 CPU 系列。紧凑型 CPU 系列的型号后缀带有字母 C，包括 CPU 312C、313C、313C-2 PtP、313C-2 DP、314C-2 PtP 和 314C-2 DP；紧凑型 CPU 系列的型号尾部有后缀“PtP”字样的，表明该型号 CPU 集成有第二个串行口，两个串行口都有点对点（PtP）通信功能。

CPU 313C、CPU 314C-2 PtP、CPU 314C-2 DP 三种型号中集成有模拟量输入/输出，其中 4 路输入的规格为 DC±10V、0～10V、±20mA、4～20mA，分辨率为 11 位＋符号位，积分时间可调为 2.5ms、16.6ms、20ms。另有一路模拟量输入可测 0～600Ω 的电阻，或接 Pt100 热电阻。

两路模拟量输出规格为：DC±10V、0～10V、±20mA、4～20mA，各通道转换时间为 1ms。

CPU 312C 集成的特殊功能有：2 通道高速计数器，最大频率 10kHz；2 通道频率测量，可测最大频率 10kHz；2 通道脉冲宽度调制输出，最高输出频率 2.5kHz。

CPU 313C、313C-2 PtP、313C-2 DP 集成的特殊功能有：3 通道高速计数器，最大频率 30kHz；3 通道频率测量，可测最大频率 30kHz；3 通道脉冲宽度调制输出，最高输出频率 2.5kHz；PID 闭环控制。

CPU 314C-2 PtP、314C-2 DP 集成的特殊功能有：4 通道高速计数器，最大频率 60kHz；4 通道频率测量，可测最大频率 60kHz；4 通道脉冲宽度调制输出，最高输出频率 2.5kHz；1 路位置控制；PID 闭环控制。

（4）故障安全型 CPU 系列，是西门子公司最新推出的具有更高可靠性的 CPU 模块，主要型号有 CPU 315F、317F-2 DP。表 8-1 列出了几种 CPU 模块及其主要技术参数。

表 8-1　　几种 CPU 的主要性能参数

型号 CPU	313	315-2 DP（标准型）	315-2 DP（新型）	314C-2 PtP	314C-2 DP	312 IFM
装载存储器	20KB RAM 4MB MMC	96KB RAM 4MB MMC	8MB MMC	4MB MMC	4MB MMC	20KB RAM/20KB ROM
内置 RAM（KB）	12	64	128	48	48	6
浮点数运算时间（μs）	60	50	6	15	15	60
最大 DI/DO	256	1024	1024	992	992	256
最大 AI/AO	64/32	256/128	256	248/124	248/124	64/32
最大配置 CR/ER	1/0	1/3	1/3	1/3	1/3	1/0
定时器	128	128	256	256	256	64
计数器	64	64	256	256	256	32
位存储器（B）	2048B	2048B	2048B	2048B	2048B	1024B
通信接口	MPI 接口	MPI 接口，DP 接口	MPI/PtP 接口，DP 接口	MPI/PtP 接口，PtP 接口	MPI 接口，DP 接口	MPI 接口

二、S7-300 的数字量模块

S7-300 的数字量模块基本为三大类：SM321 数字量输入模块、SM322 数字量输出模块和 SM323 数字量输入/输出模块。

1. SM321 数字量输入模块

根据输入点数的多少，SM321 数字量输入模块可分为 8 点、16 点、32 点三类。输入电压类型有直流和交流两种，电压等级有 24V（DC）、48～125V（DC）、120V（AC）、120/230V（AC）等几种。例如 SM321：DI 32×24V（DC）为 32 点输入、直流 24V 型信号模块；SM321：DI 16×120V（AC）为 16 点输入、交流 120V 信号模块；SM321：DI 16×24V（DC），Interrupt 为 16 点输入、直流 24V、带硬件故障诊断及中断的信号模块。

信号模块输入点通常要分成若干组，每组在模块内部有电气公共端，选型时要考虑外部开关信号的电压等级和形式，不同电压等级的信号必须分配在不同的组。模块输入点的分组情况要查阅相关的技术手册。

2. SM322 数字量输出模块

SM322 数字量输出模块有 32 点、16 点、8 点三种类别，输出开关器件有晶体管输出方式、晶闸管输出方式、继电器输出方式。负载电压等级有 24V（DC）、48～125V（DC）、120V（AC）、120/230V（AC）等几种。例如 SM 322：DO 8×230V（AC）/5A REL 为 8 点继电器输出、最大可带 230V（AC）/5A 的负载。

3. SM323 数字量输入/输出模块

SM323 数字量输入/输出模块目前有两种：DI 16/DO 16×24V DC/0.5A 和 DI 8/DO 8×24V（DC）/0.5A。DI 16/DO 16×24V（DC）/0.5A 有 16 个数字输入点和 16 个数字输出点，16 个输入点为 1 组，内部共地；16 个输出点分成两组，两组的内部结构相同，均为晶体管输出，每 8 个输出点共用一对负载电源端子。DI 8/DO 8×24V（DC）/0.5A 为 8 输入/8 输出模块，输入/输出均为 1 组，内部结构与 DI 16/DO 16×24V（DC）/0.5A 相同。

三、S7-300 的模拟量模块

S7-300 的模拟量输入/输出模块包括：SM331 模拟量输入（AI）模块、SM332 模拟量输出（AO）模块、SM334 模拟量输入/输出（AI/AO）模块。

1. SM331 模拟量输入（AI）模块

SM 331 模拟量输入模块的核心部件是 A/D 转换器，由于若干通道合用一个 A/D 转换器，所以在模拟量进入 A/D 转换器之前，需要有多路模拟转换开关来选择通道，各通道是循环扫描的，因此每一个通道的采样周期不仅取决于各通道的 A/D 转换时间，还取决于所有被激活的通道数量，为了尽量缩短扫描周期，加快采样频率，有必要利用 STEP 7 编程软件屏蔽掉那些不用的通道。

常用的 SM 331 模拟量输入模块有 5 种，表 8-2 给出了这 5 种模块的主要技术指标。

表 8-2　　常用模拟量输入模块的主要技术指标

技术指标	AI 8×12Bit	AI 8×16Bit	AI 2×12Bit	AI 8×RTD	AI 8×TC
输入点数/组数	8 点/4 组	8 点/4 组	2 点/1 组	8 点/4 组	8 点/4 组
分辨率	9 位＋符号位 12 位＋符号位 14 位＋符号位	15 位＋符号位	9 位＋符号位 12 位＋符号位 14 位＋符号位	15 位＋符号位	15 位＋符号位

续表

技术指标	AI 8×12Bit	AI 8×16Bit	AI 2×12Bit	AI 8×RTD	AI 8×TC
测量方式	电流、电压、电阻器、温度计	电流 电压	电流、电压、电阻器、温度计	电阻器 温度计	温度计
测量范围选择	任意	任意	任意	任意	任意

A/D转换的结果按16位二进制补码形式存储，即占用1个字（两字节）的长度。最高位为符号位，为“1”表示转换结果为负值，为“0”表示转换结果为正值。当转换精度不够15位时（例如9位+符号位），有效位（包括符号位）从高字节的最高位开始向下排，无效位补零，表8-3所示为三种转换精度的数据存储格式，S位为符号位，标有×的位被补为0。

表8-3　A/D转换结果存储格式示例

分辨率	高字节								低字节							
15位+符号位	S	1	0	1	0	1	0	1	0	1	0	1	0	1	0	1
12位+符号位	S	1	0	1	0	1	0	1	0	1	0	1	0	×	×	×
9位+符号位	S	1	0	1	0	1	0	1	0	1	×	×	×	×	×	×

2. SM332模拟量输出（AO）模块

SM332模拟量输出模块用于将S7-300的数字信号转换为系统所需要的模拟量信号，控制模拟量调节器、执行机构或者作为其他设备的模拟量给定信号，其核心部件为D/A转换器。

SM332模块的输出精度主要有12位和16位两种，输出通道主要有2通道和4通道两种形式，输出信号可为电压或电流，电压的输出范围可调为：1～5V、0～10V、±10V，电流的输出范围可调为：0～20mA、4～20mA、±20mA。

例如模块SM332：AO 4×12Bit，共有4个通道，每个通道的分辨率均为12位，可分别设置为电流输出或电压输出。电流输出为两线式，电压输出可为两线式，也可为四线式，采用四线式时，其中两个端子的引出线用于测量负载两端的电压，这样可以提高电压的输出精度。

3. SM334系列模拟量输入/输出（AI/AO）模块

SM334模拟量输入/输出模块主要有AI 4/AO 2×8/8Bit和AI 4/AO 2×12Bit两种规格。

AI 4/AO 2×12Bit模块的特点是：分辨率12位；4个输入通道分为两组，可以测量电压信号、电阻器、热电偶，电压信号的测量范围是0～10V，不能测量电流信号；两路电压模拟量输出，输出范围0～10V，两线制接法，没有测量端。

AI 4/AO 2×8/8Bit模块的特点是：分辨率为8位；4路输入可测量电压和电流信号，两路输出；输入与输出的范围均为：电压0～10V，电流0～20mA；输入/输出形式的选择不是通过软件组态，而是通过接线形式来确定，该点是与其他模块最大不同之处。

四、S7-300的电源模块（PS）

PS 307电源模块有2A、5A和10A三种规格，将输入的单相交流电压（120/230V，50/60Hz）转变为DC 24V提供给S7-300 PLC使用，同时也可作为负载电源，通过I/O模块向使用24V（DC）的负载（如传感器、执行机构等）供电。PS 307电源模块的输入与输出之间有可靠的隔离，如果正常输出额定电压 24V，面板上的绿色 LED 灯点亮；如果输出电路过载，LED 灯闪烁，输出电压下降；如果输出短路，则输出电压为零，LED 灯灭，短路故障解除后自动恢复。另外，LED 灯灭的状态下，也有可能是输入交流电源电压低所致，此时模块自动切断输出，故障解除后自动恢复。

图 8-5 是 PS 307 电源模块的基本原理图，L_+ 和 M 端子为 24V（DC）的正、负输出，各提供两个接线端子以利于分别向 CPU 模块和 I/O 模块接线；L1 和 N 为交流电源输入端子。

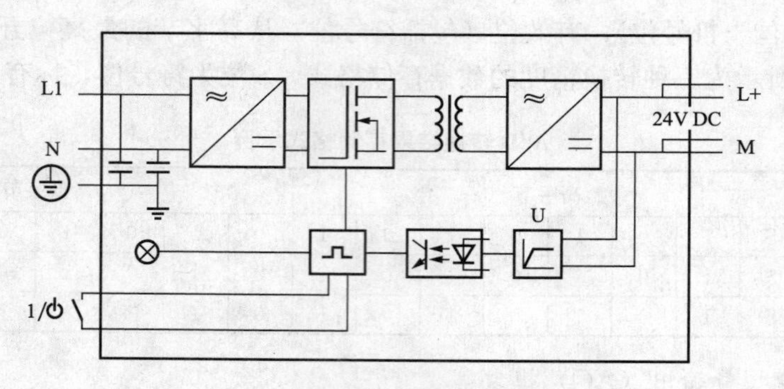

图 8-5　PS 307 电源模块原理图

五、数字量的 I/O 编址

S7-300 的数字量的 I/O 地址由地址标识符、地址的字节部分和位部分组成，地址标识符 I 表示输入，Q 表示输出，例如 I0.7 是一个输入数字量的地址，表示 0 号字节的第 7 位。

S7-300 对各个 I/O 点的编址是依据其所属模块的安装位置决定的，依据规定，各种信号模块应安装在 4 号至 11 号槽位。因此，CPU 从 4 号槽位开始为 I/O 模块分配地址，每个槽位所占用的 I/O 地址是系统默认的，以字节为单位。

图 8-6 给出了各个机架和槽位的数字量 I/O 编址。

槽位号	1	2	3	4	5	6	7	8	9	10	11
机架0	PS	CPU	IM	0.0~3.7	4.0~7.7	8.0~11.7	12.0~15.7	16.0~19.7	20.0~23.7	24.0~27.7	28.0~31.7
机架1	PS		IM	32.0~35.7	36.0~39.7	40.0~43.7	44.0~47.7	48.0~51.7	52.0~55.7	56.0~59.7	60.0~63.7
机架2	PS		IM	64.0~67.7	68.0~71.7	72.0~75.7	76.0~79.7	80.0~83.7	84.0~87.7	88.0~91.7	92.0~95.7
机架3	PS		IM	96.0~99.7	100.0~103.7	104.0~107.7	108.0~111.7	112.0~115.7	116.0~119.7	120.0~123.7	124.0~127.7

图 8-6　S7-300 数字量 I/O 模块的默认地址

图 8-6 中，每个槽位最多 32 个点，占 4 个字节。举例来说，若中央机架（机架 0）的 4 号槽位上安装了 SM 321：DI 32×24V（DC）模块，则该模块上的 32 个数字输入点地址依次为：I0.0～I0.7、I1.0～I1.7、I2.0～I2.7 和 I3.0～I3.7；若中央机架（机架 0）的 4 号槽位上安装的数字输出模块，例如，SM322：DO 32×24V（DC）/0.5A，则 32 个输出点地址

依次为：Q0.0～Q0.7、Q1.0～Q1.7、Q2.0～Q2.7、Q3.0～Q3.7；如果中央机架（机架0）的4号槽位上安装的不是32点的模块，例如SM 321：DI 16×24V（DC），则各点地址依次为：I0.0～I0.7、I1.0～I1.7，后面的I2.0～I2.7不能用。

六、其他功能模块

1. 计数器模块

模块的计数器均为0～32位或±31位加减计数器，可以判断脉冲的方向，模块给编码器供电，达到比较值时发出中断，可以2倍频和4倍频计数，有集成的DI/DO。FM350-1是单通道计数器模块，可以检测最高达500kHz的脉冲，有连续计数、单向计数、循环计数3种工作模式。FM350-2和CM35都是8通道智能型计数器模块。

2. 位置控制与位置检测模块

FM351双通道定位模块用于控制变级调速电动机或变频器，FM353是步进电机定位模块，FM354伺服电机定位模块，FM357可以用于最多4个插补轴的协同定位。FM352高速电子凸轮控制器，它有32个凸轮轨迹，13个集成的数字量输出，采用增量式编码器或绝对式编码器。SM338超声波传感器用于位置检测，具有无磨损、保护等级高、精度稳定不变等特征。

3. 闭环控制模块

FM355闭环控制模块有4个闭环控制通道，有自优化温度控制算法和PID算法。

4. 称重模块

SIWAREX U称重模块是紧凑型电子称，测定料仓和贮斗的料位，对吊车载荷进行监控，对传送带载荷进行测量或对工业提升机、轧机超载进行安全防护等；SIWAREX M称重模块是有校验能力的电子称重和配料单元，可以组成多料称系统，安装在易爆区域。

第三节　机架与接口模块

一、机架

S7-400的模块是用机架上的总线连接起来的，机架上的P总线（I/O总线）用于I/O信号的高速交换和对信号模块数据的高速访问。C总线（通信总线，K总线）用于在C总线各站之间的高速数据交换，两种总线分开后，控制和通信分别有各自的数据通道，通信任务不会影响控制的快速性。

1. 通用机架UR1/UR2

通用机架UR1有18个插槽，UR2有9个插槽，UR1和UR2有P总线和K总线，可以用作中央机架和扩展机架。UR1和UR2用作中央机架时，可以安装除接收IM模块外的所有S7-400模块。

2. 中央机架CR2/CR3

CR2是18槽的中央机架，P总线分为两个本地总线段，分别有10个插槽和8个插槽。两个总线段都可以对K总线进行访问。CR2需要一个电源模块和两个CPU模块，每个CPU有它自己的I/O模块，它们能相互操作和并行运行。CR3是4槽的中央机架，有I/O总线和通信总线。

3. 扩展机架ER1和ER2

ER1和ER2是扩展机架，分别有18槽和9槽，只有I/O总线，未提供中断线，没有给模块供电的24V电源，可以使用电源模块、接收IM模块和信号模块。但是电源模块不能与IM461-1接收IM一起使用。

4. UR2-H机架

UR2-H机架用于在一个机架上配置一个完整的S7-400H冗余系统，也可以用于配置两个具有电气隔离的独立运行的S7-400 CPU，每个均有自己的I/O。UR2-H需要两个电源模块和两个冗余CPU模块。

二、接口模块

IM460-X是用于中央机架UR1、UR2和CR2的发送接口模块；IM461-X是用于扩展机架UR1、UR2和ER1、ER2的接收接口模块。

(1) IM460-0和IM461-0分别是配合使用的发送接口模块和接收接口模块，属于集中式扩展，最大距离3m。IM460-0有两个接口，每个接口最多扩展4个机架，模块最多可扩展8个机架，中央机架可以插6块IM461-3模块。

(2) IM460-1和IM461-1分别是配合使用的发送接口模块和接收接口模块，属于集中式扩展，最大距离1.5m。中央控制器通过接口模块给扩展机架提供5V电源（最大5A），最多能连接两个扩展机架，每个接口1个。

(3) IM460-3和IM461-3分别是配合使用的发送接口模块和接收接口模块，属于分布式扩展，最大距离100m，传输C总线和P总线。IM460-3有两个接口，每个接口最多扩展4个机架，模块最多扩展8个机架，中央机架可以插6块IM461-3模块。

(4) IM460-4和IM461-4分别是发送接口模块和接收接口模块，它们必须配合使用，属于分布式扩展，最大距离605m，通过P总线传输数据。IM460-4有两个接口，每个接口最多扩展4个机架，模块最多可扩展8个机架，中央机架可以插6块IM461-4模块。

(5) IM463-2是发送接口模块，用于S5扩展机架的分布式扩展，最大距离600m，有两个接口，最多可扩展8个S5扩展机架，每个接口最多扩展4个机架，只能与IM314配合使用。中央机架最多插4块IM463-2模块。

(6) IM467和IM467 FO将S7-400作为主站接入PROFIBUS-DP网络，可以将多达14条DP线连接到S7-400，IM467 FO集成了光纤接口。IM467和IM467FO提供PROFIBUS-DP通信服务和PG/OP通信，以及通过PROFIBUS-DP的编程和组态，支持SYNC/FREEZE等距离和站点间通信功能。

三、错误诊断

1. 模板的诊断和过程监视

西门子公司S7-400的许多输入/输出模板具有智能性，可以用诊断功能来确定模板信号获取（就数字量模板而言）或模拟量信号处理（模拟量模板）是否正确地按照功能进行。在诊断评价中，可参数化和不可参数化的诊断信息是有区别的。

参数化的诊断信息：一个诊断信息只有通过相关参数化功能才能发出。

不可参数化的诊断信息：这些信息在任何情况下都能发出而不依赖于参数化功能。

如果一个诊断信息正在进行之中（例如“不提供编码”），模板启动一个诊断中断（在可参数化诊断信息的情况下是在相关参数化功能完成之后）。CPU中断用户程序以及低优先级的程序的执行，而处理相关的诊断中断块（OB 82）根据模板的类型不同，有各种各样的诊断信息，具体如表 8-4、表 8-5 和表 8-6 所示。

表 8-4　　数字量输入/输出错误诊断表

诊断信息	可能发生故障/错误的原因	诊断信息	可能发生故障/错误的原因
没提供编码器	编码器超载，编码器到 M 的线路短路	无内部附加电压	模板没有 L+电压
无外部附加电压	模板没有 L+电压	熔丝烧断	内部熔丝损坏
模板中的参数不对	不正确的参数传送到了模板	RAM 故障	周期性高电磁干扰模板损坏
监视器断路	周期性的高电磁干扰模板损坏	硬件中断丢失	硬件中断序列的到达速度快于 CPU 能够处理的能力
EPROM 故障	周期性的高电磁干扰模板损坏		

表 8-5　　模拟量输出模板错误诊断表

诊断信息	可能发生故障/错误的原因	诊断信息	可能发生故障/错误的原因
无外部负载电压	模板无 L+负载电压	对地短路	输出超负载，从 QV 到 MANA 的输出短路
配置/参数化错误	不正确的参数传送到了模板	线路中断	执行器电阻太高，模板和执行器之间的线路中断，回路未使用（开路）

表 8-6　　模拟量输入模板错误诊断表

诊断信息	可能发生故障/错误的原因	诊断信息	可能发生故障/错误的原因
无外部负载电压	模板无 L+负载电压	测量范围下溢	输入值超出低限范围，引起故障的原因可能是： 测量值范围：4～20mA，1～5V （1）传感器连接极性颠倒； （2）选择的测量范围有误； （3）其他值的测量范围
配置/参数化错误	不正确的参数传送到了模板		
共模故障	输入（M）和测量回路（MANA）的参考势点的势差太高	违反测量信号上限范围	选择的测量范围有误，输入超高限
线路中断	编码器的连接电阻太高，模板和传感器之间的线路中断，回路没有连上（开路）		

2. 硬件中断

硬件中断功能用来监视过程信号以及反应信号变化的断开信号。

（1）数字量输入模板。

依据参数化功能，模板可以在任选的每一个通道组的信号上升沿、下降沿或者一个信号变化时的两种跳变沿的任一个上，初始化一个过程中断。CPU 中断用户程序或者具有低优先级的程序的执行，而处理相关的诊断中断块（OB40）。信号模板的每个通道可暂时存储一个中断内容。

（2）模拟量输入模板。

由参数化的上限值和下限值决定模拟量输入值的工作范围。模拟量输入模板用这些极限值与数字化了的测量值相比较，如果测量值超过了其中一个极限值，则给出一个硬件中断。

CPU中断用户程序或具有较低优先级的功能块的执行，去处理相关的诊断中断功能块，如果这些极限值不在测量值范围之内，则不进行比较工作。

四、冗余设计

在许多自动化领域中，要求容错和高可靠性的自动化系统的应用越来越多。特别是在某些领域，停机将带来巨大的经济损失。在这种情况下，只有冗余系统才能满足高可靠性的要求。高可靠性的西门子公司的S7-400H能充分满足这些要求。S7-400H能连续运行，即使控制器的某些部件由于一个或几个故障而失效也不受影响。由于西门子公司的S7-400H具有很高的可用性，它特别适合于以下的应用领域：

(1) 控制器发生故障后再启动的费用十分昂贵（一般在过程控制工业）；

(2) 如发生停机，将会造成重大的经济损失；

(3) 过程控制中包含有贵重的材料（如制药工业）；

(4) 无人管理的应用场合；

(5) 需要减少维护人员的场合。

S7-400H按冗余方式设计，CPU、电源模块是双重的，可以在故障发生后继续使用备用部件。此外，用户也可以自行决定其他需要双重的部件以增强设备的冗余性。S7-400H的双重部件采用“热备用”模式的主动冗余原理，两个子单元都处于运行状态，采用“事件驱动同步”，当故障发生时，保证在双重部件之间无扰动切换，如图8-7所示。CPU 417-H的操作系统自动地执行S-400H需要的附加功能，包括数据通信，故障响应（切换到备用控制器），两个子单元的同步和自检功能等。

图8-7 冗余连接图

为了保证无扰动切换，必须实现中央控制器链路之间的快速、可靠的数据交换。两个控制器必须使用相同的用户程序，自动地接收相同的数据块、过程映像和相同的内部数据，例如定时器、计数器、位存储器等。这样可以确保两个子控制器同步地更新内容，在任意一个子系统有故障时，另一个可以承担全部控制任务。

S7-400H采用“事件驱动同步”，当两个子单元的内部状态不同时，例如，在直接I/O访问、中断、报警和修改时钟时，就会进行同步操作。通过通信功能修改数据，由操作系统自动执行同步功能，不需要用户编程。

S7-400H对中央控制器之间的连接、CPU模块、处理器/ASCII和存储器进行自检。在启动后每个子单元完整地执行所有的测试功能。自检功能被分为几部分，每个周期只执行部分自检功能，以减轻CPU的负担。

第四节　多CPU处理及CPU模块

一、多CPU处理

S7-400提供了多种级别的CPU模块和种类齐全的通用功能的模块，使用户能根据需要组合成不同的专用系统。S7-400采用模块化设计，性能范围宽广的不同模块可以灵活组合，扩展十分方便。

1个机架上最多可安装4个CPU模块，并同时运行。这些CPU同时启动，同时进入

STOP模式。多CPU处理适用的情况是，当用户程序过长，或者存储空间不够，需要分配给多个CPU来执行。可将系统分成不同的、相对独立的功能块，以利于彼此分开、单独控制，各CPU分别处理不同的部分，各自访问分配给自己的模块，给每个CPU分配模块的工作在STEP 7组态中进行。通过通信总线（C总线），CPU彼此互联，启动时，CPU将自动检查彼此是否同步。

二、CPU模块的元件

S7-400有7种不同型号的CPU，分别适用于不同等级的控制要求。不同型号的CPU面板上的元件不完全相同，CPU内的元件封装在一个牢固而紧凑的塑料机壳内，面板上有状态和故障指示LED、方式选择钥匙开关和通信接口。大多数CPU还有后备电池盒，存储器插槽可插入多达数兆字节的存储器卡。

CPU 417的工作存储器可以扩展，在CPU模块的存储器插槽内插入RAM存储卡，可以增加装载存储器的程序容量。快闪存储器（Flash EPROM）卡用来存储程序和数据，即使在没有后备电池的情况下，其内容也不会丢失。可以在编程器或CPU上编写Flash卡的内容，Flash卡也可以扩展CPU装载存储区的容量。CPU 417-4和CPU 417-4H还有存储器扩展接口，可以扩展工作存储器。集成式RAM不能扩展，集成式RAM装载存储器为256KB，用存储器卡扩展FEPROM和RAM最大各为64MB。电池可以对所有的数据提供后备电源。

根据模块类型的不同，在S7-400的电源模块中可以使用一个或两个后备电池，为存储在内置的装载存储器和外部装载存储器、工作存储器的RAM中的用户程序和内部时钟提供后备电源，保持存储器中的存储器位、定时器、计数器、系统数据和数据块中的变量。

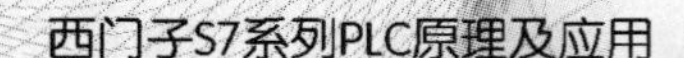

第九章　S7-300/400系列PLC的指令系统

第一节　S7-300 /400 系列 PLC 编程基础

一、编程语言

STEP 7 是西门子公司专为 S7-300/400 系列 PLC 设计的编程软件。标准的 STEP 7 软件包配备三种基本编程语言，即梯形图（LAD）、功能块图（FBD）和语句表（STL）编程语言，在 STEP 7 中可以相互转换；另外还有多种可选编程语言，如选用要收附加费用。

（一）梯形图（LAD）编程语言

梯形图是一种融逻辑操作、控制于一体，面向对象的、实时的、图形化的编程语言，类似继电器控制电路图。

梯形图由触点、线圈和指令框组成，直观易懂，有时也称为电路或程序。触点代表输入，线圈代表运算结果，指令框用来表示计数器、定时器及运算等指令。梯形图按自上而下，从左到右的顺序排列，最左边的竖线称为起始母线或左母线，然后按一定的控制要求和规则连接各个接点，最后以继电器线圈（或再接右母线）结束，称为逻辑行或叫“梯级”，在 STEP 7 中把由触点和线圈等组成的独立电路称为网络（Network）。通常一个梯形图中有若干逻辑行（梯级或网络），形似梯子，如图 9-1 所示，梯形图由此而得名。

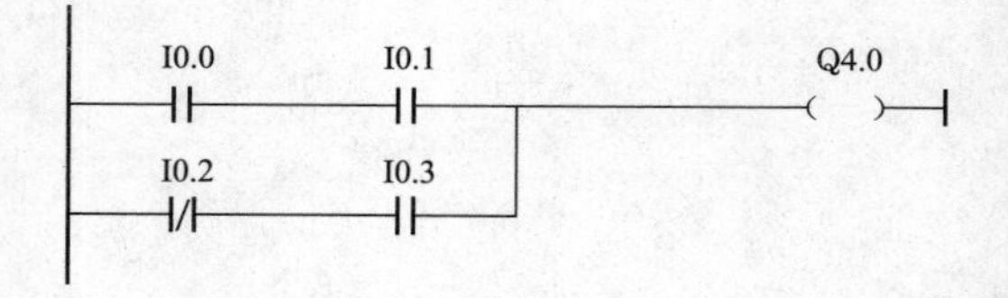

图 9-1　梯形图（LAD）

梯形图的逻辑运算，若没有跳转指令，在网络中按从左到右的方向执行，网络之间按从上到下的顺序执行，执行完所有的网络后，返回到最上面重新开始，循环执行。

梯形图信号流向清楚、简单、直观、易懂，很像电气原理图，易为电气工程人员理解和使用。梯形图在 PLC 中应用非常普遍，已成为 PLC 程序设计的基本语言。

（二）功能块图（FBD）编程语言

功能块图是一种图形化的高级编程语言，对应于逻辑电路的图形语言。它类似于普通逻辑功能图，沿用了半导体逻辑电路的逻辑框图的表达方式。一般用一种功能方框表示一种特定的功能，框图内的符号表达了该功能块图的功能。

通过软连接的方式把所需的功能块图连接起来，用于实现系统的控制，其表达格式有利于程序流的跟踪。

功能块图有基本逻辑功能、计时和计数功能、运算和比较功能及数据传送功能等。

功能块图通常有若干个输入端和若干个输出端。输入端是功能块图的条件，输出端是功能块图的运算结果。

功能块图没有触点和线圈，也没有左、右母线的概念，如图 9-2 所示，信号自左向右流动。

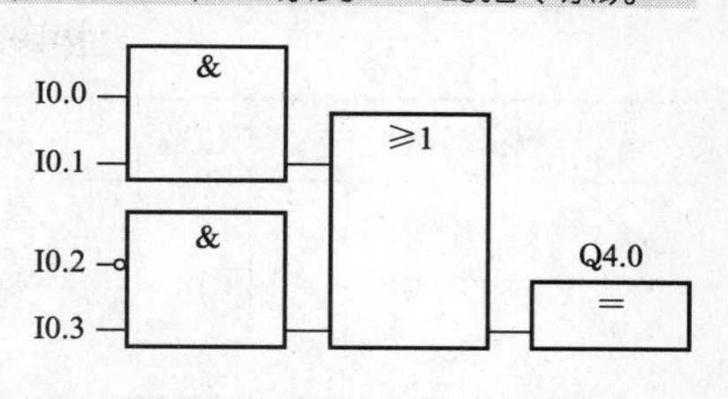

图 9-2　功能块图（FBD）

（三）语句表（STL）编程语言

语句表是用助记符来表达 PLC 的各种控制功能的，它类似于计算机的汇编语言，但比汇编语言更直观易懂，编程简单，因此也是应用很广泛的一种编程语言。语句表可使用简易编程器编程，但比较抽象，一般与梯形图语言配合使用，互为补充。目前，大多数 PLC 都有语句表编程功能，但各厂家生产的 PLC 语句表所用的助记符互不相同，不能兼容。语句表编程如图 9-3 所示。

```
A   M0.0
AN  I0.0
=   Q4.0
```

图 9-3　语句表（STL）

通常梯形图程序、功能块图程序、语句表程序可以有条件地方便转换。但是，语句表可以编写梯形图或功能块图无法实现的程序。熟悉 PLC 和逻辑编程的有经验的程序员最适合使用语句表语言编程。

（四）STEP 7 的选用编程语言和仿真软件

STEP 7 的可选用的编程语言包括 S7 Graph、S7 SCL、S7-HiGraph 和 S7 CFC 等，下面分别给以介绍。

S7 Graph 用于编制顺序控制程序，特别适合于生产制造过程。

S7 SCL 是一种用于实现复杂的数学运算的高级文本语言，适合于熟悉高级编程语言的用户进行计算和数据处理。

S7 HiGraph 是用状态图（State Graphs）描述异步、非顺序过程的编程语言。

S7 CFC 是用图形连接程序库中各种以块形式提供的功能，从而实现编程的语言，适合于连续过程控制的编程。

S7-PLCSIM 仿真软件用于西门子公司 S7 程序块的测试，能对 LAD、FBD、STL、S7 Graph、S7 HiGraph、S7 SCL 和 S7 CFC 编写的程序进行仿真。

二、数据类型

S7 的数据类型可分为三种类型：基本数据类型、复合数据类型和参数类型。

（一）基本数据类型

S7-300/400 PLC 的指令参数所用的基本数据类型有 1 位布尔型（BOOL）、8 位字节型（BYTE）、16 位无符号整数（WORD）、16 位有符号整数（INT）、32 位无符号双字整数（DWORD）、32 位有符号双字整数（DINT）、32 位实数型（REAL）、16 位 SIMATIC 时间（S5TIME）、32 位 IEC 时间（TIME）、16 位 IEC 日期（DATE）、32 位时间（TIME OF DAY）、8 位字符（CHAR）等。基本数据类型说明如表 9-1 所示。

表 9-1　　基本数据类型说明

数据类型	位数	格式选项	范围
BOOL（位）	1	布尔文本	TRUE/FALSE
BYTE（字节）	8	十六进制的数字	B#16#0～B#16#FF

续表

数据类型	位数	格式选项	范围
WORD（字）	16	二进制的数字 十六进制的数字 BCD 十进制无符号数字	2#0～2#1111_1111_1111_1111 W#16#0～W#16#FFFF C#0～C#999 B#（0.0）～B#（255.255）
DWORD（双字）	32	二进制的数字 十六进制的数字 十进制无符号数字	2#0～2#1111_1111_1111_11111111_1111_1111_1111 DW#16#0000_0000～DW#16#FFFF_FFFF B#（0，0，0，0）～B#（255，255，255，255）
INT（整数）	16	十进制有符号数字	−32 768～32 767
DINT（整数，32 位）	32	十进制有符号数字	L#−2147483648～L#2147483647
REAL（浮点数）	32	IEEE 浮点数	上限：3.402 823e+38 下限：1.175 495e−38
S5TIME（SIMATIC 时间）	16	S7 时间 以步长 10ms（默认值）	S5T#0H_0M_0S_10MS～ S5T#2H_46M_30S_0MS 和 S5T#0H_0M_0S_0MS
TIME（IEC 时间）	32	IEC 时间步长为 1ms，有符号整数	−T#24D_20H_31M_23S_648MS～ T#24D_20H_31M_23S_647MS
DATE（IEC 日期）	16	IEC 日期步长为 1 天	D#1990-1-1～D#2168-12-31
TIME_OF_DAY（时间）	32	时间步长为 1ms	TOD#0：0：0.0～TOD#23：59：59.999
CHAR（字符）	8	ASCII 字符	‘A’，‘B’等

（二）复杂数据类型

复杂数据类型是指大于 32 位的数字数据群或包含其他数据类型的数据群，包括 DATE_AND_TIME、STRING、ARRAY、STRUCT、UDT（用户自定义数据类型）、FB 和 SFB 等，复杂数据类型如表 9-2 所示。

表 9-2　复合数据类型说明

数据类型	说明
DATE_AND_TIME	日期-时间。定义具有 64 位（8 个字节）的区域。此数据类型以二进制编码的十进制的格式保存，存储年（字节 0）、月（字节 1）、日（字节 2）、小时（字节 3）、分钟（字节 4）、秒（字节 5）、毫秒（字节 6 和字节 7 的一半）和星期（字节 7 的另一半），用 BCD 码来表示。范围 DT#1990-1-1-0：0：0.0～DT#2089-12-31-23：59：59.999
STRING	字符串。定义最多有 254 个字符的组（数据类型 CHAR）。为字符串保留的标准区域是 256 个字节长，这是保存 254 个字符和 2 个字节的标题所需要的空间，可以通过定义即将存储在字符串中的字符数目来减少字符串所需要的存储空间（例如：string [9]‘Siemens’）
ARRAY	数组。定义一个数据类型（基本或复杂）的多维组群。例如：“ARRAY [1..2，1..3] OF INT”定义 2x3 的整数数组，使用下标（“[2，2]”）访问数组中存储的数据，最多可以定义 6 维数组，下标可以是任何整数（−32 768～32 767）
STRUCT	结构。定义一个数据类型任意组合的组群，最多可以嵌套 8 层。例如，可以定义结构的数组或结构和数组的结构
UDT	用户数据类型。在创建数据块或在变量声明中声明变量时，简化大量数据的结构化和数据类型的输入。在 STEP 7 中，可以组合复杂的和基本的数据类型以创建用户的“用户自定义”数据类型。UDT 具有自己的名称，因此可以多次使用
FB、SFB	块。确定分配的实例数据块的结构，并允许在一个实例数据块中传送数个 FB 调用的背景数据

（三）参数类型

参数类型是为块之间传送的形式参数而定义的数据类型。STEP 7 提供的参数类型有TIMER或COUNTER（定时器和计数器）、BLOCK（块）、POINTER（指针）、ANY（任意参数）等，参数类型也可以在用户自定义数据类型（UDT）中使用。

定时器和计数器：赋值给TIMER或COUNTER参数类型的形参，相应的实际参数必须是定时器或计数器，换句话说，在正整数之后输入“T”或“C”。

块：指定用作输入或输出的特定块。参数的声明确定了使用的块类型（FB、FC、DB等）。如果赋值给BLOCK参数类型的形参，指定块地址作为实际参数。实例：“FC101”（当使用绝对寻址时）或“Valve”（使用符号寻址）。

POINTER：参考变量的地址。指针包含地址而不是值。当赋值给POINTER参数类型的形式参数，指定地址作为实际参数。在STEP 7中，可以用指针格式或简单地以地址指定指针（例如，M 50.0）。寻址以M 50.0开始的数据的指针格式的实例：P＃M50.0。

ANY：当实际参数的数据类型未知或当可以使用任何数据类型时，可以使用该参数。

参数类型说明如表9-3所示。

表9-3　　参数类型说明

参数	字节长度	描述
TIMER	2个字节	指示程序在调用的逻辑块中使用的定时器。 格式：T1
COUNTER	2个字节	指示程序在调用的逻辑块中使用的计数器。 格式：C10
BLOCK_FB BLOCK_FC BLOCK_DB BLOCK_SDB	2个字节	指示程序在调用的逻辑块中使用的块。 格式：FC101 DB42
POINTER	6个字节	识别地址。 格式：P＃M50.0
ANY	10个字节	在当前参数的数据类型未知时使用。 格式： P＃M50.0 BYTE 10 数据类型的ANY格式 P＃M100.0 WORD 5 L＃1COUNTER 10 用于参数类型的ANY格式

三、存储器区域

CPU存储器中存放的数据类型可分为BOOL、BYTE、WORD、INT、DWORD、DINT、REAL。不同的数据类型具有不同的数据长度和数值范围。在上述数据类型中，用字节（B）型、字（W）型、双字（D）型分别表示8位、16位、32位数据的数据长度。不同的数据长度对应的数值范围如表9-4所示。例如，数据长为字（W）型的无符号整数（WORD）的数值范围为0～65535。

表9-4　　数据长度与数值

数据长度	无符号数		有符号数	
	十进制	十六进制	十进制	十六进制
B（字节型） 8位值	0～255	0～FF		

续表

数据长度	无符号数		有符号数	
	十进制	十六进制	十进制	十六进制
W（字型）16 位值	0～65 535	0～FFFF	−32 768～32 767	8000～7FFF
D（双字型）32 位值	0～4 294 967 295	0～FFFF FFFF	−2 147 483 648～2 147 483 647	80 000 000～7FFF FFFF
R（实数型）32 位值	$-10^{38}\sim+10^{38}$			

PLC 的存储器分为装载存储器、系统存储器、主存储器（也称为工作存储器）三个区。

装载存储器区用于保存代码块和数据块以及系统数据（组态、连接和模块参数等），但标记有与运行时间无关的块不能保存在装载存储器中，有的可用微存储卡（MMC）扩展。

工作存储器用于存放与运行相关的块（代码块和数据块），其容量基本由所选的 CPU 决定，CPU 417 的工作存储器可以扩展。

系统存储器是每个 CPU 均可使用的存储器部件，包括存储位、定时器和计数器的地址区、I/O 过程映像、局域数据、块栈和中断栈。系统存储器是用户程序执行过程中的内部工作区域，存储器为 RAM。

（一）系统存储器存储区的地址表示格式

存储器是由许多存储单元组成，每个存储单元都有唯一的地址，可以依据存储器地址来存取数据。系统存储区地址的表示格式有位、字节、字、双字地址格式。

（二）系统存储器存储区域

1. 输入/输出映像寄存器（I/Q）

（1）输入映像寄存器（I）。

PLC 的输入端子是从外部接收输入信号的窗口。每一个输入端子与输入映像寄存器（I）的相应位相对应。输入点的状态，在每次扫描周期开始（或结束）时进行采样，并将采样值存于输入映像寄存器，作为程序处理时输入点状态的依据。输入映像寄存器的状态只能由外部输入信号驱动，而不能在内部由程序指令来改变。输入映像寄存器（I）的地址格式为：

位地址：I［字节地址］.［位地址］，如 I0.1。

字节、字、双字地址：I［数据长度］［起始字节地址］，如 IB4、IW6、ID10。

（2）输出映像寄存器（Q）。

每一个输出模块的端子与输出映像寄存器的相应位相对应。CPU 将输出判断结果存放在输出映像寄存器中，在扫描周期的结尾，CPU 以批处理方式将输出映像寄存器的数值复制到相应的输出端子上。通过输出模块将输出信号传送给外部负载。可见，PLC 的输出端子是 PLC 向外部负载发出控制命令的窗口。输出映像寄存器（Q）地址格式为：

位地址：Q［字节地址］.［位地址］，如 Q4.1。

字节、字、双字地址：Q［数据长度］［起始字节地址］，如 QB100、QW11、QD10。

I/O 映像区实际上就是外部输入/输出设备状态的映像区，PLC 通过 I/O 映像区的各个位与外部物理设备建立联系，每个位都可以映像输入、输出单元上的每个端子状态。

在程序的执行过程中，对于输入或输出的存取通常是通过映像寄存器，而不是实际的输入/输出端子。梯形图中的输入继电器、输出继电器的状态是对应于输入/输出映像寄存器相应位的状态。使得系统在程序执行期间完全与外界隔开，从而提高了系统的抗干扰能力。建立了I/O映像区，用户程序存取映像寄存器中的数据要比存取输入/输出物理点要快得多，加速了运算速度。此外，外部输入点的存取只能按位进行，而I/O映像寄存器的存取可按位、字节、字、双字进行，因而使操作更加灵活。

2. 内部标志位存储器（M）

内部标志位存储器也称为内部线圈，是模拟继电器控制系统中的中间继电器，它存放中间操作状态或存储其他相关的数据。内部标志位存储器以位为单位使用，也可以字节、字、双字为单位使用，其地址格式为：

位地址：M［字节地址］.［位地址］，如M26.7。

字节、字、双字地址：M［数据长度］［起始字节地址］，如MB11、MW23、MD26。

3. 外设输入（PI）和外设输出（PQ）

外设输入区和外设输出区允许直接访问本地的和分布式的输入模块和输出模块，其存取格式为：

字节、字、双字地址：PI或PQ［数据长度］［起始字节地址］，如PIB10、PIW100、PID120。

4. 局部数据区（L）

局部数据区用来存放处理组织块、功能块和系统块时相应块的临时数据，可以按位、字节、字、双字访问局部数据区。局部数据区的地址格式为：

位地址：L［字节地址］.［位地址］，如L0.0。

字节、字、双字地址：L［数据长度］［起始字节地址］，如LB33、LW44、LD55。

5. 共享数据块（DB）和背景数据块（DI）

共享数据块供所有的逻辑块使用，而背景数据块与系统功能块和某一功能块相关联，用“OPN DB（或DI）”指令打开。地址格式为：

位地址：DB或DI［字节地址］.［位地址］，如DB3.1，DI3.3。

字节、字、双字地址：DB或DI［数据长度］［起始字节地址］，如DBB4、DBW10、DID21。

6. 定时器存储器（T）

定时器是模拟继电器控制系统中的时间继电器，时间值可用BCD码或二进制方式读取。定时器存储器地址表示格式为：T［定时器号］，如T24。

7. 计数器存储器（C）

计数器是累计其计数输入端脉冲电平由低到高的次数，有三种类型：增计数、减计数、增减计数。计数值可用BCD码或二进制方式读取，计数值的范围为0～999。

其地址表示格式为：C［计数器号］，如C5。

四、寻址方式

执行任何一条指令都需要操作数。寻址方式就是指令中用于说明操作数所在地址的方法，操作数可直接或间接给出。

S7-300/400 PLC的寻址方式有：立即寻址、直接寻址、间接寻址，其中间接寻址又可分存储器间接寻址和寄存器间接寻址。

(一) 立即寻址

立即寻址方式是在指令中直接给出操作数，出现在指令中的操作数称为立即数，所以称为立即操作数或立即寻址。立即寻址方式可用来提供常数，设置初始值等。指令中经常使用常数，常数值可分为字节、字、双字型等数据。CPU 以二进制方式存储所有常数，指令中可用十进制、十六进制、ASCII 码或浮点数形式来表示。十进制、十六进制、ASCII 码浮点数的常数表示，如表 9-5 所示。

表 9-5　　常　数

符　号	说　明
B#16#，W#16#，DW#16#	十六进制字节、字和双字常数
D#	IEC 日期常数
L#	32 位整数常数
P#	地址指针常数
S5T#	S5 时间常数（16 位）
T#	IEC 时间常数
TOD#	实时时间常数（16/32 位）
C#	计数器常数（BCD 编码）
2#	二进制常数
B（b1，b2）B（b1，b2，b3，b4）	常数 2 或 4 个字节

2#用来表示二进制常数，例如 2#0101_1110，#为常数的进制格式说明符。如果常数无任何格式说明符，系统默认为十进制。

立即寻址举例如下：

```
SET                          //将 RLO 置 1
L  +25                       //将 16 位整数常数“25”装入 ACCU1 中
L  L#-1                      //将 32 位整数常数“-1”装入 ACCU1 中
L  2#1000_1000_1000_1000     //将 16 位二进制常数装入 ACCU1 中
L  DW#16#A0E0_ABCE           //将十六进制双字常数装入 ACCU1 中
L  “END”                     //将 ASCII 字符数装入 ACCU1 中
L  T#400ms                   //将时间值 400ms 装入 ACCU1 中
L  C#200                     //将计数值装入 ACCU1 中
L  B#（100，19）             //将 2 字节无符号常数 100 和 19 装入 ACCU1
L  B#（100，12，40，9）      //将 4 字节无符号常数装入 ACCU1
L  P#10.1                    //将内部区域指针装入 ACCU1 中
L  P#Q20.5                   //将交叉区域指针装入 ACCU1 中
L  -1.6                      //将实数（浮点数）装入 ACCU1 中
L  D#2007_02_4               //将日期装入 ACCU1 中
L  TOD#20：20：20.200        //将实时时间装入 ACCU1 中
```

(二) 直接寻址

直接寻址方式是指在指令中直接使用存储器或寄存器的元件名称和地址编号，根据这个地址就可以立即找到该数据。操作数的地址应按规定的格式表示。指令中，数据类型应与指令标识符相匹配。

不同数据长度的寻址指令举例如下：

位寻址：　A　I0.3　　　　　　//输入位 I0.3 的“与”操作
字节寻址：L　IB5　　　　　　//将输入字节 IB5 装入 ACCU1 的低字节
字寻址：　L　IW4　　　　　　//将输入字 IW4 装入 ACCU1 的低字
双字寻址：L　ID20　　　　　 //将输入双字 ID20 装入 ACCU1

（三）间接寻址

间接寻址方式是指在指令中到指定的存储单元地址（地址指针）取操作数地址。寻址中要用到寄存器，常用的寄存器有累加器、状态字寄存器、地址寄存器。间接寻址包括存储器间接寻址和寄存器间接寻址。

1. 累加器（ACCUx）

S7-300/400 的累加器均为 32 位的累加器，用于处理字节、字或双字的寄存器。送入累加器的操作数在累加器中运算处理，并可保存在累加器中，处理的 8 位或 16 位数据结果放在累加器的低端。S7-300 有两个累加器，而 S7-400 有四个。

2. 状态字寄存器

状态字寄存器是一个逐位定义的 16 位寄存器，用做程序运行状态的标志。状态字寄存器是一个程序可访问的寄存器，可按位和字节访问和设置，格式如图 9-4 所示：

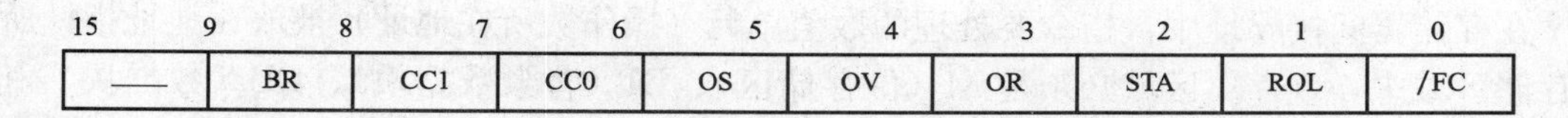

图 9-4　状态字寄存器

状态字的第 0 位为首先检查位（/FC），/FC 为 0 时表示逻辑网络开始或逻辑串的第一条指令，但在逻辑串指令执行过程中/FC 为 1，输出指令或结束逻辑串指令时/FC 清 0。

状态字的第 1 位为逻辑运算结果（ROL），ROL 为 0 时表示运算点无能流，ROL 为 1 时表示该点有能流，即存储的是逻辑运算前的结果。可用 ROL 来触发跳转指令。

状态字的第 2 位为状态位（STA），STA 总是与执行位逻辑指令时该位的值保持一致。

状态字的第 3 位为或位（OR），除了在“与”“或”运算时，OR 位暂存“与”操作结果方便后面“或”外，OR 位均为 0。

状态字的第 4 位为溢出位（OV），在指令执行出现溢出、非法操作、非法浮点数等错误时 OV 置 1，若后续指令运行正常则 OV 被清 0。

状态字的第 5 位为溢出状态保持位（OS），当 OV 位为 1 时被置 1 后一直保持，用于记录之前运行指令时是否产生过错误。在执行三种指令（块调用或块结束以及 OS 为 1 时跳转的 JOS 指令）的情况下 OS 被复位为 0。

状态字的第 6 位和第 7 位为条件代码 0（CC0）和条件代码 1（CC1），两位条件代码用于表示在累加器 1 中运算结果与 0 的关系、比较指令的执行结果、移位指令的移出位状态等，执行指令后的 CC1 和 CC0 情况，如表 9-6 所示。

表 9-6　　执行指令后的 CC1 和 CC0 情况

CC1	CC0	算术运算无溢出	整数运算有溢出	浮点数运算有溢出	比较指令	移位指令和循环移位指令	字逻辑指令
0	0	结果=0	相加下溢出	正负数绝对值过小	ACCU2=ACCU1	移出位为 0	结果为 0
0	1	结果<0	乘法下溢出，加减法上溢出	负数绝对值过大	ACCU2<ACCU1	—	—
1	0	结果>0	乘除法上溢出，加减法下溢出	正数上溢出	ACCU2>ACCU1	—	结果不为 0
1	1	—	除法或 MOD 指令的除数为 0	非法的浮点数	非法的浮点数	移出位为 1	—

状态字的第 8 位为二进制结果位（BR），在具有位操作和字操作的一段程序中表示字操作结果正确与否。在梯形图中，BR 位与方框指令使能输出 ENO 一致，在编写 FB 和 FC 语句表程序中必须用 SAVE 指令将 RLO 存入 BR 来管理 BR 位，执行正确时 BR 为 1，错误时 BR 为 0。

状态字的第 9～15 位未赋值使用。

3. 地址寄存器（32 位）

地址寄存器 AR1 和 AR2（32 位）地址寄存器的长度为 32 位，包括直接寻址指令的内部地址区或交叉地址区，存放完成寄存器间接寻址命令的区域内或区域间指针。地址寄存器指针可访问存储区域 P、I、Q、M、DBX、DIX 和 L 的位、字节和双字。

4. 存储器间接寻址

在存储器间接寻址中，指令要处理的数值单元（操作数所在地址）被放在地址指针所在的存储区域中，该存储区域必须是 M（位存储区）、DI（背景数据块）、DB（数据块）和 L（局部数据）中之一。

存储器间接寻址有字和双字两种指针格式，编号范围小于 65535 的定时器（T）、计数器（C）、数据块（DB）、功能块（FB）和功能（FC）用字指针，缩写以 W 结尾（如 DIW）。存储器间接寻址的字指针格式如图 9-5 所示。

其他地址用双字指针格式，指针缩写以 D 结尾（如 DID），双字指针格式如图 9-6 所示，第 0～2 位（xxx）为被寻址位的位编号（范围 0～7），第 3～18 位为被寻址字节的字节编号（范围 0～65535）。用双字指针访问字、字节或双字存储器是指针位编号必须为 0。当存储器的间接地址存放在数据块中，调用时要先用 OPN 指令打开数据块。存储器间接寻址（黑体字部分）举例如下：

（1）字指针格式　　　　　　　　　　A　T [DBW20]

```
OPN  DB50           //打开数据块 DB50
L  +30              //将整数 30 装入累加器 1
T  DBW20            //将累加器 1 内容传送至数据字 DBW20
A  T [DBW20]        //测试定时器 T30 的信号状态（字指针格式）
```

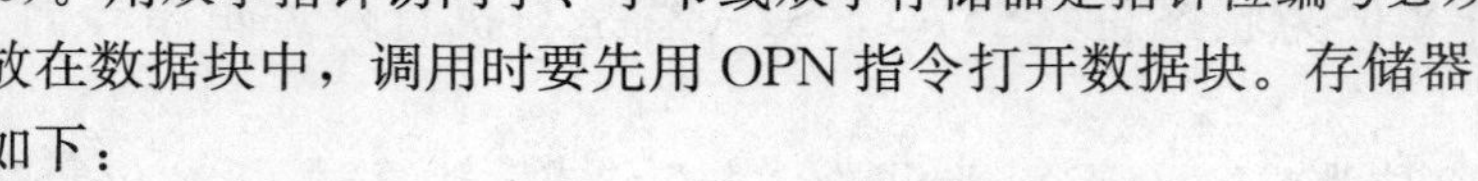

15		8	7		0
n n n n		n n n n	n n n n		n n n n

位0～15用于表示编号范围小于65535的定时器（T）、计数器（C）、数据块（DB）、功能块（FB）和功能（FC）

图 9-5　存储器间接寻址的字指针格式

（2）双字指针格式　L　QB［LD12］

L　P#5.0　　//将 2#00000000000000000000000000101000 装入累加器 1

T　LD11　　//将地址指针保存在区域数据双字 11 中

L　QB［LD11］　//将输出字节装入累加器 1，输出字节地址指针在区域双字 11 中，装入的是 QB5（双字指针格式）

5. 寄存器间接寻址

S7 的寄存器间接寻址是指利用地址寄存器（AR1 或 AR2）的内容加上偏移量形成的地址指针，取得该指针所在单元存放的操作数的寻址方式。一个进行寄存器间接寻址的语句不改变地址寄存器中的数值。用寄存器指针访问一个字节、字或双字时，位编号必须为 0。

寄存器间接寻址的地址寄存器指针格式为双字指针，如图 9-6 所示，其中第 0～2 位（xxx）为被寻址的位编号（0～7），第 3～18 位（bbbb bbbb bbbb bbbb）为被寻址的字节编号（0～65535），第 24～26 位（yyy）为被寻址地址的区域标识符，第 31 位 X 为地址区符号。

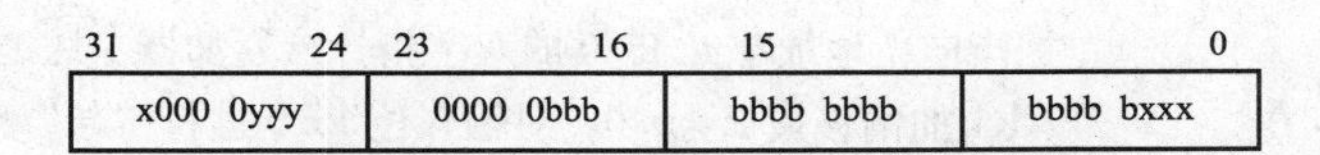

图 9-6　寄存器间接寻址的地址寄存器双字指针格式

地址寄存器包括直接寻址指令的内部地址区和交叉地址区，寄存器间接寻址因此分为区域内寄存器间接寻址和区域间寄存器间接寻址，地址寄存器的双字指针格式也因此分为两种，由第 31 位来区分。

区域内寄存器间接寻址，第 31 位为 0，第 24～26 位（yyy）也为 0，存储区的类型在指令中给出，区域内寄存器的指针可访问存储区域 P、I、Q、M、DBX、DIX 和 L 的位、字节和双字。双字指针格式与存储器间接寻址的双字指针格式一样。区域内寄存器间接寻址举例如下：

L　P#4.0　　//将 2#0000000000000000 00000000 0010 0000 装入累加器 1

LAR1　　//将 ACCU1 中的内容送到地址寄存器 AR1 中

LAR2　　//将 ACCU1 中的内容送到地址寄存器 AR2 中

A　M［AR1，P#2.5］　//AR1 中的 P#4.0 加偏移量 P#2.5，也即对 M6.5 进行操作，AR1 中的内容不变

=Q［AR1，P#0.6］　//逻辑运算的结果送 Q4.6，即 4.0（AR1）加 0.6（偏移量）//AR1 中的内容仍不变

L　DBW［AR1，P#18.0］　//将 DBW22 装入累加器 1，单元 22 来自 4（AR1）加 18（偏移量），为 22

L　IB［AR1，P#50.0］　//将 IB54 装入累加器 1，单元 54 来自 4（AR1）加 50（偏移量），为 54

L　LD［AR2，P#52.0］　//将 LD56 装入累加器 1，单元 56 来自 4（AR2）加 52（偏移量），为 56

区域间寄存器间接寻址，第 31 位为 1，通过改变存储区域标识位第 24～26 位（y、H）实现区域间跨区寻址。区域间寄存器间接寻址的区域标识位如表 9-7 所示。

表 9-7　　区域间寄存器间接寻址的区域标识位（yyy，第 24～26 位）

yyy（第 24～26 位）	区域标识（存储区）	yyy（第 24～26 位）	区域标识（存储区）
000	P（I/O，外设 I/O）	100	DBX（共享数据块）
001	I（输入过程映像）	101	DIX（背景数据块）
010	Q（输出过程映像）	110	L（局域数据）
011	M（位存储区）	111	VL（前导局域数据）

区域间寄存器的指针可访问存储区域 P、I、Q、M、DBX、DIX 和 L 的位、字节和双字。存储区域由地址寄存器的第 24～26 位（yyy）确定。被寻址信息存放在地址寄存器中。区域间寄存器间接寻址举例如下：

```
L  P#I5.0                //将间接寻址的指针装入累加器 1
                         //指针为 2#1000 0001 0000 0000 0000 0000 0010 1000
LAR1                     //把指向位单元 M5.0 的双字指针从累加器 1 送至地址寄存器 1
L  P#Q5.0                //将间接寻址的位地址指针装入累加器 1
                         //地址指针为 2#1000 0001 0000 0000 0000 0000 0010 1000
LAR2                     //把指向位地址单元 I5.0 的双字指针从累加器 1 送地址寄存器 2
A   [AR1，P#0.0]         //AR1 加偏移量 P#0.0，对输入位 I5.0 进行“与”操作
                         //AR1 的内容不变
=   [AR2，P#1.1]         //AR2 加偏移量 P#1.1 逻辑运算结果（RLO）送 Q6.1
                         //AR2 的内容不变，Q6.1 来自 5.0（AR2）加上 1.1（偏移量）
L  P#I8.0                //将间接寻址的输入位地址指针装入累加器 1
                         //地址指针为 2#1000 0001 0000 0000 0000 0000 0100 0000
LAR2                     //把指向位地址单元 I8.0 的双字指针从累加器 1 送地址寄存器 2
L  P#M9.0                //将间接寻址的存储器的位 M9.0 的双字指针装入累加器 1
                         //地址指针为 2#1000 0011 0000 0000 0000 0000 0100 1000
LAR1                     //把指向存储器位 M9.0 的双字指针从累加器 1 送至地址寄存器 1
L  B [AR2，P#2.0]        //AR2 加偏移量 P#2.0，将输入字节 IB10 装入累加器 1AR1 的内容不变
T  D [AR1，P#50.0]       //将累加器 1 的内容（输入字节 IB10）传送至存储双字 MD59，累加器 1
                         中的输入字节来自 8（AR2）加 2（偏移量），为 10，累加器 1 的内容为
                         1000 0001 0000 0000 0000 0000 0101 0000，存储双字 MD58 来自 9
                         （AR1）加 50（偏移量），为 59。
```

五、用户程序结构

用户程序可分为三个程序分区：主程序（OBI）、子程序（可选）和中断程序（可选）。

主程序是用户程序的主体。CPU 在每个扫描周期都要执行一次主程序指令。

子程序是程序的可选部分，只有当主程序调用时，才能够执行。合理使用子程序，可以优化程序结构，减少扫描时间。

中断程序是程序的可选部分，只有当中断事件发生时，才能够执行。中断程序可在扫描周期的任意点执行。

六、编程的一般规则

（一）网络

在梯形图（LAD）中，程序被分成为网络的一些程序段，每个梯形图网络是由一个或多个梯级组成。功能块图（FBD）中，使用网络概念给程序分段。语句表（STL）程序中，

使用“网络”这个关键词对程序分段。对梯形图、功能块图、语句表程序分段后，就可通过编程软件实现它们之间的相互转换。

（二）梯形图（LAD）/功能块图（FBD）

梯形图中左、右垂直线称为左、右母线。STEP7-Micro/WIN32 梯形图编辑器在绘图时，通常将右母线省略。在左、右母线之间是由触点、线圈或功能框组合的有序排列。梯形图的输入总是在图形的左边，输出总是在图形的右边，因而触点与左母线相连，线圈或功能框终止右母线，从而构成一个梯级。在一个梯级中，左、右母线之间是一个完整的“电路”，不允许“短路”、“开路”，也不允许“能流”反向流动。

功能块图中输入总是在框图的左边，输出总是在框图的右边。

（三）允许输入端、允许输出端

在梯形图、功能块图中，功能框的 EN 端是允许输入端，功能框的允许输入端必须存在“能流”，即与之相连的逻辑运算结果为 1（即 EN=1），才能执行该功能框的功能。

在语句表程序中没有 EN 允许输入端，但是允许执行 STL 指令的条件是栈顶的值必须是“1”。

在梯形图、功能块图中，功能框的 ENO 端是允许输出端，允许功能框的布尔量输出，用于指令的级联。

如果功能框允许输入端存在“能流”，且功能框准确无误地执行了其功能，那么允许输出端将把“能流”传到下一个功能框，此时 ENO=1。如果执行过程中存在错误，那么“能流”就在出现错误的功能框终止，即 ENO=0。

在语句表程序中用 AENO 指令讯问，可以产生与功能框的允许输出端相同的效果。

（四）条件/无条件输入

条件输入：在梯形图（LAD）、功能块图（FBD）中，与“能流”有关的功能框或线圈不直接与左母线连接。

无条件输入：在梯形图（LAD）、功能块图（FBD）中，与“能流”无关的功能框或线圈直接与左母线连接，例如 LBL、NEXT、SCR、SCRE 等。

（五）无允许输出端的指令

在梯形图、功能块图中，无允许输出端的指令方框，不能用于级联，如 CALL SBR_N（N1，…）子程序调用指令和 LBL、SCR 等。

第二节　位逻辑指令

STEP 7 有多种编程语言，本节着重介绍语句表（STL）和梯形图（LAD）这两种编程语言的指令，并讨论基本指令的功能及编程方法。

位逻辑指令用于处理“0”和“1”两个二进制数逻辑运算，“1”表示编程元件动作或线圈通电，“0”表示编程元件未动作或线圈断电。

位逻辑指令根据布尔逻辑对扫描信号状态“0”和“1”进行处理，处理结果为“0”或“1”，即位逻辑运算结果（RLO）。

（一）语句表（STL）的位逻辑指令

1. 布尔位逻辑指令

布尔位逻辑指令执行时检查被寻址位、定时器和计数器的信号状态以便确定激活

“1”或“0”，或确定置“1”或“0”。逻辑操作结果由状态字的第 0 位$\overline{FC}$确定，$\overline{FC}$为 0 时，状态检查结果将保持不变，且不存于 RLO（表明逻辑串开始）；$\overline{FC}$为 1 时，将检查结果与指令前的逻辑运算结果（RLO）和逻辑指令（A、O、X 等）进行逻辑运算后结果存入 RLO。可寻址存储区为 I、Q、M、L、D、T 和 C，变量的数据类型为 BOOL、TIMER 和 COUNTER 型。

（1）A“与”和 AN“与非”指令。

指令格式为：A 〈位〉

AN 〈位〉

A“与”表示串联的动合触点，AN“与非”表示串联的动断触点。

【例 9-1】

```
A   M0.0          //M0.0 为线圈的动合触点，信号为 1 时闭合通电，为 0 断电
AN  I0.0          //I0.0 为动断触点，信号为 1 时触点动作打开，为 0 时触点不动作
=   Q4.0          //输出结束指令
```

（2）O“或”和 ON“或非”指令。

指令格式为：O 〈位〉

ON 〈位〉

O“或”表示并联的动合触点，ON“或非”表示并联的动断触点。

【例 9-2】

```
O   M0.0          //M0.0 为线圈的动合触点，信号为 1 时闭合通电，为 0 断电
ON  I2.0          //I2.0 为动断触点，信号为 1 时触点动作打开，为 0 时触点不动作
```

（3）X“异或”和 XN“异或非”指令。

指令格式为：X 〈位〉

XN 〈位〉

可连续使用“异或”指令。若检测到地址的信号状态为“1”不成对时，逻辑运算的相互结果为“1”。

【例 9-3】

```
X   I2.0
X   I2.1
=   Q5.0          //输出 I2.0 和 I2.1 的“异或”结果。
```

【例 9-4】

```
X   I3.0
XN  I3.1
=   Q5.1          //输出 I3.0 和 I3.1 的“异或非”结果。
```

（4）O“先与后或”指令。

指令格式为：O

O“先与后或”指令运算顺序为在“或”运算之前先进行“与”运算，对“与”运算执行逻辑“或”运算。

【例 9-5】

```
A   I0.0
A   I0.1
```

```
O
A  I0.2
A  M0.2
=   Q4.0           //"先与后或"结果输出
```

2. 嵌套指令

指令格式为：A（　　　"与"操作嵌套开始
AN（　　　"与非"操作嵌套开始
O（　　　"或"操作嵌套开始
ON（　　　"或非"操作嵌套开始
X（　　　"异或"操作嵌套开始
XN（　　　"异或非"操作嵌套开始
）　　　嵌套结束

程序执行时先执行嵌套括号内的逻辑运算，再做嵌套表达式前的逻辑操作。逻辑操作的结果是打开嵌套表达式的指令，把上一个操作的RLO存放至嵌套堆栈，接着程序会将该存放的RLO与括号中逻辑操作中产生的结果进行组合，可以将RLO和OR位以及一个指令代码保存在嵌套堆栈中。指令程序允许最多7个嵌套堆栈输入项。使用"）"（嵌套结束）指令，可删除嵌套堆栈中的一个输入项，并将状态字中的OR位复位，堆栈输入项中所包含的RLO与当前RLO相关，相关运算结果送入RLO。

【例9-6】

```
A (
A    I0.0
A    I0.1
O
AN    I0.2
A    I0.3
)
AN    M8.0      //括号内运算完毕后和M8.0相"与"
=     Q4.0
```

3. 结束一个布尔位逻辑串指令

(1)＝赋值指令。

指令格式为：＝　〈位〉

寻址存储区为I、Q、M、L和D，变量的数据类型为BOOL型。＝(赋值指令）将其之前的逻辑串语句的逻辑运算结果RLO写入指定的寻址位，作为寻址线圈的信号状态（也即赋值指令＝赋值上一条语句的RLO来置位或复位寻址位），赋值指令具有动态特性。赋值指令结束一个逻辑串。

【例9-7】

```
A     I0.2
=     Q4.0
```

【例9-8】

```
A    I [MD5]
=    DBD [AR1, P#56.1]
```

（2）S（置位）和 R（复位）指令。

指令格式为：S　〈位〉

　　　　　　R　〈位〉

寻址存储区为 I、Q、M、L、D、T 和 C，变量的数据类型为 BOOL、TIMER 和 COUNTER 型。置位（S）和复位（R）指令用于把寻址位的信号状态置 1（变 1 并保持）和复位 0（变 0 并保持），具有静态特性。置位和复位指令结束一个逻辑串。

当上一次逻辑运算结果 RLO=1，S 指令把寻址位的信号状态置 1，而 R 指令把寻址位的信号状态复位 0，此外 S 指令不能用于定时器置位，但能给计数器置计数值，R 指令可用于定时器和计数器复位。

【例 9-9】

```
A     I0.0
S     Q4.0
A     I0.1
R     Q4.0
```

【例 9-10】

```
R     T22                //复位 T22
```

【例 9-11】

```
L     C#77               //预置计数值装入累加器低字中
S     C22                //将预置值装入计数器 C22
R     C22                //复位 C22
```

4. 更改逻辑运算的结果（RLO）指令

（1）NOT（RLO 取反）指令。

指令格式为：NOT

使用 NOT 指令，对逻辑运算结果 RLO 取反。

【例 9-12】

```
A(
A     I0.0
A     I0.1
O
AN    I0.2
A     I0.3
)
NOT
=     Q4.0               //括号内运算完毕 RLO 为 1 时，输出 Q4.0 为 0
```

（2）SET（RLO 置位）和 CLR（RLO 清零）指令。

指令格式为：SET

　　　　　　CLR

SET 和 CLR 指令对状态字的逻辑运算结果位 RLO 进行置位和复位操作，紧邻其后的赋值语句地址的信号状态随之变为 1 或 0 状态。

【例 9-13】

```
SET              //将 RLO 置位
=     M0.0       //线圈 M0.0 通电
CLR              //将 RLO 复位
=     Q4.0       //线圈 Q4.0 断电
```

（3）SAVE（把 RLO 存入 BR 寄存器）指令。

指令格式为：SAVE

SAVE 指令的作用是把 RLO 存入二进制结果 BR 位，用来影响状态字的 BR 位或保存 RLO 以供将来需要。状态字的第 0 位首次检查位（/FC）在执行 SAVE 指令时不会被复位。编写 FB 和 FC 语句表程序中用 SAVE 管理 BR 位，执行正确时使 RLO 为 1，存入 BR 位，执行错误时使 RLO 为 0，存入 BR 位。通常在检查相同块或附属块中的 BR 位之前不用 SAVE 指令，其原因是状态字的第 0 位首次检查位（/FC）在执行 SAVE 指令时不会被复位，BR 位的状态将参与下一个网络的“与”逻辑运算，在保存和检查操作之间，BR 位可能被许多指令修改过。

一般在退出逻辑块之前使用 SAVE 指令，使能输出 ENO（即 BR 位）被设置为 RLO 位的值，用于对块中的错误进行检查。

5. RLO 脉冲边沿触发指令 FN（下降沿）和 FP（上升沿）

指令格式为：FN〈位〉

　　　　　　FP〈位〉

寻址存储区为 I、Q、M、L 和 D，变量的数据类型为 BOOL 型。

下降沿检测指令（FN〈位〉）检测到 RLO 的下降沿（RLO 的信号状态从“1”变为“0”时）后，RLO 位为“1”，能流在一个扫描周期内流过检测元件。

上升沿检测指令（FP〈位〉）检测到 RLO 的上升沿（RLO 的信号状态从“0”变为“1”时）后，RLO 位为“1”，“能流”在一个扫描周期内流过检测元件。

在每一个程序扫描周期过程中，RLO 位的信号状态都将与前一周期中获得的结果进行比较，看信号状态是否有变化。前一 RLO 的信号状态必须保存在边沿标志地址（〈位〉）中，以进行比较。如果在当前和先前的 RLO 状态之间有变化（检测到下降沿或上升沿），则在操作之后，“能流”在该扫描周期内流过检测元件，也即 RLO 位仅在该扫描周期内为“1”；如果在当前和先前的 RLO 状态之间没有变化（无脉冲边沿），则在操作之后，FN 和 FP 指令均把 RLO 复位为 0。

【例 9-14】

```
A     I0.0
A     I0.1
FN    M0.0       //若检测到下降沿，
=     Q4.0       //则 Q4.0 仅在一个 OB1 扫描周期得电
```

【例 9-15】

```
A     I0.0
A     I0.1
FP    M0.0       //若检测到上升沿，
=     Q4.0       //则 Q4.0 仅在一个 OB1 扫描周期得电
```

(二) 梯形图 (LAD) 的位逻辑指令

1. —| |—动合触点 (地址)、—|/|—动断触点 (地址) 和—( ) 输出线圈

指令格式为: 〈地址〉 〈地址〉 〈地址〉

—| |— —|/|— —( )

动合触点和动断触点的可寻址存储区为 I、Q、M、L、D、T 和 C，其变量的数据类型为 BOOL、TIMER 和 COUNTER 型。

输出线圈的可寻址存储区为 I、Q、M、L、D，其变量的数据类型为 BOOL 型。

动合触点对应的地址位为 1 状态时，该触点闭合，信号能流流经触点，逻辑运算结果 (RLO)= “1”；动合触点对应的地址位为 0 状态时，该触点打开，无信号能流流经触点，逻辑运算结果 (RLO)= “0”。串联使用时动合触点通过“与 (AND)”逻辑链接到 RLO 位。并联使用时，动合触点通过“或 (OR)”逻辑链接到 RLO 位。

动断触点对应的地址位为 0 状态时，该触点闭合，信号“能流”流经触点，逻辑运算结果 (RLO)= “1”；动断触点对应的地址位为 1 状态时，该触点打开，无信号“能流”流经触点，逻辑运算结果 (RLO)= “0”。串联使用时动断触点通过“与 (AND)”逻辑链接到 RLO 位。并联使用时，动断触点通过“或 (OR)”逻辑链接到 RLO 位。

输出线圈的工作方式与继电器逻辑图中线圈的工作方式类似。当有“能流”通过线圈 (RLO=1)，将〈地址〉位置“1”。若没有“能流”通过线圈 (RLO=0)，将〈地址〉位置“0”。只能将输出线圈置于梯级的右端。可以有多个 (最多 16 个) 输出单元。

【例 9-16】

满足条件输入端 I0.0 和 I0.1 的信号状态为“1”时或输入端 I0.2 的信号状态为“0”时，输出端 Q4.0 的信号状态将是“1”。

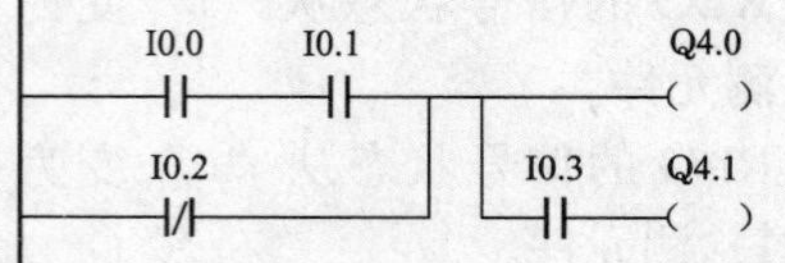

满足条件输入端 I0.0 和 I0.1 的信号状态为“1”时，或输入端 I0.2 的信号状态为“0”，输入端 I0.3 的信号状态为“1”时，输出端 Q4.1 的信号状态将是“1”。

如果实例梯级在激活的 MCR 区之内：MCR 处于接通状态时，将按照上述“能流”状态置位 Q4.0 和 Q4.1。MCR 处于断开状态 (=0) 时，无论是否有能流通过，都将 Q4.0 和 Q4.1 复位。

2. XOR 逻辑“异或”

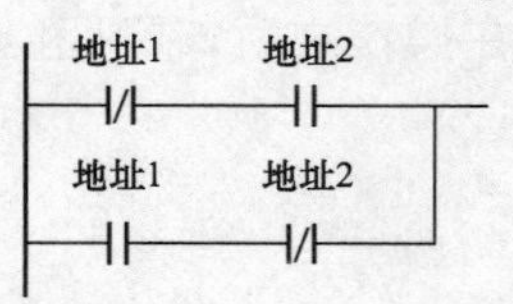

指令格式：

寻址存储区为 I、Q、M、L、D、T 和 C，当两个指定位的信号状态不同时，RLO 为“1”。

【例 9-17】

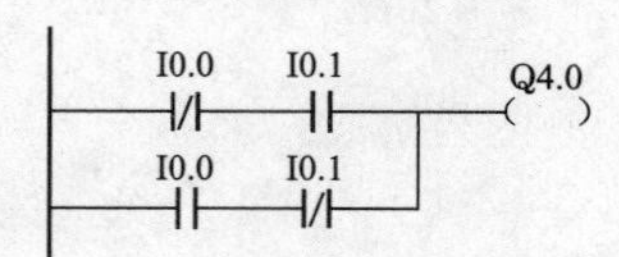

如果 (I0.0= “0” 且 I0.1= “1”) 或者 (I0.0= “1” 且 I0.1= “0”)，输出 Q4.0 将是“1”。

3. —| NOT |—能流取反

指令格式为：—| NOT |—

能流取反用来将它左边电路的逻辑运算结果RLO取反，该运算结果若为1则变为O，为0则变为1，能流取反指令没有操作数。也即“能流”到达该触点时即停止流动；若“能流”未到达该触点，该触点给右侧供给“能流”。使用—|NOT|—（能流取反）可以使输出线圈取反。

【例9-18】

满足I0.0的信号状态为“1”且I0.1的信号状态为“0”时，输出端Q4.2的信号状态将是“0”。

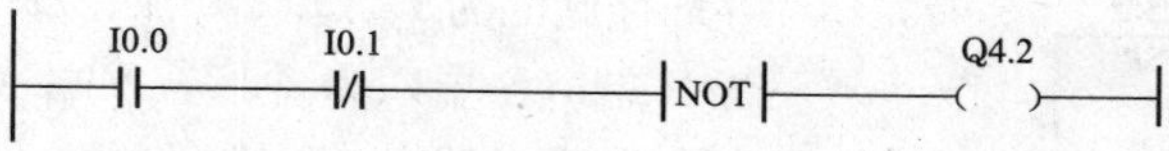

I0.0　I0.1　NOT　Q4.2

4. —(#)—中间输出

指令格式为：〈地址〉

—(#)—

寻址存储区为I、Q、M、D、L，只有在逻辑块（FC、FB、OB）的变量声明表中将L区地址声明为TEMP时，才能使用L区地址。

—(#)—（中间输出）是中间分配单元，它将RLO位状态（能流状态）保存到指定地址（〈地址〉）。中间输出单元保存前面分支单元的逻辑结果。以串联方式与其他触点连接时，可以像插入触点那样插入—(#)—。不能接在左侧的垂直“电源线”上，也不能放在电路最右端结束的位置，使用—|NOT|—（能流取反）单元可以创建取反—(#)—。用中间输出指令使图9-7（a）等效于图9-7（b）。

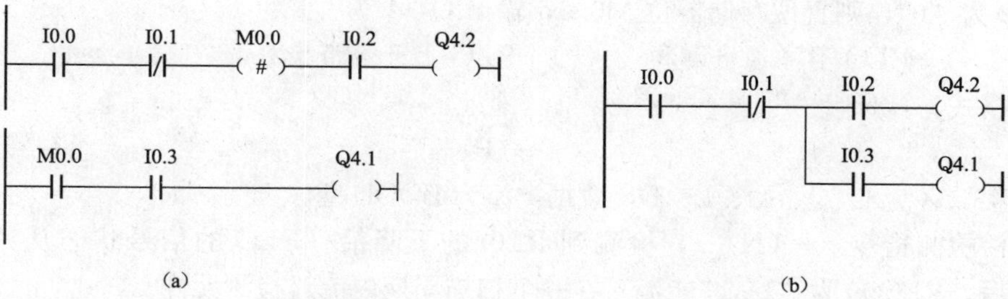

I0.0　I0.1　M0.0　#　I0.2　Q4.2
M0.0　I0.3　Q4.1
(a)

I0.0　I0.1　I0.2　Q4.2
I0.3　Q4.1
(b)

图9-7　中间输出指令等效图
（a）中间输出指令使用；（b）等效图

5. —(R) 复位线圈和—(S) 置位线圈

指令格式为：〈地址〉　　〈地址〉

—(R)　　(S)

复位指令寻址存储区为I、Q、M、L、D、T、C，而置位指令寻址存储区为I、Q、M、L、D“能流”通过线圈时，—(R)指令将指定的地址位复位（变为0并保持），〈地址〉也可以是值复位为“0”的定时器或值复位为“0”的计数器。—(S)指令则将指定的地址位置位（变为1并保持）。

【例 9-19】

I0.0　T1　—(R)—　I0.0 的信号状态为“1”时 T1 的复位为“0”。

I0.1　Q4.0　—(S)—　I0.1 的信号状态为“1”时 Q4.0 置位为“1”。

6. RS 触发器和 SR 触发器

指令格式为：

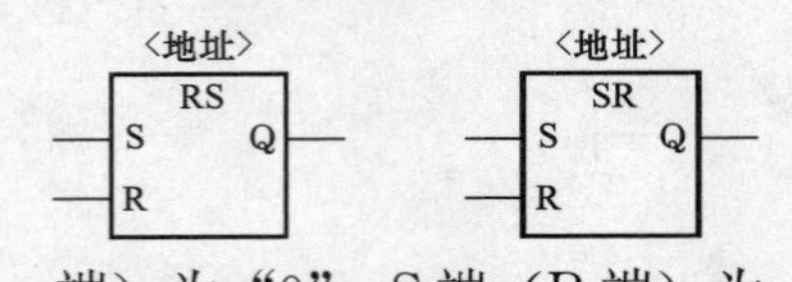

寻址存储区为 I、Q、M、L、D. 数据类型为 BOOL 型。若 R 端（S 端）为“1”，S 端（R 端）为“0”，则复位 RS 触发器（置位 SR 触发器）。否则，如果 R 端（S 端）为“0”，S 端（R 端）为“1”，则置位 RS 触发器（复位 SR 触发器）。

如果两个输入端（R 端和 S 端）的 RLO 均为“1”，RS 触发器先在指定〈地址〉执行复位指令，然后执行置位指令，以便该地址在执行余下的程序扫描过程中保持置位状态。SR 触发器先在指定地址（〈地址〉）执行置位指令，然后执行复位指令，以便该地址在执行余下的程序扫描过程中保持复位状态。

【例 9-20】

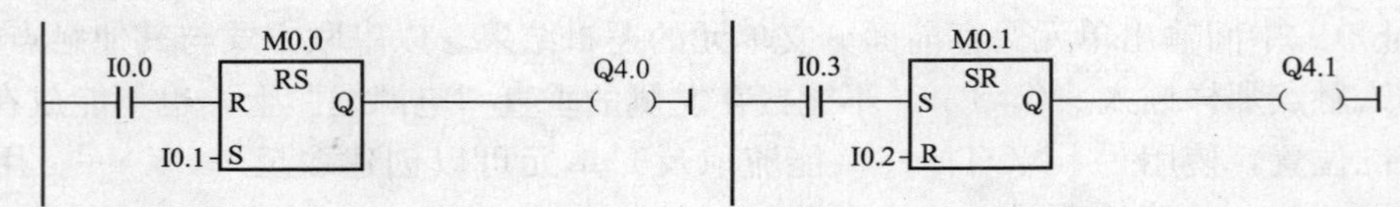

当 I0.0 为“1”，I0.1 为“0”，则复位存储器位 M0.0，输出 Q4.0 为“0”。当 I0.3 为“1”，I0.2 为“0”，则置位存储器位 M0.0，输出 Q4.1 为“1”。

7. —(N)—RLO 下降沿检测和—(P)—RLO 上升沿沿检测

指令格式为：〈地址〉　　　　〈地址〉

—(N)—　　　　—(P)—

寻址存储区为 I、Q、M、L、D，数据类型为 BOOL 型。

下降沿检测指令（—(N)—）检测到 RLO 的下降沿（RLO 的信号状态从“1”变为“0”时）后，RLO 位为“1”，“能流”在一个扫描周期内流过检测元件。

上升沿检测指令（—(P)—）检测到 RLO 的上升沿（RLO 的信号状态从“0”变为“1”时）后，RLO 位为“1”，“能流”在一个扫描周期内流过检测元件。

在每一个程序扫描周期过程中，RLO 位的信号状态都将与前一周期中获得的结果进行比较，看信号状态是否有变化。前一 RLO 的信号状态必须保存在边沿标志地址（〈地址〉）中，以进行比较。如果在当前和先前的 RLO 状态之间有变化（检测到下降沿或上升沿），则在操作之后，能流在该扫描周期内流过检测元件，也即 RLO 位仅在该扫描周期内为“1”；如果在当前和先前的 RLO 状态之间没有变化（无脉冲边沿），则在操作之后，RLO 边沿检测指令均把 RLO 复位为 0。

【例 9-21】

I0.0　I0.1　M0.0 —(N)—　Q4.0 —( )—　　I0.2　I0.3　M0.1 —(P)—　Q4.1 —( )—

M0.0 位检测到下降沿时，Q4.0 通电。M0.1 位检测到下降沿时，Q4.1 通电。

8. —(SAVE)　将 RLO 状态保存到 BR 寄存器

指令格式为：—(SAVE)

—(SAVE) 指令将 RLO 保存到状态字的 BR 位，但不复位首先检查位（/FC）。因此，BR 位的状态将包含在下一程序段的 AND 逻辑运算中。一般在使用 SAVE 后不在同一块或从属块中校验 BR 位，因为这期间执行的指令中有许多会对 BR 位进行修改。建议在退出块前使用 SAVE 指令，因为 ENO 输出（=BR 位）届时已设置为 RLO 位的值，所以可以检查块中是否有错误。

【例 9-22】

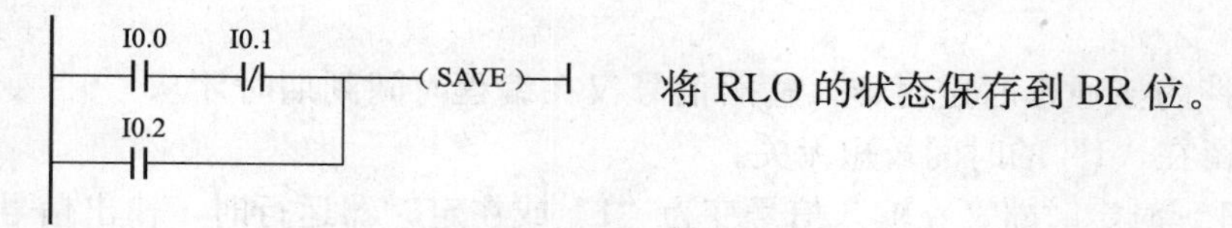

将 RLO 的状态保存到 BR 位。

9. NEG　地址下降沿检测和 POS 地址上升沿检测

指令格式为：

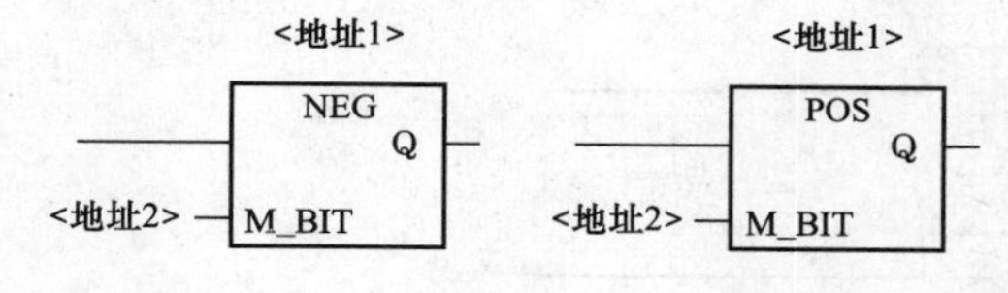

寻址存储区为 I、Q、M、L、D，数据类型为 BOOL 型。〈地址 1〉为已扫描信号，〈地址 2〉为 M _ BIT 边沿存储位，〈地址 2〉存储〈地址 1〉的前一个信号状态，Q 为单触发输出。

NEG（地址下降沿检测）指令比较〈地址 1〉的信号状态与前一次扫描的信号状态（存储在〈地址 2〉中），如果当前 RLO 状态为“0”且其前一状态为“1”（检测到下降沿），执行 NEG 指令后 RLO 位将是“1”。而 POS（地址上升沿检测）指令比较〈地址 1〉的信号状态与前一次扫描的信号状态（存储在〈地址 2〉中），如果当前 RLO 状态为“1”且其前一状态为“0”（检测到上升沿），执行 POS 指令后 RLO 位将是“1”。

【例 9-23】

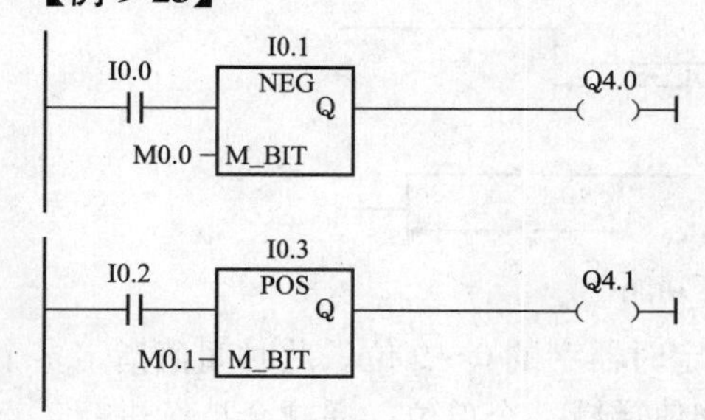

I0.0 的信号状态为“1”且 I0.1 有下降沿时，Q4.0 的信号状态为“1”。

I0.2 的信号状态为“1”且 I0.3 有上升沿时，Q4.1 的信号状态为“1”。

第三节　定时器指令

S7 的 CPU 存储器中有一个为定时器保留的区域，此存储区域为每个定时器的地址保留一个 16 位字。

通过定时器指令和利用时钟定时更新定时器字可访问定时器存储区域，在运行模式下，利用 CPU 中的时钟定时更新定时器字功能，可按照由时间基准指定的间隔将给定的时间值递减一个单位，直到该时间值等于零为止。

定时器相当于继电器电路中的时间继电器，S7-300/400 的定时器分为脉冲定时器（SP)、扩展脉冲定时器（SE)、接通延时定时器（SD)、保持型接通延时定时器（SS）和断开延时定时器（SF)。

S_PULSE 为脉冲定时器，输出信号保持在“1”的最长时间与编程时间值 t 相同。如果输入信号变为“0”，则输出信号停留在 1 的时间会很短。

S_PEXT 为扩展脉冲定时器，输出信号在编程时间长度内始终保持在“1”，而与输入信号停留在“1”的时间长短无关。

S_ODT 为接通延时定时器，仅在编程时间到期，且输入信号仍为“1”时，输出信号变为“1”。

S_ODTS 为带保持的接通延时定时器，输出信号仅在编程时间到期时才从“0”变为“1”，而与输入信号停留在“1”的时间长短无关。

S_OFFDT 为断开延时定时器，在输入信号变为“1”或在定时器运行时，输出信号变为“1”。当输入信号从“1”变为“0”时启动计时器。

定时器功能如图 9-8 所示，定时工作需选择正确的定时器。

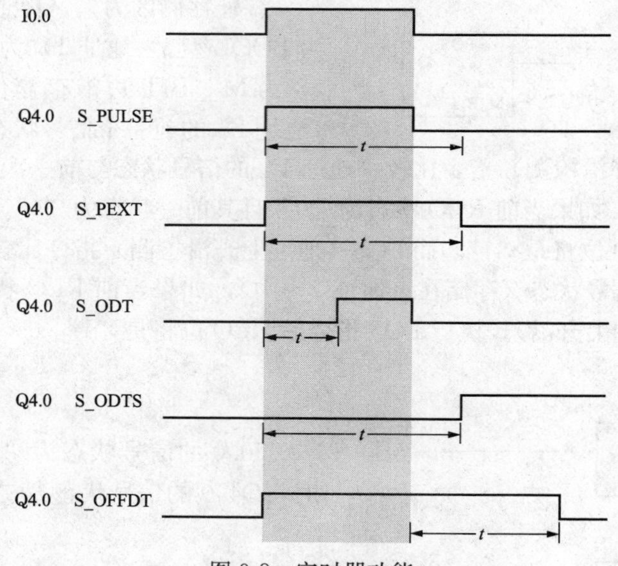

图 9-8　定时器功能

在 CPU 内部，时间值以二进制格式存放，占定时器字的 0～9 位。此时间值指定多个单位，时间更新可按照由时间基准指定的间隔将时间值递减一个单位，递减会持续进行，直至时间值等于零为止，可以在累加器 1 的低字节中以二进制、十六进制或二进制编码的十进制（BCD）格式装入时间值。预装入时间值有以下两种格式。

第一种为 W＃16＃txyz，其中 t＝时间基准（即时间间隔或分辨率），此处 xyz＝以二进制编码的十进制格式表示的时间值。第二种为 S5T＃aH_bM_cS_dMS，其中 H＝小时、M＝分钟、S＝秒、MS＝毫秒，用户变量为：a、b、c、d，时间基准是 CPU 自动选择的，选择的原则是在满足定时范围要求的条件下选择最小的时间基准。

可以输入的最大时间值是 9，990s 或 2H_46M_30S。

时间基准：定时器字的第 12 和 13 位包含二进制编码的时间基准。时间基准定义时间值以一个单位递减的间隔。最小的时间基准是 10ms，最大为 10s。时间基准代码为二进制数 00，01，10 和 11 时，对应的时间基准分别为 10ms，100ms，1s 和 10s。时间基准反映了定时器的分辨率，若时间基准越小，则分辨率越高，可定时的时间越短。若时间基准越大，则分辨率越低，可定时的时间越长。

定时器不接受超过 2 小时 46 分 30 秒的数值。对于范围限制（例如，2h10ms）而言，过高的分辨率将被截尾为有效分辨率。S5TIME 的通用格式对范围和分辨率有如下限制。

分辨率	范围
0.01s	10MS～9S _ 990MS
0.1s	100MS～1M _ 39S _ 900MS
1s	1S～16M _ 39S
10s	10S～2H _ 46M _ 30S

ACCU 1 中的位组态：当启动定时器时，ACCU1 的内容将被用作时间值。ACCU1-L 的 0 到 11 位保留二进制编码的十进制格式时间值（BCD 格式：由四位组成的每一组都包含一个十进制值的二进制代码）。第 12 位和第 13 位存放二进制编码的时间基准，第 14 位和第 15 位在定时器启动时无效。

图 9-9 显示了装载定时器值 127 和 1s 时间基准的 ACCU1-L 的内容。

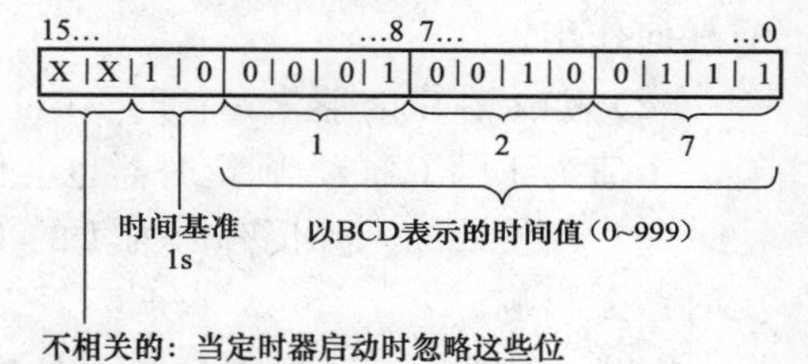

图 9-9 定时器字

（一）语句表（STL）的定时器指令

〈定时器〉的数据类型为 TIMER，存储区为 T，定时器编号、范围取决于 CPU。

1. FR 启用定时器（自由）

指令格式为：FR〈定时器〉

当 RLO 从“0”跳转到为“1”时，FR〈定时器〉清除用于启动寻址定时器的边沿检测标记。启用指令（FR）前，RLO 位由 0 跳转到“1”时，即可启用定时器。

无论是启动定时器还是正常的定时器指令，都不需要定时器的启用。启用只适用于重触发一个正在运行的定时器，即重新启动定时器。只有在 RLO＝1 的情况下继续处理启动指令时，才可进行重新启动。启用定时器时序图如图 9-10 所示。

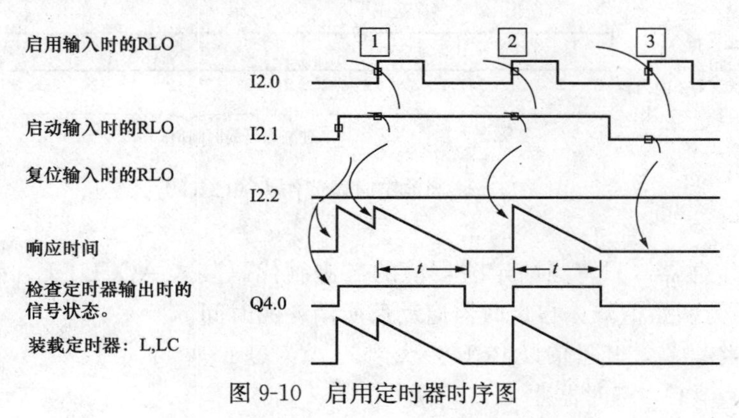

图 9-10 启用定时器时序图

【例 9-24】

```
A I2.0
FR T1        //启用定时器 T1
A I2.1
LS5T＃10s    //在 ACCU 1 中预置 10s
SP T1        //启动定时器 T1 以作为脉冲定时器
A I2.2
R T1         //复位定时器 T1
A T1         //检查定时器 T1 的信号状态
＝Q4.0
L T1         //以二进制的格式装载定时器 T1 的当前时间值
T MW10
```

（1）在定时器运行的同时 RLO 在启用输入处从“0”变为“1”，会完全重新启动定时器。程序时间将用作重新启动的当前时间。但 RLO 在启用输入处从“1”变为“0”将不会有任何作用。

（2）如果在定时器未运行时 RLO 在启用输入处从“0”变为“1”，且在使能输入处仍有一个值为 1 的 RLO，则定时器也会作为脉冲以已编程的时间启动。

（3）当使能输入处仍有值为 1 的 RLO 时，则 RLO 在启用输入处从“0”变为“1”对定时器无影响。

2. L　　将当前定时器值作为整数载入 ACCU 1

指令格式为：L〈定时器〉

【例 9-25】

L T1　//以二进制整数的形式为 ACCU 1 装载定时器 T1 的当前定时器值，如图 9-11 所示。

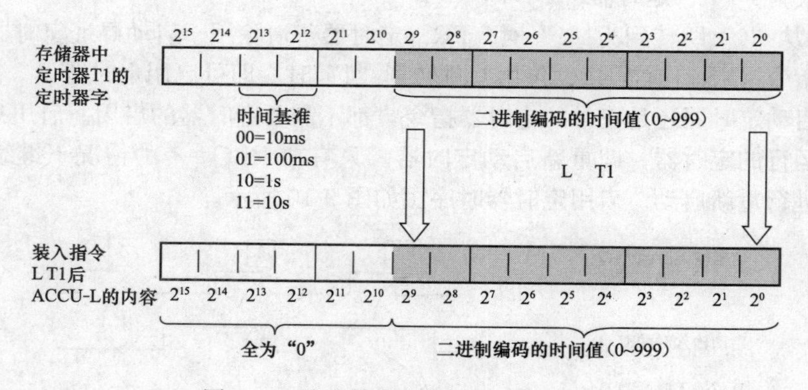

图 9-11　将当前定时器值作为 ACCU 1

注意：L〈定时器〉只将当前定时器值的二进制代码装入 ACCU1-L，而不装载时间基准。装载的时间为初始值减去自定时器启动后所消耗的时间。

3. LC　　将当前定时器值以 BCD 形式装入 ACCU 1

指令格式为：LC〈定时器〉

在将 ACCU 1 的内容存入 ACCU 2 中后，LC〈定时器〉会从寻址定时器字中以二进制编码的十进制（BCD）数的形式将当前定时器值和时间基准装入 ACCU 1 中，如图 9-12 所示。

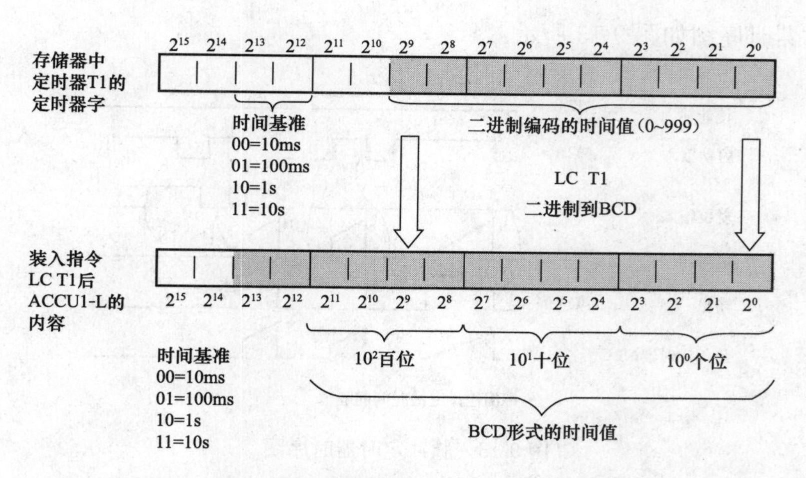

图 9-12 当前定时器值以 BCD 形式装入 ACCU 1

【例 9-26】

LC T1 //以 BCD 码的格式为 ACCU 1-L 装载定时器 T1 的时间基准和当前定时器值。

4. R 复位定时器

指令格式为：R〈定时器〉

如果在 RLO 从“0”跳转到“1”，R〈定时器〉会停止当前计时功能，并清除寻址定时器字的定时器值和时间基准。

【例 9-27】

```
A   I2.1
R   T1  //检查输入 I 2.1 的信号状态，如果 RLO 从“0”跳转到“1”，则复位定时器 T1。
```

5. SP 脉冲定时器

指令格式为：SP〈定时器〉

SP〈定时器〉在 RLO 从“0”跳转到“1”时启动寻址的定时器。只要 RLO＝1，程序时间间隔就会过去。如果在程序时间间隔截止之前 RLO 跳转到“0”，则停止计时器。

【例 9-28】

```
A   I2.0
FR  T1          //启用定时器 T1
A   I2.1
L S5T＃10s      //在 ACCU 1 中预置 10s
SP  T1          //将定时器 T1 启动为脉冲定时器
A   I2.2
R   T1          //复位定时器 T1
A   T1          //检查定时器 T1 的信号状态
＝Q4.0
```

```
L   T1          //以二进制形式装载定时器 T1 的当前时间值
T  MW10
LC   T1         //以 BCD 形式装载定时器 T1 的当前时间值
T MW12
```

脉冲定时器时序图如图 9-13 所示。

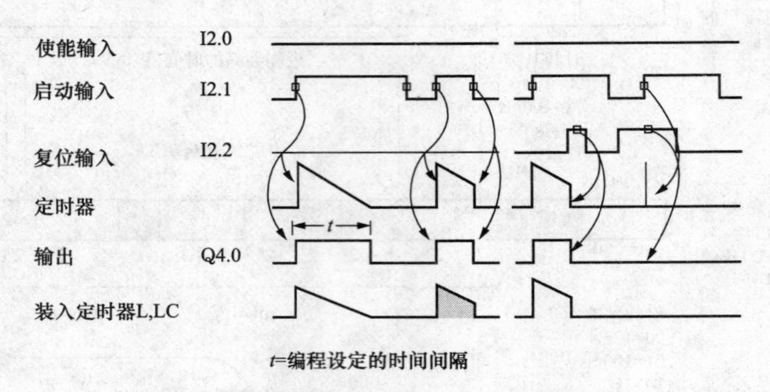

图 9-13　脉冲定时器时序图

6. SE　　扩展脉冲定时器

指令格式为：SE〈定时器〉

SE〈定时器〉在 RLO 从“0”跳转到“1”时启动寻址的定时器。程序时间间隔会流逝，即使 RLO 在这段时间内跳转到“0”。如果在程序时间间隔截止之前 RLO 从“0”跳转到“1”，则重新开始程序时间间隔。

【例 9-29】

```
A     I2.0
FR     T1          //启用定时器 T1
A     I2.1
L S5T#10s          //在 ACCU 1 中预置 10s
SE     T1          //将定时器 T1 启动为扩展脉冲定时器
A     I2.2
R     T1           //复位定时器 T1
A     T1           //检查定时器 T1 的信号状态
=Q4.0
L     T1           //以二进制形式装载定时器 T1 的当前定时器值
T     MW10
LC     T1          //以 BCD 形式装载定时器 T1 的当前定时器值
T MW12
```

扩展脉冲定时器时序图如图 9-14 所示。

7. SD　　接通延时定时器

指令格式为：SD〈定时器〉

在 RLO 从“0”跳转到“1”时，SD〈定时器〉启动寻址的定时器。只要 RLO=1，程序时间间隔就会流逝。如果在程序时间间隔截止之前 RLO 跳转到“0”，则停止计时。

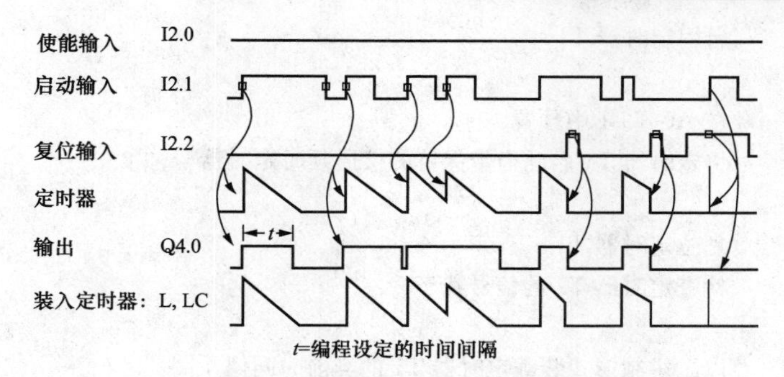

图 9-14　扩展脉冲定时器时序图

［例 9-30］

```
A      I2.0
FR       T1            //启动定时器 T1
A      I2.1
L S5T#10s              //在 ACCU 1 中预置 10s
SD       T1            //启动定时器 T1 作为接通延时定时器
A      I2.2
R      T1              //复位定时器 T1
A      T1              //检查定时器 T1 的信号状态
=Q4.0
L      T1              //以二进制形式装载定时器 T1 的当前定时器值
T      MW10
LC       T1            //以 BCD 形式装载定时器 T1 的当前定时器值
T      MW12
```

接通延时定时器时序图如图 9-15 所示。

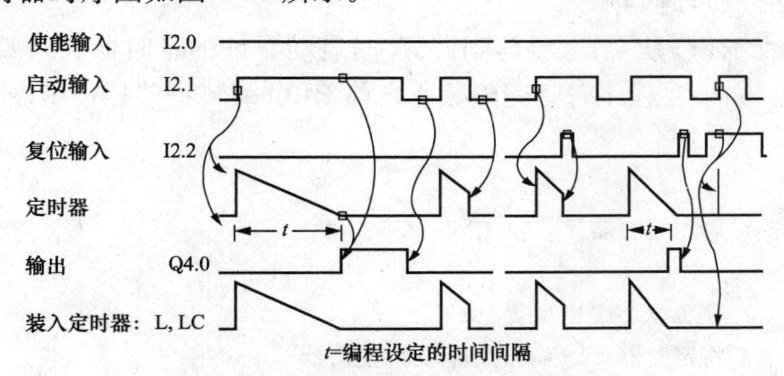

图 9-15　接通延时定时器时序图

8. SS　　带保持的接通延时定时器

指令格式为：SS〈定时器〉

SS〈定时器〉将定时器启动为带保持的接通定时器在 RLO 从“0”跳转到“1”时启动寻址的定时器。完整的程序时间间隔会流逝，即使 RLO 在这段时间内跳转到“0”。如果在程序时间间隔截止之前 RLO 从“0”跳转到“1”，则重新触发程序时间间隔（重新启动）。

【例 9-31】

```
A      I2.0
```

```
FR    T1          //启用定时器 T1
A     I2.1
L S5T#10s         //在 ACCU 1 中预置 10s
SS    T1          //将定时器 T1 启动为带保持的接通延时定时器
A     I2.2
R     T1          //复位定时器 T1
A     T1          //检查定时器 T1 的信号状态
=Q 4.0
L     T1          //以二进制形式装载定时器 T1 的当前时间值
T     MW10
LC    T1          //以 BCD 形式装载定时器 T1 的当前时间值
T     MW12
```

带保持的接通延时定时器时序图如图 9-16 所示。

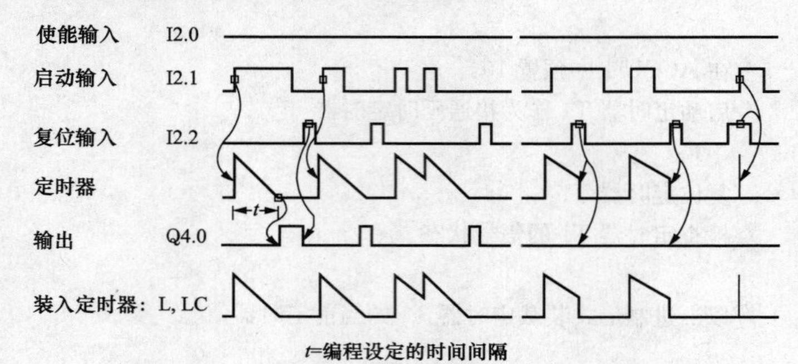

图 9-16　带保持的接通延时定时器时序图

9. SF　断开延时定时器

指令格式为：SF〈定时器〉

SF〈定时器〉在 RLO 从“1”跳转到“0”时启动寻址的定时器。只要 RLO=1，程序时间间隔就会流逝。如果在程序时间间隔截止之前 RLO 跳转到“1”，则停止计时。

【例 9-32】

```
A  I 2.0
FR    T1          //启用定时器 T1
A     I2.1
L     S5T#10s     //在 ACCU 1 中预置 10s
SF    T1          //将定时器 T1 启动为断开延时定时器
A     I2.2
R     T1          //复位定时器 T1
A     T1          //检查定时器 T1 的信号状态
=Q4.0
L     T1          //以二进制形式装载定时器 T1 的当前定时器值
T     MW10
LC    T1          //以 BCD 形式装载定时器 T1 的当前定时器值
T MW12
```

断开延时定时器时序图如图 9-17 所示。

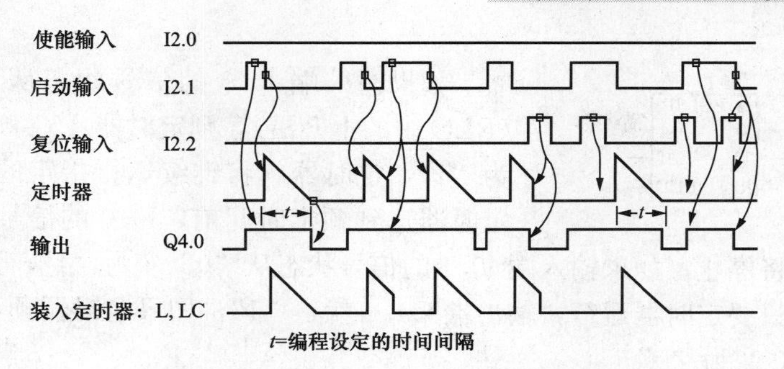

图 9-17　断开延时定时器时序图

（二）梯形图（LAD）的定时器指令

定时器编号的数据类型为 TIMER，存储区为 T；S（使能输入）、R（复位输入）和 Q（定时器的状态）的数据类型为布尔型，存储区为 I、Q、M、L、D；TV（预设时间值）的数据类型为 S5TIME，存储区为 I、Q、M、L、D；BI（剩余时间值，整型格式）的数据类型为字，存储区为 I、Q、M、L、D；BCD（剩余时间值，BCD 格式）的数据类型为字，存储区为 I、Q、M、L、D。

1. S _ PULSE　　脉冲 S5 定时器

指令符号为：

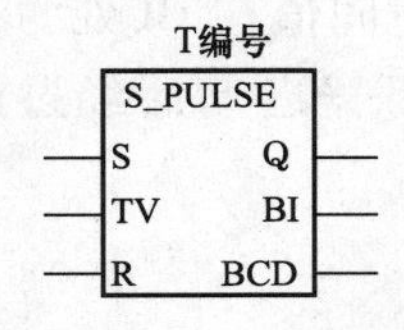

如果在启动（S）输入端有一个上升沿，S _ PULSE（脉冲 S5 定时器）将启动指定的定时器。信号变化始终是启用定时器的必要条件。定时器在输入端 S 的信号状态为“1”时运行，但最长周期是由输入端 TV 指定的时间值。只要定时器运行，输出端 Q 的信号状态就为“1”。如果在时间间隔结束前，S 输入端从“1”变为“0”，则定时器将停止。这种情况下，输出端 Q 的信号状态为“0”。

如果在定时器运行期间，定时器输入端 R 的信号状态从“0”变为“1”时，则定时器复位。当前时间和时间基准也被设置为零。如果定时器不是正在运行，则定时器输入端 R 的逻辑“1”没有任何作用。

可在输出端 BI 和 BCD 上扫描当前时间值，时间值在 BI 端是二进制编码，在 BCD 端是 BCD 编码。当前时间值为初始 TV 值减去定时器启动后经过的时间。

脉冲 S5 定时器时序图如图 9-18 所示。

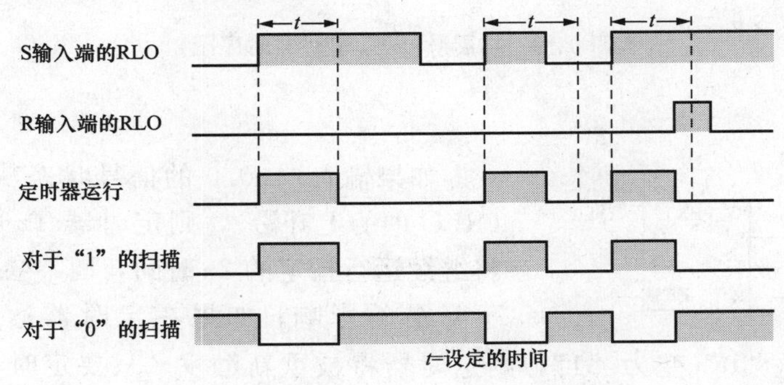

图 9-18　脉冲 S5 定时器时序图

【例 9-33】

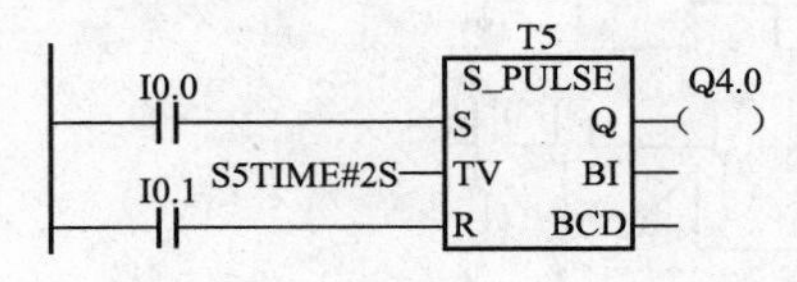

如果输入端 I0.0 的信号状态从“0”变为“1”(RLO 中的上升沿)，则定时器 T5 将启动。只要 I0.0 为“1”，定时器就将继续运行指定的 2s 时间。如果定时器达到预定时间前，I0.0 的信号状态从“1”变为“0”，则定时器将停止。如果输入端 I0.1 的信号状态从“0”变为“1”，而定时器仍在运行，则时间复位。只要定时器运行，输出端 Q4.0 就是“1”，如果定时器预设时间结束或复位，则输出端 Q4.0 变为“0”。

2. S_PEXT　　扩展脉冲 S5 定时器

指令符号为：

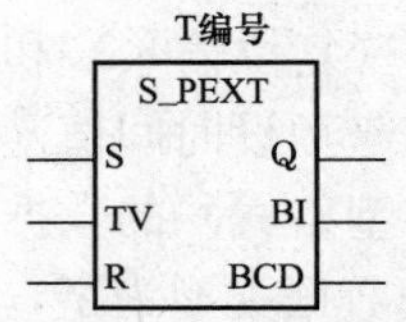

如果在启动（S）输入端有一个上升沿，S_PEXT（扩展脉冲 S5 定时器）将启动指定的定时器。信号变化始终是启用定时器的必要条件。定时器以在输入端 TV 指定的预设时间间隔运行，即使在时间间隔结束前，S 输入端的信号状态变为“0”，只要定时器运行，输出端 Q 的信号状态就为“1”，如果在定时器运行期间输入端 S 的信号状态从“0”变为“1”，则将使用预设的时间值重新启动（重新触发）定时器。

如果在定时器运行期间，输入端 R 的信号状态从“0”变为“1”，则定时器复位。当前时间和时间基准被设置为零。可在输出端 BI 和 BCD 扫描当前时间值，时间值在 BI 处为二进制编码，在 BCD 处为 BCD 编码。当前时间值为初始 TV 值减去定时器启动后经过的时间。

扩展脉冲 S5 定时器时序图如图 9-19 所示。

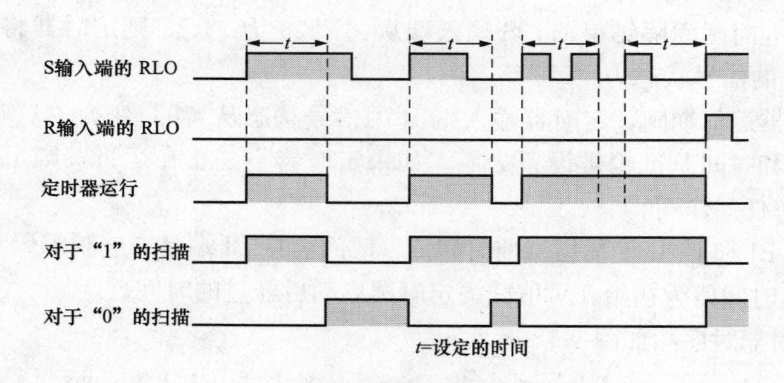

图 9-19　扩展脉冲 S5 定时器时序图

【例 9-34】

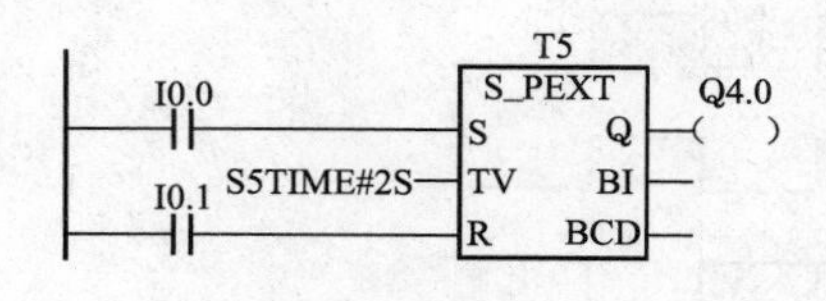

如果输入端 I0.0 的信号状态从“0”变为“1”(RLO 中的上升沿)，则定时器 T5 将启动。定时器将继续运行指定的 2s 时间，而不会受到输入端 S 处下降沿的影响。如果在定时器达到预定时间前，I0.0 的信号状态从“0”变为“1”，则定时器将被重新触发。只要定时器运行，输出端 Q4.0 就为“1”。

3. S_ODT　　接通延时 S5 定时器

指令符号为：

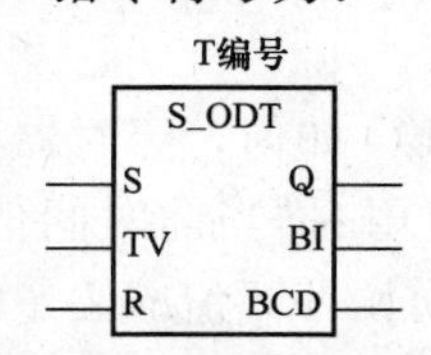

如果在启动（S）输入端有一个上升沿，S_ODT（接通延时S5定时器）将启动指定的定时器。信号变化始终是启用定时器的必要条件。只要输入端S的信号状态为“1”，定时器就以在输入端TV指定的时间间隔运行。定时器达到指定时间而没有出错，并且输入端S的信号状态仍为“1”时，输出端Q的信号状态为“1”。如果定时器运行期间输入端S的信号状态从“1”变为“0”，定时器将停止。这种情况下，输出端Q的信号状态为“0”。

如果在定时器运行期间，输入端R的信号状态从“0”变为“1”，则定时器复位。当前时间和时间基准被设置为零。然后，输出端Q的信号状态变为“0”。如果在定时器没有运行时，输入端R有一个逻辑“1”，并且输入端S的RLO为“1”，则定时器也复位。可在输出端BI和BCD扫描当前时间值，时间值在BI处为二进制编码，在BCD处为BCD编码。当前时间值为初始TV值减去定时器启动后经过的时间。

接通延时S5定时器时序图如图9-20所示。

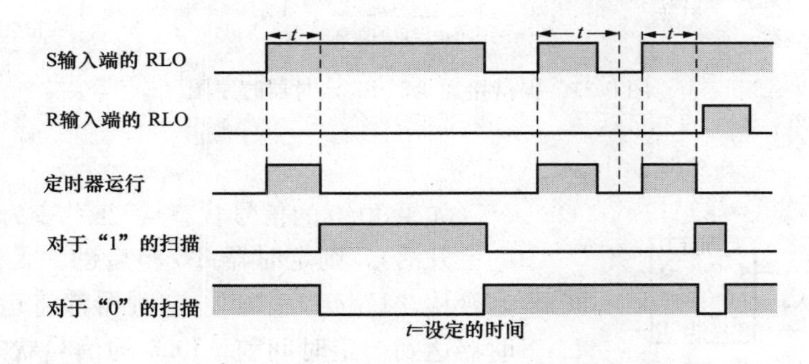

图 9-20　接通延时 S5 定时器时序图

【例 9-35】

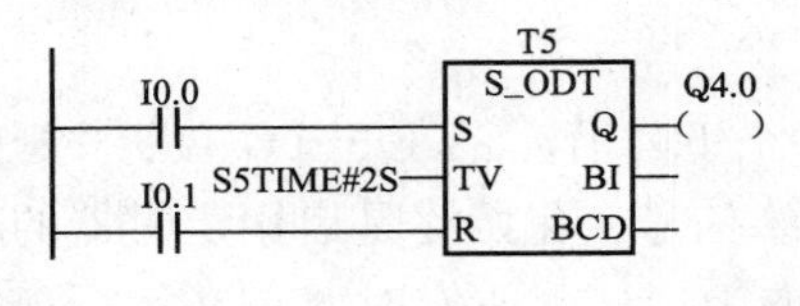

如果I0.0的信号状态从“0”变为“1”（RLO中的上升沿），则定时器T5将启动。如果指定的2s时间结束并且输入端I0.0的信号状态仍为“1”，则输出端Q4.0将为“1”。如果I0.0的信号状态从“1”变为“0”，则定时器停止，并且Q4.0将为“0”。如果I0.1的信号状态从“0”变为“1”，则无论定时器是否运行，时间都复位。

4. S_ODTS　　保持接通延时 S5 定时器

指令符号为：

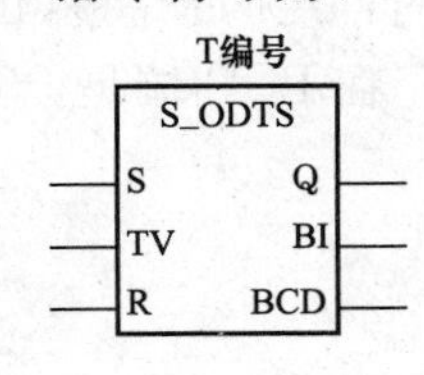

如果在启动（S）输入端有一个上升沿，S_ODTS（保持接通延时S5定时器）将启动指定的定时器。信号变化始终是启用定时器的必要条件。定时器以在输入端TV指定的时间间隔运行，即使在时间间隔结束前，输入端S的信号状态变为“0”。定时器预定时间结束时，输出端Q的信号状态为“1”，而无论输入端S的信号状态如何。如果在定时器运行时输入端S的信号状态从“0”变为“1”，则定时器将以指定的时间重新启动（重新触发）。

如果输入端R的信号状态从“0”变为“1”，则无论输入端S的RLO如何，定时器都将复位。然后，输出端Q的信号状态变为“0”。可在输出端BI和BCD扫描当前时间值，时间值在BI端是二进制编码，在BCD端是BCD编码。当前时间值为初始TV值减去定时器启动后经过的时间。

保持接通延时S5定时器时序图如图9-21所示。

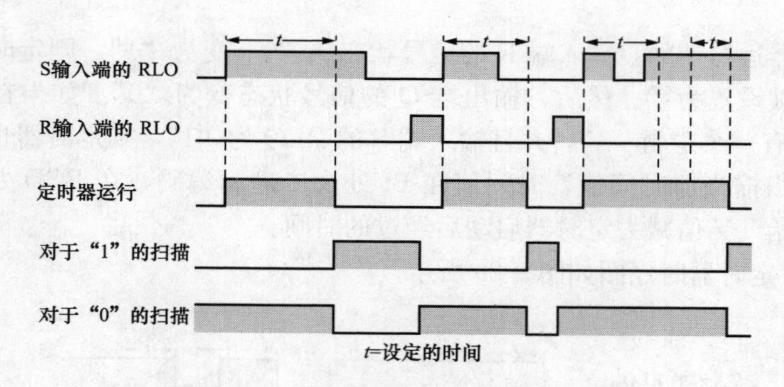

图9-21　保持接通延时S5定时器时序图

【例9-36】

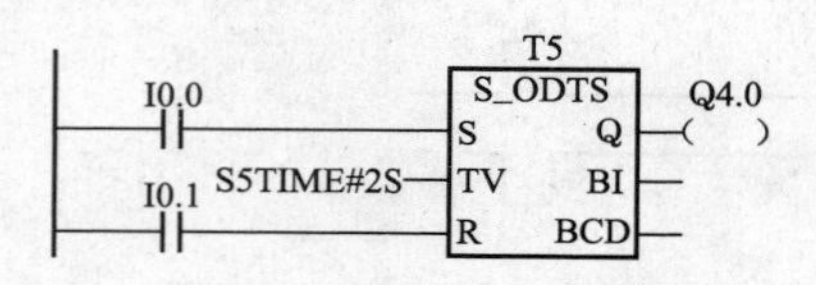

如果I0.0的信号状态从“0”变为“1”（RLO中的上升沿），则定时器T5将启动。无论I0.0的信号是否从“1”变为“0”，定时器都将运行。如果在定时器达到指定时间前，I0.0的信号状态从“0”变为“1”，则定时器将重新触发。如果定时器达到指定时间，则输出端Q4.0将变为“1”。如果输入端I0.1的信号状态从“0”变为“1”，则无论S处的RLO如何，时间都将复位。

5. S_OFFDT　　断开延时S5定时器

指令符号为：

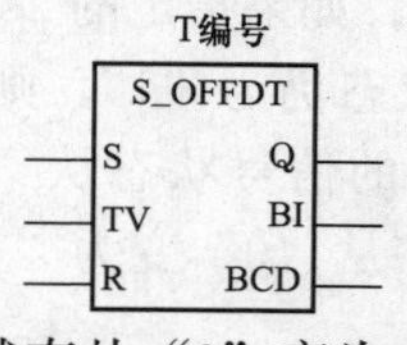

如果在启动（S）输入端有一个下降沿，S_OFFDT（断开延时S5定时器）将启动指定的定时器。信号变化始终是启用定时器的必要条件。如果输入端S的信号状态为“1”，或定时器正在运行，则输出端Q的信号状态为“1”。如果在定时器运行期间输入端S的信号状态从“0”变为“1”时，定时器将复位。输入端S的信号状态再次从“1”变为“0”后，定时器才能重新启动。

如果在定时器运行期间，输入端R的信号状态从“0”变为“1”时，定时器将复位。可在输出端BI和BCD扫描当前时间值，时间值在BI端是二进制编码，在BCD端是BCD编码。当前时间值为初始TV值减去定时器启动后经过的时间。

断开延时S5定时器时序图如图9-22所示。

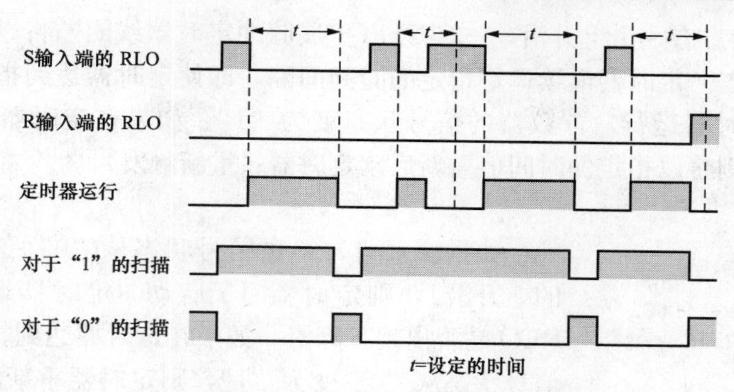

图 9-22 断开延时 S5 定时器时序图

【例 9-37】

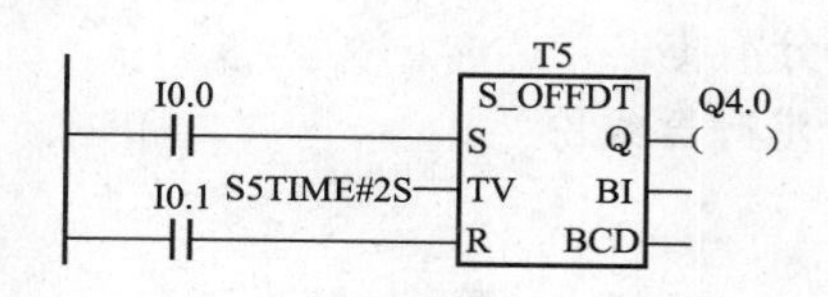

如果 I0.0 的信号状态从"1"变为"0"，则定时器启动。

I0.0 为"1"或定时器运行时，Q4.0 为"1"。如果在定时器运行期间 I0.1 的信号状态从"0"变为"1"，则定时器复位。

6. —(SP) 脉冲定时器线圈

指令符号为:

〈T 编号〉

—(SP)

〈时间值〉

如果 RLO 状态有一个上升沿，—(SP)（脉冲定时器线圈）将以该〈时间值〉启动指定的定时器。只要 RLO 保持"1"，定时器就继续运行指定的时间间隔。只要定时器运行，计数器的信号状态就为"1"。如果在达到时间值前，RLO 中的信号状态从"1"变为"0"，则定时器将停止。这种情况下，对于"1"的扫描始终产生结果"0"。

【例 9-38】

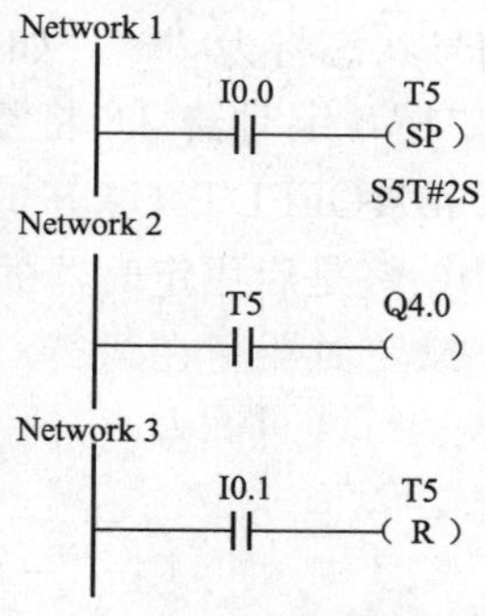

如果输入端 I0.0 的信号状态从"0"变为"1"（RLO 中的上升沿），则定时器 T5 启动。只要输入端 I0.0 的信号状态为"1"，定时器就继续运行指定的 2s 时间。如果在指定的时间结束前，输入端 I0.0 的信号状态从"1"变为"0"，则定时器停止。只要定时器运行，输出端 Q4.0 的信号状态就为"1"。如果输入端 I0.1 的信号状态从"0"变为"1"，定时器 T5 将复位，定时器停止，并将时间值的剩余部分清零。

7. —(SE) 扩展脉冲定时器线圈

指令符号为:

〈T 编号〉

—(SE)

〈时间值〉

如果 RLO 状态有一个上升沿，—(SE)（扩展脉冲定时器线圈）将以指定的〈时间值〉启动指定的定时器。定时器继续运行指定的时间间隔，即使定时器达到指定时间前 RLO 变为“0”。只要定时器运行，计数器的信号状态就为“1”。如果在定时器运行期间 RLO 从“0”变为“1”，则将以指定的时间值重新启动定时器（重新触发）。

【例 9-39】

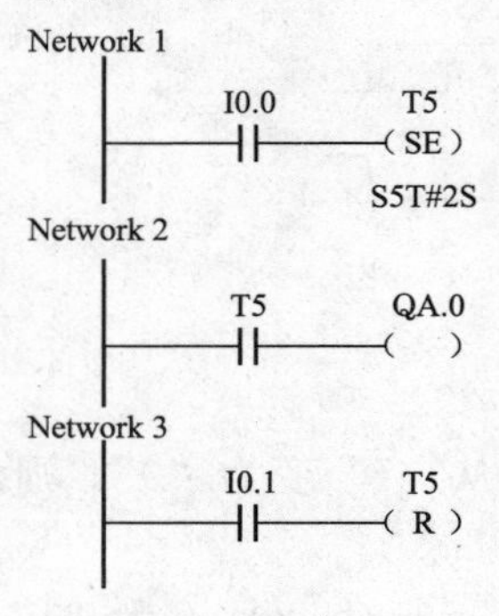

如果输入端 I0.0 的信号状态从“0”变为“1”（RLO 中的上升沿），则定时器 T5 启动。定时器继续运行，而无论 RLO 是否出现下降沿。如果在定时器达到指定时间前 I0.0 的信号状态从“0”变为“1”，则定时器重新触发。只要定时器运行，输出端 Q4.0 的信号状态就为“1”。如果输入端 I0.1 的信号状态从“0”变为“1”，定时器 T5 将复位，定时器停止，并将时间值的剩余部分清零。

8. —(SD) 接通延时定时器线圈

指令符号为：

〈T 编号〉

—(SD)

〈时间值〉

如果 RLO 状态有一个上升沿，—(SD)（接通延时定时器线圈）将以该〈时间值〉启动指定的定时器，如果达到该〈时间值〉而没有出错，且 RLO 仍为“1”，则定时器的信号状态为“1”。如果在定时器运行期间 RLO 从“1”变为“0”，则定时器复位，这种情况下，对于“1”的扫描始终产生结果“0”。

【例 9-40】

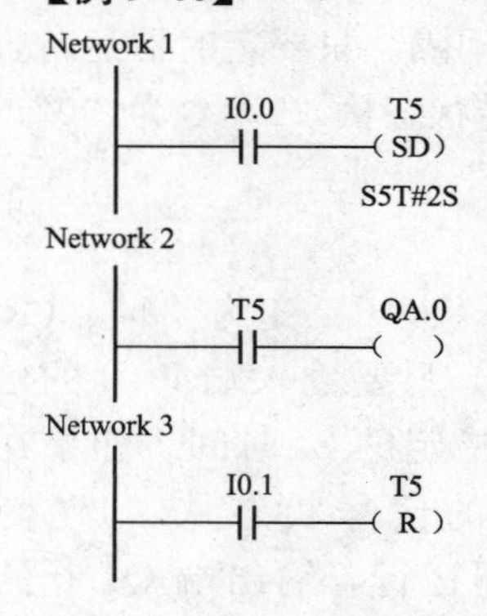

如果输入端 I0.0 的信号状态从“0”变为“1”（RLO 中的上升沿），则定时器 T5 启动。如果指定时间结束而输入端 I0.0 的信号状态仍为“1”，则输出端 Q4.0 的信号状态将为“1”。如果输入端 I0.0 的信号状态从“1”变为“0”，则定时器保持空闲，并且输出端 Q4.0 的信号状态将为“0”。如果输入端 I0.1 的信号状态从“0”变为“1”，定时器 T5 将复位，定时器停止，并将时间值的剩余部分清零。

9. —(SS) 保持接通延时定时器线圈

指令符号为：

〈T 编号〉

—(SS)

〈时间值〉

如果 RLO 状态有一个上升沿，—(SS)（保持接通延时定时器线圈）将启动指定的定时器。如果达到时间值，定时器的信号状态为“1”。只有明确进行复位，定时器才可能重新启动。只有复位才能将定时器的信号状态设为“0”。如果在定时器运行期间 RLO 从“0”变为“1”，则定时器以指定的时间值重新启动。

【例 9-41】

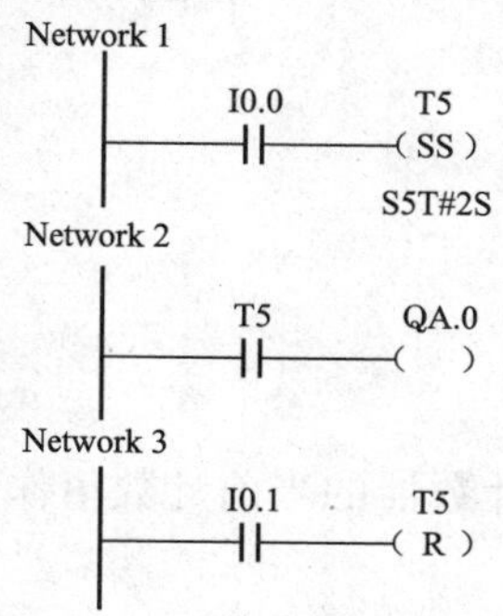

如果输入端 I0.0 的信号状态从“0”变为“1”（RLO 中的上升沿），则定时器 T5 启动。如果在定时器达到指定时间前，输入端 I0.0 的信号状态从“0”变为“1”，则定时器将重新触发。如果定时器达到指定时间，则输出端 Q4.0 将变为“1”。输入端 I0.1 的信号状态“1”将复位定时器 T5，使定时器停止，并将时间值的剩余部分清零。

10. —(SF) 断开延时定时器线圈

指令符号为：

〈T 编号〉

—(SF)

〈时间值〉

如果 RLO 状态有一个下降沿，—(SF)（断开延时定时器线圈）将启动指定的定时器。当 RLO 为“1”时或只要定时器在〈时间值〉时间间隔内运行，定时器就为“1”。如果在定时器运行期间 RLO 从“0”变为“1”，则定时器复位。只要 RLO 从“1”变为“0”，定时器即会重新启动。

【例 9-42】

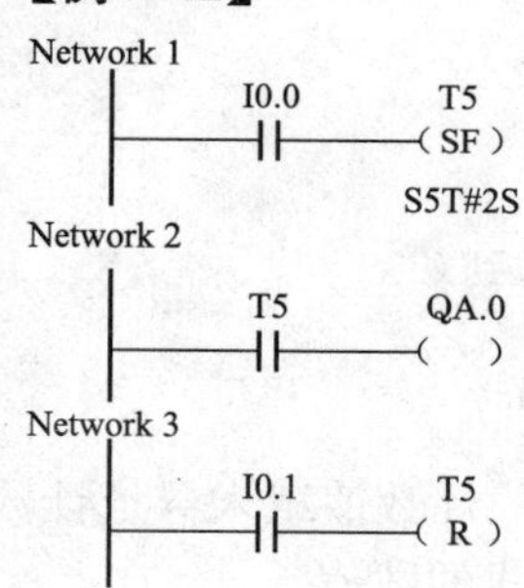

如果输入端 I0.0 的信号状态从“1”变为“0”，则定时器启动。

如果输入端 I0.0 为“1”或定时器正在运行，则输出端 Q4.0 的信号状态为“1”。如果输入端 I0.1 的信号状态从“0”变为“1”，定时器 T5 将复位，定时器停止，并将时间值的剩余部分清零。

第四节 计数器指令

计数器是编程语言中用于计数的功能单元。在 CPU 存储器中，有为计数器保留的区域。此存储区为每个计数器保留一个 16 位字。语句表指令集和梯形图指令集均支持 256 个计数器。计数器指令是仅有的可访问计数器存储区的函数。计数值的范围为 0～999，计数字的 0～11 位是计数值的 BCD 码。

（一）语句表（STL）的计数器指令

可寻址存储区为 C，变量的数据类型 COUNTER 型。

1. FR 启用计数器（释放）

指令格式为：FR〈计数器〉

当 RLO 从“0”跳转到“1”时，FR〈计数器〉会将边缘检测标记清零，该标记用于设置和选择寻址计数器的升值或降值计数。设置计数器或进行正常计数时不需启用计数器。也就是说，即使设置计数器的预设值、升值计数器或降值计数器的常数 RLO 为 1，在启用之后也不会再次执行这些指令。

【例 9-43】

```
A   I2.0        //检查输入 I2.0 的信号状态
FR  C3          //当 RLO 由 0 变为 1 时，启用计数器 C3
```

2. L　将当前计数器值载入 ACCU 1

指令格式为：L〈计数器〉

ACCU 1 的内容保存到 ACCU 2 中后，L〈计数器〉将寻址计数器的当前计数值作为整型值载入 ACCU 1-L。

【例 9-44】

```
L    C3         //以二进制格式将计数器 C3 的计数值载入 ACCU 1-L
```

3. LC　将当前计数器值作为 BCD 码载入 ACCU 1

指令格式为：LC〈计数器〉

ACCU 1 的原有内容保存到 ACCU 2 中后，LC〈计数器〉将寻址计数器的计数值作为 BCD 码载入 ACCU 1。

【例 9-45】

```
LC   C3         //以二进制编码的十进制格式（BCD）将计数器 C3 的计数值载入 ACCU 1-L
```

4. R　将计数器复位

指令格式为：R〈计数器〉

如果 RLO=1，R〈计数器〉会将“0”载入寻址计数器中。

【例 9-46】

```
A   I2.3        //检查输入 I 2.3 的信号状态
R   C3          //如果 RLO 从“0”变“1”时，则将计数器 C3 复位到 0
```

5. S　设置计数器预设值

指令格式为：S〈计数器〉

当 RLO 从“0”跳转到“1”时，S〈计数器〉将 ACCU 1-L 的计数值载入寻址计数器。ACCU 1 中的计数值必须是介于“0”和“999”之间的 BCD 码形式的数值。

【例 9-47】

```
A    I2.3       //检查输入 I2.3 的信号状态
L    C#3        //将计数值 3 载入 ACCU 1-L
S    C1         //如果 RLO 从“0”跳转到“1”时，则设置计数器 C1，以进行计数
```

6. CU　升值计数器

指令格式为：CU〈计数器〉

当 RLO 从“0”跳转到“1”，并且计数小于“999”时，CU〈计数器〉将寻址计数器的计数值增 1。当计数值达到上限“999”时，升值过程停止。RLO 的附加跳转无效，而且溢出的 OV 位不被置位。

【例 9-48】

```
A    I2.1       //如果在输入 I2.1 有上升沿改变
CU   C3         //当 RL0 从“0”跳转到“1”时，计数器 C3 的计数值增 1
```

7. CD　　降值计数器

指令格式为：CD〈计数器〉

当 RLO 从“0”跳转到“1”，并且计数大于 0 时，CD〈计数器〉将寻址计数器的计数值减 1。当计数达到下限“0”时，降值过程停止。由于计数器不用负值计数，所以 RLO 的附加跳转无效。

【例 9-49】

```
L     C#14      //计数器预设值
A     I0.1      //检测到 I0.1 的上升沿后，预置计数器的值
S     C1        //如果启用预置，则载入计数器 1 预设值
A     I0.0      //每当 I0.0 有上升沿时，降值计数一次
CD    C1        //当 RL0 根据输入 I0.0 的状态从“0”跳转至“1”时，将计数器 C1 减 1
AN    C1        //使用 C1 位进行零检测
=Q 0.0          //如果计数器 1 的值为零，则 Q0.0=1
```

（二）梯形图（LAD）的计数器指令

计数器指令符号中，Cno. 为计数器标识号，寻址存储区为 C。CU 为升值计数输入，CD 为降值计数输入，S 为预设计数器设置输入，PV 为预设计数器的值，将计数器值以“C#〈值〉”的格式输入（范围 0～999），R 为复位输入，CV 为当前计数器值，十六进制数字，CV _ BCD 为当前计数器值，BCD 码 Q 为计数器状态，寻址存储区均为 I、Q、M、L、D。

1. S _ CUD　　双向计数器

指令符号为：

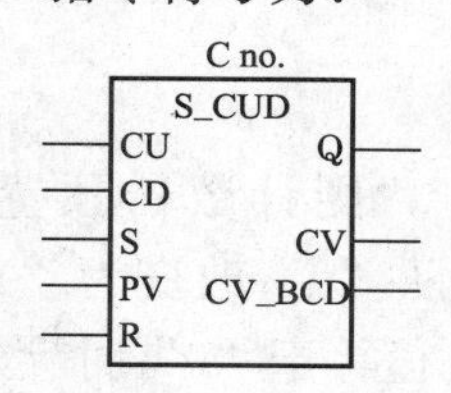

如果输入 S 有上升沿，S _ CUD（双向计数器）预置为输入 PV 的值。如果输入 R 为 1，则计数器复位，并将计数值设置为零。如果输入 CU 的信号状态从“0”切换为“1”，并且计数器的值小于“999”，则计数器的值增 1。如果输入 CD 有上升沿，并且计数器的值大于“0”，则计数器的值减 1。如果两个计数输入都有上升沿，则执行两个指令，并且计数值保持不变。如果已设置计数器，并且输入 CU/CD 的 RLO=1，则即使没有从上升沿到下降沿或下降沿到上升沿的切换，计数器也会在下一个扫描周期进行相应的计数。如果计数值大于等于零，则输出 Q 的信号状态为“1”。避免在多个程序点使用同一计数器（可能出现计数出错）。

【例 9-50】

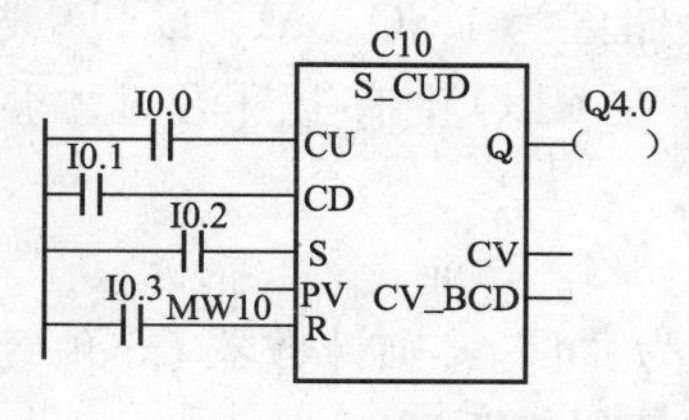

如果 I0.2 从“0”变为“1”，则计数器预设为 MW10 的值。如果 I0.0 的信号状态从“0”改变为“1”，则计数器 C10 的值将增加 1，当 C10 的值等于“999”时除外。如果 I0.1 从“0”改变为“1”，则 C10 减少 1，但当 C10 的值为“0”时除外。如果 C10 不等于零，则 Q4.0 为“1”。

2. S _ CU　　升值计数器

指令符号为：

如果输入 S 有上升沿，则 S _ CU（升值计数器）预置为输入 PV 的值。如果输入 R 为

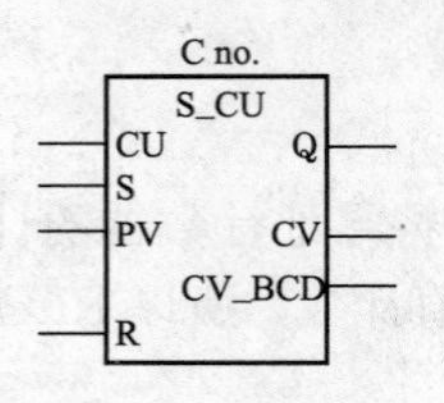

"1"，则计数器复位，并将计数值设置为零。如果输入 CU 的信号状态从"0"切换为"1"，并且计数器的值小于"999"，则计数器的值增 1。如果已设置计数器，并且输入 CU 的 RLO=1，则即使没有从上升沿到下降沿或下降沿到上升沿的切换，计数器也会在下一个扫描周期进行相应的计数。如果计数值大于等于零，则输出 Q 的信号状态为"1"。

【例 9-51】

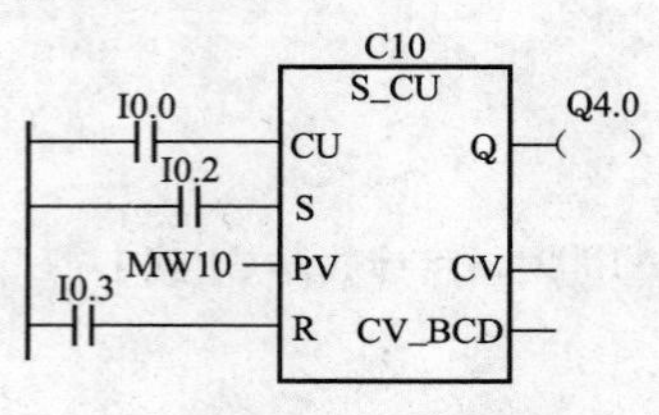

如果 I0.2 从"0"改变为"1"，则计数器预置为 MW10 的值。如果 I0.0 的信号状态从"0"改变为"1"，则计数器 C10 的值将增加 1，当 C10 的值等于"999"时除外。如果 C10 不等于零，则 Q4.0 为"1"。

3. S _ CD　　降值计数器

指令符号为：

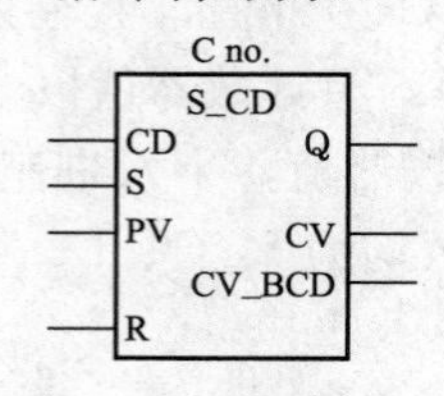

如果输入 S 有上升沿，则 S _ CD（降值计数器）预置为输入 PV 的值。如果输入 R 为"1"，则计数器复位，并将计数值设置为零。如果输入 CD 的信号状态从"0"切换为"1"，并且计数器的值大于零，则计数器的值减 1。如果已设置计数器，并且输入 CD 的 RLO=1，则即使没有从上升沿到下降沿或下降沿到上升沿的改变，计数器也会在下一个扫描周期进行相应的计数。如果计数值大于等于零，则输出 Q 的信号状态为"1"。

【例 9-52】

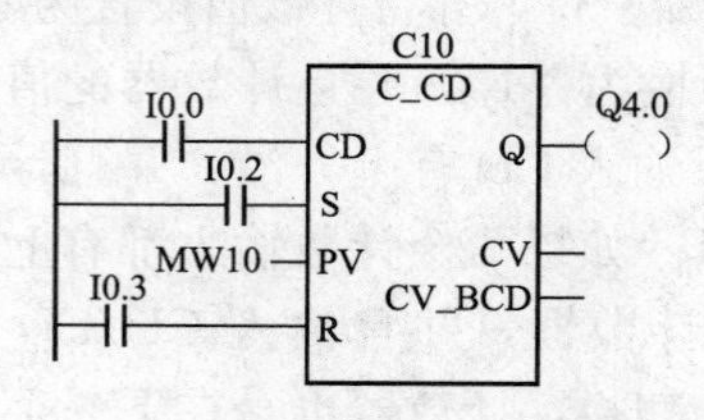

如果 I0.2 从"0"改变为"1"，则计数器预置为 MW10 的值。如果 I0.0 的信号状态从"0"改变为"1"，则计数器 C10 的值将减 1，当 C10 的值等于"0"时除外。如果 C10 不等于零，则 Q4.0 为"1"。

4. —(SC) 设置计数器值

指令符号为：〈C 编号〉

—(SC)

〈C 编号〉为要预置的计数器编号。＜预设值＞的寻址存储区为 I、Q、M、L、D 或常数，预置 BCD 的值（0～999）。—(SC)（设置计数器值）仅在 RLO 中有上升沿时才会执行。此时，预设值被传送至指定的计数器。

【例 9-53】

I0.0 —| |— C5 (SC) C#100

如在 I0.0 有上升沿（从"0"改变为"1"），则计数器 C5 预置为 100。如果没有上升沿，则计数器 C5 的值保持不变。

5. —(CU)　　升值计数器线圈

指令符号为：〈C 编号〉

—(CU)

〈C编号〉为要预置的计数器编号，其范围依赖于CPU。如在RLO中有上升沿，并且计数器的值小于“999”，则—(CU)（升值计数器线圈）将指定计数器的值加1。如果RLO中没有上升沿，或者计数器的值已经是“999”，则计数器值不变。

【例9-54】

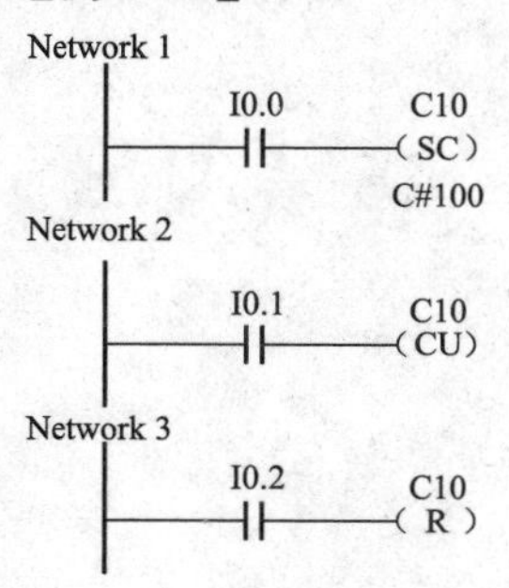

如果输入I0.0的信号状态从“0”改变为“1”（RLO中有上升沿），则将预设值100载入计数器C10。如果输入I0.1的信号状态从“0”改变为“1”（在RLO中有上升沿），则计数器C10的计数值将增加1，但当C10的值等于“999”时除外。如果RLO中没有上升沿，则C10的值保持不变。如果I0.2的信号状态为“1”，则计数器C10复位为“0”。

6. —(CD)　降值计数器线圈

指令符号为：〈C编号〉

—(CD)

如果RLO状态中有上升沿，并且计数器的值大于“0”，则—(CD)（降值计数器线圈）将指定计数器的值减1。如果RLO中没有上升沿，或者计数器的值已经是“0”，则计数器值不变。

【例9-55】

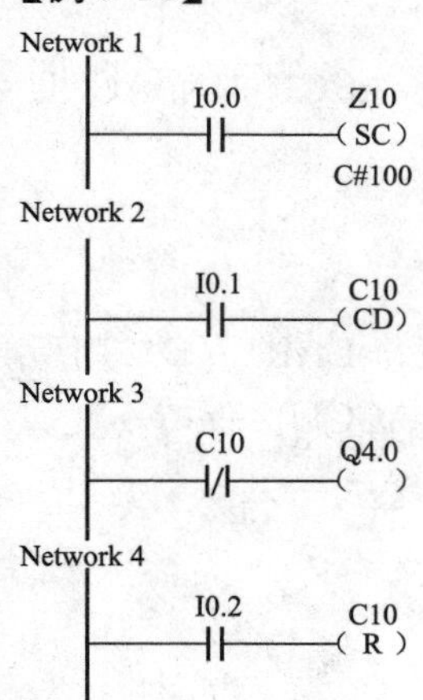

如果输入I0.0的信号状态从“0”改变为“1”（RLO中有上升沿），则将预设值100载入计数器C10。

如果输入I0.1的信号状态从“0”改变为“1”（在RLO中有上升沿），则计数器C10的计数值将减1，但当C10的值等于“0”时除外。如果RLO中没有上升沿，则C10的值保持不变。

如果计数值=0，则接通Q4.0。

如果输入I0.2的信号状态为“1”，则计数器C10复位为“0”。

第五节　装载和传送、移位和循环移位指令

一、装载和传送指令

可使用装载（L）和传送（T）指令进行编程，以在输入或输出模块与存储区之间或在各存储区之间进行信息交换。CPU在每个扫描周期中将这些指令作为无条件指令执行，也就是说，它们不受语句逻辑运算结果的影响。指令的执行与状态位无关，对状态位也没有影响。

（一）语句表（STL）的装载和传送指令

1. L　装载

指令格式为：L〈地址〉

在将 ACCU 1 的原有内容保存到 ACCU 2 中，并将 ACCU 1 复位到“0”后，L〈地址〉会将被寻址的字节、字或双字装载到 ACCU 1 中。

【例 9-56】

```
L    IB10       //将输入字节 IB10 装载到 ACCU 1-L-L 中
L    MB120      //将存储器字节 MB120 装载到 ACCU 1-L-L 中
L    DBB12      //将数据字节 DBB12 装载到 ACCU 1-L-L 中
L    DIW15      //将实例数据字 DIW15 装载到 ACCU 1-L 中
L    LD252      //将本地数据双字 LD252 装载到 ACCU 1 中
L    P# I8.7    //将指针装载到 ACCU 1 中
L    OTTO       //将参数“OTTO”装载到 ACCU 1 中
```

2. L STW　　将状态字装载到 ACCU 1 中

指令格式为：L STW

L　　STW（带有地址 STW 的指令 L）将状态字内容装载 ACCU 1 中。注意对于 S7-300 系列 CPU，L STW 语句不装载状态字寄存器的/FC（第 0 位）、STA（第 2 位）和 OR（第 3 位）。只将状态字寄存器的第 1、4、5、6、7 位和第 8 位装载到累加器 1 低字的相应位中。

【例 9-57】

```
L   STW          //将状态字内容装载到 ACCU 1 中
```

3. LAR1　　从 ACCU 1 装载地址寄存器 1

指令格式为：LAR1

LAR1 用 ACCU 1 的内容（32 位指针）装载地址寄存器 AR1。ACCU 1 和 ACCU 2 保持不变。

4. LAR1〈D〉　　用长整型（32 位指针）装载地址寄存器 1

指令格式为：LAR1〈D〉

〈D〉的数据类型为 DWORD 或指针常量，存储区为 D、M、L。LAR1〈D〉用所寻址的双字〈D〉的内容或指针常量装载地址寄存器 AR1。ACCU 1 和 ACCU 2 保持不变。

【例 9-58】 直接地址

```
LAR1    DBD20    //用数据双字 DBD20 中的指针装载 AR1
LAR1    DID30    //用实例数据双字 DID30 中的指针装载 AR1
LAR1    LD180    //用本地数据双字 LD180 中的指针装载 AR1
LAR1    MD24     //用存储器双字 MD24 的内容装载 AR1
```

【例 9-59】 指针常量

```
LAR1    P#M100.0    //用 32 位指针常量装载 AR1
```

5. LAR1 AR2　　从地址寄存器 2 装载地址寄存器 1

指令格式为：LAR1 AR2

LAR1 AR2（带有地址 AR2 的指令 LAR1）用地址寄存器 AR2 的内容装载地址寄存器 1。ACCU 1 和 ACCU 2 保持不变。

6. LAR2　　从 ACCU 1 装载地址寄存器 2

指令格式为：LAR2

LAR2 用 ACCU 1 的内容（32 位指针）装载地址寄存器 AR2。ACCU 1 和 ACCU 2 保

持不变。

7. LAR2〈D〉　　用长整型（32位指针）装载地址寄存器2

指令格式为：LAR2〈D〉

〈D〉的数据类型为DWORD或指针常量，存储区为D、M、L。LAR1〈D〉用所寻址的双字〈D〉的内容或指针常量装载地址寄存器AR2。ACCU 1和ACCU 2保持不变。

【例9-60】 直接地址

```
LAR2    DBD 20   //用数据双字DBD20中的指针装载AR2
LAR2    DID 30   //用实例数据双字DID30中的指针装载AR2
LAR2    LD 180   //用本地数据双字LD180中的指针装载AR2
LAR2    MD 24    //用存储器双字MD24中的指针装载AR2
```

【例9-61】 指针常量

```
LAR2    P#M100.0    //用32位指针常量装载AR2
```

8. T　传送

指令格式为：T〈地址〉

〈地址〉的数据类型为BYTE、WORD、DWORD，寻址存储区为I、Q、PQ、M、L、D。

如果主控继电器打开（MCR=1），T〈地址〉会将ACCU 1的内容传送（复制）到目标地址。如果MCR=0，则用0写目标地址。从ACCU 1复制的字节数取决于目标地址中表明的长度。传送后，ACCU 1还保存此数据。当传送至直接I/O区域（存储器类型PQ）时，还将ACCU 1的内容或“0”（如果MCR=0）传送至过程映像输出表（存储器类型Q）中的相应地址。

【例9-62】

```
T QB10       //将ACCU 1-L-L的内容传送给输出字节QB10
T MW14       //将ACCU 1-L的内容传送给存储器字MW14
T DBD2       //将ACCU 1的内容传送给数据双字DBD2
```

9. T STW　将ACCU 1传送至状态字

指令格式为：T STW

T STW（带有地址STW的指令T）将ACCU 1的第0～8位传送给状态字。

【例9-63】

```
T STW        //将ACCU 1的第0～8位传送给状态字
```

10. CAR　交换地址寄存器1和地址寄存器2

指令格式为：CAR

CAR（交换地址寄存器）交换地址寄存器AR1和AR2的内容。该指令的执行与状态位无关，对状态位也没有影响。地址寄存器AR1的内容移到地址寄存器AR2中，地址寄存器AR2的内容移到地址寄存器AR1中。

11. TAR1　将地址寄存器1传送至ACCU 1

指令格式为：TAR1

TAR1将地址寄存器AR1的内容传送给ACCU 1（32位指针）。ACCU 1中的原有内容保存在ACCU 2中。

12. TAR1〈D〉　将地址寄存器 1 传送至目标地址（32 位指针）

指令格式为：TAR1〈D〉

TAR1〈D〉将地址寄存器 AR1 的内容传送给寻址的双字〈D〉。目标区域可以为存储器双字（MD）、本地数据双字（LD）、数据双字（DBD）和实例数据字（DID）。ACCU 1 和 ACCU 2 保持不变。

【例 9-64】

```
TAR1    DBD20   //将 AR1 的内容传送给数据双字 DBD20
TAR1    DID30   //将 AR1 的内容传送给实例数据双字 DID30
TAR1    LD18    //将 AR1 的内容传送给本地数据双字 LD18
TAR1    MD24    //将 AR1 的内容传送给存储器双字 MD24
```

13. TAR1 AR2　将地址寄存器 1 传送至地址寄存器 2

指令格式为：TAR1 AR2

TAR1 AR2（带有地址 AR2 的指令 TAR1）将地址寄存器 AR1 的内容传送给地址寄存器 AR2。ACCU 1 和 ACCU 2 保持不变。

14. TAR2　将地址寄存器 2 传送至 ACCU 1

指令格式为：TAR2

TAR2 将地址寄存器 AR2 的内容传送给 ACCU 1（32 位指针）。ACCU 1 的内容提前保存到 ACCU 2 中。

15. TAR2〈D〉　将地址寄存器 2 传送至目标地址（32 位指针）

指令格式为：TAR2〈D〉

TAR2〈D〉将地址寄存器 AR2 的内容传送给寻址的双字〈D〉。目标区域可以为存储器双字（MD）、本地数据双字（LD）、数据双字（DBD）和实例双字（DID）。ACCU 1 和 ACCU 2 保持不变。

【例 9-65】

```
TAR2    DBD20   //将 AR2 的内容传送给数据双字 DBD20
TAR2    DID30   //将 AR2 的内容传送给实例双字 DID30
TAR2    LD18    //将 AR2 的内容传送给本地数据双字 LD18
TAR2    MD24    //将 AR2 的内容传送给存储器双字 MD24
```

（二）梯形图（LAD）的装载和传送指令（MOVE 分配值）

1. MOVE　分配值

指令符号为：

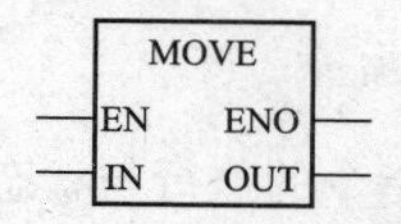

EN（启用输入）和 ENO（启用输出）的数据类型为 BOOL 型，存储区为 I、Q、M、L、D。IN（源值）的数据类型为所有长度为 8、16 或 32 位的基本数据类型，存储区为 I、Q、M、L、D 或常数。OUT（目标地址）的数据类型为所有长度为 8、16 或 32 位的基本数据类型，存储区为 I、Q、M、L、D。MOVE（分配值）通过启用 EN 输入来激活。在 IN 输入指定的值将复制到在 OUT 输出指定的地址。ENO 与 EN 的逻辑状态相同。MOVE 只能复制 BYTE、WORD 或 DWORD 数据对象。用户自定义数据类型（如数组或结构）必须使用系统功能“BLK-MOVE”（SFC 20）来复制。

MCR（主站控制继电器）依存关系，只有当“传送”框位于激活的 MCR 区内时，才会激活 MCR 依存。在激活的 MCR 区内，如果开启了 MCR，同时有通往启用输入的电流，则按如上所述复制寻址的数据。如果 MCR 关闭，并执行了 MOVE，则无论当前 IN 状态如何，均会将逻辑“0”写入到指定的 OUT 地址。

注意：将某个值传送给不同长度的数据类型时，会根据需要截断或以零填充高位字节。

【例 9-66】 双字　1111 1111　0000 1111　1111 0000　0101 0101

传送　　　结果

到双字：　1111 1111　0000 1111　1111 0000　0101 0101

到字节：　0101 0101

到字：　1111 0000　0101 0101

【例 9-67】 字节　1111 0000

传送　结果

到字节：　1111 0000

到字：　0000 0000　1111 0000

到双字：　0000 0000　0000 0000　0000 0000　1111 0000

【例 9-68】

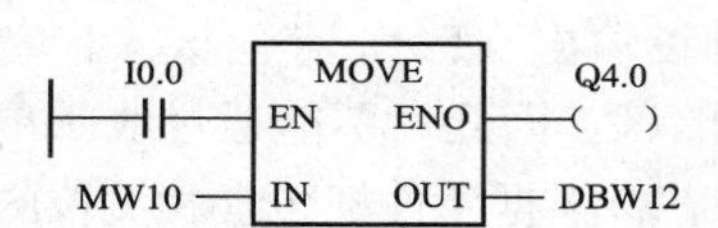

如果 I0.0 为“1”，则执行 MOVE 指令。把 MW10 的内容复制到当前打开 DB 的数据字 12。如果执行了该指令，则 Q4.0 为“1”。

如果该梯级在激活的 MCR 区之内：若 MCR 开启，则按如上所述将 MW10 数据复制到 DBW12；若 MCR 关闭，则将“0”写入到 DBW12。

2. 立即读取

对于“立即读取”功能，必须按以下实例所示创建符号程序段。

对于对时间要求苛刻的应用程序，对数字输入的当前状态的读取可能要比正常情况下每 OB1 扫描周期一次的速度快。“立即读取”在扫描“立即读取”梯级时从输入模块中获取数字输入的状态。否则，必须等到下一 OB1 扫描周期结束，此后将以 P 存储器状态更新 I 存储区。

要从输入模块立即读取一个输入或多个输入，请使用外设输入（PI）存储区来代替输入（I）存储区。可以字节、字或双字形式读取外设输入存储区，因此，不能通过触点（位）元素读取单一数字输入。

根据立即输入的状态有条件地传递电压。

（1）CPU 读取包含相关输入数据的 PI 存储器的字。

（2）如果输入位处于接通状态（为“1”），将对 PI 存储器的字与某个常数执行产生非零结果的 AND 运算。

（3）测试累加器的非零条件。

【例 9-69】 可以立即读取外设输入 I1.1 的梯形图程序段

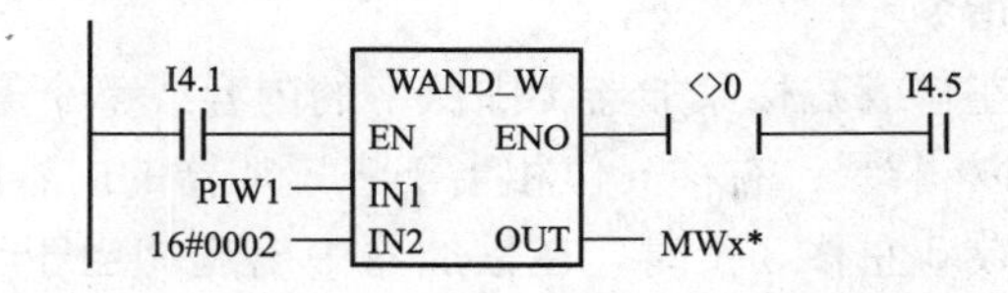

必须指定 * MWx，才能存储程序段，x 可以是允许的任何数。

WAND _ W 指令说明：

PIW1　　　　　　　　0000000000101010

W＃16＃0002　0000000000000010

结果　　　　　　　0000000000000010

在［例 9-69］中，立即输入 I1.1 与 I4.1 和 I4.5 串联。

字 PIW1 包含 I1.1 的立即状态。对 PIW1 与 W＃16＃0002 执行 AND 运算。如果 PB1 中的 I1.1（第 2 位）为“1”，则结果不等于零。如果 WAND _ W 指令的结果不等于零，触点 A<>0 时将传递电压。

3. 立即写入

对于“立即写入”功能，必须按以下实例所示创建符号程序段。

对于时间要求苛刻的应用程序，将数字输出的当前状态发送给输出模块的速度，可能必须快于正常情况下在 OB1 扫描周期结束时发送一次的速度。“立即写入”将在扫描“立即写入”梯级时将数字输出写入输入模块。否则，必须等到下一 OB1 扫描周期结束，届时将以 P 存储器状态更新 Q 存储区。

要将一个输出或多个输出立即写入输出模块，请使用外设输出（PQ）存储区来代替输出（Q）存储区。可以字节、字或双字形式读取外设输出存储区，因此，不能通过线圈单元更新单一数字输出。要立即向输出模块写入数字输出的状态，将根据条件把包含相关位的 Q 存储器的字节、字或双字复制到相应的 PQ 存储器（直接输出模块地址）中。

注意：由于 Q 存储器的整个字节都写入了输出模块，因此在执行立即输出时，将更新该字节中的所有输出位。如果输出位在程序各处产生了多个中间状态（1/O），而这些状态不应发送给输出模块，则执行“立即写入”可能会导致危险情况（输出端产生瞬态脉冲）发生。作为常规设计原则，在程序中只能以线圈形式对外部输出模块引用一次。如果用户遵循此设计原则，则可以避免使用立即输出时的大多数潜在问题。

【例 9-70】 立即写入外设数字输出模块 5 通道 1 的等价梯形图程序段

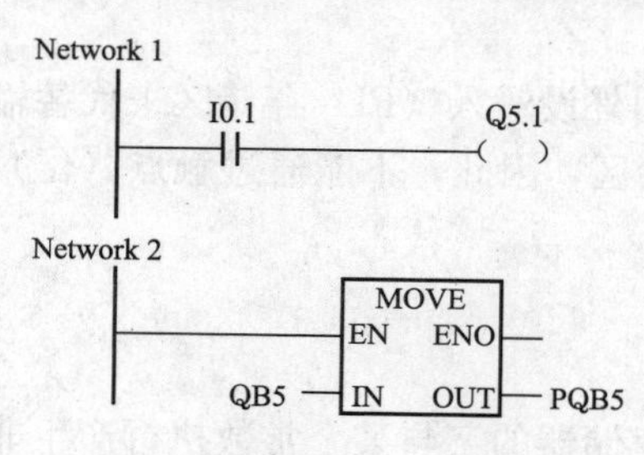

可以修改寻址输出 Q 字节（QB5）的状态位，也可以将其保持不变。程序段 1 中给 Q5.1 分配 I0.1 信号状态。将 QB5 复制到相应的直接外设输出存储区（PQB5）。

字 PIW1 包含 I1.1 的立即状态。对 PIW1 与 W＃16＃0002 执行 AND 运算。如果 PB1 中的 I1.1（第 2 位）为“1”，则结果不等于零。如果 WAND _ W 指令的结果不等于零，触点 A<>0 时将传递电压。

在［例 9-70］中，Q5.1 为所需的立即输出位。字节 PQB5 包含 Q5.1 位的立即输出状态。MOVE（复制）指令还会更新 PQB5 的其他 7 位。

二、移位和循环移位指令

可使用移位指令逐位左移或右移累加器 1 中低字的内容或整个累加器的内容，左移 n 位相当于将累加器的内容乘以“2^n”；右移 n 位相当于将累加器的内容除以“2^n”。例如，将以二进制格式表示的十进制数 3 左移 3 位时，在累加器中出现相当于十进制数 24 的二进制编码。将以二进制格式表示的十进制数16右移2位时，在累加器中出现相当于十进制数4的二进制编码。

移位指令后的数字或在累加器2的低字节中的数值表示要移位的数目。由0或符号位的信号状态（0代表正数、1代表负数）填充移位指令空出的位。将最后一个移出的位装载到状态字的CC1位中。复位状态字的CC0和OV位为0。可使用跳转指令来判断CC1位。移位运算是无条件的，即它们的执行不需要任何特殊的条件，且不影响逻辑运算的结果。

可使用循环移位指令逐位左移或右移累加器1的整个内容。循环移位指令触发与移位指令相似的功能。然而，它使用累加器中移出的位的信号状态填充空出的位。

循环移位指令后的数字或在累加器2的低字节中的数值表示要循环移位的数目，取决于指令的具体情况，循环移位也可以通过状态字的CC1位进行。复位状态字的CC0位为0。

（一）语句表（STL）的移位和循环移位指令

1. SSI　带符号整型移位（16位）

指令格式为：SSI〈数目〉

　　　　　　SSI

〈数目〉的数据类型为整型、无符号。要移位的位数目，范围为0～15。

SSI〈数目〉：地址〈数目〉指定移位数目。当〈数目〉大于0时，复位状态字的位CC0和OV为0。当〈数目〉等于0时，则将SSI指令视为NOP操作。

SSI：移位数目由ACCU 2-L-L中的数值指定，可能的数值范围为0～255。移位数目大于16时，始终产生相同的结果（ACCU 1＝16＃0000、CC1＝0或ACCU 1＝16＃FFFF、CC1＝1）。当移位数目大于0时，复位状态字的位CC0和OV为0。当移位数目为0时，则将SSI指令视为NOP操作。

【例9-71】

内容	ACCU1-H				ACCU1-L			
位	31...	..	..	...16	15...	..	..	...0
执行SSI 6前	0101	1111	0110	0100	1001	1101	0011	1011
执行SSI 6后	0101	1111	0110	0100	1111	1110	0111	0100

【例9-72】

```
L  MW4        //将数值装载到ACCU 1中
SSI 6         //将ACCU 1中的带符号的位向右移动6位
T  MW8        //将结果传送到MW8
```

【例9-73】

```
L  +3         //将数值+3装载到ACCU 1中
L  MW20       //将ACCU 1的内容送ACCU 2中，将MW20的数值装载到ACCU 1中
SSI           //移位数目为ACCU 2-L-L的数值=>将ACCU 1-L中的带符号的位右
              //移3位，用符号位的状态填充空闲位
JPNEXT        //当最后一个移出的位（CC1）=1时，跳转到NEXT跳转标签
```

2. SSD　带符号长整型移位（32位）

指令格式为：SSD

　　　　　　SSD〈数目〉

〈数目〉的数据类型为整型、无符号。要移位的位数目，范围为0～32。

SSD（右移带符号的长整型）逐位向右移动 ACCU 1 的整个内容，由符号位的信号状态填充移位指令空出的位，将最后一个移出的位装载到状态字的 CC1 位中。地址〈数目〉或 ACCU 2-L-L 中的数值指定要移位的位数目。

SSD〈数目〉：地址〈数目〉指定移位数目。当〈数目〉大于 0 时，复位状态字的位 CC0 和 OV 为 0。当〈数目〉等于 0 时，则将 SSD 指令视为 NOP 操作。

SSD：移位数目由 ACCU 2-L-L 中的数值指定。可能的数值范围为 0～255。移位数目大于 32 时，始终产生相同的结果（ACCU 1＝32＃00000000、CC1＝0 或 ACCU 1＝32＃FFFFFFFF、CC1＝1）。当移位数目大于 0 时，复位状态字的位 CC0 和 OV 为 0。当移位数目为 0 时，则将 SSD 指令视为 NOP 操作。

【例 9-74】

内容	ACCU1-H				ACCU1-L			
位	31...	..	..	...16	15...	..	..	...0
执行 SSD 7 前	1000	1111	0110	0100	0101	1101	0011	1011
执行 SSD 7 后	1111	1111	0001	1110	1100	1000	1011	1010

【例 9-75】

```
L     MD4          //将数值装载到 ACCU 1 中
SSD   7            //根据符号，将 ACCU 1 中的位右移 7 位
T     MD8          //将结果传送到 MD8
```

【例 9-76】

```
L     +3           //将数值+3 装载到 ACCU 1 中
L     MD20         //将 ACCU 1 的内容装载到 ACCU 2 中，将 MD20 的数值送 ACCU 1 中
SSD                //移位数目为 ACCU 2-L-L 的数值=>将 ACCU 1 中的带符号的位右移
                   //3 位后，用符号位的状态填充空闲位
JP    NEXT         //当最后一个移出的位（CC1)=1 时，跳转到 NEXT 跳转标签
```

3. SLW　　左移字（16 位）

指令格式为：SLW

　　　　　　SLW〈数目〉

〈数目〉的数据类型为整型、无符号。要移位的位数目，范围为 0～15。

SLW（左移字）逐位向左移动 ACCU 1-L 的内容，由零填充移位指令空出的位，将最后一个移出的位装载到状态字的 CC1 位中。地址〈数目〉或 ACCU 2-L-L 中的数值指定要移位的位数目。

SLW〈数目〉：地址〈数目〉指定移位数目。当〈数目〉大于 0 时，复位状态字的位 CC0 和 OV 为 0。当〈数目〉等于 0 时，则将 SLW 指令视为 NOP 操作。

SLW：移位数目由 ACCU 2-L-L 中的数值指定。可能的数值范围为 0～255。移位数目大于 16 时，始终产生相同的结果：ACCU 1-L＝0、CC1＝0、CC0＝0 和 OV＝0。当 0＜移位数目＜＝16 时，复位状态字的位 CC0 和 OV 为 0。当移位数目为 0 时，则将 SLW 指令视为 NOP 操作。

【例 9-77】

内容	ACCU1-H				ACCU1-L			
位	31...	..	..	...16	15...	..	..	...0

执行SLW 5前 0101 1111 0110 0100 0101 1101 0011 1011

执行SLW 5后 0101 1111 0110 0100 1010 0111 0110 0000

【例9-78】

```
L    MW4      //将数值装载到ACCU 1中
SLW  5        //将ACCU 1中的位向左移动5位
T    MW8      //将结果传送到MW8
```

【例9-79】

```
L  +5         //将数值+5装载到ACCU 1中
L  MW20       //将ACCU 1的内容装载到ACCU 2中，将MW20的数值送ACCU 1中
SLW           //移位数目是ACCU 2-L-L的数值=>将ACCU 1-L中的位向左移动5位
JP  NEXT      //当最后一个移出的位（CC1）=1时，跳转到NEXT跳转标签
```

4. SRW 右移字（16位）

指令格式为：SRW

SRW〈数目〉

〈数目〉的数据类型为整型、无符号。要移位的位数目，范围为0～15。

SRW（右移字）逐位向右移动ACCU 1-L的内容，由零填充移位指令空出的位，将最后一个移出的位装载到状态字的CC1位中。地址〈数目〉或ACCU 2-L-L中的数值指定要移位的位数目。

SRW〈数目〉：地址〈数目〉指定移位数目。当〈数目〉大于0时，复位状态字的位CC0和OV为0。当〈数目〉等于0时，则将SRW指令视为NOP操作。

SRW：移位数目由ACCU 2-L-L中的数值指定。可能的数值范围为0～255。移位数目大于16时，始终产生相同的结果：ACCU 1-L=0、CC1=0、CC0=0和OV=0。当0<移位数目<=16时，复位状态字的位CC0和OV为0。当移位数目为0时，则将SRW指令视为NOP操作。

【例9-80】

内容	ACCU1-H				ACCU1-L			
位	31...	..	..	...16	15...	..	..	...0
执行SRW 6前	0101	1111	0110	0100	0101	1101	0011	1011
执行SRW 6后	0101	1111	0110	0100	0000	0001	0111	0100

【例9-81】

```
L  MW4        //将数值装载到ACCU 1中
SRW  6        //将ACCU 1-L中的位向右移动6位
T  MW8        //将结果传送到MW8
```

【例9-82】

```
L  +3         //将数值+3装载到ACCU 1中
L  MW20       //将ACCU 1的内容装载到ACCU 2中，将MW20的数值送ACCU 1中
SRW           //移位数目是ACCU 2-L-L的数值=>将ACCU 1-L中的位向右移动3位
SPP  NEXT     //当最后一个移出的位（CC1）=1时，跳转到NEXT跳转标签
```

5. SLD 左移双字（32位）

指令格式为：SLD

SLD〈数目〉

〈数目〉的数据类型为整型、无符号。要移位的位数目，范围为 0～32。

SLD（左移双字）逐位向左移动 ACCU 1 的整个内容，由零填充移位指令空出的位，将最后一个移出的位装载到状态字的 CC1 位中。地址〈数目〉或 ACCU 2-L-L 中的数值指定要移位的位数目。

SLD〈数目〉：地址〈数目〉指定移位数目。当〈数目〉大于 0 时，复位状态字的位 CC0 和 OV 为 0。当〈数目〉等于 0 时，则将 SLD 指令视为 NOP 操作。

SLD：移位数目由 ACCU 2-L-L 中的数值指定。允许的数值范围为 0～255。移位数目大于 32 时，始终产生相同的结果：ACCU 1＝0、CC1＝0、CC0＝0 和 OV＝0。当 0＜移位数目＜＝32 时，复位状态字的位 CC0 和 OV 为 0。当移位数目为 0 时，则将 SLD 指令视为 NOP 操作。

【例 9-83】

内容	ACCU1-H				ACCU1-L			
位	31...	..	..	...16	15...	..	..	...0
执行 SLD 5 前	0101	1111	0110	0100	0101	1101	0011	1011
执行 SLD 5 后	1110	1100	1000	1011	1010	0111	0110	0000

【例 9-84】

```
L   MD4          //将数值装载到 ACCU 1 中
SLD  5           //将 ACCU 1 中的位向左移动 5 位
T   MD8          //将结果传送到 MD8
```

【例 9-85】

```
L   +3           //将数值+3 装载到 ACCU 1 中
L   MD20         //将 ACCU 1 的内容装载到 ACCU 2 中，将 MD20 的数值送 ACCU 1 中
SLD              //移位数目是 ACCU 2-L-L 的数值=>将 ACCU 1 中的位向左移动 3 位
JP  NEXT         //当最后一个移出的位（CC1）=1 时，跳转到 NEXT 跳转标签
```

6. SRD　　右移双字（32 位）

指令格式为：SRD

SRD〈数目〉

〈数目〉的数据类型为整型、无符号。要移位的位数目，范围为 0～32。

SRD（右移双字）逐位向右移动 ACCU 1 的整个内容，由零填充移位指令空出的位，将最后一个移出的位装载到状态字的 CC1 位中。地址〈数目〉或 ACCU 2-L-L 中的数值指定要移位的位数目。

SRD〈数目〉：地址〈数目〉指定移位数目。当〈数目〉大于 0 时，复位状态字的位 CC0 和 OV 为 0。当〈数目〉等于 0 时，则将 SRD 指令视为 NOP 操作。

SRD：移位数目由 ACCU 2-L-L 中的数值指定。允许的数值范围为 0～255。移位数目大于 32 时，始终产生相同的结果：ACCU 1＝0、CC1＝0、CC0＝0 和 OV＝0。当 0＜移位数目＜＝32 时，复位状态字的位 CC0 和 OV 为 0。当移位数目为 0 时，则将 SRD 指令视为 NOP 操作。

【例 9-86】

内容	ACCU1-H				ACCU1-L			
位	31...	..	..	...16	15...	..	..	...0
执行 SRD 7 前	0101	1111	0110	0100	0101	1101	0011	1011
执行 SRD 7 后	0000	0000	1011	1110	1100	1000	1011	1010

【例 9-87】

```
L   MD4          //将数值装载到 ACCU 1 中
SRD  7           //将 ACCU 1 中的位向右移动 7 位
T   MD8          //将结果传送到 MD8
```

【例 9-88】

```
L   +3           //将数值+3 装载到 ACCU 1 中
L   MD20         //将 ACCU 1 的内容装载到 ACCU 2 中，将 MD20 的数值送 ACCU 1 中
SRD              //移位数目是 ACCU 2-L-L 的数值=>将 ACCU 1 中的位向右移动 3 位
JP  NEXT         //当最后一个移出的位（CC1）=1 时，跳转到 NEXT 跳转标签
```

7. RLD　循环左移双字（32 位）

指令格式为：RLD

　　　　　　RLD〈数目〉

〈数目〉的数据类型为整型、无符号。要循环移位的位数目，范围为 0～32。

RLD（循环左移双字）逐位向左循环移动 ACCU 1 的整个内容，循环移位指令空出的位由 ACCU 1 中移出位的信号状态填充，最后移出的位被装载到状态位 CC1 中。而地址〈数目〉或 ACCU 2-L-L 中的数值则指定要循环移位的位数目。

RLD〈数目〉：地址〈数目〉指定循环移位的数目。当〈数目〉大于 0 时，将状态字的位 CC0 和 OV 复位为 0。当〈数目〉等于 0 时，则将 RLD 指令视为 NOP 操作。

RLD：循环移位的数目由 ACCU 2-L-L 中的数值指定。可能的数值范围为 0～255。当 ACCU 2-L-L 内的数值大于 0 时，将状态字的位 CC0 和 OV 复位为 0。如果循环移位的数目为零，则将 RLD 指令视为 NOP 操作。

【例 9-89】

内容	ACCU1-H				ACCU1-L			
位	31...	..	..	...16	15...	..	..	...0
执行 RLD 4 前	0101	1111	0110	0100	0101	1101	0011	1011
执行 RLD 4 后	1111	0110	0100	0101	1101	0011	1011	0101

【例 9-90】

```
L   MD2      //将数值装载到 ACCU 1 中
RLD  4       //将 ACCU 1 中的位向左循环移动 4 位
T   MD8      //将结果传送到 MD8
```

【例 9-91】

```
L   +4       //将数值+3 装载到 ACCU 1 中
L   MD20     //将 ACCU 1 的内容装载到 ACCU 2 中，将 MD20 的数值送 ACCU 1 中
RLD          //循环移位数目是 ACCU 2-L-L 的值=>将 ACCU 1 中的位向左循环移动 4 位
JP  NEXT     //当最后一个移出的位（CC1）=1 时，跳转到 NEXT 跳转标签
```

8. RRD　　循环右移双字（32 位）

指令格式为：RRD

RRD〈数目〉

〈数目〉的数据类型为整型、无符号。要循环移位的位数目，范围为 0～32。

RRD（循环右移双字）逐位向右循环移动 ACCU 1 的整个内容，循环移位指令空出的位由 ACCU 1 中移出位的信号状态填充，最后移出的位被装载到状态位 CC1 中。而地址〈数目〉或 ACCU 2-L-L 中的数值则指定要循环移位的位数目。

RRD〈数目〉：地址〈数目〉指定循环移位的数目。当〈数目〉大于 0 时，复位状态字的位 CC0 和 OV 为 0。当〈数目〉等于 0 时，则将 RRD 指令视为 NOP 操作。

RRD：循环移位的数目由 ACCU 2-L-L 中的数值指定。可能的数值范围为 0～255。当 ACCU 2-L-L 的数值大于 0 时，将状态字的位 CC0 和 OV 复位为 0。

【例 9-92】

内容	ACCU1-H				ACCU1-L			
位	31...	..	..	...16	15...	..	..	...0
执行 RRD 4 前	0101	1111	0110	0100	0101	1101	0011	1011
执行 RRD 4 后	1011	0101	1111	0110	0100	0101	1101	0011

【例 9-93】

```
L   MD2       //将数值装载到 ACCU 1 中
RRD  4        //将 ACCU 1 中的位向右循环移动 4 位
T   MD8       //将结果传送到 MD8
```

【例 9-94】

```
L   +4        //将数值+3 装载到 ACCU 1 中
L   MD20      //将 ACCU 1 的内容装载到 ACCU 2 中，将 MD20 的数值送 ACCU 1 中
RRD           //循环移位数目是 ACCU 2-L-L 的数值=>将 ACCU 1 中的位向右循环移动 4 位
JP  NEXT      //当最后一个移出的位（CC1）=1 时，跳转到 NEXT 跳转标签
```

9. RLDA　　通过 CC1 循环左移 ACCU 1（32 位）

指令格式为：RLDA

RLDA（通过 CC1 循环左移双字）通过 CC1 将 ACCU 1 的整个内容循环左移 1 位。复位状态字 CC0 和 OV 为 0。

【例 9-95】

内容		ACCU1-H				ACCU1-L			
位		31...	..	..	...16	15...	..	..	...0
执行 RLDA 前	X	0101	1111	0110	0100	0101	1101	0011	1011
执行 RLDA 后	0	1011	1110	1100	1000	1011	1010	0111	011X

（X=0 或 1，CC1 之前的信号状态）

```
L   MD2       //将 MD2 的数值装载到 ACCU 1 中
RLDA          //通过 CC1，将 ACCU 1 中的位循环左移 1 位
JP  NEXT      //当最后一个移出的位（CC1）=1 时，跳转到 NEXT 跳转标签
```

10. RRDA　　通过 CC1 循环右移 ACCU 1（32 位）

指令格式为：RRDA

RRDA（通过 CC1 循环右移双字）将 ACCU 1 的整个内容循环向右移动 1 位。复位状态字的位 CC0 和 OV 为 0。

【例 9-96】

内容		ACCU1-H				ACCU1-L			
位		31…	..	..	…16	15…	..	..	…0
执行 RRDA 前	X	0101	1111	0110	0100	0101	1101	0011	1011
执行 RRDA 后	1	X010	1111	1011	0010	0010	1110	1001	1101

（X=0 或 1，CC1 的上一个信号状态）

```
L  MD2      //将 MD2 的数值装载到 ACCU 1 中
RRDA        //通过 CC1，将 ACCU 1 中的位循环右移 1 位
JP  NEXT    //当最后一个移出的位（CC1）=1 时，跳转到 NEXT 跳转标签
```

（二）梯形图（LAD）的移位和循环移位指令

移位和循环移位指令 EN（使能输入）和 ENO（启用输出）的数据类型为 BOOL 型，存储区为 I、Q、M、L、D，存储区为 I、Q、M、L、D。N（要移动的位数）的数据类型为 WORD，存储区为 I、Q、M、L、D。

1. SHR_I　整数右移

指令符号为：

SHR_I
EN　ENO
IN　OUT
N

IN（要移位的值）的数据类型为 INT，OUT（移位指令的结果）的数据类型为 INT 型。

SHR_I（整数右移）指令通过使能（EN）输入位置上的逻辑“1”来激活。SHR_I 指令用于将输入 IN 的第 0～15 位逐位向右移动，第 16～31 位不受影响。输入 N 用于指定移位的位数。如果 N 大于 16，命令将按照 N 等于 16 的情况执行。自左移入的、用于填补空出位的位置将被赋予第 15 位的逻辑状态（整数的符号位）如图 9-23 所示。这意味着，当该整数为正时，这些位将被赋值“0”，而当该整数为负时，则第 15 位被赋值为“1”。可在输出 OUT 位置扫描移位指令的结果。如果 N 不等于 0，则 SHR_I 会将 CC0 位和 OV 位设为“0”。ENO 与 EN 具有相同的信号状态。

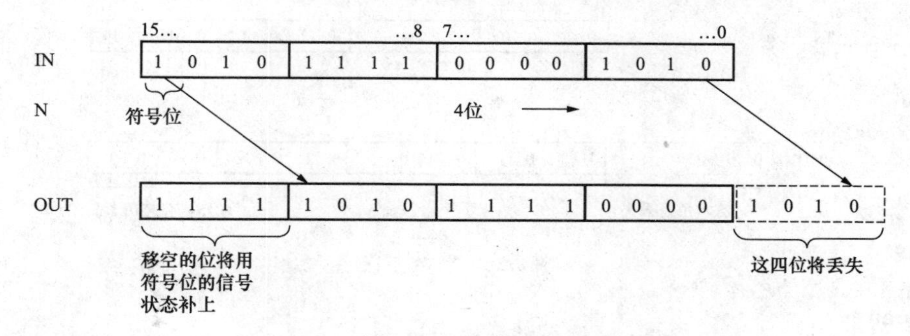

图 9-23　整数右移

【例 9-97】

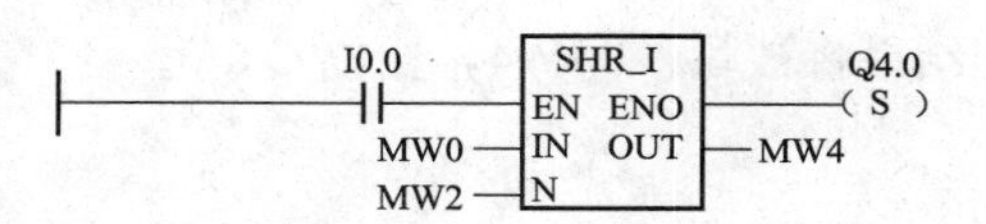

SHR_I 框由 I0.0 位置上的逻辑“1”激活。装载 MW0 并将其右移由 MW2 指定的位数，结果将被写入 MW4，置位 Q4.0。

2. SHR _ DI 右移长整数

指令符号为：

SHR_DI
EN ENO
IN OUT
N

IN（要移位的值）的数据类型为 DINT，OUT（移位指令的结果）的数据类型为 DINT 型。

SHR _ DI（右移长整数）指令通过使能（EN）输入位置上的逻辑“1”来激活。SHR _ DI 指令用于将输入 IN 的第 0～31 位逐位向右移动。输入 N 用于指定移位的位数。如果 N 大于 32，命令将按照 N 等于 32 的情况执行。自左移入的、用于填补空出位的位置将被赋予第 31 位的逻辑状态（整数的符号位）。这意味着，当该整数为正时，这些位将被赋值“0”，而当该整数为负时，则被赋值为“1”。可在输出 OUT 位置扫描移位指令的结果。如果 N 不等于 0，则 SHR _ DI 会将 CC0 位和 OV 位设为“0”。ENO 与 EN 具有相同的信号状态。

【例 9-98】

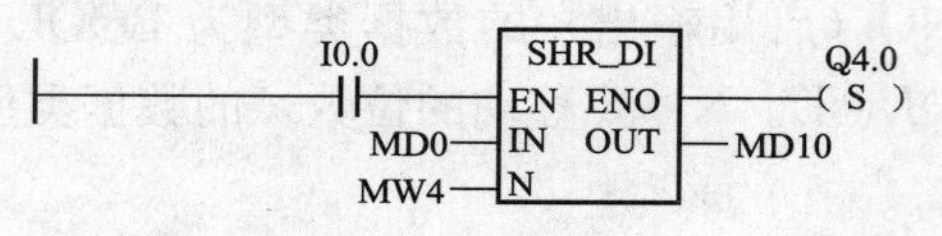

SHR _ DI 框由 I0.0 位置上的逻辑“1”激活。装载 MD0 并将其右移由 MW4 指定的位数，结果将被写入 MD10，置位 Q4.0。

3. SHL _ W 字左移

指令符号为：

SHL_W
EN ENO
IN OUT
N

IN（要移位的值）的数据类型为 WORD，OUT（字移位指令的结果）的数据类型为 WORD。

SHL _ W（字左移）指令通过使能（EN）输入位置上的逻辑“1”来激活。SHL _ W 指令用于将输入 IN 的第 0～15 位逐位向左移动，第 16～31 位不受影响。输入 N 用于指定移位的位数。如果 N 大于 16，命令会在输出 OUT 位置上写入“0”，并将状态字中的 CC0 和 OV 位设置为“0”。将自右移入 N 个零，用以补上空出位的位置如图 9-24 所示。可在输出 OUT 位置扫描移位指令的结果。如果 N 不等于 0，则 SHL _ W 会将 CC0 位和 OV 位设为“0”。ENO 与 EN 具有相同的信号状态。

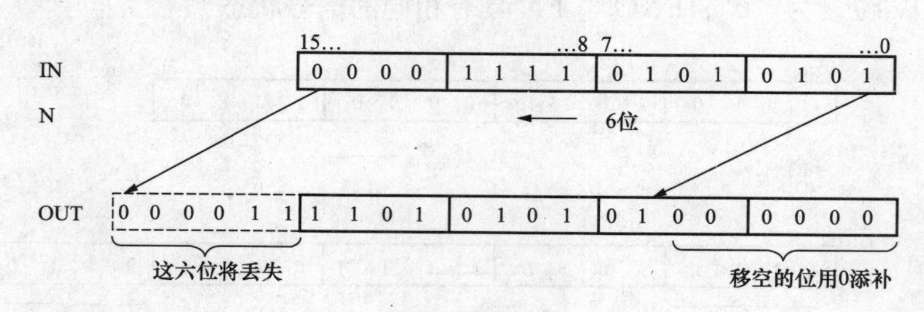

图 9-24 整数左移

【例 9-99】

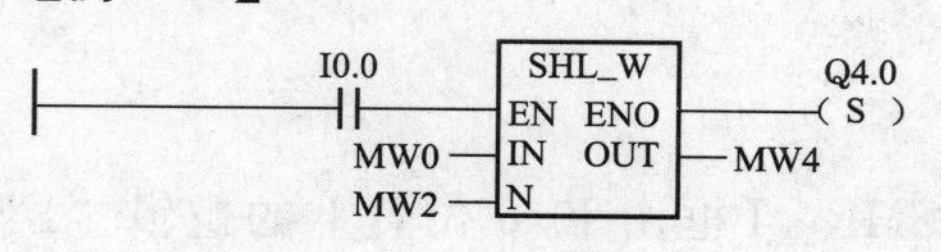

SHL _ W 框由 I0.0 位置上的逻辑“1”激活。装载 MW0 并将其左移由 MW2 指定的位数，结果将被写入 MW4，置位 Q4.0。

4. SHR _ W 字右移

指令符号为：

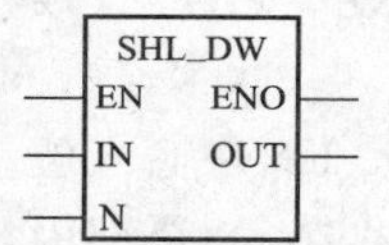

IN（要移位的值）的数据类型为 WORD，OUT（字移位指令的结果）的数据类型为 WORD。

SHR _ W（字右移）指令通过使能（EN）输入位置上的逻辑“1”来激活。SHR _ W 指令用于将输入 IN 的第 0～15 位逐位向右移动，第 16～31 位不受影响。输入 N 用于指定移位的位数。如果 N 大于 16，此命令会在输出 OUT 位置上写入“0”，并将状态字中的 CC0 位和 OV 位设置为“0”。将自左移入 N 个零，用以补上空出位的位置。可在输出 OUT 位置扫描移位指令的结果。如果 N 不等于 0，则 SHR _ W 会将 CC0 位和 OV 位设为“0”。ENO 与 EN 有相同的信号状态。

【例 9-100】

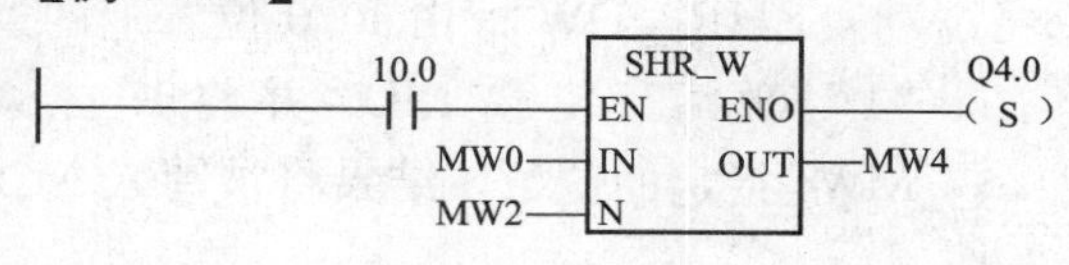

SHR _ W 框由 I0.0 位置上的逻辑“1”激活。装载 MW0 并将其右移由 MW2 指定的位数，结果将被写入 MW4，置位 Q4.0。

5. SHL _ DW　双字左移

指令符号为：

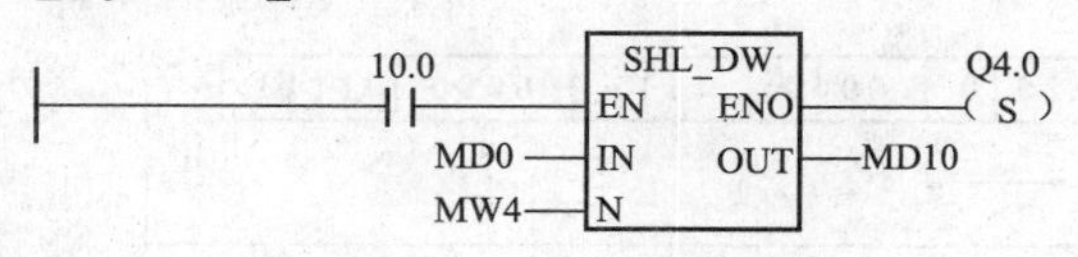

IN（要移位的值）的数据类型为 DWORD，OUT（双字移位指令的结果）的数据类型为 DWORD。

SHL _ DW（双字左移）指令通过使能（EN）输入位置上的逻辑“1”来激活。SHL _ DW 指令用于将输入 IN 的第 0～31 位逐位向左移动。输入 N 用于指定移位的位数。如果 N 大于 32，命令会在输出 OUT 位置上写入“0”并将状态字中的 CC0 和 OV 位设置为“0”。将自右移入 N 个零，用以补上空出位的位置。可在输出 OUT 位置扫描双字移位指令的结果。如果 N 不等于 0，则 SHL _ DW 会将 CC0 位和 OV 位设为“0”。ENO 与 EN 具有相同的信号状态。

【例 9-101】

SHL _ DW 框由 I0.0 位置上的逻辑“1”激活。装载 MD0 并将其左移由 MW4 指定的位数，结果将被写入 MD10，置位 Q4.0。

6. SHR _ DW　双字右移

指令符号为：

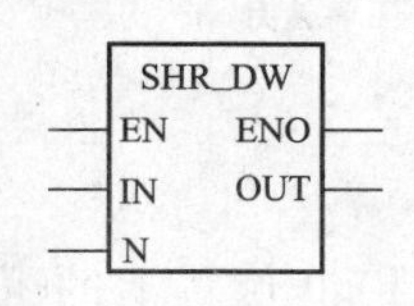

IN（要移位的值）的数据类型为 DWORD，OUT（双字移位指令的结果）的数据类型为 DWORD。

SHR _ DW（双字右移）指令通过使能（EN）输入位置上的逻辑“1”来激活。SHR _ DW 指令用于将输入 IN 的第 0～31 位逐位向右移动。输入 N 用于指定移位的位数。若 N 大于 32，命令会在输出 OUT 位置上写入“0”并将状态字中的 CC0 位和 OV 位设置为“0”。将自左移入 N 个零，用以补上空出位的位置如图 9-25 所示。可在输出 OUT 位置扫描双字移位指令的结果。如果 N 不等于 0，则 SHR _ DW 会将 CC0 位和 OV 位设为“0”。ENO 与 EN 具有相同的信号状态。

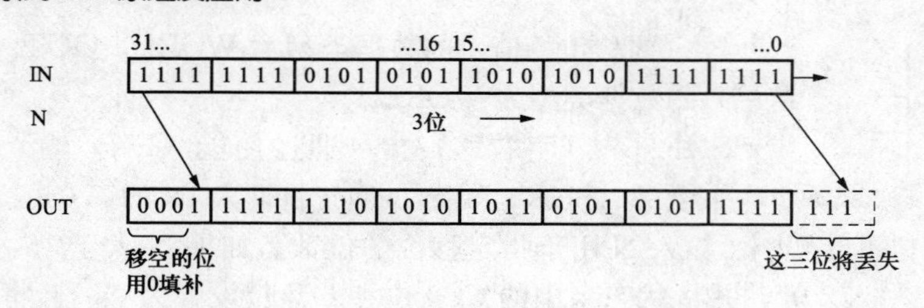

图 9-25　双字右移

【例 9-102】

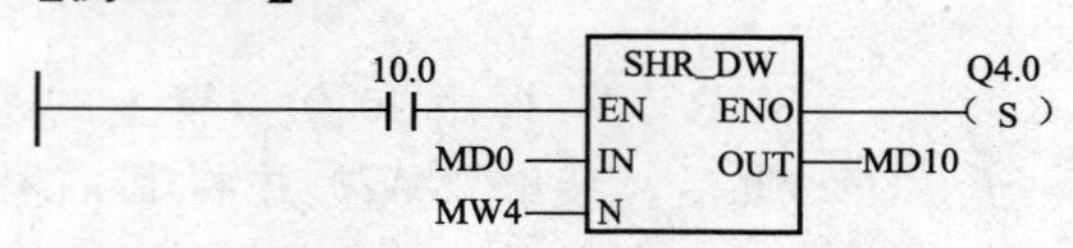

SHR _ DW 框由 I0.0 位置上的逻辑“1”激活。装载 MD0 并将其右移由 MW4 指定的位数，结果将被写入 MD10，置位 Q4.0。

7. ROL _ DW　　双字循环左移

指令符号为：

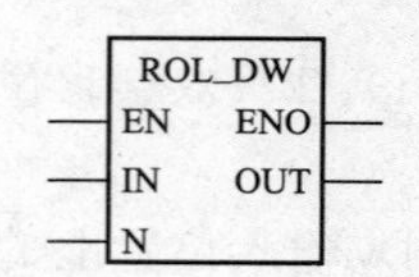

IN（要循环移位的值）的数据类型为 DWORD，OUT（双字循环指令的结果）的数据类型为 DWORD。

ROL _ DW（双字循环左移）指令通过使能（EN）输入位置上的逻辑“1”来激活。ROL _ DW 指令用于将输入 IN 的全部内容逐位向左循环移位。输入 N 用于指定循环移位的位数。如果 N 大于 32，则双字 IN 将被循环移位［(N－1) 对 32 求模，所得的余数］＋1 位。自右移入位的位置将被赋予向左循环移出的各个位的逻辑状态，如图 9-26 所示。可在输出 OUT 位置扫描双字循环指令的结果。如果 N 不等于 0，则 ROL _ DW 会将 CC0 位和 OV 位设为“0”。ENO 与 EN 具有相同的信号状态。

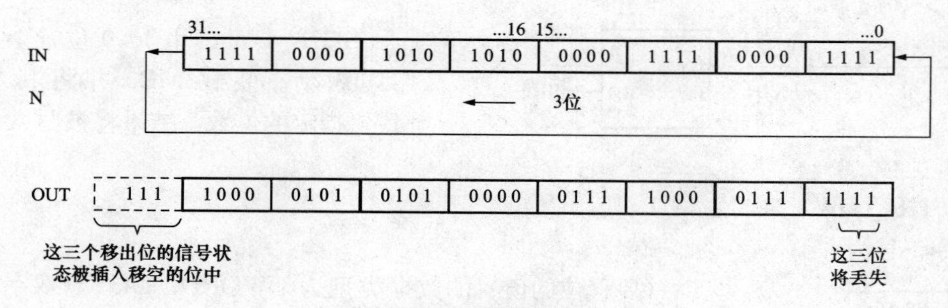

图 9-26　双字循环左移

【例 9-103】

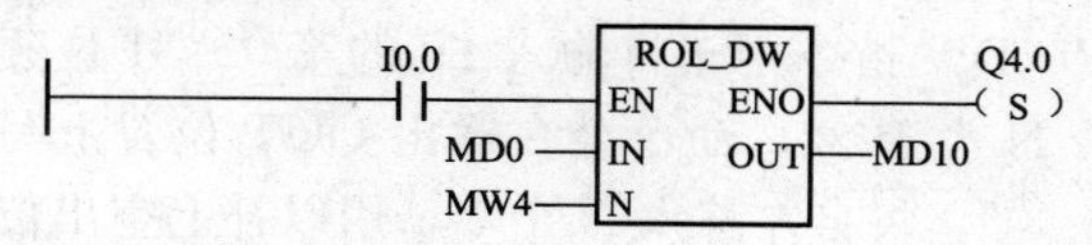

ROL _ DW 框由 I0.0 位置上的逻辑“1”激活。装载 MD0 并将其向左循环移位由 MW4 指定的位数，结果将被写入 MD10，置位 Q4.0。

8. ROR _ DW　　双字循环右移

指令符号为：

ROR_DW
EN ENO
IN OUT
N

IN（要循环移位的值）的数据类型为DWORD，OUT（双字循环指令的结果）的数据类型为DWORD。

ROR _ DW（双字循环右移）指令通过使能（EN）输入位置上的逻辑“1”来激活。ROR _ DW指令用于将输入IN的全部内容逐位向右循环移位。输入N用于指定循环移位的位数。如果N大于32，则双字IN将被循环移位［(N－1）对32求模，所得的余数］＋1位。自左移入位的位置将被赋予向右循环移出的各个位的逻辑状态，如图9-27所示。可在输出OUT位置扫描双字循环指令的结果。如果N不等于0，则ROR _ DW会将CC0位和OV位置为“0”。ENO与EN具有相同的信号状态。

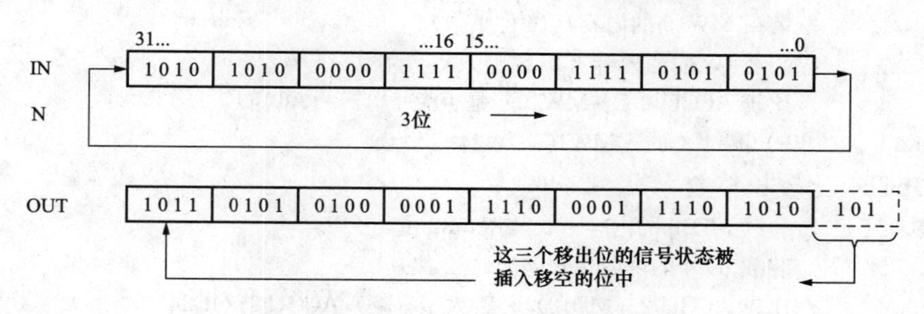

图9-27 双字循环右移

【例9-104】

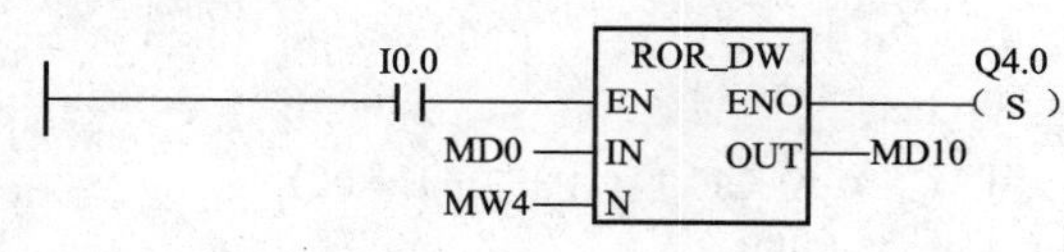

ROR _ DW框由I0.0位置上的逻辑“1”激活。装载MD0并将其向左循环移位由MW4指定的位数，结果将被写入MD10，置位Q4.0。

第六节 比较指令与转换指令

一、比较指令

（一）语句表（STL）的比较指令

比较指令用于比较累加器ACCU 1和ACCU 2中相同数据类型的两个数据的大小，比较条件成立时RLO为1，否则为0。用于比较的数据类型有三种：整数、长整数和浮点数。比较的关系有六种，即＝＝(ACCU 1等于ACCU 2)、＜＞(ACCU 1不等于ACCU 2)、＞(ACCU 1大于ACCU 2)、＜(ACCU 1小于ACCU 2)、＞＝(ACCU 1大于等于ACCU 2)、＜＝(ACCU 1小于等于ACCU 2)。状态字位CC1和CC0用于表示关系“小于”、“等于”或“大于”。

?I 比较整数（16位)、?D 比较长整数（32位）和 ?R 比较浮点数（32位）指令格式分别为：

＝＝I、＜＞I、＞I、＜I、＞＝I、＜＝I

＝＝D、＜＞D、＞D、＜D、＞＝D、＜＝D

＝＝R、＜＞R、＞R、＜R、＞＝R、＜＝R

比较整数（16位）指令将ACCU 2-L的内容与ACCU 1-L的内容进行比较。ACCU 2-

L 和 ACCU 1-L 的内容被解释为 16 位整数。比较长整数（32 位）指令将 ACCU 2 的内容与 ACCU 1 的内容进行比较。ACCU 2 和 ACCU 1 的内容被解释为 32 位整数。比较浮点数（32 位，IEEE-FP）指令将 ACCU 2 的内容与 ACCU 1 的内容进行比较。ACCU 1 和 ACCU 2 的内容被解释为浮点数（32 位，IEEE-FP）。

其比较结果由 RLO 和相关状态字位的设置来表示。RLO＝1 表示比较结果为 true，RLO＝0 表示比较结果为 false。状态字位 CC1 和 CC0 表示关系“小于”、“等于”或“大于”。

【例 9-105】 比较整数

```
L   MW10        //装载 MW10 的内容（16 位整数）
L   IW24        //装载 IW24 的内容（16 位整数）
>I              //比较 ACCU 2-L（MW10）是否大于（>）ACCU 1-L（IW24）
=M 2.0          //RLO=1（如果 MW10>IW24）
```

【例 9-106】 比较长整数

```
L   MD10        //装载 MD10 的内容（长整型，32 位）
L   ID24        //装载 ID24 的内容（长整型，32 位）
>D              //比较 ACCU 2（MD10）是否大于（>）ACCU 1（ID24）
=M 2.0          //RLO=1（如果 MD10>ID24）
```

【例 9-107】 比较浮点数

```
L   MD10        //装载 MD10 的内容（浮点数）
L 1.359E+02     //装载常数 1.359E+02
>R              //比较 ACCU 2（MD10）是否大于（>）ACCU 1（1.359-E+02）
=M 2.0          //RLO=1（如果 MD10>1.359E+02）
```

（二）梯型图（LAD）的比较指令

比较指令用于比较 IN1 和 IN2 中相同数据类型的两个数据的大小，比较条件成立时 RLO 为 1，否则为 0。用于比较的数据类型有三种：整数、长整数和浮点数（实数）。比较的关系有六种，即＝＝(IN1 等于 IN2)、<>(IN1 不等于 IN2)、>(IN1 大于 IN2)、<(IN1 小于 IN2)、>＝(IN1 大于或等于 IN2)、<＝(IN1 小于或等于 IN2)。如果以串联方式使用比较单元，则使用“与”运算将其链接至梯级程序段的 RLO；如果以并联方式使用比较单元，则使用“或”运算将其链接至梯级程序段的 RLO。比较指令的使用方法与标准触点类似，它可位于任何可放置标准触点的位置。

CMP ? I　整数比较、CMP ? D　长整数比较和 CMP ? R　实数比较指令符号如下：

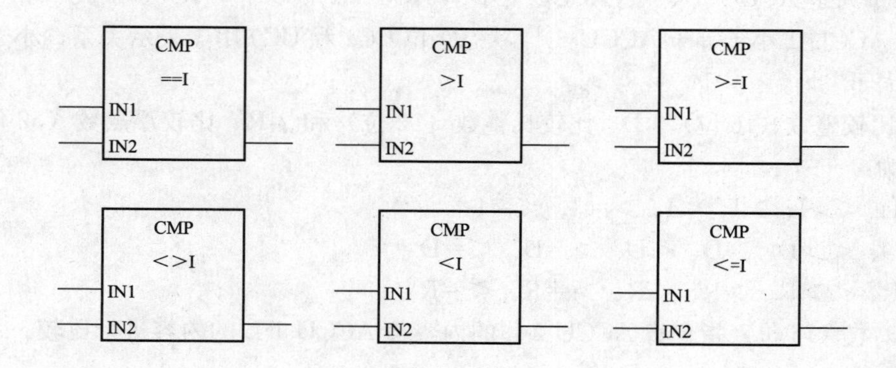

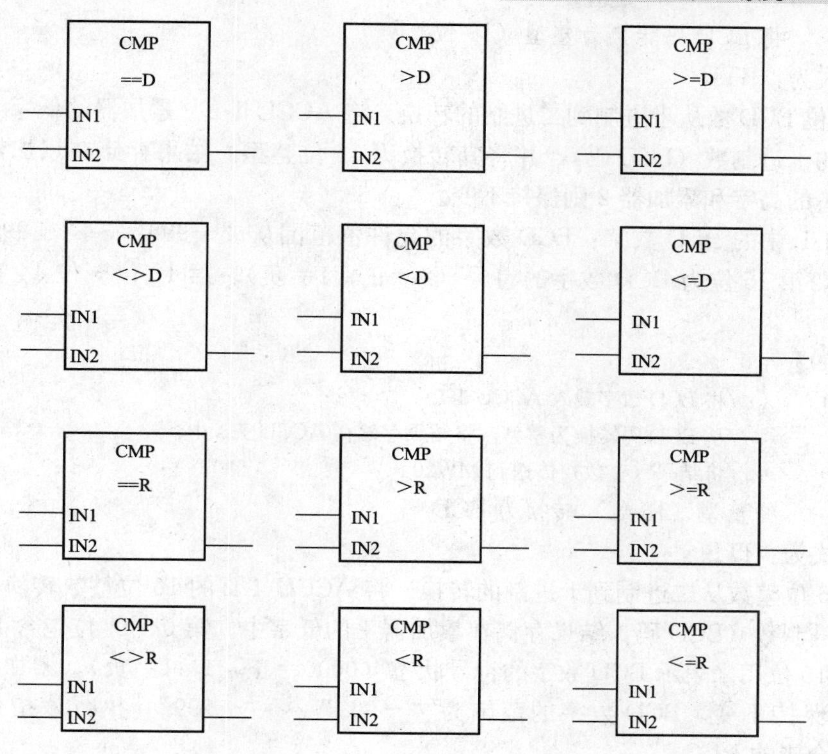

寻址存储区为 I、Q、M、L、D。

【例 9-108】

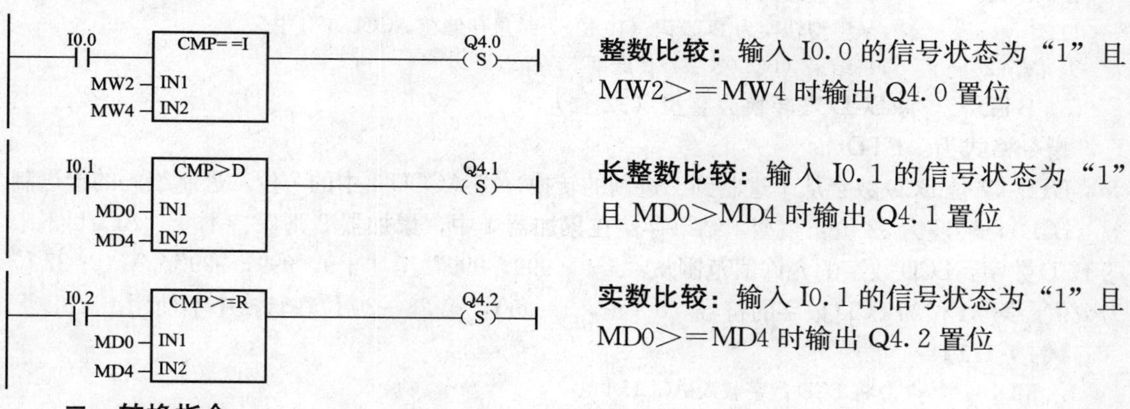

整数比较：输入 I0.0 的信号状态为“1”且 MW2>=MW4 时输出 Q4.0 置位

长整数比较：输入 I0.1 的信号状态为“1”且 MD0>MD4 时输出 Q4.1 置位

实数比较：输入 I0.1 的信号状态为“1”且 MD0>=MD4 时输出 Q4.2 置位

二、转换指令

数据转换指令将累加器 1 中的数据进行数据类型的转换，转换的结果仍然在累加器 1 中。寻址存储区均为 I、Q、M、L、D。

（一）语句表（STL）的转换指令

在转换指令中，如果 BCD 数字的十进制（四位）数字处于第 10～15 的无效范围，则在转换期间会出现错误代码 B#16#21（表示出现 BCD 码转换错误）。通常，CPU 会转入 STOP 模式。但是，通过对 OB121 编程可设计另一种出错响应，用以处理该同步编程错误。如果数字超出允许范围，则状态位 OV 和 OS 被置位到 1，结果存储在累加器 1 中，出现错误（使用了不能表示为 32 位整数的 NaN 或浮点数）时不执行转换并显示溢出。

1. BTI　将 BCD 码转换为整型（16 位）

指令格式为：BTI

BTI（3 位 BCD 数从十进制到二进制的转换）将 ACCU 1-L（累加器的低字）中的 3 位二进制编码的十进制数（BCD 码），并将其转换为 16 位整型。结果存储在累加器 1 的低字中，累加器 1 的高字和累加器 2 则保持不变。

ACCU 1-L 中的 BCD 数字：BCD 数字的允许值范围从“－999”～“＋999”。第 0～11 位为数值，第 15 位为 BCD 数字的符号（0＝正，1＝负）。第 12 位～位 14 在转换中不使用。

【例 9-109】

```
L  MW10      //将 BCD 数字载入 ACCU 1-L
BTI          //从 BCD 码转换为整型，将结果存储在 ACCU 1-L 中
T  MW20      //将结果（整数）传送到 MW20
```

2. ITB　将整型（16 位）转换为 BCD 码

指令格式为：ITB

ITB（16 位整数从二进制到十进制的转换）将 ACCU 1-L 的 16 位整数转换为 3 位二进制编码的十进制数（BCD 码，结果存储在累加器 1 的低字中。第 0～11 位包含 BCD 数字的值。第 12～15 位用来表示 BCD 数字的符号状态（0000＝正，1111＝负）。累加器 1 的高字和累加器 2 保持不变。BCD 数字的范围为“－999”～“＋999”。执行该指令时不涉及 RLO，也不会影响 RLO。

【例 9-110】

```
L  MW10      //将整数载入 ACCU 1-L
ITB          //从整型转换为 BCD 码（16 位），结果存储在 ACCU 1-L 中
T  MW20      //将结果（BCD 数字）传送到 MW20
```

3. BTD　将 BCD 码转换为整型（32 位）

指令格式为：BTD

BTD（7 位 BCD 数字从十进制到二进制的转换）将 ACCU 1 中的 7 位二进制编码的十进制数（BCD），转换为 32 位长整型，结果存储在累加器 1 中，累加器 2 则保持不变。ACCU 1 中的 BCD 数字：BCD 数字的允许值范围从“－9，999，999”至“＋9，999，999”。第 0～27 位为数值，第 31 位为 BCD 数字的符号（0＝正，1＝负），第 28～30 位在转换中不使用。

【例 9-111】

```
L  MD10      //将 BCD 数字载入 ACCU 1
BTD          //从 BCD 码转换为整型，将结果存储在 ACCU 1 中
T  MD20      //将结果（长整数）传送到 MD20
```

4. ITD　将整型（16 位）转换为长整型（32 位）

指令格式为：ITD

ITD（16 位整数转换为 32 位整数）将 ACCU 1-L 中的 16 位整数转换为 32 位长整数，结果存储在累加器 1 中。

【例 9-112】

```
L  MW12      //将整数载入 ACCU 1
ITD          //从整型（16 位）转换为长整型（32 位），结果存储在 ACCU 1 中
```

```
T  MD20          //将结果（长整型）传送到MD20
```

5. DTB 将长整型（32位）转换为BCD码

指令格式为：DTB

DTB（32位整数从二进制到十进制的转换）将ACCU 1中的32位长整型转换为7位二进制编码的十进制数（BCD码），结果存储在累加器1中。第0～27位包含BCD数字的值，第28～31位用来表示BCD数字的符号状态（0000＝正，1111＝负）。累加器2保持不变。

BCD数的范围为－9 999 999～＋9 999 999。

【例9-113】

```
L  MD10          //将32位整数载入ACCU 1
DTB              //从整型（32位）转换为BCD码，结果存储在ACCU 1中
T  MD20          //将结果（BCD数字）传送到MD20
```

6. DTR 将长整型（32位）转换为浮点型（32位IEEE-FP）

指令格式为：DTR

DTR（32位整数转换为32位IEEE浮点数）将ACCU 1中的32位长整型转换为32位IEEE浮点数。如必要，该指令会对结果取整。（32位整数比32位浮点数精度更高，结果存储在累加器1中。）

【例9-114】

```
L  MD10          //将32位整数载入ACCU 1
DTR              //从长整型转换为浮点型（32位IEEE FP），结果存储在ACCU 1中
T     MD20       //将结果（BCD数字）传送到MD20
```

7. INVI 对整数（16位）求反码

指令格式为：INVI

INVI（对整数求反码）在ACCU 1-L中形成16位数值的二进制反码。二进制反码是通过将各个位的值取反形成的，即用“0”替换“1”，用“1”替换“0”，结果存储在累加器1的低字中。

【例9-115】

```
L  IW8           //将值载入ACCU 1-L
INVI             //形成16位二进制反码
T  MW10          //将结果传送到MW10
```

8. INVD 对长整数（32位）求反码

指令格式为：INVD

INVD（对长整数求反码）在ACCU1中形成32位数值的二进制反码。二进制反码是通过将各个位的值取反形成的，即用“0”替换“1”，用“1”替换“0”，结果存储在累加器1中。

【例9-116】

```
L  ID8           //将值载入ACCU 1
INVD             //形成二进制反码（32位）
T  MD10          //将结果传送到MD10
```

9. NEGI 对整数（16位）求补码

指令格式为：NEGI

NEGI（对整数求补码）在ACCU 1-L中形成16位数值的二进制补码。二进制补码是

通过将各个位取反（即用“0”替换“1”，用“1”替换“0”）后加“1”形成的，结果存储在累加器 1 的低字中。二进制补码相当于原码乘以“−1”。状态位 CC1、CC0、OS 和 OV 则根据函数运算的结果来设置。

【例 9-117】

```
L  IW8       //将值载入 ACCU 1-L
NEGI         //形成 16 位二进制补码
T  MW10      //将结果传送到 MW10
```

10. NEGD　对长整数（32 位）求补码

指令格式为：NEGD

NEGD（对长整数求补码）在 ACCU 1 中形成 32 位数值的二进制补码。二进制补码是通过将每个位取反（即用“0”替换“1”，用“1”替换“0”）后加“1”形成的，结果存储在累加器 1 中。二进制补码指令相当于原码乘以“−1”。执行该指令时不涉及 RLO，也不影响 RLO。状态位 CC1、CC0、OS 和 OV 则根据函数运算的结果来设置。

【例 9-118】

```
L  ID8       //将值载入 ACCU 1 中
NEGD         //生成二进制补码（32 位）
T  MD10      //将结果传送到 MD10
```

11. NEGR　对浮点数（32 位，IEEE-FP）取反

指令格式为：NEGR

NEGR（将 32 位 IEEE 浮点数取反）将 ACCU 1 中的浮点数取反。NEGR 指令将 ACCU 1 中位 31 的状态（尾数符号）取反，结果存储在累加器 1 中。

【例 9-119】

```
L  ID8       //将值载入 ACCU 1（实例：ID 8＝1.5E＋02）
NEGR         //对浮点数取反，结果存储在 ACCU 1 中
T  MD10      //将结果传送到 MD10（实例：结果＝−1.5E＋02）
```

12. CAW　改变 ACCU 1-L（16 位）中的字节顺序

指令格式为：CAW

CAW 反转 ACCU 1-L 中的字节顺序，即交换 ACCU 1-L 中的 2B 的位置，结果存储在累加器 1 的低字中，累加器 1 的高字和累加器 2 则保持不变。

【例 9-120】

```
L  MW10      //将 MW10 的值载入 ACCU 1
CAW          //反转 ACCU 1-L 中的字节顺序
T  MW20      //将结果传送到 MW20
```

执行前后变化如下：

内容	ACCU1-H-H	ACCU1-H-L	ACCU1-L-H	ACCU1-L-L
执行 CAW 之前	值 A	值 B	值 C	值 D
执行 CAW 之后	值 A	值 B	值 D	值 C

13. CAD　改变 ACCU 1（32 位）中的字节顺序

指令格式为：CAD

CAD 反转 ACCU 1 中的字节顺序，结果存储在累加器 1 中，累加器 2 则保持不变。

【例 9-121】

```
L   MD10        //将 MD10 的值载入 ACCU 1
CAD             //反转 ACCU 1 中的字节顺序
T   MD20        //将结果传送到 MD20
```

执行前后变化如下：

内容	ACCU1-H-H	ACCU1-H-L	ACCU1-L-H	ACCU1-L-L
执行 CAD 之前	值 A	值 B	值 C	值 D
执行 CAD 之后	值 D	值 C	值 B	值 A

14. RND 取整

指令格式为：RND

RND（32 位 IEEE 浮点数转换为 32 位整型）将 ACCU 1 中的 32 位 IEEE 浮点数转换为 32 位整型，并将结果取整为最接近的整数。如果所转换数字的小数部分介于偶数和奇数结果之间，则该指令选择偶数结果。

【例 9-122】

```
L   MD10        //将浮点数载入 ACCU 1-L
RND             //将浮点数转换为 32 位整型并对结果进行舍入
T   MD20        //将结果传送到 MD20
```

执行前后变化如下：

转换前的值 转换后的值

MD10 ＝ “100.5” ＝＞ RND ＝＞ MD20 ＝ “＋100”

MD10 ＝ “－100.5” ＝＞ RND ＝＞ MD20 ＝ “－100”

15. TRUNC 截尾取整

指令格式为：TRUNC

TRUNC（32 位 IEEE 浮点数转换为 32 位整型）将 ACCU 1 中的 32 位 IEEE 浮点数转换为 32 位整型。运算结果为所转换浮点数的整数部分（IEEE 取整模式“取整到零”），小数部分舍去。

【例 9-123】

```
L   MD10        //将浮点数载入 ACCU 1-L
TRUNC           //将浮点数转换为 32 位整型，并对结果取整后储存在 ACCU 1 中
T   MD20        //将结果传送到 MD20
```

执行前后变化如下：

转换前的值 转换后的值

MD10 ＝ “100.5” ＝＞ TRUNC ＝＞ MD20 ＝ “＋100”

MD10 ＝ “－100.5” ＝＞ TRUNC ＝＞ MD20 ＝ “－100”

16. RND＋ 取整为高位长整数

指令格式为：RND＋

RND＋（32 位 IEEE 浮点数转换为 32 位整型）将 ACCU 1 中的 32 位 IEEE 浮点数转换为 32 位整型，并将结果取整为大于或等于所转换浮点数的最小整数，也即将浮点数转换为大于等于它的最小长整数。

【例 9-124】

```
L   MD10        //将浮点数载入 ACCU 1-L 中
RND+            //将浮点数转换为 32 位整型，并对结果取整，将输出存储在 ACCU 1 中
T   MD20        //将结果传送到 MD20
```

执行前后变化如下：

转换前的值　　　　　　　　　　　　　　　　　　　　转换后的值

MD10 ＝ “100.5” ＝＞ RND＋ ＝＞ MD20 ＝ “＋101”

MD10 ＝ “－100.5” ＝＞ RND＋ ＝＞ MD20 ＝ “－100”

17. RND- 取整为低位长整数

指令格式为：RND-

RND-（32 位 IEEE 浮点数转换为 32 位整型）将 ACCU 1 中的 32 位 IEEE 浮点数转换为 32 位整型，并将结果取整为小于或等于所转换浮点数的最大整数，也即将浮点数转换为小于等于它的最小长整数。

【例 9-125】

```
L   MD10        //将浮点数载入 ACCU 1-L
RND-            //将浮点数转换为 32 位整型，并对结果取整，结果存储在 ACCU 1 中
T   MD20        //将结果传送到 MD20
```

执行前后变化如下：

转换前的值　　　　　　　　　　　　　　　　　　　　转换后的值

MD10 ＝ “100.5” ＝＞ RND- ＝＞ MD20 ＝ “＋100”

MD10 ＝ “－100.5” ＝＞ RND- ＝＞ MD20 ＝ “－101”

（二）梯形图（LAD）的转换指令

转换指令读取参数 IN 的内容，然后进行转换或改变其符号。可通过参数 OUT 查询结果。寻址存储区均为 I、Q、M、L、D。参数 EN 为启用输入、ENO 为启用输出、IN 待转换的值、OUT 为转换结果。

1. BCD _ I　BCD 码转换为整型

指令符号为：

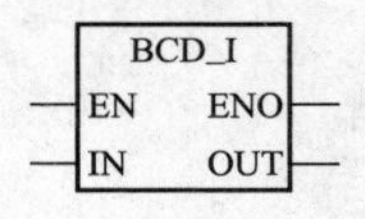

BCD _ I（BCD 码转换为整型）将参数 IN 的内容以 3 位 BCD 码数字（＋/－999）读取，并将其转换为整型值 16 位。结果由参数 OUT 输出。ENO 始终与 EN 的信号状态相同。

【例 9-126】

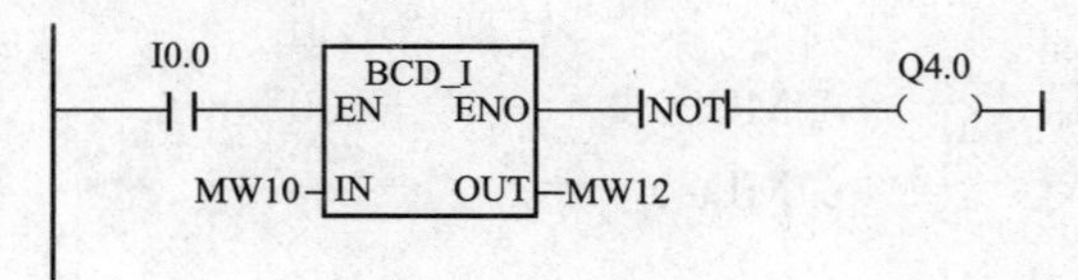

如果输入 I0.0 的状态为“1”，则将 MW10 中的内容以 3 位 BCD 码数字读取，并将其转换为整型值，结果存储在 MW12 中。如果未执行转换（ENO＝EN＝0），则输出 Q4.0 的状态为“1”。

2. I _ BCD　整型转换为 BCD 码

指令符号为：

I _ BCD（整型转换为 BCD 码）将参数 IN 的内容以整型值（16 位）读取，并将其转换

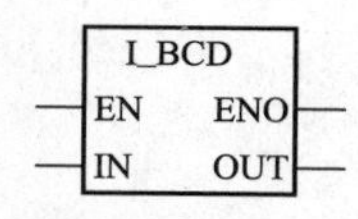

为3位BCD码数字（+/-999）。结果由参数OUT输出。如果产生溢出，ENO的状态为“0”。

【例9-127】

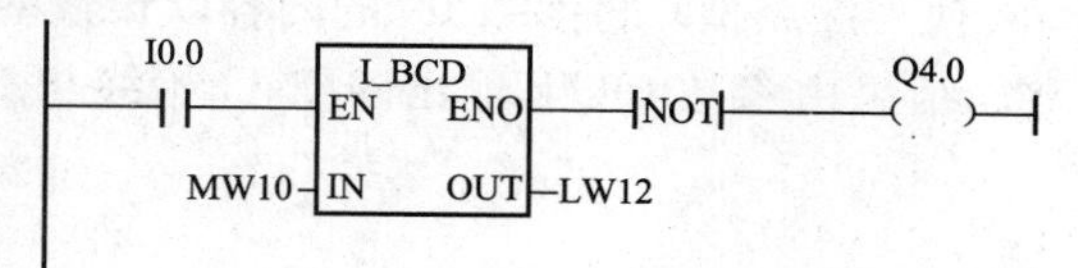

如果I0.0的状态为“1”，则将MW10的内容以整型值读取，并将其转换为3位BCD码数字，结果存储在LW12中。如果产生溢出或未执行指令（I0.0=0），则输出Q4.0的状态为“1”。

3. I_DINT 整型转换为长整型

指令符号为：

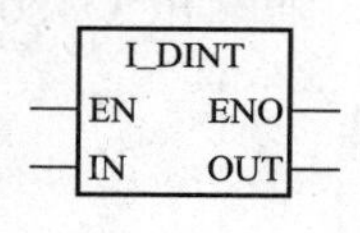

I_DINT（整型转换为长整型）将参数IN的内容以整型（16位）读取，并将其转换为长整型（32位）。结果由参数OUT输出。ENO始终与EN的信号状态相同。

【例9-128】

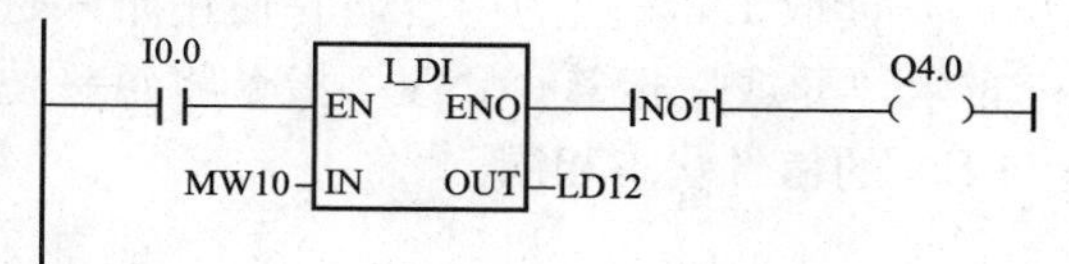

如果I0.0为“1”，则MW10的内容以整型读取，并将其转换为长整型，结果存储在LD12中。如果未执行转换（ENO=EN=0），则输出Q4.0的状态为“1”。

4. BCD_DI BCD码转换为长整型

指令符号为：

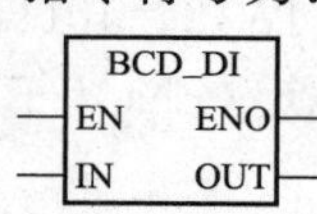

BCD_DI（将BCD码转换为长整型）将参数IN的内容以7位BCD码（+/-9999999）数字读取，并将其转换为长整型。结果由参数OUT输出。ENO始终与EN的信号状态相同。

【例9-129】

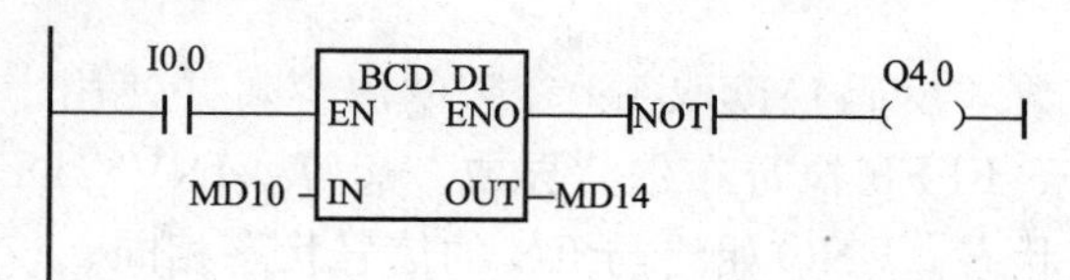

如果I0.0的状态为“1”，则将MD10的内容以7位BCD码数字读取，并将其转换为长整型值，结果存储在MD14中。如果未执行转换（ENO=EN=0），则输出Q4.0的状态为“1”。

5. DI_BCD 长整型转换为BCD码

指令符号为：

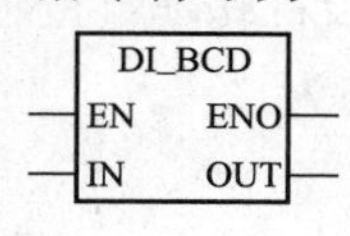

DI_BCD（长整型转换为BCD码）将参数IN的内容以长整型值（32位）读取，并将其转换为七位BCD码数字（+/-9999999）。结果由参数OUT输出。如果产生溢出，ENO的状态为“0”。

【例9-130】

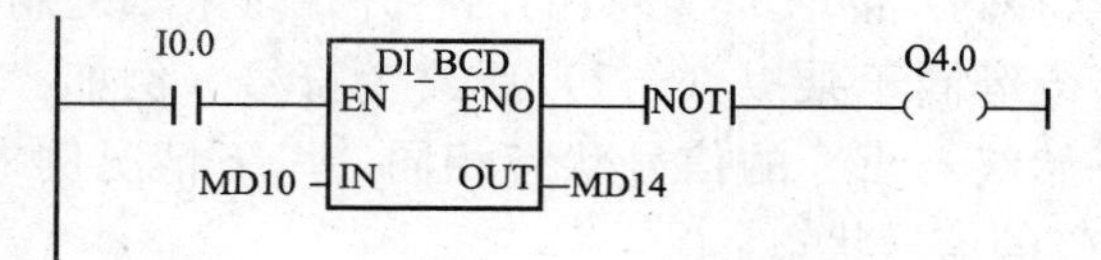

如果I0.0的状态为“1”，则将MD10的内容以长整型读取，并将其转换为7位BCD码数字，结果存储在MD14中。如

果产生溢出或未执行指令（I0.0=0），则输出 Q4.0 的状态为“1”。

6. DI _ REAL　长整型转换为浮点型

指令符号为：

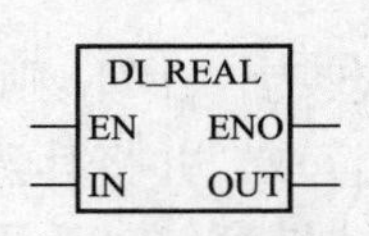

DI _ REAL（长整型转换为浮点型）将参数 IN 的内容以长整型读取，并将其转换为浮点数。结果由参数 OUT 输出。ENO 始终与 EN 的信号状态相同。

【例 9-131】

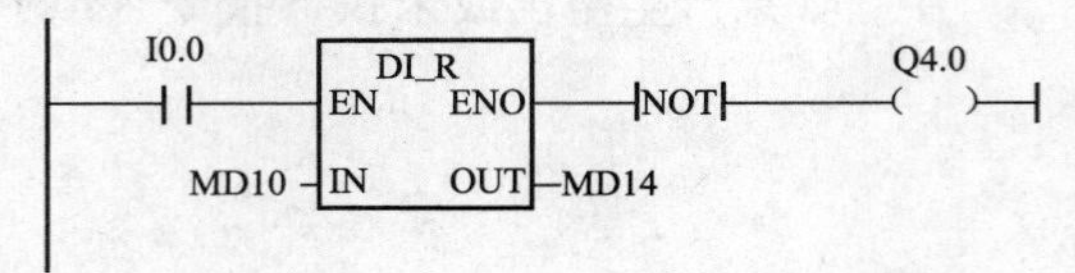

如果 I0.0 的状态为“1”，则将 MD10 中的内容以长整型读取，并将其转换为浮点数，结果存储在 MD14 中。如果未执行转换（ENO=EN=0），则输出 Q4.0 的状态为“1”。

7. INV _ I　对整数求反码

指令符号为：

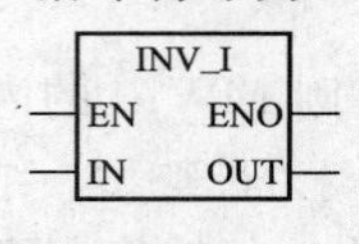

INV _ I（对整数求反码）读取 IN 参数的内容，并使用十六进制掩码 W#16#FFFF 执行布尔“异或”运算。INV-I 指令将每一位变成相反状态。ENO 始终与 EN 的信号状态相同。

【例 9-132】

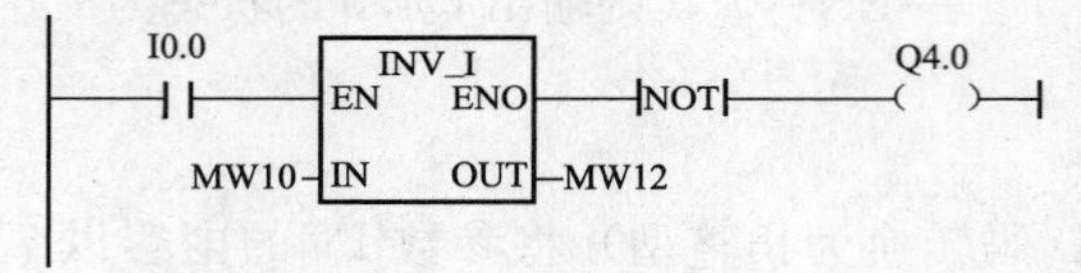

如果 I0.0 为“1”，则将 MW8 的每一位都取反，例如：MW10 = 01000001 10000001 取反，结果为 MW12=10111110 01111110。如果未执行转换（ENO=EN=0），则输出 Q4.0 的状态为“1”。

8. INV _ DI　对长整数求反码

指令符号为：

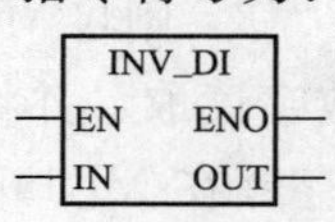

INV _ DI（对长整数求反码）读取 IN 参数的内容，并使用十六进制掩码 W#16#FFFF FFFF 执行布尔“异或”运算。INV _ DI 指令将每一位转换为相反状态。ENO 始终与 EN 的信号状态相同。

【例 9-133】

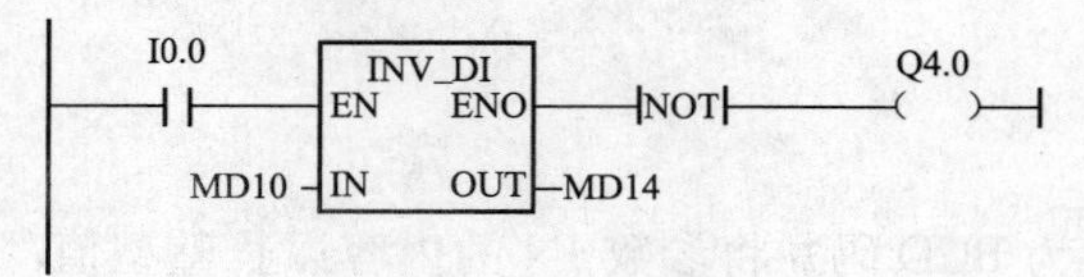

如果 I0.0 为“1”，则 MD8 的每一位都取反，例如：MD10=F0FF FFF0 取反，结果为 MD14=0F00 000F。如果未执行转换（ENO=EN=0），则输出 Q4.0 的状态为“1”。

9. NEG _ I　对整数求补码

指令符号为：

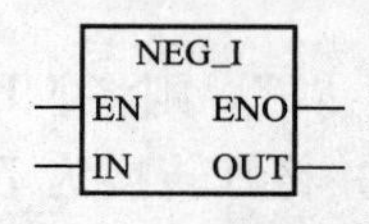

NEG _ I（对整数求补码）读取 IN 参数的内容并执行求二进制补码指令。二进制补码指令等同于乘以（−1）后改变符号（例如：从正值变为负值）。ENO 始终与 EN 的信号状态相同，以下情况例外：如果 EN 的信号状态=1 并产生溢出，则 ENO 的信号状态=0。

【例 9-134】

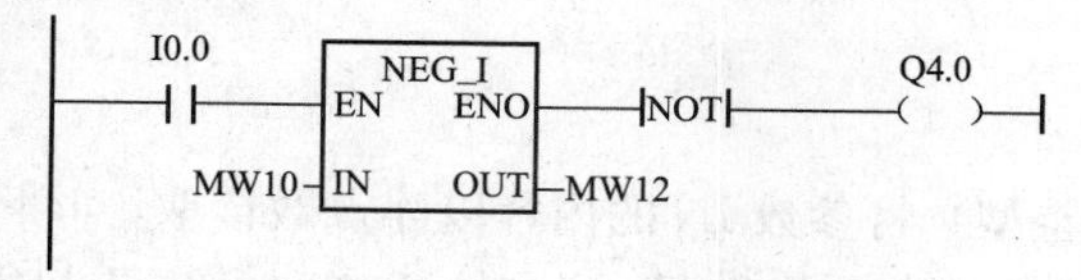

如果I0.0为"1"，则由OUT参数将MW10的值（符号相反）输出到MW12。MW8=+10结果为MW10=−10。如果未执行转换（ENO=EN=0），则输出Q4.0的状态为"1"。如果EN的信号状态=1并产生溢出，则ENO的信号状态=0。

10. NEG _ DI　　对长整数求补码

指令符号为：

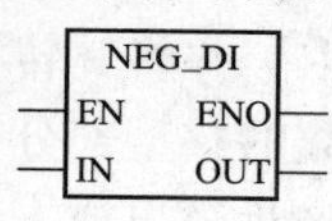

NEG _ DI（对长整数求补码）读取参数IN的内容并执行二进制补码指令。二进制补码指令等同于乘以（−1）后改变符号（例如：从正值变为负值）。ENO始终与EN的信号状态相同，以下情况例外：如果EN的信号状态=1并产生溢出，则ENO的信号状态=0。

【例 9-135】

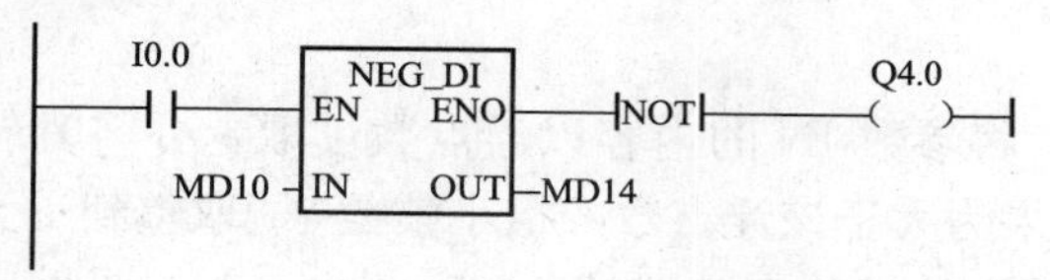

如果I0.0为"1"，则由OUT参数将MD10的值（符号相反）输出到MD14。MD8=+1000结果为MD12=−1000。如果未执行转换（ENO=EN=0），则输出Q4.0的状态为"1"。如果EN的信号状态=1并产生溢出，则ENO的信号状态=0。

11. NEG _ R　　浮点数取反

指令符号为：

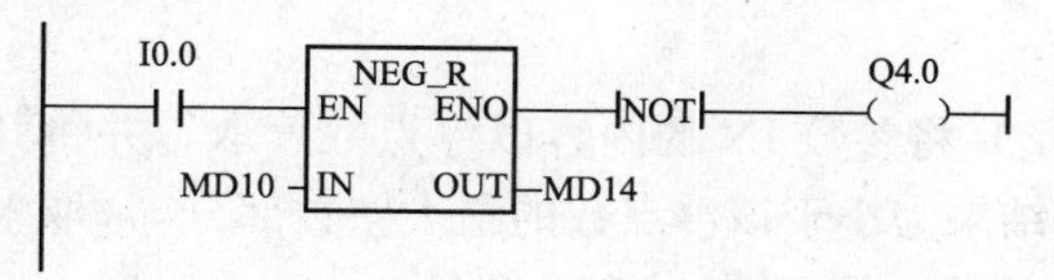

NEG _ R（浮点数取反）读取参数IN的内容并改变符号。NEG _ R指令等同于乘以（−1）后改变符号（例如：从正值变为负值）。ENO始终与EN的信号状态相同。

【例 9-136】

如果I0.0为"1"，则由OUT参数将MD10的值（符号相反）输出到MD14。MD10=+5.234结果为MD14=−5.234。如果未执行转换（ENO=EN=0），则输出Q4.0的状态为"1"。

12. ROUND　　取整为长整型

指令符号为：

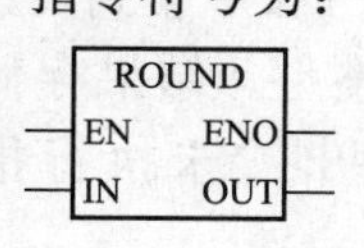

ROUND（取整为长整型）将参数IN的内容以浮点数读取，并将其转换为长整型（32位）。结果为最接近的整数（"取整到最接近值"）。如果浮点数介于两个整数之间，则返回偶数。结果由参数OUT输出。如果产生溢出，ENO的状态为"0"。

【例 9-137】

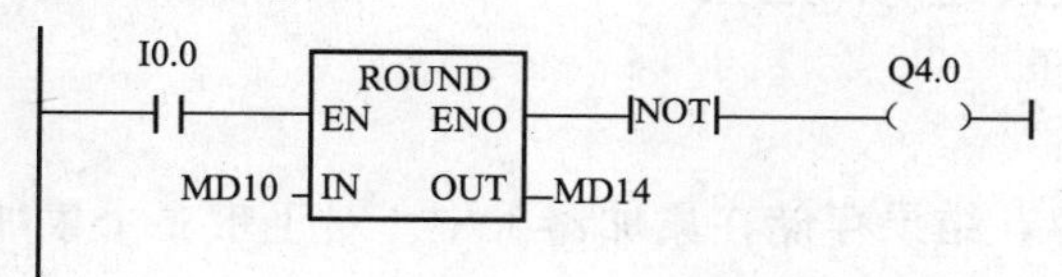

如果I0.0的状态为"1"，则将MD10中的内容以浮点数读取，并将其转换为最接近的长整数。函数"取整为最接近值"

的结果存储在 MD14 中。如果产生溢出或未执行指令（I0.0＝0），则输出 Q4.0 的状态为“1”。

13. TRUNC　截取长整数部分

指令符号为：

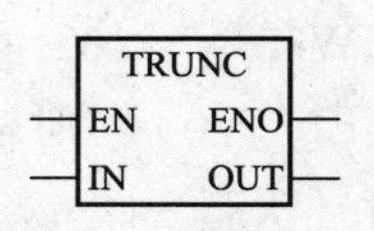

TRUNC（截断长整型）将参数 IN 的内容以浮点数读取，并将其转换为长整型（32 位）。（“向零取整模式”）的长整型，结果由参数 OUT 输出。如果产生溢出，ENO 的状态为“0”。

【例 9-138】

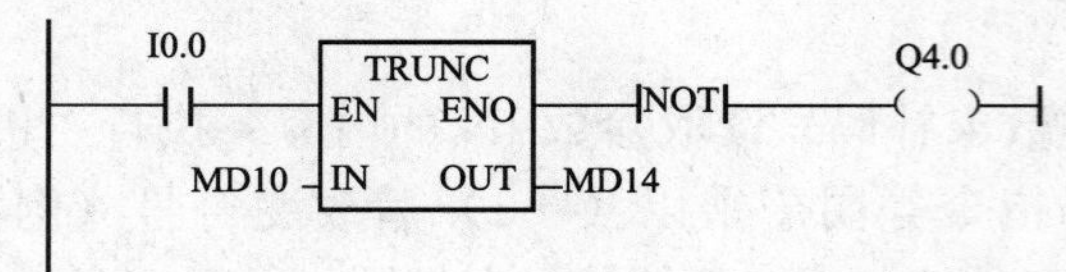

如果 I0.0 的状态为“1”，则将 MD10 中的内容以实型数字读取，并将其转换为长整型值，结果为浮点数的整型部分，并存储在 MD14 中。如果产生溢出或未执行指令（I0.0＝0），则输出 Q4.0 的状态为“1”。

14. CEIL　向上取整

指令符号为：

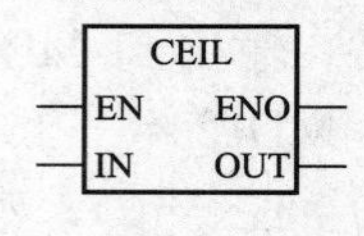

CEIL（向上取整）将参数 IN 的内容以浮点数读取，并将其转换为长整型（32 位），结果为大于该浮点数的最小整数（“取整到＋无穷大”）。如果产生溢出，ENO 的状态为“0”。

【例 9-139】

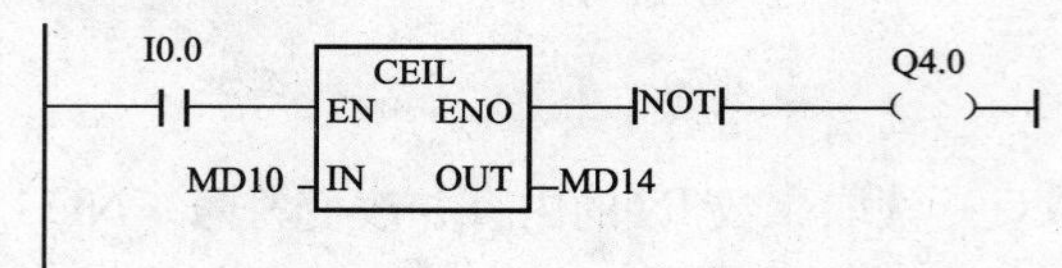

如果 I0.0 的状态为“1”，则将 MD10 的内容以浮点数读取，并使用取整函数将其转换为长整型，结果存储在 MD14 中。如果出现溢出或未处理指令（I0.0＝0），则输出 Q4.0 的状态为“1”。

15. FLOOR　向下取整

指令符号为：

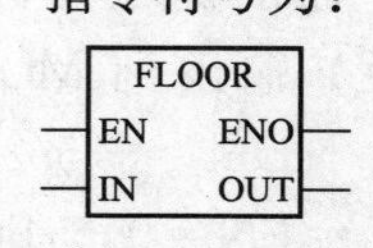

FLOOR（向下取整）将参数 IN 的内容以浮点数读取，并将其转换为长整型（32 位），结果为小于该浮点数的最大整数部分（“取整到－无穷大”）。如果产生溢出，ENO 的状态为“0”。

【例 9-140】

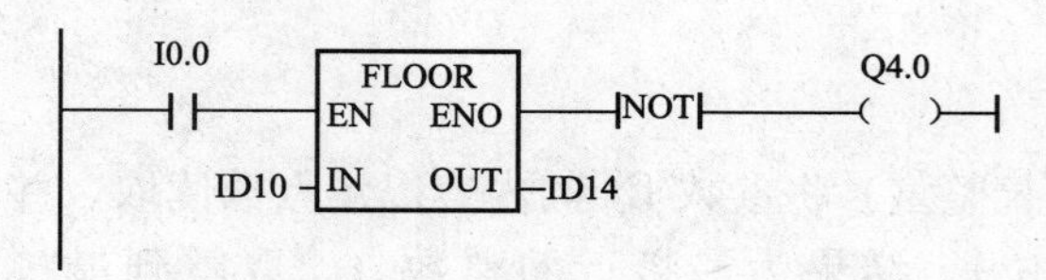

如果 I0.0 的状态为“1”，则将 ID10 的内容以浮点数读取，并按取整到负无穷大模式将其转换为长整型，结果存储在 ID14 中。如果产生溢出或未执行指令（I0.0＝0），则输出 Q4.0 的状态为“1”。

第七节　数学运算指令

一、整型数学运算指令

算术指令组合累加器 1 和累加器 2 的内容，结果存储在累加器 1 中。对于带 2 个累加器的 CPU 而言，累加器 2 的内容保持不变。对于带 4 个累加器的 CPU 而言，将累加器 3 的内容复制到累加器 2 中，将累加器 4 的内容复制到累加器 3 中。累加器 4 的内容保持不变。

使用整数算术，可以对两个整数（16 位和 32 位）执行运算。整数算术指令影响状态字中的下列位：CC1 和 CC0、OV 和 OS。

（一）语句表（STL）的整型数学运算指令

执行整型数学运算指令，与 RLO 无关，也不影响 RLO。作为指令运算结果的一个功能，将对状态字的位 CC1、CC0、OS 和 OV 进行设置。

1. +I　　ACCU 1+ACCU 2，整型（16 位）

指令格式为：+I

+I（16 位整数相加）将 ACCU 1-L 的内容与 ACCU 2-L 中的内容相加，并将结果存储在 ACCU 1-L 中。在发生溢出/下溢时，指令生成一个 16 位整数，而不是一个 32 位整数。

【例 9-141】

```
L    IW10          //将 IW10 的数值装载到 ACCU 1-L 中
L    MW14          //将 ACCU 1-L 中的数送至 ACCU 2-L，MW14 的数值送 ACCU 1-L 中
+I                 /ACCU 2-L 和 ACCU 1-L 相加，结果存储在 ACCU 1-L 中
T    DB1.DBW25     //将 ACCU 1-L（结果）的内容传送到 DB1 的 DBW25 中
```

2. -I　　ACCU 2-ACCU 1，整型（16 位）

指令格式为：-I

-I（16 位整数相减）从 ACCU 2-L 的内容中减去 ACCU 1-L 的内容，并将结果存储在 ACCU 1-L 中。在发生溢出/下溢时，+I 指令生成一个 16 位整数，而不是一个 32 位整数。

【例 9-142】

```
L    IW10          //将 IW10 的数值装载到 ACCU 1-L 中
L    MW14          //将 ACCU 1-L 中的数送 ACCU 2-L 中，MW14 的数值送 ACCU 1-L 中
-I                 //从 ACCU 2-L 中减去 ACCU 1-L，结果存储在 ACCU 1-L 中
T    DB1.DBW25     //将 ACCU 1-L（结果）的内容传送到 DB1 的 DBW25 中
```

3. *I　　ACCU1*ACCU2，整型（16 位）

指令格式为：*I

*I（乘以 16 位整数）ACCU 2-L 的内容乘以 ACCU 1-L 的内容。结果作为一个 32 位整数存储在 ACCU 1 中。当状态字的位为 OV1=1 和 OS=1 时，表示结果超出 16 位整数范围。

【例 9-143】

```
L    IW10          //将 IW10 的数值装载到 ACCU 1-L 中
L    MW14          //将 ACCU 1-L 中的数送 ACCU 2-L 中，MW14 的数值送 ACCU 1-L 中
*I                 //ACCU 2-L 和 ACCU 1-L 相乘，结果存储在 ACCU 1 中
T    DB1.DBD25     //将 ACCU 1（结果）的内容传送到 DB1 的 DBD25 中
```

4. /I　　ACCU 2/ACCU 1，整型（16 位）

指令格式为：/I

/I（16 位整数相除）ACCU 2-L 的内容除以 ACCU 1-L 的内容。结果存储在 ACCU 1 中，包含两个 16 位整数，即商和余数。在 ACCU 1-L 中存储商，在 ACCU 1-H 中存储余数。

【例 9-144】

```
L    IW10      //将 IW10 的数值装载到 ACCU 1-L 中
L    MW14      //将 ACCU 1-L 中的数送入 ACCU 2-L 中，MW14 的数值装入 ACCU 1-L 中
/I             //ACCU 2-L 除以 ACCU 1-L，结果存在 ACCU 1 中，L：商、H：余数
T    MD20      //将 ACCU 1（结果）的内容传送到 MD20 中
```

以 13 除以 4 为例：

执行指令（IW10）前，ACCU 2-L 的内容："13"

执行指令（MW14）前，ACCU 1-L 的内容："4"

指令/I（ACCU 2-L/ACCU 1-L)："13/4"

执行指令后，ACCU 1-L 的内容（商)："3"

执行指令后，ACCU 1-H 的内容（余数)："1"

5. ＋　＋整型常数（16 位、32 位）

指令格式为：＋〈整型常数〉

＋〈整型常数〉将整型常数加到 ACCU 1 的内容中，并将结果存储在 ACCU 1 中。＋指令的执行与状态字的位无关，也不影响状态字的位。＋〈16 位整型常数〉：将一个 16 位整型常数（范围为－32 768～＋32 767）加到 ACCU 1-L 的内容中，然后将结果存储在 ACCU 1-L 中。＋〈32 位整型常数〉：将一个 32 位整型常数（范围为－2，147，483，648～2，147，483，647）加到 ACCU 1 的内容中，然后将结果存储在 ACCU 1 中。

【例 9-145】

```
L  IW10         //将 IW10 的数值装载到 ACCU 1-L 中
L  MW14         //将 ACCU 1-L 中的数送 ACCU 2-L 中，MW14 的数值送 ACCU 1-L 中
+I              //ACCU 2-L 和 ACCU 1-L 相加，结果存储在 ACCU 1-L 中
+  25           //ACCU 1-L 与 25 相加，将结果存储在 ACCU 1-L 中
T DB1.DBW25     //将 ACCU 1-L（结果）的内容传送到 DB1 的 DBW25 中
```

【例 9-146】

```
L  IW12
L  IW14
+100            //ACCU 1-L 和 100 相加，结果存储在 ACCU 1-L 中
>I              //当 ACCU 2>ACCU 1 或 IW12>(IW14+100) 时
JC  NEXT        //则条件跳转到跳转标签 NEXT
```

【例 9-147】

```
L    MD20
L    MD24
+D              //ACCU 1 和 ACCU 2 相加，结果存储在 ACCU 1 中
+  l# -200      //ACCU 1 和-200 相加，结果存储在 ACCU 1 中
T  MD28
```

6. ＋D　ACCU 1＋ACCU 2，长整型（32 位）

指令格式为：＋D

＋D（32 位整数相加）将 ACCU 1 的内容与 ACCU 2 中的内容相加，并将结果存储在 ACCU 1 中。

【例 9-148】

```
L    ID10          //将 ID10 的数值装载到 ACCU 1 中
L    MD14          //将 ACCU 1 的内容装载到 ACCU 2 中，将 MD14 的数值送 ACCU 1 中
+D                 //ACCU 2 和 ACCU 1 相加，结果存储在 ACCU 1 中
T    DB1.DBD25     //将 ACCU 1（结果）的内容传送到 DB1 的 DBD25 中
```

7. -D　ACCU 2-ACCU 1，长整型（32 位）

指令格式为：-D

-D（32 位整数相减）从 ACCU 2 的内容中减去 ACCU 1 的内容，并将结果存储在 ACCU 1 中。

【例 9-149】

```
L  ID10            //将 ID10 的数值装载到 ACCU 1 中
L  MD14            //将 ACCU 1 的内容装载到 ACCU 2 中，将 MD14 的数值送 ACCU 1 中
-D                 //从 ACCU 2 中减去 ACCU 1，结果存储在 ACCU 1 中
T  DB1.DBD25       //将 ACCU 1（结果）的内容传送到 DB1 的 DBD25 中
```

8. *D　ACCU 1 * ACCU 2，长整型（32 位）

指令格式为：*D

*D（乘以 32 位整数）ACCU 2 的内容乘以 ACCU 1 的内容。结果作为一个 32 位整数存储在 ACCU 1 中。当状态字的位为 OV1=1 和 OS=1 时，表示结果超出 32 位整数范围。

【例 9-150】

```
L  ID10            //将 ID10 的数值装载到 ACCU 1 中
L  MD14            //将 ACCU 1 的内容装载到 ACCU 2 中，将 MD14 的内容送 ACCU 1 中
*D                 //ACCU 2 和 ACCU 1 相乘，结果存储在 ACCU 1 中
T  DB1.DBD25       //将 ACCU 1（结果）的内容传送到 DB1 的 DBD25 中
```

9. /D　ACCU 2/ACCU 1，长整型（32 位）

指令格式为：/D

/D（32 位整数相除）ACCU 2 的内容除以 ACCU 1。在 ACCU 1 中存储/D 指令的结果，结果只给出商，不给出余数（指令 MOD 可用于获取余数）。

【例 9-151】

```
L    ID10          //将 ID10 的数值装载到 ACCU 1 中
L    MD14          //将 ACCU 1 的内容装载到 ACCU 2 中，将 MD14 的数值送 ACCU 1 中
/D                 //ACCU 2 除以 ACCU 1，结果存储在 ACCU 1 中（商）
T    MD20          //将 ACCU 1（结果）的内容传送到 MD20 中
```

以 13 除以 4 为例：

执行指令（ID10）前，ACCU 2 的内容："13"

执行指令（MD14）前，ACCU 1 的内容："4"

指令/D（ACCU 2/ACCU 1）："13/4"

执行指令后，ACCU 1 的内容（商）："3"

10. MOD　除法余数，长整型（32 位）

指令格式为：MOD

MOD（32 位整数除法的余数）ACCU 2 的内容除以 ACCU 1 的内容。在 ACCU 1 中存

储该指令的结果，结果只给出除法的余数，不给出商（指令/D 可用于获取商）。

【例 9-152】

```
L   ID10        //将 ID10 的数值装载到 ACCU 1 中
L   MD14        //将 ACCU 1 的内容装载到 ACCU 2 中，将 MD14 的数值送到 ACCU 1 中
MOD             //ACCU 2 除以 ACCU 1，结果存储在 ACCU 1 中（余数）
T   MD20        //将 ACCU 1（结果）的内容传送到 MD20 中
```

以 13 除以 4 为例：

执行指令（ID10）前，ACCU 2 的内容："13"

执行指令（MD14）前，ACCU 1 的内容："4"

指令 MOD（ACCU 2/ACCU 1）："13/4"

执行指令后，ACCU 1 的内容（余数）："1"

（二）梯形图（LAD）的整型数学运算指令

梯形图（LAD）的整型数学运算指令符号中 EN（启用输入）和 ENO（启用输出）的数据类型为 BOOL 型，存储区为 I、Q、M、L、D。存储区为 I、Q、M、L、D 或常数。存储区为 I、Q、M、L、D。在启用（EN）输入端通过一个逻辑"1"来激活 ADD _ I（整数加），结果通过 OUT 查看。如果该结果超出了整数（16 位）或长整数（32 位）允许的范围，OV 位和 OS 位将为"1"并且 ENO 为"0"，这样便不执行此数学框后由 ENO 连接的其他函数（层叠排列）。

1. ADD _ I　整数加

指令符号为：

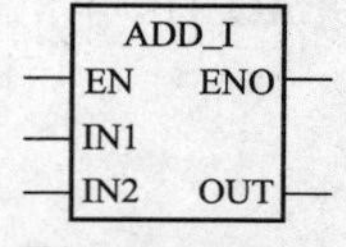

IN1（被加数）和 IN2（加数）的数据类型为 INT 型，OUT（加法结果）的数据类型为 INT 型。

【例 9-153】

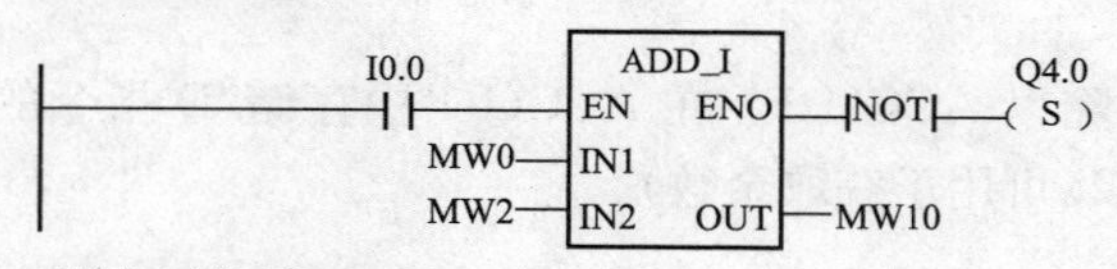

如果 I0. 0＝"1"，则激活 ADD _ I 框。MW0 与 MW2 相加的结果输出到 MW10。如果结果超出整数的允许范围，则设置输出 Q4. 0。

2. SUB _ I　整数减

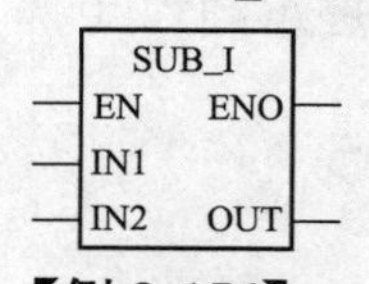

指令符号为：

IN1（被减数）和 IN2（减数）的数据类型为 INT 型，OUT（减法结果）的数据类型为 INT 型。

【例 9-154】

如果 I0. 0＝"1"，则激活 SUB _ I 框。MW0 与 MW2 相减的结果输出到 MW10。如果结果超出整数允许范围，或者 I0. 0 信号状态＝0，则设置输出 Q4. 0。

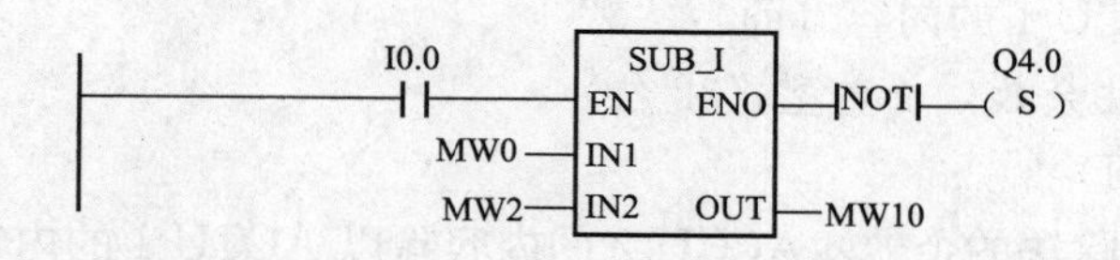

3. MUL_I 整数乘

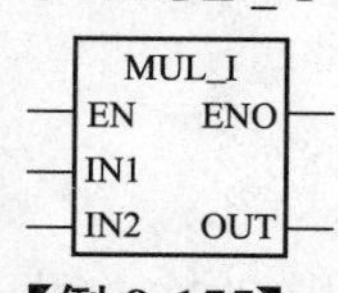

指令符号为：

IN1（被乘数）和IN2（乘数）的数据类型为INT型，OUT（运算结果）的数据类型为INT型。

【例9-155】

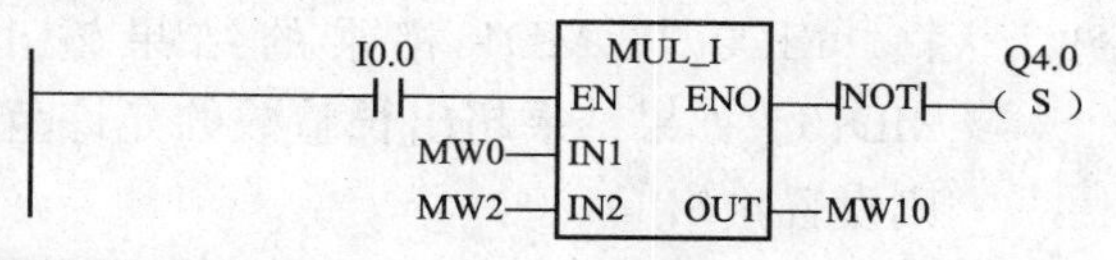

如果I0.0＝“1”，则激活MUL_I框。MW0与MW2相乘的结果输出到MD10。如果结果超出整数的允许范围，则设置输出Q4.0。

4. DIV_I 整数除

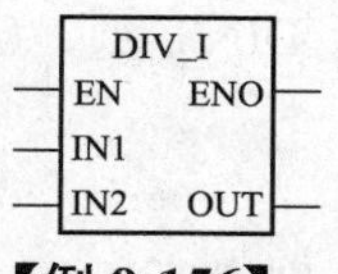

指令符号为：

IN1（被除数）和IN2（除数）的数据类型为INT型，OUT（运算结果）的数据类型为INT型。

【例9-156】

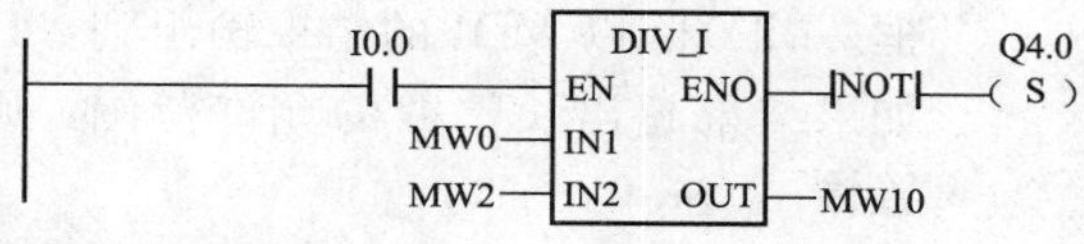

如果I0.0＝“1”，则激活DIV_I框。MW0除以MW2的结果输出到MW10。如果结果超出整数的允许范围，则设置输出Q4.0。

5. ADD_DI 长整数加

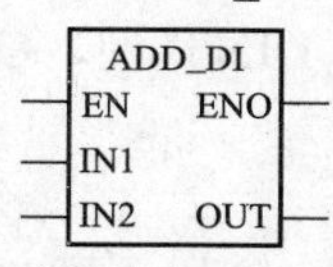

指令符号为：

IN1（被加数）和IN2（加数）的数据类型为DINT型，OUT（运算结果）的数据类型为DINT型。

【例9-157】

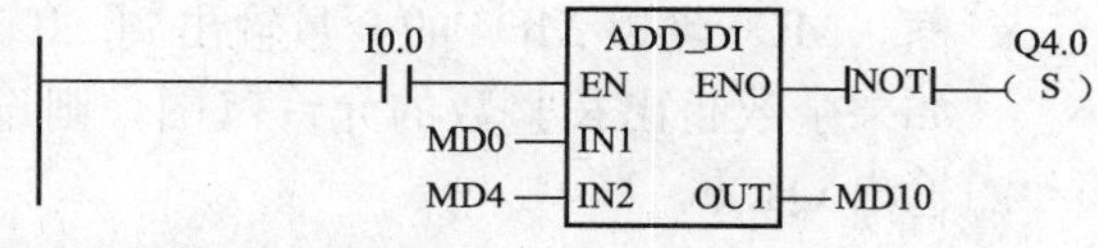

如果I0.0＝“1”，则激活ADD_DI框。MD0与MD4相加的结果输出到MD10。如果结果超出长整数的允许范围，则设置输出Q4.0。

6. SUB_DI 长整数减

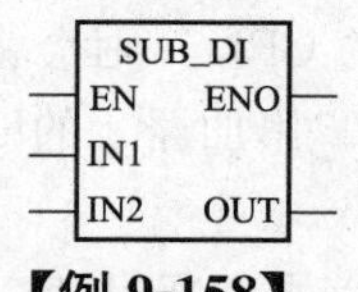

指令符号为：

IN1（被减数）和IN2（减数）的数据类型为DINT型，OUT（运算结果）的数据类型为DINT型。

【例9-158】

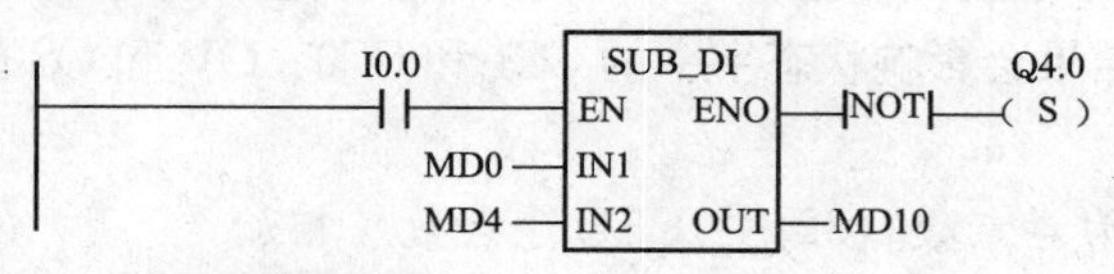

如果I0.0＝“1”，则激活SUB_DI框。MD0与MD4相减的结果输出到MD10。如果结果超出长整数的允许范围，则设置输出Q4.0。

7. MUL_DI 长整数乘

指令符号为：

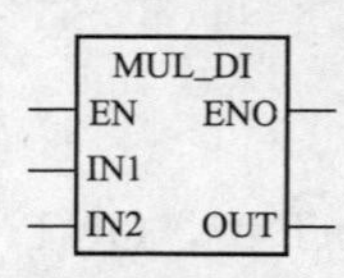

IN1（被乘数）和 IN2（乘数）的数据类型为 DINT 型，OUT（运算结果）的数据类型为 DINT 型。

【例 9-159】

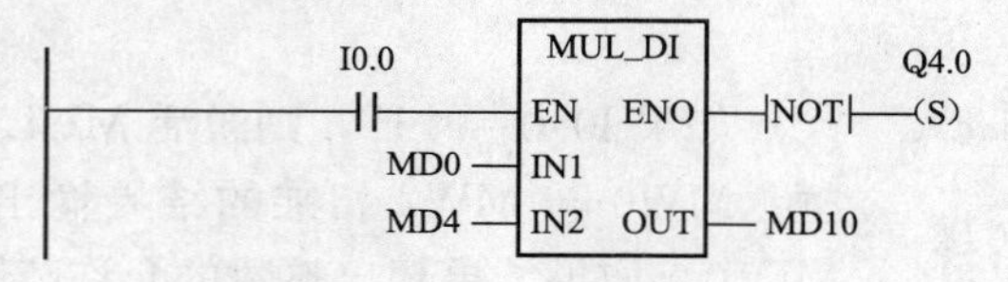

如果 I0.0＝“1”，则激活 MUL _ DI 框。MD0 与 MD4 相乘的结果输出到 MD10。如果结果超出长整数的允许范围，则设置输出 Q4.0。

8. DIV _ DI　　长整数除

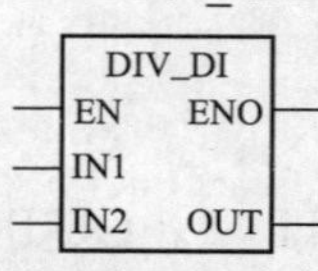

指令符号为：

IN1（被除数）和 IN2（除数）的数据类型为 DINT 型，OUT（运算结果）的数据类型为 DINT 型。

【例 9-160】

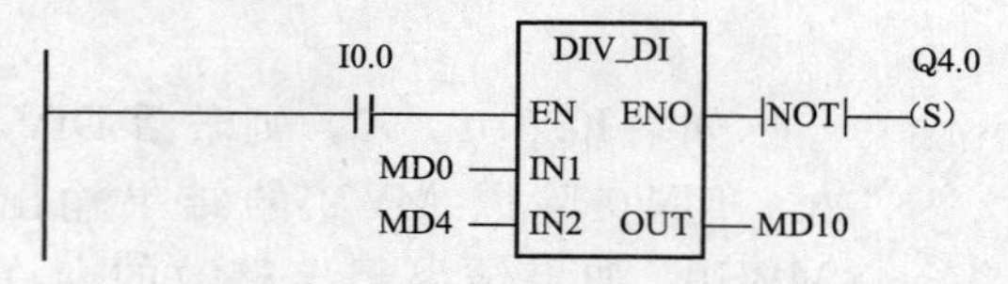

如果 I0.0＝“1”，则激活 DIV _ DI 框。MD0 除以 MD4 的结果输出到 MD10。如果结果超出长整数的允许范围，则设置输出 Q4.0。

9. MOD _ DI　　返回长整数余数

MOD_DI
EN ENO
IN1
IN2 OUT

指令符号为：

IN1（被除数）和 IN2（除数）的数据类型为 DINT 型，OUT（除运算的余数）的数据类型为 DINT 型。

【例 9-161】

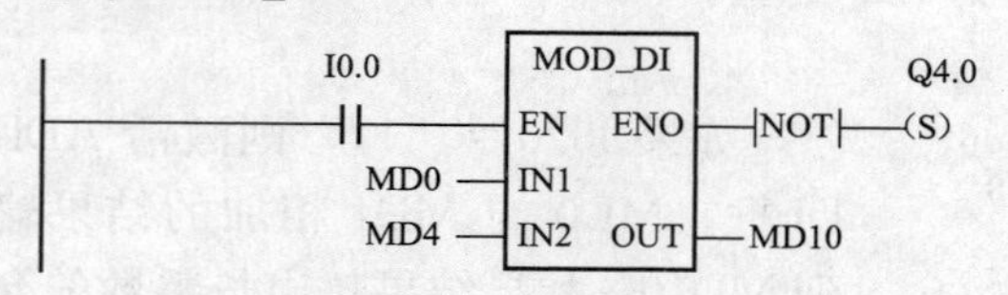

如果 I0.0＝“1”，则激活 DIV _ DI 框。MD0 除以 MD4 的余数输出到 MD10。如果余数超出长整数的允许范围，则设置输出 Q4.0。

二、浮点运算指令

数学运算指令会组合累加器 1 和累加器 2 的内容，并将结果存储在累加器 1 中。对于具有两个累加器的 CPU。累加器 2 的内容保持不变。对于具有四个累加器的 CPU，则会将累加器 3 的内容复制到累加器 2 中，并将累加器 4 的内容复制到累加器 3 中。累加器 4 的旧内容保持不变。

IEEE 32 位浮点数属于称作实数（REAL）的数据类型。可使用浮点运算指令通过两个 32 位 IEEE 浮点数来执行数学运算指令。运算结果会影响状态字中的 CC1 和 CC0、OV 和 OS 位。

（一）语句表（STL）的浮点运算指令

1. ＋R　　将 ACCU 1 和 ACCU 2 作为浮点数（32 位 IEEE 浮点数）相加

指令格式为：＋R

【例 9-162】

```
OPN   DB10
L   ID10                //将 ID10 的值装载到 ACCU 1 中
```

```
L   MD14          //将ACCU 1的值装载到ACCU 2中，将MD14的值装载到ACCU 1中
+R                //ACCU 2和ACCU 1相加，结果存储到ACCU 1中
T   DBD25         //将ACCU 1的内容（结果）传送到DB10的DBD25中
```

2. －R　将ACCU 2与ACCU 1作为浮点数（32位IEEE浮点数）相减

指令格式为：－R

【例9-163】

```
OPN  DB10
L   ID10          //将ID10的值装载到ACCU 1中
L   MD14          //将ACCU 1的值装载到ACCU 2中，将MD14的值装载到ACCU 1中
-R                //ACCU 2减ACCU 1，结果存储到ACCU 1中
T   DBD25         //将ACCU 1的内容（结果）传送到DB10的DBD25中
```

3. *R　将ACCU 1和ACCU 2作为浮点数（32位IEEE浮点数）相乘

指令格式为：*R

【例9-164】

```
OPN  DB10
L   ID10          //将ID10的值装载到ACCU 1中
L   MD14          //将ACCU 1的值装载到ACCU 2中，将MD14的值装载到ACCU 1中
*R                //ACCU 2和ACCU 1相乘，结果存储到ACCU 1中
T   DBD25         //将ACCU 1的内容（结果）传送到DB10的DBD25中
```

4. /R　将ACCU 2与ACCU 1作为浮点数（32位IEEE浮点数）相除

指令格式为：/R

【例9-165】

```
OPN  DB10
L   ID10          //将ID10的值装载到ACCU 1中
L   MD14          //将ACCU 1的内容装载到ACCU 2中，将MD14的值送至ACCU 1中
/R                //ACCU 2除以ACCU 1，结果存储到ACCU 1中
T   DBD20         //将ACCU 1的内容（结果）传送到DB10的DBD20中
```

5. ABS　浮点数的（32位IEEE浮点数）绝对值

指令格式为：ABS

ABS（32位IEEE浮点数的绝对值）在ACCU 1中计算浮点数（32位IEEE浮点数）的绝对值，结果存储在累加器1中。ABS指令的执行既不考虑也不影响状态位。

【例9-166】

```
L   ID8           //将值装载到ACCU 1中（实例：ID8＝－1.5E＋02）
ABS               //生成绝对值，结果存储在ACCU 1中
T   MD10          //将结果传送到MD10（实例：结果＝1.5E＋02）
```

6. SQR　计算浮点数（32位IEEE浮点数）的平方

指令格式为：SQR

【例9-167】

```
OPN  DB17         //打开数据块DB17
L    DBD0         //将数据双字DBD0的值装载到ACCU 1中，DBDO值必须为浮点数格式
SQR               //在ACCU 1中计算浮点数（32位IEEE浮点数）的平方，将结果存ACCU 1中
```

```
AN  OV            //扫描状态字中的OV位，确定是否是“0”
JC  OK            //如果在执行SQR指令期间未出错，则跳转到OK跳转标签
BEU               //如果执行SQR指令时出错，则无条件结束
OK： T  DBD4      //将结果从ACCU 1传送到数据块中的双字DBD4
```

7. SQRT　　计算浮点数（32 位 IEEE 浮点数）的平方根

指令格式为：SQRT

SQRT（计算32位IEEE浮点数的平方根）在累加器1中计算浮点数（32位IEEE浮点数）的平方根，结果存储在累加器1中。输入值必须大于或等于零，然后得出结果也是正数，唯一的例外是－0的平方根是－0。

【例 9-168】

```
L  MD10           //将存储器双字MD10的值装载到ACCU 1中，MD10值必须为浮点数格式
SQRT              //在ACCU 1中计算浮点数（32位IEEE浮点数）的平方根，将结果存储在
                    ACCU 1中
AN  OV            //扫描状态字中的OV位，确定是否是“0”
JC  OK            //如果在执行SQRT指令期间未出错，则跳转到OK跳转标签
BEU               //如果执行SQRT指令时出错，则无条件结束
OK： T  MD20      //将结果从ACCU 1传送到存储器双字MD20
```

8. EXP　　计算浮点数（32 位 IEEE 浮点数）的指数值

指令格式为：EXP

【例 9-169】

```
L  MD10           //将存储器双字MD10的值装载到ACCU 1中，MD10值必须为浮点数格式
EXP               //在ACCU 1中计算浮点数的指数值，底数为e，将结果存ACCU 1中
AN  OV            //扫描状态字中的OV位，确定是否是“0”
JC  OK            //如果在执行EXP指令期间未出错，则跳转到OK跳转标签
BEU               //如果执行EXP指令时出错，则无条件结束
OK： T  MD20      //将结果从ACCU 1传送到存储器双字MD20
```

9. LN　　计算浮点数（32 位 IEEE 浮点数）的自然对数

指令格式为：LN

【例 9-170】

```
L  MD10           //将存储器双字MD10的值（此值必须为浮点数格式）装载到ACCU 1中，
                    MD10值必须为浮点数格式
LN                //在ACCU 1中计算浮点数的自然对数，将结果存ACCU 1中
AN  OV            //扫描状态字中的OV位，确定是否是“0”
JC  OK            //如果在执行此指令期间未出错，则跳转到OK跳转标签
BEU               //如果执行此指令时出错，则无条件结束
OK： T  MD20      //将结果从ACCU 1传送到存储器双字MD20
```

10. SIN　　计算浮点数（32 位 IEEE 浮点数）角度的正弦值

指令格式为：SIN

【例 9-171】

```
L  MD10           //将存储器双字MD10的值装载到ACCU 1中，MD10值必须为浮点数格式
SIN               //在ACCU 1中计算浮点数的正弦值，将结果存储在ACCU 1中
```

```
T     MD20          //将结果从ACCU 1传送到存储器双字MD20
```

11. COS　计算浮点数（32位IEEE浮点数）角度的余弦值

指令格式为：COS

【例9-172】

```
L     MD10          //将存储器双字MD10的值装载到ACCU 1中，MD10值必须为浮点数格式
COS                 //在ACCU 1中计算浮点数的余弦值，将结果存储在ACCU 1中
T     MD20          //将结果从ACCU 1传送到存储器双字MD20
```

12. TAN　计算浮点数（32位IEEE浮点数）角度的正切值

指令格式为：TAN

【例9-173】

```
L     MD10          //将存储器双字MD10的值装载到ACCU 1中，MD10值必须为浮点数格式
TAN                 //在ACCU 1中计算浮点数的正切值，将结果存储在ACCU 1中
AN  OV              //扫描状态字中的OV位，确定是否是"0"
JC  OK              //如果在执行TAN指令期间未出错，跳转到OK跳转标签。
BEU                 //如果执行TAN指令时出错，无条件结束
OK:   TM  D20       //将结果从ACCU 1传送到存储器双字MD20
```

13. ASIN　计算浮点数（32位IEEE浮点数）的反正弦值

指令格式为：ASIN

【例9-174】

```
L  MD10             //将存储器双字MD10的值装载到ACCU 1中，MD10值必须为浮点数格式
ASIN                //在ACCU 1中计算浮点数的反正弦值，将结果存储在ACCU 1中
AN  OV              //扫描状态字中的OV位，确定是否是"0"
JC  OK              //如果在执行ASIN指令期间未出错，则跳转到OK跳转标签
BEU                 //如果执行ASIN指令时出错，则无条件结束
OK:   T  MD20       //将结果从ACCU 1传送到存储器双字MD20
```

14. ACOS　计算浮点数（32位IEEE浮点数）的反余弦值

指令格式为：ACOS

【例9-175】

```
L  MD10             //将存储器双字MD10的值装载到ACCU 1中，MD10值必须为浮点数格式
ACOS                //在ACCU 1中计算浮点数的反余弦值，将结果存储在ACCU 1中
AN  OV              //扫描状态字中的OV位，确定是否是"0"
JC  OK              //如果在执行ACOS指令期间未出错，则跳转到OK跳转标签
BEU                 //如果执行ACOS指令时出错，则无条件结束
OK:   T  MD20       //将结果从ACCU 1传送到存储器双字MD20
```

15. ATAN　计算浮点数（32位IEEE浮点数）的反正切值

指令格式为：ATAN

【例9-176】

```
L  MD10             //将存储器双字MD10的值装载到ACCU 1中，MD10值必须为浮点数格式
ATAN                //在ACCU 1中计算浮点数的反正切值，结果存储在ACCU 1中
AN  OV              //扫描状态字中的OV位，确定是否是"0"
JC  OK              //如果在执行ATAN指令期间未出错，则跳转到OK跳转标签
```

```
BEU                  //如果执行 ATAN 指令时出错，则无条件结束
OK:   T   MD20       //将结果从 ACCU 1 传送到存储器双字 MD20
```

（二）梯形图（LAD）的浮点运算指令

梯形图（LAD）的浮点运算指令符号中，EN（启用输入）和 ENO（启用输出）的数据类型为 BOOL 型，存储区为 I、Q、M、L、D。IN［输入 IN1（输入）］和 IN2（输入）的数据类型为 REAL 型，存储区为 I、Q、M、L、D 或常数。OUT（运算结果）的数据类型为 REAL 型，存储区为 I、Q、M、L、D。在启用（EN）输入端通过一个逻辑“1”来激活 ADD _ R（实数加），结果通过 OUT 来查看。如果结果超出了浮点数允许的范围（溢出或下溢），OV 位和 OS 位将为“1”并且 ENO 为“0”，这样便不执行此数学框后由 ENO 连接的其他功能（层叠排列）。

1. ADD _ R 实数加

指令符号为：

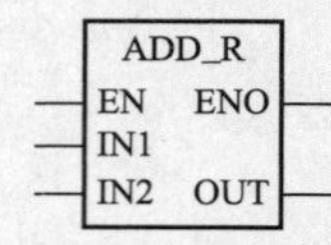

【例 9-177】

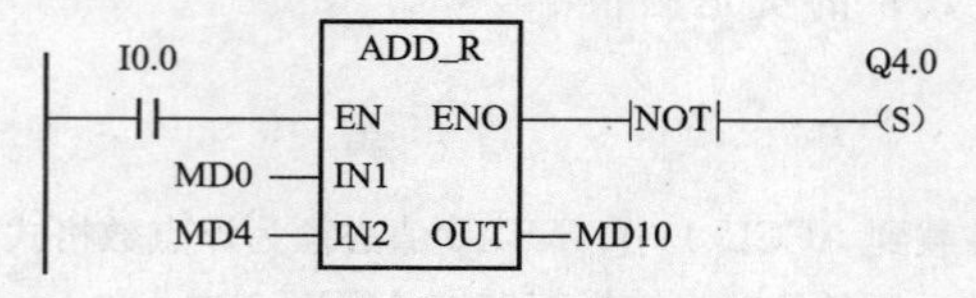

由 I0.0 处的逻辑“1”激活 ADD _ R 框。MD0 与 MD4 相加的结果输出到 MD10。如果结果超出了浮点数的允许范围，或者如果没有处理该程序语句（I0.0＝0），则设置输出 Q4.0。

2. SUB _ R 实数减

指令符号为：

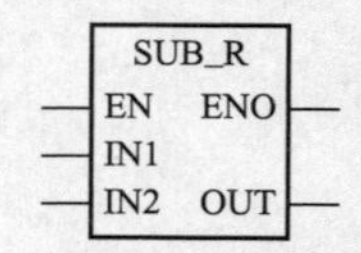

【例 9-178】

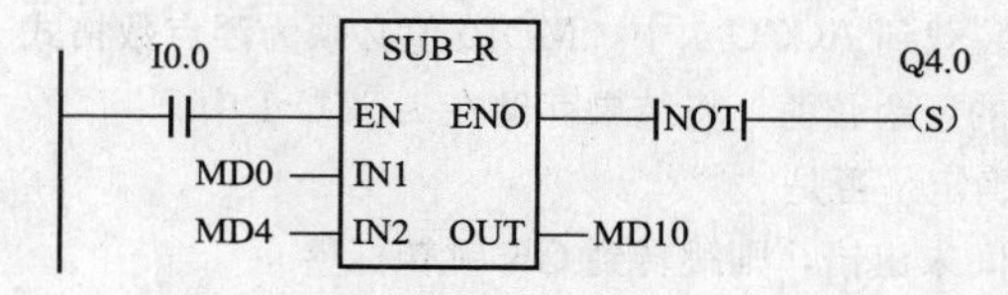

在 I0.0 处由逻辑“1”激活 SUB _ R 框。MD0 与 MD4 相减的结果输出到 MD10。如果结果超出了浮点数的允许范围，或者如果没有处理该程序语句（I0.0＝0），则设置输出 Q4.0。

3. MUL _ R 实数乘

指令符号为：

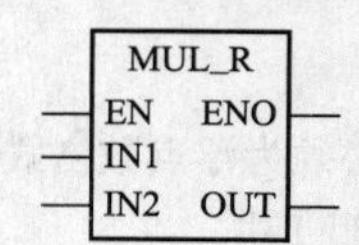

【例 9-179】

在 I0.0 处由逻辑“1”激活 MUL _ R 框。MD0 与 MD4 相乘的结果输出到 MD0。如

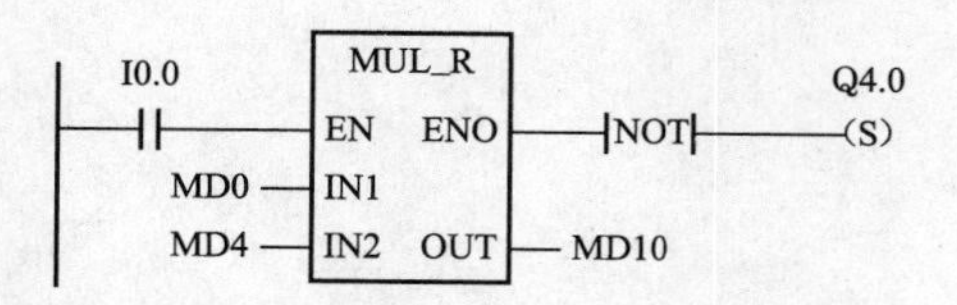

果结果超出了浮点数的允许范围，或者如果没有处理该程序语句（I0.0=0），则设置输出Q4.0。

4. DIV _ R 实数除

指令符号为：

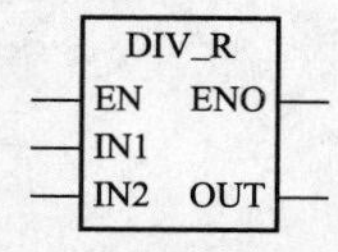

【例 9-180】

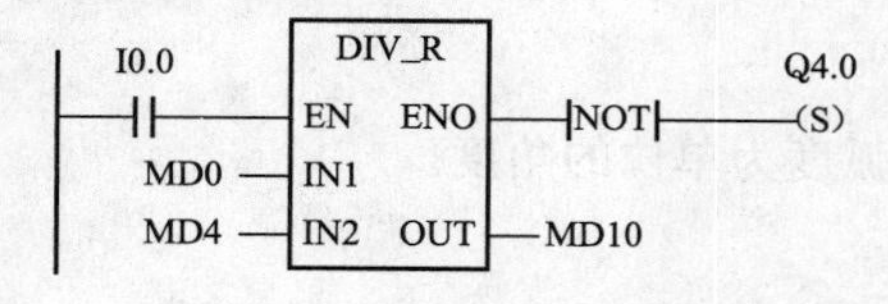

由 I0.0 处的逻辑“1”激活 DIV _ R 框。MD0 除以 MD4 的结果输出到 MD10。如果结果超出了浮点数的允许范围，或者如果没有处理该程序语句，则设置输出 Q4.0。

5. ABS 求浮点数的绝对值

指令符号为：

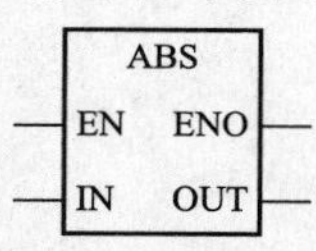

【例 9-181】

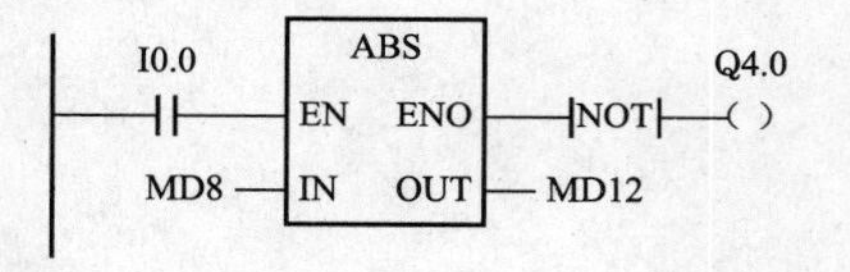

如果 I0.0=“1”，则 MD8 的绝对值在 MD12 输出。MD8=+6.234 得到 MD12=6.234。如果未执行该转换（ENO=EN=0），则输出 Q4.0 为“1”。

6. SQR 求平方

指令符号为：

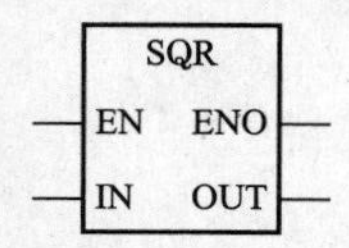

7. SQRT 求平方根

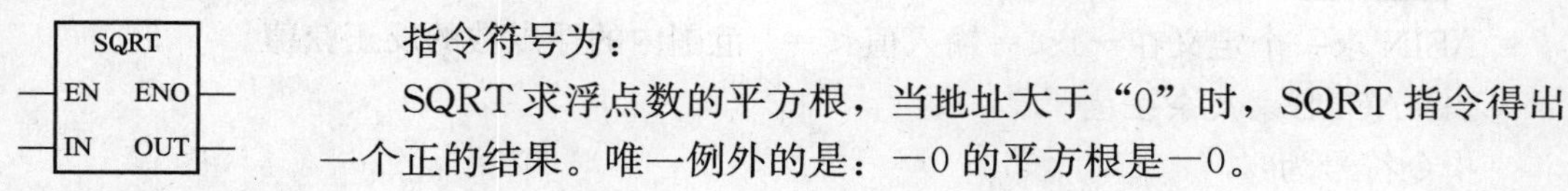

指令符号为：

SQRT 求浮点数的平方根，当地址大于“0”时，SQRT 指令得出一个正的结果。唯一例外的是：−0 的平方根是−0。

8. EXP 求指数值

指令符号为：

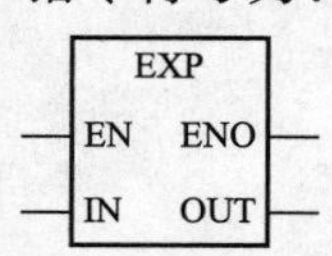

EXP 求浮点数的以 e（=2，71828...）为底的指数值。

9. LN 求自然对数

指令符号为：

LN
EN ENO
IN OUT

LN 求浮点数的自然对数。

10. SIN 求正弦值

指令符号为：

SIN
EN ENO
IN OUT

SIN 求浮点数的正弦值，这里浮点数代表一个以弧度为单位的角度。

11. COS 求余弦值

指令符号为：

COS
EN ENO
IN OUT

COS 求浮点数的余弦值，这里浮点数代表一个以弧度为单位的角度。

12. TAN 求正切值

指令符号为：

TAN
EN ENO
IN OUT

TAN 求浮点数的正切值，这里浮点数代表以弧度为单位的一个角度。

13. ASIN 求反正弦值

指令符号为：

ASIN
EN ENO
IN OUT

ASIN 求一个定义在－1＜＝输入值＜＝1 范围内的浮点数的反正弦值。

14. ACOS 求反余弦值

指令符号为：

ACOS
EN ENO
IN OUT

ACOS 求一个定义在－1＜＝输入值＜＝1 范围内的浮点数的反余弦值。

15. ATAN 求反正切值

指令符号为：

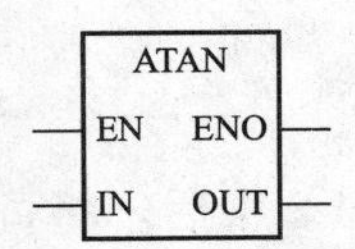

ATAN求浮点数的反正切值。

第八节　其　他　指　令

一、数据块指令

“打开数据块”（OPN）指令将数据块作为共享数据块或背景数据块打开。同时只能打开一个共享数据块或一个背景数据块，访问已经打开的数据块内的存储单元时，其地址中不必指明是哪一个数据块的数据单元。例如在打开DB10后，DB10.DBW32可简写为DBW32。

（一）语句表（STL）的数据块指令

1. OPN　　打开数据块

指令格式为：OPN〈数据块〉

数据块类型为DB、DI，源地址为1～65 535。

【例9-182】

```
OPN  DB10        //将数据块DB10作为共享数据块打开
L    DBW35       //将已打开数据块的数据字35装载到ACCU 1-L中
T    MW22        //将ACCU 1-L的内容传送到MW22中
OPN  DI20        //将数据块DB20作为背景数据块打开
L    DIB12       //将已打开背景数据块的数据字节12装载到ACCU 1-L中
T    DBB37       //将ACCU 1-L的内容传送到已打开的共享数据块的数据字节37
```

2. CDB　　交换共享数据块和背景数据块

指令格式为：CDB

CDB用于交换共享数据块和背景数据块。CDB指令的作用是交换数据块寄存器，共享数据块变为背景数据块，或背景数据块变为共享数据块。

3. L DBLG　　在ACCU 1中装载共享数据块的长度

指令格式为：L DBLG

L DBLG（装载共享数据块的长度）会在ACCU 1的内容保存到ACCU 2中后，将共享数据块的长度装载到ACCU 1中。

【例9-183】

```
OPN  DB10        //将数据块DB10作为共享数据块打开
L    DBLG        //装载共享数据块的长度（DB10的长度）
L    MD10        //如果数据块足够长，则该长度作为用于比较的值
<D
JC   ERRO        //如果长度小于MD10中的值，则跳转至ERRO跳转标签
```

4. L DBNO　　在ACCU 1中装载共享数据块的编号

指令格式为：L DBNO

L DBNO（装载共享数据块的编号）会在ACCU 1的内容保存到ACCU 2中后，将打开的共享数据块的编号装载到ACCU 1-L中。

5. L DILG　　在 ACCU 1 中装载背景数据块的长度

指令格式为：L DILG

L DILG（装载背景数据块的长度）会在 ACCU 1 的内容保存到 ACCU 2 中后，将背景数据块的长度装载到 ACCU 1-L 中。

【例 9-184】

```
OPN  DI20          //将 DB20 数据块作为背景数据块打开
L    DILG          //装载背景数据块的长度（DI20 的长度）
L    MW10          //如果数据块足够长，则该长度作为用于比较的值
<I
JC                 //如果长度小于 MW10 中的值，则跳转到 ERRO 跳转标签
```

6. L DINO　　在 ACCU 1 中装载背景数据块的编号

指令格式为：L DINO

L DINO（装载背景数据块的编号）会在 ACCU 1 的内容保存到 ACCU 2 中后，将打开的背景数据块的编号装载到 ACCU 1 中。

（二）梯形图（LAD）的数据块指令

—(OPN) 打开数据块：DB 或 DI

指令符号为：<DB 编号>或<DI 编号>

—(OPN)

—(OPN)（打开数据块）打开共享数据块（DB）或情景数据块（DI）。—(OPN) 函数是一种对数据块的无条件调用，将数据块的编号传送到 DB 或 DI 寄存器中。后续的 DB 和 DI 命令根据寄存器内容访问相应的块。

【例 9-185】

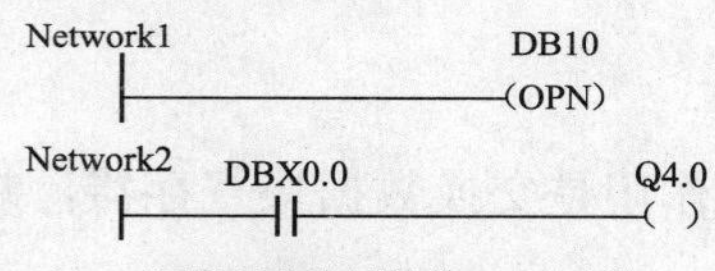

打开数据块 DB10。触点地址（DBX0.0）引用包含在 DB10 中的当前数据记录的数据字节 0 的第 0 位。将此位的信号状态分配给输出 Q4.0。

二、逻辑控制指令

所有逻辑块［组织块（OB）、功能块（FB）和功能（FC）］中均可使用逻辑控制指令。可使用跳转指令来控制逻辑流，允许程序中断其线性流，在一个不同点处继续进行扫描。可使用 LOOP 指令来多次调用一个程序段。

跳转指令的地址是标签，标签最多可以包含四个字符。第一个字符必须是字母表中的字母，其他字符可以是字母或数字（例如，SEG3），跳转标签指示程序将要跳转到的目标。在语句表中跳转标签后必须带有一个冒号"："，且在行中必须位于程序语句之前。在梯形图中目标标签必须位于程序段的开头。可以通过从梯形图浏览器中选择 LABEL，在程序段的开头输入目标标签。在显示的空框中，键入标号的名称。

（一）语句表（STL）的逻辑控制指令

语句表（STL）的逻辑控制（跳转）指令，跳转目标由跳转标签确定。允许向前跳转和向后跳转。只能在一个块内执行跳转，即跳转指令和跳转目标必须位于同一个块内。跳转目标在该块内必须唯一。最大跳转距离为程序代码的－32768 或＋32768 个字。可以跳过的实际语句的最大数目取决于程序中使用的语句组合（单字、双字或三字语句）。

1. JU　　无条件跳转

指令格式为：JU〈跳转标签〉

JU〈跳转标签〉中断线性程序扫描，并跳转到一个跳转目标，与状态字的内容无关。线性程序扫描在跳转目标处继续执行。

【例 9-186】

```
A     I1.0
A     I1.2
JC    DELE              //当 RLO=1 时，跳转到跳转标签 DELE
L     MB10
INC   1
T     MB10
JU    FORW              //无条件跳转到跳转标签 FORW
DELE：L  0
T     MB10
FORW：A  I2.1           //跳转到跳转标签 FORW 后，在此继续执行程序扫描
```

2. JL　　跳转到标签（多分支跳转）

指令格式为：JL〈跳转标签〉

JL〈跳转标签〉（通过跳转到列表进行跳转）允许编程多次跳转。跳转目标列表（最多 255 个条目）从 JL 指令的下一行开始，到 JL 地址中引用的跳转标签的前一行结束。每个跳转目标由一个 JU 指令组成。跳转目标的数目（0～255）则从 ACCU 1-L-L 中获取。

只要 ACCU 的内容小于 JL 指令和跳转标签之间跳转目标的数目，JL 指令就跳转到 JU 指令中的一条。当 ACCU 1-L-L=0 时，跳转到第一条 JU 指令。当 ACCU 1-L-L=1 时，跳转到第二个 JU 指令，以此类推。如果跳转目标的数目太大，则在跳转到目标列表中的最后一条 JU 指令后，JL 指令跳转到第一条指令处。

跳转目标列表必须包含 JU 指令，该指令位于 JL 指令地址中引用的跳转标签之前。跳转列表内的所有其他指令都是非法的。

【例 9-187】

```
L    MB0              //将跳转目标数目装载到 ACCU 1-L-L 中
JL   LSTX             //当 ACCU 1-L-L>3 时的跳转目标
JU   SEG0             //当 ACCU 1-L-L=0 时的跳转目标
JU   SEG1             //当 ACCU 1-L-L=1 时的跳转目标
JU   COMM             //当 ACCU 1-L-L=2 时的跳转目标
JU   SEG3             //当 ACCU 1-L-L=3 时的跳转目标
LSTX：JU   COMM
SEG0：*               //允许的指令
*
JU   COMM
SEG1：*               //允许的指令
*
JU   COMM
SEG3：*               //允许的指令
```

```
*
JU   COMM
COMM：*
*
```

3. JC　　当 RLO＝1 时跳转

指令格式为：JC〈跳转标签〉

当逻辑运算的结果为 1 时，JC〈跳转标签〉就中断线性程序扫描，并跳转到一个跳转目标。线性程序扫描在跳转目标处继续执行。当逻辑运算的结果 RLO 为 0 时，不执行跳转。将 RLO 为 1，继续对下一个语句执行程序扫描。

【例 9-188】

```
A   I1.0
A   I1.2
JC  JOVR            //当 RLO＝1 时，跳转到跳转标签 JOVR
L   IW8             //当不执行跳转时，在此继续执行程序扫描
T   MW22
JOVR：A  I2.1        //跳转到跳转标签 JVOR 后，在此继续执行程序扫描
```

4. JCN　　当 RLO＝0 时跳转

指令格式为：JCN〈跳转标签〉

当逻辑运算的结果 RLO 为 0 时，JCN〈跳转标签〉就中断线性程序扫描，并跳转到一个跳转目标。线性程序扫描在跳转目标处继续执行。当逻辑运算的结果为 1 时，不执行跳转。继续对下一个语句执行程序扫描。

【例 9-189】

```
A     I1.0
A     I1.2
JCN   JOVR          //当 RLO＝0 时跳转到跳转标签 JOVR
L     IW8           //当不执行跳转时，在此继续执行程序扫描
T     MW22
JOVR：A  I2.1        //跳转到跳转标签 JOVR 后，在此继续执行程序扫描
```

5. JCB　　当带 BR 位的 RLO＝1 时跳转

指令格式为：JCB〈跳转标签〉

当逻辑运算的结果为 1 时，JCB〈跳转标签〉就中断线性程序扫描，并跳转到一个跳转目标。线性程序扫描在跳转目标处继续执行。当逻辑运算的结果为 0 时，不执行跳转。将 RLO 设置为 1，继续对下一个语句执行程序扫描。将 RLO 复制到 BR 中，以执行 JCB〈跳转标签〉指令，而与 RLO 的状态无关。

【例 9-190】

```
A     I1.0
A     I1.2
JCB   JOVR          //RLO＝1 时，跳转到标签 JOVR，将 RLO 位的内容复制到 BR 位
L     IW8           //当不执行跳转时，在此继续执行程序扫描
T     MW22
JOVR：A  I2.1        //跳转到跳转标签 JOVR 后，在此继续执行程序扫描
```

6. JNB　　当带 BR 位的 RLO=0 时跳转

指令格式为：JNB〈跳转标签〉

当逻辑运算的结果为 0 时，JNB〈跳转标签〉就中断线性程序扫描，并跳转到一个跳转目标。线性程序扫描在跳转目标处继续执行。当逻辑运算的结果为 1 时，不执行跳转。将 RLO 设置为 1，继续对下一个语句执行程序扫描。当存在一个 JNB〈跳转标签〉指令时，将 RLO 复制到 BR，而与 RLO 的状态无关。

【例 9-191】

```
A     I1.0
A     I1.2
JNB   JOVR          //当 RLO=0 时，跳转到标签 JOVR，将 RLO 位的内容复制到 BR 位中
L     IW8           //当不执行跳转时，在此继续执行程序扫描
T     MW22
JOVR：A   I2.1      //跳转到跳转标签 JOVR 后，在此继续执行程序扫描
```

7. JBI　　当 BR=1 时跳转

指令格式为：JBI〈跳转标签〉

当状态位 BR 为 1 时，JBI〈跳转标签〉就中断线性程序扫描，并跳转到一个跳转目标。线性程序扫描在跳转目标处继续执行。

8. JNBI　　当 BR=0 时跳转

指令格式为：JNBI〈跳转标签〉

当状态位 BR 为 0 时，JNBI〈跳转标签〉就中断线性程序扫描，并跳转到一个跳转目标。线性程序扫描在跳转目标处继续执行。

9. JO　　当 OV=1 时跳转

指令格式为：JO〈跳转标签〉

当状态位 OV 为 1 时，JBI〈跳转标签〉就中断线性程序扫描，并跳转到一个跳转目标。线性程序扫描在跳转目标处继续执行。在一个组合的算术指令中，在每个单独的算术指令后检查是否发生溢出，以确保每个中间结果都位于允许范围内，或使用指令 JOS。

【例 9-192】

```
L     MW10
L     3
*I                  //将 MW10 的内容乘以“3”
JO    OVER          //当结果超出最大范围（OV=1）时，跳转
T     MW10          //当不执行跳转时，在此继续执行程序扫描
A     M 4.0
R     M 4.0
JU    NEXT
OVER：AN   M 4.0    //跳转到跳转标签 OVER 后，在此继续执行程序扫描
S     M 4.0
NEXT：NOP 0         //跳转到跳转标签 NEXT 后，在此继续执行程序扫描
```

10. JOS　　当 OS=1 时跳转

指令格式为：JOS〈跳转标签〉

当状态位 OS 为 1 时，JOS〈跳转标签〉就中断线性程序扫描，并跳转到一个跳转目标。线性程序扫描在跳转目标处继续执行。

【例 9-193】

```
L     IW10
L     MW12
*I
L     DBW25
+I
L     MW14
-I
JOS   OVER              //在计算 OS=1 期间，如果三个指令中有一个发生溢出，则跳转
T     MW16              //当不执行跳转时，在此继续执行程序扫描
A     M4.0
R     M4.0
JU    NEXT
OVER：AN   M 4.0        //跳转到跳转标签 OVER 后，在此继续执行程序扫描
S     M 4.0
NEXT：NOP 0             //跳转到跳转标签 NEXT 后，在此继续执行程序扫描
```

注意在这种情况下，不要使用 JO 指令。当发生溢出时，JO 指令只检查上一条－I 指令。

11. JZ　当为零时跳转

指令格式为：JZ〈跳转标签〉

当状态位 CC1＝0 且 CC0＝0 时，JZ〈跳转标签〉（当结果＝0 时跳转）就中断线性程序扫描，并跳转到一个跳转目标。线性程序扫描在跳转目标处继续执行。

【例 9-194】

```
L     MW10
SRW   1
JZ    ZERO              //当被移出的位=0 时，跳转到跳转标签 ZERO
L     MW2               //当不执行跳转时，在此继续执行程序扫描
INC   1
T     MW2
JU    NEXT
ZERO：L    MW4          //跳转到跳转标签 ZERO 后，在此继续执行程序扫描
INC   1
T     MW4
NEXT：NOP 0             //跳转到跳转标签 NEXT 后，在此继续执行程序扫描
```

12. JN　当不为零时跳转

指令格式为：JN〈跳转标签〉

当由状态位 CC1 和 CC0 指示的结果大于或小于零时（CC1＝0/CC0＝1 或 CC1＝1/CC0＝0），JN〈跳转标签〉（当结果<>0 时跳转）就中断线性程序扫描，并跳转到一个跳转目标。线性程序扫描在跳转目标处继续执行。

【例 9-195】

```
L      IW8
L      MW12
XOW
JN     NOZE          //当 ACCU 1-L 的内容不等于零时跳转
AN     M 4.0         //当不执行跳转时，在此继续执行程序扫描
S      M 4.0
JU     NEXT
NOZE：AN  M 4.1      //跳转到跳转标签 NOZE 后，在此继续执行程序扫描
S    M 4.1
NEXT：NOP 0          //跳转到跳转标签 NEXT 后，在此继续执行程序扫描
```

13. JP　当为正时跳转

指令格式为：JP〈跳转标签〉

当状态位 CC1＝1 且 CC0＝0 时，JP〈跳转标签〉（当结果＜0 时跳转）就中断线性程序扫描，并跳转到一个跳转目标。线性程序扫描在跳转目标处继续执行。

【例 9-196】

```
L      IW8
L      MW12
－I                  //IW8 的内容减去 MW12 的内容
JP     POS           //当结果＞0（即 ACCU 1＞0）时跳转
AN     M4.0          //当不执行跳转时，在此继续执行程序扫描
S      M 4.0
JU     NEXT
POS：  AN  M 4.1     //跳转到跳转标签 POS 后，在此继续执行程序扫描
S      M4.1
NEXT：NOP  0         //跳转到跳转标签 NEXT 后，在此继续执行程序扫描
```

14. JM　当为负时跳转

指令格式为：JM〈跳转标签〉

当状态位 CC1＝0 且 CC0＝1 时，JM〈跳转标签〉（当结果＜0 时跳转）就中断线性程序扫描，并跳转到一个跳转目标。线性程序扫描在跳转目标处继续执行。

【例 9-197】

```
L      IW8
L      MW12
－I                  //IW8 的内容减去 MW12 的内容
JM     NEG           //当结果＜0（即 ACCU 1 的内容＜0）时跳转
AN     M 4.0         //当不执行跳转时，在此继续执行程序扫描
S      M 4.0
JU     NEXT
NEG：  AN  M4.1      //跳转到跳转标签 NEG 后，在此继续执行程序扫描
S      M4.1
NEXT：NOP 0          //跳转到跳转标签 NEXT 后，在此继续执行程序扫描
```

15. JPZ　当为正或零时跳转

指令格式为：JPZ〈跳转标签〉

当由状态位CC1和CC0指示的结果大于或等于零时（CC1=0/CC0=0或CC1=1/CC0=0），JPZ〈跳转标签〉（当结果>=0时跳转）就中断线性程序扫描，并跳转到一个跳转目标。线性程序扫描在跳转目标处继续执行。

【例9-198】

```
L       IW8
L       MW12
-I                      //IW8的内容减去MW12的内容
JPZ     REG0            //当结果>=0（即ACCU 1的内容>=0）时跳转
AN      M 4.0           //当不执行跳转时，在此继续执行程序扫描
S       M 4.0
JU      NEXT
REG0：AN  M 4.1         //跳转到跳转标签REG0后，在此继续执行程序扫描
S       M4.1
NEXT：NOP 0             //跳转到跳转标签NEXT后，在此继续执行程序扫描
```

16. JMZ　当为负或零时跳转

指令格式为：JMZ〈跳转标签〉

当由状态位CC1和CC0指示的结果小于或等于零时（CC1=0/CC0=0或CC1=0/CC0=1），JMZ〈跳转标签〉（当结果<=0时跳转）就中断线性程序扫描，并跳转到一个跳转目标。线性程序扫描在跳转目标处继续执行。

【例9-199】

```
L       IW8
L       MW12
-I                      //IW8的内容减去MW12的内容
JMZ     RGE0            //当结果<=0时跳转（即ACCU 1的内容<=0）
AN      M4.0            //当不执行跳转时，在此继续执行程序扫描
S       M4.0
JU      NEXT
RGE0：AN  M4.1          //跳转到跳转标签RGE0后，在此继续执行程序扫描
S       M4.1
NEXT：NOP 0             //跳转到跳转标签NEXT后，在此继续执行程序扫描
```

17. JUO　当无序时跳转

指令格式为：JUO〈跳转标签〉

当状态位CC1=1且CC0=1时，JUO〈跳转标签〉就中断线性程序扫描，并跳转到一个跳转目标。线性程序扫描在跳转目标处继续执行。

在以下三种情况下，状态位CC1=1且CC0=1：发生被零除时、使用了非法指令时、浮点比较的结果为“无序”（即使用了一种无效格式时）。

【例9-200】

```
L       MD10
L       ID2
```

```
/D                //MD10 的内容除以 ID2 的内容
JUO    ERRO       //当被零除时跳转（即 ID2＝0）
T      MD14       //当不执行跳转时，在此继续执行程序扫描
A      M4.0
R      M4.0
JU   NEXT
ERRO：AN M4.0     //跳转到跳转标签 ERROR 后，在此继续执行程序扫描
SM 4.0
NEXT：NOP 0       //跳转到跳转标签 NEXT 后，在此继续执行程序扫描
```

18. LOOP　　循环

指令格式为：LOOP〈跳转标签〉

LOOP〈跳转标签〉（对 ACCU 1-L 进行减 1 操作，并在 ACCU 1-L<>0 时跳转）可简化循环编程。ACCU 1-L 中包含循环计数器。指令跳转到指定的跳转目标。只要 ACCU 1-L 的内容不等于 0，就一直执行跳转。在跳转目标处继续执行线性程序扫描。

【例 9-201】　（计算因子为 5）

```
L      L#1        //将整型常数（32 位）装载到 ACCU 1 中
T      MD20       //将 ACCU 1 的内容传送给 MD20（初始化）
L      5          //将循环周期的数目装载到 ACCU 1-L 中
NEXT：T   MW10    //跳转标签＝循环开始/将 ACCU 1-L 传送给循环计数器
L      MD20
*D                //MD20 的当前内容乘以 MB10 的当前内容
T      MD20       //将相乘结果传送给 MD20
L      MW10       //将循环计数器的内容装载到 ACCU 1 中
LOOP   NEXT       //对 ACCU 1 的内容进行减 1 操作，当 ACCU 1-L>0 时，跳转到 NEXT
L      MW24       //完成循环后，在此继续执行程序扫描
L      200
>I
```

（二）梯形图（LAD）的逻辑控制指令

1. —(JMP)—无条件跳转

指令符号为：〈标号名称〉

—(JMP)

—(JMP)（为 1 时在块内跳转）当左侧电源轨道与指令间没有其他梯形图元素时执行的是绝对跳转。每个—(JMP) 还都必须有与之对应的目标（LABEL）。跳转指令和标号间的所有指令都不予执行。始终执行跳转，并忽略跳转指令和跳转标号间的指令。

【例 9-202】

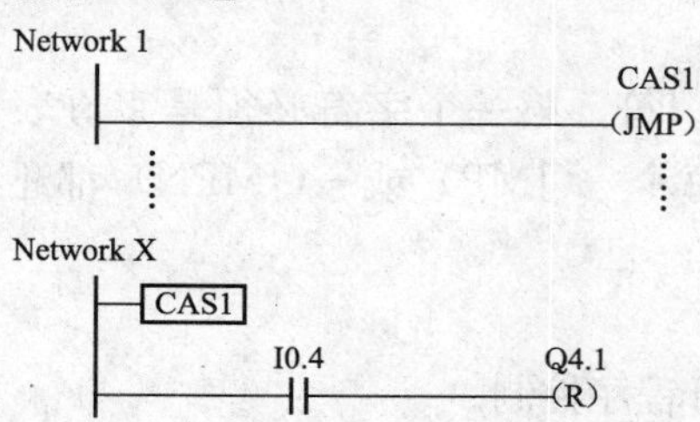

2. —(JMP)—条件跳转

指令符号为：〈标号名称〉

—(JMP)

—(JMP)（为 1 时在块内跳转）当前一逻辑运算的 RLO 为“1”时执行的是条件跳转。每个—(JMP) 都还必须有与之对应的目标（LABEL）。跳转指令和标号间的所有指令都不予执行。

如果未执行条件跳转，RLO 将在执行跳转指令后变为“1”。

【例 9-203】

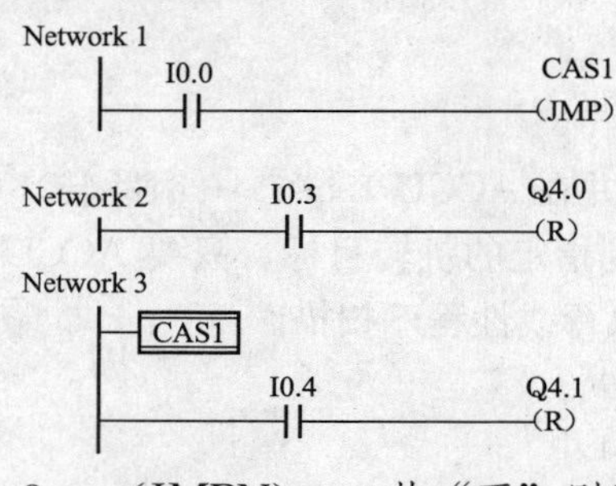

如果 I0.0＝“1”，则执行跳转到标号 CAS1。由于该跳转的存在，即使 I0.3 处有逻辑“1”，也不会执行复位输出 Q4.0 的指令。

3. —(JMPN)　若“否”则跳转

指令符号为：〈标号名称〉

—(JMPN)

—(JMPN)（若“否”则跳转）相当于在 RLO 为“0”时执行的“转到标号”功能。每一个—(JMPN) 都还必须有与之对应的目标（LABEL）。如果未执行条件跳转，RLO 将在跳转指令执行后变为“1”。

【例 9-204】

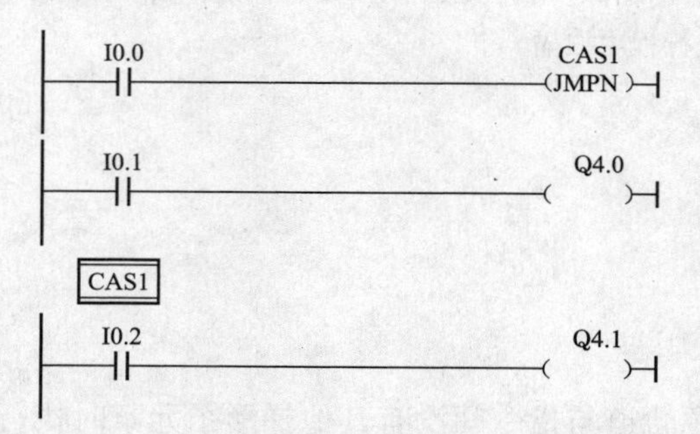

如果 I0.0＝“0”，则执行跳转到标号 CAS1。由于存在该跳转，即使 I0.1 处有逻辑“1”，也不会执行复位输出 Q4.0 的指令。

4. LABEL 标号

指令符号为：

LABEL　LABEL 是跳转指令目标的标识符。第一个字符必须是字母表中的字母，其他字符可以是字母或数字（例如，CAS1）。每个—(JMP) 或—(JMPN) 都还必须有与之对应的跳转标号（LABEL）。

三、程序控制指令

程序控制指令是指块的调用和结束指令，用于执行程序控制。

（一）语句表（STL）的程序控制指令

在程序控制指令中，当通过 CALL 调用 FB 或 SFB 时，必须给块提供一个相关的背景数据块。处理了被调用块后，调用块程序继续进行逻辑处理。可以指定逻辑块的绝对地址或符号地址，须将 OUT 和 IN-OUT 参数指定为绝对地址或符号地址，还须确保所有地址和常数都与要传送的数据类型兼容。CALL 将返回地址（选择器和相对地址）、两个当前块的选择器以及 MA 位保存到 B（块）堆栈中。此外，CALL 取消激活，MCR 相关性，然后创建被调用块的本地数据区。

1. BE　　块结束

指令格式为：BE

BE（块结束）终止当前块中的程序扫描，并跳转到调用当前块的块中。在调用程序的块调用语句后的第一个指令处继续程序扫描，释放当前的本地数据区，上一个本地数据区开始成为当前本地数据区。重新打开调用块时打开的数据块。此外，恢复调用块的 MCR 相关性，并将 RLO 从当前块传送到调用当前块的块中。BE 与任何条件无关。然而，当跳过 BE 指令后，不结束当前程序扫描，而在块内的跳转目标处继续开始程序扫描。BE 指令与 S5 软件中的不完全相同。在 S7 硬件上使用时，BE 指令与 BEU 指令具有相同的功能。

【例 9-205】

```
A     I1.0
JC  NEXT              //当 RLO=1 时（I1.0=1），跳转到 NEXT 跳转标签
L     IW4             //当没有执行跳转时，在此继续执行
T     IW10
A     I6.0
A     I6.1
S     M12.0
BE                    //块结束
NEXT：NOP 0           //当执行了跳转时，在此继续执行
```

2. BEC　　块有条件结束

指令格式为：BEC

如果 RLO=1，那么 BEC（块有条件结束）中断当前块中的程序扫描，并跳转到调用当前块的块。在块的调用语句后的第一个指令处继续程序扫描，释放当前的本地数据区，上一个本地数据区开始成为当前本地数据区。重新打开调用块时为当前数据块的数据块。恢复调用块的 MCR 相关性。将 RLO=1 从被终止的块传送到被调用的块。如果 RLO=0，那么不执行 BEC。将 RLO 设置成 1，然后在 BEC 后的指令处继续程序扫描。

【例 9-206】

```
A  I1.0               //更新 RLO
BEC                   //当 RLO=1 时，结束块
L  IW4                //当 RLO=0，不执行 BEC 时，在此继续执行
T  MW10
```

3. BEU　　块无条件结束

指令格式为：BEU

BEU（块无条件结束）终止当前块中的程序扫描，并跳转到调用当前块的块。在块调

用后的第一个指令处继续程序扫描，释放当前的本地数据区，上一个本地数据区开始成为当前本地数据区。重新打开调用块时打开的数据块。此外，恢复调用块的 MCR 相关性，并将 RLO 从当前块传送到调用当前块的块中。BEU 与任何条件无关。然而，当跳过 BEU 指令后，不结束当前程序扫描，而在块内的跳转目标处继续进行程序扫描。

【例 9-207】

```
A     I1.0
JC    NEXT         //当 RLO=1 时（I1.0=1），跳转到 NEXT 跳转标签
L     IW4          //当没有执行跳转时，在此继续执行
T     IW10
A     I6.0
A     I6.1
S     M12.0
BEU                //块无条件结束
NEXT：NOP 0        //当执行了跳转时，在此继续执行
```

4. CALL　块调用

指令格式为：CALL〈逻辑块标识符〉

CALL〈逻辑块标识符〉用于调用功能（FC）或功能块（FB）、系统功能（SFC）或系统功能块（SFB）或调用由西门子提供的标准预编程块。CALL 指令调用作为地址输入的 FC 和 SFC 或 FB 或 SFB，与 RLO 或任何其它条件无关。

CALL FB1，DB1 或 CALL FILLVAT1，RECIPE1 如表 9-8 所示。

表 9-8　　块调用语法

逻辑块	块类型	绝对地址调用语法
FC	功能	CALL FCn
SFC	系统功能	CALL SFCn
FB	功能块	CALL FBn1，DBn2
SFB	系统功能块	CALL SFBn1，DBn2

注意使用 STL 编辑器时，表 9-8 中的引用（n、n1 和 n2）必须指向有效的已存在块。同样，在使用前必须定义符号名。

传递参数（增量式编辑模式）调用块可通过变量列表与被调用块交换参数。当输入一个有效的 CALL 语句时，自动在 STL 程序中扩展变量列表。当调用 FB、SFB、FC 或 SFC，而被调用块的变量声明表中具有 IN、OUT 和 IN _ OUT 声明时，这些变量以形式参数列表的形式添加到调用块中。

调用 FC 和 SFC 时，必须在调用逻辑块中将实际参数分配给形式参数。

调用 FB 和 SFB 时，必须指定通过上次调用改变的实际参数。处理了 FB 后，在背景数据块中存储实际参数。当实际参数是一个数据块时，必须指定完整的绝对地址，例如 DB1. DBW2。

【例 9-208】　将参数分配给 FC6 调用

CALL FC6

形式参数 实际参数

NO OF TOOL ：=MW100

TIME OUT ：=MW110

FOUND ：=Q 0.1

ERROR ：=Q 100.0

【例9-209】 调用不带参数的SFC

CALL SFC43 //调用SFC43，重新触发监视狗定时器（不带参数）

【例9-210】 调用带背景数据块DB1的FB99

CALL FB99，DB1

形式参数 实际参数

MAX_RPM ：=#RPM1_MAX

MIN_RPM ：=#RPM1

MAX_POWER ：=#POWER1

MAX_TEMP ：=#TEMP1

【例9-211】 调用带背景数据块DB2的FB99

CALL FB99，DB2

形式参数 实际参数

MAX_RPM ：=#RPM2_MAX

MIN_RPM ：=#RPM2

MAX_POWER ：=#POWER2

MAX_TEMP ：=#TEMP2

注意每个FB或SFC调用必须具有一个背景数据块，并且必须调用已经存在DB1和DB2块。

5. 调用FB

指令格式为：CALL FB n1，DB n1

调用FB指令用于调用用户自定义的功能块（FB）。CALL指令调用作为地址输入的功能块，与RLO或其他条件无关。

传递参数（增量式编辑模式）调用块可通过变量列表与被调用块交换参数。当输入一个有效的CALL指令时，自动在语句表程序中扩展变量列表。当调用一个功能块，而被调用块的变量声明表中具有IN、OUT和IN_OUT声明时，这些变量以形式参数列表添加到调用块中。调用功能块时，只需指定必须通过上次调用改变的实际参数，因为在处理了功能块后，实际参数保存在背景数据块中。当实际参数是一个数据块时，必须指定完整的绝对地址，例如，DB1.DBW2。

【例9-212】 带背景数据块DB1的FB99调用

CALL FB99，DB1

形式参数 实际参数

MAX_RPM ：=#RPM1_MAX

MIN_RPM ：=#RPM1

MAX _ POWER　：＝＃POWER1

MAX _ TEMP　：＝＃TEMP1

【例 9-213】 带背景数据块 DB2 的 FB99 调用

CAL　LFB99，DB2

形式参数　　实际参数

MAX _ RPM　：＝＃RPM2 _ MAX

MIN _ RPM　：＝＃RPM2

MAX _ POWER　：＝＃POWER2

MAX _ TEMP　：＝＃TEMP2

注意：每个功能块的 CALL 必须具有一个背景数据块，并且必须调用已经存在 DB1 和 DB2 块。

6. 调用 FC

指令格式为：CALL FC n

注意：当使用 STL 编辑器时，引用（n）必须与已存在的有效块相关。还必须在使用前定义符号名。调用 FC 指令用于调用功能（FC）。CALL 指令调用作为地址输入的 FC，与 RLO 或其他条件无关。

传递参数（增量式编辑模式）调用块可通过变量列表与被调用块交换参数。当输入一个有效的 CALL 指令时，自动在语句表程序中扩展变量列表。当调用一个功能，而被调用块的变量声明表中具有 IN、OUT 和 IN _ OUT 声明时，这些变量以形式参数列表添加到调用块中。

【例 9-214】 将参数分配给 FC6 调用

CALL　FC6

形式参数　　实际参数

NO OF TOOL　：＝MW100

TIME OUT　：＝MW110

FOUND　：＝Q0.1

ERROR　：＝Q100.0

7. 调用 SFB

指令格式为：CALL SFB n1，DB n2

调用 SFB 指令用于调用由西门子提供的标准功能块（SFB）。CALL 指令调用作为地址输入的 SFB，与 RLO 或其他条件无关。

调用块可通过变量列表与被调用块交换参数。当输入一个有效的 CALL 指令时，自动在语句表程序中扩展变量列表。当调用一个系统功能块，而被调用块的变量声明表中具有 IN、OUT 和 IN _ OUT 声明时，这些变量以形式参数列表添加到调用块中。

调用系统功能块时，只需指定必须通过上次调用改变的实际参数，因为在处理了系统功能块后，实际参数保存在背景数据块中。当实际参数是一个数据块时，必须指定完整的绝对地址，例如，DB1. DBW2。

【例 9-215】

CALL SFB4，DB4

形式参数 实际参数
IN ：I0.1
PT ：T＃20s
Q ：M0.0
ET ：MW10

注意：每个系统功能块 CALL 必须具有一个背景数据块，并且必须在调用已经存在 SFB4 和 DB4 块。

8. 调用 SFC

指令格式为：CALL SFC n

调用 SFC 指令用于调用由西门子提供的标准功能（SFC）。CALL 指令调用作为地址输入的 SFC，与 RLO 或其他条件无关。

注意：当使用 STL 编辑器时，引用（n）必须与已存在的有效块相关。还必须在使用前定义符号名。

传递参数（增量式编辑模式）。调用块可通过变量列表与被调用块交换参数。当输入一个有效的 CALL 指令时，自动在语句表程序中扩展变量列表。当调用一个系统功能，而被调用块的变量声明表中具有 IN、OUT 和 IN_OUT 声明时，这些变量以形式参数列表添加到调用块中。调用系统功能时，必须在调用逻辑块中将实际参数分配给形式参数。

【例 9-216】 不带参数调用 SFC

```
CALL SFC43          //调用 SFC43，重新触发监视狗定时器（不带参数）
```

9. 调用多重背景

指令格式为：CALL ＃变量名

通过声明一个具有功能块数据类型的静态变量，创建一个多重背景。只在程序元素目录中包括已经声明的多重背景。

10. 调用库中的块

在 7 中可使用西门子公司管理器中可供使用的库来选择集成在 CPU 操作系统（“标准库”）中的块和保存在库中供再次使用的块。

11. CC 条件调用

指令格式为：CC 〈逻辑块标识符〉

CC 〈逻辑块标识符〉（块条件调用）在 RLO＝1 时调用一个逻辑块。CC 用于不带参数调用 FC 或 FB 类型的逻辑块。除了不能使用调用程序传送参数之外，CC 的使用方法同 CALL 指令。CC 指令将返回地址（选择器和相对地址）、两个当前数据块的选择器以及 MA 位保存到 B（块）堆栈中，取消激活 MCR 相关性，创建被调用块的本地数据区，然后开始执行被调用代码。可以指定逻辑块的绝对地址或符号地址。

【例 9-217】

```
A   I2.0            //检查输入 I2.0 上的信号状态
CC  FC6             //当 I2.0 为“1”时，调用功能 FC6
A   M3.0            //在被调用功能（I2.0=1）返回时执行，或当 I2.0=0 时，直接从 A I2.0 语句
                      后执行
```

对于通过 CC 指令进行的一个调用，不能在语句中将数据块分配给地址。根据正在使用的程序段，程序编辑器在将梯形图编程语言转换成语句表编程语言期间，生成 UC 指令或 CC 指令。相反，应该尝试使用 CALL 指令，以避免在程序中发生错误。

12. UC　　无条件调用

指令格式为：UC〈逻辑块标识符〉

UC〈逻辑块标识符〉（块无条件调用）调用 FC 或 SFC 类型的一个逻辑块。除了不能通过被调用块传送参数外，UC 如同 CALL 指令。UC 指令将返回地址（选择器和相对地址）、两个当前数据块的选择器以及 MA 位保存到 B（块）堆栈中，取消激活 MCR 相关性，创建被调用块的本地数据区，然后开始执行被调用代码。

【例 9-218】

UC　FC6　　　　　//调用功能 FC6（不带参数）

【例 9-219】

UC　SFC43　　　　//调用系统功能 SFC43（不带参数）

使用 UC 指令进行调用时，不能在 UC 地址中关联数据块。根据正在使用的程序段，程序编辑器在将梯形图编程语言转换成语句表编程语言期间，生成 UC 指令或 CC 指令。相反，应该尝试使用 CALL 指令，以避免在程序中发生错误。

13. MCR（主控继电器）

注意：为了防止人员伤害或财产损失，禁止用 MCR 代替硬连线的机械主控继电器实现紧急停止功能。

主控继电器（MCR）是一个继电器梯形图主开关，用于激励和取消激励能量。由下列位逻辑触发的指令和传送指令取决于 MCR：=〈位〉、S〈位〉、R〈位〉、T＜字节＞、T＜字＞、T＜双字＞。

当 MCR 为 0 时，使用 T 指令将 0 写入到存储器字节、字和双字中。S 和 R 指令保持现有数值不变。指令＝（赋值指令）在已寻址的位中写入“0”。

指令取决于 MCR 以及对 MCR 信号状态的反应，MCR 的信号状态为 0（关闭）时，＝〈位〉写入 0（模拟当断开电压时，进入静止状态的一个继电器。）；S〈位〉、R〈位〉不写入（模拟当断开电压时，仍然位于其当前状态一个的继电器。）；T＜字节＞、T＜字＞T＜双字＞写入 0（模拟当断开电压时，生成数值 0 的一个部件。）。MCR 的信号状态为 1（打开）时，正常处理。

（1）MCR（—指令，MCR 区域开始；）MCR—指令，MCR 区域结束。

由 1 位宽、8 位深的堆栈控制 MCR。只要所有 8 个条目等于 1，就激励 MCR。MCR（ 指令将 RLO 位复制到 MCR 堆栈中，）MCR 指令从堆栈中删除最后一个条目，并将空出的位置设置成 1。MCR（ 和 ）MCR 指令必须始终成对使用。出现故障时，即当出现 8 个以上连续的 MCR（ 指令，或当 MCR 堆栈为空时尝试执行 ）MCR 指令，将触发 MCRF 错误消息。

（2）MCRA—指令，激活 MCR 区域；MCRD—指令，取消激活 MCR 区域。

MCRA 和 MCRD 必须始终成对使用，程序中位于 MCRA 和 MCRD 之间的指令取决于 MCR 位的状态。在 MCRA—MCRD 序列外编程的指令不取决于 MCR 的位状态。

必须使用被调用块中的 MCRA 指令，在各个块中对功能（FC）和功能块（FB）的 MCR 相关性进行编程。

14. 使用MCR功能的注意事项

（1）请注意使用MCRA激活了主控继电器的块；

（2）取消激活MCR时，所有赋值（T，=）都在MCR（和）MCR之间的程序段中写入数值0；

（3）当MCR（指令前的RLO=0时，取消激活MCR；

（4）危险：PLC处于STOP状态或未定义的运行系统特征，编译器还对在VAR _ TEMP中定义的临时变量后的局部数据进行写访问，以计算地址。这表示下列命令序列将把PLC设置成STOP，或导致未定义的运行系统特征：

1）形式参数访问。形式参数访问STRUCT、UDT、ARRAY、STRING类型的复杂FC参数的组件；访问来自具有多重背景能力的块（V2版本的块）的IN _ OUT区域的、STRUCT、UDT、ARRAY、STRING类型的复杂FB参数的组件；当地址高于8180.0时，访问具有多重背景能力（V2版本的块）的功能块的参数；在具有多重背景能力（V2版本的块）的功能块中访问类型为BLOCK _ DB的参数，打开DB0。任何后继数据访问将CPU设置成STOP。T 0、C 0、FC0或FB0始终用于TIMER、COUNTER、BLOCK _ FC和LOCK _ FB。

2）参数传递，通过调用可传递参数。

LAD/FBD：梯形图或功能块中的T分支和中线输出以RLO=0开始。

纠正方法是释放上述命令，使其与MCR不相关，使用所述语句或程序段前面的MCRD指令，取消激活主控继电器，使用所述语句或程序段后的MCRA指令，重新激活主控继电器。

15. MCR（在MCR堆栈中保存RLO，开始MCR　和）MCR　　结束MCR

指令格式为：MCR（

　　　　　　）MCR

MCR（打开一个MCR区域）在MCR堆栈上保存RLO，然后打开一个MCR区域。MCR区域是MCR指令（和相应的指令）MCR之间的指令。MCR指令（必须始终与指令）MCR一起使用。

当RLO=1时，MCR“打开”。正常执行该MCR区域内与MCR有关的指令。

当RLO=0时，MCR“关闭”。

指令取决于MCR的位状态，当MCR的信号状态为0（“关闭”）时，=〈位〉写入0（模拟当断开电压时，进入静止状态的一个继电器）。S〈位〉、R〈位〉不写入（模拟当断开电压时，仍然位于其当前状态一个的继电器。）；T＜字节＞、T＜字＞T＜双字＞写入0（模拟当断开电压时，生成数值0的一个部件。）。MCR的信号状态为1　（“打开”）时，正常处理。

MCR（和）MCR指令可以嵌套，最大嵌套深度为8层指令，可能的堆栈条目的最大数目为8个。当堆栈满时，执行MCR（将产生MCR堆栈故障（MCRF）。

）MCR（结束MCR区域）从MCR堆栈中删除一个条目，然后结束一个MCR区域。释放最后一个MCR堆栈位置，并将其设置成1。指令MCR（必须始终与指令）MCR一起使用。当堆栈空时，执行）MCR将产生MCR堆栈故障（MCRF）。

【例 9-220】

```
MCRA          //激活 MCR 区域
A   I1.0
MCR (         //在 MCR 堆栈中保存 RLO，然后打开 MCR 区域，当 RLO=1（I1.0=“1”）
              //时，MCR=“打开”；当 RLO=0（I1.0=“0”）时，MCR=“关闭”
A   I4.0
=   Q8.0      //如果 MCR=“关闭”，则将 Q 8.0 置位为“0”，与 I4.0 无关
L   MW20
T   QW10      //如果 MCR=“关闭”，则将“0”传送到 QW10 中
) MCR         //结束 MCR 区域
MCRD          //取消激活 MCR 区域
A   I1.1
=   Q8.1      //这些指令位于 MCR 区域外，不取决于 MCR 位
```

16. MCRA（激活 MCR 区域）和 MCRD（取消激活 MCR 区域）

指令格式为：MCRA

MCRD

MCRA（主控继电器激活）激励其后指令的 MCR 相关性，指令 MCRA 必须始终与指令 MCRD（主控继电器取消激活）一起使用。程序中位于 MCRA 和 MCRD 之间的指令取决于 MCR 位的信号状态。

MCRD（主控继电器取消激活）取消激励其后指令的 MCR 相关性，指令 MCRA（主控继电器激活）必须始终与指令 MCRD（主控继电器取消激活）组合使用。程序中位于 MCRA 和 MCRD 之间的指令取决于 MCR 位的信号状态。执行该指令，与状态字的位无关，也不影响状态字的位。

（二）梯形图（LAD）的程序控制指令

程序控制指令（块的调用和结束指令）符号中是否带参数以及带多少个参数取决于调用的块。指令符号中一般必须具有 EN、ENO，以及块的名称或编号。EN（启用输入）和 ENO（启用输出）的数据类型为 BOOL 型，存储区为 I、Q、M、L、D。

1. —(Call)　调用来自线圈的 FC SFC（不带参数）

指令符号为：〈FC/SFC 编号〉

—(CALL)

〈FC/SFC 编号〉的数据类型为 BLOCK_FC 和 BLOCK_SFC，FC/SFC 编号的范围取决于 CPU。—(Call)（不带参数调用 FC 或 SFC）用于调用没有传递参数的功能（FC）或系统功能（SFC）。只有在 CALL 线圈上 RLO 为“1”时，才执行调用。当执行—(Call)时，存储调用块的返回地址，由当前的本地数据区代替以前的本地数据区，将 MA 位（有效 MCR 位）移位到 B 堆栈中，为被调用的功能创建一个新的本地数据区。之后，在被调用的 FC 或 SFC 中继续进行程序处理。

【例 9-221】

梯形图的梯级是由用户编写的功能块中的程序段。在该 FB 中，打开 DB10，并激活 MCR 功能。当执行无条件调用 FC10 时，发生下面情况：

保存调用 FB 的返回地址，并保存 DB10 和调用 FB 的背景数据块的选择数据。在

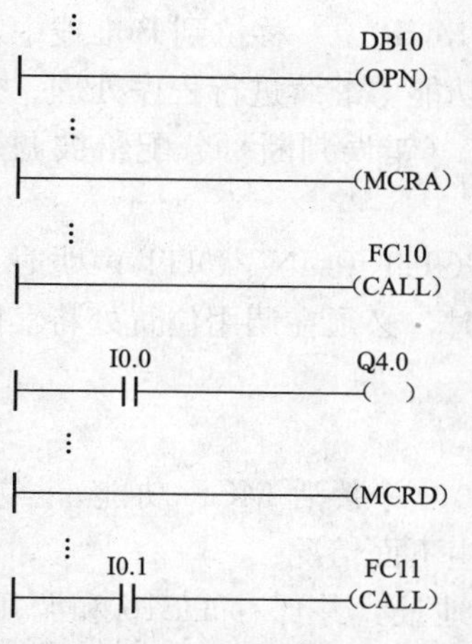

MCRA指令中设置成“1”的MA位被推入到B堆栈中，然后为被调用块（FC10）将MA位设置成“0”，继续在FC10中进行程序处理。当FC10要求MCR功能时，必须在FC10内重新激活该功能。当完成FC10时，程序处理返回调用FB。不管FC10使用了哪个DB，都恢复MA位，DB10和用户编写FB的背景数据块重新成为当前DB。通过将I0.0的逻辑状态分配给输出Q4.0，程序继续处理下一个梯级。FC11的调用为条件调用。只有在I0.1为“1”时，才执行调用。执行调用后，将程序控制传递给FC11并从FC11返回程序控制的过程，与已经描述过的FC10的过程相同。

注意：返回调用块后，不是总会再次打开以前打开的DB。

2. CALL _ FB　调用来自框的FB

指令符号为：

<DB no.>
FB no.
EN　ENO

FB编号的数据类型为BLOCK _ FB，DB号的数据类型为存储区为BLOCK _ DB。

当EN为“1”时，执行CALL _ FB（调用来自框的功能块）。当执行CALL _ FB时，存储调用块的返回地址，存储两个当前数据块（DB和背景DB）的选择数据，由当前的本地数据区代替以前的本地数据区，将MA位（有效MCR位）移位到B堆栈中，为被调用的功能块创建一个新的本地数据区。之后，在被调用的功能块中继续进行程序处理。扫描BR位，以查找ENO。用户必须使用—(SAVE)将所要求的状态（错误判断）分配给被调用块中的BR位。

【例9-222】

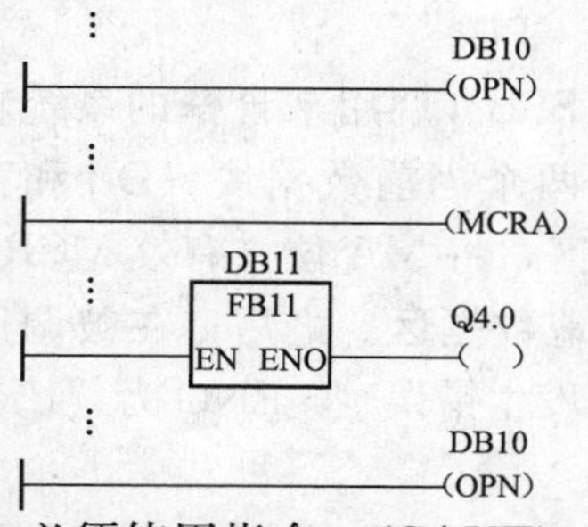

在该FB中，打开DB10，并激活MCR功能。当执行无条件调用FB11时，发生下面情况：

保存调用FB的返回地址，并保存DB10和调用FB的背景数据块的选择数据。在MCRA指令中设置成“1”的MA位被推入到B堆栈中，然后为被调用块（FB11）将MA位设置成“0”，继续在FB11中进行程序处理。当FB11要求MCR功能时，必须在FB11内重新激活该功能，必须使用指令—(SAVE)在BR位中保存RLO的状态，以便判断调用FB中的错误。当完成FB11时，程序处理返回调用FB。恢复MA位，并重新打开用户编写的FB的背景数据块。当正确处理FB11时，ENO=“1”，因此Q4.0=“1”。

注意：打开FB或SFB时，会丢失以前打开的DB的编号，必须重新打开所要求的DB。

3. CALL _ FC　调用来自框的FC

指令符号为：

FC no.
EN　ENO

FC编号的数据类型为BLOCK _ FC，CALL _ FC（调用来自框的功能）用于调用一个功能（FC）。当EN为“1”时，执行调用。如果执行了CALL _ FC，存储调用块的返回地址，存储两个当前数据块（DB和背景DB），由当前的本地数据区代替以前的本地数据区，将 MA 位（有效 MCR 位）移位到 B 堆栈中，为被调用的功能创建一个新的本地数据区。之后，在被调用的功能中继续进行程序处理。扫描 BR 位，以查找 ENO。必须使用—(SAVE) 将所要求的状态（错误判断）分配给被调用块中的 BR 位。

当调用一个功能，而被调用块的变量声明表中具有 IN、OUT 和 IN _ OUT 声明时，这些变量以形式参数列表添加到调用块的程序中。当调用功能时，必须在调用位置处将实际参数分配给形式参数。功能声明中的任何初始值都没有含义。

【例 9-223】

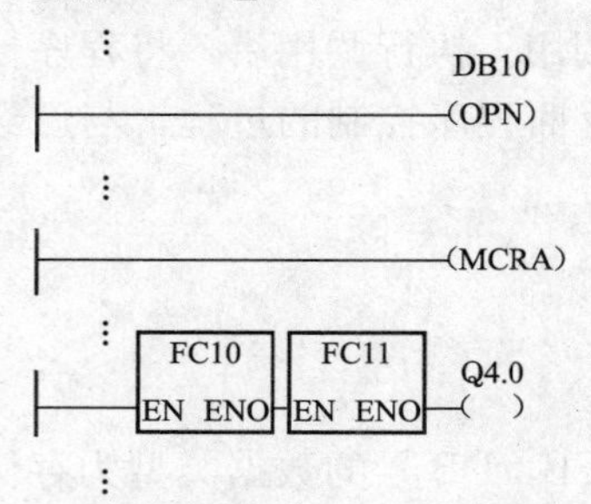

在 FB 中，打开 DB10，并激活 MCR 功能。当执行无条件调用 FC10 时，发生下面情况：

保存调用 FB 的返回地址，并保存 DB10 和调用 FB 的背景数据块的选择数据。在 MCRA 指令中设置成“1”的 MA 位被推入到 B 堆栈中，然后为被调用块（FC10）将 MA 位设置成“0”，继续在 FC10 中进行程序处理。当 FC10 要求 MCR 功能时，必须在 FC10 内重新激活该功能，必须使用指令—(SAVE) 在 BR 位中保存 RLO 的状态，以便可以判断调用 FB 中的错误。当完成 FC10 时，程序处理返回调用 FB，恢复 MA 位。执行 FC10 后，根据 ENO，在调用 FB 中继续进行程序处理：ENO=“1”FC11 已处理，ENO=“0”在下一个程序段中开始处理。如果也正确处理了 FC11，则 ENO=“1”，因此 Q4. 0=“1”。注意返回调用块后，不是总会再次打开以前打开的 DB。

4. CALL _ SFB　调用来自框的系统 FB

指令符号为：

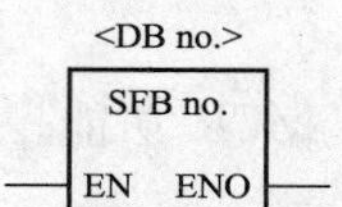

SFB 编号的数据类型为 BLOCK _ SFB，DB 号的数据类型为 BLOCK _ DB。SFB 编号，范围取决于 CPU。

当 EN 为“1”时，执行 CALL _ SFB（调用来自框的系统功能块）。执行 CALL _ SFB 时，存储调用块的返回地址，存储两个当前数据块（DB 和背景 DB）的选择数据，由当前的本地数据区代替以前的本地数据区，将 MA 位（有效 MCR 位）移位到 B 堆栈中，为被调用的系统功能块创建一个新的本地数据区。之后，在被调用的 SFB 中继续进行程序处理。当调用 SFB（EN=“1”）且没有发生错误时，ENO 为“1”。

【例 9-224】

在该 FB 中，打开 DB10，并激活 MCR 功能。当执行无条件调用 SFB8 时，发生下面情况：

保存调用 FB 的返回地址，并保存 DB10 和调用 FB 的背景数据块的选择数据。在 MCRA 指令中设置成“1”的 MA 位被推入到 B 堆栈中，然后为被调用块（SFB8）将 MA 位设置成“0”，继续在 SFB8 中进行程序处理。当完成 SFB8 时，程序处理返回调用 FB。恢复 MA 位，且用户编写的 FB 的背景数据块成为当前背景 DB。当正确处理 SFB8 时，ENO=“1”，因此 Q4. 0=“1”。

注意：打开 FB 或 SFB 时，会丢失以前打开的 DB 的编号，必须重新打开所要求的 DB。

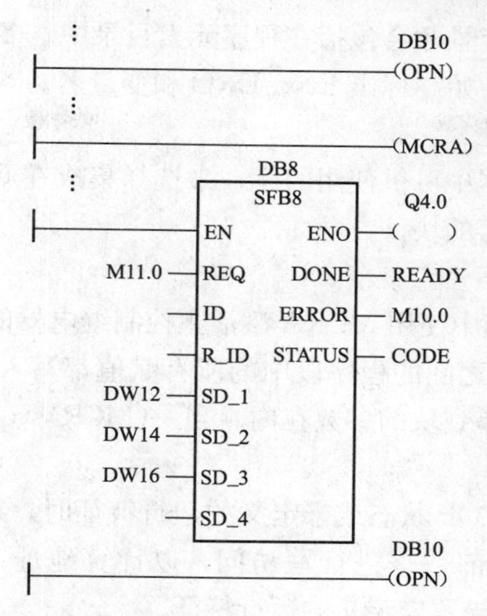

5. CALL _ SFC　调用来自框的系统 FC

指令符号为：

SFC no.

EN　ENO

SFC 编号的数据类型为 BLOCK _ SFC，SFC 编号，范围取决于 CPU。

CALL _ SFC（调用来自框的系统功能）用于调用一个 SFC。当 EN 为“1”时，执行调用。当执行 CALL _ SFC 时，存储调用块的返回地址，由当前的本地数据区代替以前的本地数据区，将 MA 位（有效 MCR 位）移位到 B 堆栈中，为被调用的系统功能创建一个新的本地数据区。之后，在被调用的 SFC 中继续进行程序处理。当调用 SFC（EN=“1”）且没有发生错误时，ENO 为“1”。

【例 9-225】

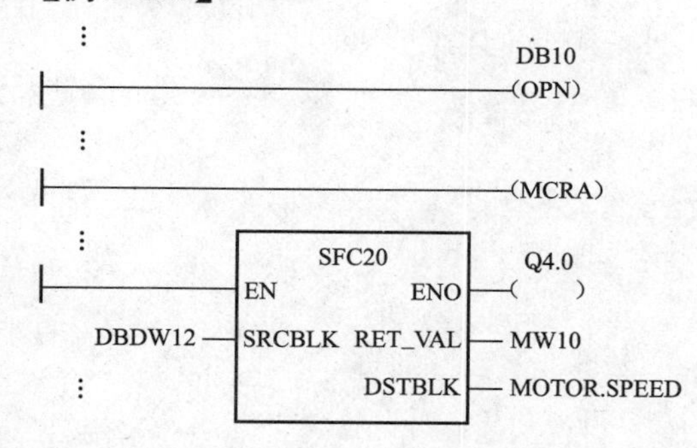

在该 FB 中，打开 DB10，并激活 MCR 功能。当执行无条件调用 SFC20 时，发生下面情况：

保存调用 FB 的返回地址，并保存 DB10 和调用 FB 的背景数据块的选择数据。在 MCRA 指令中设置成“1”的 MA 位被推入到 B 堆栈中，然后为被调用块（SFC20）将 MA 位设置成“0”，继续在 SFC20 中进行程序处理。当完成 SFC20 时，程序处理返回调用 FB。恢复 MA 位。处理 SFC20 后，根据 ENO，在调用 FB 中继续进行程序处理：当 ENO=“1 时”，Q4. 0=“1”；当 ENO=“0”时，Q4. 0=“0”。

注意：返回调用块后，不是总会再次打开以前打开的 DB。

6. 调用多重背景

指令符号为：

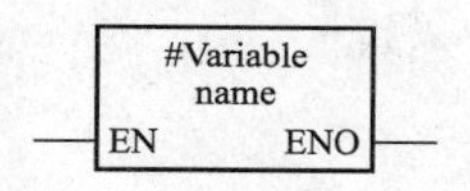

#变量名（多重背景的名称）的数据类型为 FB、SFB。

通过声明一个数据类型为功能块的静态变量，创建一个多重背景。只有已经声明的多重背景才会包括在程序元素目录中。多重背景的符号改变取决于是否带参数以及带多少个参数，始终标出 EN、ENO 和变量名。

7. 调用来自库的块

可使用西门子公司管理器中可供使用的库，来选择集成在 CPU 操作系统中的块和由于要多次使用而自行在库中保存的块。

8. 使用 MCR 功能的重要注意事项

(1) 注意。在 MCR 功能中使用 MCRA 激活主控制继电器的块：取消激活 MCR 时，在—(MCR＜) 和—(MCR＞) 之间的程序段中的所有赋值都写入数值 0。这对于包含一个赋值的所有框都有效，包括传递到块的参数在内。当—(MCR)＜ 指令之前的 RLO＝0 时，取消激活 MCR。

(2) 危险。PLC 处于 STOP 状态或未定义的运行特征时，编译器还对在 VAR _ TEMP 中定义的临时变量之后的局部数据进行写访问，以计算地址。这表示下列命令序列将把 PLC 设置成 STOP 状态，或导致未定义的运行特征。

9. —(MCR＜)　主控制继电器打开和-(MCR＞)　主控制继电器关闭

主控制继电器打开的指令符号为：—(MCR＜)

主控制继电器关闭的指令符号为：—(MCR＞)

—(MCR＜)(打开主控制继电器区域) 在 MCR 堆栈中保存 RLO。—(MCR＞)(关闭最后打开的 MCR 区域) 从 MCR 堆栈中删除一个 RLO 条目。MCR 嵌套堆栈为 LIFO (后入先出) 堆栈，且只能有 8 个堆栈条目 (嵌套级别)。当堆栈已满时，—(MCR＜) 功能产生一个 MCR 堆栈故障 (MCRF)。下列元素与 MCR 有关，并在打开 MCR 区域时，受保存在 MCR 堆栈中的 RLO 状态的影响：

(1) —(#)　中线输出

(2) —( )　输出

(3) —(S)　置位输出

(4) —(R)　复位输出

(5) RS　复位触发器

(6) SR　置位触发器

(7) MOVE　赋值

【例 9-226】

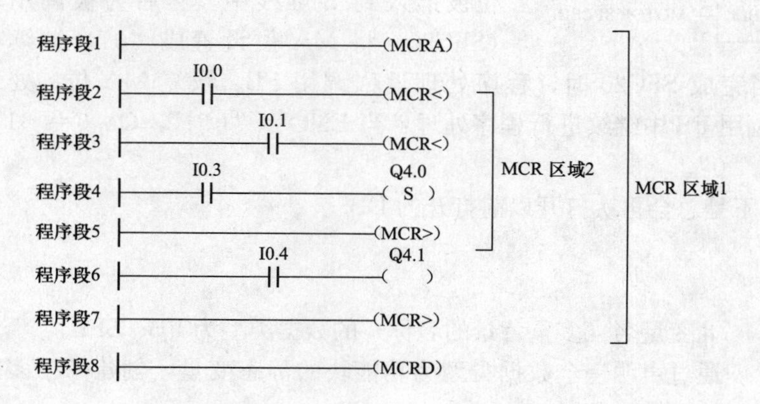

—(MCRA）梯级激活 MCR 功能，然后可以创建至多 8 个嵌套 MCR 区域。在例【9-210】中，有两个 MCR 区域。第一个—(MCR＞）（MCR 关闭）梯级属于第二个—(MCR＜）（MCR 打开）梯级。两者之间的所有梯级都属于 MCR 区域 2。按如下执行这些功能：

I0.0＝“1”：将 I0.4 的逻辑状态分配给 Q4.1；

I0.0＝“0”：无论输入 I0.4 的逻辑状态如何，Q4.1 都为 0；

I0.1＝“1”：当 I0.3 为“1”时，将 Q4.0 设置成“1”；

I0.1＝“0”：无论 I0.3 的逻辑状态如何，Q4.0 都保持不变。

10. —(MCRA)　主控制继电器激活和—(MCRD)　主控制继电器取消激活

主控制继电器激活的指令符号为：—(MCRA)

主控制继电器取消激活的指令符号为：—(MCRD)

—(MCRA）（激活主控制继电器）激活主控制继电器功能。在该命令后，可以使用—(MCR＜）和—(MCR＞）编程 MCR 区域。

—(MCRD）（取消激活主控制继电器）取消激活 MCR 功能。在该命令后，不能编程 MCR 区域。

【例 9-227】

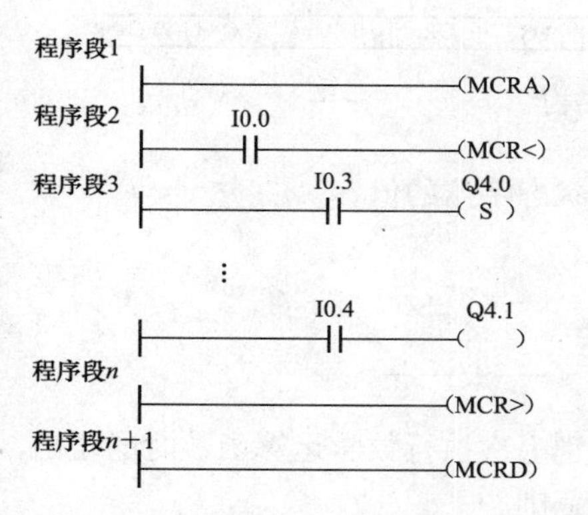

MCRA 梯级激活 MCR 功能。MCR〈 和 MCR〉（输出 Q4.0、Q4.1）之间的梯级按如下执行：

I0.0＝“1”（MCR 打开）：当 I0.3 为逻辑“1”时，将 Q4.0 设置成“1”，并将 I0.4 的逻辑状态分配给 Q4.1。

I0.0＝“0”（MCR 关闭）：无论 I0.3 的逻辑状态如何，Q4.0 保持不变，无论 I0.4 的逻辑状态如何，Q4.1 为“0”。

在下一个梯级中，指令—(MCRD）取消激活 MCR。这表示不能再使用指令对—(MCR＜）和—(MCR＞）编程更多的 MCR 区域。

11. —(RET)　返回

指令符号为：—(RET)

RET（返回）用于有条件地退出块。对于该输出，要求在前面使用一个逻辑运算。

【例 9-228】

四、状态位（LAD）指令

状态位指令属于位逻辑指令，用于对状态字的位进行处理。各状态位指令分别对下列条件之一做出反应，其中每个条件以状态字的一个或多个位来表示。

（1）二进制结果位被置位（即信号状态为 1）。

（2）数学运算函数发生溢出或存储溢出。

（3）数学运算函数的结果是无序的。

（4）数学运算函数的结果与 0 的关系有：==0、<>0、>0、<0、>=0、<=0 启动和停止。

当状态位指令以串联方式连接时，该指令将根据“与”真值表将其信号状态校验的结果与前一逻辑运算结果合并。当状态位指令以并联方式连接时，该指令将根据“或”真值表将其结果与前一 RLO 合并。即状态位指令串联使用时，扫描的结果将通过 AND 与 RLO 连接，并联使用时，扫描结果通过 OR 与 RLO 连接。

状态字是 CPU 存储器中的一个寄存器，它包含可以在位逻辑指令和字逻辑指令的地址中引用的位。状态字的结构如图 9-28 所示。

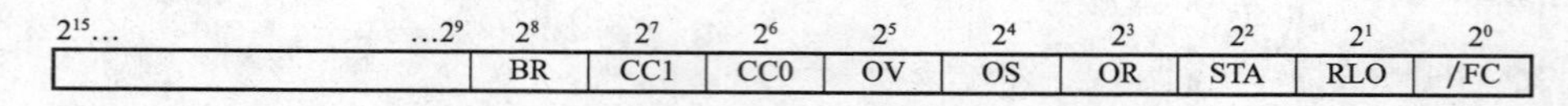

图 9-28　状态字的结构

可以通过整数数学运算函数、浮点数运算函数求状态字位的值。

1. OV—|　|—　异常位溢出

指令符号为：

OV ─┤ ├─　　　　OV ─┤/├─

异常位溢出或异常位溢出取反的触点符号用于识别上次执行数学运算函数时的溢出，也就是说，函数执行后指令的结果超出了允许的正、负范围。

【例 9-229】

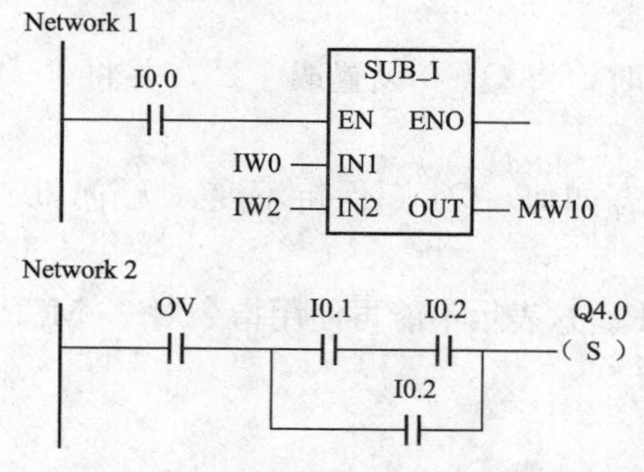

I0.0 的信号状态为“1”时将激活该框。如果数学运算函数“IW0-IW2”的结果超出了允许的整数范围，则置位 OV 位。

OV 的信号状态扫描为“1”。如果 OV 扫描的信号状态为“1”且程序段 2 的 RLO 为“1”，则置位 Q4.0。

注意只有在有两个独立的程序段时，才需要 OV 扫描。否则，如果结果超出了允许的范围，则可以提取为“0”的数学运算函数的 ENO 输出。

2. OS—|　|—　存储的异常位溢出

指令符号为：

OV ─┤ ├─　　　　OV ─┤/├─

存储的异常位溢出或存储的异常位溢出取反的触点符号用于识别和存储数学运算函数中的锁存溢出。如果指令的结果超出了允许的负或正范围，则置位状态字中的 OS 位。与需要在执行后续数学运算函数前重写的 OV 位不同，OS 位在溢出发生时存储。OS 位将保持置位状态，直至离开该块。

【例 9-230】

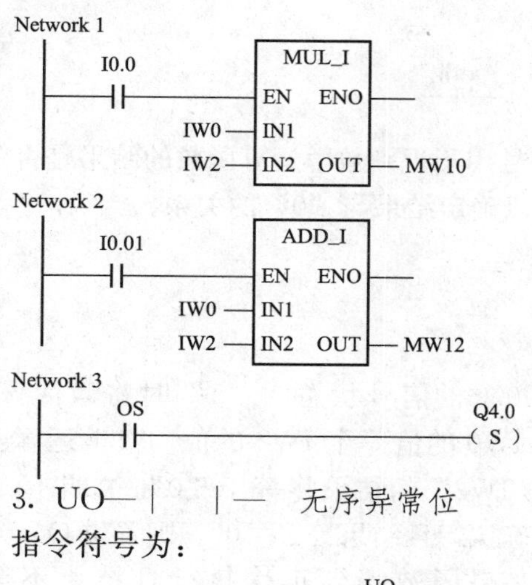

I0.0 的信号状态为“1”时将激活 MUL _ I 框。I0.1 的逻辑为“1”时将激活 ADD _ I 框。如果其中一个数学运算函数的结果超出了允许的整数范围，将把状态字中的 OS 位置位为“1”。如果 OS 扫描为逻辑“1”，则置位 Q4.0。

注意只有在有两个独立的程序段时，才需要 OS 扫描。否则，将可以提取第一个数学运算函数的 ENO 输出，并将其与第二个（层叠排列）数学运算函数的 EN 输入连接。

3. UO—|　|—　无序异常位

指令符号为：

UO —| |—　　　　UO —|/|—

无序异常位或无序异常位取反的触点符号用于识别含浮点数的数学运算函数是否无序，也就是说，数学运算函数中的值是否有无效浮点数。

如果含浮点数（UO）的数学运算函数的结果无效，则信号状态扫描为“1”。如果 CC1 和 CC0 中的逻辑运算显示“无效”，信号状态扫描的结果将是“0”。

【例 9-231】

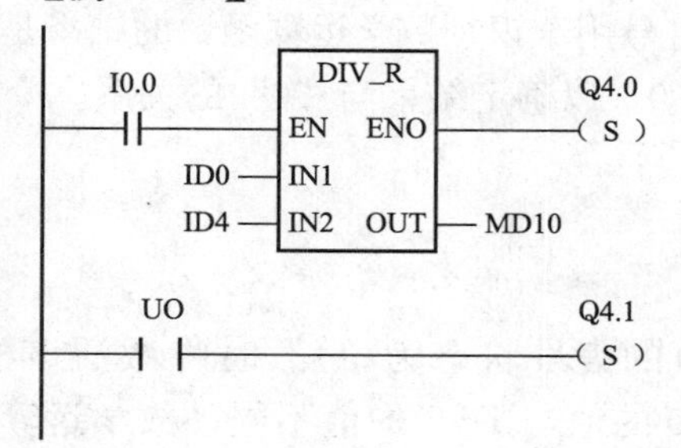

I0.0 的信号状态为“1”时将激活该框。如果 ID0 或 ID4 的值为无效浮点数，则数学运算函数无效。如果 EN 的信号状态=1（激活）且在处理函数 DIV _ R 时出错，则 ENO 的信号状态=0。执行函数 DIV _ R 时如果其中一个值不是有效的浮点数，将置位输出 Q4.1。

4. BR—|　|—　异常位二进制结果

指令符号为：

BR —| |—　　　　BR —|/|—

异常位 BR 存储器或异常位 BR 存储器取反的触点符号用于测试状态字中 BR 位的逻辑状态。BR 位用于字处理向位处理的转变。

【例 9-232】

如果 I0.0 为“1”或 I0.2 为“0”，且除此 RLO 外 BR 位的逻辑状态为“1”，则置位 Q4.0。

I0.0　BR　Q4.0 (S)

I0.2

5. ＝＝0—|　|—　结果位等于0

指令符号为：

==0　　==0

结果位等于 0 或结果位取反后等于 0 的触点符号用于识别数学运算函数的结果是否等于“0”。指令扫描状态字的条件代码位 CC1 和 CC0，以确定结果与“0”的关系。

【例 9-233】

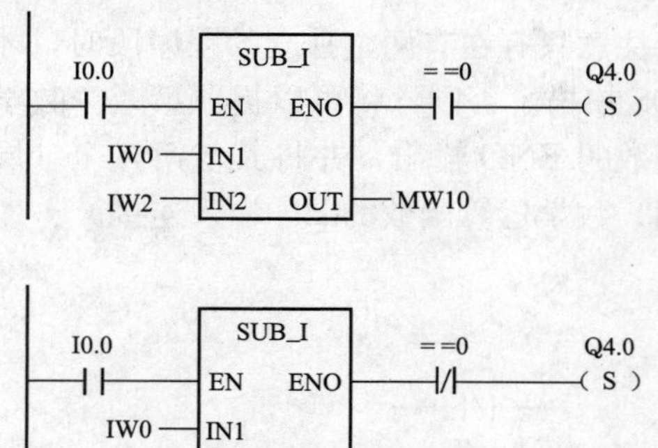

I0.0 的信号状态为“1”时将激活该框。如果 IW0 的值等于 IW2 的值，数学运算函数“IW0-IW2”的结果将等于“0”。如果函数得到正确执行且结果等于“0”，则置位 Q4.0。

如果函数得到正确执行且结果不等于“0”，则置位 Q4.0。

6. <>0—|　|—　结果位不等于0

指令符号为：

<>0　　<>0

结果位不等于 0 或结果位取反后不等于 0 的触点符号用于识别数学运算函数的结果是否不等于“0”。指令扫描状态字的条件代码位 CC1 和 CC0，以确定结果与“0”的关系。

【例 9-234】

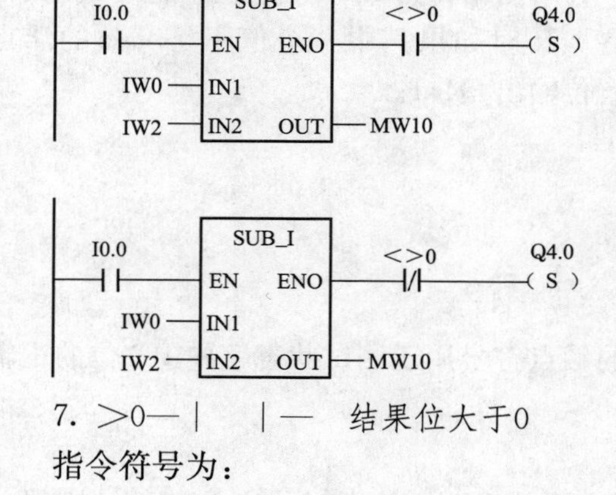

I0.0 的信号状态为“1”时将激活该框。如果 IW0 的值与 IW2 的值不同，数学运算函数“IW0-IW2”的结果将不等于“0”。如果函数得到正确执行且结果不等于“0”，则置位 Q4.0。

如果函数得到正确执行且结果等于“0”，则置位 Q4.0。

7. >0—|　|—　结果位大于0

指令符号为：

>0　　>0

结果位大于0或结果位取反后大于0的触点符号用于识别数学运算函数的结果是否大于“0”。指令扫描状态字的条件代码位CC1和CC0，以确定结果与“0”的关系。

【例9-235】

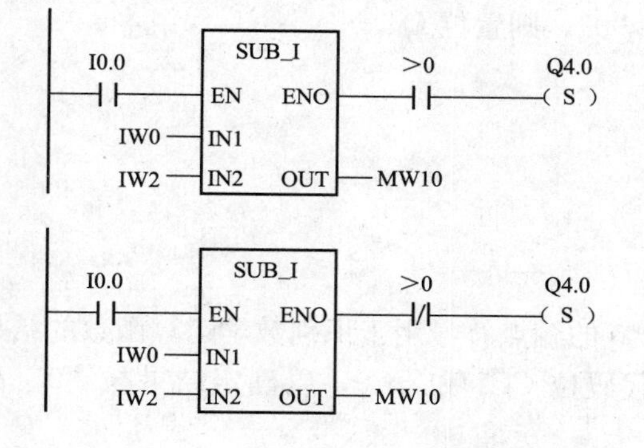

I0.0的信号状态为“1”时将激活该框。如果IW0的值大于IW2的值，数学运算函数“IW0-IW2”的结果将大于“0”。如果函数得到正确执行且结果大于“0”，则置位Q4.0。

如果函数得到正确执行且结果不大于“0”，则置位Q4.0。

8. <0—|　|—　结果位小于0

指令符号为：

—| |—（<0）　　—|/|—（<0）

结果位小于0或结果位取反后小于0的触点符号用于识别数学运算函数的结果是否小于“0”。指令扫描状态字的条件代码位CC1和CC0，以确定结果与“0”的关系。

【例9-236】

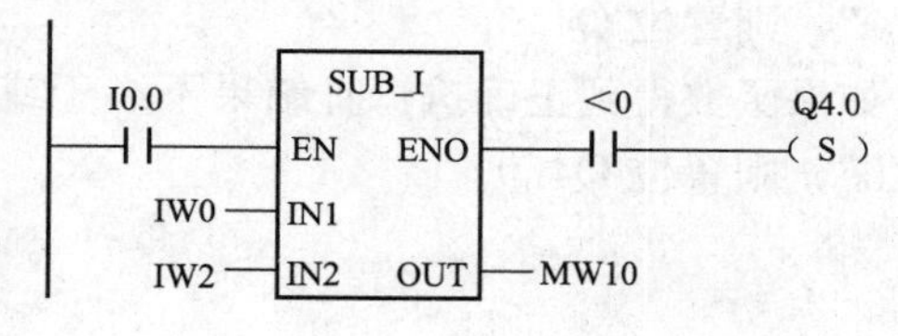

I0.0的信号状态为“1”时将激活该框。如果IW0的值小于IW2的值，数学运算函数“IW0-IW2”的结果将小于“0”。如果函数得到正确执行且结果小于“0”，则置位Q4.0。

如果函数得到正确执行且结果不小于“0”，则置位Q4.0。

9. >=0 —|　|—　结果位大于等于0

指令符号为：

—| |—（>=0）　　—|/|—（>=0）

结果位大于等于0或结果位取反后大于等于0的触点符号用于识别数学运算函数的结果是否大于或等于“0”。指令扫描状态字的条件代码位CC1和CC0，以确定结果与“0”的关系。

【例9-237】

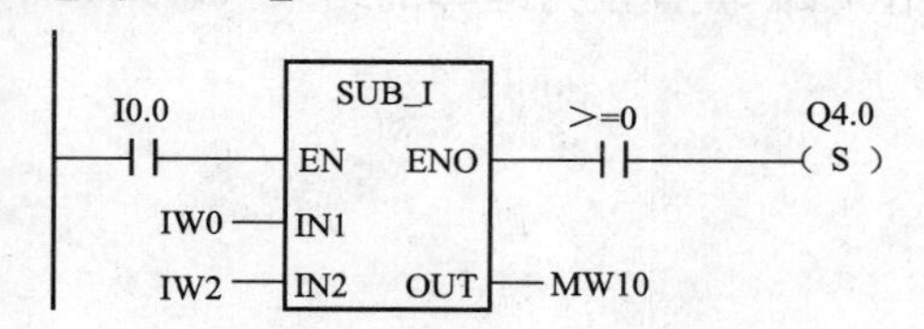

I0.0的信号状态为“1”时将激活该框。

如果IW0的值大于或等于IW2的值，数学运算函数“IW0-IW2”的结果将大于或等于“0”。如果函数得到正确执行且结果大于或等于“0”，则置位 Q4. 0。

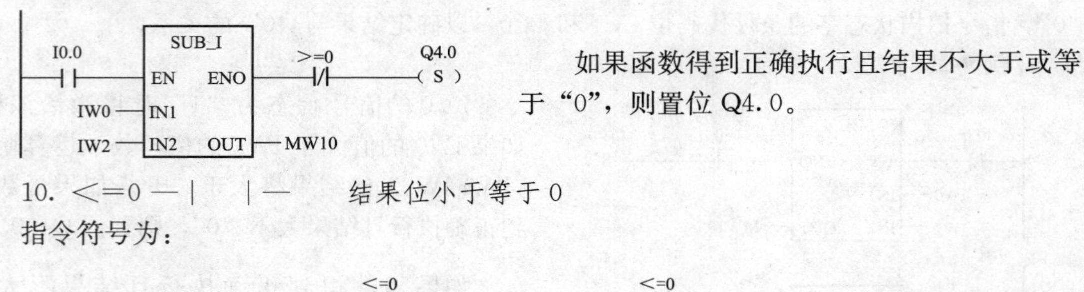

如果函数得到正确执行且结果不大于或等于“0”，则置位 Q4. 0。

10. ＜＝0 —|　|—　　结果位小于等于 0

指令符号为：

<=0 —| |—　　　<=0 —|/|—

结果位小于等于 0 或结果位取反后小于等于 0 的触点符号用于识别数学运算函数的结果是否小于或等于“0”。指令扫描状态字的条件代码位 CC1 和 CC0，以确定结果与“0”的关系。

【例 9-238】

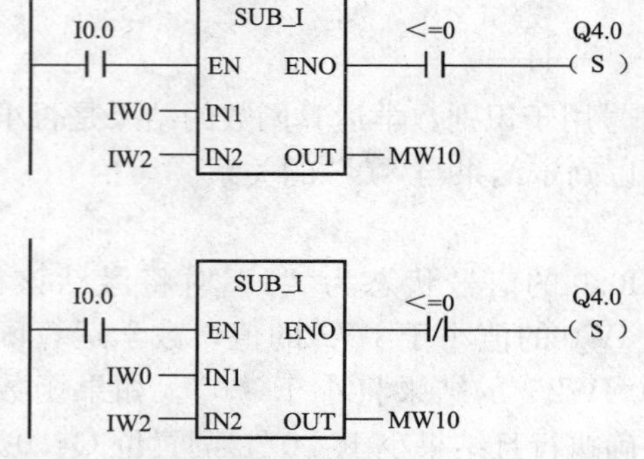

I0. 0 的信号状态为“1”时将激活该框。如果 IW0 的值小于或等于 IW2 的值，数学运算函数“IW0-IW2”的结果将小于或等于“0”。如果函数得到正确执行且结果小于或等于“0”，则置位 Q4. 0。

如果函数得到正确执行且结果不小于或等于“0”，则置位 Q4. 0。

五、字逻辑指令

字逻辑指令按照布尔逻辑逐位比较字（16 位）和双字（32 位）对。每个字或双字必须位于两个累加器其中一个之内。

对于字而言，累加器 2 的低字中的内容会与累加器 1 的低字中的内容组合，组合结果存储在累加器 1 的低字中，同时覆盖累加器 1 原有的内容，累加器 2 的低字仍保留在累加器 2 中。对于双字而言，累加器 2 的内容与累加器 1 的内容相组合，组合结果存储在累加器 1 中，同时覆盖累加器 1 的原有的内容。累加器 2 的原有内容仍保留在累加器 2 中。如结果不等于 0，则将状态字的位 CC1 置为“1”。如结果等于 0，则将状态字的位 CC1 置为“0”。

（一）语句表（STL）的字逻辑指令

单字或双字字逻辑指令根据布尔逻辑运算，将 ACCU 1 的内容与 ACCU 2 的内容与 16 位常数及 32 位常数逐位组合。结果存储在 ACCU 1 中。ACCU 2（以及 ACCU 3 和 ACCU 4 对于具有四个 ACCU 的 CPU）保持不变。状态位 CC1 被置位为运算的结果（若结果不等于零，则 CC1＝1），复位状态字 CC0 和 OU 为 0。

1. AW　　单字与运算（16 位）

指令格式为：AW

　　　　　　AW〈常数〉

〈常数〉的数据类型为WORD，16位常数，使用与运算（AND）同ACCU 1-L组合的位模式。

AW（单字与运算）根据布尔逻辑与运算，将ACCU 1-L的内容与ACCU 2-L的内容或与16位常数逐位进行组合。只有当两个在逻辑运算中组合的两个字的相应位都为“1”时，结果字中的位才为“1”。

【例9-239】

```
L  IW20            //将IW20的内容装入ACCU 1-L
L  IW22            //将ACCU 1的内容装入ACCU 2中，将IW22的内容装入ACCU 1-L
AW                 //使用与运算将ACCU 1-L中的位与ACCU 2-L的位相组合，
                   //将结果存储在ACCU 1-L中
T  MW 8            //将结果传送到MW8
```

【例9-240】

```
L  IW20            //将IW20的内容装入ACCU 1-L
AW  W#16#0FFF      //使用与运算，将ACCU 1-L的位与16位常数（0000_1111_1111_1111）
                   //的位模式组合，将结果存储在ACCU 1-L中
JP  NEXT           //如结果不等于零，则跳转到下一个跳转标签（CC1=1）
```

2. OW　单字或运算（16位）

指令格式为：OW

　　　　　　OW〈常数〉

〈常数〉的数据类型为WORD，16位常数，使用或运算（OR）与ACCU 1-L组合的位模式。

OW（单字或运算）根据布尔逻辑或运算，将ACCU 1-L的内容与ACCU 2-L的内容或与16位常数逐位组合。

【例9-241】

```
L  IW20            //将IW20的内容装入ACCU 1-L
L  IW22            //将ACCU 1的内容装入ACCU 2，将IW22的内容装入ACCU 1-L
OW                 //使用或运算，将ACCU 1-L中的位与ACCU 2-L的位组合，将结果存储在
                     ACCU 1-L中
T  MW8             //将结果传送到MW8
```

【例9-242】

```
L  IW20            //将IW 20的内容装入ACCU 1-L
OW  W#16#0FFF      //使用或运算，将ACCU 1-L的位与16位常数（0000_1111_1111_1111）的
                     位模式相组合，将结果存储在ACCU 1-L中
JP  NEXT           //如结果不等于零，则跳转到下一个跳转标签（CC1=1）
```

3. XOW　单字异或运算（16位）

指令格式为：XOW

　　　　　　XOW〈常数〉

〈常数〉的数据类型为WORD，16位常数，使用异或（XOR）运算与ACCU 1-L组合的位模式。

XOW（单字异或运算）根据布尔逻辑异或运算，将ACCU 1-L的内容与ACCU 2-L的内容或与16位的常数逐位组合。可多次使用异或运算函数。如果所选中地址有奇数个“1”，

则逻辑运算结果为“1”。

【例 9-243】

```
L   IW20                  //将 IW20 的内容装入 ACCU 1-L
L   IW22                  //将 ACCU 1 的内容装入 ACCU 2，将 ID24 的内容装入 ACCU 1-L
XOW                       //使用异或运算，将 ACCU 1-L 的位与 ACCU 2-L 的位组合，将结果
                            存储在 ACCU 1-L 中
T   MW8                   //将结果传送到 MW8
```

【例 9-244】

```
L   IW20                  //将 IW20 的内容装载到 ACCU 1-L 中
XOW   16#0FFF             //使用异或运算，将 ACCU 1-L 的位与 16 位常数（0000 _ 1111 _ 1111
                            _ 1111）的位模式相组合，将结果存储在 ACCU 1-L 中
JP   NEXT                 //如结果不等于零，则跳转到下一个跳转标签（CC1=1）
```

4. AD　双字与运算（32 位）

指令格式为：AD

AD〈常数〉

〈常数〉的数据类型为 DWORD，32 位常数，使用与运算（AND）与 ACCU 1 组合的位模式。

AD（双字与运算）根据布尔逻辑与运算，将 ACCU 1 的内容与 ACCU 2 的内容或与 32 位的常数逐位进行组合。

【例 9-245】

```
L   ID20                  //将 ID20 的内容装入 ACCU 1
L   ID24                  //将 ACCU 1 的内容装入 ACCU 2，将 ID24 的内容装入 ACCU 1
AD                        //使用与运算将 ACCU 1 中的位与 ACCU 2 中的位组合，将结果存
                            ACCU 1 中
T   MD8                   //将结果传送到 MD8
```

【例 9-246】

```
L   ID 20                 //将 ID20 的内容装入 ACCU 1
AD   DW#16#0FFF _ EF21    //使用与将（0000 _ 1111 _ 1111 _ 1111 _ 1110 _ 1111 _ 0010 _ 0001）
                            与 ACCU1 的位模式组合，结果存 ACCU 1 中
JP   NEXT                 //如结果不等于零，则跳转到下一个跳转标签（CC1=1）
```

5. OD　双字或运算（32 位）

指令格式为：OD

OD〈常数〉

〈常数〉的数据类型为 DWORD，32 位常数，使用或运算（OR）与 ACCU 1 组合的位模式。

OD（双字或运算）根据布尔逻辑或运算，将 ACCU 1 的内容与 ACCU 2 的内容或与 32 位常数逐位组合。

【例 9-247】

```
L   ID20                  //将 ID20 的内容装入 ACCU 1
L   ID24                  //将 ACCU 1 的内容装入 ACCU 2，将 ID24 的内容装入 ACCU 1
```

```
OD                        //使用或运算，将 ACCU 1 中的位与 ACCU 2 中的位组合，将结果存
                            ACCU 1
T  MD8                    //将结果传送到 MD8
```

【例 9-248】

```
L   ID20                  //将 ID20 的内容装入 ACCU 1
OD  DW#16#0FFF_EF21       //使用或运算，将 ACCU 1 中的位与 32 位常数的位模式组合，结果存
                            ACCU 1
JP  NEXT                  //如结果不等于零，则跳转到下一个跳转标签（CC1=1）
```

6. XOD　　双字异或运算（32 位）

指令格式为：XOD

XOD〈常数〉

〈常数〉的数据类型为DWORD，32 位常数，使用异或（XOR）运算与 ACCU 1 组合的位模式。

XOD（双字异或运算）根据布尔逻辑 XOR（异或）运算，将 ACCU 1 的内容与 ACCU 2 的内容或与 32 位常数逐位组合。可多次使用异或运算函数。如果选中地址有奇数个“1”，则逻辑运算结果为“1”。

【例 9-249】

```
L  ID20                   //将 ID20 的内容装入 ACCU 1
L  ID24                   //将 ACCU 1 的内容装入 ACCU 2，将 ID24 的内容装入 ACCU 1
XOD                       //使用异或运算，将 ACCU 1 中的位与 ACCU 2 的位组合，将结果存
                            ACCU 1
T  MD8                    //将结果传送到 MD8
```

【例 9-250】

```
L  ID20                   //将 ID20 的内容装入 ACCU 1
XOD  DW#16#0FFF_EF21      //使用异或运算，将 ACCU 1 中的位与 32 位常数的位模式组合，结果
                            存 ACCU 1
JP  NEXT                  //如结果不等于零，则跳转到下一个跳转标签（CC1=1）
```

（二）梯形图（LAD）的字逻辑指令

梯形图（LAD）的字逻辑指令符号中，EN（使能输入）和 ENO（使能输出）的数据类型为 BOOL，存储器区为 I、Q、M、L、D；IN1（逻辑运算的第一个值）、IN2（逻辑运算的第二个值）和 OUT（逻辑运算的结果字）的数据类型为 WORD 或 DWORD，存储器区为 I、Q、M、L、D。

使能（EN）输入的信号状态为“1”时将激活 WAND_W（字与运算），并逐位对 IN1 和 IN2 处的两个字值进行与运算。按纯位模式来解释这些值。可以在输出 OUT 处扫描结果。ENO 与 EN 的逻辑状态相同。

1. WAND_W　　（字）单字与运算

指令符号为：

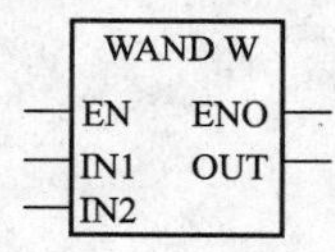

【例 9-251】

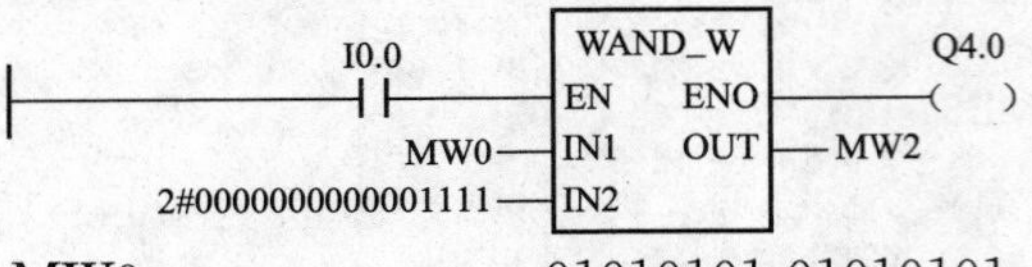

如果 I0.0 为“1”，则执行指令。在 MW0 的位中，只有第 0～3 位是相关的，其余位被 IN2 字位模式屏蔽。

MW0 ＝ 01010101 01010101

IN2 ＝ 00000000 00001111

MW0 AND IN2＝MW2＝ 00000000 00000101

如果执行了指令，则 Q4.0 为“1”。

2. WOR_W （字）单字或运算

指令符号为：

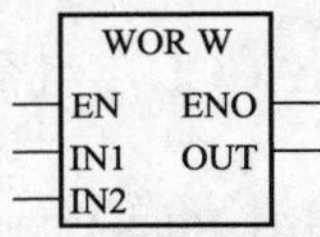

IN1（逻辑运算的第一个值）、IN2（逻辑运算的第二个值）和 OUT（逻辑运算的结果字）的数据类型为 WORD。

【例 9-252】

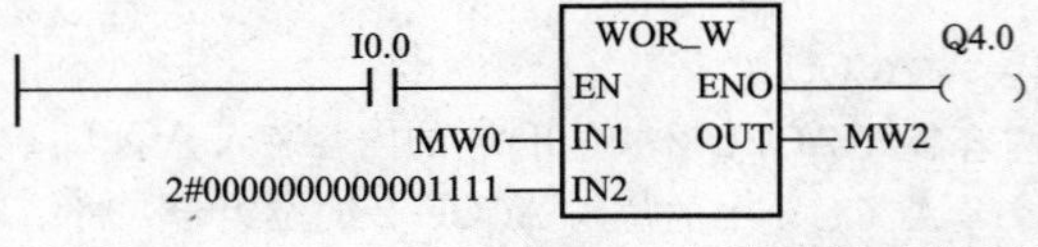

如果 I0.0 为“1”，则执行指令。将第 0～3 位设置为“1”，不改变 MW0 的所有其他位。

MW0 ＝ 01010101 01010101

IN2 ＝ 00000000 00001111

MW0 OR IN2＝MW2＝ 01010101 01011111

如果执行了指令，则 Q4.0 为“1”。

3. WAND_DW （字）双字与运算

指令符号为：

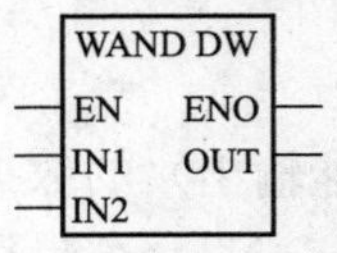

IN1（逻辑运算的第一个值）、IN2（逻辑运算的第二个值）和 OUT（逻辑运算的结果双字）的数据类型为 DWORD。

【例 9-253】

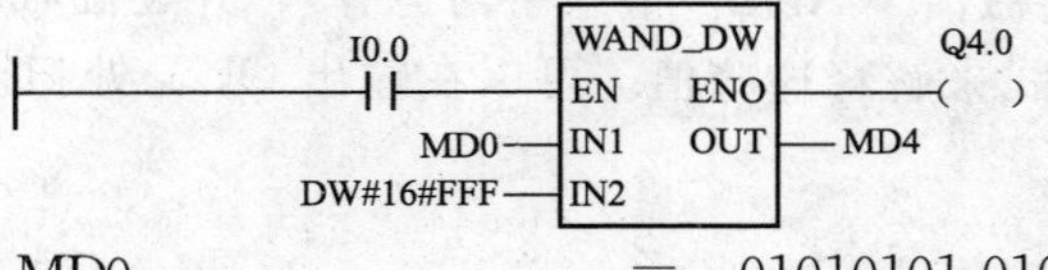

如果 I0.0 为“1”，则执行指令。在 MD0 的位中，只有第 0～11 位是相关的，其余位被 IN2 位模式屏蔽。

MD0 ＝ 01010101 01010101 01010101 01010101

IN2 ＝ 00000000 00000000 00001111 11111111

MD0 AND IN2＝MD4 ＝ 00000000 00000000 00000101 01010101

如果执行了指令，则 Q4.0 为“1”。

4. WOR_DW　　(字) 双字或运算

指令符号为:

WOR DW
EN　ENO
IN1　OUT
IN2

IN1 (逻辑运算的第一个值)、IN2 (逻辑运算的第二个值) 和 OUT (逻辑运算的结果双字) 的数据类型为 DWORD。

【例 9-254】

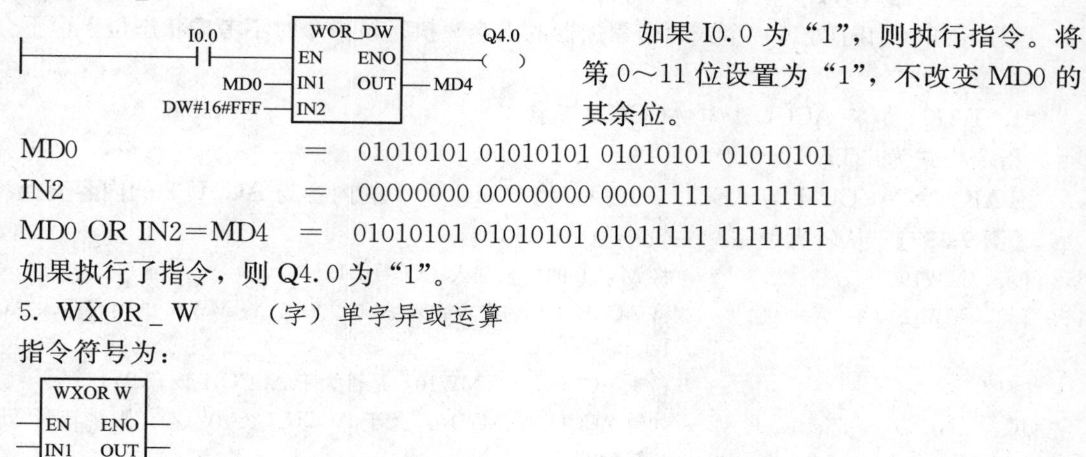

如果 I0.0 为"1", 则执行指令。将第 0~11 位设置为"1", 不改变 MD0 的其余位。

MD0　　　　　　　=　01010101 01010101 01010101 01010101

IN2　　　　　　　=　00000000 00000000 00001111 11111111

MD0 OR IN2=MD4　=　01010101 01010101 01011111 11111111

如果执行了指令, 则 Q4.0 为"1"。

5. WXOR_W　　(字) 单字异或运算

指令符号为:

WXOR W
EN　ENO
IN1　OUT
IN2

IN1 (逻辑运算的第一个值)、IN2 (逻辑运算的第二个值) 和 OUT (逻辑运算的结果字) 的数据类型为 WORD。

【例 9-255】

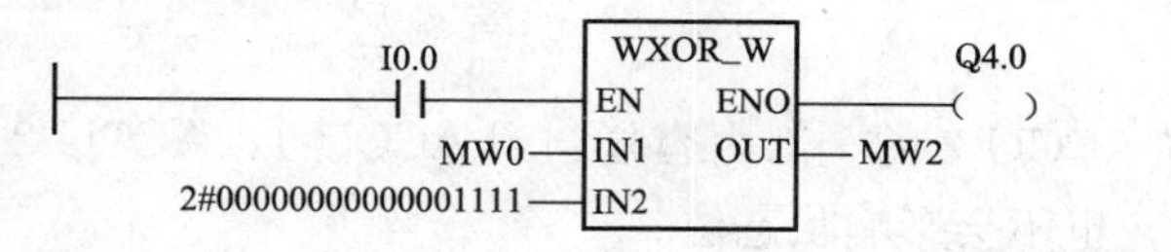

如果 I0.0 为"1", 则执行指令:

MW0=　01010101 01010101

IN2=　00000000 00001111

MW0 XOR IN2=MW2　=　01010101 01011010

如果执行了指令, 则 Q4.0 为"1"。

6. WXOR_DW　　(字) 双字异或运算

指令符号为:

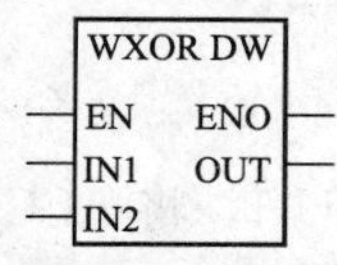

IN1 (逻辑运算的第一个值)、IN2 (逻辑运算的第二个值) 和 OUT (逻辑运算的结果双字) 的数据类型为 DWORD。

【例 9-256】

如果 I0.0 为"1", 则执行指令:

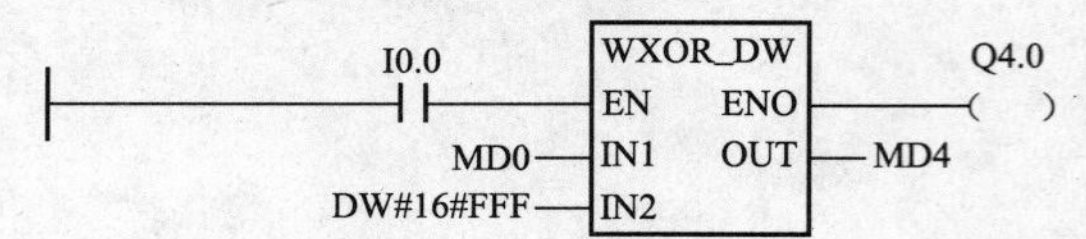

MD0　=　01010101 01010101 01010101 01010101

IN2　=　00000000 00000000 00001111 11111111

MW2＝MD0 XOR IN2＝01010101010101010101011010 10101010

如果执行了指令，则 Q4.0 为“1”。

六、累加器（STL）指令

累加器指令用于处理一个或两个累加器的内容。执行该指令时不考虑状态位，也不会影响状态位。

1. TAK　将 ACCU 1 与 ACCU 2 互换

指令格式为：TAK

TAK（将 ACCU 1 与 ACCU 2 互换）将把 ACCU 1 的内容与 ACCU 2 的内容交换。

【例 9-257】 从较大值中减去较小值

```
L     MW10          //将 MW10 的内容载入 ACCU 1-L
L     MW12          //将 ACCU 1-L 的内容载入 ACCU 2-L，将 MW12 的内容载入 ACCU 1-L
>I                  //检查 ACCU 2-L（MW10）是否大于 ACCU 1-L（MW12）
JC    NEXT          //如果 ACCU 2（MW10）大于 ACCU 1（MW12），则跳转到 NEXT 跳转标签
TAK                 //将 ACCU 1 的内容与 ACCU 2 的内容交换
NEXT：-I            //从 ACCU 1-L 的内容中减去 ACCU 2-L 的内容
T     MW14          //将结果（＝较大值减较小值）传送到 MW14
```

2. POP　具有两个 ACCU 的 CPU

指令格式为：POP

POP（具有两个 ACCU 的 CPU）将 ACCU 2 的全部内容复制到 ACCU 1，ACCU 2 保持不变。执行 POP 指令时不考虑状态位，也不会影响状态位。

【例 9-258】

```
T     MD10          //将 ACCU 1 的内容（＝值 A）传送到 MD10
POP                 //将 ACCU 2 的整个内容复制到 ACCU 1
T     MD14          //将 ACCU 1 的内容（＝值 B）传送到 MD14
```

3. POP　具有四个 ACCU 的 CPU

指令格式为：POP

POP（具有四个 ACCU 的 CPU）将 ACCU 2 的全部内容复制到 ACCU 1，将 ACCU 3 的内容复制到 ACCU 2，并将 ACCU 4 的内容复制到 ACCU 3。ACCU 4 保持不变。

目录	ACCU 1	ACCU 2	ACCU 3	ACCU 4
执行 POP 指令之前	值 A	值 B	值 C	值 D
执行 POP 指令之后	值 B	值 C	值 D	值 D

【例 9-259】

```
T  MD10             //将 ACCU 1 的内容（＝值 A）传送到 MD10
```

```
POP                       //将 ACCU 2 的整个内容复制到 ACCU 1
T  MD14                   //将 ACCU 1 的内容（=值 B）传送到 MD14
```

4. PUSH 具有两个 ACCU 的 CPU

指令格式为：PUSH

PUSH（ACCU 1 到 ACCU 2）将 ACCU 1 的整个内容复制到 ACCU 2，ACCU 1 保持不变。

【例 9-260】

```
L  MW10                   //将 MW10 的内容载入 ACCU 1
PUSH                      //将 ACCU 1 的整个内容复制到 ACCU 2
```

目录	ACCU 1	ACCU 2
执行 PUSH 指令之前	〈MW10〉	〈X〉
执行 PUSH 指令之后	〈MW10〉	〈MW10〉

5. PUSH 具有四个 ACCU 的 CPU

指令格式为：PUSH

PUSH（具有四个 ACCU 的 CPU）将 ACCU 3 的内容复制到 ACCU 4，将 ACCU 2 的内容复制到 ACCU 3，并将 ACCU 1 的内容复制到 ACCU 2，ACCU 1 保持不变。

【例 9-261】

```
L  MW10                   //将 MW10 的内容载入 ACCU 1
PUSH                      //将 ACCU 1 的整个内容复制到 ACCU 2，将 ACCU 2 的内容复制到
                            ACCU 3，并将 ACCU 3 的内容复制到 ACCU 4
```

目录	ACCU 1	ACCU 2	ACCU 3	ACCU 4
执行 PUSH 指令之前	值 A	值 B	值 C	值 D
执行 PUSH 指令之后	值 A	值 A	值 B	值 C

6. ENT 进入 ACCU 堆栈和 LEAVE 离开 ACCU 堆栈

指令格式为：ENT LEAVE

ENT（进入累加器堆栈）将把 ACCU 3 的内容复制到 ACCU 4，并将 ACCU 2 的内容复制到 ACCU 3。如果在装载指令前面直接编程 ENT 指令，则可将中间结果保存到 ACCU 3 中。

LEAVE（离开累加器堆栈）将 ACCU 3 的内容复制到 ACCU 2，并将 ACCU 4 的内容复制到 ACCU 3。如果在移位或循环指令前面直接编程 LEAVE 指令，并将各累加器组合，则 LEAVE 指令就可起到数学运算指令的作用。ACCU 1 的内容和 ACCU 4 的内容保持不变。

【例 9-262】

```
L  DBD0                   //从数据双字 DBD0 中将值载入 ACCU 1，DBD0 值必须以浮点格式表示
L  DBD4                   //将值从 ACCU 1 复制到 ACCU 2，从数据双字 DBD4 中将值载入
                            ACCU 1。DBD4 值必须以浮点格式表示
+R                        //将 ACCU 1 和 ACCU 2 的内容作为浮点数（32 位）相加，结果存到
                            ACCU 1
L    DBD8                 //将值从 ACCU 1 复制到 ACCU 2，并从数据双字 DBD8 中将值送
                            ACCU 1
ENT                       //将 ACCU 3 的内容复制到 ACCU 4，将 ACCU 2 的内容（中间结果）
                            复制到 ACCU 3
```

```
L      DBD12            //从数据双字 DBD12 中将值载入 ACCU 1
-R                      //从 ACCU 2 的内容中减去 ACCU 1 的内容，并将结果保存在 ACCU
                          1 中
LEAVE                   //将 ACCU 3 的内容复制到 ACCU 2，将 ACCU 4 的内容复制到 AC-
                          CU 3
/R                      //将 ACCU 2（DBD0+DBD4）的内容除以 ACCU 1（DBD8-DBD12）
                          的内容，结果存 ACCU 1 中
T      DBD16            //将结果（ACCU 1）传送到数据双字 DBD16
```

7. INC　增加 ACCU 1-L-L 和 DEC　减少 ACCU 1-L-L

指令格式为：INC〈8 位整数〉　　DEC〈8 位整数〉

ACCU 1-L-L 加常数（减常数），8 位整数常数的范围为 0～255。

INC〈8 位整数〉（增加 ACCU 1-L-L）将 ACCU 1-L-L 的内容加上 8 位整数，DEC〈8 位整数〉（减少 ACCU 1-L-L）从 ACCU 1-L-L 的内容中减去 8 位整数，并将结果均存储在 ACCU 1-L-L 中，ACCU 1-L-H、ACCU 1-H 和 ACCU 2 保持不变。

INC 和 DEC 指令不适合 16 位或 32 位数学运算，因为从累加器 1 的低字的低字节到累加器 1 的低字的高字节不会产生进位。对于 16 位或 32 位数学运算，要使用+I 或+D 指令。

【例 9-263】

```
L   MB22               //载入 MB22 的值
INC  1                 //指令"ACCU 1（MB22）加 1"，结果存储在 ACCU 1-L-L 中
T   MB22               //将 ACCU 1-L-L 的内容（结果）传送回 MB22
L   MB250              //载入 MB250 的值
DEC  1                 //指令"ACCU 1-L-L 减 1"，结果存储在 ACCU 1-L-L 中
T   MB250              //将 ACCU 1-L-L 的内容（结果）传送回 MB250
```

8. +AR1　将 ACCU 1 加到地址寄存器 1 和+AR2　将 ACCU 1 加到地址寄存器 2

指令格式为：+AR1　　　　　　　　　+AR2

　　　　　　+AR1　〈P＃Byte. Bit〉　+AR2　〈P＃Byte. Bit〉

参数<P＃Byte. Bit>（被加到 AR1 或 AR2 上的地址）的数据类型为指针常数。

+AR1 或+AR2（加到 AR1 或加到 AR2）将在语句或 ACCU 1-L 中指定的偏移量加到 AR1（AR2）的内容上。首先将整数（16 位）扩展为符号正确的 24 位，然后将其加到 AR1 的最低有效的 24 位（AR1 中的相对地址的一部分）。在 AR1（AR2）中，区域 ID 的部分（位 24、25 和 26）保持不变。

+AR1、+AR2：要加到 AR1、AR2 的内容中的整数（16 位）由 ACCU 1-L 中的值指定。允许的值范围为-32768～+32767。

+AR1<P＃Byte. Bit>、+AR2<P＃Byte. Bit>：要加的偏移量由<P＃Byte. Bit>地址指定。

【例 9-264】

```
L  +300                //将值载入 ACCU 1-L
+AR1                   //将 ACCU 1-L 加到 AR1
```

【例 9-265】

```
+AR1  P#300.0          //将偏移量 300.0 加到 AR1
```

【例 9-266】

```
L     +300                   //载入 ACCU 1-L 中的值
+AR2                         //将 ACCU 1-L 加到 AR2
```

【例 9-267】

```
+AR2    P#300.0              //将偏移量 30.0 加到 AR2
```

9. BLD　　程序显示指令（空）

指令格式为：BLD〈数字〉

〈数字〉数字指定 BLD 指令，范围从 0～255。

BLD〈数字〉（程序显示指令，空指令）不执行任何功能。BLD 指令用于编程设备（PG）的图形显示。在 STL 中显示梯形图或 FBD 程序时将自动创建它。地址〈数字〉指定 BLD 指令并由编程设备生成。

10. NOP 0　　空指令

NOP 1　　空指令

当显示某个程序时，指令仅对编程设备（PG）有影响。

指令格式为：NOP 0　　　　NOP 1

NOP 0（地址为“0”的指令 NOP）不执行任何功能。该指令代码包含具有 16 个“0”的位模式。

NOP 1（地址为“1”的指令 NOP）不执行任何功能。该指令代码包含具有 16 个“1”的位模式。

第十章　S7-300/400系列PLC的编程软件

第一节　STEP 7 编程软件的使用简介

S7-300/400 系统的组态与编程是在 STEP 7 软件上进行的，本节以 S7-300 为例简要介绍利用 STEP 7 进行编程的基本概念、方法和步骤。

一、STEP 7 概述

STEP 7 编程软件用于对西门子公司的 S7-300/400、M7-300/400、C7 等系统的编程和开发。STEP 7 中是通过项目的方式来管理自动化系统，其功能包括硬件组态（配置）、参数设置、网络组态、通讯连接、创建符号、编程、组态消息和操作员监控变量、启动和运行维护、监视、诊断、文档创建和归档等功能。

二、STEP 7 标准软件包

STEP 7 软件包符合面向图形和对象的 Windows 操作原则。STEP 7 标准软件包的组成如图 10-1 所示。

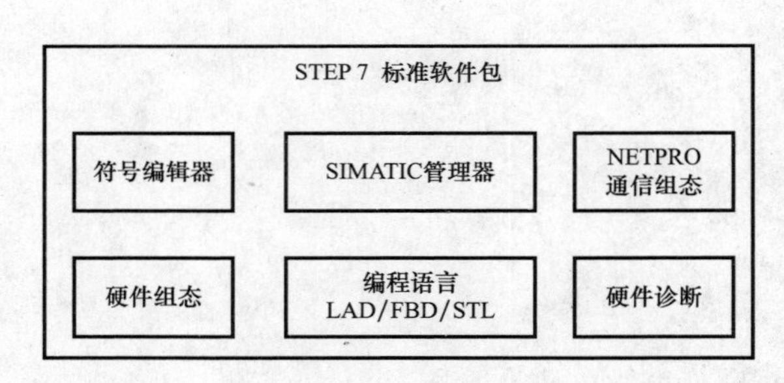

图 10-1　STEP 7 标准软件包的组成

（1）西门子公司的管理器可浏览西门子公司的 S7、M7、C7 的所有工具软件和数据。

（2）符号编辑器管理所有的全局变量，用于定义符号名称、数据类型和全局变量的注释。

（3）通信组态包括组态的连接和显示、定义 MPI 或 PROFIBUS DP 设备之间由时间或事件驱动的数据传输、定义事件驱动的数据、用编程语言对所选通信块进行参数设置。

（4）硬件组态用于对硬件设备进行配置和参数设置。包括系统组态（选择机架、给各个槽位分配模块、自动生成 I/O 地址）、CPU 参数设置（例如启动特性、扫描监视时间等）和模块参数设置（用于定义硬件模块的可调整参数）。

（5）编程语言工具中可以使用梯形图语言（LAD）、功能块图语言（FBD）和语句表语言（STL）。

(6) 硬件诊断工具为用户提供自动化系统的状态，可快速浏览 CPU 的数据以及用户程序运行中的故障原因，也可用图形方式显示硬件配置，例如模块的一般信息和状态、显示模块故障、显示诊断缓冲区信息等。

三、STEP 7 的授权

使用 STEP 7 编程软件，需要一个产品专用的许可证密钥（用户权限）。从 STEP 7 V5.3 版本起，该密钥（授权）通过自动化许可证管理器安装。自动化许可证管理器是 Siemens AG 的软件产品，它用于管理所有系统的许可证密钥（许可证模块）。自动化许可证管理器集成了自身的在线帮助。要在安装许可证管理器后获取帮助，请按 F1 或选择帮助>许可证管理器帮助。该在线帮助包含自动化许可证管理器功能和操作的详细信息。

SIEMENS AG 给受许可证保护的所有软件颁发许可证密钥。启动计算机后，只能在确认具有有效许可证密钥之后，才能根据许可证和使用条款使用该软件。自动化许可证管理器通过 MSI 设置过程安装。STEP 7 产品 CD 包含自动化许可证管理器的安装软件，可以在安装 STEP 7 的同时安装自动化许可证管理器或在以后安装。随后安装许可证密钥，启动 STEP 7 软件时如果没有可用的许可证密钥，将显示一个指示该情况的警告消息。

四、STEP 7 的安装和硬件接口

STEP 7 安装程序可自动完成安装。通过菜单可控制整个安装过程，可通过标准 Windows 软件安装程序执行安装。

（一）安装的主要步骤

(1) 将数据复制到编程设备中。

(2) 组态 EPROM 和通信驱动程序。

(3) 安装许可证密钥（如果需要）。

（二）安装要求

(1) 操作系统：Microsoft Windows 2000 或 Windows XP、Windows Server 2003。

(2) 基本硬件：包含下列各项的编程设备或 PC：奔腾处理器（600MHz）、至少 256MB 的 RAM、彩色监视器、键盘和鼠标，Microsoft Windows 支持所有这些组件。

（三）编程设备（PG）

编程设备是具有特殊紧凑型设计、用于工业用途的 PC。它配备齐全，可用来对西门子公司 PLC 进行编程。

(1) 硬盘空间：请参见“README.WRI”文件，获取所需硬盘空间信息。

(2) MPI 接口（可选）：只有在 STEP 7 下通过 MPI 与 PLC 通信时才要求使用 MPI 接口来互连 PG/PC 和 PLC。此时需要：一个与设备通信端口连接的 PC USB 适配器，或者在设备中安装 MPI 模块（例如，CP5611）。

PG 装配有 MPI 接口。外部存储器（可选）只有在通过 PC 编程 EPROM 时，才要求使用外部存储器。PC/MPI 适配器＋RS-232C 通信电缆用于接口连接。计算机的通信卡 CP 5611（PCI 卡）、CP 5511 或 CP 5512（PCMCIA 卡）将计算机连接到 MPI 或 PROFIBUS 网络。计算机的工业以太网通信卡 CP 1512（PCMCIA 卡）或 CP 1612（PCI 卡），通过工业以太网实现计算机与 PLC 的通信。

五、STEP 7 的编程功能

（一）编程语言

STEP 7 标准软件包配备三种基本编程语言，即梯形图（LAD）、功能块图（FBD）和语句表（STL）编程语言，在 STEP 7 中可以相互转换。

梯形图（LAD）是 STEP 7 编程语言的图形方式，可跟踪“能流”的流动，是一种融逻辑操作、控制于一体，面向对象的、实时的、图形化的编程语言。

语句表（STL）是 STEP 7 编程语言的文本方式，用助记符来表达 PLC 的各种控制功能的。为便于编程，语句表作了扩展，可调用一些高级语言结构（如结构化数据访问和块参数）。

功能块图（FBD）是 STEP 7 编程语言的另一种图形表示，用逻辑框表示逻辑功能。复杂功能（如算术功能）可直接结合逻辑框表示，功能块图通过软连接的方式把所需的功能块图连接起来，用于实现系统的控制。功能块图（FBD）的表达格式有利于程序流的跟踪。

选件包提供其他编程语言，包括 S7 Graph、S7 SCL、S7-HiGraph 和 S7 CFC。

S7 Graph 用于编制顺序控制程序，特别适合与生产制造过程。

S7 SCL 是用于实现复杂的数学运算的高级文本语言，适合于熟悉高级编程语言的用户使用，进行计算和数据处理。

S7 HiGraph 是用状态图（State Graphs）描述异步、非顺序过程的编程语言。

S7 CFC 是通过把程序库中以块形式提供的各种功能用图形连接实现编程的语言，适合于连续过程控制的编程。

（二）符号编辑器

符号编辑器，可管理所有共享符号，通过符号编辑器创建的符号表可供所有其他工具使用。符号编辑器具有以下几个方面的功能。

（1）设置过程信号（输入/输出）、位存储器以及块的名称和注释；

（2）Windows 程序间的互相导入/导出；

（3）分类排序。

（三）增强的测试和服务功能

测试和服务功能包括设置断点、强制输入和输出、多 CPU 运行（仅限于 S7-400），重新布线、显示交叉参考表、状态功能、直接下载和调试块、同时监测几个块的状态等。

程序中的特殊点可以通过输入符号名或地址快速查找。

（四）在线帮助

使用在线帮助可迅速、快捷地访问各种信息而无需再搜索各种手册。通过选择菜单栏帮助菜单中的菜单命令、单击对话框中的“帮助”按钮。随后将显示关于该对话框的帮助、将光标置于窗口或对话框中需要获得帮助的主题上，然后按 F1 键或选择菜单命令“帮助”→“上下文关联帮助”或使用窗口中的问号符号光标来调用在线帮助。

六、STEP 7 的硬件组态与诊断功能

（一）硬件组态（配置）

（1）系统组态：选择硬件机架，模块分配给机架中希望的插槽。

（2）CPU 的参数设置。

(3) 模块的参数设置，可以防止输入错误的数据。

（二）通信组态（配置）

(1) 网络连接的组态和显示。

(2) 设置用MPI或PROFIBUS-DP连接的设备之间的周期性数据传送的参数。

(3) 设置用MPI、PROFIBUS或工业以太网实现的事件驱动的数据传输，用通信块编程。

（三）系统诊断

(1) 快速浏览CPU的数据和用户程序在运行中的故障原因。

(2) 用图形方式显示硬件配置、模块故障，显示诊断缓冲区的信息等。

第二节　硬件组态与参数设置

一、项目的创建与项目的结构

项目用于存储在提出自动化解决方案时所创建的数据和程序。项目所汇集的数据包括：关于模块硬件结构及模块参数的组态数据、用于网络通信的组态数据和用于可编程模块的程序。在创建项目时的主要任务就是准备这些数据，以备编程使用。

（一）项目的创建

创建项目时，可使用向导创建项目。首先双击西门子公司管理器图标进入SIMATIC Manager（SIMATIC管理器）窗口，弹出新项目小窗口，单击“下一个”选择CPU模块型号、需要生成的逻辑块和输入项目名称如图10-2所示。

点击“完成”生成的项目如图10-3所示。生成项目后，可以先组态硬件，然后生成软件程序，也可以先生成软件后组态硬件。

也可手动创建项目，在SIMATIC管理器中使用菜单命令“文件”→“新建”来创建一个新项目。它已经包含“MPI子网”对象。

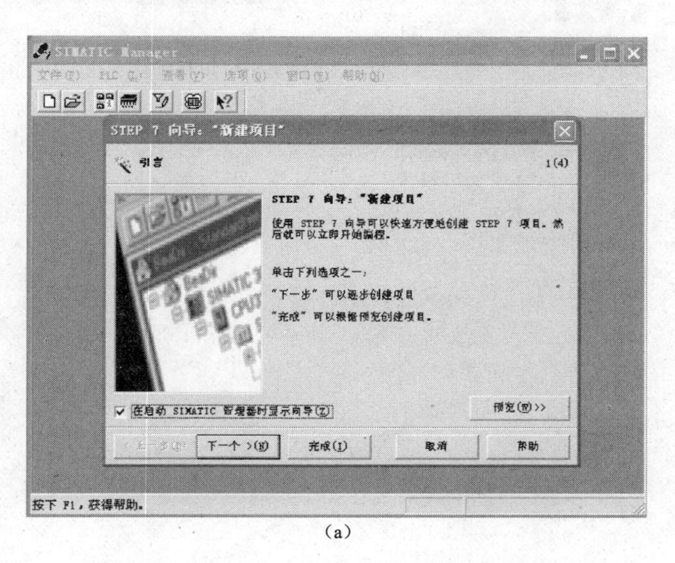

(a)

图10-2　项目创建（一）

(a) 启动SIMATIC管理器新项目显示向导

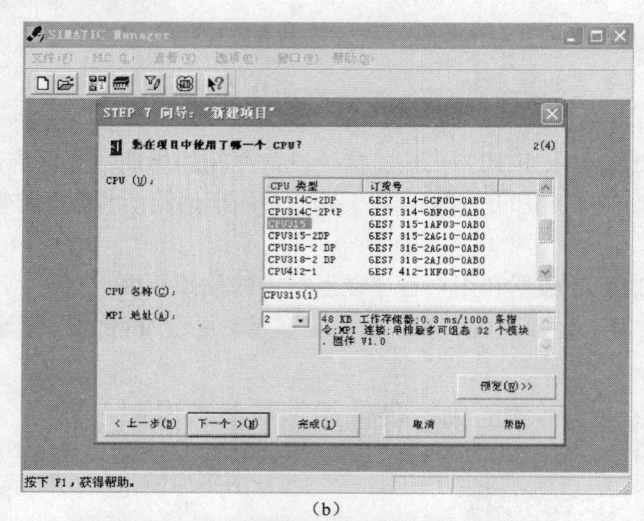

(b)

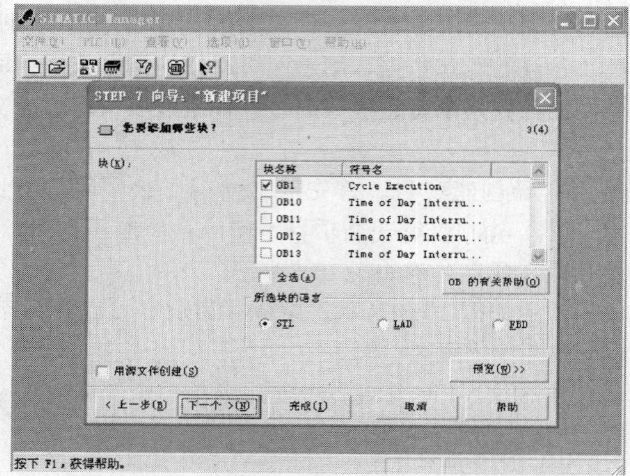

(c)

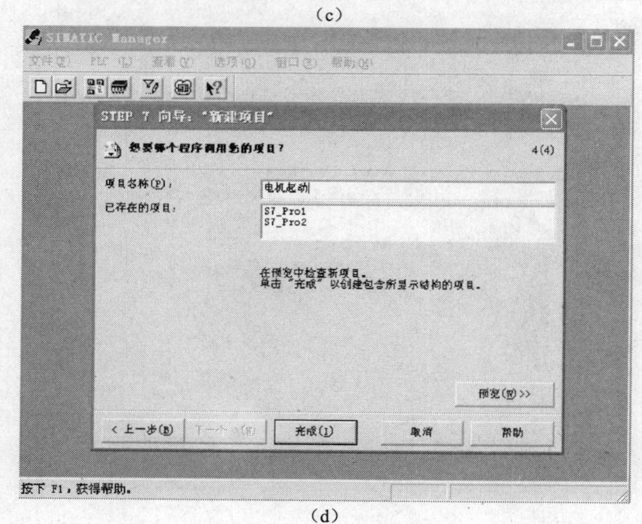

(d)

图 10-2 项目创建（二）

(b) 选择 CPU 型号；(c) 添加所需逻辑块；(d) 输入项目名称

（二）项目的结构和窗口

数据将以对象的形式存储在项目中。对象在项目中按树形结构排列（项目体系）。项目的结构分三层，第一层为项目，第二层为子网、站、或 S7/M7 程序，第三层取决于第二层的对象。

项目结构的窗口分为两半部分：左半部分表示项目的树形结构，右半部分表示所选视图左半部分已打开的对象所包含的对象（大图标、小图标、列表或详细信息），如图 10-3 所示。

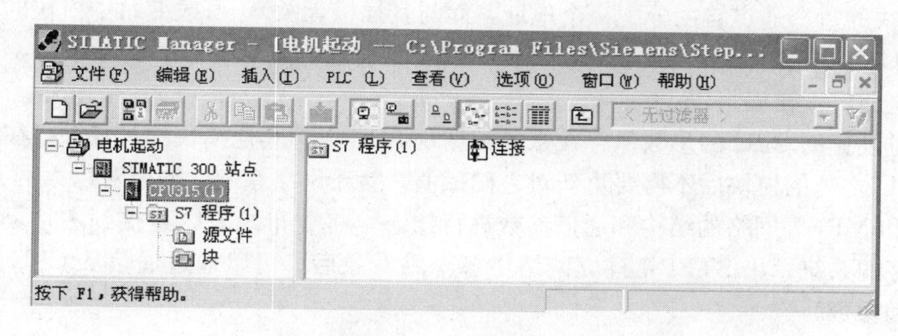

图 10-3　项目结构

对象体系的最上端是代表整个项目的对象“电机起动”的图标。它可用于显示项目属性，并可用作网络文件夹（用于对网络进行组态）、站文件夹（用于对硬件进行组态）、以及 S7 或 M7 程序的文件夹（用于创建软件）。项目中的对象在选择项目图标时均将显示在项目窗口的右半部分。该类型对象体系最上端的对象（库以及项目）构成了用于对对象进行选择的对话框的起始点。

项目对象中包含站对象和 MPI 对象。站对象包含硬件和 CPU，S7-300/400 站表示具有一个或多个可编程模块的 S7 硬件配置，CPU 包含 S7 程序和连接，S7 程序包含了用于 S7/M7 CPU 模块的软件或用于非 CPU 模块（例如可编程 CP 或 FM 模块）的软件（源文件、块和符号表）。源文件夹包含了文本格式的源程序。离线视图的块文件夹可包括：逻辑块（OB、FB、FC、SFB、SFC）、数据块（DB）、自定义的数据类型（UDT）和变量表。在线视图的块文件夹包括已经下载给可编程控制器的可执行程序部分。为在项目中创建一个新站，可打开项目，以便显示项目窗口。其方法是先选择项目再通过使用菜单命令“插入”→“站点”，为需要的硬件创建“站”对象，如果站没有显示，单击项目窗口中项目图标前的“+”号，如图 10-4 所示，也可以用右键功能创建。

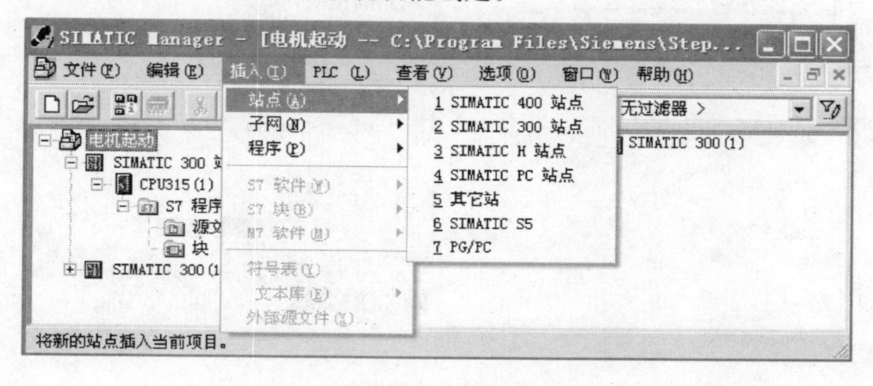

图 10-4　插入站点

二、硬件组态

(一) 硬件组态介绍

硬件组态指的是在站窗口中对机架、模块、分布式 I/O（DP）机架以及接口子模块等进行排列。像实际的机架一样，可在其中插入特定数目的模块。

在组态表中，STEP 7 自动给每个模块分配一个地址。如果站中的 CPU 可自由寻址（即可为模块的每个通道自由分配一个地址，而与其插槽无关），可改变站中模块的地址。

在 PLC 启动时，CPU 将比较 STEP 7 中创建的预置组态与设备的实际组态，如果二者不符，将立即产生错误报告。

组态时设置的 CPU 的参数保存在系统数据块 SDB 中，其他模块的参数保存在 CPU 中。在更换 CPU 之外的模块后不需要重新对它们赋值。对于网络系统，需要对以太网、PROFI-BUSI-DP 和 MPI 等网络的结构和通信参数进行组态，将分布式 I/O 连接到主站。对于硬件已经装配好的系统，用 STEP 7 建立网络中各个站对象后，可以通过通信从 CPU 中读出实际的组态和参数。

(二) 硬件组态的步骤

组态可编程控制器会用到两个窗口，为站结构放置机架的站窗口和“硬件目录”窗口，可以从“硬件目录”窗口中选择所需要的硬件组件。如果没有出现“硬件目录”窗口，可选择菜单命令“选项”→“目录”。该命令可打开、关闭硬件目录的显示，如图 10-5 所示。

按照下列步骤进行组态：

(1)“硬件目录”中选择一个硬件组件；

(2) 通过拖放操作或双击模块，将选定组件复制到站窗口中；

(3) 保存硬件设置，并将它下载到 PLC 中。

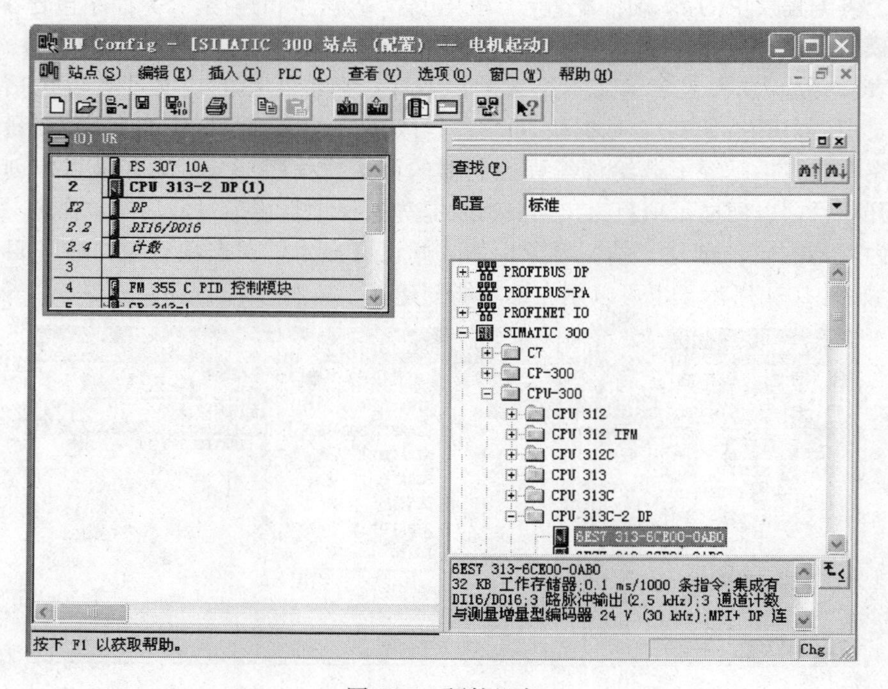

图 10-5 硬件组态

（三）设置组件属性

一旦在站窗口中排列了组件，通过双击该组件，或选择菜单命令“编辑”→“对象属性”，或者将光标移到组件上，按下鼠标右键，然后从弹出式菜单中选择“对象属性”命令来改变默认属性的对话框（参数或地址）。

三、CPU 模块的参数设置

在硬件配置的站窗口中，双击 CPU 所在的行，弹出“属性”窗口，即可进行 CPU 的参数设置，如图 10-6 所示。

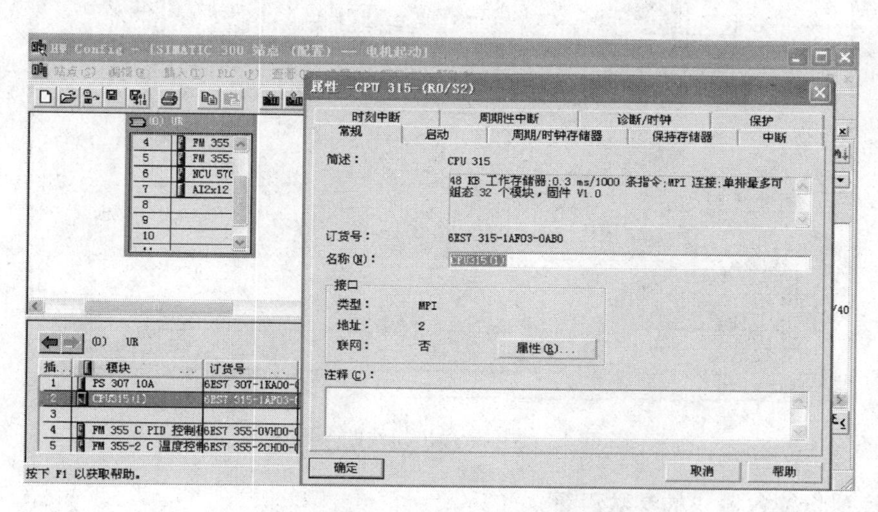

图 10-6　CPU 属性设置

四、数字量输入模块的参数设置

I/O 模块的参数设置均在 CPU 处于 STOP 模式下进行，设置完后下载到 CPU 中。当 CPU 从 STOP 模式转换为 RUN 模式时，CPU 将参数传送到每个模块。在硬件配置的站窗口中，双击模块所在的行，弹出“属性”窗口，即可进行相应模块的参数设置，如图 10-7 所示。

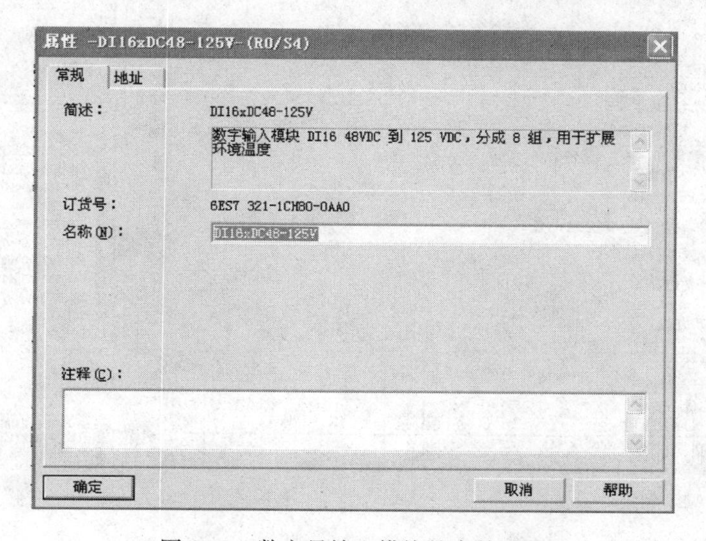

图 10-7　数字量输入模块的参数设置

五、数字量输出模块的参数设置

在硬件配置的站窗口中，双击模块所在的行，弹出“属性”窗口，即可进行相应模块的参数设置，如图 10-8 所示。

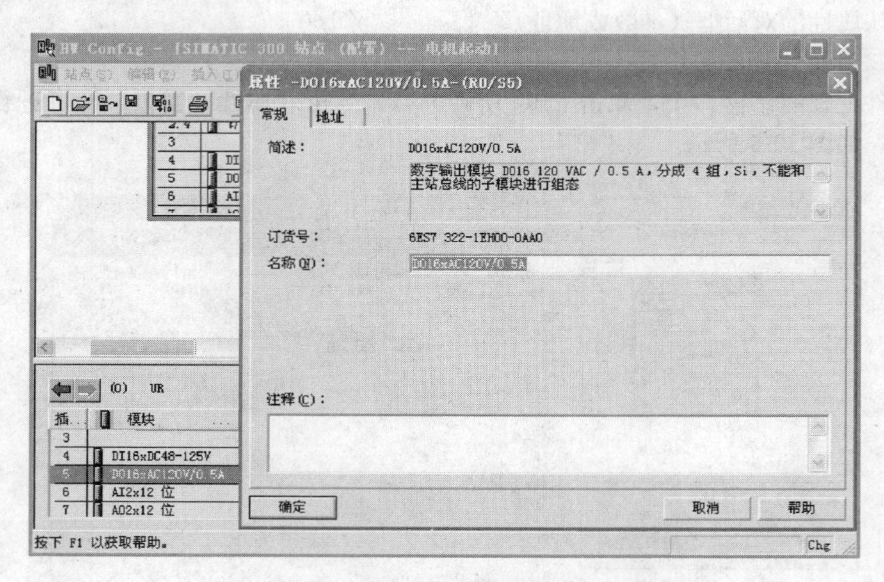

图 10-8　数字量输出模块的参数设置

六、模拟量输入模块的参数设置

在硬件配置的站窗口中，双击模块所在的行，弹出“属性”窗口，即可进行相应模块的参数设置，如图 10-9 所示。

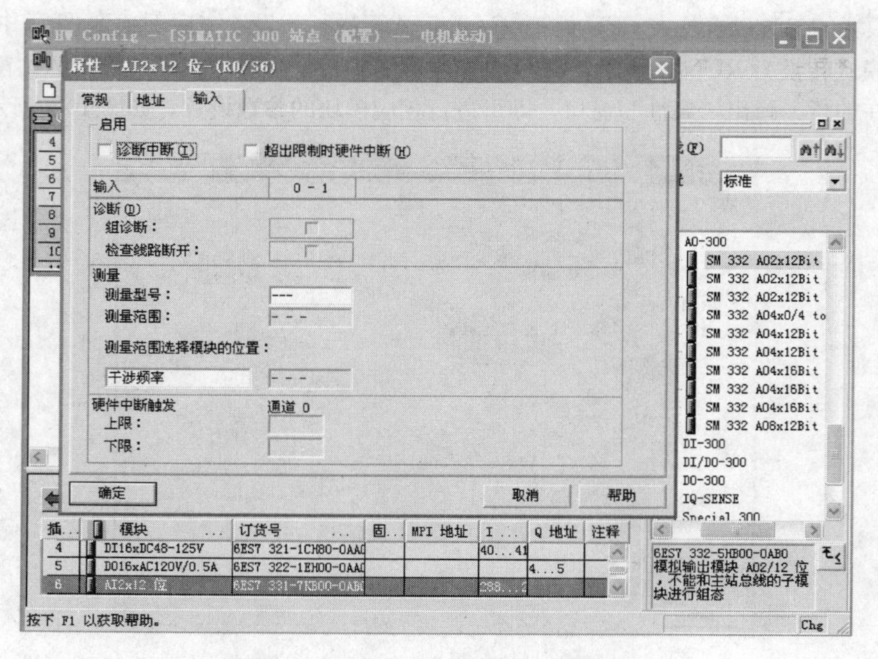

图 10-9　模拟量输入模块的参数设置

七、模拟量输出模块的参数设置

在硬件配置的站窗口中，双击模块所在的行，弹出“属性”窗口，即可进行相应模块的参数设置，如图 10-10 所示。

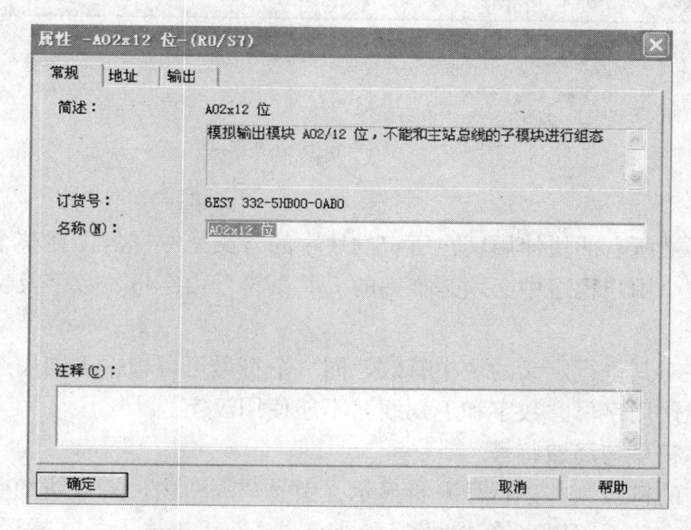

图 10-10 模拟量输出模块的参数设置

第三节 定 义 符 号

在 STEP 7 程序中，使用地址如 I/O 信号、位内存、计数器、定时器、数据块和功能块，完全可以在程序中访问这些地址，但是如果使用地址符号，程序将更容易阅读。然后，可以通过地址符号访问用户程序中的地址。在编程语言梯形图、功能块图和语句表中，可以输入地址、参数和块名称，作为绝对地址或符号。使用菜单命令“查看”→“显示”→“符号表示法”，可以在地址的绝对表示法和符号表示法之间切换。

绝对地址包含地址标识符和内存位置（例如 Q 4.0，I 1.1，M 2.0，FB21）。如果将符号名分配给绝对地址，可以使程序更易读，并能简化故障排除。STEP 7 可以自动地将符号名称翻译成所需要的绝对地址。如果要使用符号名称访问 ARRAY、STRUCT、数据块、本地数据、逻辑块和用户自定义数据类型，在使用符号寻址数据前，必须首先将符号名称分配给绝对地址。使用符号地址，更容易识别程序中的元素与过程控制项目的组件的匹配程度。

为了更容易使用符号地址编程，可以显示绝对地址和属于符号的符号注释，可以使用菜单命令“查看”→“显示”→“符号信息”激活此信息。这意味着每个 STL 语句后的行注释中包含更多的信息，不能编辑该显示。任何改变都必须在符号表或变量声明表中进行。显示 STL 中的符号信息如图 10-11 所示。

符号寻址允许用户用有一定含义的符号地址来代替绝对地址，将短的符号和长的注释结合起来使用，可使程序更简单。

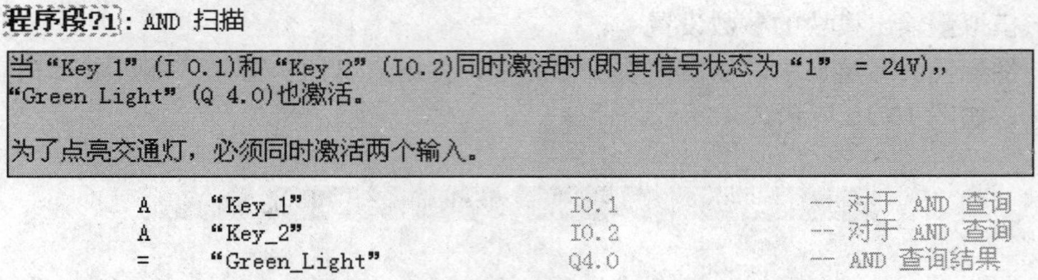

程序段?1：AND 扫描

当“Key 1”（I 0.1)和“Key 2”（I0.2)同时激活时(即其信号状态为“1” = 24V)，
“Green Light”（Q 4.0)也激活。

为了点亮交通灯，必须同时激活两个输入。

```
A     "Key_1"           I0.1       -- 对于 AND 查询
A     "Key_2"           I0.2       -- 对于 AND 查询
=     "Green_Light"     Q4.0       -- AND 查询结果
```

图 10-11　查看符号信息显示

一、共享符号

共享符号可以被所有的块使用，在所有的块中的含义是一样的。在整个用户程序中，同一个共享符号在整个用户程序中必须是唯一的。共享符号由字母、数字及特殊字符组成。

二、局域符号

局域符号仅在对其进行定义的块中有效，同一个符号可以根据不同用途在不同的块中使用。局域符号只能使用字母、数字和下划线，不能使用汉字。

三、显示共享符号与局域符号

来自符号表中的符号（共享符号）将显示在引号“..”内，来自块的变量声明表中的符号（局部符号）将在前面冠以字符“#”。引号或“#”无需输入。在梯形图、FBD 或 STL 中输入程序时，语法检查将自动添加这些字符。如果担心在某些情况下出现混淆，例如在符号表和变量声明中都使用同一个符号，那么要使用该共享符号时，必须直接对其进行编码（输入地址或者包括引号的符号）。此时，没有进行分别编码的任何符号都将解释为指定块（局部）的变量。如果符号包含有空格，也必须对共享符号进行编码（输入地址或者包括引号的符号）。当在 STL 源文件中进行编程时，将采用同样的特殊字符及准则。

四、设置地址优先级

在改变符号表中的符号、改变数据块或功能块的参数名称、改变引用组件名称的 UDT 或修改多重实例时，地址优先级有助于按意愿调整程序代码。为了设置地址优先级，进入 SIMATIC 管理器，并选择块文件夹，然后选择菜单命令“编辑”→“对象属性”。在“地址优先级”标签中，就可以进行与要求相适合的设置，设置地址优先级如图 10-12 所示。

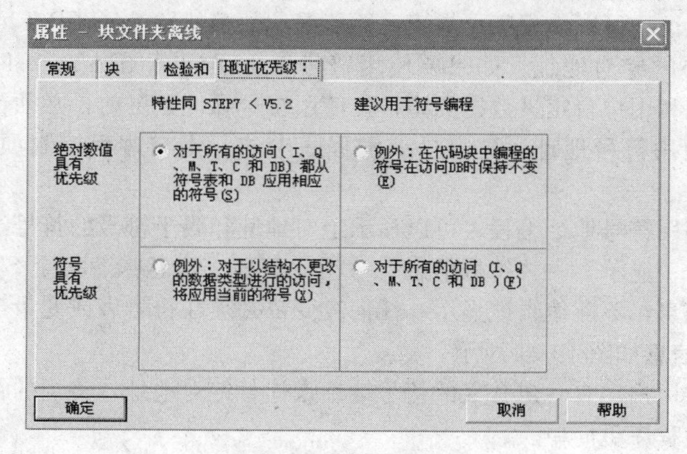

图 10-12　设置地址优先级

在 SIMATIC 管理器中，选择块文件夹，然后选择菜单命令“编辑”→“检查块一致性”。“检查块一致性”功能在单个块中进行必要的改动，此操作进行跟踪改动。

五、符号表编辑

在创建 S7 或 M7 程序时，将自动创建一个（空的）符号表（“符号”对象）。在符号表中不能定义数据块中的地址（DBD、DBW、DBB 和 DBX），而应在数据块的声明表中定义。

创建符号表的过程是双击项目窗口中的 S7 程序或 M7 程序，对象“符号”显示在窗口的右半部分，如果符号表已删除或被覆盖，使用菜单命令“插入”→“符号表”以插入一个新的符号表，打开对象“符号”，可以通过双击此对象，显示所要编辑的符号表窗口如图 10-13 所示。

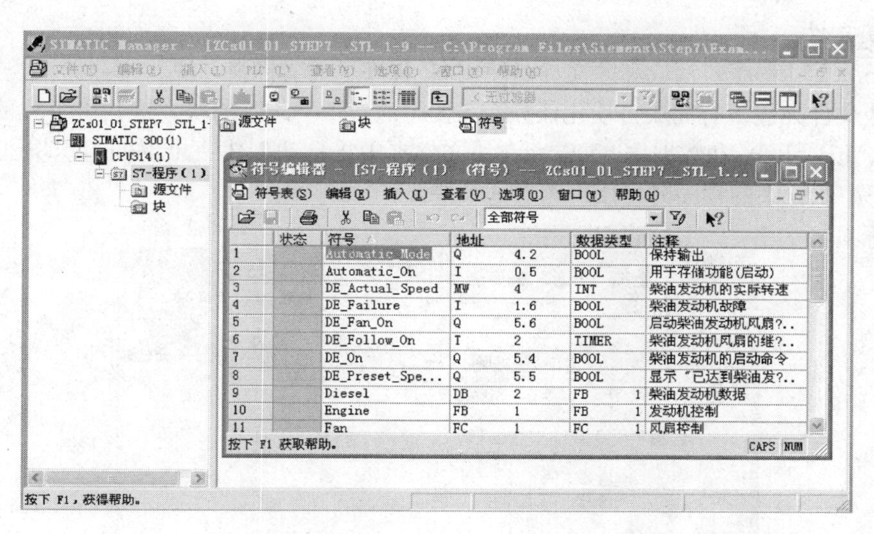

图 10-13　符号表

在符号编辑器中可以进行符号编辑或查看如图 10-14 所示。用菜单命令“查看”→列 R，O，M，C，CC 可以选择是否显示表中的“R，O，M，C，CC”列，它们分别表示监视

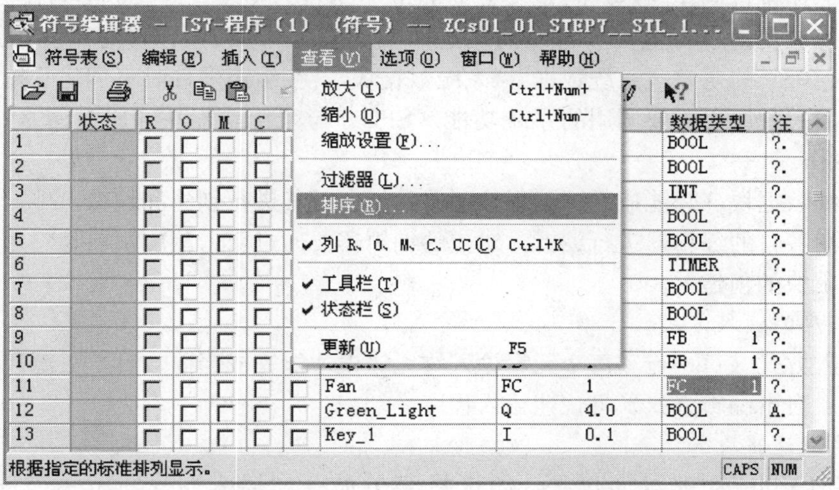

符号编辑器 - [S7-程序 (1) (符号) -- ZCs01_01_STEP7__STL_1...
符号表(S) 编辑(E) 插入(I) 查看(V) 选项(O) 窗口(W) 帮助(H)
放大(I) Ctrl+Num+
缩小(O) Ctrl+Num-
缩放设置(F)...
过滤器(L)...
排序(R)...
✔ 列 R、O、M、C、CC(C) Ctrl+K
✔ 工具栏(T)
✔ 状态栏(S)
更新(U) F5
状态 R O M C 数据类型 注
11 Fan FC 1 FC 1 ?.
12 Green_Light Q 4.0 BOOL A.
13 Key_1 I 0.1 BOOL ?.
根据指定的标准排列显示。
CAPS NUM

图 10-14　符号编辑器

属性、在 WinCC 里是否被控制和监视、信息属性、通信属性和触点控制，可以用菜单命令“查看”→“排序”选择符号表中变量的排序方法。

输入符号的方法有三种，第一种是直接在符号表中输入符号及其绝对地址，第二种是通过对话框，在正在输入程序的窗口中打开一个对话框，然后定义一个新的符号或重新定义现有的符号，第三种是从其他表格编辑器中导入符号表，可在任何表格编辑器（例如 Microsoft Excel）中创建符号表的数据，然后将所创建的文件导入符号表。

第四节　逻辑块的创建与编辑

一、块文件

创建 S7 CPU 程序包括块和源文件。使用 S7 程序下的文件夹“块”来存储块，如图 10-15 所示。该块文件夹包含有完成自动化任务而需要下载给 S7 CPU 的块。这些可装载的块包括逻辑块（OB、FB、FC）和数据块（DB）。在块文件夹中将自动创建一个空的组织块（OB1），因为在执行 S7 CPU 中的程序时将始终需要这个块。

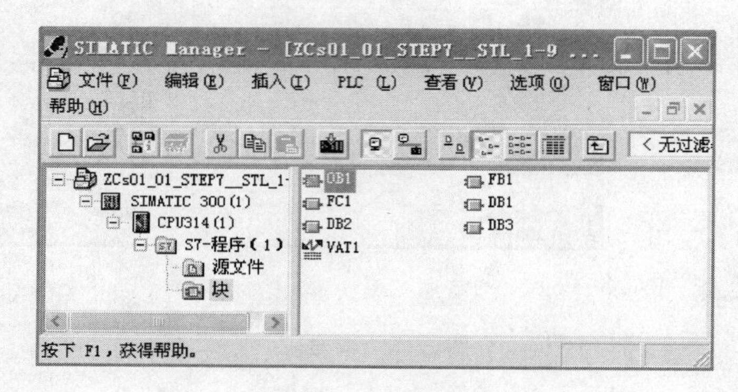

图 10-15　块文件

块文件夹还包含创建的用户自定义数据类型（UDT）（这些类型将使编程更容易），为在调试程序时对变量进行监视和修改而创建的变量表（VAT），包含有系统信息（系统组态、系统参数等）的对象“系统数据”（系统数据块），在组态硬件时将创建并提供这些系统数据块，在用户程序中需要调用的系统功能（SFC）与系统功能块（SFB），但自己不能编辑 SFC 与 SFB。

除了系统数据块（只能通过可编程控制器的组态对其进行创建和编辑）外，用户程序中的块都要使用各自的编辑器进行编辑，对应的编辑器要通过双击相应块启动。

二、逻辑块的创建

（一）程序的输入方式

增量输入方式（每一行和每个元素输入均无错误才能完成当前数日）或源代码方式（或称文本方式、自由编辑方式）可快速输入程序。

（二）生成逻辑块

使用 SIMATIC 管理器创建块，如选择菜单命令“插入”→“S7 块”→“功能块(FB)”，如图 10-16 所示。

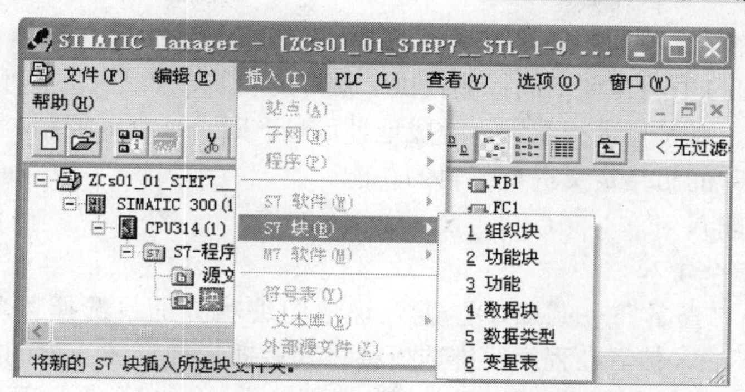

图 10-16　创建逻辑块

三、程序编辑器的窗口的结构

程序编辑器的窗口可拆分为以下几个区域，如图 10-17 所示。

（一）总览

“程序元素”标签将显示一个程序元素表格，其中的程序元素均可插入到 LAD、FBD 或 STL 程序中，如图 10-17 所示的左侧部分。“调用结构”标签表示当前 S 7 程序中的块的调用层次。

（二）变量声明

变量声明分为“变量表”和“变量详细视图”部分，如图 10-17 所示的右上部分。

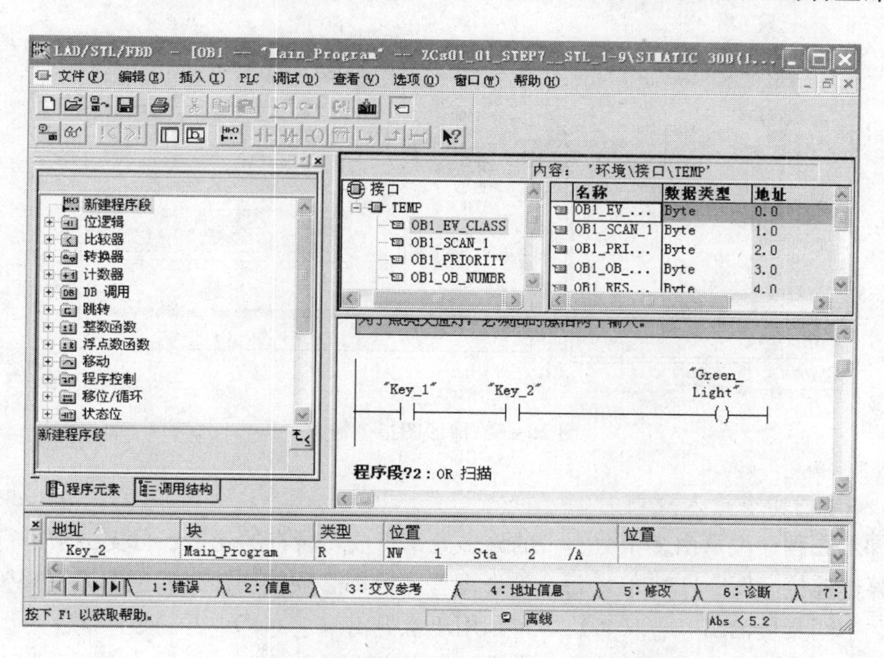

图 10-17　程序编辑器

（三）指令

指令表显示了将由 PLC 进行处理的块代码，它由一个或多个程序段组成，如图 10-17 所示的右中间部分。

（四）详细资料

“详细资料”窗口中的各种不同标签提供了众多的功能，如图10-17所示的下方，例如，用于显示出错消息、对符号进行编辑、生成地址信息、对地址进行控制、对块进行比较的功能以及对硬件诊断时的出错定义进行编辑的功能。

四、程序指令输入

（一）梯形图指令输入

选择菜单命令“查看”→“LAD”进入梯形图编程界面，选择菜单命令“插入”→“程序段”添加程序段，然后在程序段中选择将在其后插入梯形图元素的点；其次通过以下方法之一，在程序段中插入所需要的元素。梯形图指令输入如图10-18所示。

（1）选择菜单命令“插入”→“程序元素”以便打开“程序元素”标签，并在目录中选择所需要的元素；

（2）单击工具栏中的动合触点、动断触点或输出线圈的按钮；

（3）在“插入”菜单中选择相应的菜单命令，例如“插入”→“LAD语言元素”→“常开触点”。

通过选择现有的梯形元素，然后从“编辑”→“剪切”、“编辑”→“复制”或“编辑”→“粘贴”中选择一个菜单命令，也可编辑代码段。

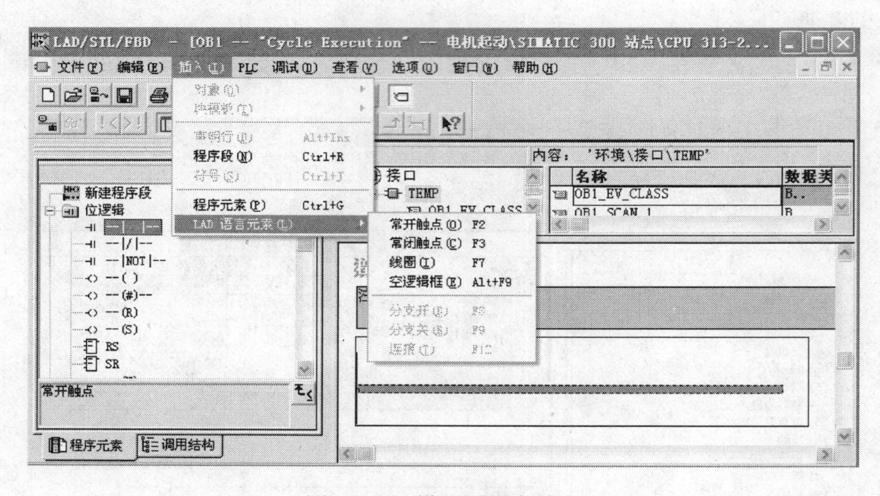

图10-18　梯形图指令输入

（二）梯形图指令输入规则

一个梯形图程序段可由多个分支中的许多元素组成，所有的元素和分支必须进行连接，左电源线不算作连接（IEC 1131-3），每个梯形图程序段都必须使用线圈或逻辑方框来关闭。不能将比较框、中间变量输出（_/(#)_/）和用于上升沿（_/(P)_/）或下降沿（_/(N)_/）计算的线圈指令放置于分支开始的最左边或结束程序段。

（三）语句表指令输入

逻辑块的代码段通常包含许多程序段，这些程序段则由语句列表组成。在代码段中，可编辑块标题（最多64个字符）、块注释（对整个逻辑块进行记录，例如块的用途）、程序段标题（最多64个字符）、程序段注释（记录单个程序段的功能进行）以及程序段内的语句行。选择菜单命令“查看”→“STL”进入语句表编程界面。

语句由标记（可选）、指令、地址和注释（可选）组成。在逻辑块的代码段中，可输入块标题和程序段标题以及块注释或程序段注释。每条语句均单独占一行。在一个块中，最多可输入999个程序段。可将光标放置在块名称或程序段名称右边的单词“标题”上（例如，程序段1：标题：）单击，即可打开一个可在其中输入标题的文本框，如图10-19所示。

在语句表编程语言表达式中，可为每条语句输入一条注释，其方法是在每个地址或符号名称后，按下“空格”键，使用双斜杠（//）作为语句注释的开头，通过按下“回车”键完成注释的输入。

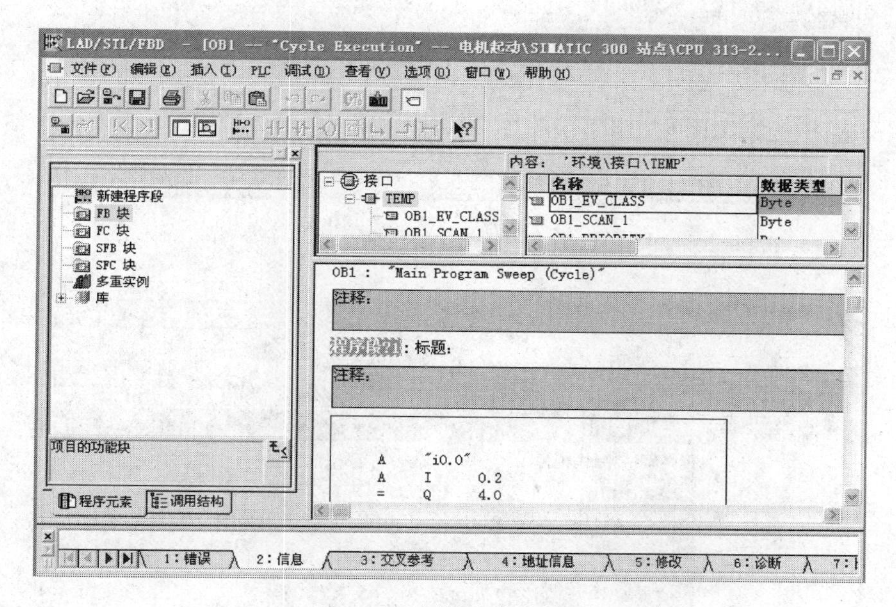

图10-19　语句表指令输入

（四）打开和编辑块的属性

选择菜单命令“文件”→“程序段”来查看和编辑块属性，如图10-20所示。

五、程序下载和上传

（一）下载准备

编程设备和PLC中的CPU之间存在一个可用连接（例如通过多点接口）用于访问PLC；为将块下载给PLC，在项目的对象属性对话框中的“使用”选择条目“STEP 7”，如图10-21所示；要下载的程序已完成编译无错误；CPU必须处于允许进行下载的工作模式（STOP或RUN-P模式）。

注意，在RUN-P模式下，程序每次下载一个块，如果通过这样操作来覆盖旧的CPU程序，则可能会导致冲突，建议在下载之前将CPU切换到STOP模式，在下载用户程序之前，应复位CPU，以确保CPU上没有任何“旧的”块。

（二）下载方法

完成组态、参数分配和程序创建并建立在线连接后，就可将完整的用户程序或各个块下载至PLC。使用下载功能将用户程序或可装入对象（例如块）下载到PLC。如果块已存在

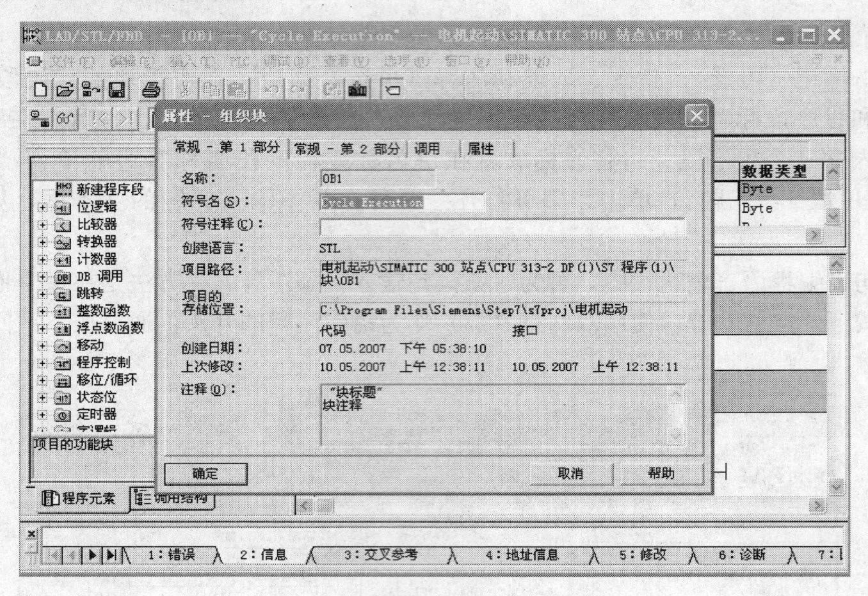

图 10-20　块属性

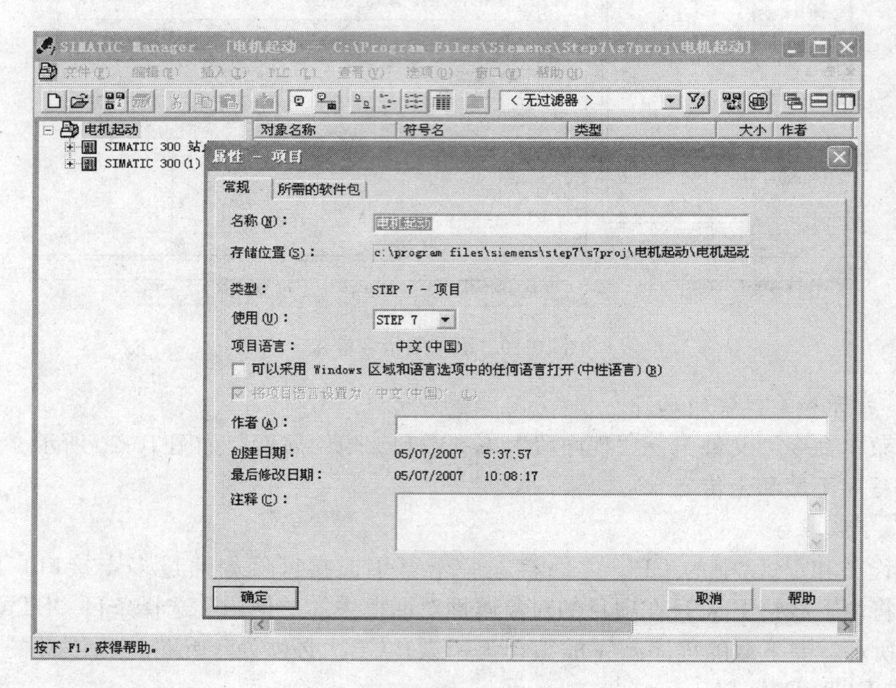

图 10-21　项目属性设置

于 CPU 的 RAM 中，将提示你确认是否要覆盖块。

在项目窗口中选择可加载的对象，通过 SIMATIC 管理器的菜单命令“PLC”→“下载”进行下载，PLC 下载设置窗口如图 10-22 所示。

对于编写块、组态硬件和网络的下载，可通过正在使用的应用程序主窗口中的菜单命令“PLC”→“下载”，直接下载当前正在编辑的项目。也可以打开具有可编程控制器视图的在

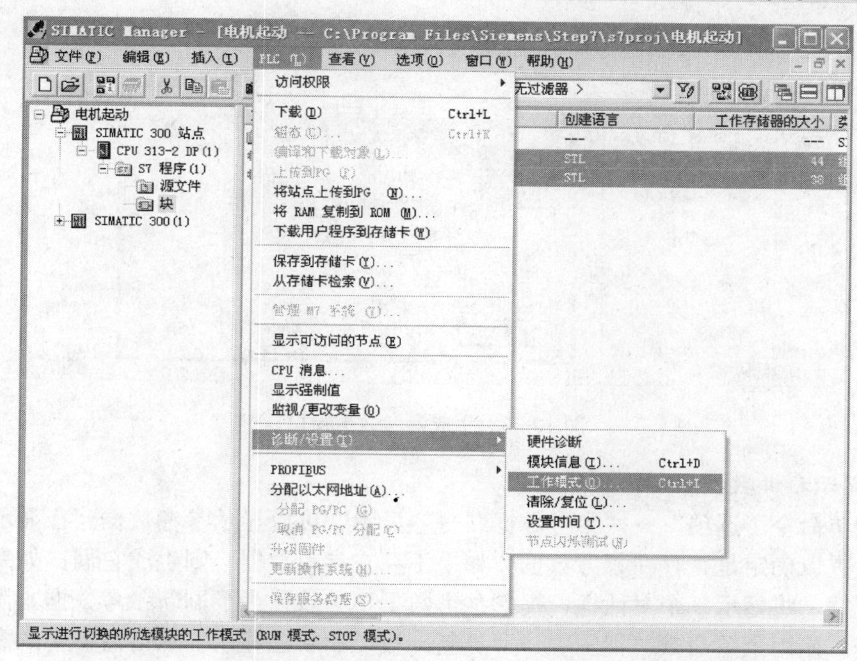

图 10-22　PLC 下载设置窗口

线窗口（例如使用“视图”→“在线”或“PLC”→“显示可访问节点”），将想要下载的对象复制到在线窗口。

（三）程序上载

通过 SIMATIC 管理器的菜单命令“PLC”→“上传”将 PLC 当前内容下载到 PG/PC 上的编程软件打开的项目中，此操作将该项目原来的内容覆盖。

使用菜单命令“PLC”→“将站点上传到 PG”，可以将当前组态和所有块从所选的可编程控制器上传到编程设备。

第五节　显示参考数据

一、参考数据的生成与显示

STEP 7 的参考数据功能帮助用户创建参考数据并为其赋值，使用户程序的调试和修改更便捷容易，在作为整个用户程序的概述、进行修改和测试的基础、补充程序文档等三种情况下可使用参考数据。

（一）生成参考数据

在 SIMATIC 管理器中，选择希望为其生成参考数据的块文件夹，在 SIMATIC 管理器中，执行菜单命令“选项”→“参考数据”→“生成”。在生成参考数据前，计算机检查是否有任何可用的参考数据，如果有可用的参考数据，则检查数据是否是当前的。如果参考数据可用，则说明它们已经产生。如果可用的参考数据不是当前数据，则可以选择是否刷新参考数据或者是否再次完全生成它们，如图 10-23 所示。

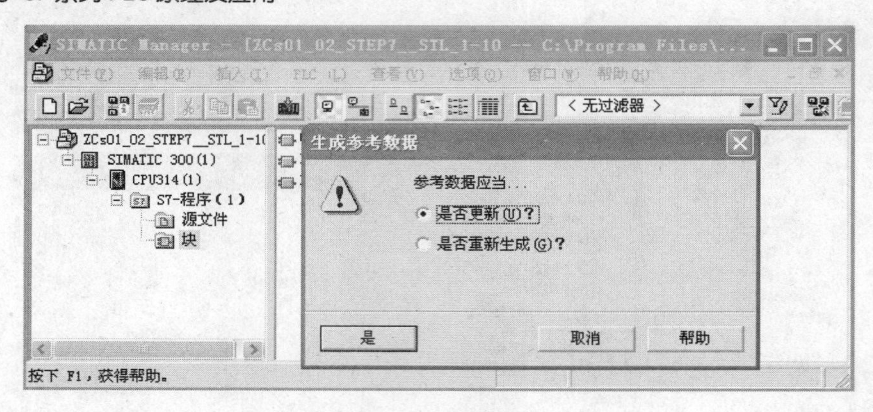

图 10-23　生成参考数据窗口

（二）显示参考数据

使用菜单命令“选项”→“参考数据”→“显示”可以显示参考数据。在显示参考数据前，进行检查以确定是否存在参考数据。如果不存在参考数据，则生成它们。如果存在不完整的参考数据，将显示一个对话框，提醒参考数据不一致。为了刷新参考数据，需要对块进行重新编译。使用菜单命令“视图”→“更新”可以刷新已显示在激活窗口中的参考数据的视图。

在“视图”菜单中可选择显示“交叉参考”、“赋值”、“程序结构”、“未使用的符号”和“不带符号的地址”，相互之间可以切换选择显示，如图 10-24 所示。

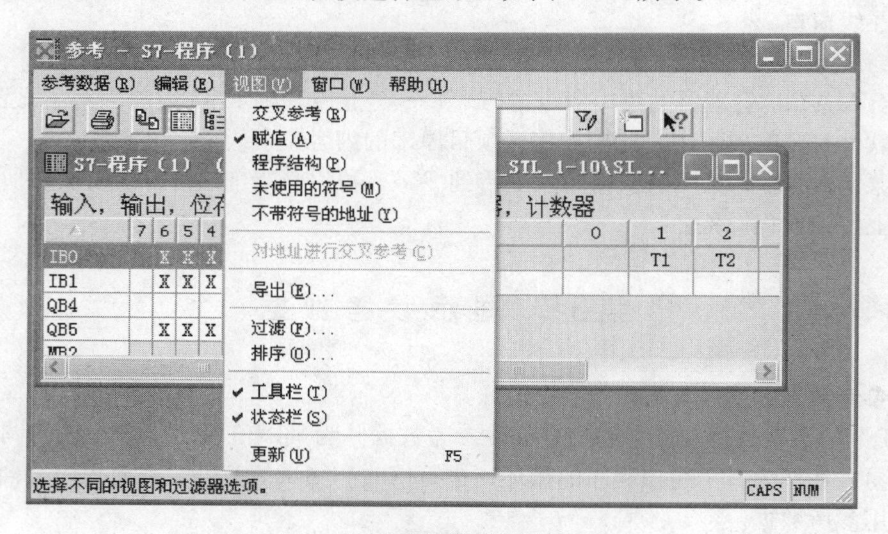

图 10-24　参考数据显示选择窗口

使用菜单命令“窗口”→“新建窗口”会生成新的参考数据窗口，同时打开一个 S7 用户程序的多个列表，如图 10-25 所示。

二、交叉参考表

交叉参考表给出了 S7 用户程序中关于地址使用的概况，如图 10-26 所示。当显示参考数据时，交叉引用表显示的是默认视图，可以改变此默认设置，使用过滤功能可以方便地查找特定的地址和符号。显示交叉引用表时，将获得存储区域输入（I）、输出（Q）、位存储

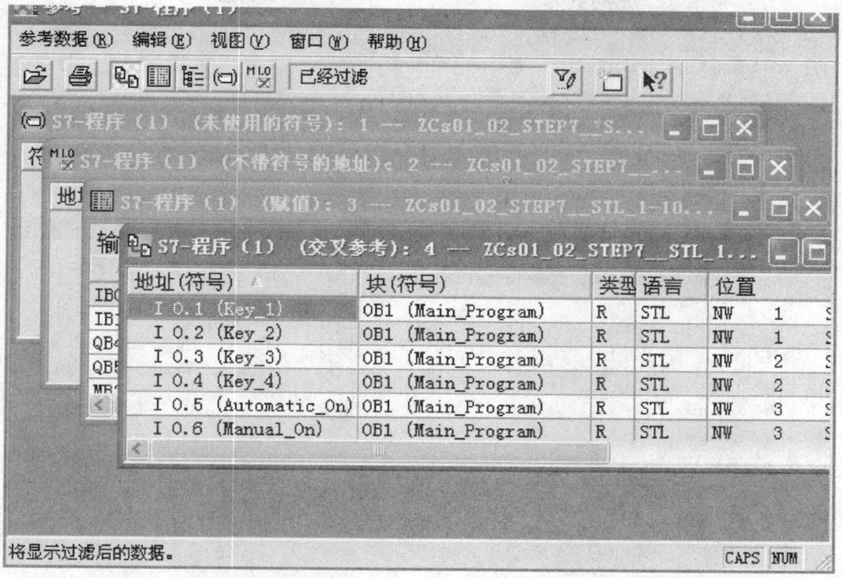

图 10-25 参考数据显示多个列表

区（M）、定时器（T）、计数器（C）、功能块（FB）、功能（FC）、系统功能块（SFB）、系统功能（SFC）、I/O（P）和数据块（DB）的地址列表，显示了它们在 S7 用户程序中的地址（绝对地址或符号）和用途等的使用情况。交叉引用表默认为按照存储器区域排序。

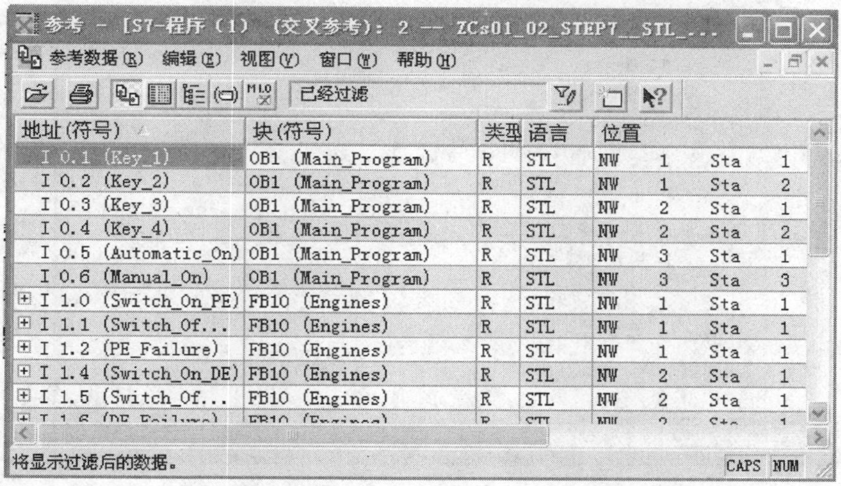

图 10-26 交叉参考表

三、程序结构

程序结构既显示 S7 用户程序中块的调用层级，同时又概要给出了所用的块、它们的从属关系和它们的局部数据要求，如图 10-27 所示。

在“生成参考数据”窗口中使用菜单命令“视图”→“过滤器”，可以打开带选项卡的对话框。在“程序结构”标签页中，可以设置如何显示程序结构，可以在调用结构和从属性结构两者之间选择，程序结构显示设置如图 10-28 所示。

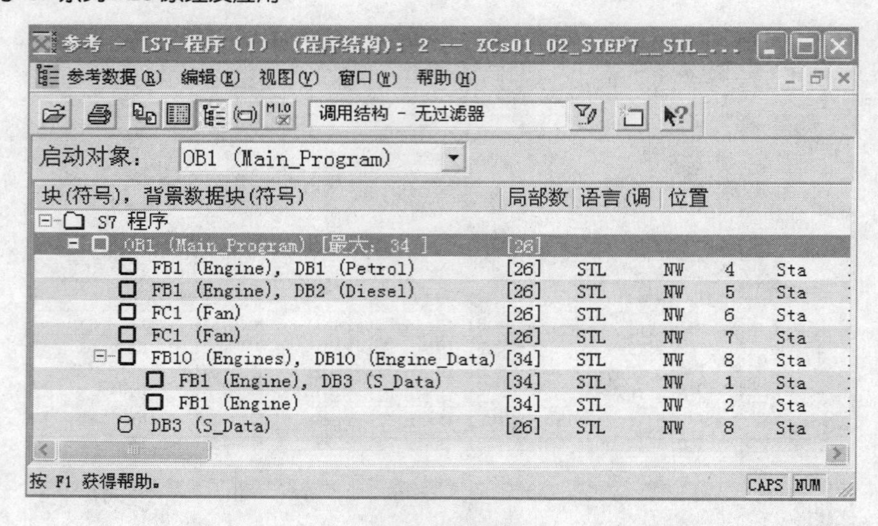

图 10-27　程序结构显示

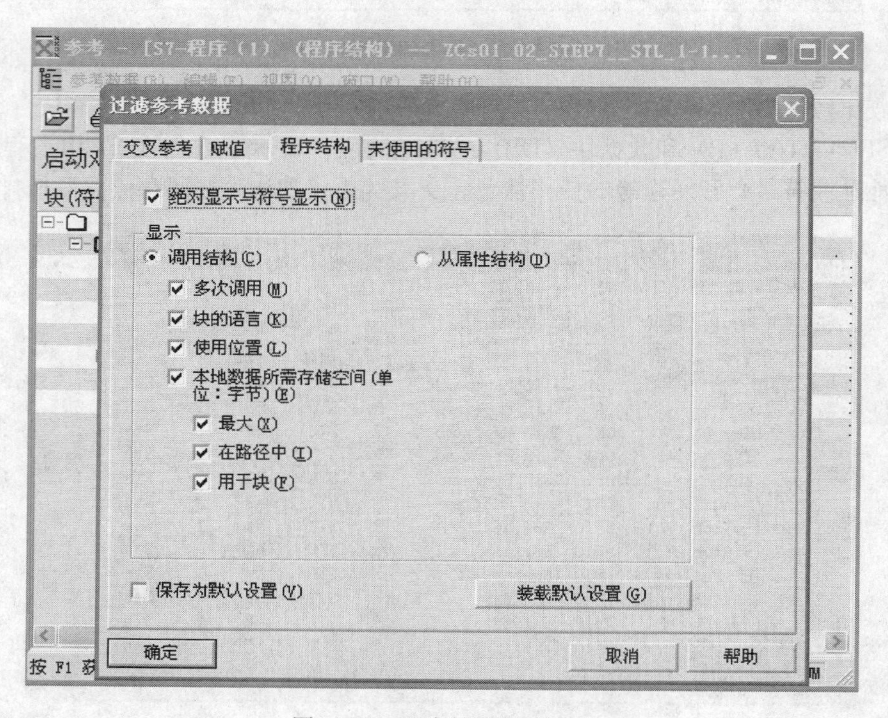

图 10-28　程序结构显示设置

四、赋值表

赋值表显示哪些地址已分配到用户程序中，如图 10-29 所示，用于用户程序中进行故障诊断或修改。I/Q/M 赋值表描述了存储器区域输入（I）、输出（Q）、位存取区（M）、定时器（T）和计数器（Z）的哪个字节的哪个位的使用情况。I/Q/M 赋值表显示在工作窗口中，它也指出是字节、字还是双字的访问。

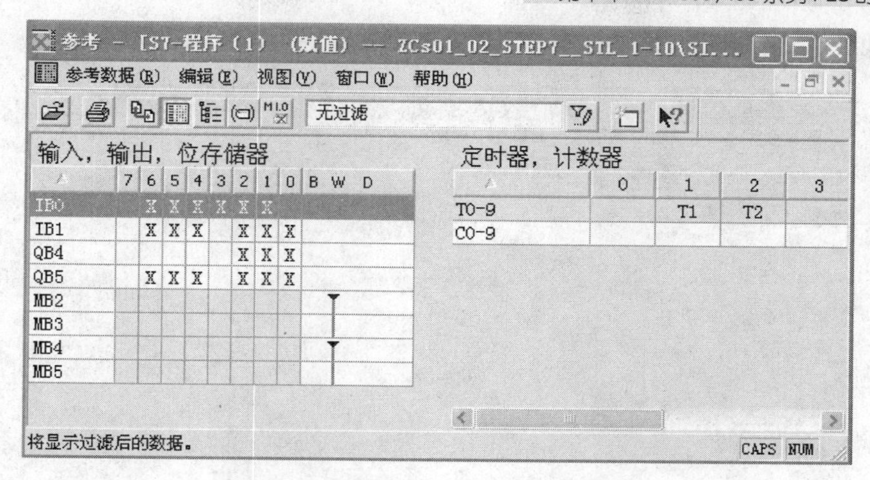

图 10-29　赋值表显示

I/Q/M 赋值表中的标识中白色背景表示没有访问该地址，未赋值；X 表示直接访问地址，蓝色背景表示间接访问地址（字节、字或双字访问）。

五、未使用的符号

未使用的符号包括在符号表中定义的符号和存放参考数据的用户程序段中未使用的符号如图 10-30 所示。在“生成参考数据”窗口中使用菜单命令“视图”→“未使用的符号”，可以通过点击栏目标题对条目排序，还可以从列表中删除不再需要的符号。在列表中选择符号，然后执行“删除符号”功能。窗口的每一行对应于列表的一个条目，每行包括地址、符号、数据类型和注释。

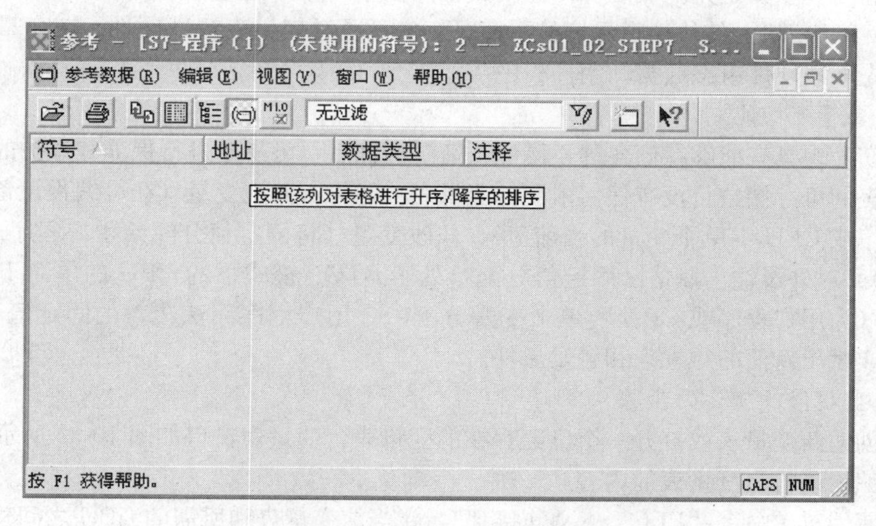

图 10-30　未使用的符号显示

六、不带符号的地址

不带符号的地址显示菜单如图 10-31 所示。在“生成参考数据”窗口中执行菜单命令“视图”→“不带符号的地址”，显示没有在符号标中定义但已在用户程序中使用的绝对地址的地址列表。工作窗口的标题栏显示列表所属的用户程序的名称，条目按照地址存储，在列表中选择地址，然后执行“编辑符号”功能，可将名称分配给没有符号的地址。

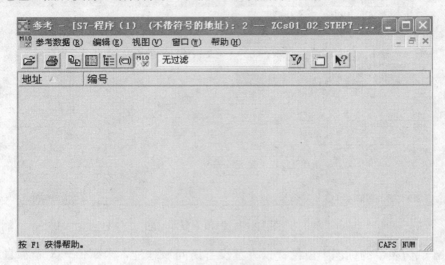

图 10-31　不带符号的地址显示

第六节　调　　试

一、用变量表调试

（一）调试的一般步骤

调试的一般步骤是先调试硬件，再调试软件程序。硬件调试可通过故障诊断工具诊断故障，观察 CPU 模块上的故障指示灯显示情况，也可通过变量表测试硬件。在变量标测试开始时，要先下载硬件组态数据和用户程序。

（二）变量表功能

由于变量表具有能够存储各种不同测试情况的优点，可易于进行保养和维护的测试和监控。变量表的可存储数目没有任何限制。变量表功能为：监视变量（在可编程设备/PC 上显示用户程序或 CPU 中单个变量的当前值）、修改变量（将固定值分配给用户程序或 CPU 的单个变量）、对外设输出赋值（固定值分配给处于 STOP 模式下的 CPU 的单个 I/O 输出）、强制变量（为用户程序或 CPU 的单个变量分配一个用户程序无法覆盖的固定值）、定义变量被监视或赋予新值的触发点和触发条件。

（三）监视修改变量的步骤

（1）创建新变量表或打开一个已经存在的变量表，变量表窗口如图 10-32 所示；

（2）编辑或检查变量表的内容；

（3）使用菜单命令“PLC”→“连接到”，在当前变量表和所需的 CPU 之间建立在线连接，下载程序到 PLC；

（4）使用菜单命令“变量”→“触发器”，选择合适的触发点并设置触发频率；

（5）用菜单命令“变量”→“监视和变量”→“修改”，打开监视和修改功能；

（6）使用菜单命令“表格”→“保存”或“表”→“另存为”来保存所完成的变量表，以便可以随时再次调用它。

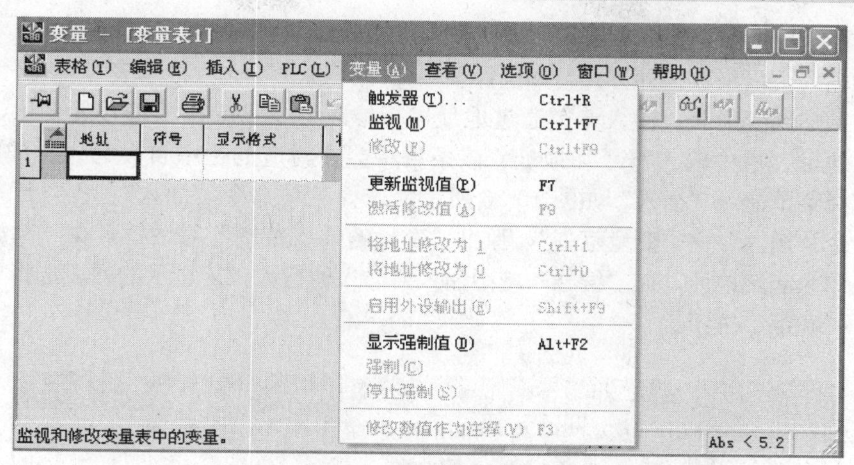

图 10-32　变量表窗口

（四）变量表的生成

(1) 在管理器中生成新的变量表方法如图 10-33 所示。

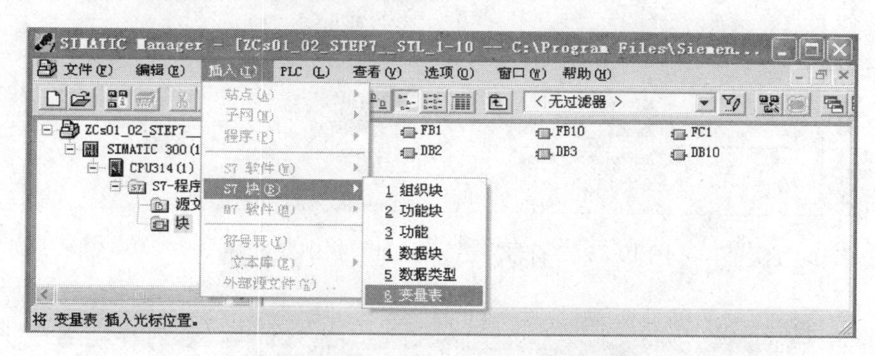

图 10-33　管理器窗口生成变量表

(2) 在变量表编辑器中，可以使用菜单命令“表格”→“新建”生成一个新的变量表如图 10-34 所示。

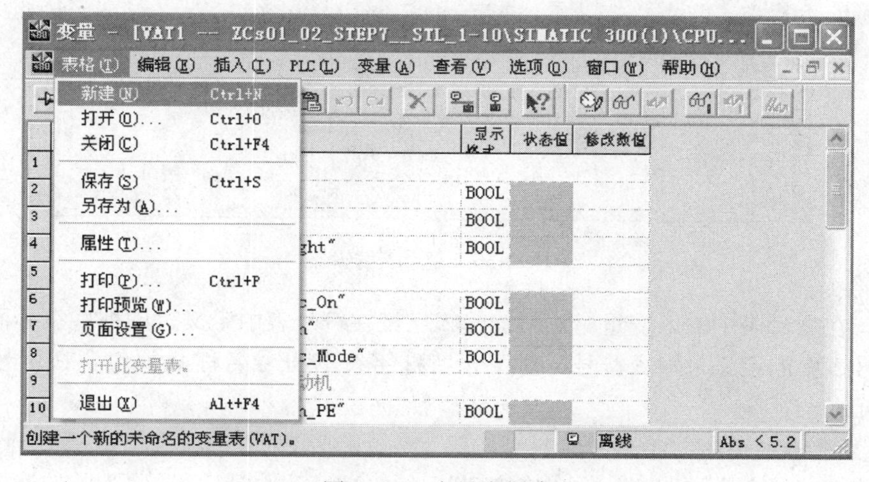

图 10-34　变量表新建

(五) 变量表中的变量输入

变量的输入可以采取多种方式，如选择菜单命令“选项”→“符号表”，从符号表中复制符号，将它粘贴到变量表；输入希望通过地址进行修改的变量或作为符号的变量，可在“符号”栏或“地址”栏中输入符号和地址，该条目将会在对应的栏中自动写入，如图 10-35 所示。还可选择菜单命令“插入”如图 10-36 所示，选择菜单命令“插入”→“行”增加变量；选择菜单命令“插入”→“变量范围”，弹出“变量的插入范围”对话框，在“起始地址”域中输入地址作为起始地址，在“编号”域中输入要插入的行数，从显示的列表选择要求的显示格式，单击“确定”按钮。

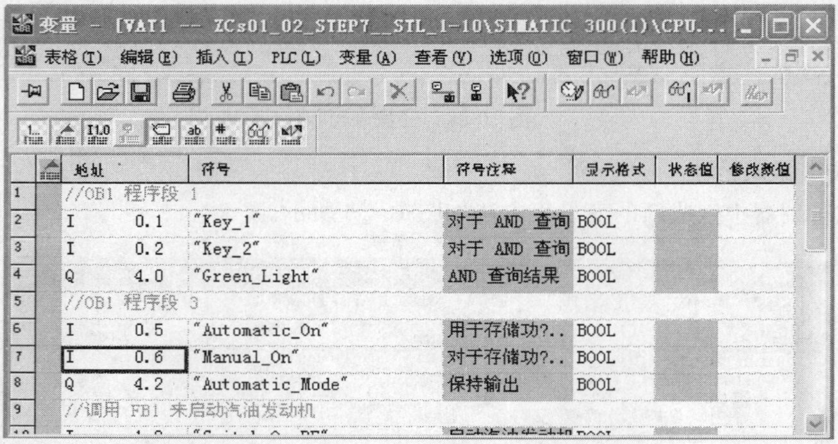

图 10-35 “符号”栏、“地址”栏中变量输入

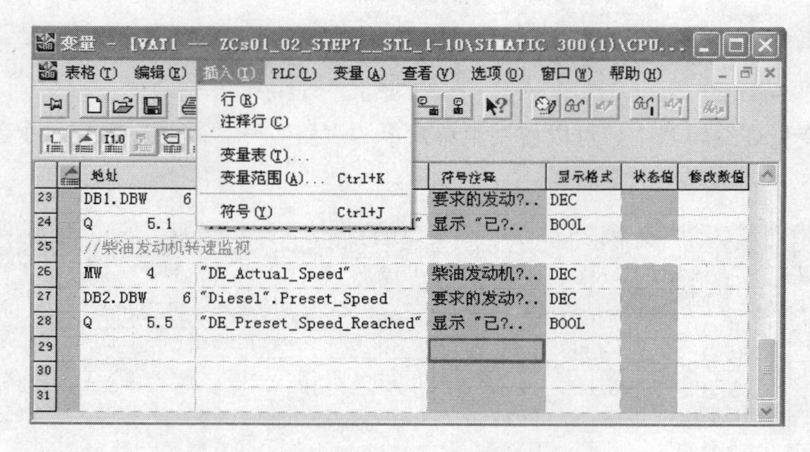

图 10-36 变量表编辑器

注意：在变量表中输入变量时，只能输入已经在符号表中定义过的那些符号而且必须完全按照符号表中的定义来输入符号，对于含特殊字符的符号名称必须包含在引号内（例如“Motor. Off”）。

(六) 变量表的使用

(1) 使用菜单命令“PLC”→“连接到”→“…”，建立到适当的 CPU 的连接，使之可监视或修改变量。

(2) 定义变量表触发方式。使用菜单命令“变量”→“触发器”来设置触发点和触发频率。选择相应的单选按钮，在对话框中定义用于监视变量的触发点和触发条件如图 10-37 所示。

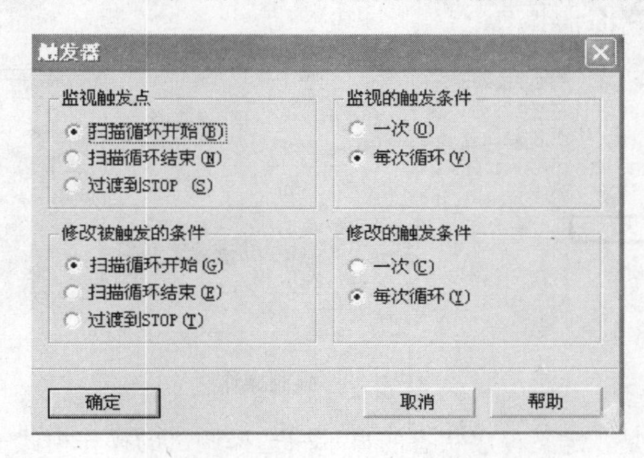

图 10-37 定义变量表触发方式

(3) 监视变量。使用菜单命令“变量”→“监视”启动或关闭监视处理，用于查看变量的状态值。

(4) 修改变量。使用菜单命令“变量”→“修改”，激活修改功能。根据设置的触发点和触发频率，用户程序为变量表中选择的变量应用修改值。如果设置的触发频率为“每次循环”，可以再次使用菜单命令“变量”→“修改”来关闭修改功能。需要注意的是，只有在变量表中修改开始时那些可见的地址，才能被修改，修改无法撤销（例如不能用“编辑”→“撤销”）。要在确保不会发生危险的状况执行“修改”功能。当“修改”功能正在进行时，按下“ESC”键，将不作任何询问即中止“修改”功能。

(5) 强制变量。只有当“强制值”窗口是激活的，才可以选择强制菜单命令。使用菜单命令“变量”→“显示强制值”来打开“强制值”窗口，在此窗口中显示所选择 CPU 的当前状态。如果 CPU 不支持强制，则不能选择“显示强制值”菜单命令。强制作业只能用菜单命令“变量”→“停止强制”来删除或终止。关闭强制值窗口或退出“监视和修改变量”应用程序不会删除强制作业。强制不能撤销（例如不能用“编辑”→“撤销”）。如果 CPU 不支持强制功能，与强制动作链接的变量菜单中的所有菜单命令都是取消激活的，如图 10-38 所示。一旦通过菜单命令“变量”→“强制操作”给用户程序的单个变量分配了固定值，就不因程序执行而改变。如果使用菜单命令“变量”→“启用外设输出”来取消激活输出禁用，所有的强制输出模块都会输出它们的强制值。对于可支持强制变量功能的 CPU（例如 S7-400 CPU），通过强制功能为变量分配固定的值，为用户程序设置特定的状况，然后以此来测试编写的功能。使用不正确的强制操作可能会造成人员伤亡和财产损失，对此操作要特别慎重。

二、用编程状态调试

（一）进入程序状态的条件和调试步骤

进入程序状态的条件：程序已编译下载到 CPU；打开逻辑块，用菜单命令“调试”→“监视”，进入在线监控状态；CPU 和用户程序正在运行。

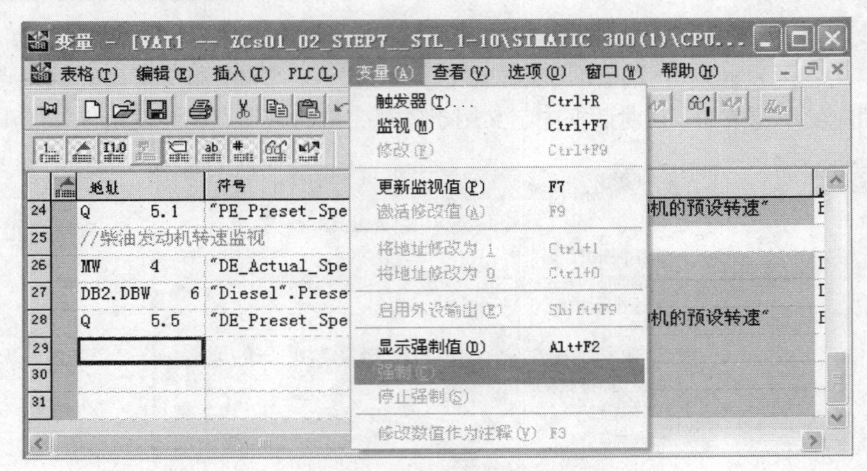

图 10-38　强制操作

调试的一般步骤是：定义程序状态的显示→选择调试的操作模式→定义调用环境（可选）→开/关调试。要设置断点，以单步模式来执行程序，必须设置测试操作模式（用菜单命令调试>操作设置）。这些测试功能不能用于过程操作模式。在用程序状态功能调试程序时，出现的错误可能会造成严重损害，对此要做好防范。因此一般不直接调用整个程序来调试，而是从调用体系最深的嵌套层的块开始，逐个的调用块，然后单独对其进行调试。例如，在 OB1 中调用它们，然后通过监视和修改变量，为块创建要测试的环境。

（二）程序状态显示

可以通过在程序编辑器中显示每条指令的程序状态（RLO、状态位）或相应寄存器的内容来调试程序。通过在程序编辑器窗口使用菜单命令“选项”→“自定义”对话框的“STL”标签里定义显示信息的范围，如图 10-39 所示。

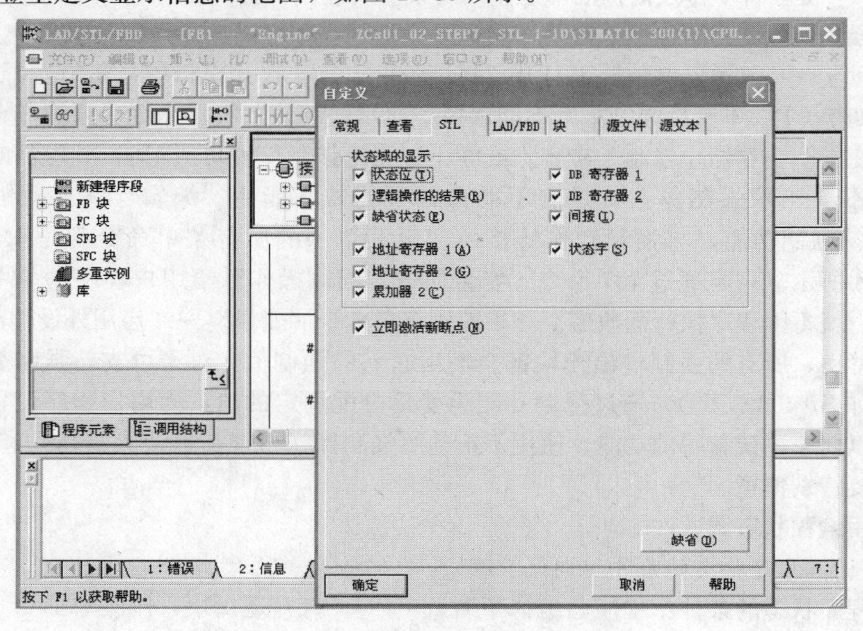

图 10-39　定义状态域显示内容

语句表程序状态的显示如图 10-40 所示，从光标选择的网络开始监视程序状态，图 10-40 的右边窗口显示每条指令执行后的逻辑运算结果（RLO）和状态位 STA（Status）、累加器 1（STANDARD）、累加器 2（ACCU 2）和状态字（STATUS …）。用菜单命令“选项”→“自定义”打开的对话框分 STL 标签页选择需要监视的内容，用 LAD/FBD 标签页可以设置梯形图（LAD）和功能块图如图 10-41 所示。

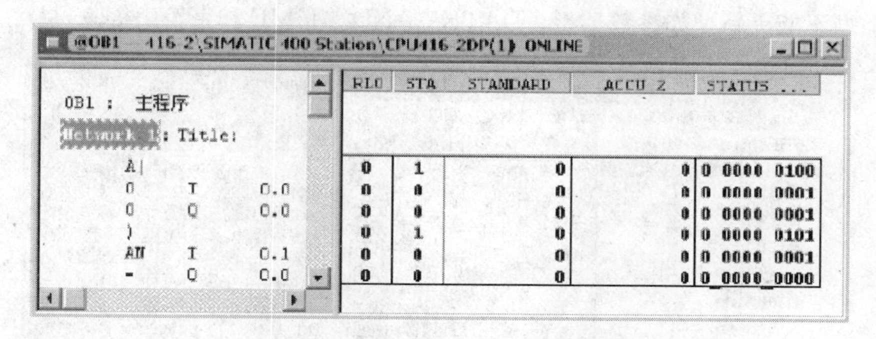

图 10-40　用程序状态监视 STL 程序

用程序状态监视梯形图的状态显示如图 10-41 所示，在 LAD 和 FBD 中预设颜色，用绿色实线表示状态实现，蓝色点划线表示状态没有实现，黑色实线表示状态未知。线类型和颜色的预设值可以在菜单命令“选项”→“自定义”、“LAD/FBD”标签页下改变。

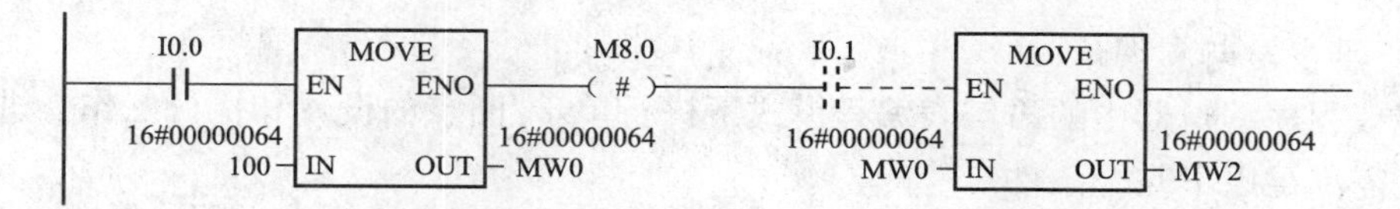

图 10-41　用程序状态监视 LAD 的状态

梯形图中元素状态表示：触点的状态是如果地址具有值“1”代表实现、如果地址具有值“0”代表没有实现、如果地址值为未知则代表未知；具有启用输出（ENO）的元素的状态对应于将 ENO 输出值作为地址触点的状态，如果启用的输出没有连接，具有启用输出（ENO）的元素以黑色显示；具有 Q 输出的元素的状态对应于具有地址值触点的状态；如果调用后 BR 位被置位，那么 CALL 状态将实现。

梯形图中线状态表示：如果未穿过线或如果线状态未知，则这些线是黑色的；从母线开始的线状态始终为“1”；从并联分支开始的线状态始终为“1”；如果元素前的线状态和元素状态均为“1”，那么元素后的线状态也将为“1”；如果满足在相交前至少有一条线的状态为“1”或在分支前的线状态为“1”，则线状态将在一些线相交后为“1”。

梯形图中参数状态表示：以粗体显示的参数值为当前值；以细体字显示的参数值来自前一个周期或当前扫描周期不处理程序部分。

程序状态功能监视数据块。在数据视图中查看在线数据块如图 10-42 所示。可以通过在线数据块或离线数据块激活显示。在这两种情况下，会显示可编程控制器中的在线数据块的内容。在程序状态启动前，不得修改数据块。如果在线数据块和离线数据块的结构有所不同（声明），可以根据要求直接将离线数据块下载到 PLC 中。数据块必须位于“数据视图”中，以便在线值可以在“实际值”栏中显示。当状态激活时，不能切换到声明视图。更新时，在状态栏中可以看见绿色条，并显示工作模式，只能更新画面中可见的数据块部分。数值以相应数据类型的格式显示，格式不能改变。在程序状态结束后，“实际值”栏再次显示在程序状态之前有效的内容，不能将更新后的在线值传送到离线数据块中。所有基本数据类型都在共享数据块中更新，也在所有的实例数据块的声明（输入/输出/输入-输出/静态）中更新。有些数据类型不能更新，如参数类型、DATE _ AND _ TIME 和字符串等。

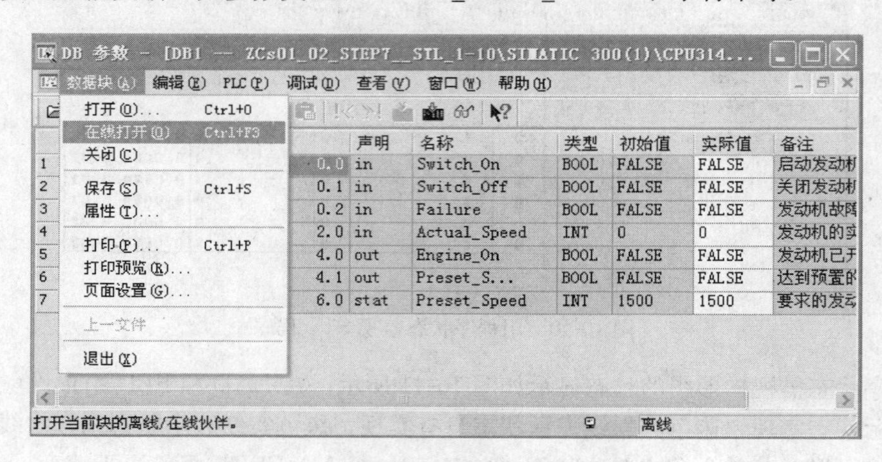

图 10-42　数据视图

（三）单步与断点调试

只能在程序编辑器中的语句表编程模式下进行单步/断点的设置和执行工作。进入单步/断点模式需满足以下几个条件。

（1）只能在语句表中使用单步和断点功能，对于梯形图或功能块图中的块，必须使用菜单命令“查看”→“STL”来改变视图。

（2）执行菜单命令“选项”→“自定义”，在对话框中选择 STL 标签页，激活“立即激活新断点”选项（见图 10-39）。

（3）必须设置测试操作模式，单步模式测试不能在操作模式下进行，用菜单命令“调试”→“操作”使 CPU 工作在测试（Test）模式。

（4）不得保护块，不得在编辑器中改变打开的块，必须在线打开被调试的块。

（5）设置断点时不能起动程序状态（Monitor）功能。

（6）STL 程序中有断点的行、调用块的参数所在的行、空的行或注释行不能设置断点。

在“调试”菜单中可以找到能用来设置、激活或删除断点的菜单命令如图 10-43 所示。也可以使用菜单命令“查看”→“断点条”来显示断点工具栏。在 STOP 或 RUN-P 模式下执行菜单命令“调试”→“设置断点”，语句行用空心圆圈标记断点，该指令行左侧会出现一小圆，如图 10-44 所示，表明断点设置成功，同时弹出可移动的显示寄存器的小窗口，使用菜单命令“查看”→“PLC”寄存器可以打开和关闭该窗口。单步模式一次只执行一条指令。

其他的单步/断点菜单指令有“调试”→“删除断点”（逐个删除断点），或者可以使用菜单命令“调试”→“删除所有断点”（删除所有断点）、“调试”→“断点激活”（激活后断点用实心圆圈标记）、“调试”→“显示下一个断点”（光标跳转到所选择的下一个断点，而

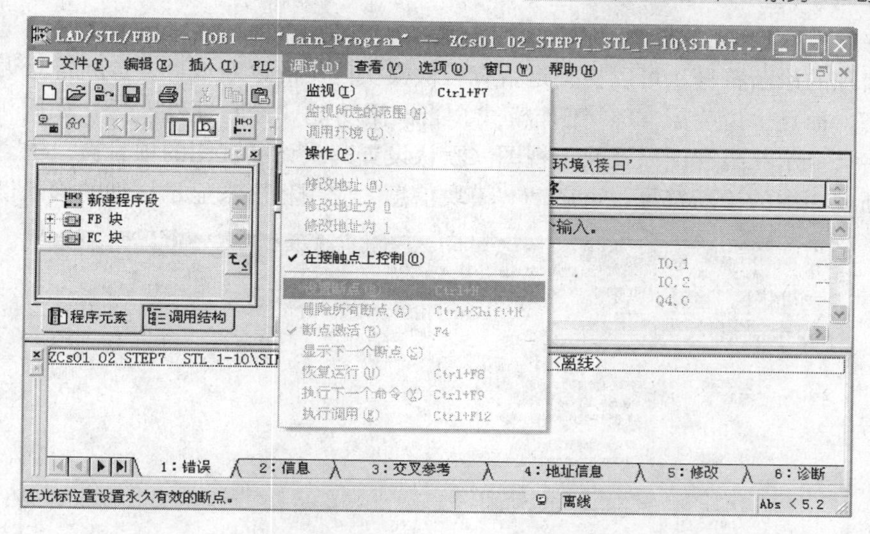

图 10-43　单步/断点操作设置

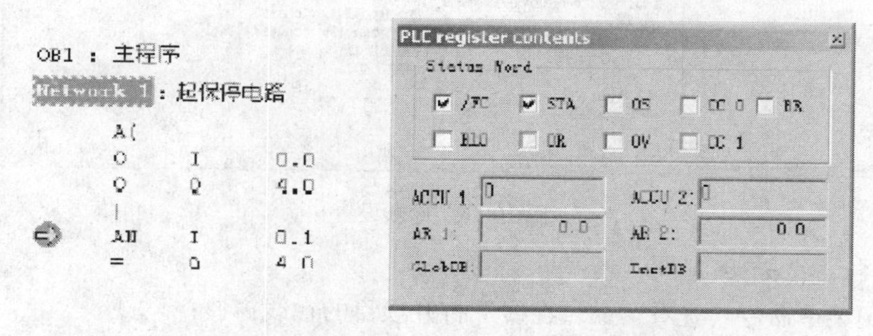

图 10-44　断点及断点处寄存器的内容

无需处理块)、“调试”→“恢复运行”(继续运行程序直到下一个断点)、“调试”→“执行下一个命令”(在单步模式下进行测试)和“调试”→“执行调用”。

第七节　故　障　诊　断

一、故障诊断的基本方法

(一)定义诊断符号

诊断符号形象直观便于检测故障。如果没有出现故障，那么所显示的模块类型符号上不带附加的诊断符号。如果模块有诊断信息，显示模块带附加的诊断符号，或以较低的对比度显示模块符号，诊断符号如图 10-45 所示。

模块故障

当前组态与实际组态不区配

无法诊断

启动

停止

多机运行模式中被另一CPU触发停止

运行

强制与运行

保持

图 10-45　诊断符号

（二）硬件诊断和故障检测

通过出现的诊断符号，可以检查是否有可供模块使用的诊断消息。诊断符号说明了相应模块的状态，而且也说明了 CPU 工作模式。当调用功能“诊断硬件”后，如图 10-46 所示诊断符号将会显示在线视图以及快速视图（默认设置）或诊断视图的项目窗口中。双击快速视图或诊断视图中的诊断符号，可启动“模块信息”应用程序来显示详细的诊断信息。

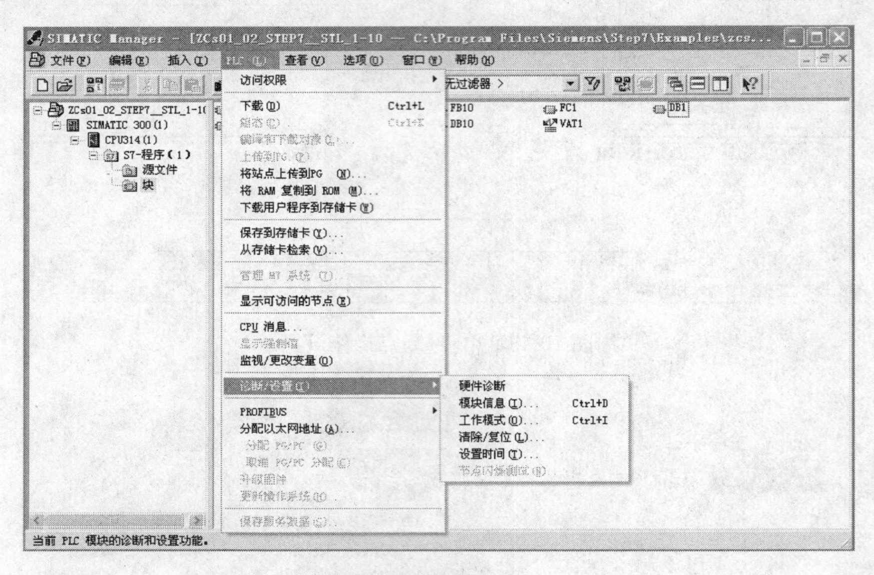

图 10-46 诊断设置

（三）故障定位方法

（1）使用菜单命令“查看”→“在线”打开项目的在线窗口；

（2）打开所有的站，以便在其中组态的可编程模块均为可见，看是否有 CPU 正在显示诊断符号，其指示了错误或故障，按 F1 键打开解释诊断符号的帮助页面；

（3）选择要检查的站；

（4）选择菜单命令“PLC”→“诊断/设置”→“模块信息”以显示该站中 CPU 的模块信息；

（5）选择菜单命令“PLC”→“诊断/设置”→“诊断硬件”以显示该站中 CPU 和故障模块的“快速视图”。快速视图的显示已设置为默认值（菜单命令选项>自定义，“视图”标签）；

（6）选择快速视图中的故障模块；

（7）点击“模块信息”按钮以获取关于该模块的信息；

（8）点击快速视图中的“在线打开站”按钮，以显示诊断视图，诊断视图包括了按照其插槽顺序排列在站中的所有模块。

双击诊断视图中的模块，以便显示模块信息。采用该方式，也可获得那些没有故障因而没有显示在快速视图中的模块的信息。

二、用快速视图和诊断视图诊断故障

（一）调用快速视图诊断故障

快速视图提供一种使用“诊断硬件”的快捷方式。当调用“诊断硬件”功能时，快速视图作为默认显示被打开如图 10-47 所示。

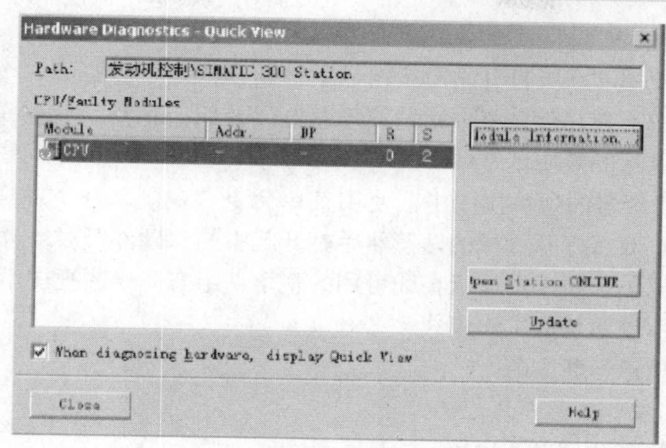

图 10-47　快速视图

在 SIMATIC 管理器中，使用菜单命令“选项”→“自定义”→“查看”对话框要激活“在硬件诊断期间显示快速视图”，如图 10-48 所示。

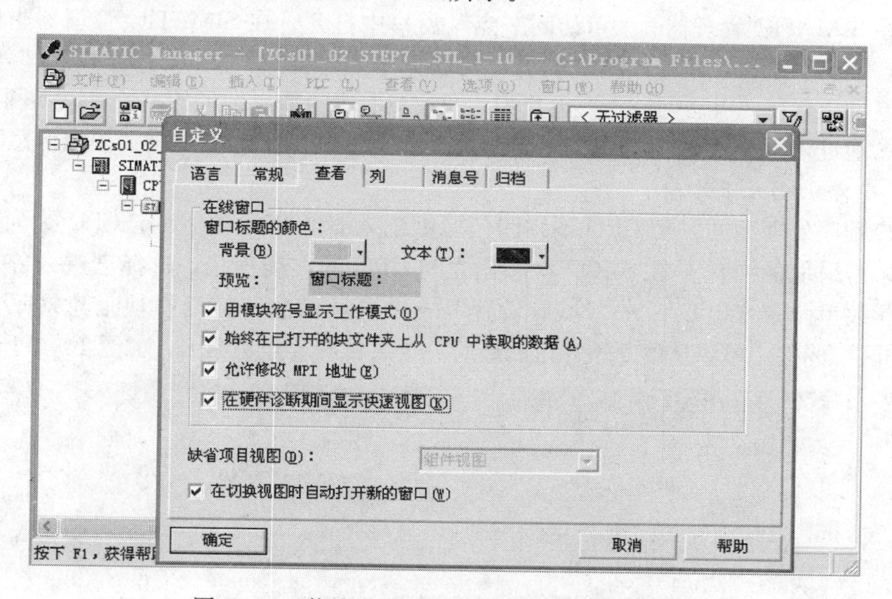

图 10-48　激活“在硬件诊断期间显示快速视图”

在 SIMATIC 管理器中，使用菜单命令“PLC”→“诊断/设置”→“诊断硬件”来调用该功能。可按如下方式使用该菜单命令：如果选择了一个模块或 S7/M7 程序，则在项目的在线窗口中；如果在“可访问节点”窗口中选择一个节点（“MPI=…”），则该条目属于 CPU。从所显示的组态表中，可以选择希望显示其模块信息的模块。

快速视图中会显示如下信息：在线连接到 CPU 的数据和诊断符号、被 CPU 检测出故障的模块的诊断符号（例如诊断中断、I/O 访问错误）和模块类型和模块地址（机架、插槽、具有站编号的 DP 主站系统）。

由于 STEP 7 必须查找并显示数据，故显示诊断视图所需的时间较长。因此，启动“诊断硬件”应用（默认设置）时，显示快速视图往往更有利。

（二）调用诊断视图

在快速视图中使用“在线打开站”按钮显示诊断视图，可以打开一个诊断视图对话框，该对话框与快速视图不同，包含整个站的图形总览以及组态信息。它侧重于在“CPU/故障模块”列表中高亮显示的模块。

在 SIMATIC 管理器的项目视图中，使用菜单命令“视图”→“在线”，建立到可编程控制器的在线连接，双击打开选择的站，然后打开其中的“硬件”对象也可打开诊断视图。

与快速视图相比，诊断视图显示在线可用的整个站组态。诊断视图中的附加诊断选项可通过双击模块，显示该模块的工作模式。

三、调用模块信息诊断故障

（一）模块信息窗口的打开

模块信息窗口的打开有以下途径：

（1）在 SIMATIC 管理器的项目窗口中打开。其方法是打开项目，选择一个站，然后双击打开该站，在站中选择一个模块或“S7 程序”文件夹，选择菜单命令“PLC”→“诊断/设置”→“模块信息”。

（2）在 SIMATIC 管理器的“可访问节点”窗口中打开。在 SIMATIC 管理器中使用菜单命令“PLC”→“显示可访问节点”，打开“可访问节点”窗口，在“可访问节点”窗口中选择一个节点（注意在“可访问节点”窗口中，只有具有本身节点地址的模块象以太网、MPI 或 PROFIBUS 地址才可见），然后选择菜单命令“PLC”→“诊断/设置”→“模块信息”。

（二）在停止模式下诊断

在用户程序处理期间发生 CPU 不知因何原因进入 STOP 模式，确定 CPU 为何进入“停止”模式，需采取的操作是在 STOP 状态建立与 CPU 的在线连接，选择已进入停止模式的 CPU，执行菜单命令“PLC”→“诊断/设置”→“模块信息”打开模块信息对话框，选择“诊断缓冲区”标签，可以从诊断缓冲区的最后一个条目确定停止原因，如图 10-49 所示。

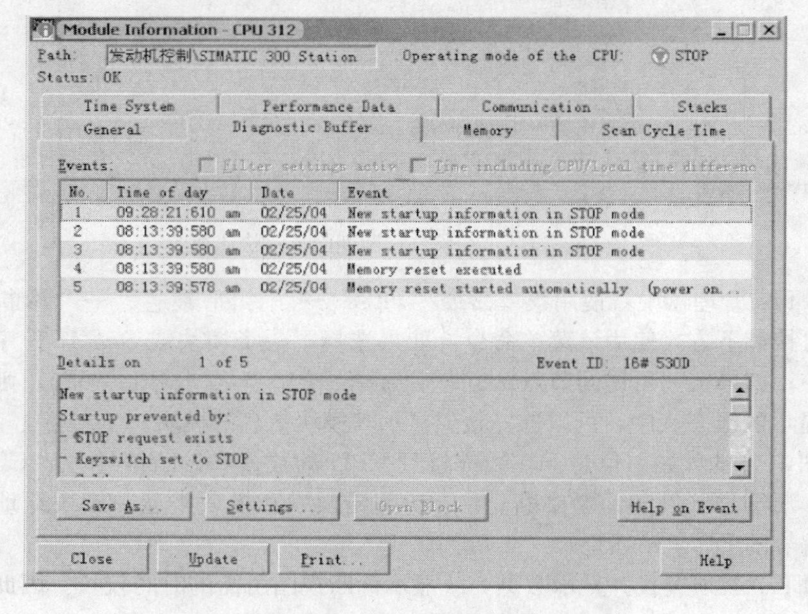

图 10-49　CPU 模块的在线模块信息窗口

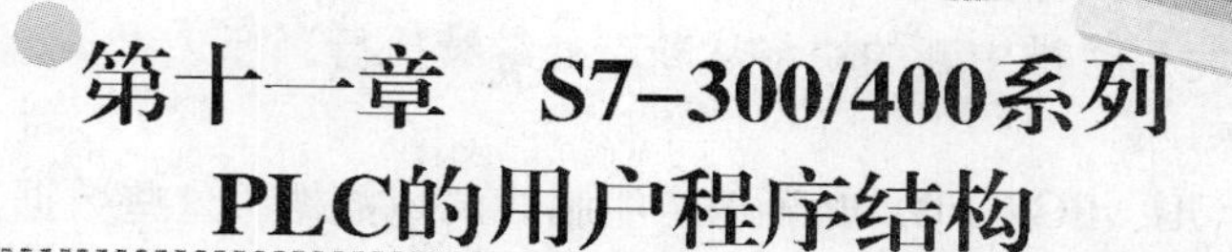

第十一章　S7-300/400系列PLC的用户程序结构

第一节　用户程序的基本结构

PLC 的 CPU 中运行的程序包括操作系统和用户程序，操作系统用来组织与特定控制任务无关的功能，例如处理 PLC 的重启、更新输入/输出过程映像表、调用用户程序、采集和处理中断、识别错误并进行错误处理、管理存储区和处理通信等。用户程序则由用户在 STEP 7 中创建，并下载到 CPU 中。它包含处理特定的自动化任务所需要的所有功能，例如确定 CPU 重启或热重启的条件，处理过程数据，响应中断和处理程序正常运行中的干扰等。

一、用户程序中的块

STEP 7 编程软件允许用户将编写的程序和程序所需的数据放置在块中，使用户程序结构化，易于程序修改、查错和调试。块结构显著地增加了 PLC 程序的组织透明性、可理解性和易维护性。各种块的简要介绍如表 11-1 所示。

表 11-1　用户程序中的块

块	功能简介
组织块（OB）	决定用户程序的结构
系统功能块（SFB）和系统功能（SF）	集成在 CPU 模块中，通过调用 SFB 或 SFC，可以访问一些重要的系统功能
功能块（FB）	用户可以自行编程的带有存储区的块
功能（FC）	包含用户经常使用的功能的子程序
背景数据块（DI）	调用 FB 和 SFB 时，背景数据块与块关联，并在编译过程中自动创建
共享数据块（DB）	用于存储用户数据的数据区域，供所有的块共享

（一）组织块（OB）

组织块是操作系统与用户程序之间的接口，它们由操作系统调用，用于控制循环和中断程序的执行以及可编程控制器的启动和错误处理等。组织块根据操作系统调用的条件（如时间中断、报警中断等），可以分成不同的类型，每种类型有不同的优先级，高优先级的 OB 可以中断低优先级的 OB。当 OB 启动时，提供触发它的初始化启动事件的详细信息，这些信息可以在用户程序中使用。

OB1 是主程序循环块，用于循环处理，操作系统在每一次循环中调用一次组织块 OB1。一个循环周期分为输入、程序的执行、输出和其他任务，例如下载、删除块、接收和发送全局数据等。根据过程控制的复杂程度，可将所有程序放入 OB1 中进行线性编程，或将程序用不同的逻辑块加以结构化，通过 OB1 调用这些逻辑块，并允许块间的相互调用。这样可以把一个复杂的自动化任务分解为能够反映过程的工艺、功能或可以反复使用的小任务，使控制变得更加容易。

块的调用指令中止当前块的运行调用，然后执行被调用块的所有指令，当前正在执行的块在当前语句执行完后被停止执行（被中断），操作系统将会调用一个分配给该事件的组织块。该组织块执行完后，被中断的块将从断点处继续执行。

（二）局域数据

生成逻辑块（OB、FC、FB）时可以声明临时局域数据。这些数据是临时的，退出逻辑块时不保留临时局域数据。局域数据（局部数据，Local data）只能在生成它们的逻辑块内使用。CPU 按优先级划分局域数据区同一优先级的块共用一片局域数据区，可以用 STEP 7 改变 S11-400 每个优先级的局域数据的数量。

（三）功能（FC）与功能块（FB）

功能（FC）是用户编写的没有固定的存储区的块，其临时变量存储在局域数据堆栈中，功能执行结束后，这些数据就丢失了。利用共享数据区可以存储那些在功能执行结束后需要保存的数据，由于 FC 没有自己的数据存储区，所以不能为功能的局域数据分配初始值。

调用功能和功能块时用实参（实际参数）代替形参（形式参数）。形参是实参在逻辑块中的名称，功能不需要背景数据块。功能和功能块用输入（IN）、输出（OUT）和输入输出（IN/OUT）参数做指针，指向调用它的逻辑块提供的实参。另外，功能可以为调用它的块提供数据类型为 RETURN 的返回值。

功能块（FB）是用户编写的具有自己存储区域（背景数据块）的块，每次调用功能块时需要提供各种类型的数据给功能块，功能块也要返回变量给调用它的块。这些数据以静态变量（STAT）的形式存放在指定的背景数据块（DI）中，临时变量 TEMP 存储在局域数据堆栈中。

调用 FB 或 SFB 时，必须指定 DI 的编号，调用时 DI 被自动打开。在编译 FB 或 SFB 时，系统会自动生成背景数据块中的数据。用户可以在用户程序中或通过 HMI（人机接口）来访问这些背景数据。

可以在 FB 的变量声明表中给形参赋初值，它们被自动写入相应的背景数据块中。在调用块时，CPU 将实参分配给形参的值存储在 DI 中。如果调用块时没有提供实参，将使用上一次存储在 DI 中的参数。

（四）数据块

数据块（DB）是用于存放执行用户程序时所需的变量数据的数据区。与逻辑块不同，在数据块中没有 STEP 7 的指令，STEP 7 按照数据生成的顺序自动地为数据块中的变量配地址。数据块分为共享数据块和背景数据块，其最大容量与 CPU 型号有关。

1. 共享数据块

共享数据块存储的是全局数据，所有的 FB、FC 或 OB 都可以从共享数据块中读取数据或将数据写入共享数据块。CPU 可以同时打开一个共享数据块和一个背景数据块。如果某个逻辑块被调用，它可以使用它的临时局域数据区（即 L 堆栈）。逻辑块执行结束后，其局域数据区中的数据丢失，但是共享数据块中的数据不会被删除。

2. 背景数据块

背景数据块中的数据是自动生成的，它们是功能块的变量声明表中的数据（不包括临时变量TEMP)。背景数据块用于传递参数，FB的实参和静态数据存储在背景数据块中。调用功能块时，应同时指定背景数据块的编号或符号，背景数据块只能被指定的功能块访问。

首先生成功能块，然后生成它的背景数据块。在生成背景数据块时指明它的类型为背景数据块（Instance），并指明功能块的编号。在调用功能块时使用不同的背景数据块，可以控制多个同类的对象。例如，一个用于电动机控制的FB，可以通过对每个不同的电动机，使用不同的背景数据集，来控制多台电动机如图11-1所示。

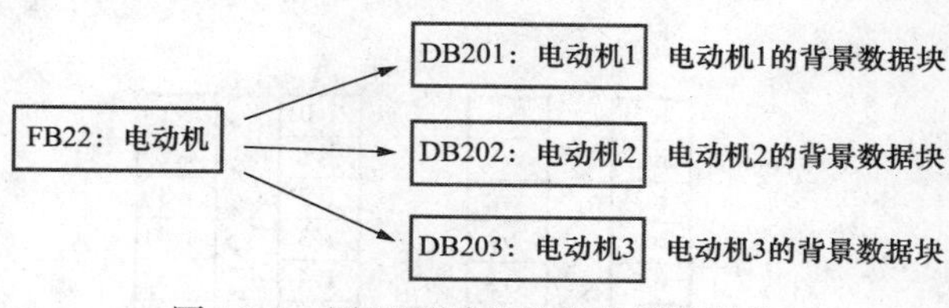

图11-1　用于不同对象的背景数据块

3. 系统功能块（SFB）和系统功能（SFC）

系统功能块和系统功能是S7 CPU提供的标准的已经为用户编制好程序的块，用户可以直接调用它们，以便高效地编制自己的程序，但不能修改这些功能块。它们是操作系统固有的一部分，不占用户程序空间，其中系统功能块SFB有存储功能，其变量保存在指定给它的背景数据块中。

4. 系统数据块（SDB）

系统数据块是由STEP 7产生的程序存储区，包含系统组态数据，例如硬件模块参数和通信连接参数等用于CPU操作系统的数据。

5. 块的调用

在程序编制过程中，可以用CALL、CU（无条件调用）和CC（RLO＝1时调用）指令调用没有参数的FC和FB。这里需要注意用CALL指令调用FB和SFB时，必须指定背景数据块，而且静态变量和临时变量不能出现在调用指令中。

二、用户程序使用的堆栈

堆栈是CPU中的一块特殊存储区，如图11-2所示，它采用“先入后出”的规则存入和取出数据。堆栈最上面的存储单元称为栈顶，要保存的数据从栈顶压入堆栈时，栈中原有的数据依次向下移动一个位置，最下面一个存储单元的数据丢失。同理，在取出栈顶的一个数据后，栈中所有的数据依次向上移动一个位置。堆栈的这种“先入后出”的存取规则刚好满足块的调用要求，因此在程序设计中得到了普遍的应用。

下面介绍STEP 7中3种不同的堆栈。

（一）局域数据堆栈（L）

局域数据堆栈用来存储块的局域数据区的临时变量、组织块的启动信息、块传递参数的信息和梯形图程序的中间结果，局域数据可以按位、字节、字和双字来存取，例如L0.0、LB9、LW4和LD52。

各逻辑块均有自己的局域变量表，局域变量仅在它被创建的逻辑块中有效。对组织块编程时，可以声明临时变量（TEMP)。临时变量仅在块被执行的时候使用，块执行完后将被别的数据覆盖。

在首次访问局域数据堆栈时，应对局域数据初始化。每个组织块需要2OB的局域数据来存储它的启动信息。

CPU分配给当前正在处理的块的临时变量（局域数据）的存储器容量是有限的，即局域堆栈的大小与CPU的型号有关。CPU给每一优先级分配了相同数量的局域数据区，这样可以保证不同优先级的 OB 都有它们可以使用的局域数据空间。

图 11-3 中的 FB1 调用功能 FCZ，FCZ 的执行被组织块 OB81 中断，并给出了局域数据堆栈中局域数据的存放情况。

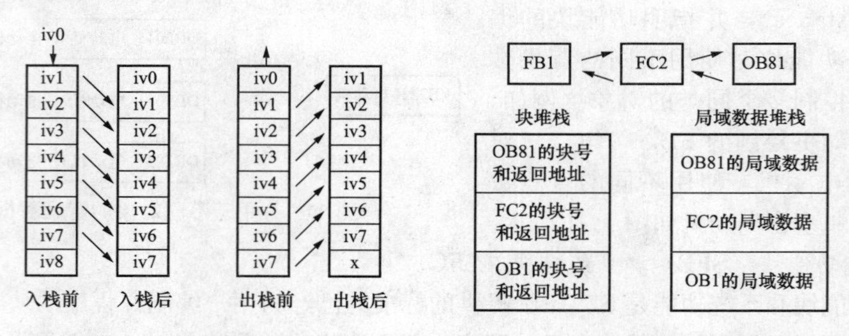

图 11-2 堆栈操作 图 11-3 块堆栈与局域数据堆栈

在局域数据堆栈中，并非所有的优先级都需要相同数量的存储区。通过在 STEP 7 设置参数，可以给 S11-400 CPU 和 CPU 318 的每一优先级指定不同大小的局域数据区，其余的 S11-300 CPU 每一优先级的局域数据区的大小是固定的。

（二）块堆栈（B 堆栈）

如果一个块的处理因为调用另外一个块，或者被更高优先级的块中止，或者被对错误的服务中止，CPU 将在块堆栈中存储以下信息：

（1）被中断的块的类型（OB、FB、FC、SFB、SFC）、编号、优先级和返回地址；

（2）从 DB 和 DI 寄存器中获得的块被中断时，打开的共享数据块和背景数据块的编号（即块存储器 DB、DI 被中断前的内容）；

（3）局域数据堆栈的指针（被中断块的 L 堆栈地址）。

利用这些数据，可以在中断它的任务处理完后恢复被中断的块的处理。在多重调用时，堆栈可以保存参与嵌套调用的几个块的信息。

CPU 处于 STOP 模式时，可以在 STEP 7 中显示 B 堆栈中保存的在进入 STOP 模式时各有处理完的所有的块，在 B 堆栈中，块按照它们被处理的顺序排列。

STEP 7 中可使用的 B 堆栈大小是有限的，这与 CPU 的型号有关。

（三）中断堆栈（I 堆栈）

如果程序的执行被优先级更高的 OB 中断，操作系统将保存下述寄存器的内容：当前累加器和地址寄存器的内容、数据块寄存器 DB 和 DI 的内容、局域数据的指针、状态字、MCR（主控继电器）寄存器和 B 堆栈的指针。

新的 OB 执行完后，操作系统从中断堆栈中读取信息，从被中断块的被中断的地方开始继续执行程序。

CPU 在 STOP 模式时，可以在 STEP 7 中显示 I 堆栈中保存的数据，用户可以由此找出使 CPU 进入 STOP 模式的原因。

三、STEP 7 编程方式

STEP 7 提供了 3 种编程方法供用户选用，它们分别是线性化编程、模块化编程和结构化编程。

（一）线性化编程

线性化编程是指将整个用户程序写在一个指令连续的块中，处理器循环扫描时不断地依次执行块中的每条指令。线性化编程方法结构简单，不涉及功能块、功能、数据块、局域变量和中断等比较复杂的概念，适合比较简单的控制任务。

由于所有的指令都在一个块中，即使程序中的某些部分有时在大多数时候并不需要执行，然而在每个扫描周期都要执行所有的指令，因此线性化编程方法不能有效地利用 CPU。

（二）模块化编程

模块化编程是将用户程序分成相对独立的指令块，每个块包含完成某些任务的逻辑指令。各备用块的执行顺序由组织块 OB1（主程序）中的指令决定。功能和功能块（子程序）用来完成不同的过程任务。被调用的块执行完后，返回到 OBI 中程序块的调用点，继续执行 OB1。

与线性化编程方法相比，由于只是在需要时才调用有关的程序块，提高了 CPU 的利用效率。

（三）结构化编程

结构化编程要求用户程序提供一些通用的指令块，以便控制一类相似或相同的部件，从而将复杂的自动化任务分解为能够反映过程的工艺、功能或可以反复使用的小任务，这些任务由相应的程序块（或称逻辑块）来表示，程序运行时所需的大量数据和变量存储在数据块中。某些程序块可以用来实现相同或相似的功能。这些程序块是相对独立的，它们被 OBI 或别的程序块调用。

结构化编程方法适合复杂的控制任务，并支持多人协同编写大型用户程序，具有程序结构层次清楚、部分程序标准化、易于修改、程序调试简单等优点。

第二节　数据块与数据结构

一、数据块的生成与使用

数据块（DB）用来分类存储设备或生产线中变量的值，数据块也是用来实现各逻辑块之间的数据交换、数据传递和共享数据的重要途径。与逻辑块不同，数据块只有变量声明部分，没有程序指令部分。

（一）数据块的类型

数据块分为共享数据块（DB）和背景数据块（DI）两种。

共享数据块又称为全局数据块，它不附属于任何逻辑块。在共享数据块中和全局符号表中声明的变量都是全局变量。用户程序中所有的逻辑块（FB、FC、OB 等）都可以使用共享数据块和全局符号表中的数据。

背景数据块是专门指定给某个功能块（FB）或系统功能块（SFB）使用的数据块，它是 FB 或 SFB 运行时的工作存储区。当用户将数据块与某一功能块相连时，该数据块即成为该功能块的背景数据块，功能块的变量声明表决定了它的背景数据块的结构和变量。不能直接修改背景数据块，只能通过对应的功能块的变量声明表来修改它。调用 FB 时，必须同时指定一个对应的背景数据块。只有 FB 才能访问存放在它的背景数据块中的数据。

在符号表中，共享数据块的数据类型是它本身，背景数据块的数据类型是对应的功能块。

多次使用同一功能块时，需要调用不同的背景数据块，具体做法是将这些数据块中的数据存放在一个多重背景数据块中，但需要增加一个管理多重背景的功能块。

（二）定义数据块

在编程阶段和程序运行中都能定义数据块，大多数数据块是在编程阶段用STEP 7开发软件包定义的，定义内容包括数据块号和块中的变量。定义完成后，数据块中变量的顺序及类型决定了数据块的数据结构，变量的数量决定了数据块的大小。数据块在使用前，必须作为用户程序的一部分下载到CPU中。

（三）生成共享数据块

在SIMATIC管理器中用鼠标右键单击SIMATIC管理器的块工作区，在弹出的菜单中选择“Insert New Object”→“Data Block”命令，就可以生成新的数据块。

数据块有两种显示方式，即声明表显示方式和数据显示方式，菜单命令“View→Declaration View”和“View→Data View”分别指定声明表显示方式和数据显示方式。声明表显示状态用于定义和修改共享数据块中的变量，指定它们的名称、类型和初值，STEP 7根据数据类型给出默认的初值，用户可以修改初值。可以用中文给每个变量加上注释，声明表中的名称只能使用字母、数字和下划线，地址是CPU自动指定的。在数据显示状态，显示声明表中的全部信息和变量的实际值，用户只能改变每个元素的实际值。复杂数据类型变量的元素（例如数组中的各元素）用全名列出。如果用户输入的实际值与变量的数据类型不符，STEP 7将用红色显示错误的数据。在数据显示状态下，用菜单命令“Edit”→“Inicialize Data Block”可以恢复变量的初始值。

（四）生成背景数据块

要生成背景数据块，首先生成对应的功能块（FB），然后再生成背景数据块。在SIMATIC管理器中，用菜单命令“Insert”→“S7 Block”→“Data Block”生成数据块，在弹出的窗口中，选择数据块的类型为背景数据块（Instance），并输入对应的功能块的名称。操作系统在编译功能块时将自动生成功能块对应的背景数据块中的数据，其变量与对应的功能块的变量声明表中的变量相同，不能在背景数据块中增减变量，只能在数据显示（Data View）方式修改其实际值。在数据块编辑器的“View”菜单中选择是声明表显示方式还是数据显示方式。

（五）访问数据块

在访问数据块时，需要指明被访问的是哪一个数据块，以及访问该数据块中的哪一个数据。有以下两种访问数据块中的数据的方法。

（1）访问数据块中的数据时，需要用OPN指令先打开它。

（2）在指令中同时给出数据块的编号和数据在数据块中的地址，直接访问数据块中的数据。例如DBZ. DBX2. 0，其中DBZ是数据块的名称，DBX2. 0是数据块内第2个字节的第0位。这种访问方法不容易出错，建议尽量使用这种方法。

二、数据块中的数据类型

（一）基本数据类型

数据块中基本数据类型包括位（Bool）、字节（Byte）、字（Word）、双字（Dword）、整数（INT）、双整数（DINT）和浮点数（Float，或称实数Real）等。

（二）复合数据类型

复合数据类型包括日期和时间（DATE _ AND _ TIME）、字符串（STRING）、数组（ARRAY）、结构（STRUCT）和用户定义数据类型（UDT）。其中日期和时间用8个字节的BCD码来存储，第0～5个字节分别存储年、月、日、时、分和秒，毫秒存储在第6字节和第7字节的高4位，星期存放在第7字节的低4位。例如2004年7月27日12点30分25.123秒可以表示为DT#04-011-211-12：30：25.123。

字符串（STRING）由最多254个字符（CHAR）和2个字节的头部组成。字符串的默认长度为254，通过定义字符串的长度可以减少它占用的存储空间。

（三）数组

数组（ARRAY）是同一类型的数据组合而成的一个单元。生成数组时，应指定数组的名称，声明数组的类型时要使用关键字ARRAY，用下标指定数组的维数和大小，数组的维数最多为6维。例如图11-4给出了一个二维数组PRESS［1..2，1..3］，共有6个整数元素，图11-4中的每一小格为二进制的1位，每个元素占两行（两个字节），方括号中的数字用来定义每一维的起始元素和结束元素在该维中的编号，可以取－32768～32767之间的整数。各维之间的数字用逗号隔开，每一维开始和结束的编号用两个小数点隔开，如果某一维有n个元素，该维的起始元素和结束元素的编号一般采用1和n，例如PRESS［1..2，1..3］，第一个整数是PRESS［1，1］，第三个整数是PRESS［1，3］，第四个整数为PRESS［2，1］，第六个整数是PRESS［2，3］。

访问数组中的数据时，需要指出数据块和数组的名称，以及数组元素的下标，例如如果数组ARRAY是数据块TANK的一部分，则访问格式为“TANK”.PRESS［2，1］，其中TANK是数据块的符号名，PRESS是数组的名称，它们用英语的点号分开，方括号中是数组元素的下标，该元素是数组中的第4个元素。

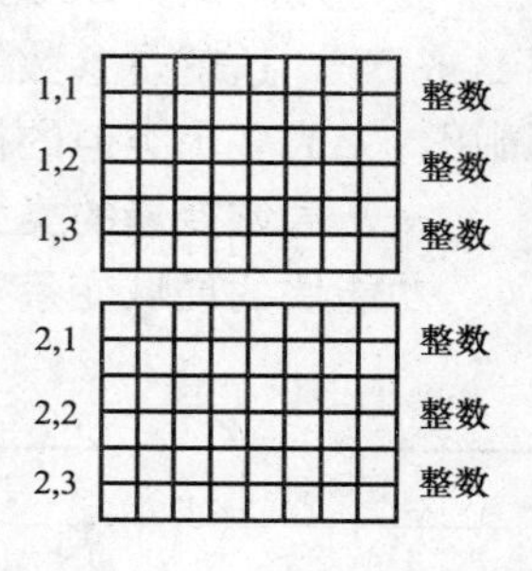

图11-4　二维数组PRESS［1..2，1..3］的结构

如果在块的变量声明表中声明形参的类型为ARRAY，可以将整个数组而不是某些元素作为参数来传递。在调用块时也可以将某个数组元素赋值给同一类型的参数。将数组作为参数传递时，要求形参和实参必须有相同的数据组织结构、相同的数据类型，并按相同的数据排列。

（四）结构

结构（STRUCT）是不同类型的数据的组合，可以用基本数据类型、复杂数据类型（包括数组和结构）和用户定义数据类型作为结构中的元素，例如一个结构由数组和结构组成，结构可以嵌套8层。用户可以把过程控制中有关的数据统一组织在一个结构中，作为一个数据单元来使用，而不是使用大量的单个的元素，这一点为统一处理不同类型的数据或参数提供了方便。

与数组一样，结构既可以在数据块中定义，也可以在逻辑块的变量声明表中定义。可以为结构中各个元素设置初值（Initial Value）并加上注释（Comment），可以用结构中的元素的绝对地址或符号地址来访问结构中的元素。例如数据块TANK内结构STACK的元素AMOUNT，用符号地址访问时应表示为“TANK”.SIACK.AMOUNT。再如STACK从

DB1 的字节 12 开始存放，用绝对地址来访问时应表示为 DB1. DBW12。

如果在块的变量声明表中，声明形参的类型为 STRUCT，可以将整个结构而不是某些元素作为参数来传递。在调用块时也可以将某个结构元素赋值给同一类型的参数。另外，将结构作为参数传递时，作为形参和实参的两个结构必须有相同的数据结构，即相同数据类型的结构元素和相同的排列顺序。

（五）用户定义数据类型

STEP 7 允许用户将基本数据类型或复合数据类型组合成自定义数据类型（UDT）。它是一种特殊的数据结构，定义好后可以在用户程序中多次使用。

使用用户定义数据类型时，只需要对它定义一次，就可以用它来产生大量的具有相同数据结构的数据块，可以用这些数据块来输入用于不同目的的实际数据。例如可以生成用于颜料混合配方的 UDT，然后用它生成用于不同颜色配方的数据组合。

第三节　功能块与功能的调用

功能块和功能由两个主要部分组成：一部分是每个功能或功能块的变量声明表，变量声明表声明此块的局域数据；另一部分是逻辑指令组成的程序，程序要用到变量声明表中给出的局域数据。

当调用 FB 或 FC 时，需提供块执行时要用到的数据或变量，也就是将外部数据传递给 FB 或 FC，这就是参数传递。参数传递的方式使得功能块具有通用性，它可以被其他功能块调用，完成多个类似的控制任务。

一、局域变量的类型

功能块的局域变量类型如表 11-2 所示。

表 11-2　局域变量类型

变量名	类型	说　明
输入参数	IN	由调用它的块提供的输入参数
输出参数	OUT	返回给调用它的块的输出参数
I/O 参数	IN _ OUT	参数的值由调用它的块提供，由逻辑块修改后返回给调用它的块
静态变量	TEMP	静态变量存储在背景数据块中，块调用结束后，其内容被保留
临时变量	STAT	临时变量暂时保存在 L 堆栈中，块执行结束后，其内容被覆盖掉

在变量声明表中赋值时，不需要指定存储器地址；根据各变量的数据类型，程序编辑器自动地为所有局域变量指定存储器地址。表 11-3 给出了全局变量与局部变量的使用情况。

表 11-3　全局变量与局部变量

全局变量（在整个程序中使用）	局域变量（只能在一个块中使用）	
PII/PIQ、I/O、M/T/C、DB 区	临时变量：临时存储于 L 堆栈中，可以用于 FB、FC、OB 中，对应块执行完后被删除	静态变量：只能在 FB 中使用，对应块执行完后永久保留在背景数据块中

在变量声明表中选中 ARRAY（数组）时，用鼠标单击相应行的地址单元。如果想要选

中一个结构（Structure），用鼠标选中结构的第一行或最后一行的地址单元，即有关键字 STRUCT 或 END_STRUCT 的那一行。若要选中结构中的某一参数，用鼠标单击该行的地址单元即可。

二、功能块与功能的调用

CPU 提供堆栈（B 堆栈）来存储与处理被中断块的有关信息。当发生块调用或有来自更高优先级的中断时，就有相关的信息存储在 B 堆栈里，并影响部分内存和存储器，图 11-5 显示了调用块时的情况。

（一）调用功能块 FB

当调用功能块 FB 时，将会发生以下事件：

（1）调用块的地址和返回位置存储在块堆栈中，调用块的临时变量压入 L 堆栈；

（2）数据块 DB 寄存器内容与 DI 寄存器内容交换；

（3）新的数据块地址装入 DI 寄存器；

（4）被调用块的实参装入 DB 和 L 堆栈上部；

（5）当功能块 FB 结束时，先前块的现场信息从块堆栈弹出，临时变量弹出 L 堆栈；

（6）DB 和 DI 寄存器内容交换。

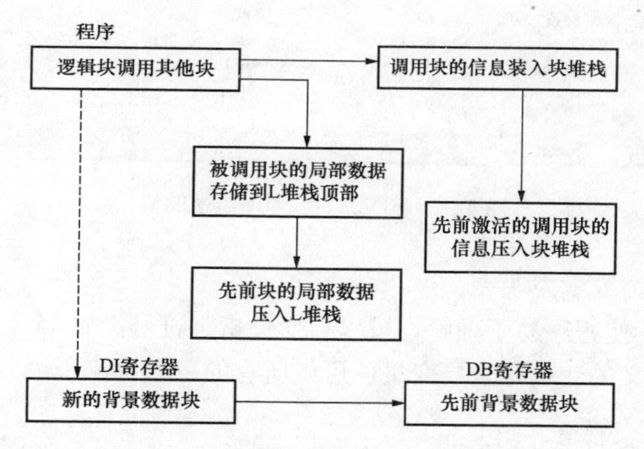

图 11-5　调用指令对 CPU 内存的影响

（二）调用功能 FC

当调用功能 FC 时将有以下事件发生：

（1）功能 FC 实参的指针被存储到调用块的 L 堆栈中；

（2）调用块的地址和返回位置存储在块堆栈中，调用块的临时变量压入 L 堆栈；

（3）功能 FC 存储临时变量的 L 堆栈区被推到堆栈上部；

（4）当功能块 FC 结束时，先前块的现场信息存储在块堆栈中，临时变量弹出 L 堆栈。

因为功能 FC 不用背景数据块，不能分配初始数值给功能 FC 的局域数据，所以必须给功能 FC 提供实参。

下面以发动机控制系统的用户程序为例，介绍生成和调用功能块和功能的方法。

（1）创建项目。

生成一个新项目最简单的方法是使用“NEW PROJECT”向导，具体方法是在计算机的“桌面”上双击“SIMATIC　Manager”图标，在弹出的新项目向导中点击“NEXT”按

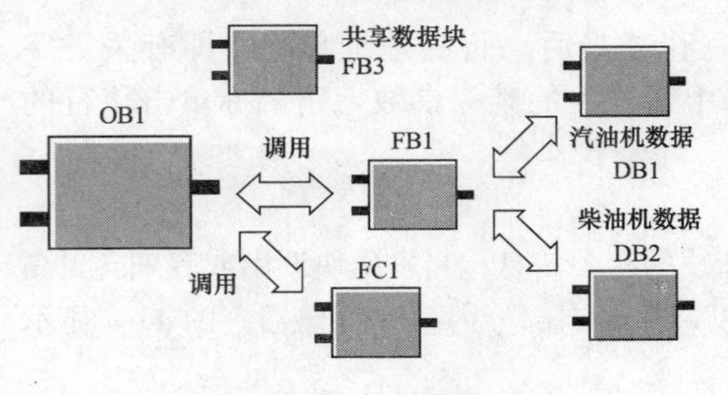

图 11-6　程序结构

钮，依次选择 CPU 的型号、MPI 站地址、需要编程的组织块和使用的编程语言等，最后设置项目的名称为“发动机控制”。

（2）生成用户程序结构。

图 11-6 中的组织块 OB1 是主程序，用一个名为“发动机控制”的功能块 FB1 来分别控制汽油机和柴油机，控制参数在背景数据块 DB1 和 DB2 中。控制汽油机时调用 FB1 和名为“汽油机数据”的背景数据块 DB1，控制柴油机时调用 FB1 和名为“柴油机数据”的背景数据块 DB2。此外控制汽油机和柴油机时还用不同的实参分别调用名为“风扇控制”的功能 FC1，图 11-7 是程序设计好后 SIMATIC 管理器中的块。

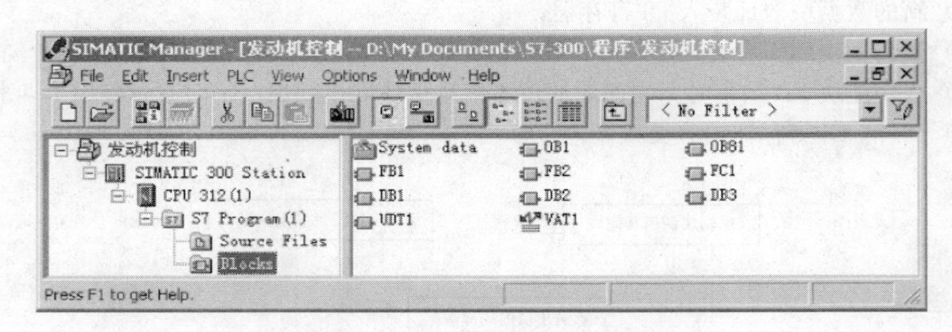

图 11-7　SIMATIC 管理器中的块

（3）编制符号表与变量声明表。

1）符号表。为了使程序易于理解，可以给变量指定符号。表 11-4 是发动机控制项目的符号表，符号表中定义的变量是全局变量，可供所有的逻辑块使用。

表 11-4　　符　号　表

符号	地址	符号	地址	符号	地址	符号	地址
汽油机数据	DB1	起动汽油机	I1.0	柴油机转速	MW4	柴油机达设定转速	Q5.5
柴油机数据	DB2	关闭汽油机	I1.1	主程序	OB1	柴油机风扇运行	Q5.6
共享数据	DB3	汽油机故障	I1.2	自动模式	Q4.2	汽油机风扇运行	T1
发动机控制	FB1	起动柴油机	I1.3	汽油机运行	Q5.0	柴油机风扇延时	T2
风扇控制	FC1	关闭柴油机	I1.4	汽油机达设定转速	Q5.1		
自动按钮	I0.5	柴油机故障	I1.5	汽油机风扇运行	Q5.2		
手动按钮	I0.6	汽油机转速	I1.6	柴油机运行	Q5.4		

2）变量声明表。表 11-5 列出了发动机控制程序中 FB1 的局域变量，Bool 变量的初值为 FALSE，即二进制 0。预置转速是固定值，在变量声明表中作为静态参数被存储，称为“静态局域变量”。

表 11-5　　FB1 的变量声明表

名　称	数据类型	地　址	声明变量	初始值	注　释
Switch _ On	Bool	0.0	IN	FALSE	起动按钮
Switch _ Off	Bool	0.1	IN	FALSE	停车按钮
Failure	Bool	0.2	IN	FALSE	故障信号
Actual _ Speed	Int	2.0	IN	0	实际转速
Engine _ On	Bool	4.0	OUT	FALSE	发动机输出信号
Preset _ Speed _ Reached	Bool	4.1	OUT	FALSE	达到预置转速
Preset _ Speed	Int	6.0	STAT	1500	预置转速

如果控制功能不需要保存它自己的数据，也可以用功能 FC 来编程。与功能块 FB 相比较，FC 不需要配套的背景数据块。

在功能的变量声明表中可以使用的参数类型有 IN、OUT、IN _ OUT、TEMP 和 RETURN（返回参数），功能不能使用静态（STAT）局域数据。

表 11-6 是功能 FC1 中使用的变量，在变量声明表中不能用汉字作变量的名称。

表 11-6　　FC1 的变量声明表

名　称	数据类型	声明变量	注　释
Engine _ On	Bool	IN	输入信号，发动机起动
Timer _ Function	Timer	IN	停机延时的定时器功能
Fan _ On	Bool	OUT	用于控制风扇的输出信号

功能 FC1 用来控制发动机的风扇，要求在起动发动机的同时起动风扇，发动机停车后，风扇继续运行 4s 后停转，因此使用了延时断开定时器（S _ 0FFDT），图 11-8 是 FC1 的梯形图。

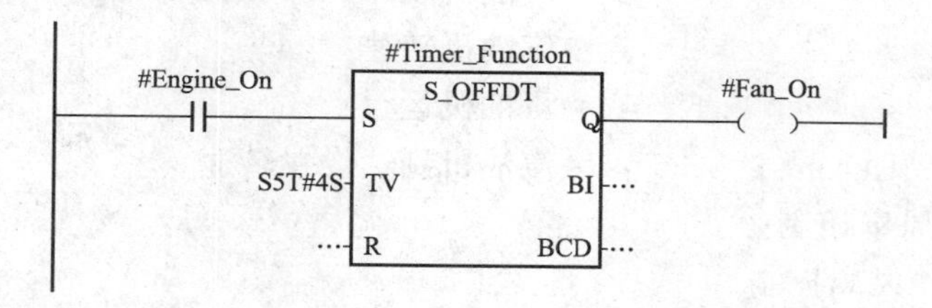

图 11-8　FC1 的梯形图

（4）编制程序。

程序可以用语句表或梯形图两种形式来编制，下面分别给出了这两种程序的编制。

① 梯形图主程序。

② 语句表程序。

Network1：自动手动切换

A	自动
S	自动模式
A	手动
R	自动模式

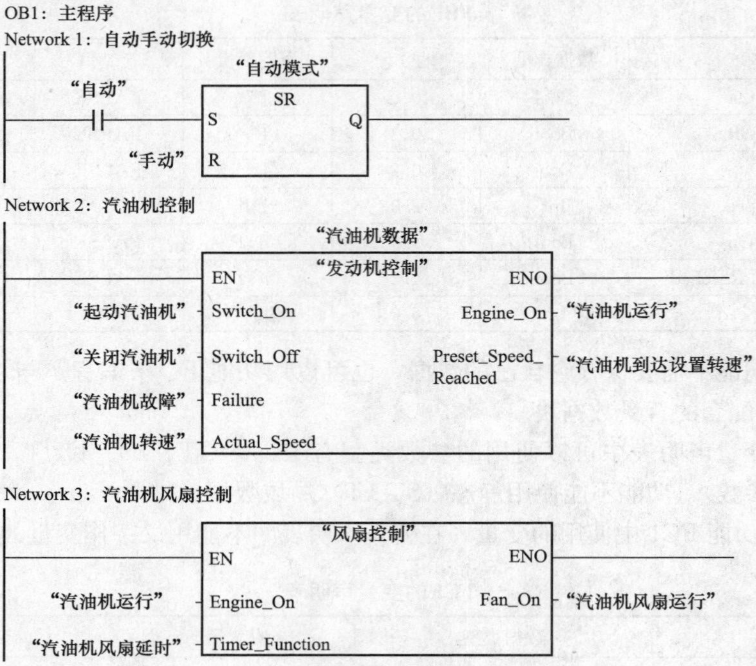

OB1：主程序

Network 1：自动手动切换

"自动模式"

	SR	
"自动"	S	Q
"手动"	R	

Network 2：汽油机控制

"汽油机数据"

"发动机控制"

实参	形参	形参	实参
	EN	ENO	
"起动汽油机"	Switch_On	Engine_On	"汽油机运行"
"关闭汽油机"	Switch_Off	Preset_Speed_Reached	"汽油机到达设置转速"
"汽油机故障"	Failure		
"汽油机转速"	Actual_Speed		

Network 3：汽油机风扇控制

"风扇控制"

实参	形参	形参	实参
	EN	ENO	
"汽油机运行"	Engine_On	Fan_On	"汽油机风扇运行"
"汽油机风扇延时"	Timer_Function		

图 11-9　主程序 OB1

```
Network2：汽油机控制
CALL  发动机控制，汽油机数据
  Switch_On                 ：=起动汽油机
  Switch_Off                ：=关闭汽油机
  Failure                   ：=汽油机故障
  Actual_Speed              ：=汽油机转速
  Engine_On                 ：=汽油机运行
  Preset_Speed_Reached      ：=汽油机到达设置转速
Network3：汽油机风扇控制
      CALL  风扇控制
        Engine_On           ：=汽油机运行
        Timer_Function      ：=汽油机风扇延时
        Fan_On              ：=汽油机风扇运行
```

在 OB1 中，用 CALL 指令调用功能块 FB1。方框内的"发动机控制"是功能块 FB1 的符号名，方框上面的"汽油机数据"是对应的背景数据块 DB1 的符号名。方框内是功能块的形参，方框外是对应的实参。方框的左边是块的输入量，右边是块的输出量。功能块的符号名是在符号表中定义的。

两次调用功能块"发动机控制"时，功能块的输入变量和输出变量不同，除此之外，分别使用汽油机的背景数据块"汽油机数据"和柴油机的背景数据块"柴油机数据"。两个背景数据块中的变量相同，区别仅在于变量的实参不同和静态参数（例如预置转速）的初值不同。背景数据块中的变量与"发动机控制"功能块的变量声明表中的变量相同（不包括临时变量 TEMP）。

第四节　多重背景

在用户程序中使用多重背景可以减少背景数据块的数量。以发动机控制程序为例，原来用FB1控制汽油机和柴油机时，分别使用了背景数据块DB1和DB2。使用多重背景时只需要一个背景数据块（例如DB10），但是需要增加一个功能块FB10来调用作为“局域背景”的FB1，FB1的数据存储在FB10的背景数据块DB10中，DB10是自动生成的。不需要给FB1分配背景数据块，即原来的DB1和DB2被DB10代替，但是需要在FB10的变量声明表中声明静态局域数据（STAT）FB1。多重背景的程序结构如图11-10所示。

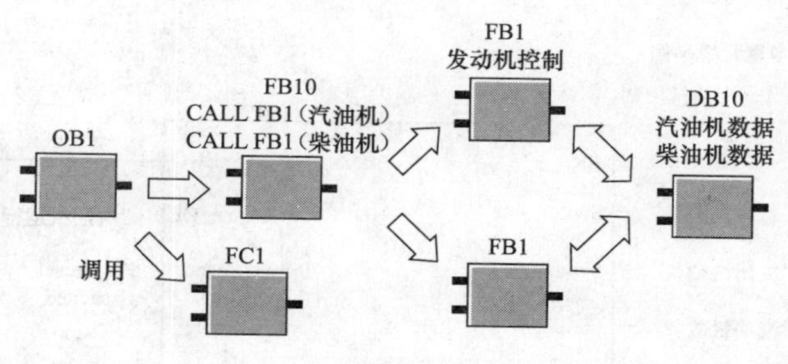

图11-10　多重背景的程序结构

一、多重背景功能块的生成

生成多重背景功能块FB10时，首先激活“Multiple Instance FB”（多重背景功能块）选项，并生成FB1。为调用FB1，在FB10的变量声明表中声明了两个名为“Petrol _ Engine（汽油机）”和“Diesel _ Engine（柴油机）”的静态变量（STAT），其数据类型为FB1，如图11-11所示。生成FB10后，“Petrol _ Engine”和“Diesel _ Engine”将出现在管理器

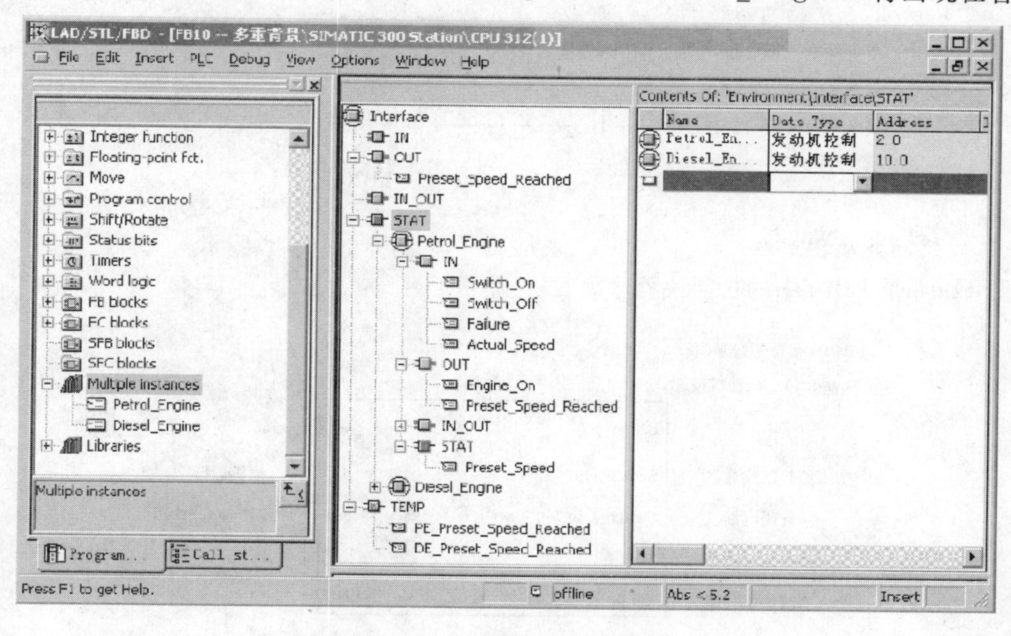

图11-11　FB10的变量声明表

编程元件目录的“Multiple Instances（多重背景）”文件夹内。也可以将它们“拖放”到 FB10 中，然后指定它们的输入参数和输出参数。

二、多重背景功能块的编程

多重背景功能块的编程方法包括梯形图编程、功能块编程和语句表编程三种。

（一）用梯形图编程

图 11-12 是 FB10 中的梯形图程序。汽油机和柴油机的数据均存储在多重背景数据块 DB10 中，该数据块代替了原有的背景数据块 DB1 和 DB2。生成 DB10 时，应将它设计成背景数据块，对应的功能块为 FB10，DB10 中的变量是自动生成的，与 FB10 的变量声明表中的相同。打开 DB10，执行菜单命令“View”→“Data View”，可以修改预置转速的实际值。

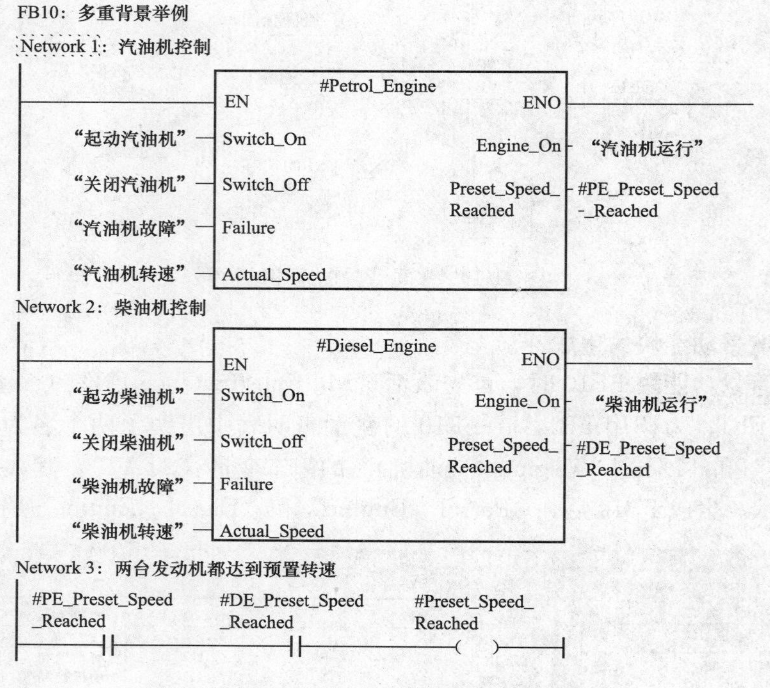

图 11-12　多重背景功能块 FB10

（二）用功能块图编程

图 11-13 是 FB10 中的功能块程序。

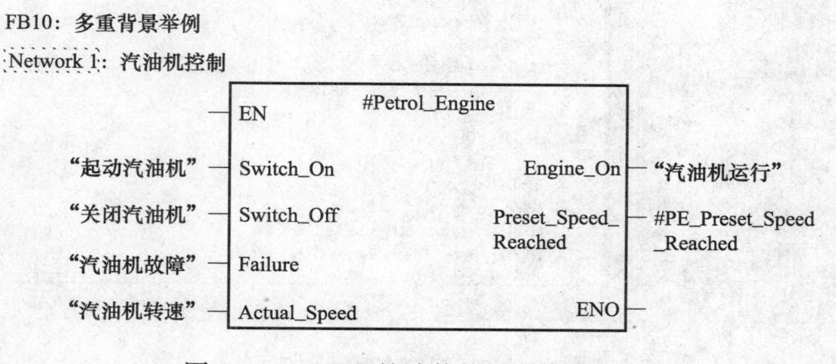

图 11-13　FB10 的功能块图程序（一）

Network 2：柴油机控制

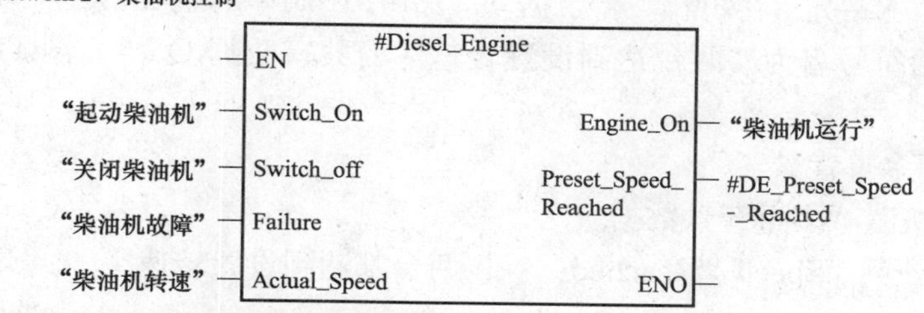

Network 3：两台发动机都达到预置转速

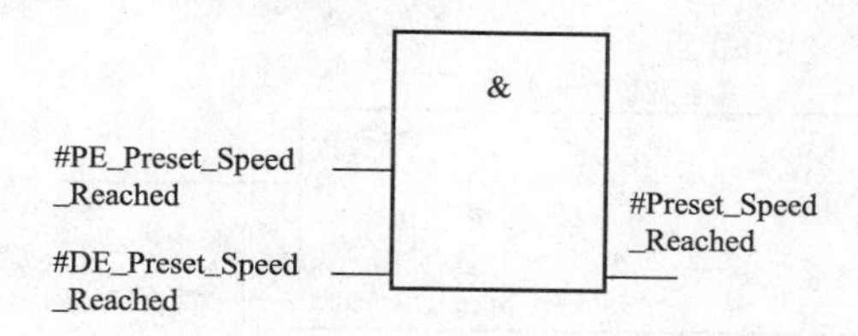

图 11-13　FB10 的功能块图程序（二）

（三）用语句表编程

用语句表编写的 FB10 的程序如下：

```
Network1：汽油机控制
CALL  发动机控制，汽油机数据
     Switch _ On                   ：=起动汽油机
     Switch _ Off                  ：=关闭汽油机
     Failure                       ：=汽油机故障
     Actual _ Speed                ：=汽油机转速
     Engine _ On                   ：=汽油机运行
     Preset _ Speed _ Reached      ：=汽油机到达设置转速
Network2：柴油机控制
CALL  发动机控制，柴油机数据
     Switch _ On                   ：=起动柴油机
     Switch _ Off                  ：=关闭柴油机
     Failure                       ：=柴油机故障
     Actual _ Speed                ：=柴油机转速
     Engine _ On                   ：=柴油机运行
     Preset _ Speed _ Reached      ：=柴油机到达设置转速
Network3：两台发动机都达到预置转速
     A        汽油机到达设置转速
     A        柴油机到达设置转速
     =        汽油机柴油机都到达设置转速
```

三、在 OB1 中调用多重背景

给 OB1 编程之前，先打开符号表，输入 FB10 和 DB10 的符号名，然后保存退出。前面的"发动机控制"项目中 OB1 对 FB1 的两次调用，OB1 对 FB10 符号名为"发动机"的调用代替，调用时还指定了多重背景数据块 DB10。FB10 的输出信号“Preset _ Speed _ Reached”传送给符号名为“两台达到设置转速”的共享数据 Q5.1。图 11-14 中调用 FB10 的语句表为：

Network4：调用多重背景

CALL “发动机”，“多重背景数据块”

Preset _ Speed _ Reached：=“两台都达到设置转速”

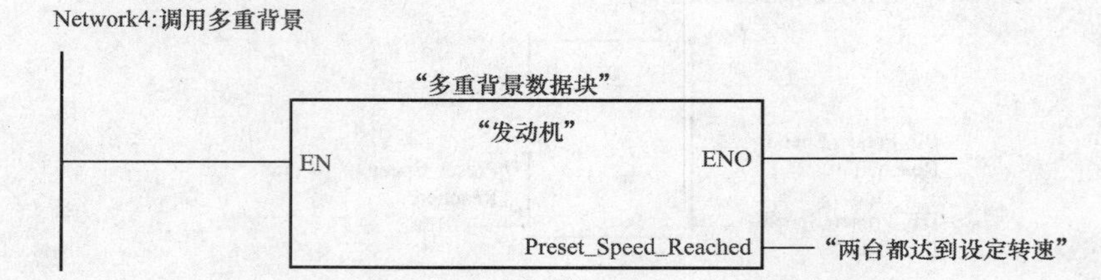

图 11-14 OB1 中调用多重背景

使用多重背景时应注意以下问题：

(1) 首先应生成需要多次调用的功能块（例如 FB1）。

(2) 管理多重背景的功能块（例如 FB10）必须设置为有多重背景功能。

(3) 在管理多重背景的功能块的变量声明表中，为被调用的功能块的每一次调用定义一个静态（STAT）变量，以被调用的功能块的名称（例如 FB1）作为静态变量的数据类型。

(4) 必须有一个背景数据块（例如 DB10）分配给管理多重背景的功能块，背景数据块中的数据是自动生成的。

(5) 多重背景只能声明为静态变量。

第五节 组织块与中断处理

组织块是操作系统与用户程序之间的接口。S7 提供了各种不同的组织块（OB），用组织块可以创建在特定的时间执行的程序和响应特定事件的程序，例如延时中断 OB、外部硬件中断 OB 和错误处理 OB 等。

一、中断的基本概念

（一）中断过程

中断处理用来实现对特殊内部事件或外部事件的快速响应。如果没有中断，CPU 循环执行组织块 OB1。当 CPU 检测到中断源的中断请求时，操作系统在执行完当前程序的当前指令（即断点处）后，立即响应中断。CPU 暂停正在执行的程序，调用中断源对应的中断程序。在 S7-300/400 中，中断用组织块（OB）来处理。执行完中断程序后，返回被中断程序的断点处继续执行原来的程序。

PLC 的中断源可能来自 I/O 模块的硬件中断或是 CPU 模块内部的软件中断，例如日期时间中断、延时中断、循环中断和编程错误引起的中断。

如果在执行中断程序（组织块）时，又检测到一个中断请求，CPU 将比较两个中断源的中断优先级。如果优先级相同，按照产生中断请求的先后次序进行处理。如果后者的优先级比正在执行的 OB 的优先级高，将中止当前正在处理的 OB，改为调用较高优先级的 OB。这种处理方式称为中断程序的嵌套调用。

一个 OB 被另一个 OB 调用时，操作系统对现场进行保护。被中断的 OB 的局域数据压入 L 堆栈（局域数据堆栈），被中断的断点处的现场信息保存在 I 堆栈（中断堆栈）和 B 堆栈（块堆栈）中。

中断程序不是由程序块调用，而是在中断事件发生时由操作系统调用。因为不能预知系统何时调用中断程序，中断程序不能改写其他程序中可能正在使用的存储器，应在中断程序中尽可能地使用局域变量。

编写中断程序时，应使中断程序尽量短小，以减少中断程序的执行时间，减少对其他处理的延迟，否则可能引起主程序控制的设备操作异常。设计中断程序时应遵循“越短越好”的原则。

（二）组织块的分类

组织块只能由操作系统起动，它由变量声明表和用户编写的控制程序组成。

1. 启动组织块

启动组织块用于系统初始化，CPU 上电或操作模式改为 RUN 时，根据启动的方式执行启动程序 OB100～OB102 中的一个。

2. 循环执行的组织块

需要连续执行的程序存放在 OBI 中，执行完后又开始新的循环。

3. 定期执行的组织块

包括日期时间中断组织块 OB10～OB17 和循环中断组织块 OB30～OB38，可以根据设定的日期时间或时间间隔执行中断程序。

4. 事件驱动的组织块

延时中断 OB20～OB23 在过程事件出现后延时一定的时间再执行中断程序；硬件中断 OB40～OB47 用于需要快速响应的过程事件，事件出现时马上中止循环程序，执行对应的中断程序。异步错误中断 OB80～OB87 和同步错误中断 OB121、OB122 用来决定在出现错误时系统如何响应。

（三）中断的优先级

中断的优先级也就是组织块的优先级，较高优先级的组织块可以中断较低优先级的组织块的处理过程。如果同时产生的中断请求不止一个，最先执行优先级最高的 OB，然后按照优先级由高到低的顺序执行其他 OB。

中断的优先级由低到高的排列顺序是：背景循环、主程序扫描循环、日期时间中断、时间延时中断、循环中断、硬件中断、多处理器中断、冗余错误、异步故障（OB80～87）、启动和 CPU 冗余。

需要指出的是，同一个优先级可以分配给几个 OB，具有相同优先级的 OB 按启动它们的事件出现的先后顺序处理。被同步错误启动的故障 OB 的优先级与错误出现时正在执行的 OB 的优先级相同。

（四）对中断的控制

日期时间中断和延时中断有专用的允许处理中断和禁止中断的系统功能（SFC）。其中，

SFC39“DIS _ INT”用来禁止所有的中断、某些优先级范围的中断或指定的某个中断；SFC40“EN _ INT”用来激活（使能）新的中断和异步错误处理。如果用户希望忽略中断，可以下载一个只有块结束指令 BEU 的空的 OB；SFC41“DIS _ AIRT”延迟处理比当前优先级高的中断和异步错误；SFC42“EN _ AIRT”允许立即处理被 SFC41 暂时禁止的中断和异步错误。

二、组织块的变量声明表

组织块（OB）由操作系统调用，OB 没有背景数据块，也不能为自己声明静态变量，因此 OB 的变量声明表中只有临时变量，其临时变量可以是基本数据类型、复合数据类型或数据类型 ANY。

操作系统为所有的 OB 块声明了一个 2OB 包含 OB 的启动信息的变量声明表，声明表中变量的具体内容与组织块的类型有关。用户可以通过 OB 的变量声明表获得与启动 OB 的原因有关的信息。组织块的变量声明表如表 11-7 所示。

表 11-7　OB 的变量声明表

字节地址	内　容
0	事件级别与标识符
1	用代码表示与启动 OB 的事件有关的信息
2	优先级，例如 OB40 的优先级为 16
3	OB 块号，例如 OB40 的块号为 40
4～11	其他附加信息
12～19	OB 被启动的日期和时间（年、月、时、分、秒、毫秒、星期）

三、日期时间中断组织块（OB10～OB17）

S7 CPU 提供日期时间中断 OB，这些 OB 在特定的日期和时间或以一定的间隔由操作系统调用执行。CPU 可以使用的日期时间中断 OB 的个数与 CPU 的型号有关，例如，S7-300 PLC 只能用 OB10。

（一）设置和启动日期时间中断

为了启动日期时间中断，用户首先必须设置日期时间中断的参数，然后再激活它。有以下三种方法可以启动日期时间中断：

（1）在用户程序中用 SFC28“SET _ TINT”和 SFC30“ACT _ TINT”设置并激活日期时间中断。

（2）在硬件组态工具中设置和激活。其具体步骤是：在 STEP 7 中打开硬件组态工具，双击机架中 CPU 模块所在的行，打开设置 CPU 属性的对话框，单击“Time-Of-Day Interrupts”选项卡，设置启动时间日期中断的日期和时间，选中“Active”（激活）多选框，在“Execution”列表框中选择执行方式。将硬件组态数据下载到 CPU 中，就可以实现日期时间中断的自动启动。

（3）在用户程序中用 SFC30“ACT _ TINT”激活日期时间中断。

（二）查询日期时间中断

要想查询设置了哪些日期时间中断，以及这些中断什么时间发生，用户可以调用“QRY _ TINT”或查询系统状态表中的“中断状态”表。SFC31 输出的状态字节 STATUS

如表11-8所示。

表11-8　SFC31输出的状态字节STATUS

位	取值	意　义
0	0	日期时间中断已被激活
1	0	允许新的日期时间中断
2	0	日期和时间中断未被激活或时间已过去
3	0	—
4	0	没有装载日期时间中断组织块
5	0	日期时间中断组织块的执行没有被激活的测试功能禁止
6	0	以基准时间为日期时间中断的基准
7	1	以本地时间为日期时间中断的基准

（三）终止与激活日期时间中断

用SFC29"CAN_TINT"，用户可以取消那些还没有执行的日期时间中断。用SFC28"SET_TINT"可以重新设置那些被禁止的日期时间中断，用SFC30"ACT_TINT"重新激活日期时间中断。

四、时间延时中断组织块

S7 CPU提供延时OB在用户程序中编写延时执行的程序。使用延时中断可以获得精度较高的延时，延时中断以毫秒（ms）为单位定时。各CPU可以使用的延时中断OB（OB20～OB23）的个数与CPU的型号有关，S7-300 CPU（不包括CPU 318）只能使用OB20。延时中断OB优先级的默认设置值为3～6级。延时中断OB用SFC32"SRT_DINT"启动，延时时间在SFC32中设置，启动后经过设定的延时时间，触发中断，调用SFC32指定的OB。需要延时执行的操作放在OB中，必须将延时中断OB作为用户程序的一部分下载到CPU。

如果延时中断已被启动，延时时间还没有到达，可以用SFC33"CAN_DINT"取消延时中断的执行。SFC34"QRY_DINT"用来查询延时中断的状态。表11-9给出了SFC34输出的状态字节STATUS。

表11-9　SFC 34输出的状态字节STATUS

位	取值	意　义
0	0	延时中断已被允许
1	0	未拒绝新的延时中断
2	0	延时中断未被激活或时间已过去
3	0	—
4	0	没有装载延时中断组织块
5	0	日期时间中断组织块的执行没有被激活的测试功能禁止

只有在CPU处于运行状态时才能执行延时中断OB，暖启动或冷启动都会清除延时中断OB的启动事件。

五、循环中断组织块

S7 CPU提供循环中断OB，可用于按一定时间间隔中断循环程序的执行，例如，周期性地定时执行闭环控制系统的 PID 运算程序，间隔时间从 STOP 切换到 RUN 模式时开始计算。

用户定义在时间间隔时，必须确保在两次循环中断之间的时间间隔中且有足够的时间处理循环中断程序。

各 CPU 可以使用的循环中断 OB（OB30～OB38）的个数与 CPU 的型号有关，S7-300 CPU（不包括 318 CPU）只能使用 OB35。OB30～OB38 缺省的时间间隔和中断优先级如表 11-10 所示。如果两个 OB 的时间间隔成整倍数，不同的循环中断 OB 可能同时请求中断，造成处理循环中断服务程序的时间超过指定的循环时间。为了避免出现这样的错误，用户可以定义一个相位偏移。相位偏移用于在循环时间间隔到达时，延时一定的时间后再执行循环中断。相位偏移 m 的单位为 ms，应有 0<m<n，其中 n 为循环的时间间隔。

表 11-10　　循环 OB 默认参数

OB 号	时间间隔	优先级	OB 号	时间间隔	优先级
OB30	5s	7	OB35	100ms	12
OB31	2s	8	OB36	50ms	13
OB32	1s	9	OB37	20ms	14
OB33	500ms	10	OB38	10ms	15
OB34	200ms	11			

没有专用的 SFC 来激活和禁止循环中断，可以用 SFC40 和 SFC39 来激活和禁止它们。SFC40 “EN _ INT” 是用于激活新的中断和异步错误的系统功能，其参数 MODE 为 0 时激活所有的中断和异步错误，MODE 为 1 时激活部分中断和错误，MODE 为 2 时激活指定的 OB 编号对应的中断和异步错误。SFC39 “DIS _ INT” 是禁止新的中断和异步错误的系统功能，MODE 为 2 时禁止指定的 OB 编号对应的中断和异步错误，MODE 必须用十六进制数来设置。

六、硬件中断组织块

S7 CPU 提供硬件中断组织块（OB40～OB47），用于对模块［如信号模块（SM）、通信处理器（CP）和功能模块（FM）］上的信号变化进行快速响应。

硬件中断被模块触发后，操作系统将自动识别是哪一个槽的模块和模块中哪一个通道产生的硬件中断。硬件中断 OB 执行完后，将发送通道确认信号。

硬件中断 OB 的缺省优先级为 16～23，用户可以设置参数改变优先级。

如果在处理硬件中断的同时，又出现了其他硬件中断事件，新的中断按以下方法识别和处理：如果正在处理某一中断事件，又出现了同一模块同一通道产生的完全相同的中断事件，新的中断事件将丢失，即不处理它。在图 11-15 数字量模块输入信号的第一个上升沿时触发中断，由于正在用 OB40 理中断，第 2 和第 3 上升沿产生的中断信号丢失。

如果正在处理某一中断事件，又出现了同一模块同一通道产生的完全相同的中断事件，新的中断事件将丢失。

如果正在处理某一中断信号时同一模块中其他通道产生了中断事件，新的中断不会被立即触发，但是不会丢失。在当前已经激活的硬件中断执行完后，再处理被暂存的中断。如果

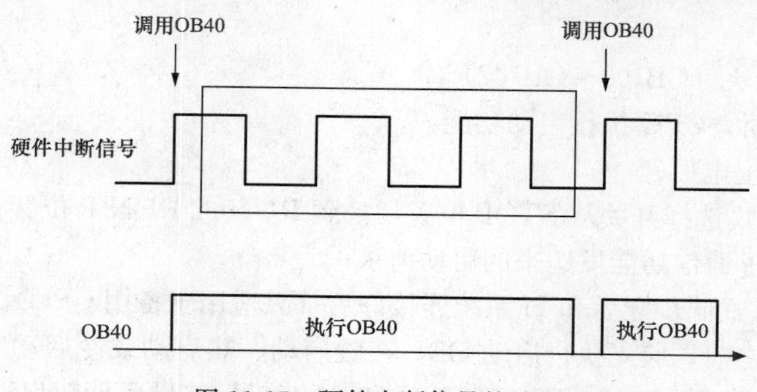

图 11-15　硬件中断信号的处理

硬件中断被触发，并且它的OB模块中的硬件中断激活，新的请求将被记录，空闲后再执行该中断。

七、背景组织块

CPU可以保证设置的最小扫描循环时间，如果它比实际的扫描循环时间长，在循环程序结束后CPU处于空闲的时间内可以执行背景组织块（OB90）。如果没有对OB90，CPU等到定义的最小扫描循环时间到达为止，再开始下一次循环的操作。用户可以将对运行时间要求不高的操作放在OB90去执行，以避免出现等待时间。背景OB优先级为29不能通过参数设置进行修改。OB90可以被所有其他的系统功能和任务中断。

由于OB90运行时间不受CPU操作系统的监视，用户可以在OB90中编写长度不受限制的程序。

八、启动组织块OB100/OB101/OB102

（一）CPU模块的启动类型

1. 暖启动（Warm Restart）

暖启动时，过程映像数据以及非保持的存储器位、定时器和计数器被复位。具有保持功能的存储器位、定时器、计数器和所有数据块将保留原数值。程序将重新开始运行，执行启动OB或OB1。S7-300 CPU（不包括318 CPU）只有暖启动。

手动暖启动时，将模式选择开关切换到STOP位置，“STOP”LED亮，然后切换到RUN或RUN-P位置。

2. 热启动（Hot Restart）

在RUN状态时如果电源突然丢失，然后又重新上电，S7-400 CPU将执行一个初始化程序，自动地完成热启动。热启动从上次RUN模式结束时程序被中断之处继续执行，不对计数器等复位。热启动只能在STOP状态时没有修改用户程序的条件下才能进行。热启动仅S7-400 CPU中有。

3. 冷启动（Cold Restart）

冷启动时，过程数据区的所有过程映像数据、存储器位、定时器、计数器和数据块均被清除，即被复位为零，包括有保持功能的数据。用户程序将重新开始运行，执行启动OB和OB1。

手动冷启动时将模式选择开关切换到STOP位置，“STOP”LED亮，再切换到MRES位置，“STOP”LED灭1s，亮1s，再灭1s后保持亮，最后将它切换到RUN或RUN-P

位置。

(二) 启动组织块(OB100~OB102)

下列事件发生时,CPU 执行启动功能:

(1) PLC 电源上电后;

(2) CPU 的模式选择开关从 STOP 位置切换到 RUN 或 RUN-P 位置;

(3) 接收到通过通信功能发送来的启动请求;

(4) 多 CPU 方式同步之后和 H 系统连接好后(只适用于备用 CPU)。

启动用户程序之前,应先执行启动 OB。在暖启动、热启动或冷启动时,操作系统分别调用 OB100、OB101 或 OB102,S7-300 CPU 和 S7-400H CPU 不能热启动。

用户可以通过在启动组织块 OB100~OB102 中编写程序,来设置 CPU 的初始化操作,例如开始运行的初始值,I/O 模块的初始值等。

启动程序没有长度和时间的限制,因为循环时间监视还没有被激活,在启动程序中不能执行时间中断程序和硬件中断程序。

S7 318-2 CPU 只允许手动暖启动或冷启动。对于某些 S7-400 CPU,如果允许用户通过 STEP 7 的参数设置手动启动,用户可以使用状态选择开关和启动类型开关(CRST/WRST)进行手动启动。

在设置 CPU 模块属性的对话框中,选择"Startup"选项卡,可以设置启动的各种参数。启动 S7-400 CPU 时,作为默认的设置,将输出过程映像区清零。如果用户希望在启动之后继续在用户程序中使用原有的值,也可以选择不将过程映像区清零。

为了在启动时监视是否有错误,用户可以选择以下的监视时间:

(1) 向模块传递参数的最大允许时间。

(2) 上电后模块向 CPU 发送"准备好"信号允许的最大时间。

(3) S7-400 CPU 热启动允许的最大时间,即电源中断的时间或由 STOP 转换为 RUN 的时间。一旦超过监视时间,CPU 将进入停机状态或只能暖启动。如果监控时间设置为 0,表示不监控。

九、故障处理组织块

(一) 错误处理概述

S7-300/400 PLC 有很强的故障检测和处理能力。这里所说的故障指 PLC 内部的功能性错误或编程错误,而不是外部设备的故障。CPU 检测到错误后,操作系统调用对应的组织块,用户可以在组织块中编程,对发生的错误采取相应的措施。对于大多数错误,如果没有给组织块编程,出现错误时 CPU 将进入 STOP 模式。

系统程序可以检测出下列错误:不正确的 CPU 功能、系统程序执行中的错误、用户程序中的错误和 I/O 中的错误。根据错误类型的不同,CPU 被设置为进入 STOP 模式或调用一个错误处理 OB。

当 CPU 检测到错误时,会调用适当的故障处理组织块,如表 11-11 所示,如果没有相应的错误处理 OB,CPU 将进入 STOP 模式。用户可以在错误处理 OB 中编写如何处理这种错误的程序,以减小或消除错误的影响。为避免发生某种错误时 CPU 进入停机状态,可以在 CPU 中建立一个对应的空的组织块。

表 11-11　　　　　　　　　　错误处理组织块

OB 号	错误类型	优先级
OB70	I/O 冗余错误（仅 H 系列 CPU）	25
OB72	CPU 冗余错误（仅 H 系列 CPU）	28
OB73	通信冗余错误（仅 H 系列 CPU）	25
OB80	时间错误	26
OB81	电源故障	26/28
OB82	诊断中断	
OB83	插入/取出模块中断	
OB84	CPU 硬件故障	
OB85	优先级错误	
OB86	机架故障或分布式 I/O 的站故障	
OB87	通信错误	
OB121	编程错误	引起错误的 OB 的优先级
OB122	I/O 访问错误	

（二）错误的分类

被 S7 CPU 检测到，并且用户可以通过组织块对其进行处理的错误，可分为两个基本类型：

1. 异步错误

异步错误是与 PLC 的硬件或操作系统密切相关的错误，它们不会出现在用户程序的执行过程中。异步错误可能是优先级错误、可编程控制器故障或冗余错误，后果较严重。异步错误 OB 具有最高等级的优先级，其他 OB 不能中断它们。同时有多个相同优先级的异步错误 OB 出现，将按出现的顺序处理。

2. 同步错误（OB121 和 OB122）

同步错误是与程序执行有关的错误，同步错误 OB 的优先级与出现错误时被中断的块的优先级相同，即同步错误 OB 中的程序可以访问块被中断时累加器和状态寄存器中的内容。对错误进行处理后，可以将处理结果返回被中断的块。

（三）电源故障处理组织块（OB81）

电源故障包括后备电池失效或未安装，S7-400 PLC 的 CPU 机架或扩展机架上的 DC 24V 电源故障。电源故障出现和消失时操作系统都要调用 OB81。

（四）时间错误处理组织块（OB80）

循环监控时间的默认值为 150ms，时间错误包括实际循环时间超过设置的循环时间、因为向前修改时间而跳过日期时间中断、处理优先级时延迟太多等。

（五）诊断中断处理组织块（OB82）

如果模块有诊断功能并且激活了它的诊断中断，当它检测到错误时，以及错误消失时，操作系统都会调用 OB82。

OB82 在下列情况时被调用：有诊断功能的模块的断线故障，模拟量输入模块的电源故障，输入信号超过模拟量模块的测量范围等。用 SFC51 “RDSYSST” 可以读出模块的诊断数据。用 SFC52 "WR _ USMSG" 可以将这些信息存入诊断缓冲区，也可以发送一个用户定义的诊断报文到监控设备。

（六）插入/拔出模块中断组织块（OB83）

S7-400 PLC 可以在 RUN、STOP 或 STARTUP 模式下带电拔出和插入模块，但是不包括 CPU 模块、电源模块、接口模块和带适配器的 S5 模块，上述操作将会产生插入/拔出模块中断。

（七）CPU 硬件故障处理组织块（OB84）

当 CPU 检测到 MPI 网络的接口故障、通信总线的接口故障或分布式 I/O 网卡的接口故障时，操作系统调用 OB84。故障消除时也会调用 OB84。

（八）优先级错误处理组织块（OB85）

在以下情况下将会触发优先级错误中断：

(1) 产生了一个中断事件，但是对应的 OB 块没有下载到 CPU；

(2) 访问一个系统功能块的背景数据块时出错；

(3) 刷新过程映像表时 I/O 访问出错，模块不存在或有故障。

（九）机架故障组织块（OB86）

在下列情况下将会触发机架故障中断：

(1) 机架故障，例如，找不到接口模块、接口模块损坏，或者连接电缆断线；

(2) 机架上的分布式电源故障；

(3) 在 SINEC L2-DP 总线系统的主系统中有一个 DP 从站有故障。

（十）通信错误组织块（OB87）

在下列情况下将会触发通信组织中断：

(1) 接收全局数据时，检测到不正确的帧标识符（ID）；

(2) 全局数据通信的状态信息数据块不存在或太短；

(3) 接收到非法的全局数据包编号。

十、同步错误组织块

（一）同步错误

同步错误发生在执行某一特定指令的过程中，是与执行用户程序有关的错误，程序中如果有不正确的地址区、错误的编号或错误的地址，都会出现同步错误，操作系统将调用同步错误 OB。OB121 用于对程序错误的处理，OB122 用于处理模块访问错误。

同步错误 OB 的优先级与检测到出错的块的优先级一致。因此 OB121 和 OB122 可以访问中断发生时累加器和其他寄存器中的内容。用户程序可以用它们来处理错误，例如出现对某个模拟量输入模块的访问错误时，可以在 OB122 中用 SFC 44 定义一个替代值。同步错误可以用 SFC36 "MASK _ FLT" 来屏蔽，使某些同步错误不触发同步错误 OB 的调用，但是 CPU 会在错误寄存器中记录发生的被屏蔽的错误，并用错误过滤器中的一位来表示某种同步错误是否被屏蔽。错误过滤器分为程序错误过滤器和访问错误过滤器，分别占一个双字。调用 SFC37 "DMSK _ FLT" 并且在当前优先级被执行完后，将解除被屏蔽的错误，可以用 SFC38 "READ _ ERR" 读出已经发生的被屏蔽的错误。

对于 S7-300 CPU（318CPU 除外），不管错误是否被屏蔽，错误都会被送入诊断缓冲区，并且 CPU 的"组错误" LED 会被点亮。

（二）编程错误组织块（OB121）

出现编程错误时，CPU 的操作系统将调用 OB121。局域变量 OB121 _ SW _ FLT 给出了错误代码，可以查看《S7-300/400 的系统软件和标准功能》中 OB121 部分的错误代码表。

（三）I/O 访问错误组织块（OB122）

STEP 7 指令访问有故障的模块，例如，直接访问 I/O 错误（模块损坏或找不到），或者访问了一个 CPU 不能识别的 I/O 地址，此时 CPU 的操作系统将会调用 OB122。

第十二章　S7-300/400可编程控制器通信与网络

第一节　S7-300/400 的通信网络

一、工业自动化网络

现代大型工业企业中，一般采用多级网络的形式。可编程序控制器制造商经常用生产金字塔结构来描述其产品可实现的功能。这种金字塔结构的特点是：上层负责生产管理，底层负责现场监测与控制，中间层负责生产过程的监控与优化。国际标准化组织（ISO）对企业自动化系统确立了初步的模型，如图 12-1 所示。

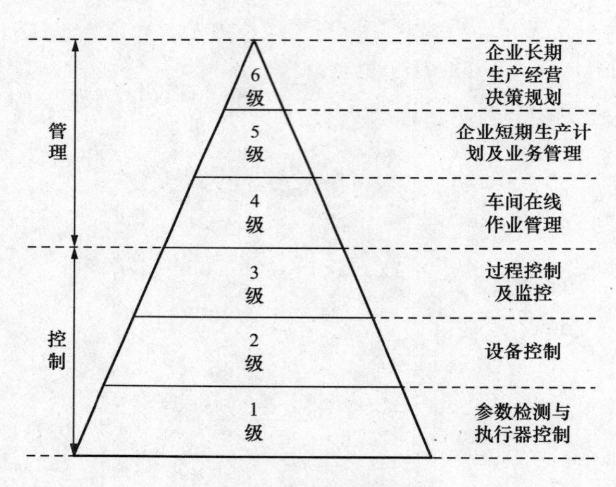

图 12-1　自动化系统模型

工厂自动化系统中，不同生产厂家的网络结构的层数及各层的功能分布有所差异。但基本上都是由从上到下的各层在通信基础上相互协调，共同发挥着作用。实际工厂中一般采用 2～4 级子网构成复合型结构，而不一定是 6 级，各层应采用相应的通信协议。

1～3 级的控制部分包括参数检测及执行、设备控制、过程控制及监控对应着实际的现场设备层、单元层和工厂管理层。

1. 现场设备层

执行器-传感器的主要功能是连接现场设备，例如，分布式 I/O、传感器、驱动器、执行机构和开关设备等，完成现场设备控制及设备间连锁控制。主站（PLC、PC 或其他控制器）负责总线通信管理及与从站的通信。总线上所有设备生产工艺控制程序存储在主站中，并由主站执行。

2. 单元层

单元层又称为车间监控层，用来完成车间主生产设备之间的连接，实现车间级设备的监控。车间级监控包括生产设备状态的在线监控、设备故障报警及维护等。通常还具有诸如生产统计、生产调度等车间级生产管理功能。车间级监控通常要设立车间监控室，有操作员工作站及打印设备。车间级监控网络可采用PROFIBUS-FMS或工业以太网，PROFIBUS-FMS是一个多主网络，这一级数据传输速度不是最重要的，但是应能传送大容量的信息。

3. 工厂管理层

车间操作员工作站可以通过集线器与车间办公管理网连接，将车间生产数据送到车间管理层。车间管理网作为工厂主网的一个子网，通过交换机、网桥或路由器等连接到厂区骨干网，将车间数据集成到工厂管理层。

S7-300/400具有很强的通信功能，CPU模块集成有MPI和DP通信接口，有PRGFIBUS-DP和工业以太网的通信模块，以及点对点通信模块。通过PROFIBUS-DP或AS-i现场总线，CPU与分布式I/O模块之间可以周期性地自动交换数据（过程映像数据交换）。在自动化系统之间，PLC与计算机和HMI（人机接口）站之间，均可以交换数据。数据通信可以周期性地自动进行，或基于事件驱动（由用户程序块调用）。

二、S7-300/400的通信网络

西门子的PLC网络是为满足不同控制需要制定的，也为各个网络层次之间提供了互连模块或装置，利用它们可以设计出满足各种应用需求的控制管理网络。其整个网络体系结构如图12-2所示，具体网络类型包括以下几种：

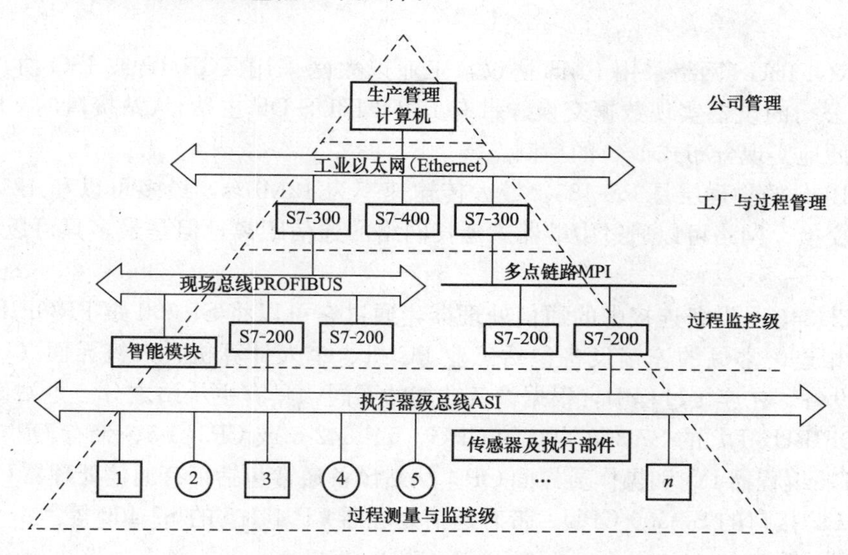

图12-2 网络系统结构图

1. 工业以太网（Industrial Ethernet）

工业以太网是用于工厂管理层和车间监控层（也称单元层）的通信系统，符合IEEE 802.3的国际标准，用于对时间要求不太严格，需要传送大量数据的通信场合，可以通过网关来连接远程网络。它支持广域的开放型网络模型，可以采用多种传输媒体，西门子的工业以太网的传输速率为10M～100Mb/s，最多1024个网络节点，网络的最大通信范围为

150km。

西门子的 S7 PLC 通过 PROFIBUS 数据链路层协议（工业以太网协议），可以利用它们的通信服务进行数据交换。通信处理器（CP）不会加重 CPU 的通信服务负担，S7-300 最多可以使用 8 个通信处理器，每个通信处理器最多能建立 16 条链路。

2. 通过多点接口（MPI）协议的数据通信

MPI（Multi Point Interface）是多点接口，S7-300/400 都集成了 MPI 通信协议，MPI 的物理层是 RS-485，最大传输速率为 12Mb/s，MPI 网采用全局数据（GD）通信模式。PLC 通过 MPI 能同时连接运行 STEP-7 的编程器、计算机、人机界面（HMI）及其他 S7、M7 和 C7。接入 MPI 网的设备称为节点，每个 MPI 节点都有自己的 MPI 地址（0～126），同时链接的通信设备数目根据与 CPU 型号有关，例如，CPU 312 为 6 个，CPU 418 为 64 个，MPI 接线图如图 12-3 所示。

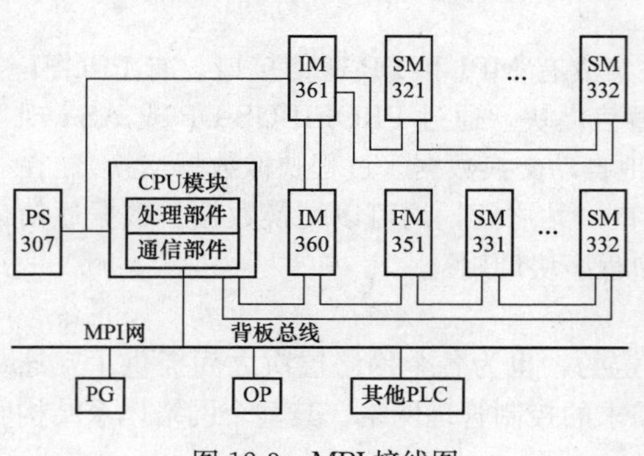

图 12-3　MPI 接线图

3. PROFIBUS

工业现场总线 PROFIBUS 是用于车间级监控和现场层的通信系统，它符合 IEC 61158 标准，具有开放性，符合该标准的各厂商生产的设备都可以接入同一网络中。S7-300/400 可以通过通信处理器或集成在 CPU 上的 PROFIBUS-DP 接口连接到 PROFIBUS-DP 网络上。

如果 PROFIBUS 网络采用 FMS 协议，工业以太网采用 TCP/IP 或 ISO 协议，S7-300 可以与其他公司的设备实现数据交换。带有 PROFIBUS-DP 主站/从站接口的 CPU 能够实现高速和方便地实现分布式 I/O 的控制。

PROFIBUS 的物理层是 RS-485，最大传输速率为 12Mb/s，最多可以和 127 个网络结点进行数据交换。网络可以通过中继器来延长网络的通信距离，但是最多只可以串接 10 个中继器。

CP P342/343 是设备连接中的通信处理器，通过它可以将 S7-300 跟 PROFIBUS-DP 或工业以太网相连，常见的连接设备包括工业 PC 机、个人计算机、人机界面（HMI）、S7-300/400 等设备。在连接过程中，根据设备功能的不同，具有主从站之分。主站设备通常包括带有 PROFIBUS-DP 的 S7-300/400 的 CPU、CP 342-5 或 CP343-5、带有 DP 或 DP 通信处理器的 C7、编程器 PG 和操作员界面 OP；从站设备通常包括带有通信处理器 CP 342-5 的 S7-300、带 DP 接口的 S7-300 CPU、带有通信处理器 CP 443-5 的 S7-400 等。

4. 点对点连接

点对点连接（Point-to-Point Connections）可以连接两台 S7 PLC 和 S5 PLC，以及计算机、机器人控制系统、打印机、扫描仪等非西门子设备。使用 CP 340、CP 341 和 CP 441 通信处理模块，或通过 CPU 313C-2PtP 和 CPU 314C-2PtP 集成的通信接口，可以建立起经济而方便的点对点连接。

点对点通信具有 RS-232C 和 RS-485 接口，同时还具备连接 20mA 的 TTY。全双工模式（RS-232C）的最高传输速率为 19.2kb/s，半双工模式（RS-485）的最高传输速率为

38.4kb/s。

5. 通过 AS-i 的过程通信

执行器-传感器接口（Actuator-Sensor Interface，AS-i）是位于自动控制系统最底层的网络，用来连接有 AS-i 接口的现场二进制设备，只能传送少量的数据，例如开关的状态。CP 342-2 通信处理器是用于 S7-300 和分布式 I/O ET 200M 的 As-i 主站，它最多可以连接 62 个数字量或 31 个模拟量 AS-i 从站。通过 AS-i 接口，每个接口最多可以访问 248 个数字量输入和 186 个数字量输出。通过内部集成的模拟量处理程序，可以像处理数字量值那样非常容易地处理模拟量值。表 12-1 是以上几种 S7-300/400 通信网络的性能表。

表 12-1　　西门子 PLC 网络性能表

网络	S1	L2/L2FO	H1/H1FO	H3
标准	ASI 规范 IEC TG 17B	PROFIBUS DINE 19245	以太网 IEEE 802.3	FDDI IS09314
访问模式	主机-从机	主从式令牌传递	CSMA/CD	令牌环
传输率	31 个从机时 5ms	9.6～1500kb/s	10Mb/s	100Mb/s
传输介质	无屏蔽双绞线电缆	L2：屏蔽双绞电缆 L2FO：玻璃或纤维光缆	H1：双绞电缆 H1FO：玻璃或纤维光缆	玻璃光缆
最大站数网络尺寸（大约）	31 个从机（4 通道） 线长 100m	127 个 L2：9.6km L2FO：23.8km	1024 个 H1：1.5km H1FO：4.6km	500 个 100km 环周长
拓扑	线型、树型	线、树、星型	线、树、星型	环型、星型
协议	ASI	SINEC L2-FMS SINEC L2-DP 等	SINEC H1-TF SINEC 等	
应用	执行器-传感器-驱动器	单元网络、现场网络	单元网络、局域网络	主干网络

三、通信的分类

S7 通信可以分为全局数据通信、基本通信及扩展通信 3 类。

1. 全局数据（GD）通信

通信通过 MPI 接口在 CPU 间循环交换数据，用全局数据表来设置各 CPU 之间需要交换的数据存放的地址区和通信的速率，通信是自动实现的，不需要用户编程。当过程映像被刷新时，在循环扫描检测点进行数据交换。S7-400 的全局数据通信可以用 SFC 来启动。全局数据可以是输入、输出、标志位（M）、定时器、计数器和数据区。

S7-300 CPU 每次最多可以交换 4 个包，每个数据包最大为 22B，最多可以有 16 个 CPU 参与数据交换。

S7-400 CPU 可以同时建立最多 64 个站的连接，MPI 网络最多 32 个节点。任意两个 MPI 节点之间可以串联 10 个中继器，以增加通信的距离。每次程序循环最多 64B，最多 16 个数据包。通过全局数据通信，一个 CPU 可以访问另一个 CPU 的数据块、存储器位和过程映像等。全局通信用 STEP 7 中的 GD 表进行组态。对 S7、M7 和 C7 的通信服务可以用系统功能块来建立。

MPI 默认的传输速率为 187.5kb/s，与 S7-200 通信时只能指定 19.2kb/s 的传输速率。

2. 基本通信（非配置通信）

基本通信可以用于所有 S7-300/400 CPU，通过 MPI 或站内的 K 总线（通信总线）来传送最多 76B 的数据。在用户程序中用系统功能（SFC）来传送数据。在调用 SFC 时，通信连接被动态地建立，CPU 需要一个自由的连接。

3. 扩展通信（配置通信）

扩展通信可以用于所有的 S7-300/400 CPU，通过 MPI、PROFIBUS 和工业以太网最多可以传送 64kB 的数据。通信是通过系统功能块（SFB）来实现的，支持有应答的通信。在 S7-300 中可以用 SFB 15“PUT”和 SFB 14“GET”来写出或读入远端 CPU 的数据。扩展的通信功能还能执行控制功能，例如控制通信对象的启动和停机。扩展通信方式需要用连接表配置连接，被配置的连接在站启动时建立并一直保持。

第二节 MPI 网络通信

S7-300/400 都集成了 MPI 通信协议，MPI 的物理层是 RS-485，最大传输速率为 12Mb/s，MPI 网络采用全局数据通信模式。PLC 通过 MPI 能同时连接运行 STEP-7 的编程器、计算机、人机界面（HMI）及其他 S7、M7 和 C7。接入 MPI 网的设备称为节点，每个 MPI 节点都有自己的 MPI 地址（0～126），同时链接的通信设备数目根据与 CPU 型号有关。

一、MPI 全局数据通信

西门子有两种硬件 MPI 连接器，一种带有 PG 接口，一种没有 PG 接口。在和通信处理器链接时，在通信处理器上应插一块 MPI 卡或 PC/MPI 适配器，对于终端的站，应将其连接器上的终端电阻开关合上，以接入终端电阻。

通过 MPI 可以访问 PLC 所有智能模块。STEP 7 的用户界面提供了全局数据通信组态功能，使得通信的组态非常简单。在 S7-300 中，MPI 总线与 K 总线（通信总线）连接在一起，S7-300 机架上 K 总线的每一个节点（功能模块 FM 和通信处理器）也是 MPI 的一个节点，有自己的 MPI 地址。在 S7-400 中，MPI（187.5kb/s）通信模式被转换为内部 K 总线（10.5Mb/s）。S7-400 PLC 只有 CPU 有 MPI 地址，其他智能模块没有独立的 MPI 地址。

通过全局数据通信，一个 CPU 可以访问另一个 CPU 的位存储器、输入输出映像区、定时器、计数器和数据块中的数据。对 S7、M7 和 C7 的通信服务可以用系统功能块来建立。MPI 通信默认的传输速率为 187.5kb/s 或 1.5Mb/s，与 S7-200 通信时，只能指定为 19.2kb/s。两个相邻节点间的最大传送距离为 50m，加中继器后两个相邻节点间的最大传输距离为 1000m，使用光纤和星形连接时两个相邻节点间的最大传输距离为 23.8km。

每个 MPI 分支网有一个分支网络号，以区别不同的 MPI 分支网。在 MPI 网运行期间，不能插拔模块。

全局数据通信方式以 MPI 分支网络为基础，是为循环地传送少量数据而设计的。全局数据通信方式仅限于同一分支网的 S7 系列 PLC 的 CPU 之间，构成的通信网络简单，但只实现两个或多个 CPU 间的数据共享。S7 程序中的功能块（FB）、功能（FC）、组织块（OB）都能用绝对地址或符号地址来访问全局数据。在一个 MPI 分支网络中，最多有 16 个 CPU 能通过通信交换数据。在分支网络上实现全局数据共享的多个 CPU，至少有一个是数据的发送方，有一个或多个是数据的接收方。发送或接收的数据称为全局数据或者全局数，全局数据包（GD 包）分别定义在发送方和接收方 CPU 的存储器中，定义在发送方 CPU 中的称为发送 GD 包，接收方 CPU 中的称为接收 GD 包。依靠 GD 包，为发送方和接收方的存储器建立了映射关系。在 PLC 操作系统的作用下，发送 CPU 在它的扫描循环的末尾发送

GD包，接收CPU在它的扫描循环的开头接收GD包。这样，发送GD包中的数据，对于接收方来说是透明的，接收方对GD包的访问，相当于对发送GD包的访问。

1. 全局数据包

全局数据可以由位、字节、字、双字或相关数组组成，它们是全局数据的元素。全局数据的元素可以定义在PLC的位存储器、输入、输出、定时器、计数器和数据块中，例如：I4.2（位）、QB3（字节）、M W20（字）、MD8（双字）等都是一些合法的GD元素。具有相同发送者和接收者的全局数据元素可以集合成一个全局数据包。一个全局数据包由一个或几个全局数据元素组成。

2. 全局数据环

所谓全局数据环（GD环），是指全局数据块的一个确切的分布回路，这个环中的CPU既能向环中其他CPU发送数据，也能从环中其他CPU接收数据。典型的GD环有以下两种情况。

（1）由两个CPU构成的GD环，一个CPU既能向另一个CPU发送数据块又能接收数据块，类似全双工点对点的通信方式；

（2）由两个以上CPU组成的GD环，一个CPU作GD块发送方时，其他的CPU只能是该GD块的接收方，类似一对多广播通信方式。

同一个GD环中的CPU可以向环中其他的CPU发送数据或接收数据。在一个MPI网络中，可以建立多个GD环。每个数据包有数据包编号，数据包中的变量有变量号。例如GD 4.3.3是4号GD环3号GD包中的3号数据。

二、MPI网络的组建

MPI网络如图12-4所示，包括S7-300/400系列的CPU、OP及PG等。MPI网络的第一个及最后一个节点应接入通信终端匹配电阻。如需要添加一个新节点时，应该切断MPI网的电源。

连接MPI网络时常用到两个网络部件：网络插头和网络中继器。

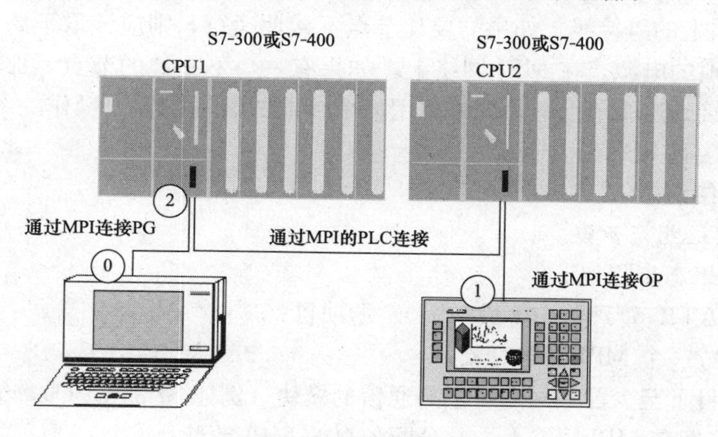

图12-4　MPI网络连接

网络插头是MPI网络连接节点的MPI接口与网络电缆的连接器。为了保证网络通信质量，网络插头或中继器上都设计了终端匹配电阻。组建通信网络时，在网络拓扑分支的末端节点需要接入浪涌匹配电阻，如图12-5所示。

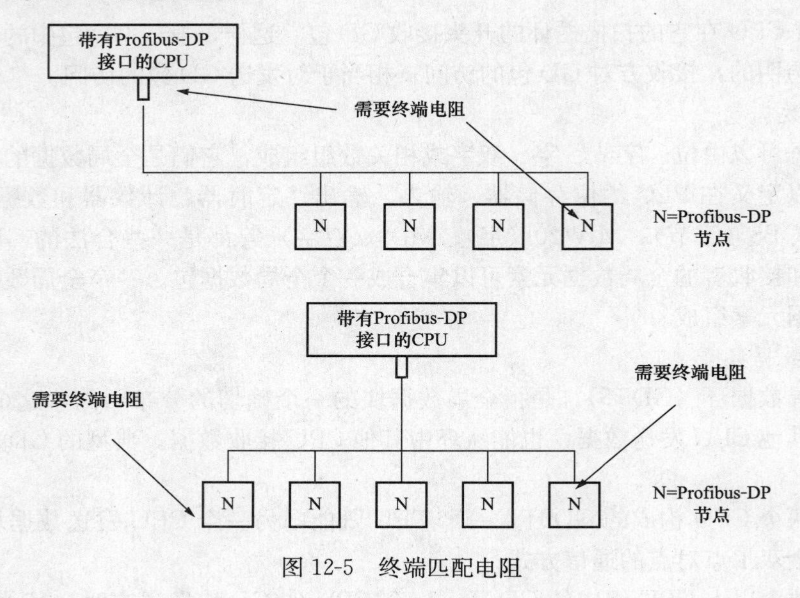

图 12-5 终端匹配电阻

对于 MPI 网络，节点间的连接距离是有限制的，从第一个节点到最后一个节点最长距离仅为 50m。对于一个要求较大区域的信号传输或分散控制的系统，采用两个中继器（或转发器、重复器）可以将两个节点的距离增大到 1000m，但是两个节点之间不应再有其他点。

在采用分支线的结构中，分支线的距离是与分支线的数量有关的，分支线增加，最大距离将缩短。对于 MPI 网络系统，在接地的设备和不接地的设备之间连接时，应该注意 RS-485 的使用，如果 RS-485 中继器所在段中的所有节点都是以接地电位方式运行的，则节点是接地的；如果 RS-485 中继器所在段中的所有节点都是以不接地电位方式运行的，则节点是不接地的。中继器可以放大信号、扩展节点间的连接距离，也可用于抗干扰隔离，如作不接地的节点与接地 MPI 编程装置的隔离器。要想在接地的结构中运用中继器，就不应该取下 RS-485 中继器上的跨接线。如果需要让节点不接地运行，则应该取下跨接线，而且中继器要有一个不接地的电源。在 MPI 网络上，如果有一个不接地的节点，那么可以将一台不接地的编程装置接到这个节点上；如果想用一个接地的编程装置去操作一个不接地的节点，应该在两者之间接有 RS-485 中继器。

三、MPI 网络组态

1. MPI 网络的组态步骤

MPI 网络的组态步骤如下：

（1）在 SIMATIC 管理器中生成一个 S7 的项目；

（2）自动生成一个 MPI 网络对象；

（3）在该项目下至少配置两个可全局通信的模块（例如 S7 的 CPU），组态 CPU 时，必须定义 CPU 是连接在 MPI 网络上，并分配各自的 MPI 地址；

（4）分别向每个 CPU 中下装配置数据；

（5）用网络电缆将 CPU 模块连接起来；

（6）利用 SIMATIC 管理器的“Accessible Nodes”功能来检查是组网是否正确，具体配置如图 12-6 所示。

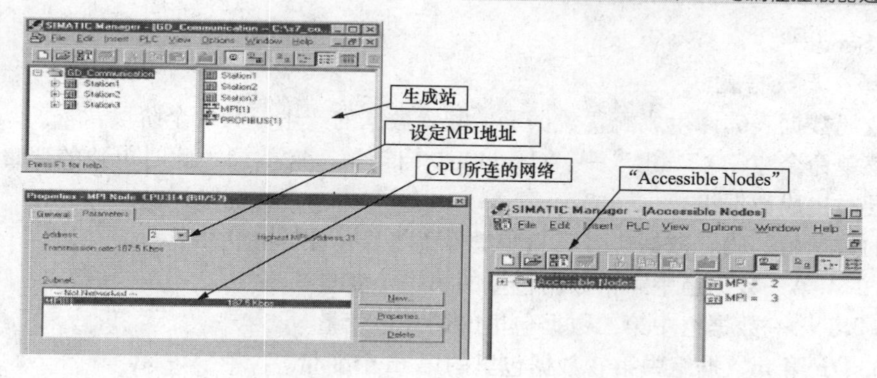

图 12-6　硬件配置图

2. 生成全局数据表

全局数据通信用全局数据表（GD 表）来设置，在全局数据表中输入要交换数据的 CPU 及数据的地址，还可以定义扫描率（scan rate）和存储状态信息的一个双字，全局数据表生成图如图 12-7 所示。

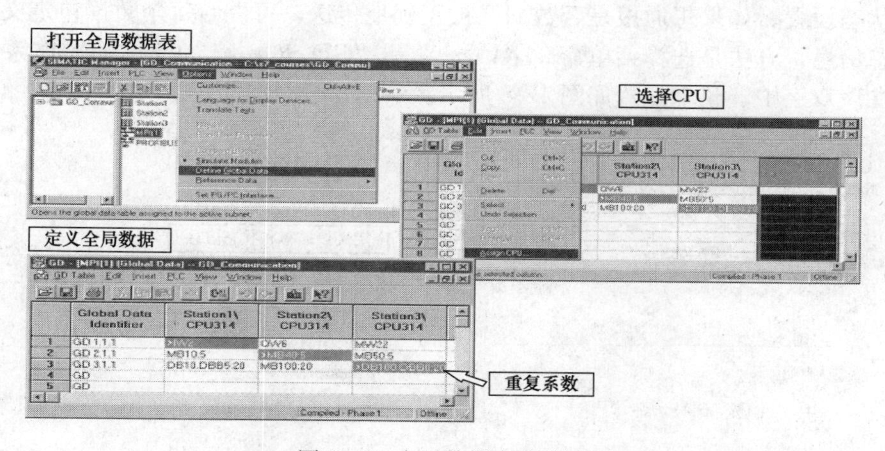

图 12-7　全局数据表生成图

生成和填写 GD 表的过程如下：

（1）打开项目并选择 MPI 网络对象；

（2）选择菜单命令"Options"→"Define Global Data"，将产生一个新数据表或打开一个已经存在的数据表。

3. 填写全局数据表

在每栏中输入每个 CPU 中用于全局数据交换的地址，步骤如下：

（1）首先为表中每栏指定 CPU，方法是用鼠标单击栏首选中它，然后选择菜单命令"Edit"→"Assign CPU"。

（2）在对话框中选择 CPU，然后单击 OK 键确认。

（3）在下面的行中输入要发送的全局数据，用 F2 键可以编辑表中的每一个单元，变量的复制因子用来定义发送数据区的长度。

（4）在每行中定义数据的发送方，方法是选择相应的单元，然后在工具条上单击图标

"Select as Sender"。

4. 编译全局数据表

根据全局数据表编译生成配置数据了，配置数据的产生分为两个阶段：

选择菜单命令"GD Table"→"Compile"启动第一次编译，此时单独的变量被集合成数据包，同时生成数据组。

相应的数据组号码、数据包号码和变量号码将显示在第一栏中：

GD 1. 1. 1 第一数据组中第一数据包里的第一个变量

GD 1. 2. 1 第一数据组中第二数据包里的第一个变量

GD m. 3. n 第 n 数据组中第 3 数据包里的第 m 个变量

第一次编译后，生成了全局数据组和数据包，接着可以为每个数据包定义不同的扫描率（scan rates）以及存储状态信息的地址，然后必须再次编译，使扫描率及状态信息存储地址等包含在配置数据中。

（1）扫描率设置。可以用菜单命令"*View*"→"*Scan Rates*"来选择不同的数值（对于发送方和接收方为从 1～255，在 S7-400 中选择 0 表示纯事件驱动的发送和接收通信）。

（2）状态设置。如果想通报是否数据已被正确地传送，可以给每个数据包定义一个双字来存储状态信息，方法是选择菜单命令"*View*"→"*GD Status*"。CPU 的操作系统将把检查信息存在该双字中，整个配置如图 12-8 所示。

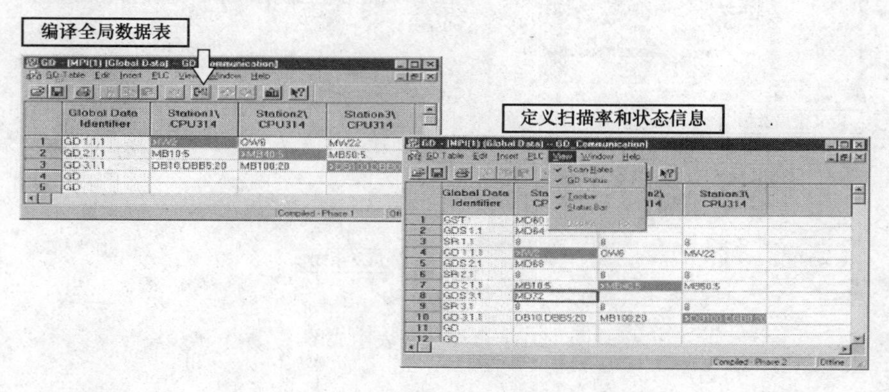

图 12-8 全局数据表编译图

5. 下装全局通信配置数据

第二次编译完配置数据后，可以将数据下装到 CPU 中，如图 12-9 所示，步骤如下：

（1）将所有的有关 CPU 切换为 STOP 状态。

（2）选择菜单命令"PLC"→"Download"。

（3）成功地传递了配置数据后，将相关 CPU 切换回 RUN 状态，全局数据开始自动地循环交换。

全局数据交换的过程如下：

（1）在循环周期的末尾发送方 CPU 发送数据。

（2）在循环周期的开始，接收方 CPU 将得到的数据传送到相应的地址区域中，通过定义扫描率可以设置两次发送或接收数据所间隔的循环周期数。

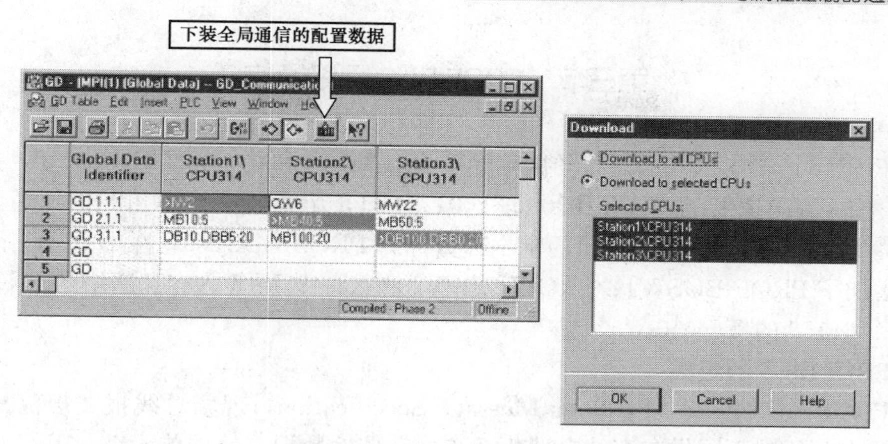

图 12-9　下装全局通信配置数据

6. 全局通信的状态信息

(1) 状态指示。可以为参与全局通信的每个 CPU 的每个数据包定义一个状态双字。在全局数据表中状态双字的标识为“GDS”。

(2) 分析状态双字。如果为状态双字（GDS）分配了 CPU 地址（例如 MD120），就可以在用户程序或 PG 中分析通信的状态。

(3) 状态双字的结构。全局数据的状态双字是由位形式的信息组成的，被置位的位将保持其状态直到被用户程序或 PG 输入所复位。没有标注的位目前未被使用且无意义。状态信息要求存储在一个双字里。

(4) 集团信息。STEP 7 为所有的数据组提供了集团状态信息（GST），集团状态信息也存储在一个双字里，结构与状态信息（GDS）相同，是将所有状态字进行或运算所得的结果。整个全局数据通信状态如图 12-10 所示。

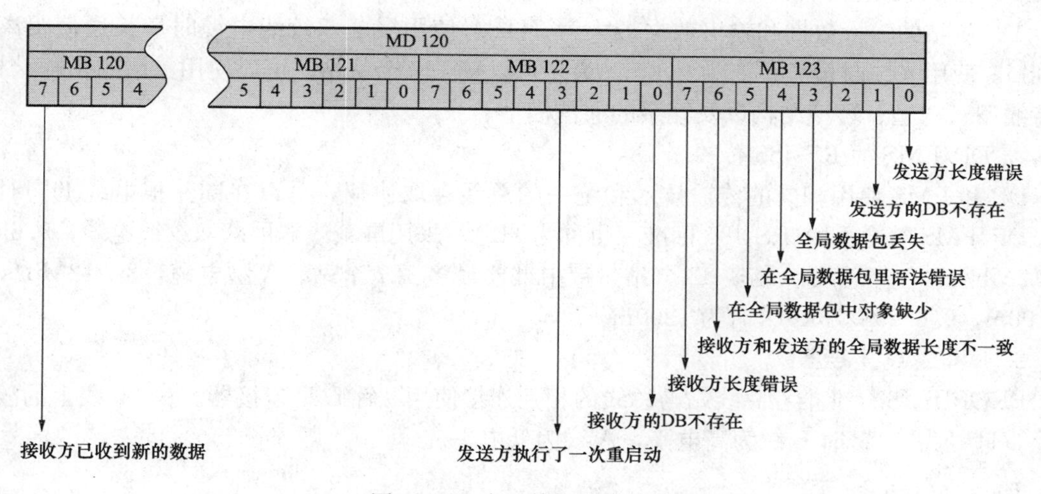

图 12-10　全局数据通信状态

第三节　PROFIBUS 网络通信

PROFIBUS 已被纳入现场总线的国际标准 IEC 61158 和欧洲标准 EN 50170，并于 2001 年被定为中国的国家标准 JB/T10308.3-2001。PROFIBUS 在 1999 年 12 月通过的 IEC 61156 中称为 Type 3，PROFIBUS 的基本部分称为 PROFIBUS-V0。在 2002 年新版的 IEC 61156 中增加了 PROFIBUS-V1、PROFIBUS-V2 和 RS-485IS 等内容。新增的 PROFInet 规范作为 IEC 61158 的 Type10。

一、PROFIBUS 的组成

（1）PROFIBUS-FMS（Fieldbus Message Specification，现场总线报文规范），主要用于系统级和车间级的不同供应商的自动化系统之间传输数据，处理单元级（PLC 和 PC）的多主站数据通信。

（2）PROFIBUS-DP（Decentralized Periphery，分布式外部设备），PROFIBUS-DP 用于自动化系统中单元级控制设备与分布式 I/O（例如 ET 200）的通信。主站之间的通信为令牌方式，主站与从站之间为主从方式，以及这两种方式的混合。

（3）PROFIBUS-PA（Process Automation，过程自动化），用于过程自动化的现场传感器和执行器的低速数据传输，使用扩展的 PROFIBUS-DP 协议。传输技术采用 IEC 11512-2 标准，可以用于防爆区域的传感器和执行器与中央控制系统的通信。使用屏蔽双绞线电缆，由总线提供电源。

此外基于 PROFIBUS，还推出了用于运动控制的总线驱动技术（PROFI-drive）和故障安全通信技术（PROFI-safe）。

二、PROFIBUS 的物理层

可以使用多种通信介质（电、光、红外、导轨以及混合方式），传输速率 9.6k～12Mb/s，假设 DP 有 32 个站点，所有站点传送 512b/s 输入和 512b/s 输出，在 12Mb/s 时只需 1ms。每个 DP 从站的输入数据和输出数据最大为 244B。使用屏蔽双绞线电缆时最长通信距离为 9.6km，使用光缆时最长距离为 90km。最多可以接 127 个从站。可以使用灵活的拓扑结构，支持线型、树型、环型结构以及冗余的通信模型。

1. DP/FMS 的 RS-485 传输

DP 和 FMS 使用相同的传输技术和统一的总线存取协议，可以在同一根电缆上同时运行。DP/FMS 符合 EIA RS-485 标准（也称为 H2），采用屏蔽或非屏蔽双绞线电缆，9.6kb/s～12Mb/s。一个总线段最多 32 个站，带中继器最多 127 个站。A 型电缆，3～12Mb/s 时为 100m，9.6～93.75kb/s 时为 1200m。

2. D 型总线连接器

PROFIBUS 标准推荐总线站与总线的相互连接使用 9 针 D 型连接器。A、B 线上的波形相反，信号为“1”时 B 线为高电平，A 线为低电平。

3. 总线终端器

总线终端器的连接如图 12-11 所示。

4. DP/FMS的光纤电缆传输

单芯玻璃光纤的最大连接距离为15km，价格低廉的塑料光纤为80m。光链路模块（OLM）用来实现单光纤环和冗余的双光纤环。

5. PA的IEC 11512-2传输

采用符合IEC 11512-2标准的传输技术，确保本质安全，并通过总线直接给现场设备供电。数据传输使用曼彻斯特编码线协议（H1编码）。从0（−9mA）～1（+9mA）的上升沿发送二进制数“0”，从1～0的下降沿发送二进制数“1”，传输速率为31.25kb/s，传输介质为屏蔽或非屏蔽的双绞线。总线段的两端用一个无源的RC线路终端器来终止（100Ω电阻与1μF电容的串联电路），一个PA总线段最多32个站，总数最多为126个。

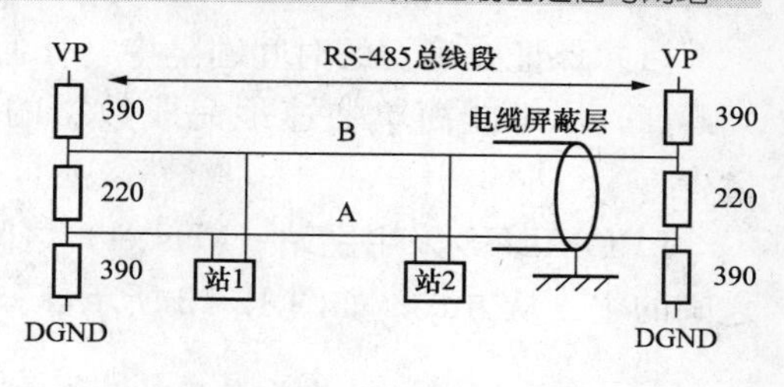

图12-11　总线终端连接

三、PROFIBUS-DP设备的分类

1. 1类DP主站

1类DP主站（DPM1）是系统的中央控制器，DPM1与DP从站循环地交换信息，并对总线通信进行控制和管理PLC、PC等。

2. 2类DP主站

DP网络中的编程、诊断和管理设备。2类DP主站除了具有1类DP主站的功能外，还可以读取DP从站的输入/输出数据和当前的组态数据，可以给DP从站分配新的总线地址。

3. DP从站

(1) 分布式I/O（非智能型I/O）由主站统一编址。

(2) PLC智能DP从站（I从站）：PLC（智能型I/O）作为从站。存储器中有一片特定区域作为与主站通信的共享数据区。

(3) 具有PROFIBUS-DP接口的其他现场设备。

四、PROFIBUS的通信协议

1. PROFIBUS的数据链路层

PROFIBUS的总线存取方式如图12-12所示。

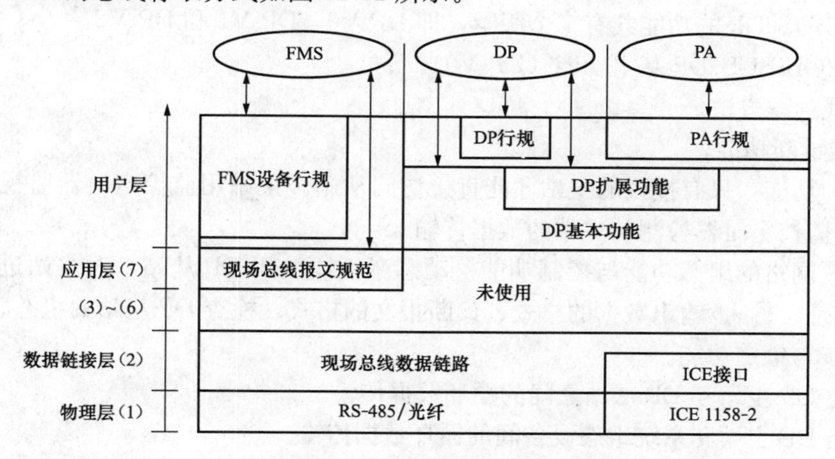

图12-12　总线存取方式

在总线的存取中，有两个基本要求：

（1）保证在确切的时间间隔中，任何一个站点有足够的时间来完成通信任务。

（2）尽可能简单快速地完成数据的实时传输，因通信协议增加的数据传输时间应尽量少。

PROFIBUS 采用主站（Master）之间的令牌（Token）传递方式和主站与从站（Slave）之间的主—从方式，如图 12-13 所示。

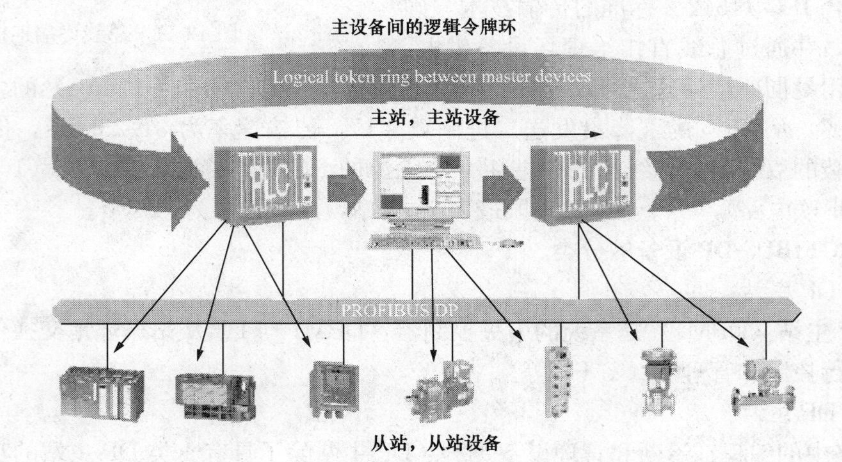

图 12-13　数据传输方式

当某主站得到令牌报文后可以与所有主站和从站通信。在总线初始化和启动阶段建立令牌环。在总线运行期间，从令牌环中去掉有故障的主动节点，将新上电的主动节点加入到令牌环中。监视传输介质和收发器是否有故障，检查站点地址是否出错，以及令牌是否丢失或有多个令牌。

DP 主站与 DP 从站间的通信基于主-从原理，DP 主站按轮询表依次访问 DP 从站。报文循环由 DP 主站发出的请求帧（轮询报文）和由 DP 从站返回的响应帧组成。

2. PROFIBUS-DP

PROFIBUS-DP 的功能共有 3 个版本，即 DP-V0、DP-V1 和 DP-V2。

（1）PROFIBUS-DP 基本功能（DP-V0）。

1）总线存取方法。

2）3 级诊断功能。

3）保护功能。只有授权的主站才能直接访问从站。主站用监控定时器监视与从站的通信，从站用监控定时器检测与主站的数据传输。

4）通过网络的组态功能与控制功能。动态激活或关闭 DP 从站，对主站进行配置，配置从站的地址、输入/输出数据的格式、诊断报文的格式，检查 DP 从站的组态。

5）同步与锁定功能。

6）1 类 DP 主站和 DP 从站之间的循环数据传输。

7）1 类 DP 主站和系统组态设备间的循环数据传输。

（2）DP-V1 的扩展功能。

1）非循环数据交换。主站与从站之间的非循环数据交换功能，可以用来进行参数设置、诊断和报警处理。

2）基于 IEC 61131-3 的软件功能块。

3）故障-安全通信（PROFIsafe）。PROFIsave 定义了与故障-安全有关的自动化任务，以及在 PROFIBUS 上的通信。考虑数据的延迟、丢失、重复、不正确的时序、地址和数据的损坏。

补救措施：输入报文帧的超时及其确认；发送者与接收者之间的口令；CRC 校验。

4）扩展的诊断功能。

DP 从站通过诊断报文将报警信息传送给主站，主站收到后发送确认报文给从站。从站收到后只能发送新的报警信息。

（3）DP-V2 的扩展功能。

1）从站与从站之间的通信。广播式数据交换实现了从站之间的通信，从站作为出版者（Publisher），不经过主站直接将信息发送给作为订户（Subscribers）的从站。

2）同步（Isochronous）模式功能。主站与从站之间的同步，误差小于 1ms。所有设备被周期性地同步到总线主站的循环。

3）时钟控制与时间标记（Time Stamps）。主站将时间发送给所有的从站，误差小于 1ms。

4）HARTonDP。

5）上传与下载（区域装载）。用少量的命令装载现场设备中任意大小的数据区。

6）功能请求（Function Invocation）。用于 DP 从站的启动、停止、返回、重新启动和功能调用。

7）从站冗余。冗余的从站有两个 PROFIBUS 接口。在主要从站出现故障时，后备从站接管它的功能。

3. PROFINet

PROFINet 以互联网和以太网标准为基础，建立了 PROFIBUS 与外部系统的透明通道。

PROFINet 首次明确了 PROFIBUS 和工业以太网之间数据交换的格式，使跨厂商、跨平台的系统通信问题得到了彻底的解决。PROFINet 提供了一种全新的工程方法，即基于组件对象模型（COM）的分布式自动化技术；以微软的 OLE/COM/DCOM 为技术核心，最大程度地实现了开放性和可扩展性，向下兼容传统工控系统，使分散的智能设备组成的自动化系统模块化。PROFINet 指定了 PROFIBUS 与国际 IT 标准之间的开放和透明的通信；提供了包括设备层和系统层的完整系统模型，保证了 PROFIBUS 和 PROFINet 之间的透明通信。

PROFINet 的通信机制。在 PROFINet 中，每个设备都被看做一个具有组件对象模型（Component Object Model，COM）接口的自动化设备，系统通过调用 COM 接口来实现设备功能。组件模型使不同厂家的设备具有良好的互换性和互操作性。COM 对象之间通过 DCOM（分布式 COM）连接协议进行互联和通信。传统的 PROFIBUS 设备通过代理设备（Proxy）与 PROFINet 中的 COM 对象进行通信。COM 对象之间的调用是通过对象链接与嵌入（Object Linking and Embedding，OLE）自动化接口实现的。组件技术为企业管理人员通过公用数据网络访问过程数据提供了方便，PROFINet 使用了 IT 技术，支持从办公室到工业现场的信息集成，PROFINet 通信连接图如图 12-14 所示。

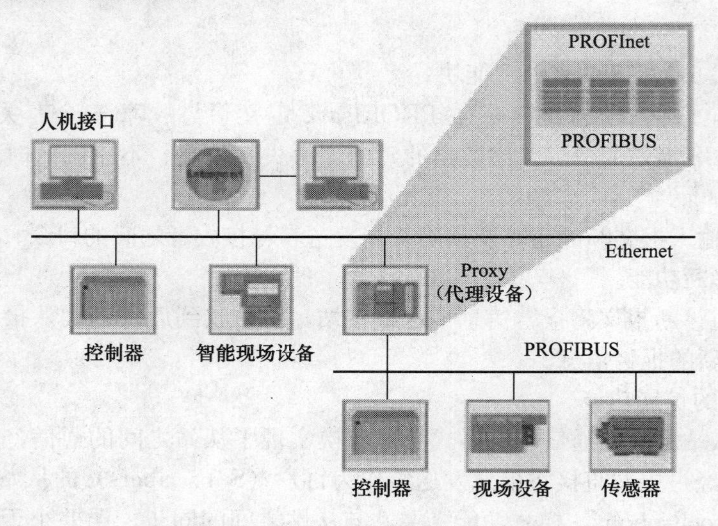

图 12-14　PROFINet 通信连接图

五、基于组态的 PROFIBUS 通信

1. PROFIBUS-DP 从站的分类

（1）紧凑型 DP 从站。紧凑型 DP 从站有 ET 200B 模块系列。

（2）模块式 DP 从站。模块式 DP 从站有 ET 200M 模块系列，可以扩展 8 个模块，在组态时 STEP 7 自动分配紧凑型 DP 从站和模块式 DP 从站的输入/输出地址。

（3）智能从站（I 从站）。某些型号的 CPU 可以作为 DP 从站。智能 DP 从站提供给 DP 主站的输入/输出区域不是实际的 I/O 模块使用的 I/O 区域，而是从站 CPU 专门用于通信的输入/输出映像区。

2. PROFIBUS-DP 网络的组态

主站是 CPU 416-2DP，将 DP 从站 ET 200B-16 DI/16DO、ET 200M 和作为智能从站的 CPU 315-2DP 连接起来，传输速率为 1.5Mb/s。

（1）生成一个 STEP 7 项目，如图 12-15 所示。

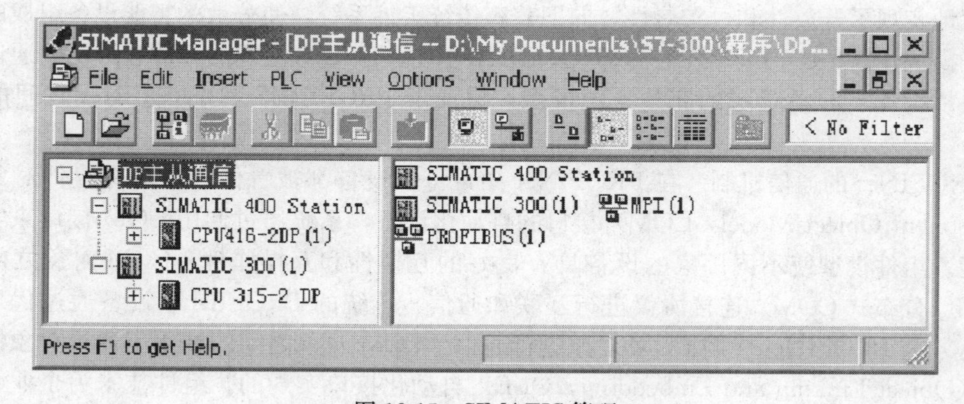

图 12-15　SIMATIC 管理

(2) 设置PROFIBUS网络。右键点击“项目”对象，生成网络对象PROFIBUS (1)，在自动打开的网络组态工具NetPro中，双击图12-15中的PROFIBUS网络线，设置传输速率为1.5Mb/s，总线行规为DP。最高站地址使用缺省值126。

(3) 设置主站的通信属性。选择400站对象，打开HW Config工具。双击机架中“DP”所在的行，在“Operating Mode”标签页选择该站为DP主站，默认的站地址为2，如图12-16所示。

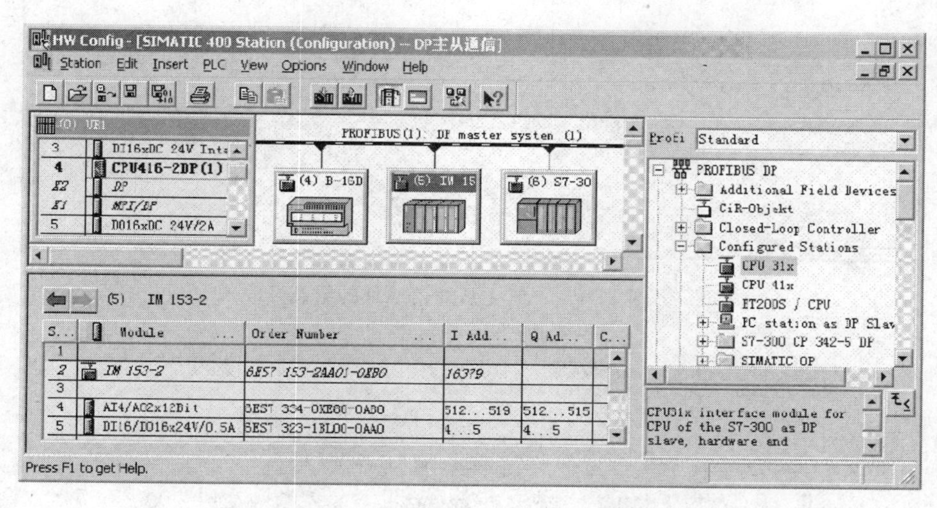

图12-16　PROFIBUS网络组态

(4) 组态DP从站ET 200B。组态第一个从站ET 200B-16DI/16DO，设置站地址为4，各站的输入/输出自动统一编址。选择监控定时器功能。

(5) 组态DP从站ET 200 M。将接口模块IM 153-2拖到PROFIBUS网络线上，设置站地址为5。打开硬件目录中的IM 153-2文件夹，插入I/O模块。

(6) 组态一个带DP接口的智能DP从站。在项目中建立S7-300站对象，CPU 315-2DP模块插入槽2，默认的PROFIBUS地址为6。设置为DP从站。在“HW Config”中保存对S7-300站的组态。

(7) 将智能DP从站连接到DP主站系统中。返回到组态S7-400站硬件的屏幕。打开\PROFIBUS-DP\ConfiguredStations（已经组态的站）文件夹，将“CPU 31x”拖到屏幕左上方的PROFIBUS网络线上，自动分配的站地址为6。在“Connection”标签页选中CPU 315-2DP，点击“Connect”按钮，该站被连接到DP网络中。

3. 主站与智能从站主从通信方式的组态

DP主站直接访问“标准”的DP从站（例如ET 200B和ET 200M）的分布式I/O地址区。用于主站和从站之间交换数据的输入/输出区不能占据I/O模块的物理地址区。

单击DP从站对话框中的“Configuration”标签，为主-从通信的智能从站配置输入/输出区地址，如图12-17所示，单击图12-17中的“New”按钮，出现设置DP从站输入/输出区地址的对话框，如图12-18所示。

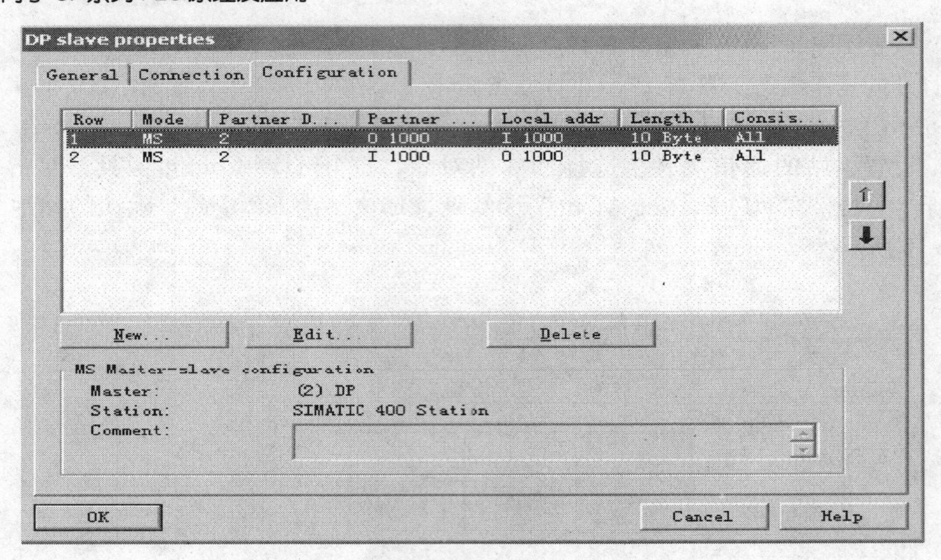

图 12-17　DP 主从通信地址的组态

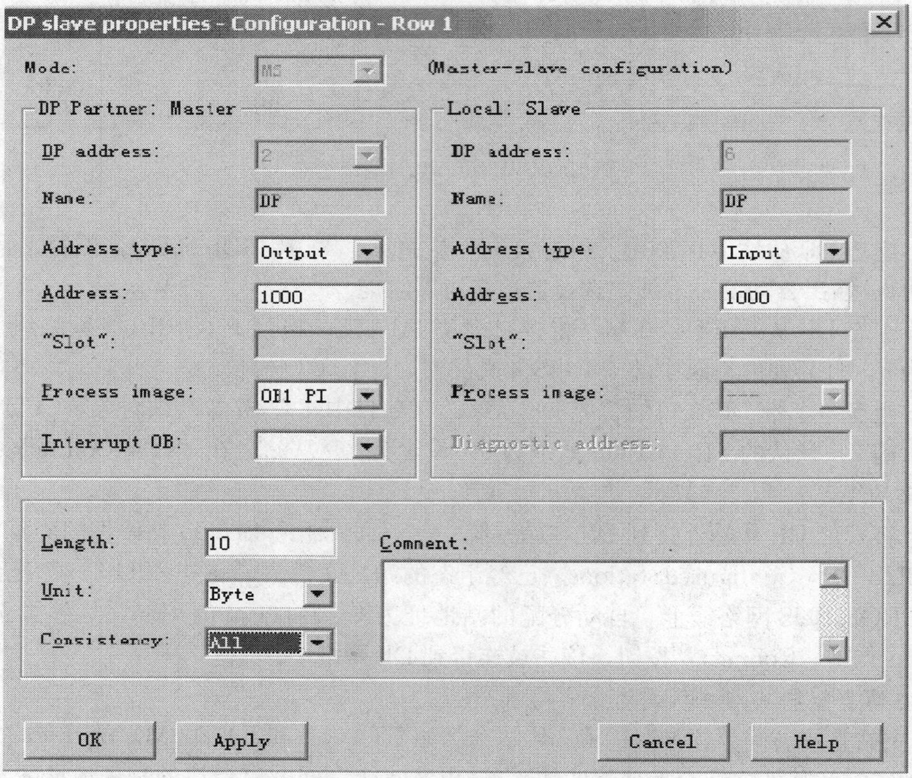

图 12-18　DP 从站属性组态

组态结束后，网络如图 12-19 所示。

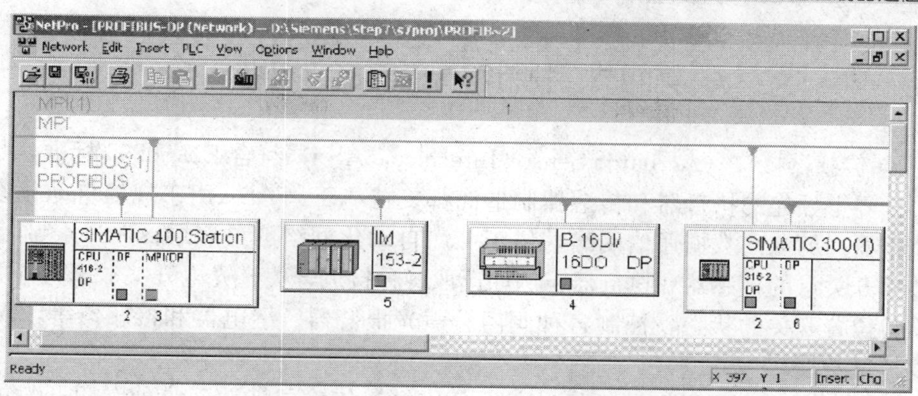

图 12-19　组态后的网络

4. 直接数据交换通信方式的组态

（1）单主站系统中 DP 从站发送数据到智能从站（I 从站），如图 12-20 所示。

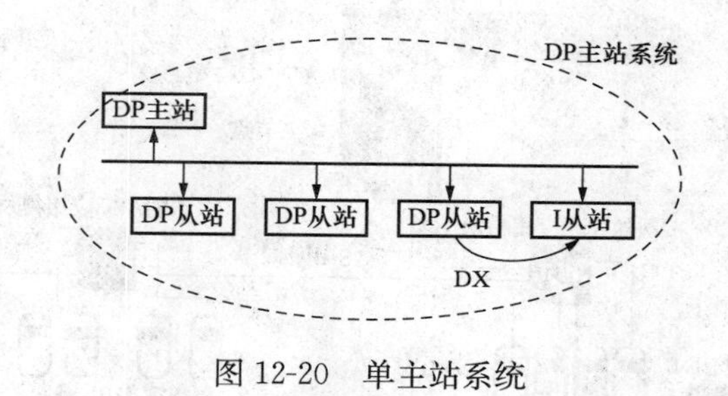

图 12-20　单主站系统

（2）多主站系统中从站发送数据到其他主站如图 12-21 所示。

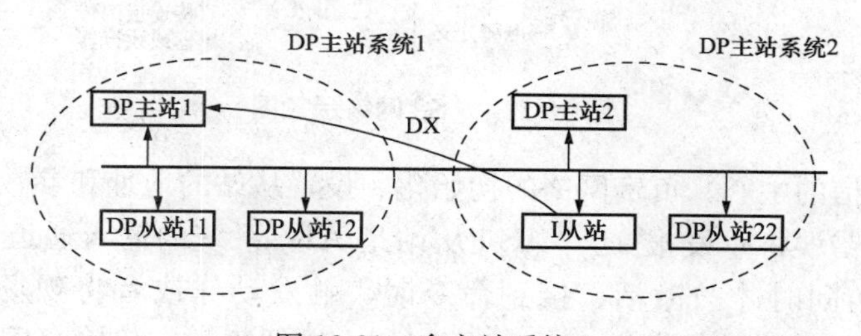

图 12-21　多主站系统 1

（3）多主站系统中从站发送数据到智能从站如图 12-22 所示。

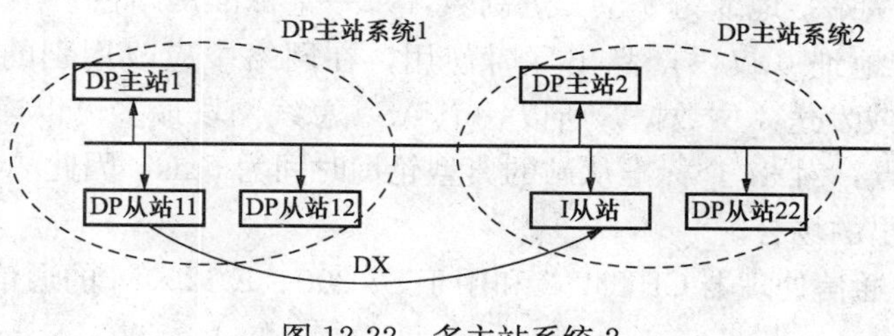

图 12-22　多主站系统 2

第四节　执行器传感器接口网络

执行器-传感器接口（Actuator Sensor Interface，AS-i）符合 EN 50295 标准，是一种开放标准，世界上领先的执行器和传感器制造商都支持 AS-i。AS-i 用于现场自动化设备（传感器和执行器）的双向数据通信网络，位于工厂自动化网络的最底层。AS-i 特别适用于连接需要传送开关量的传感器和执行器，例如读取各种接近开关、光电开关、压力开关、温度开关、物料位置开关的状态，控制各种阀门、声光报警器、继电器和接触器等，AS-i 也可以传送模拟量数据。

AS-i 网络的数据和辅助电源都经过一根公用电缆传输，借助于一种专门开发的绝缘移动接线法，可在任何位置分接 AS-i 电缆，可利用防护等级为 IP20 和 IP25 的链路，AS-i 直接连接到 PROFIBUS-DP；应用 DP/AS-i 链路，可将 AS-i 用作 PROFIBUS-DP 的一种子网。AS-i 属于单主从式网络，如图 12-23 所示，每个网段只能有一个主站。

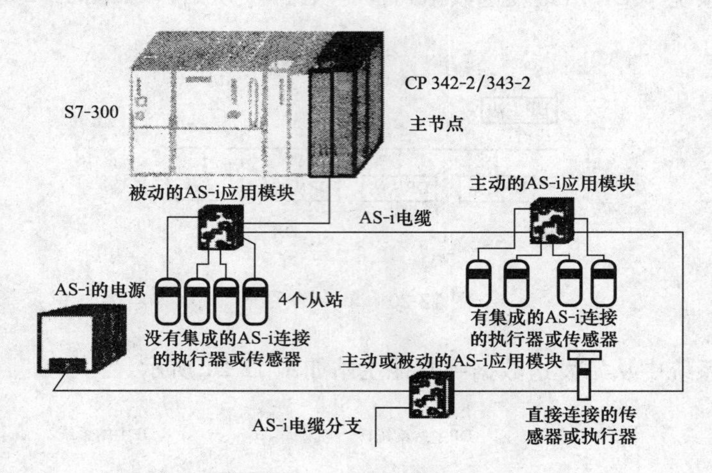

图 12-23　AS-i 网络示意图

主站是网络通信的中心，负责网络的初始化、设置从站的地址和参数等，具有错误校验功能（如发现传输错误将重发报文）。AS-i 从站是 AS-i 系统的输入通道和输出通道，它们仅在被 AS-i 主站访问时才被激活。接到命令时，触发动作或者将现场信息传送给主站。AS-i 所有分支电路的最大总长度为 100m，可以用中继器延长。传输介质可以是屏蔽的或非屏蔽的两芯电缆，网络的拓扑结构可为总线、星形或树形。

一、AS-i 的寻址模式

AS-i 的节点（从站）地址为 5 位二进制数，每一个标准从站占一个 AS-i 地址，最多可以连接 31 个从站，地址 0 仅供产品出厂时使用，在网络中应改用别的地址。每一个标准 AS-i 从站可以接收或发送 4 位数据，所以一个 AS-i 总线网段最多可以连接 124 个二进制输入点和 124 个输出点，对 31 个标准从站的典型轮询时间为 5ms，因此 AS-i 适用于工业过程开关量高速输入输出的场合。

用于 S7-200 的通信处理器 CP 242-2 和用于 S7-300、E 1200M 的通信处理器 CP342-2 属于标准 AS-i 主站。

在扩展的寻址模式中，两个从站分别作为A从站和B从站，使用相同的地址，这样使可寻址的从站的最大个数增加到62个。由于地址的扩展，使用扩展的寻址模式的每个从站的二进制输出减少到3个，每个从站最多4点输入和3点输出。一个扩展的AS-i主站可以操作248个输入点和186个输出点。使用扩展的寻址模式时对从站的最大轮询时间为10ms。

用于S7-200的通信处理器CP 243-2和用于S7-300、ET200M的通信处理器CP 343-2属于扩展的AS-i主站。

二、AS-i网络接口部件

AS-i技术的一个显著特征，是用一根公用的双线电缆来传输数据并将辅助电源分配到传感器/执行器。AS-i网络系统的基本组成部件有：

(1) 用于如SIMATIC 5S和SIMATIC S7，分布式I/O ET200U/M/X或PC/PG中央控制单元的主接口；

(2) AS-i异形电缆。AS-i异形电缆提供机械编码，从而防止极性反置，采用贯穿端子使接触简便；

(3) 中继器/扩展器等网络部件；

(4) 对从站供电的供电单元。AS-i的电源模块的额定电压为DC 24V，最大电流为2A；

(5) 连接标准传感器/执行器的模块；

(6) 用于设定从站地址的编程器。

三、AS-i主站模块

1. CP 243-2

CP 243-2是S7-200 CPU 22x的AS-i主站。通过连接AS-i可以显著地增加S7-200的数字量输入和输出点数，每个CP的AS-i上最多可以连接124个开关量输入和124个开关量输出。S7-200同时可以处理最多2个CP 243-2。CP 243-2与S7-200的连接方法与其他扩展模块相同。CP 243-2有2个端子直接连接AS-i接口电缆。

前面板的LED用来显示模块的状态、所有连接的从站模块的状态以及监控通信电压等。两个按钮用来切换运行状态。在S7-200的映像区中，CP 243-2占用1个数字量输入字节作为状态字节，1个数字量输出字节作为控制字节。8个模拟量输入字和8个模拟量输出字用于存放AS-i模拟量输入输出数据、AS-i的诊断信息、AS-i命令与响应数据等。

用户程序用状态字节和控制字节设置CP243-2的工作模式。根据工作模式的不同，CP 243-2在S7-200模拟地址区既可以存储AS-i从站的I/O数据或诊断值，也可以使用主站调用。CP 243-2支持扩展AS-i特性的所有特殊功能。通过双重地址（A-B）赋值，最多可以处理62个AS-i从站。由于集成了模拟量值处理系统，CP243-2也可以访问模拟量。

2. CP 343-2

CP 343-2通信处理器是用于S7-300 PLC和分布式功能，最多连接62个数字量或31个模拟量AS-i从站。支持所有AS-i主站功能，在前面板上用LED显示从站的运行状态、运行准备信息和错误信息，例如AS-i电压错误和组态错误。通过AS-i接口，每个CP最多可以访问248个数字量输入和186个数字量输出，可以对模拟量值进行处理。CP 342-2占用PLC模拟区的16个输入字节和16个输出字节，通过它们来读写从站的输入数据和设置从站的输出数据。

3. CP 142-2

AS-i 主站 CP 142-2 用于 ET 200X 分布式 I/O 系统，CP 142-2 通信处理器通过连接器与 ET 200X 模块相连，并使用其标准 I/O 范围。CP142-2 通信处理器通过连接器与 AS-i 网络无需组态，最多 31 个从站可以由 CP142-2（最多 124 点输入和 124 点输出）寻址。

4. DP/AS-i 接口网关模块

DP/AS-i 网关用来连接 PROFIBUS-DP 和 AS-i 网络，DP/AS-interface Link 和 DP 20 和 AS-interface Link 20E 可以作 DP/AS-i 的网关，AS-interface Link 20E 具有扩展的 AS-i 功能。

5. SMATIC C7 621 AS-i

SIMATIC C7 621 AS-i 把 AS-i 主站 CP 342-2、S7-300 的 CPU 以及 OP3 操作面板组合在一个外壳内，适合于高速方便地执行自动化任务，自带人机界面。这种紧凑型控制器可以直接访问和控制 31 个从站的 124 点数字量输入和 124 点数字量输出，无需在控制器内集成输入和输出，减小了控制器的体积。

6. 用于个人计算机的 AS-i 通信卡 CP 2413

CP 2413 是用于个人计算机的标准 AS-i 主站，一台计算机可以安装 4 块 CP 2413。因为在个人计算机中还可以运行以太网和 PROFUBUS 总线接口卡，AS-i 从站提供的数据也可以被其他网络中其他站使用。SCOPE 是在计算机中运行的 AS-i 的诊断软件，可以记录和评估在安装和运行过程中 AS-i 网络中的数据交换。

四、从站模块

AS-i 从站由专用的 AS-i 通信芯片和传感器或执行器部分组成，其中，AS-i 通信芯片内包括 4 个可组态的输入/输出以及 4 个参数输出，AS-i 连接器可以直接集成在执行器和传感器中。4 位输入/输出组态（FO 组态）用来指定从站的哪根数据线用来作为输入、输出或双向传输，从站的类型用标识码来描述。使用 AS-i 从站的参数输出 AS-i 主站可以传送参数值，它们用于控制和切换传感器或执行器的内部操作模式，例如在不同的运行阶段修改标度值。AS-i 从站包括以下功能单元：微处理器、电源供给单元、通信的发送器和接收器、数据输入/输出单元、参数输出单元和 EEPROM 存储器芯片。

微处理器是实现通信功能的核心，微处理器接收来自主节点的呼叫发送报文，对报文进行解码和出错检查，实现主、从站之间的双向通信，把接收到的数据传送给传感器和执行器，向主站发送响应报文。EEPROM 存储器用于存储运行参数、指定 I/O 的组态数据、标识码和从站地址等。从站可以带电插拔，短路及过载状态不会影响其他站点的正常通信。

1. AS-i 从站模块

AS-i 从站模块最多可以连接 4 个传统的传感器/执行器。带有集成 AS-i 连接的传感器和执行器可以直接连接到 AS-i 上。Slimljnk 模块的防护等级为 1P20，可以像其他低压设备一样安装在 DIN 导轨上，或用螺钉固定在控制柜的背板上。IP 65/67 防护等级的 AS-i 从站模块可以直接安装在环境恶劣的工业现场。

2. “LOGO!”微型控制器

“LOGO!”微型控制器是一种微型 PLC，“LOGO!”微型控制器具有数字量或模拟量输入和输出、逻辑处理器和实时时钟功能。通过内置的 AS-i 模块，“LOGO!”微型控制器可以作为 AS-i 网络中的智能型从站使用，是 AS-i 网络中有分布式控制器功能的从站。“LOGO!”微型控制器适合于简单的分布式自动化任务（例如门控系统），又可以通过 AS-i 网络将“LOGO!”微型控制器纳入高端自动化系统。在高端控制系统出现故障时，可以继续进行控制。

3. 紧凑型 AS-i 模块

紧凑型 AS-i 模块是一种具有较高保护等级的新一代 AS-i 模块，包括数字、模拟、气动和 DC 24V 电动机启动器模块。紧凑型 AS-i 模块具有两种尺寸，其保护等级为 IPV6。通过一个集成的编址插孔可以对已经安装的模块编址，所有的模块都可以通过与 S7 系列 PLC 的通信实现参数设置。西门子还提供了模拟量模块，每个模拟量模块有两个通道，分为电流型、电压型、热电阻型传感器输入模块和电流型、电压型执行器输出模块。

4. 气动控制模块

西门子提供两种类型的 AS-i 气动模块，即带两个集成的 3/2 路阀门的气动用户模块和带两个集成的 4/2 路阀门的气动紧凑型模块。模块有单稳和双稳两种类型，集成了作为气动单元执行器的阀门，接收来自气缸的位置信号。

5. 电动机启动器

西门子有 3 种类型的异步电动机启动器，在 AS-i 中作为标准从站。防护等级均为 IP65，有非熔断器保护，可进行可逆启动，启动的异步电动机最大功率为 4～5.5kw。

6. 能源与通信现场安装系统

能源与通信现场安装系统（ECOFAST）是一个开放的控制柜系统解决方案。所有的自动化和相应的安装器件应用标准和接口将数据和动力的传输有机地连成一体。与 AS-i 有关的下列元器件可以集成到 ECOFAST 中：所有的 I/O 模块、安装在电动机接线盒上或电动机附近的可逆启动器和软启动器、集成在电动机的微型启动器、动力和控制装置（动力电源）、PLC 和 AS-i 主站的组合装置。

7. DC 24V 电动机启动器

K60 AS-i 24V 电动机启动器可以驱动 70W 功率的电动机，K60 AS-i 24V 电动机启动器将 DC 24V 启动器及其传感器直接连接到 AS-i 上。有的启动器有制动器和可选的急停功能。

8. 接近开关

接近开关（BERO）可以直接连接到 AS-i 或接口模块上。特殊的感应式、光学和声纳 BERO 接近开关适合直接连接到 AS-i 上。接近开关集成有 AS-i 芯片，除了开关量输出之外，还提供其他信息，例如，开关范围和线圈故障。通过 AS-i 电缆可以对这些智能接近开关设置参数。

9. 按钮和 LED

SIGNUM 3SB4 是一个具有 AS-i 接口的完整的操作员通信系统人机界面。带灯的指令按钮通过 AS-i 电缆供电，通过特殊的 AS-i 从站和独立的辅助电源，可以实现控制设备的单个连接，每个设备最多可以连接 28 个动合触点和 7 个信号输出点。

五、AS-i 的主从通信方式

AS-i 是单主站系统，AS-i 通信处理器（CP）作为主站控制现场的通信过程，主站一个接一个地轮流询问每一个从站，询问后等待从站的响应。

地址是 AS-i 从站的标识符，可以用专用的地址（Addressing）单元或主站来设置各从站的地址。

AS-i 使用电流调制的传输技术保证了通信的高可靠性。主站如果检测到传输错误或从站的故障，将会发送报文给 PLC，提醒用户进行处理。在正常运行时增加或减少从站向其他从站的通信。

扩展的 AS-i 接口技术规范 V2.1 最多允许连接 62 个从站，主站可以对模拟量进行处理。AS-i 的报文主要有主站呼叫发送报文和从站应答（响应）报文，主站的请求由 14 个数据位组成，如图 12-24 所示。

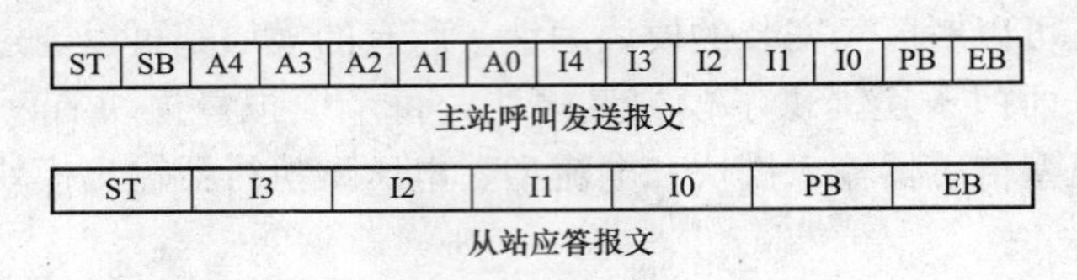

图 12-24　通信报文

在主站呼叫发送报文中，ST 是起始位，ST 值为“0”，SB 是控制位，SB 为“0”或为“1”时分别表示传送的是数据或命令，A4～A0 是从站地址，I4～I0 为数据位，PB 是奇偶校验位，在报文中不包括结束位在内的各位中“1”的个数应为偶数，EB 是结束位，EB 值为 1。在 7 个数据位组成的从站应答报文中，ST、PB 和 EB 的意义及取值与主站呼叫发送报文的相同。

主站通过呼叫发送报文，可以完成下列功能：

（1）数据交换。主站通过报文把控制指令或数据发送给从站，或让从站把测量数据上传给主站。

（2）设置从站的参数。例如设置传感器的测量范围，激活定时器和改变测量方法等。

（3）删除从站地址。把被呼叫的从站地址暂时改为 0。

（4）地址分配。只能对地址为 0 的从站分配地址，从站把新地址存放在 EEPROM 中。

（5）复位功能。把被呼叫的从站恢复为初始状态时的地址。

（6）读从站的 I/O 配置。

（7）读取从站的 ID（标识符）代码。

（8）状态读取。读取从站的 4 个状态位，以获得在寻址和复位时出现的错误的信息。

（9）状态删除。读取从站的状态并删除其内容。

六、AS-i 的工作模式

1. 初始化

初始化为 AS-i 的离线阶段。模块上电后或被重新启动后被初始化，在此阶段设置主站的基本状态，而所有从站的输入和输出数据的映像被设置为 0（未激活）。上电后，组态数据被复制到参数区，后面的激活操作可以使用预置的参数。如果主站在运行中被重新初始化，参数区中可能已经变化的值被保持。

2. 启动

在启动阶段，主站检测 AS-i 电缆上连接有哪些从站以及它们的型号。厂家制造 AS-i 从站时通过组态数据，将从站的型号永久性地保存在从站中，主站可以请求上传这些数据。组态文件中包含了 AS-i 从站的 I/O 分配情况和从站的类型（ID 代码），主站将检测到的从站信息存放在从站表中。

3. 激活

在激活阶段，主站检测到AS-i从站后，通过发送特殊的呼叫，激活这些从站。主站处于组态模式时，所有地址不为0的，被检测到的从站被激活。在组态模式下，可以读取实际的值并将它们作为组态数据保存。

主站处于保护模式时，只有储存在主站的组态中的从站被激活。如果在网络上发现的实际组态不同于期望的组态，主站将显示出来。主站把激活的从站存入被激活的从站表中。

4. 运行

启动阶段结束后，AS-i主站切换到正常循环的运行模式。

(1) 数据交换在正常模式下，主站将周期性地发送输出数据给从站，并接收从站返回的应答报文，即输入数据。如果检测出传输过程中的错误，主站重复发出询问。

(2) 管理、处理和发送以下可能的控制应用任务：将4个参数位发送给从站，例如设置门限值；改变从站的地址，如果从站支持这一特殊功能的话。

(3) 接入。新加入的AS-i从站被接入并存储到已检测到从站表中，如果它们的地址不为0，将被激活。主站如果处于保护模式，只有储存在主站的期望组态中的从站被激活。

第五节 点对点通信

点对点（Point to Point）通信简称为PtP通信。

一、点对点通信处理器与集成的点对点通信接口

1. CP 340通信处理器

CP 340通信处理器有1个通信接口，4种不同型号：RS-232C（V.24），20mA（TTY）和RS-422/RS-485（X.27），可以使用通信协议ASCII、3964（R）和打印机驱动软件。

2. CP 341通信处理器

CP 341通信处理器的通信协议包括ASCII、3964（R）、RS 512协议和可装载的驱动程序，包括MODBUS主站协议或从站协议和Data Highway（DF1协议）。

3. S7-300C集成的点对点通信接口

S7-300C集成的点对点通信接口，全双工的传输速率为19.2kb/s，半双工的传输速率为38.4kb/s。

4. CP 440点对点通信处理器

CP 440点对点通信处理器最多32个节点，最高115.2kb/s，可以使用的通信协议为ASCII和3964（R）。

5. CP 441-11/CP 441-2点对点通信处理器

CP 441-1可以插入一块不同物理接口的IF 963子模块。

CP 441-2可以插入两块分别带不同物理接口的IF 963子模块。

二、ASCII Driver通信协议

点对点通信协议如图12-25所示。

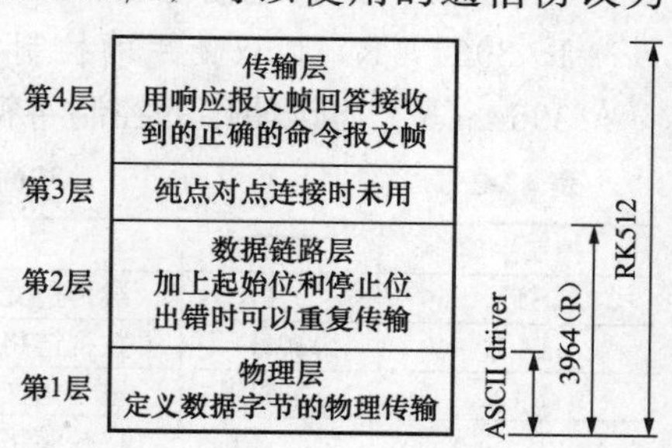

图12-25 点对点通信协议

1. 开放式的数据（所有可以打印的ASCII字符）和所有其他的字符

ASCII driver可以用结束字符、帧的长度和字符延迟时间作为报文帧结束的判据。用户可以在这三个结束判据中选择一个。

(1) 用结束字符作为报文帧结束的判据。用1～2个用户定义的结束字符表示报文帧的结束，应保证在用户数据中不包括结束字符。

(2) 用固定的字节长度（1～1024字节）作为报文帧结束的判据。如果在接收完设置的字符之前，字符延迟时间到，将停止接收，同时生成一个出错报文。接收到的字符长度大于设置的固定长度，多余的字符将被删除。接收到的字符长度小于设置的固定长度，报文帧将被删除。

(3) 用字符延迟时间作为报文帧结束的判据。报文帧没有设置固定的长度和结束符，接收方在约定的字符延迟时间内未收到新的字符则认为报文帧结束（超时结束）。

2. 数据流控制/握手（Data Flow Control/Handshaking）

握手可以保证两个以不同速度运行的设备之间传输的数据。

(1) 软件方式。例如，通过向对方发送特定的字符（例如XON/XOFF）实现数据流控制，报文帧中不允许出现XON和XOFF字符。

(2) 硬件方式。例如，用信号线RTS/CTS实现数据流控制，应使用RS-232 C完整的接线。接收缓冲区已经准备好接收数据，就会发送XON字符或使输出信号RTS线为ON。反之，如果报文帧接收完成，或接收缓冲区只剩50byte，将发送字符XOFF或使RTS线变为OFF，表示不能接收数据。如果接收到XOFF字符或通信伙伴的CTS控制信号被置为OFF，将中断数据传输。如果在预定的时间内未收到XON字符或通信伙伴的CTS控制信号为OFF，将取消发送操作，并且在功能块的输出参数STATUS中生成一个出错信息。

3. CPU 31xC-2PtP中的接收缓冲区

接收缓冲区是一个FIFO（先入先出）缓冲区，如果有多个报文帧被写入接收缓冲区，总是第一个接收到的报文帧被传送到目标块中。如果想将最新接收的报文帧传送到目标块中，必须将缓存的报文帧个数设置为1，并取消改写保护。

块校验字符BCC（block check characters）是正文中的所有字符“异或”运算的结果，这种校验方式又称为“纵向奇偶校验”，组态时可以选择报文的结束分界符中是否有BCC。BCC具体计算如图12-26所示。

30H = 0011 0000
31H = 0011 0001
32H = 0011 0010
10H = 0001 0000
03H = 0000 0011
XOR = 0010 0000

图12-26　块校验字符BCC计算

三、3964（R）通信协议

1. 3964（R）协议使用的控制字符与报文帧格式

3964（R）协议使用的控制字符如表12-2所示。

表12-2　　3964（R）协议使用的控制字符表

控制字符	数值	说　明
STX	02H	被传送文本的起始点
DLE	10H	数据链路转换（Data Link Escape）或肯定应答
ETX	03H	被传送文本的结束点
BBC		块校验字符（Block Check Character），只用于3964（R）
NAK	15H	否定应答（Negative Acknowledge）

正文中如果有字符 10H，在发送时自动重发一次，接收方在收到两个连续的 10H 时自动地剔除一个。

图 12-27 和图 12-28 分别为 3964（R）报文帧格式和 3964（R）报文帧传输过程。

SXT	正文(发送的数据)	DLE	ETX	BCC

图 12-27　3964（R）报文帧格式

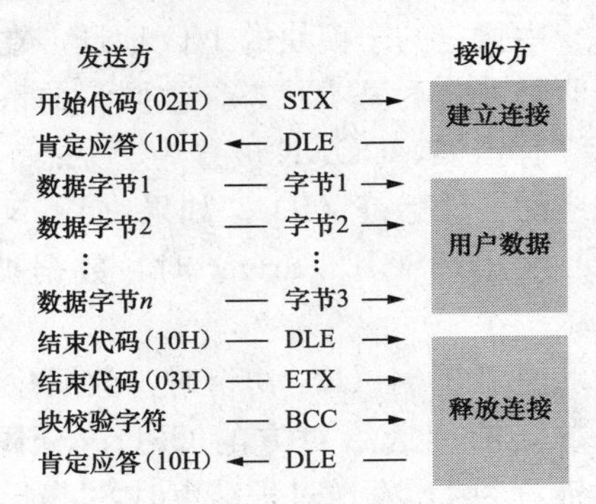

图 12-28　3964（R）报文帧传输过程

2. 建立发送数据的连接

发送方首先应发送控制字符 STX，在“应答延迟时间（ADT）”到来之前，接收到接收方发来的控制字符 DLE，表示通信链路已成功地建立。

如果通信伙伴返回 NAK 或返回除 DLE 和 STX 之外的其他控制代码，或应答延迟时间到时没有应答，程序将再次发送 STX，重试连接。若约定的重试次数到后，都没有成功建立通信链路，程序将放弃建立连接，并发送 NAK 给通信伙伴，同时通过输出参数 STATUS 向功能块 P_SND_RK 报告出错。

接收方在接收到 DLE、ETX 和 BCC 后，根据接收到的数据计算 BCC，并与通信伙伴发送过来的 BCC 进行比较，如果二者相等，并且没有其他接收错误发生，接收方的 CPU 将发送 DLE，断开通信连接；如果二者不等，将发送 NAK，在规定的块等待时间内（4s）等待重新发送；如果在设置的重试次数内没有接收到报文，或者在块等待时间内没有进一步的尝试，将取消接收操作。

如果两台设备都请求发送，具有较低优先级的设备将暂时放弃其发送请求，向对方发送控制字符 DLE，具有较高优先级的设备将以上述方式发送其数据，等到高优先级的传输结束，连接被释放，具有较低优先级的设备就可以执行其发送请求。通信的双方必须设置优先级。

四、用于 CPU 31xC-2PtP 点对点通信的系统功能块

CPU 31xC-2PtP 点对点通信的系统功能块表 12-3 所示。

表 12-3　　**CPU 31xC-2PtP 点对点通信系统功能块**

系统功能块		说　明
SFB 60	SEND_PTP	将整个数据块或部分数据块区发送给一个通信伙伴
SFB 61	RCV_PTP	从一个通信伙伴接收数据，并将它们保存在一个数据块中
SFB 62	RES_RCVB	复位 CPU 的接收缓冲区
SFB 63	SEND_RK	将整个数据块或部分数据块区发送给一个通信伙伴
SFB 64	FETCH_RK	从一个通信伙伴外读取数据，并将他们保存在一个数据块中
SFB 65	SERVE_RK	从一个通信伙伴处接收数据，并将他们保存在一个数据块中； 为通信伙伴提供数据

1. 用 SFB60 “SEND _ PTP” 发送数据［ASCII/3964（R）］

块被调用后，在控制输入 REQ 的脉冲上升沿发送数据。SD _ 1 为发送数据区（数据块编号和起始地址），LEN 是要发送的数据块的长度。用参数 LADDR 声明在 HW Config（硬件组态）中指定的子模块的 I/O 地址。在控制输入 R 的脉冲上升沿，当前的数据发送被取消，SFB 被复位为基本状态。被取消的请求用一个出错报文（STATUS 输出）结束。如果块执行没有错误，DONE 被置为 1 状态，如果出错，ERROR 被置为 1 状态，STATUS 将显示相应的事件标符（ID）。如果块 DONE 被置为 1，则意味着：

（1）使用 ASCII driver 时，数据被传送给通信伙伴，但是不能保证被对方正确地接收。

（2）使用 3964（R）协议时，数据被传送给通信伙伴，并得到对方的肯定确认。但是不能保证数据被传送给对方的 CPU。SFB 最多只能发送 206 个连续的字节。必须在参数 DONE 被置为 1，发送过程结束时，才能向 SD _ 1 指定的发送区写入新的数据。

2. 用 SFB61 “RCV _ PTP” 接收数据

SFB61 用来接收数据，并将它们保存到一个数据块中。调用 SFB61 后，使控制输入 EN _ R 为 1，接收数据的准备就绪。EN _ R 的状态为 0，接收操作就被闭锁。RD _ 1 为接收区，LEN 是数据块的长度。块被正确执行时 NDR 被置为 1 状态。如果请求因出错被关闭，ERROR 被置为 1 状态。如果出现错误或报警，STATUS 将显示相应的事件标识符（ID）。

3. 用 SFB62 “RES _ RCVB” 清空接收缓冲区

SFB62 用于清空 CPU 的整个接收缓冲区。在调用 SFB 62 时接收到的报文帧将被保存。常见的通信协议系统功能模块如图 12-29。

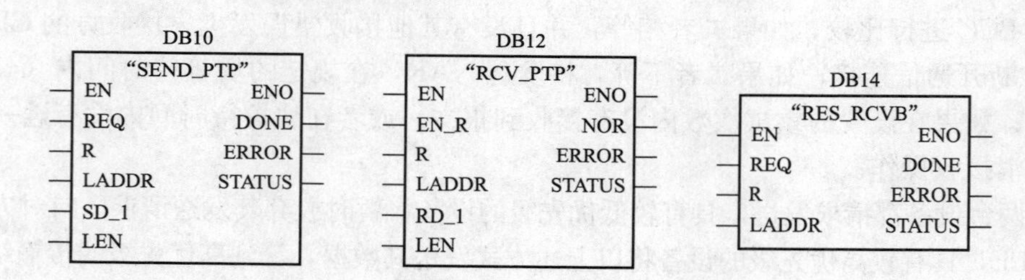

图 12-29 通信协议系统功能模块

第六节 工业以太网

工业以太网是为工业应用专门设计的，它是遵循国际标准 IEEE 802.3（Ethernet）的开放式、多供应商、高性能的区域和单元网络。工业以太网已经广泛地应用于控制网络的最高层，并且有向控制网络的中间层和底层（现场层）发展的趋势。

一、工业以太网介绍

1. 以太网的特点

企业内部互联网（Intranet）、外部互联网（Extranet）以及国际互联网（Internet）不但进入了办公室领域，而且已经广泛地应用于生产和过程自动化。继 10Mb/s 以太网成功运行之后，具有交换功能、全双工和自适应的 100Mb/s 高速以太网（Fast Ethernet）也已经成功运行多年。SIMATIC NET 可以将控制网络无缝集成到管理网络和互联网。以太网的市场占有率高达 80%，毫无疑问是当今局域网（LAN）领域中首屈一指的网络。以太网有以下优点：

（1）可以采用冗余的网络拓扑结构，可靠性高；

（2）通过交换技术可以提供实际上没有限制的通信性能；

（3）灵活性好，现有的设备可以不受影响地扩张；

（4）在不断发展的过程中具有良好的向下兼容性，保证了投资的安全；

（5）易于实现管理控制网络的一体化。

以太网可以接入广域网（WAN），例如互联网可以在整个公司范围内通信，或实现公司之间的通信。SIMATIC NET 供应的节点已超过 400 000 个，可以用于严酷的工业环境，包括有强烈电磁干扰的区域。

2. 工业以太网的构成

典型的工业以太网络由以下 4 类网络器件组成：

（1）连接部件。连接部件包括 FC 快速连接插座、电气链接模块（ELS）、电气交换模块（ESM）、光纤交换模块（OSM）和光纤电气转换模块（MC TP11）；

（2）通信介质。通信介质可以采用普通双绞线、工业屏蔽双绞线和光纤；

（3）SIMATIC PLC 的工业以太网通信处理器。SIMATIC PLC 的工业以太网通信处理器用于将 PLC 连接到工业以太网；

（4）PG/PC 的工业以太网通信处理器。PG/PC 的工业以太网通信处理器用于将 PG/PC 连接到工业以太网。

二、工业以太网的网络方案

工业以太网的网络方案可以采用下面的 3 种方案。

1. 同轴电缆网络

网络以三同轴电缆作为传输介质，由若干条总线段组成，每段的最大长度为 500m。一条总线段最多可以连接 100 个收发器，可以通过中继器接入更多的网段。

网络为总线型结构，因为采用了无源设计和一致性接地的设计，极其坚固耐用。网络中各个设备共享 10Mb/s 带宽。

可以混合使用电气网络和光纤网络，使二者的优势互补，网络的分段改善了网络的性能。三同轴电缆网络有分别带一个或两个终端设备接口的收发器，中继器用来将最长 500m 的分支网段接入网络中。

2. 双绞线和光纤网络

双绞线和光纤网络的传输速率为 10Mb/s，可以是总线型或星形拓扑结构，使用光纤链接模块（OLM）和电气链接模块（ELM）。

OLM 和 ELM 是安装在 DIN 导轨上的中继器，它们遵循 IEEEE 802.3 标准，带有 3 个工业双绞线接口，OLM 和 ELM 分别有两个和一个 AUI 接口。在一个网络中最多可以级联 11 个 OLM 或 13 个 ELM。

3. 高速工业以太网

高速工业以太网的传输速率为 100Mb/s，使用光纤交换模块（OSM）或电气交换模块

(ESM)。工业以太网与高速工业以太网的数据格式、CSMA/CD访问方式和使用的电缆都是相同的，高速以太网最好用交换模块来构建。

4. 以太网和高速以太网的工作过程

以太网使用带冲突检测的载波侦听多路访问（CSMA/CD）协议，各站用竞争方式发送信息到传输线上，两个或多个站可能因同时发送信息而发生冲突。为了保证正确地处理冲突，以太网的规模必须根据一个数据包最大可能的传输延迟来加以限制。在传统的10Mb/s以太网中，允许的冲突范围为4520m，因为传输速率的提高，高速以太网的冲突范围减小为452m。为了扩展冲突范围，需要使用有中继器功能的网络部件，例如工业以太网的OLM和ELM。用具有全双工功能的交换模块来构建较大的网络时，不必考虑高速以太网冲突区域的减小。

三、工业以太网的交换技术

1. 交换技术

在共享局域网（LAN）中，所有站点共享网络性能和数据传输带宽，所有的数据包都经过所有的网段，在同一时间只能传送一个报文。

在交换式局域网中，每个网段都能达到网络的整体性能和数据传输速率，在多个网段中可以同时传输多个报文。本地数据通信在本网段进行，只有指定的数据包可以超出本地网段的范围。交换模块是从网桥发展而来的设备，利用终端的以太网MAC地址，交换模块可以对数据进行过滤，局部子网的数据仍然是局部的，交换模块只传送发送到其他子网络终端的数据。与一般的以太网相比扩大了可以连接的终端数，可以限制子网内的错误在整个网络上的传输。虽然较复杂，但交换技术与中继技术相比有下面的优点：

（1）可以选择用来构建部分网络或是网段，通过数据交换结构提高了数据吞吐量和网络性能，网络配置规则简单；

（2）不必考虑传输延时，可以方便地实现有50个OSM或ESM的网络拓朴结构。通过连接单个的区域或部分网络，可以实现网络规模的无限扩展。

2. 全双工模式

在全双工模式，一个站能同时发送和接收数据。如果网络采用全双工模式，不会发生冲突。全双工模式需要采用发送通道和接收通道分离的传输介质，以及能够存储数据包的部件。由于在全双工连接中不会发生冲突，支持全双工的部件可以同时以额定传输速率发送和接收数据，因此以太网和高速以太网的传输速率分别提高到20Mb/s和200Mb/s。由于不需要检测冲突，全双工网络的距离仅受到它使用的发送部件和接收部件性能的限制，使用光纤网络时更是如此。

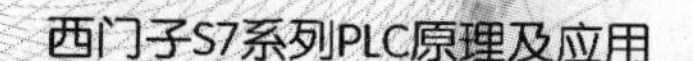

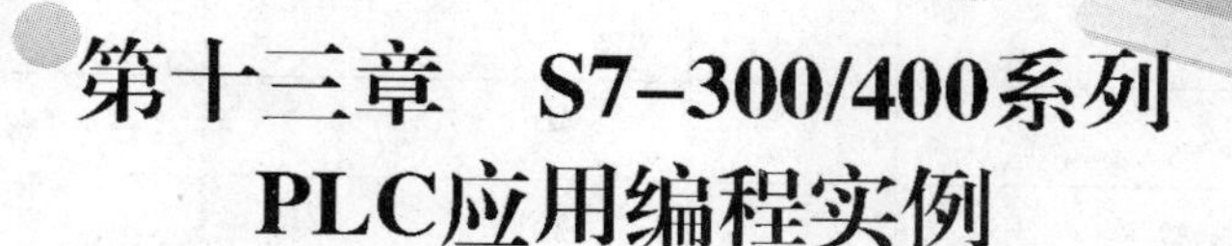

第十三章　S7-300/400系列PLC应用编程实例

第一节　运料小车控制系统

运料小车是工厂原料生产车间的主要设备之一，如何实现运料小车的自动控制，使整个生产流程实现自动化，从而加快生产速度，提高生产效率，是现在工厂需要解决的问题之一。

一、系统工作原理

使用S7-300系统PLC来实现运料小车的自动控制，其系统原理图如图13-1所示。

在图13-2中，当合上启动按钮SD后，行程开关SQ1处于接通状态，小车停在原位（A仓），装料指示灯V1点亮，开始向小车装料。延时5s后V1熄灭，装料完毕。打开右行开关RX，小车开始右行，R1、R2、R3顺序点亮。到达B仓后，行程开关SQ2接通，卸料指示灯v2点亮，小车开始卸料。延时5s后v2熄灭，卸料完毕。打开左行开关LX，小车开始左行，L1、L2、L3顺序点亮。到达A仓后，行程开关SQ1接通，小车回到原位，流程一直循环，从而实现对运料小车的控制。

二、PLC接线图及I/O点分配

1. PLC的接线图

PLC的接线图如图13-2所示。

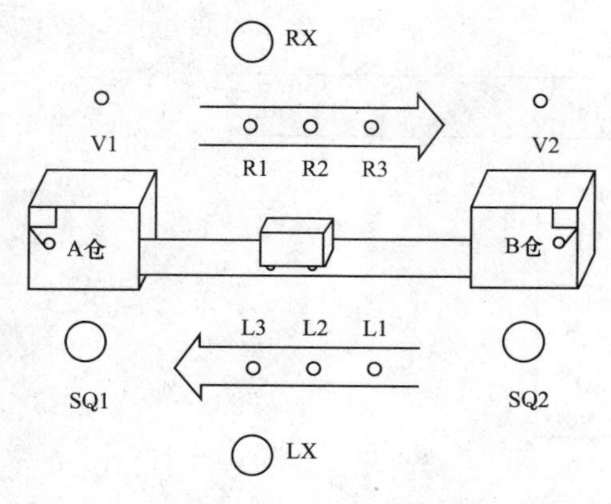

图13-1　运料小车的自动控制系统原理图

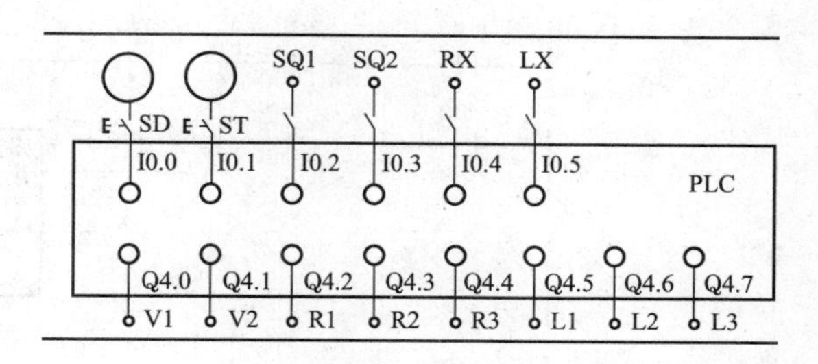

图13-2　PLC接线图

2. I/O分配表

PLC的I/O分配表如表13-1所示。

表 13-1　　　　输入/输出点代码和地址编号

名　称	代　码	地址编号
输入信号		
启动输入	SD	I0.0
停止输入	ST	I0.1
限制向右运动输入	SQ1	I0.2
限制向左运动输入	SQ2	I0.3
向右运动输入	RX	I0.4
向左运动输入	LX	I0.5
输出信号		
装料输出	V1	Q4.0
卸料输出	V2	Q4.1
右行输出过程第一点	R1	Q4.2
右行输出过程第二点	R2	Q4.3
右行输出过程第三点	R3	Q4.4
左行输出过程第一点	L1	Q4.5
左行输出过程第二点	L2	Q4.6
左行输出过程第三点	L3	Q4.7

三、运料小车控制系统源程序

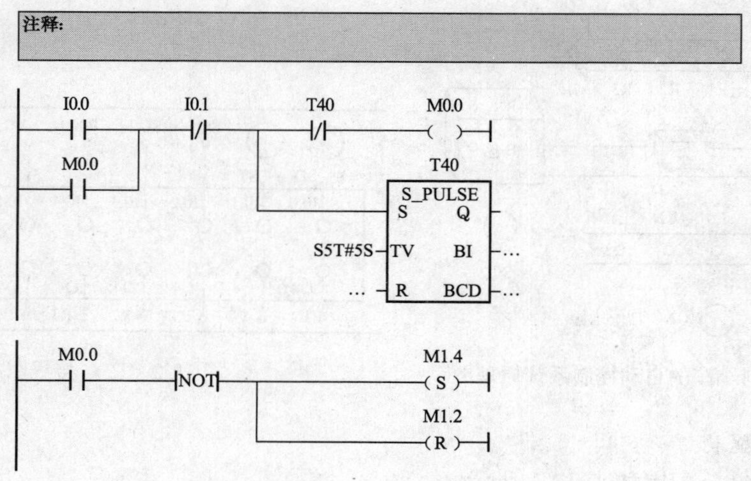

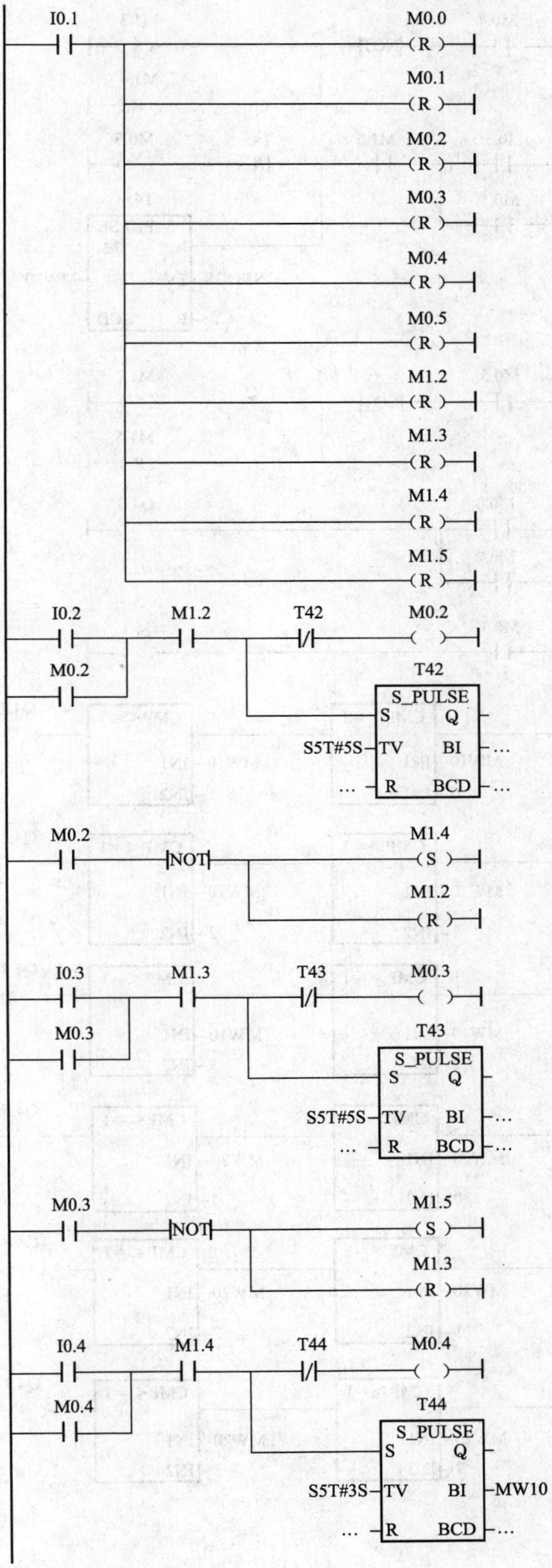

I0.1 M0.0 (R) M0.1 (R) M0.2 (R) M0.3 (R) M0.4 (R) M0.5 (R) M1.2 (R) M1.3 (R) M1.4 (R) M1.5 (R)

I0.2 M1.2 T42 M0.2 ( )
M0.2
T42 S_PULSE S Q S5T#5S TV BI … … R BCD …

M0.2 NOT M1.4 (S) M1.2 (R)

I0.3 M1.3 T43 M0.3 ( )
M0.3
T43 S_PULSE S Q S5T#5S TV BI … … R BCD …

M0.3 NOT M1.5 (S) M1.3 (R)

I0.4 M1.4 T44 M0.4 ( )
M0.4
T44 S_PULSE S Q S5T#3S TV BI MW10 … R BCD …

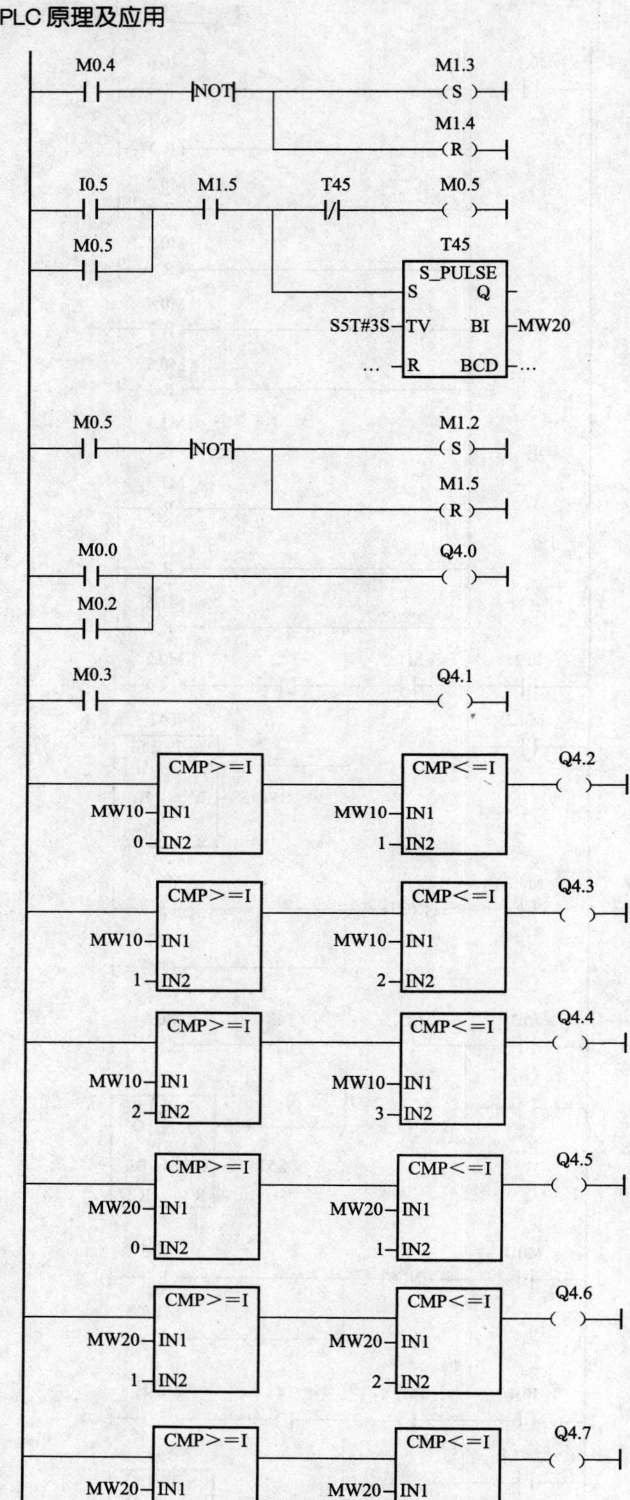
M0.4
NOT
M1.3
S
M1.4
R
I0.5
M1.5
T45
M0.5
M0.5
T45
S_PULSE
S
Q
S5T#3S
TV
BI
MW20
R
BCD
M0.5
NOT
M1.2
S
M1.5
R
M0.0
Q4.0
M0.2
M0.3
Q4.1
CMP>=I
MW10
IN1
0
IN2
CMP<=I
MW10
IN1
1
IN2
Q4.2
CMP>=I
MW10
IN1
1
IN2
CMP<=I
MW10
IN1
2
IN2
Q4.3
CMP>=I
MW10
IN1
2
IN2
CMP<=I
MW10
IN1
3
IN2
Q4.4
CMP>=I
MW20
IN1
0
IN2
CMP<=I
MW20
IN1
1
IN2
Q4.5
CMP>=I
MW20
IN1
1
IN2
CMP<=I
MW20
IN1
2
IN2
Q4.6
CMP>=I
MW20
IN1
2
IN2
CMP<=I
MW20
IN1
3
IN2
Q4.7

第二节　水塔水位控制

在自动供水系统或大型泵站供水系统中，可以利用PLC实现供水的自动化和泵站的水位控制，从而达到提高供水效率，节约用水、劳动力和成本的目的。

一、系统工作原理

水塔水位控制系统的工作原理图如图13-3所示。

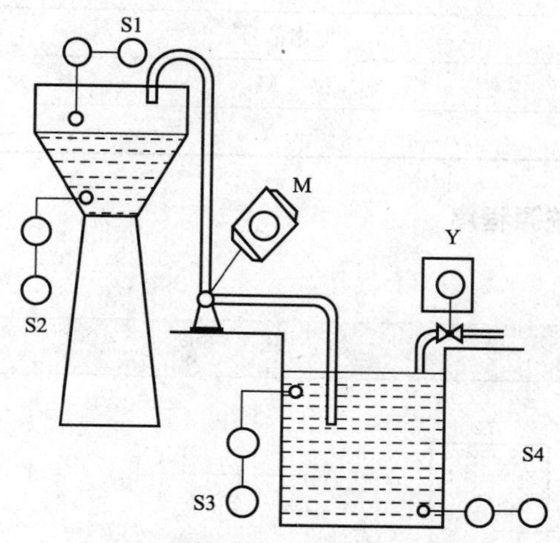

图13-3　水塔水位控制系统工作原理图

在图13-3中，当供水池水位低于水位界限S4时，阀门Y打开给水池注水（即Y为ON），同时定时器开始计时；2s后，如果S4继续保持0FF状态，那么阀门Y的指示灯开始以0.5s的时间间隔闪烁，表示阀门Y没有进水，出现故障；当水池水位到达高水位界限S3即（S3为ON），阀门Y关闭（即Y为0FF）。

当S4为ON时，如果水塔水位低于低水位界限S2（即S2为0FF），水泵M开始从供水池中抽水，当水塔水位达到高水位界限S1时（即S1为ON），水泵M停止供水。

二、PLC接线图及I/O点分配

1. PLC的接线图

PLC的接线图如图13-4所示。

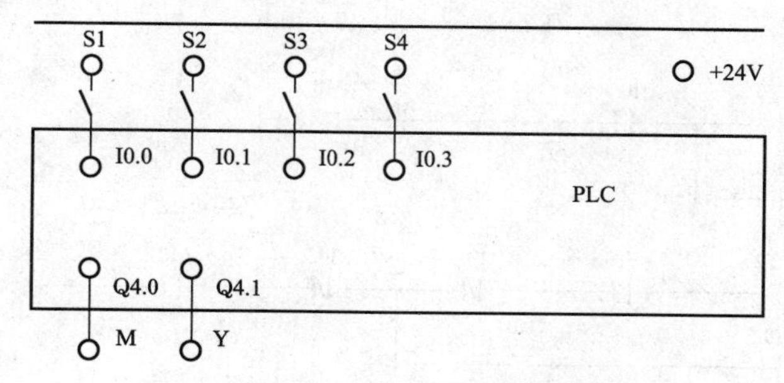

图13-4　PLC的接线图

2. I/O分配表

PLC的I/O分配表如表13-2所示。

表 13-2　　输入/输出点代码和地址编号

名　称	代　码	地址编号
输入信号		
液面传感器	S1	I0.0
液面传感器	S2	I0.1
液面传感器	S3	I0.2
液面传感器	S4	I0.3
输出信号		
水泵状态输出	M	Q4.0
供水阀状态输出	Y	Q4.1

三、水塔水位控制系统源程序

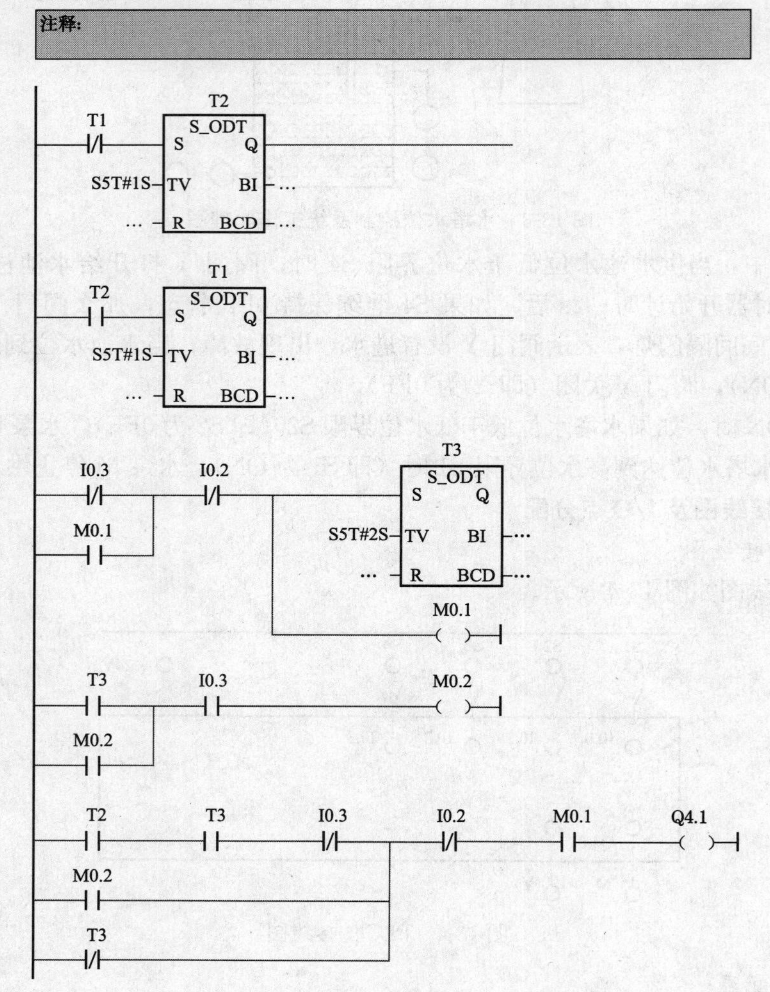

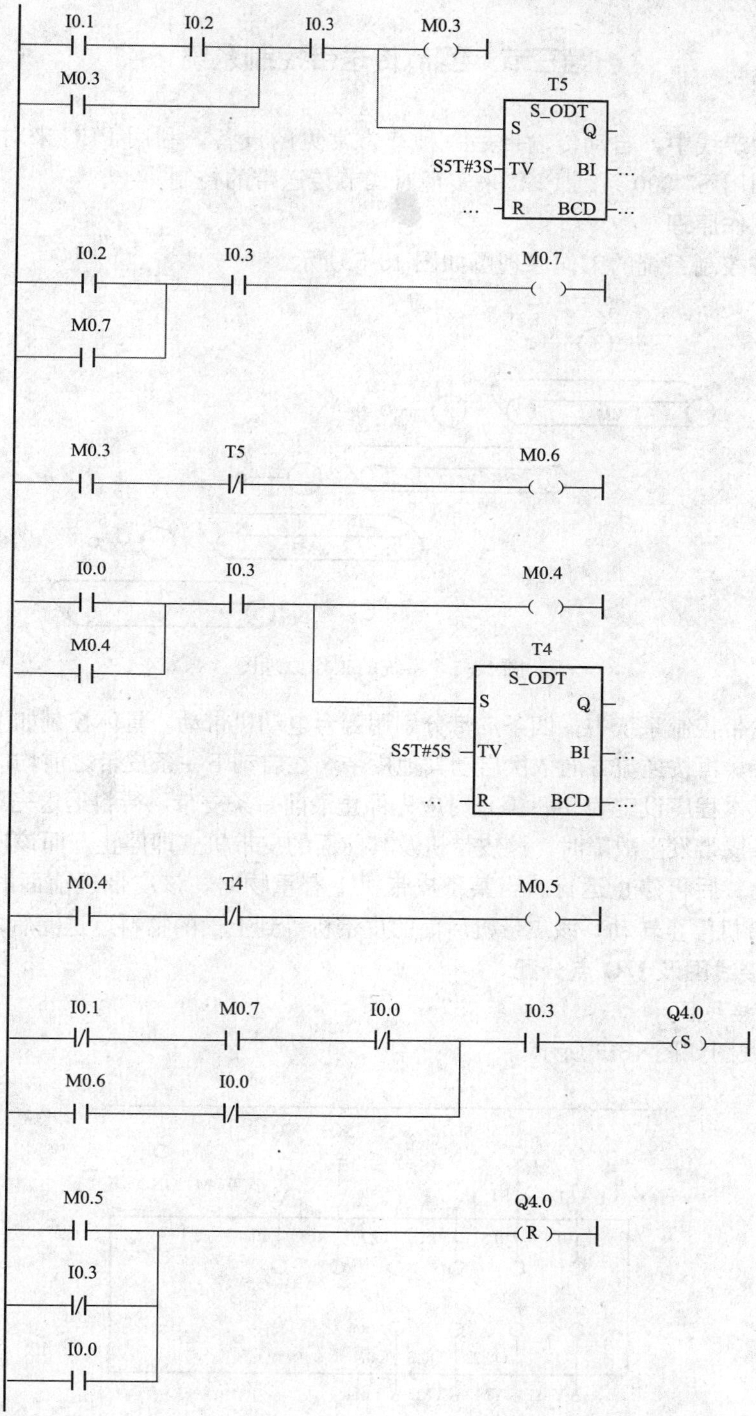

I0.1 I0.2 I0.3 M0.3
M0.3
T5
S_ODT
S Q
S5T#3S TV BI …
… R BCD …

I0.2 I0.3 M0.7
M0.7

M0.3 T5 M0.6

I0.0 I0.3 M0.4
M0.4
T4
S_ODT
S Q
S5T#5S TV BI …
… R BCD …

M0.4 T4 M0.5

I0.1 M0.7 I0.0 I0.3 Q4.0
(S)
M0.6 I0.0

M0.5 Q4.0
(R)
I0.3
I0.0

第三节　四节传送带控制系统

在工厂的生产线中，自动传输带是一种非常常见的设备，利用 PLC 来对自动传输带的控制，本小节利用 S7-300 系列 PLC 来实现对四节传送带的控制。

一、系统工作原理

四节传送带控制系统的工作原理图如图 13-5 所示。

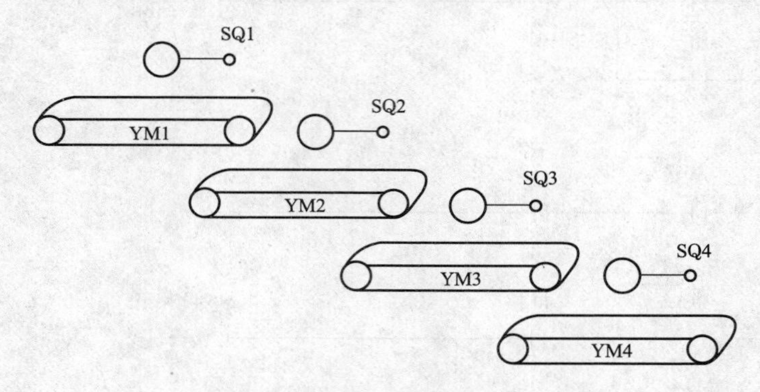

图 13-5　系统的工作原理图

在四节传送带控制系统中，四条皮带分别用四台电动机带动，具体控制如下：启动时先启动最末一条皮带，再按逆流方向依次启动其他皮带，在启动下一条皮带之前均应根据工艺要求设定延时时间，本程序设定为 5s。停止时应先停止最前一条皮带，待料运送完毕后依次停止其他皮带。当某条皮带发生故障时，该皮带机及其前面的皮带机立即停止，而该皮带后面的皮带运送完上面的物料后再停止运行。当某条皮带机上有重物时，该皮带机前面的皮带机停止转动，5s 后该皮带机停止转动，该皮带机后面的皮带机等到上面的物料运送完后才停止转动。

二、PLC 接线图及 I/O 点分配

1. PLC 的接线图

PLC 的接线图如图 13-6 所示。

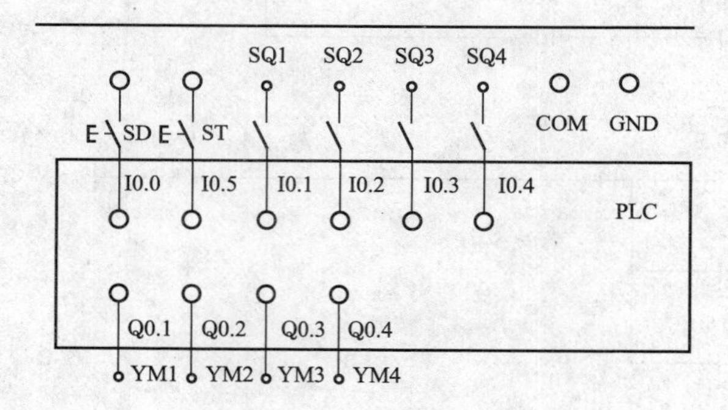

图 13-6　PLC 接线图

2. I/O 分配表

PLC 的 I/O 分配表如表 13-3 所示。

表 13-3　　输入/输出点代码和地址编号

名　称	代　码	地址编号
输入信号		
启动输入	SD	I0.0
停止输入	ST	I0.1
负载或故障输入 1	SQ1	I0.2
负载或故障输入 2	SQ2	I0.3
负载或故障输入 3	SQ3	I0.4
负载或故障输入 4	SQ4	I0.5
输出信号		
皮带机 1	KM1	Q4.1
皮带机 2	KM2	Q4.2
皮带机 3	KM3	Q4.3
皮带机 4	KM4	Q4.4

三、四节传送带控制系统源程序

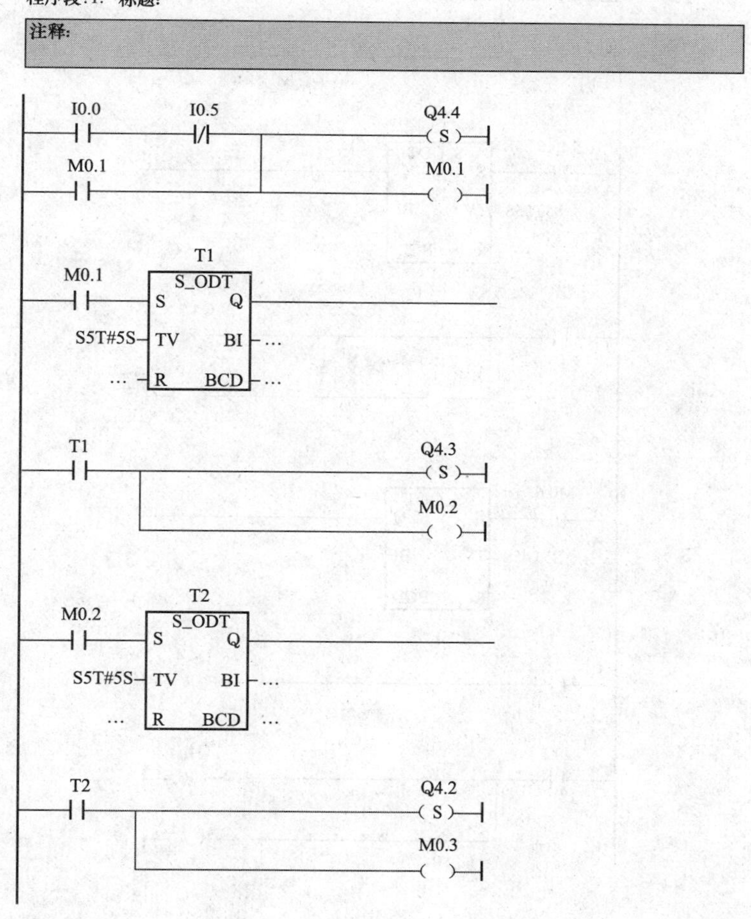

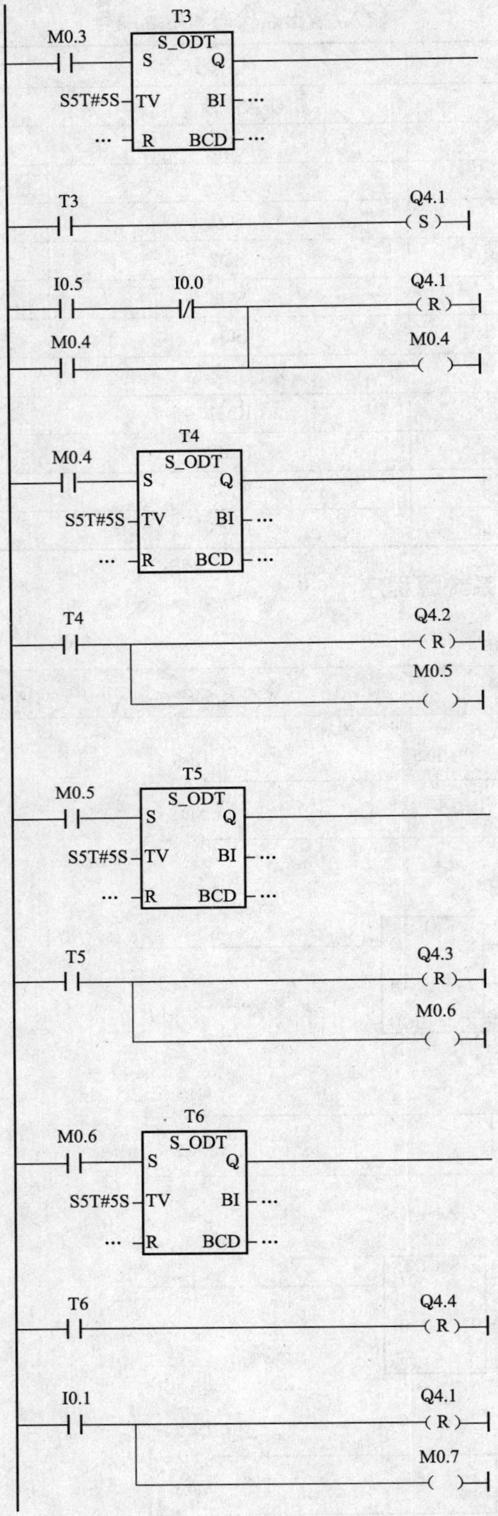

T3
M0.3 — S_ODT: S, Q; S5T#5S — TV, BI — …; … — R, BCD — …

T3 — Q4.1 (S)

I0.5, I0.0 — Q4.1 (R)
M0.4 — M0.4 ( )

T4
M0.4 — S_ODT: S, Q; S5T#5S — TV, BI — …; … — R, BCD — …

T4 — Q4.2 (R)
M0.5 ( )

T5
M0.5 — S_ODT: S, Q; S5T#5S — TV, BI — …; … — R, BCD — …

T5 — Q4.3 (R)
M0.6 ( )

T6
M0.6 — S_ODT: S, Q; S5T#5S — TV, BI — …; … — R, BCD — …

T6 — Q4.4 (R)

I0.1 — Q4.1 (R)
M0.7 ( )

T7
M0.7
S_ODT
S　Q
S5T#5S - TV　BI - …
… - R　BCD - …

T7　Q4.2
(R)
M1.0
( )

T8
M1.0
S_ODT
S　Q
S5T#5S - TV　BI - …
… - R　BCD - …

T8　Q4.3
(R)
M1.1
( )

T9
M1.1
S_ODT
S　Q
S5T#5S - TV　BI - …
… - R　BCD - …

T9　Q4.4
(R)

I0.1　Q4.1
(R)
M1.2
( )

T10
M1.2
S_ODT
S　Q
S5T#5S - TV　BI - …
… - R　BCD - …

T10　Q4.3
(R)
Q4.2
(R)
Q4.4
(R)

T10　Q4.1
(R)
Q4.2
(R)
M1.3
( )

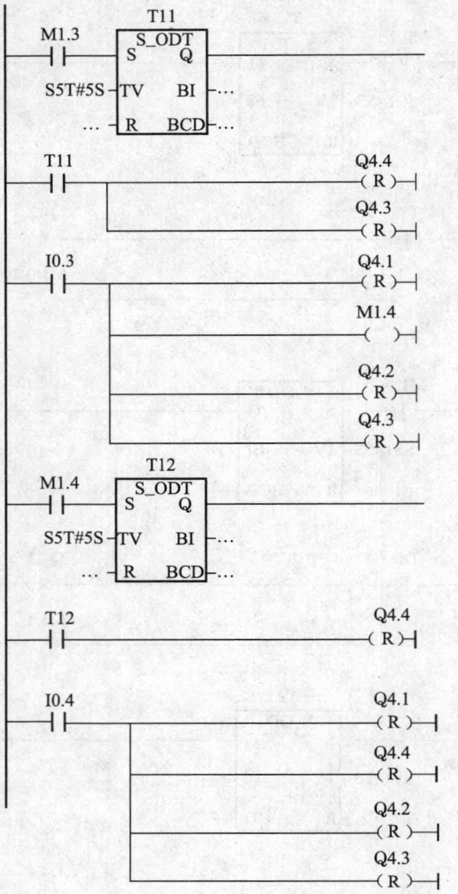

T11
M1.3 S_ODT
S Q
S5T#5S TV BI …
… R BCD …
T11 Q4.4 (R)
Q4.3 (R)
I0.3 Q4.1 (R)
M1.4 ( )
Q4.2 (R)
Q4.3 (R)
T12
M1.4 S_ODT
S Q
S5T#5S TV BI …
… R BCD …
T12 Q4.4 (R)
I0.4 Q4.1 (R)
Q4.4 (R)
Q4.2 (R)
Q4.3 (R)

第四节 电梯控制系统

可编程序控制器（PLC）最早是根据顺序逻辑控制的需要而发展起来的，是专门为工业环境应用而设计的数字运算操作的电子装置。鉴于其各种优点，目前，电梯的继电器控制方式已逐渐被 PLC 控制所代替。同时，由于电机交流变频调速技术的发展，电梯的拖动方式已由原来直流调速逐渐过渡到了交流变频调速。因此，PLC 控制技术加变频调速技术已成为现代电梯行业的一个热点。

一、系统工作原理

图 13-7 是电梯控制系统的基本结构图。电梯的安全保护装置，用于电梯的起停控制；轿厢操作盘用于控制轿厢门的关闭，轿厢需要达到的楼层等的控制；厅外呼叫主要作用是：当有呼叫人员进行呼叫时，电梯能够准确达到呼叫位置；指层器用于显示电梯达到的具体位置；拖动控制用于控制电梯的启停、加速、减速等功能；门机控制主要用于控制当电梯达到一定位置后，电梯门应该能够自动打开，或者门外有乘梯人员要求乘梯时，电梯门应该能够自动打开。常见的电梯实物图如图 13-8 所示。

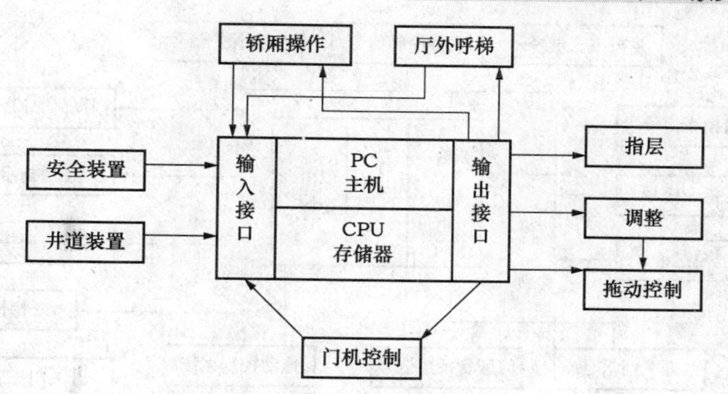

图 13-7　电梯控制系统的基本结构图

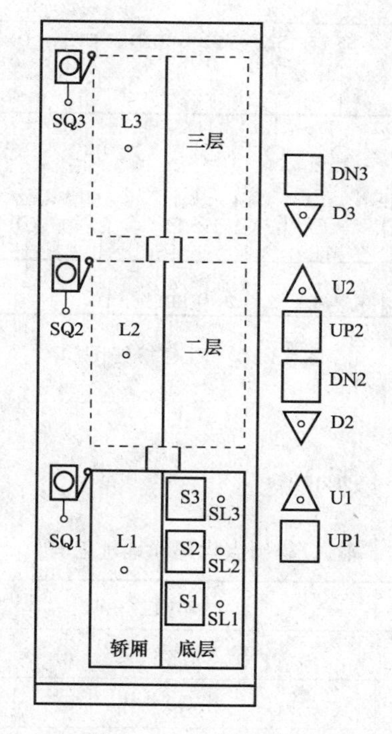

图 13-8　电梯实物图

电梯信号控制基本由 PLC 软件实现。电梯信号控制系统如图 13-9 所示，输入到 PLC 的控制信号有运行方式选择（如自动、有司机、检修、消防运行方式等）、运行控制、轿内指令、层站召唤、安全保护信息、旋转编码器光电脉冲、开关门及限位信号、门区和平层信号等。

二、PLC 接线图及 I/O 点分配

1. PLC 的接线图

PLC 的接线图如图 13-10 所示。

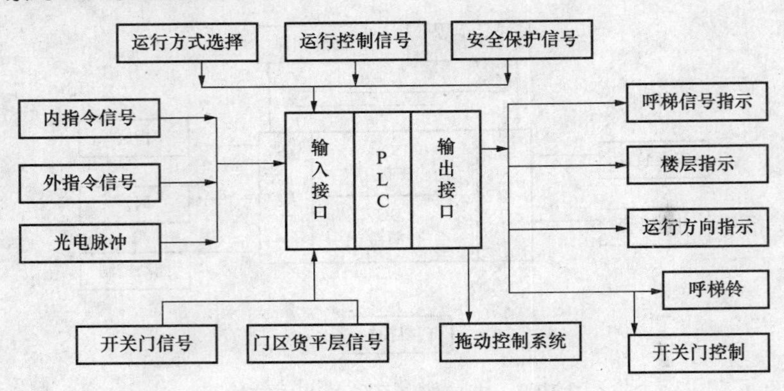

图 13-9 电梯控制系统框图

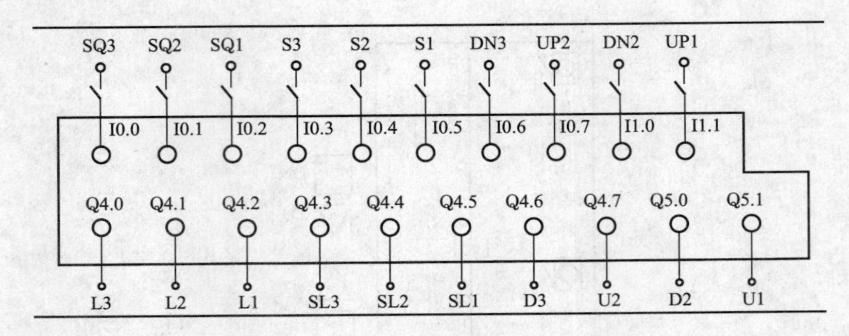

图 13-10 PLC 接线图

2. PLC 的 I/O 分配表

PLC 的 I/O 分配表如表 13-4 所示。

表 13-4 输入/输出点代码和地址编号

名 称	代 码	地址编号
	输入信号	
三层行程开关	SQ3	I0.0
二层行程开关	SQ2	I0.1
一层行程开关	SQ1	I0.2
三层内选按钮	S3	I0.3
二层内选按钮	S2	I0.4
一层内选按钮	S1	I0.5
三层下呼按钮	DN3	I0.6
二层上呼按钮	UP2	I0.7
二层下呼按钮	DN2	I1.0
一层上呼按钮	UP1	I1.1

续表

名称	代码	地址编号
	输出信号	
三层指示灯	L3	Q4.0
二层指示灯	L2	Q4.1
一层指示灯	L1	Q4.2
三层内选指示	SL3	Q4.3
二层内选指示	SL2	Q4.4
一层内选指示	SL1	Q4.5
三层下呼指示	D3	Q4.6
二层上呼指示	U2	Q4.7
二层下呼指示	D2	Q5.0
一层上呼指示	U1	Q5.1

三、电梯控制系统源程序

程序段?1：标题：

注释：

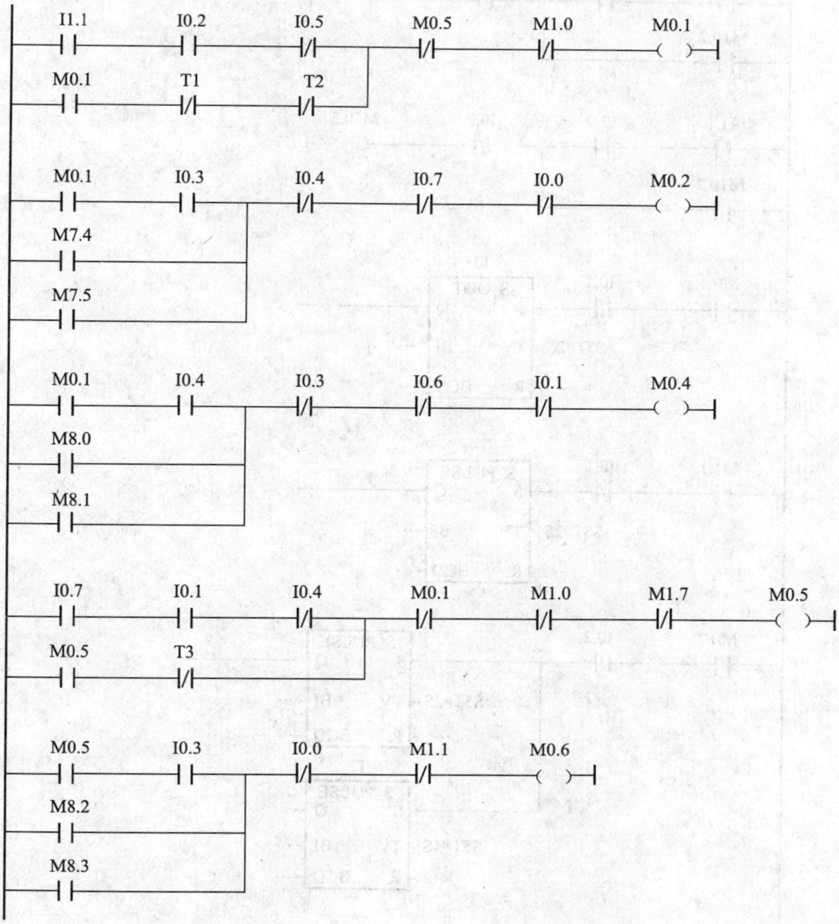

I1.1　I0.2　I0.5　M0.5　M1.0　M0.1
M0.1　T1　T2

M0.1　I0.3　I0.4　I0.7　I0.0　M0.2
M7.4
M7.5

M0.1　I0.4　I0.3　I0.6　I0.1　M0.4
M8.0
M8.1

I0.7　I0.1　I0.4　M0.1　M1.0　M1.7　M0.5
M0.5　T3

M0.5　I0.3　I0.0　M1.1　M0.6
M8.2
M8.3

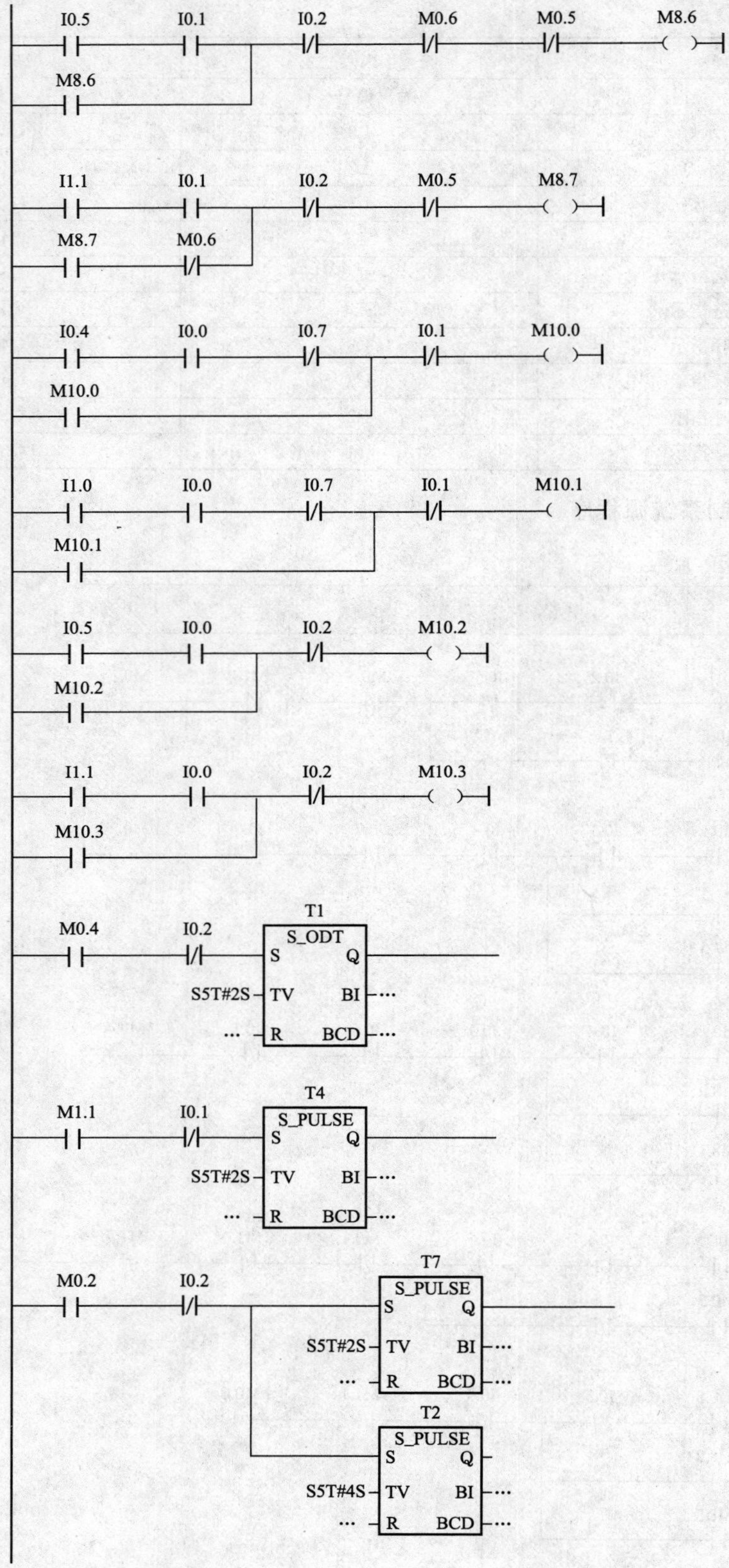

I0.5 I0.1 I0.2 M0.6 M0.5 M8.6
M8.6

I1.1 I0.1 I0.2 M0.5 M8.7
M8.7 M0.6

I0.4 I0.0 I0.7 I0.1 M10.0
M10.0

I1.0 I0.0 I0.7 I0.1 M10.1
M10.1

I0.5 I0.0 I0.2 M10.2
M10.2

I1.1 I0.0 I0.2 M10.3
M10.3

M0.4 I0.2 T1 S_ODT S Q
S5T#2S TV BI …
… R BCD …

M1.1 I0.1 T4 S_PULSE S Q
S5T#2S TV BI …
… R BCD …

M0.2 I0.2 T7 S_PULSE S Q
S5T#2S TV BI …
… R BCD …
T2 S_PULSE S Q
S5T#4S TV BI …
… R BCD …

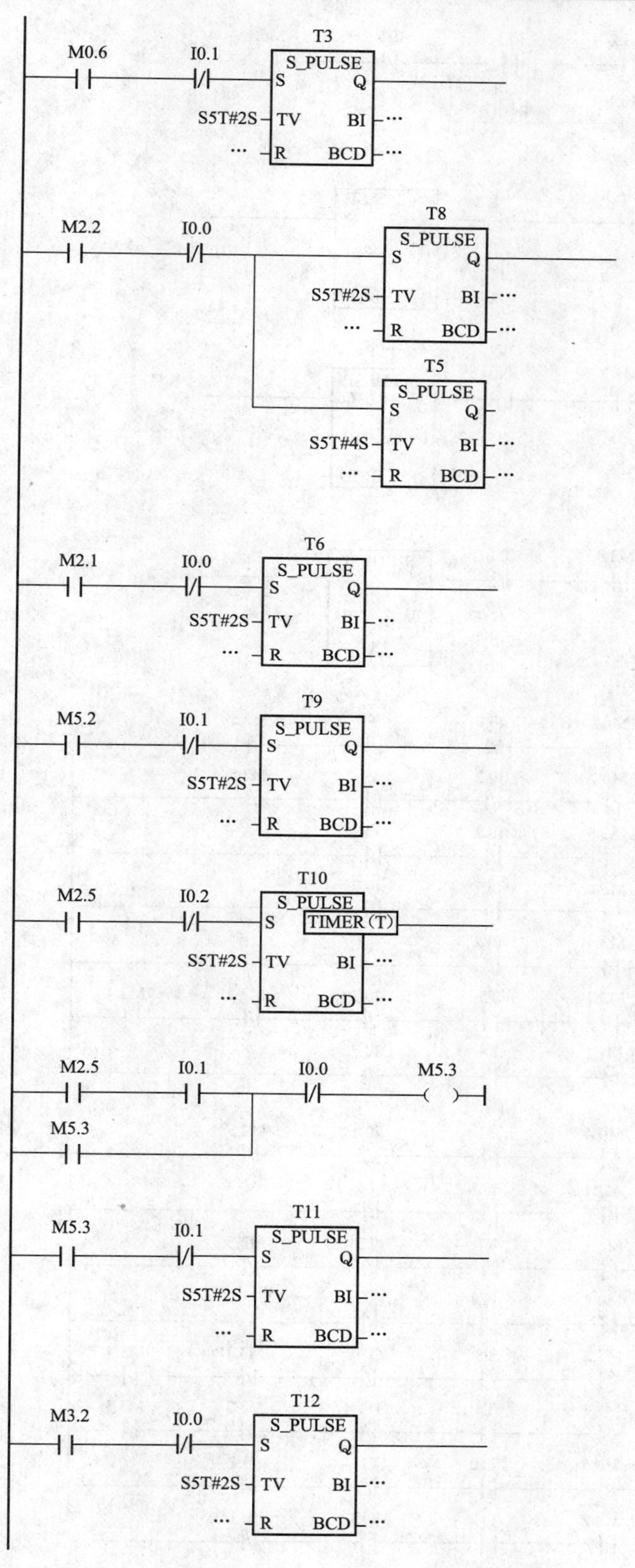
T3
M0.6
I0.1
S_PULSE
S
Q
S5T#2S
TV
BI
R
BCD
T8
M2.2
I0.0
S_PULSE
S5T#2S
T5
S_PULSE
S5T#4S
T6
M2.1
I0.0
S_PULSE
S5T#2S
T9
M5.2
I0.1
S_PULSE
S5T#2S
T10
M2.5
I0.2
S_PULSE
TIMER(T)
S5T#2S
M2.5
I0.1
I0.0
M5.3
M5.3
T11
M5.3
I0.1
S_PULSE
S5T#2S
T12
M3.2
I0.0
S_PULSE
S5T#2S

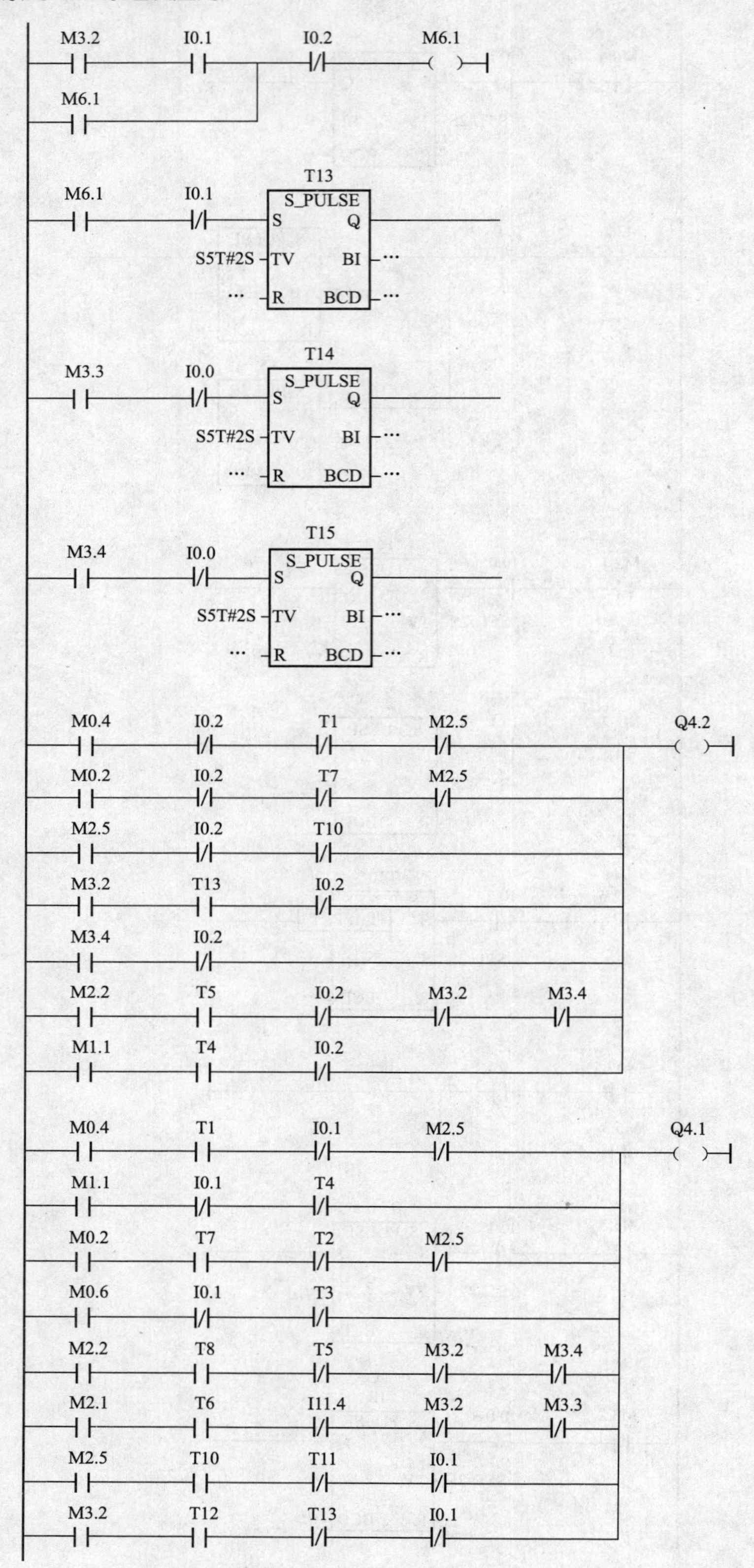

M3.2
I0.1
I0.2
M6.1
M6.1
T13
M6.1
I0.1
S_PULSE
S
Q
S5T#2S
TV
BI
R
BCD
T14
M3.3
I0.0
S_PULSE
S
Q
S5T#2S
TV
BI
R
BCD
T15
M3.4
I0.0
S_PULSE
S
Q
S5T#2S
TV
BI
R
BCD
M0.4
I0.2
T1
M2.5
Q4.2
M0.2
I0.2
T7
M2.5
M2.5
I0.2
T10
M3.2
T13
I0.2
M3.4
I0.2
M2.2
T5
I0.2
M3.2
M3.4
M1.1
T4
I0.2
M0.4
T1
I0.1
M2.5
Q4.1
M1.1
I0.1
T4
M0.2
T7
T2
M2.5
M0.6
I0.1
T3
M2.2
T8
T5
M3.2
M3.4
M2.1
T6
I11.4
M3.2
M3.3
M2.5
T10
T11
I0.1
M3.2
T12
T13
I0.1

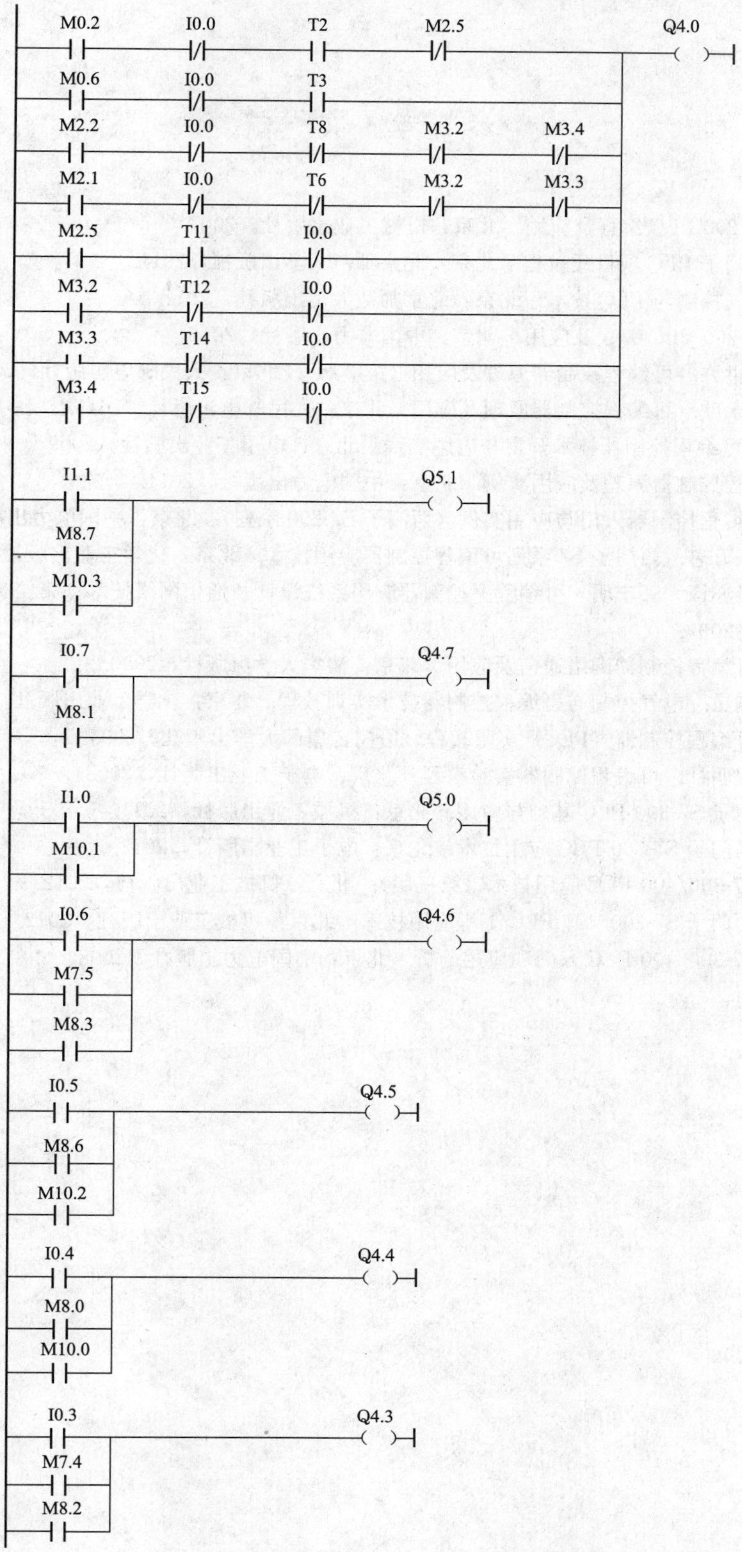

M0.2　I0.0　T2　M2.5　Q4.0
M0.6　I0.0　T3
M2.2　I0.0　T8　M3.2　M3.4
M2.1　I0.0　T6　M3.2　M3.3
M2.5　T11　I0.0
M3.2　T12　I0.0
M3.3　T14　I0.0
M3.4　T15　I0.0

I1.1　Q5.1
M8.7
M10.3

I0.7　Q4.7
M8.1

I1.0　Q5.0
M10.1

I0.6　Q4.6
M7.5
M8.3

I0.5　Q4.5
M8.6
M10.2

I0.4　Q4.4
M8.0
M10.0

I0.3　Q4.3
M7.4
M8.2

参 考 文 献

[1] 廖常初. S7-200 PLC 编程及应用. 北京：机械工业出版社，2007.
[2] 龚运新. 西门子 PLC 项目式教程. 北京：北京师范大学出版社，2011.
[3] 高士杰. 电气控制与 PLC 技术. 北京：北京师范大学出版社，2011.
[4] 朱文杰. S7-200 PLC 编程及应用. 北京：中国电力出版社，2012.
[5] 宫淑贞，徐世许. 可编程控制器原理及应用（第 2 版）. 北京：人民邮电出版社，2009.
[6] 冯小玲，郭永欣. 可编程控制器原理及应用. 北京：人民邮电出版社，2011.
[7] 方强. PLC 可编程控制器技术开发与应用实践. 北京：电子工业出版社，2009.
[8] 李冰. 可编程控制器原理及应用实例. 北京：中国电力出版社，2011.
[9] 张万忠. 可编程控制器入门与应用实例（西门子 S7-200 系列）. 北京：中国电力出版社，2005.
[10] 秦绪平，张万忠. 西门子 S7 系列可编程控制器应用技术. 北京：化学工业出版社，2011.
[11] 郭宗仁，吴亦锋，郭宁明. 可编程序控制器应用系统设计及通信网络技术（第二版）. 北京：人民邮电出版社，2009.
[12] 邱公伟. 可编程控制器网络通信及应用. 北京：清华大学出版社，2000.
[13] 史国生，鞠勇. 电气控制与可编程控制器技术实训教程. 北京：化学工业出版社，2010.
[14] 程曙艳. 可编程控制器（PLC）实验教程. 厦门：厦门大学出版社，2009.
[15] 李国勇，卫明社. 可编程控制器实验教程. 北京：电子工业出版社，2008.
[16] 吴丽. 西门子 S7-300 PLC 基础与应用. 北京：机械工业出版社，2011.
[17] 秦益霖. 西门子 S7-300 PLC 应用技术. 北京：电子工业出版社，2012.
[18] 廖常初. S7-300/400 PLC 应用技术（第三版）. 北京：机械工业出版社，2012.
[19] 姜建芳. 西门子 S7-300/400 PLC 工程应用技术. 北京：机械工业出版社，2012.
[20] 邱道尹. S7-300/400 PLC 入门和应用分析. 北京：中国电力出版社，2008.